V&R Academic

Arbeiten zur Religionspädagogik

Band 63

Herausgegeben von

Prof. Dr. Dr. h.c. Gottfried Adam,

Prof. Dr. Dr. h.c. Rainer Lachmann und

Prof. Dr. Martin Rothgangel

Thomas Weiß

Fachspezifische und fachübergreifende Argumentationen am Beispiel von Schöpfung und Evolution

Theoretische Grundlagen – Empirische Analysen – Jugendtheologische Konsequenzen

Mit 25 Abbildungen

V&R unipress

Veröffentlicht mit Unterstützung des Austrian Science Fund (FWF): PUB 330-G16.

FWF Der Wissenschaftsfonds.

MIX
Papier aus verantwortungsvollen Quellen
FSC www.fsc.org FSC® C083411

Bibliografische Information der Deutschen Nationalbibliothek

Die Deutsche Nationalbibliothek verzeichnet diese Publikation in der Deutschen Nationalbibliografie; detaillierte bibliografische Daten sind im Internet über http://dnb.d-nb.de abrufbar.

ISSN 2198-6177
ISBN 978-3-8471-0506-0
ISBN 978-3-7370-0506-7 (V&R eLibrary)

Weitere Ausgaben und Online-Angebote sind erhältlich unter: www.v-r.de

Printed in Germany.
Druck und Bindung: CPI buchbuecher.de GmbH, Zum Alten Berg 24, D-96158 Birkach

Gedruckt auf alterungsbeständigem Papier.

Für Ulrich Kebesch

Inhalt

I. Hauptteil: Theoretische Grundlagen

II. Hauptteil: Sozialwissenschaftliche Methodik und Studien zur Instrumentüberprüfung

III. Hauptteil: Empirische Analyse

IV. Hauptteil: Jugendtheologische Konsequenzen

Vorwort

Die vorliegende, leicht überarbeitete Publikation wurde im Wintersemester 2013/2014 als Habilitationsschrift von der Evangelisch-Theologischen Fakultät der Universität Wien angenommen. Das Habilitationskolloquium fand am 19. Mai 2014 statt. Es ist vielen Menschen an dieser Stelle ein Dank auszusprechen. Herr Prof. Dr. Martin Rothgangel hat den Prozess der Entstehung dieser Arbeit nicht nur kritisch und konstruktiv begleitet, sondern mir alle nötigen Freiheiten zur Forschung gewährt. Die regelmäßig stattfindende Sozietät am Institut für Religionspädagogik der Evangelisch-Theologischen Fakultät der Universität Wien war immer ein vertrauensvolles Forum für Diskussionen, Anregungen und kritisches Nachfragen. Die Kooperation mit Frau Prof. Dr. Ute Harms und Dr. Nikolai Basel vom Leibniz-Institut für die Pädagogik der Naturwissenschaften und Mathematik (IPN) in Kiel sowie mit Herrn Prof. Dr. Helmut Prechtl von der Mathematisch-Naturwissenschaftlichen Fakultät der Universität Potsdam, Institut für Biochemie und Biologie, war für die Entstehung dieser Studie ausgesprochen hilfreich. Für die fachwissenschaftliche Begutachtung bedanke ich mich bei Frau Prof. Dr. Petra Freudenberger-Lötz (Universität Kassel), Herrn Prof. Dr. Veit-Jakobus Dieterich (Pädagogische Hochschule Ludwigsburg) und Herrn Prof. Dr. Helmut Prechtl (Universität Potsdam).

Ohne Schülerinnen und Schüler kann ein solches Projekt nicht durchgeführt werden. Deshalb möchte ich mich herzlich bei der Katholischen Schule *Bernhardinum* in Fürstenwalde und bei der *Evangelische Schule Frohnau* (Berlin) dafür bedanken, dass sie mir wohlwollenden Zugang für die empirische Erhebung gewährten.

Für die Aufnahme in die Reihe *Arbeiten zur Religionspädagogik* danke ich den Herausgebern Herrn Prof. em. Dr. Dr. h. c. Gottfried Adam, Herrn Prof. Dr. Dr. habil. Rainer Lachmann und Herrn Prof. Dr. Martin Rothgangel. Frau Janine Eichler, Frau Nadine Mund und Frau Claire Ulbrich sei für das korrigierende Lesen gedankt. Herr Erich Foltinowsky scheute keine Mühe, mein computertechnisches Unvermögen auszugleichen. Auch dafür herzlichen Dank. Für die finanzielle Unterstützung bei der Drucklegung ist dem Austrian Science Fund (FWF) und der Evangelischen Kirche A. B. und H. B. Österreich zu danken.

Es gibt viele Lehrer, von denen ich profitieren konnte. Für den Standort Schule fällt mir vor allem einer ein – diesbezüglich mein *Spiritus Rector*. Diesem möchte ich das Buch widmen.

Wien, Mai 2016

Einleitende Überlegungen

1. Problematisierung

Das Begriffspaar *Schöpfung* und *Evolution* provoziert verschiedene Diskurse[1]: über Printmedien ausgetragene Streitgespräche, fachwissenschaftliche und fachdidaktische Diskussionen, fundamentalistische oder kirchlich-institutionell motivierte Statements, öffentlich und medial vermittelte Dispute auf dem Podium vor einer mehr oder weniger beteiligten Zuhörerschaft. Solche kommunikativen Prozesse transportieren rationale Überzeugungen, werden aber auch häufig sehr emotional geführt und sind teilweise – rhetorisch verpackt – von Überredungsstrategien überlagert. Bei allen hier nicht zu diskutierenden Unterschieden sind diese kommunikativen Prozesse von einem Dialog getragen, welcher Haltungen und Überzeugungen im Austausch von Argumenten präsentiert oder präsentieren sollte. Philosophisch betrachtet besteht dabei die kommunikative Tätigkeit des Argumentierens darin, dass »rechtfertigende und begründende Argumente für die einzelnen Meinungen und Entscheidungen vorgetragen werden« (Gil 2012: 10).

Mit dem Begriffspaar *Schöpfung* und *Evolution* wird in (mindestens) zwei Lesarten diskursiv umgegangen:

Die eine Lesart bevorzugt es, von Schöpfung *oder* Evolution auszugehen. In diesen Diskursen, welche das ausschließende *Oder* stark machen, stehen weltanschauliche Fragen im Vordergrund, die eine affirmative Selbst- und eine pejorative Fremdbeschreibung (vgl. Fischer 2006) vortragen, was eindeutig im Gewand der Theologie bei Kreationisten, wie Junker (2007), im Gewand der Naturwissenschaften bei Dawkins (2006) nachgelesen werden kann.

Hingegen sind andere Diskurse an der Lesart Schöpfung *und* Evolution interessiert. Auch hier werden weltanschauliche Fragehorizonte ausgelotet, wobei

1 Es wird hier unter *Diskurs*, jenseits philosophischer, literaturwissenschaftlicher oder linguistischer Forschung, erst einmal neutral das Hin-und-her-Laufende (vgl. Löwe 1985: 140) Gespräch verstanden.

das verbindende *Und* im Vordergrund steht, wie beispielsweise die im Darwinjahr ausgerichtete Tagung *Streit um Darwin* (vgl. Bayrhuber/Leinfelder/Faber 2011) oder das Themenheft *Schöpfung* (2008) zeigen können.

Schöpfung und *Evolution* sind in der jeweiligen Fachwissenschaft grundlegende Begriffe. In der christlichen Theologie wird Schöpfung beispielsweise im Zusammenhang und Spannungsfeld von Weisheit interpretiert und gedacht (vgl. Fischer/Grohmann 2010). Biologie als naturwissenschaftliche Forschung ist überhaupt erst sinnvoll, wird sie im Lichte der Evolutionstheorie betrachtet und diskutiert (vgl. Van Dijk/Kattmann 2010).

Das Begriffspaar *Schöpfung* und *Evolution* ist in der religionspädagogischen Forschung ein inhaltliches Beispiel, um das Verhältnis zwischen Theologie und Naturwissenschaft zu reflektieren. Hatte Nipkow schon 1987 festgestellt, dass sich an der Gottesfrage[2] die Frage nach »Gemeinsamkeiten und Unterschieden im Verhältnis von *Theologie* und *Naturwissenschaft*« entzündet (Nipkow 1987: 61, Hervorhebungen im Original) und »Theologisch […] die Schöpfungslehre herausgefordert [ist], und zwar nach wie vor auch in Hinsicht dessen, was sie zum Weltbild beiträgt« (ebd.), so lassen sich spätestens seit diesem Zeitpunkt Studien ausmachen, die diese Verhältnisbestimmung in das Zentrum der religionspädagogischen Forschung rückten.

Sei es, wie bei Angel (1988) in der Frage nach Naturwissenschaft und Technik im Zusammenhang mit dem Religionsunterricht, bei Dieterich (1996) nach dem Verhältnis von Glauben und Naturwissenschaft, bei Rothgangel (1999) vor dem Hintergrund wissenschaftstheoretischer Überlegungen, bei Hunze (2007), um Schöpfung als religionspädagogische Kategorie stark zu machen, oder bei Höger (2008), um der Frage nach Vorstellungen von Jugendlichen über Gott bei der Welterschaffung nachzugehen und differenzierte Umgangsmöglichkeiten von Schülerinnen und Schülern in Bezug auf Welterklärungsmodelle zu diskutieren.

Auch im Rahmen der Forschung zur Kinder- und Jugendtheologie ist das Thema *Schöpfung* und *Evolution* präsent. So beispielsweise im Jahrbuch für Kindertheologie (2002ff, explizit 2012) und im Jahrbuch für Jugendtheologie (Bd. I, Bd. II 2013).

Zunehmend findet auch in der biologiedidaktischen Forschung *Schöpfung* mehr Aufmerksamkeit. Auch hier geht es letztlich um eine Verhältnisbestimmung zwischen Naturwissenschaft und Theologie (vgl. Kattmann 1998, 2009). Diese fachdidaktische Forschung rückt aber auch die Frage nach Einstellungen zur Evolutionstheorie und Schöpfung, zum Kreationismus und Szientismus in den Mittelpunkt (vgl. z.B. Hammann/Asshoff 2011; Konnemann et al. 2012, 2013).

2 An der Gottesfrage deshalb, weil Schöpfung ohne Schöpfer theologisch nicht gedacht werden kann.

Schöpfung und *Evolution* sind im Kontext schulischen Lernens in den entsprechenden Fächern thematisch fest verankert. Das Reflektieren über *Schöpfung/Schöpfungslehre* gehört in einen evangelisch verantworteten Religionsunterricht. Wird beispielsweise dem Vorschlag von Ritter (1999) gefolgt, kehrt das Thema *Schöpfung* von der Grundschule bis zu den Abiturklassen zyklisch in diesem Unterricht wieder: So in der Grundschule als die *Gute Schöpfung* oder das *Danken und Loben*, in der Sekundarstufe I wird die *Welt als Schöpfung Gottes* besprochen und gegen Ende dieser Schulstufe ein *Reflektieren über naturwissenschaftliche Fragen im Zusammenhang mit Schöpfung* angestrengt (vgl. Ritter 1999: 332). In der Sekundarstufe II ist das Thema *Schöpfung* in der Regel in den Rahmen von kosmologischen Aussagen oder in Fragen nach Wirklichkeit(en) eingespannt, die das Verhältnis zwischen Naturwissenschaften und Theologie in wissenschaftspropädeutischer Absicht klären helfen sollen (vgl. Wermke/Rothgangel 2006). Dabei darf allerdings nicht von einem wissenschaftspropädeutischen Primat ausgegangen werden, weil ein solcher Ansatz »in ein abbilddidaktisches Konzept« führt, welches für einen didaktisch begründeten Religionsunterricht »keinerlei lebensweltliche Relevanz für Kinder und Jugendliche« entwickeln kann (Wermke/Rothgangel 2006: 25).

Für das Fach Biologie kann Ähnliches ausgesagt werden. Im Kontext schulischen Lernens ist die Evolutionstheorie gerade in den oberen Klassenstufen in ihrem Facettenreichtum vertreten, wie aus Schulbüchern (z.B. Bayrhuber/Hauber/Kull ^{23}2010) unschwer zu entnehmen ist. Vorschläge für den Biologieunterricht – wie beispielsweise von Van Dijk und Kattmann (2010) –, die von der Aussage ausgehen, dass Biologie nur Sinn macht, wird sie im Lichte der Evolutionstheorie betrachtet, erarbeiten Unterrichtsmodelle, welche ein verknüpfendes Lernen ermöglichen sollen. Diese Modelle setzen bei den Alltagsvorstellungen von Schülerinnen und Schüler an und versuchen, sie mithilfe fachwissenschaftlicher Orientierung zu »ordnen«, damit Lernende zu einer naturwissenschaftlich angemessenen Einschätzung über die Funktion und Reichweite evolutionstheoretischer Aussagen gelangen können (vgl. Kattmann 2008, aber auch Upmeier zu Belzen 2011). Im Kern geht es dabei um eine didaktische Rekonstruktion von Evolution, die auf die verschiedenen Altersstufen der Sekundarstufe I und II angewendet wird und je höher die Jahrgangsstufe, desto komplexer gestaltet ist.

Für die vorliegende Studie kann davon ausgegangen werden, dass es ein breites Feld von Diskursen und (theoretischen und empirischen) Forschungen zum Thema *Schöpfung* und *Evolution* gibt. Auf der Schülerebene betrachtet, kann man des Weiteren annehmen, dass Schülerinnen und Schüler durch den jeweiligen Fachunterricht zumindest über ein Wissen zu den Inhalten *Schöpfung* (Fach Religion) und *Evolution* (Fach Biologie) verfügen. Dieses reicht, wie die biologiedidaktische Forschung von Baalmann et al. (2004) zeigt, von alltagsweltlich geprägten Vorstellungen bis hin zu fachlich korrektem Wissen.

Zusätzlich ist davon auszugehen, dass Schülerinnen und Schüler persönliche Überzeugungen zum Verhältnis von *Schöpfung* und *Evolution* besitzen sowie Vorstellungen zur Vorgehensweise der jeweiligen wissenschaftlichen Disziplin und zu den daraus resultierenden Merkmalen naturwissenschaftlichen bzw. theologischen Denkens und Wissens (vgl. hierzu die Passagen in der Studie von Feige/Gennerich 2008: 101–105, 180–183). Besonders Letzteres – Vorgehensweise und Merkmale von Naturwissenschaft bzw. Theologie – bereitet Schülerinnen und Schülern oft Schwierigkeiten (Reiss 2008), die zu einem kognitiven Konflikt (z. B. Limón 2001) zwischen den kollektiven und individuellen Wissensbeständen führen können.

Gerade solche Konflikte verlangen es, zu argumentieren, weil immer dann argumentiert werden muss, wenn etwas zu einer Frage wird. Das *Fragliche* ist der Anlass einer Argumentation (vgl. Ruhloff 2004: 211 ff). Es zeigt eine Fehlstelle an, einen Widerspruch oder eine Lücke zwischen den Wissensbeständen. Nach von Stutterheim ist ein Fragliches das »[O]ffene« (1997: 19) und damit, hermeneutisch betrachtet, die Bedingung für Erfahrung (Gadamer 1999: 345; vgl. auch Müller/Direk/Müller-Friese 2005: 77 ff, 214 ff).

Im bisher angedeuteten weiten Feld von Diskursen, Forschungen und Bedeutungen für die beiden schulischen Fächer fokussiert die vorliegende Studie unter argumentationstheoretischen Voraussetzungen im Kontext des gymnasialen Oberstufenunterrichtes auf den Inhalt *Schöpfung* und *Evolution*. Empirisch überprüft werden soll, *ob* und *wie* Schülerinnen und Schüler, die die Fächer *Religion* und *Biologie* besuchen, *fachspezifisch* und/oder *fachübergreifend* argumentieren, wenn sie, durch einen Impuls angeregt, die Rolle eines Theologen oder eines Evolutionstheoretikers einnehmen.[3]

Die Studie bearbeitet ein religionspädagogisches Forschungsdesiderat, welches sich – zumindest für Oberstufenschülerinnen und -schüler – zwar durch fachdidaktische oder kirchlich-institutionelle Forderungen auszuzeichnen weiß, das bisher aber kaum bzw. gar nicht erschlossen wurde, wie noch näher auszuführen sein wird.

3 Die Idee zu dieser Studie basiert auf einem interdisziplinär angelegten Projekt zwischen der evangelischen Religionspädagogik und der Didaktik der Biologie. Im Rahmen des Schulversuches der Freien und Hansestadt Hamburg (www.ipn.uni-kiel.de/abt_bio/projekte_alleskoenner.html [3. 9. 2013]) entstand die Kooperation zwischen dem Leibniz Institut für die Pädagogik der Naturwissenschaften und Mathematik (IPN) Kiel, der Universität Potsdam, Abteilung Biologiedidaktik, und dem Institut für Religionspädagogik an der Evangelisch-Theologischen Fakultät der Universität Wien. Seitens des IPN Kiel waren an der Projektentwicklung und -durchführung U. Harms und N. Basel, von der Universität Potsdam H. Prechtl und seitens des Institutes für Religionspädagogik M. Rothgangel und der Autor vorliegender Studie beteiligt.

Eine Ausnahme hierzu bildet sicherlich der Ansatz von Büttner (vgl. Büttner 2006: 56–68) zu den Strukturen theologischer Argumentation. Im Rahmen der Forschung zur Kindertheologie fragt Büttner nach »Muster[n] in der theologischen Kommunikation« (59) und bindet diese an »Ordnungsstrukturen« (ebd.) aus der Mathematik an, aber auch an den »strukturgenetischen Ansatz« nach Oser und Gmünder (1984: 61). Büttner (2006) konstatiert, dass in der mündlichen Kommunikation letztlich jeder nur das eigene Gedächtnis als »Argumentationsfundus zur Verfügung hat« (58) bzw. »Kinder und Erwachsene mehrere Modi der Argumentation zu Verfügung haben (67). Dabei wird stillschweigend und ungeklärt vorausgesetzt, dass jeder weiß, was ein Argument, was eine Argumentation ist. Auch der Frage, ob Argumentationen an bestimmte fachliche Spezifika gebunden sind, geht Büttner nicht nach. In Büttner (2012a: 61) lassen sich eher Klassifizierungen »für Argumentationsmuster in Diskursen mit Jugendlichen« finden, allerdings werden diese nicht rückgebunden an formale Muster aus der Topik- bzw. Rhetoriktradition, sondern beschreiben eher einen Diskursverlauf.

Altmeyer (2013: 97) stellt dann auch zu Recht fest, dass »im Blick auf Diskursfähigkeit in jüngster Zeit kaum empirisch, konzeptionell oder didaktisch weitergedacht« worden ist. Er selbst schlägt ein Modell zur Argumentationsfähigkeit vor, welches zwischen den Dimensionen »Rezeption, Produktion, Interaktion« sowie den Operationen »Behaupten, Begründen, Kritisieren« (Altmeyer 2013: 98f[4]) unterscheidet. Ein solches Modell könnte hilfreich sein, wenn es zu einer operationalisierbaren Überprüfung einer Argumentationsfähigkeit käme – die Überprüfung einer solchen Fähigkeit liegt allerdings nicht im Fokus vorliegenden Beitrages.

Wenn, wie schon erwähnt, ein Diskurs zur *Schöpfung* und *Evolution* getragen sein soll von einem Austausch von Argumenten und wenn die Fähigkeit zu argumentieren – als Behauptung formuliert – eine zentrale Voraussetzung darstellt, um an gesellschaftlichen Diskursen teilzuhaben (vgl. z. B. Acar/Turkmen/Roychoudhury 2010; Pfeiffer 2003), so ist es unbefriedigend, dass zwar das kommunikative Element als ein wichtiges, besonderes Element des Religionsunterrichtes angesehen wird (EKD 2010: 13), dass der Dialog als eine kommunikative Grundform dieses Unterrichts hervorgehoben wird (Doedens/Weiße 2007: 51) oder es Verweise auf die Wichtigkeit einer theologischen Frage- und Argumentationsfähigkeit gibt (z. B. Englert 2004: 9; so auch Englert 2008), aber die Frage, ob und wie Schülerinnen und Schüler argumentieren, religionspädagogisch noch nicht explizit gestellt wurde.

Damit ist die für das Forschungsvorhaben leitende Motivation benannt sowie das Forschungsproblem klar umrissen: Forderungen nach einer religiösen

4 Diese drei Operatoren finden sich z. B. in Wohlrapp ([2]2009: 185–235).

Sprachfähigkeit (vgl. z.B. das EKD-Kompetenzmodell 2010) oder danach, dass im Religionsunterricht »religiöse Sprache verständlich gemacht und eingeübt werden soll«, um »mehrperspektivisch zu sehen und komplementär [...] denken« zu lernen (Nipkow 2008: 32), oder der Vermerk auf die dialogische Struktur dieses Unterrichtsfaches unterstellen, dass Schülerinnen und Schüler neben anderen sprachlichen Weisen eben auch argumentieren (können). Diese Unterstellung wird hier einer empirischen Überprüfung unterzogen, um erste religionspädagogische Erkenntnisse darüber zu gewinnen, ob Schülerinnen und Schüler argumentieren und wie sie argumentieren, wenn sie argumentieren.

Das Begriffspaar *Schöpfung* und *Evolution* stellt dabei den Argumentationsanlass dar, weil es Fragliches transportiert, wie beispielsweise:

> »Ob Gott wirklich die Welt geschaffen hat oder ob man eben bloß als Kind an eine Schöpfung glauben kann, das ist bekanntlich eine Frage, die für viele Menschen im Jugendalter aufbricht.« (Schweitzer 2013: 37)[5]

Es kann auch formuliert werden, dass von einem bestimmten Inhalt, quasi vom einem Beispiel[6] aus überprüft werden soll, *ob* die Schülerinnen und Schüler überhaupt argumentieren und wenn ja, *wie* sie argumentieren, d.h. ob sie dabei auf bestimmte Muster von Argumentationen zurückgreifen, die in der Topik- und Rhetoriktradition seit Aristoteles Verwendung finden (vgl. zur Topik-/Rhetoriktradition Ros 1989, 1990). Nach dem Feststellen des *Ob* und *Wie*[7] werden die von den untersuchten Gruppen verwendeten Argumentationen einer inhaltlichen Interpretation (das *zweite Wie*[8]) unterzogen.

Konnte bisher – einleitend – die Problemstellung aus einem weiten in ein enges, überschaubares und damit bearbeitbares Feld überführt werden, so ist im Folgenden der Frage nachzugehen, an welchen vorliegenden Forschungsergebnissen die Studie anschlussfähig ist.

---

5 Schweitzer nimmt – er verweist selbst darauf – die Formulierung von Nipkow (1987) auf.

6 Damit ist gesagt, dass das Thema *Schöpfung und Evolution* bewusst ausgewählt wurde, was u.a. an der Kooperation liegt (Biologiedidaktik und Religionspädagogik), aber auch an der Präsenz dieses Begriffspaares im öffentlichen Diskurs. Um zu überprüfen, ob und wie Schülerinnen und Schüler argumentieren, hätten auch andere Inhalte (Argumentationsanlässe) gewählt werden können, wie z.B. Kirche, Glauben, Tod, Auferstehung usw.

7 Dieses *Wie* ist auf der formalen Ebene gedacht, weil untersucht werden soll, ob Schülerinnen und Schüler (noch genau zu benennende) Argumentationsmuster verwenden.

8 Dieses *zweite Wie* fokussiert auf die exakte Verwendung von fachwissenschaftlichen Inhalten (schöpfungstheologisch und evolutionstheoretisch) beim Argumentieren der Schülerinnen und Schüler.

2. Diskussion forschungsrelevanter Literatur[9]

Es ist hier kaum möglich, alle Facetten der argumentationstheoretischen Forschung, der fachdidaktisch naturwissenschaftlichen/biologischen Forschung, der religionspädagogischen Forschung und der Forschungen anderer Fachdidaktiken unter den Fokus *Argumentieren* zusammenzustellen. Dies liegt daran, dass die einzelnen Forschungsgebiete komplexer Natur, aber auch in sich selbst zu heterogen sind (vgl. Riemeier et al. 2012: 143 ff), um auch nur annähernd und umfassend ausgewertet werden zu können.

Der folgende Überblick dreht sich deshalb vor allem um zwei Fragen:

1) Auf welchen argumentationstheoretischen Erkenntnissen baut fachdidaktische Forschung[10], die sich mit dem Argumentieren beschäftigt, auf?
2) An welche religionspädagogischen Forschungsstränge ist die vorliegende Studie anschlussfähig?

2.1 Beobachtungen zu argumentationstheoretischen Ansätzen

Philosophisch pointiert wird das Argumentieren – wie schon angedeutet – als eine kommunikative Tätigkeit verstanden, die in mündlichen oder schriftlichen Sprachhandlungen über die Stützung einer Aussage zu einer Schlussfolgerung gelangt, welche den beteiligten Gesprächspartnern logisch, stimmig oder einsichtig erscheint (vgl. Gil 2012; Kopperschmidt 1977, 1989; Lumer 1990). Im Anschluss an Habermas (vgl. 1987: 44–71) arbeiten Kopperschmidt und Schanze (1989: 93) als Elementarstruktur einer Argumentation heraus: »A versucht gegenüber B, den problematisierten GA [Geltungsanspruch, TW] von p mithilfe von q zu lösen.« Das heißt, beim Argumentieren soll eine Geltungsbeziehung im Modus *p (gilt), weil q (gilt)* hergestellt werden.

9 Da es sich um eine interdisziplinäre Forschung handelt, wurden einige Aspekt dieser Studie schon veröffentlicht. Der »Zwang« zu veröffentlichen ergab sich daraus, dass mein Kieler Kollege zum Thema eine kumulative Dissertation im Fachbereich Biologiedidaktik anfertigte, aber auch daraus, dass es bei Forschungsprojekten üblich ist, Teilergebnisse in Zeitschriften, Sammelbänden oder Jahrbüchern einer interessierten Leserschaft zur Verfügung zu stellen (vgl. Basel et. al. im Druck; Basel et al. 2013; Weiß 2013b; Weiß 2012a und Weiß 2012b). Der Aufsatz von Basel et al. (2013) gibt einen guten Überblick über den jeweiligen Forschungsstand. In Fleischhauer (2013: 5–31) lässt sich ein solcher für die naturwissenschaftliche Forschung nachlesen. Wohlrapp (^{2}2009: 29–42) zeichnet in fünf Sektionen die Ansätze zur Argumentationsforschung der letzten 50 Jahre nach, und für anderen Fachdidaktiken, wie beispielsweise die Deutschdidaktik, sei auf die interdisziplinär angelegte Veröffentlichung von Grundler und Vogt (2006) hingewiesen.

10 Es zeigt sich, dass sich verschiedene Fachdidaktiken mit dem Argumentieren beschäftigt haben – deshalb in dieser Studie der eher neutral gehaltene Ausdruck *fachdidaktische Forschung*.

Argumentationen stellen somit – wie jede (verbal-)sprachliche Äußerung/ Handlung – eine Verknüpfung zwischen Aussagen her. Das Besondere ist, dass es sich dabei um ein Verfahren handelt, »mit dem einer etwas, was strittig ist, mit Hilfe von Unstrittigem unstrittig machen will oder kann« (Nussbaumer 1995: 1), was voraussetzt, dass es Aussagen gibt, die allgemein anerkannt sind: das Unstrittige. Wohlrapp ([2]2009: 47) spricht in Bezug auf Wissen vom *Sicheren* oder *Festen*. Zugleich ist von Aussagen auszugehen, die in den Status der Anerkennung zu überführen sind: das *Strittige* oder das *Fragliche*. Damit ist eine Argumentation durch verschiedene mögliche Operationen gekennzeichnet: In der sprachlichen Handlung *Argumentieren* geht es um Behaupten, Begründen oder Kritisieren (vgl. Wohlrapp [2]2009: 185–235).

Wurde ursprünglich in Argumentationen ein Verfahren des deduktiven Schließens gesehen, also eine Beschränkung auf die formale Logik vorgenommen, wie sie schon von Aristoteles beschrieben wurde und dessen reinste Form der Syllogismus ist, setzte sich mit der sprachphilosophischen Wende die Auffassung von Sprache als Erkenntnismittel durch. Die sprachpragmatische Wende betonte zusätzlich den sozialen und handlungsorientierten Gebrauch von Sprache. Damit war ein Weg vorgezeichnet, der von der formalen Logik zur informellen Logik führte und argumentationstheoretisch durch Toulmin (1958/ 2003) sowie, rhetorisch pointiert, Perelman und Olbrechts-Tyteca (1958, dt. 2004) eine Wende erfuhr (vgl. dazu Gromadecki 2009: 76ff).

Argumentationen werden nicht mehr allein als zwingend logische Schlussfolgerungen betrachtet, sondern auch als relative, intersubjektiv ausgehandelte Gültigkeiten angesehen, was bedeutet, dass die Beweiskraft einer Argumentation auch vom sozialen Kontext abhängig ist (z.B. Lenke et al. 1995: 201). In einer argumentativen Kommunikationssituation geht es somit um die Begründung einer These, die dann in ein Urteil überführt werden kann, »wenn sie darauf angelegt ist, den vernünftig denkenden Menschen zu überzeugen« (Perelman/Olbrechts-Tyteca 1958, dt. 2004: 41). Ein solcher Überzeugungsprozess gelingt, kann er »an ein gemeinsames Bezugssystem, gemeinsame Wertvorstellungen« (154) anknüpfen. Zum deduktiven Schließen kam, worauf Wohlrapp (vgl. [2]2009: 51f) aufmerksam macht und darin Peirce folgt, das abduktive Element jeglicher Argumentation, welches als *diskursive Tendenz* den Übergang vom Meinen zum Wissen beschreiben soll und kann. Die folgenden Ausführungen konzentrieren sich auf das Toulmin'sche Schema.

Nach Toulmin besteht eine Argumentation aus den folgenden Bestandteilen: Eine Konklusion oder Behauptung (claim) gründet sich auf einer Beobachtung oder auf Daten (data), die als Tatsachen gelten. Ob der Schluss von einer Beobachtung bzw. Daten auf die Behauptung zulässig ist, muss durch eine Schlussregel (warrant) belegt werden. Deren (relative) Stärke wird von zusätzlichen Stützungen (backings) bestimmt, wobei modale Operatoren (qualifiers) die Stärke qualifizieren, die eine Konklusion aufgrund von Beobachtung/Daten und Schlussregel besitzen kann oder soll. Ausnahmebedingungen (rebuttals) wiederum bezeichnen die Einschränkungen der Gültigkeit einer Argumentation (vgl. Toulmin 1958/2003).

Auch wenn Toulmin damit ein wichtiges Instrument liefert, um Grundgedanken der informellen Logik auf Argumentationen analytisch anzuwenden, darf über die Schwächen dieses Ansatzes nicht hinweggesehen werden. So konstatierte Öhlschläger schon 1979:

> »Daß der von Toulmin postulierte Unterschied zwischen Schlußregel (warrant) und Stützung (backing) sowie ihr Verhältnis zueinander so unklar bleibt und damit gerade der Teil in Toulmins Schema, an dem es sich am deutlichsten von der logischen Auffassung der Struktur von Argumentationen unterscheidet, ist ein ganz entscheidender Mangel des Konzepts von Toulmin.« (Öhlschläger 1979: 87)

Das heißt, argumentative Äußerungen lassen sich häufig nur schwer in dieses Schema einordnen (vgl. Simon/Erduran/Osborne 2006). Außerdem werden einzelne Elemente von Sprechern nur implizit verwendet (Duschl 2007) und damit im pragmatischen Verständnis präsupponiert (zur Präsupposition vgl. Meibauer 2008).

Weil dem Toulmin'schen Schema diese Unklarheiten inhärent sind, hat sich – bei der Suche nach einem geeigneten Instrument zur Erfassung von Schülerargumentationen – der Ansatz von Kienpointner (1992) als tragfähig herausgestellt. Er stellt mögliche, aus der Tradition der Rhetorik und Topik (vgl. Kienpointner 1992: 43) stammende, kontextabstrakte Argumentationsmuster zu einer Typologie zusammen und überprüft diese an einem Korpus des Gegenwartsdeutschen, was eine pragmatische Relevanz für den Unterricht ausweist, da sich auch Unterrichtssprache immer aus alltags- und fachsprachlichen Elementen zusammensetzt (vgl. z. B. Rincke 2010). Auf Kienpointner wird später noch näher eingegangen (vgl. Kap. 3 der Einleitenden Überlegungen).

2.1.1 Fachdidaktische Forschung zum Argumentieren (Naturwissenschaft)

Das Toulmin'sche Schema fand trotz seiner vorgetragenen Schwächen national und international eine breite Aufnahme, wie die verschiedenen Studien zur Qualität von Schülerargumentationen (z. B. Osborne/Erduran/Simon 2004; Sampson/Clark 2008), zum wissenschaftlichen Diskurs (z. B. Erduran/Simon/Osborne 2004), zur Konzeptentwicklung (z. B. von Aufschnaiter 2005; Fleischhauer 2013) oder zur Frage nach Geltungsgründen in der Physik (Gromadecki 2009) belegen können. Auffällig ist, dass sich diese Studien ausschließlich im naturwissenschaftlichen fachdidaktischen Forschungszusammenhang finden lassen. Hier bildet der Aufsatz von Neber (2004) eher eine Ausnahme, der nach der Förderung epistemischen Wissens im Religionsunterricht fragt, weil »im Unterricht [...] eher unverbundenes Fachwissen als kausal vernetzte Strukturen erworben« werden (Neber 2004: 309), was ein Hindernis für die »selbständige Konstruktion von Wissen« abgibt (Neber 2004: 308). Allerdings wurde nicht mit dem Toulmin'schen Schema gearbeitet, sondern der *Kognitive Fähigkeitstest* nach Heller, Gaedike und Weinläder (1985; vgl. Neber 2004: 312) eingesetzt.

In der biologischen bzw. naturwissenschaftlich konnotierten Fachdidaktik kommt dem Argumentieren eine doppelte Funktion zu. Es handelt sich hier um eine epistemische Methode zur Wissensgenerierung (Bricker/Bell 2008), aber auch um eine Methode zur Bewertung von gesellschaftlichen Fragestellungen, in denen neben den naturwissenschaftlichen Fakten auch soziale Normen und Werte als Prämissen fungieren (z. B. Mittelsten Scheid/Hössle 2008; Sadler/Zeidler 2005; Zohar/Nemet 2002). Im Rahmen der epistemischen Funktion erfolgt das Rechtfertigen und Begründen von Wissen (justification of knowledge claims nach Jiménez-Aleixandre/Erduran 2007) auf der Basis von Fakten und Evidenzen (z. B. Osborne 2010). Es wird dabei der Anspruch auf Objektivität erhoben, wodurch die Subjektivität der Meinungen und Entscheidungen des allgemeinen Verständnisses zurückgedrängt wird oder werden soll. Dadurch unterscheidet sich die Definition des naturwissenschaftlichen Argumentierens von der allgemeinen (vgl. Gromadecki 2009: 75–99).

Im internationalen Bereich wird für die naturwissenschaftlich-fachdidaktische Forschung auch Walton (z. B. 1996, 2006) rezipiert, der die kritische Diskussion sowie das Aufdecken und Bewerten von Trugschlüssen (fallacies, in Fortsetzung des Ansatzes von Hamblin 1970) in den Fokus seiner Forschung rückt, wenn es um die Analyse von Argumenten hinsichtlich ihrer Qualität geht. Seine kritischen Fragen (critical questions) zielen im Wesentlichen auf die Einschätzung der Expertise einer argumentierenden Person, was hier nicht im Fokus der Studie steht. Im Gefolge der Wende zur informellen Logik soll noch der Hinweis auf das Konzept *Critical Thinkings* (vgl. Paul/Elder 2001, 2005) gegeben werden. Dieses Konzept meint in erster Linie das selbstständige Hinterfragen der eigenen Thesen, Argumente usw., weniger das inhaltliche Argumentieren im Sinne einer Bestimmung dessen, was ein Argument ist (vgl. dazu Thomson 2001). Beeinflusst wurde diese Bewegung durch den Pädagogen und Philosophen Dewey und dessen pädagogischem Konzept *Reflective Thought* (vgl. Dewey 1922, dt. 2004).

Geht man der Forschung, welche mit dem Toulmin'schen Schema arbeitet, nach, so macht sich eine eigenartige Leerstelle in Bezug auf die Geisteswissenschaften und speziell in Bezug auf die Religionspädagogik bemerkbar. Dies bedeutet allerdings nicht, dass es in der Geisteswissenschaft keine Forschung zur Argumentation, zum Argumentieren gäbe.

2.1.2 Allgemeinpädagogische Forschung zum Argumentieren

Ende der 1980er Jahre, Anfang der 1990er Jahre lässt sich im deutschsprachigen Raum in der allgemeinen Pädagogik eine Forschung zur Argumentation ausmachen, die empirisch nach dem pädagogischen Argumentieren fragt (Paschen 1988), aber auch hermeneutisch versucht, eine Theorie pädagogischen Argumentierens zu entwickeln (Paschen/Wigger 1992; Wigger 1995). Unter Berücksichtigung pragmalinguistischer Erkenntnisse – dem Wechselspiel zwischen Weltwissen, Sprachwissen und Sprachverhalten – (Ernst 2002) wird in der allgemeinen Pädagogik zu Beginn des 21. Jahrhunderts der Zusammenhang zwischen Topik und Argumentation in den Mittelpunkt der Forschung gerückt. Neben der Wiederholung der Erkenntnis, dass Argumentationen »Wege zur Herstellung von Überzeugungen« (Hügli 2004: 37) sind, wird auf die These fokussiert, dass Argumentationen auf einem »Anlass« (Ruhloff 2004: 214) beruhen, wobei unterstrichen wird, dass Anlässe »sich der Herleitung aus Vernunftschlüssen« (ebd.) entziehen. Dies bedeutet, dass eine pädagogische Theorie zur Argumentation nicht als kategoriales, logisch zu systematisierendes System aufgebaut werden kann, sondern viel eher nach den zeitlich bedingten (historischen) Anlässen fragt. Im Mittelpunkt dieser Forschung steht also nicht die Frage nach den Argumenten selbst, sondern nach einem pädagogisch inszenierten Argumentationsanlass.

Im Gegensatz dazu baut der Ansatz von Lind (2009, 2011) auf dem Gedanken einer Teilhabe an der Argumentationsgemeinschaft als Ziel von Bildung auf und beschreibt methodisch Möglichkeiten einer Einübung in diese Teilhabe durch Dilemmasituationen (Konstanzer Dilemmamethode).

2.1.3 Fachdidaktische Forschung zum Argumentieren (Geisteswissenschaft)

In den kultur- oder geisteswissenschaftlichen Fachdidaktiken können Forschungsansätze aus der Deutschdidaktik, der Philosophie-/Ethikdidaktik und der Politikdidaktik beobachtet und zusammengefasst werden.

In der Deutschdidaktik geht Winkler (2003, 2005) davon aus, dass »argumentierendes Schreiben im Deutschunterricht seinen besonderen Platz« (Winkler 2005: 89) hat, und belegt diese These damit, dass in der deutschdidaktischen Forschung zunehmend das heuristische und das persuasive Moment von Argumentationen zusammengesehen werden (unter Bezugnahme auf Klein 1999). Die Produktivität dieses Ansatzes besteht darin, dass Argumente nicht mehr nur Aushandlungsprozesse eines prinzipiell symmetrischen Kommunikationszusammenhangs sind (so Habermas 1987 und im Anschluss an ihn Kopperschmidt in Kopperschmidt/Schanz 1989). Vielmehr führt die Feststellung von möglichen Dissensen dazu, dass Schülerinnen und Schülern bewusst wird oder bewusst ist, dass das Argumentieren eine soziale, eine anlassbezogene, eine sachliche und eine moralische Komponente besitzt. Auch die DESI-Studie (Deutsch-Englisch-Schülerleistungen-International) geht von dieser Vielschichtigkeit aus, fokussiert dabei aber auf den Bereich »mündlicher Kommunikation und Argumentation« (Willenberg/Gailberger/Krelle 2007: 119) und entwickelt ein Modell, welches situative, mentale und kognitive Strukturen verbindet (ebd.: 121). Die DESI-Studie kann empirisch nachweisen, dass bei Schülerinnen und Schülern durchaus eine argumentative Fähigkeit vorhanden ist, die in Niveaustufen differenziert werden kann. Andere Ansätze aus der Deutschdidaktik, wie z. B. Ludwig und Spinner (2000) untersuchen das Argumentieren in mündlichen und schriftlichen Äußerungen, Ossner und Denk (2002) bedenken das für die Deutschdidaktik wichtige Thema *Erörtern* gemeinsam mit dem Argumentieren.

Dass das Argumentieren eine professionelle, aber auch eine alltägliche sprachliche Praxis ist, zeigen die interdisziplinär angelegten Studien zum Argumentieren (Grundler/Vogt 2006). Ihre Publikation vereint Forschungsergebnisse zur Deutsch- (Winkler), zur Philosophie- (Tiedemann), zur Politikdidaktik (Kuhn) sowie zur Religionspädagogik (Grümme).

Winkler fragt in dieser interdisziplinären Studie kritisch nach Aufgaben für Lern- und Leistungssituationen zum argumentierenden Schreiben und kommt zur Schlussfolgerung, dass die bisher entwickelten Aufgaben für die Lernsituationen zu einer »nicht sachgerechten Verkürzung des Gegenstandes Argumentieren« führen. Zu den leistungsbezogenen Aufgaben wird die »Tendenz […] einer völligen Überforderung der Lernenden« (Winkler 2006: 165) konstatiert. Feilke (2008, 2010a, 2010b) untersucht im Kontext der Deutschdidaktik den Zusammenhang zwischen schriftlichem Argumentieren, Kontext und Kompetenz. In Unterrichtsmodellen mit einem funktional-didaktischen Ansatz werden Diskussion und Argumentation nicht differenziert (Spiegel 2006), obwohl eine Argumentationsfähigkeit als Baustein einer allgemeinen Gesprächskompetenz (vgl. ebd.: 63 f) angesehen wird.

Ganz anders bearbeitet die Philosophiedidaktik die Frage nach dem Argumentieren. Tiedemann geht davon aus, dass Philosophie eine Orientierungstechnik ist und sie »ihre Orientierungsleistung stets als argumentativen Akt verstanden« hat (Tiedemann 2006: 123). Im Rückgriff auf Steenblock (2000) und Martens (2003) stellt er den Schulversuch *Praktische Philosophie in Nordrhein-Westfalen* vor (Birnbacher 1999; Nenninger 2001). Die angezeigten Ergebnisse betreffen allerdings nur eine Pilotstudie, die deshalb wenig Aussagekraft besitzt. Für die Philosophiedidaktik wäre es wünschenswert, die Ergebnisse durch eine »umfangreichere Vergleichsstudie« zu überprüfen (Tiedemann 2006: 128).

Im politikdidaktischen Kontext wird der »Zusammenhang zwischen politischer Urteilskompetenz und der Argumentationskompetenz« festgehalten

(Kuhn 2006: 147). Im Rückgriff auf die aktuellen Kompetenzmodelle (Gesellschaft für Politikdidaktik und politische Jugend- und Erwachsenenbildung – GPJE 2004) werden die Ergebnisse einer transkribierten Unterrichtsstunde in einer Gymnasialklasse (Jahrgangsstufe 12) vorgestellt. Diese als Erforschung der Metakommunikation dienende Beschreibung ist bestrebt, »Strukturen, Muster und Denkstile« (Kuhn 2006: 148) zu untersuchen. Jedoch kommt sie nicht so weit voran, dass erkennbar wird, was ein Argument ist bzw. sein soll, sondern gelangt nur zur Aussage, dass die Argumente der Schülerinnen und Schüler »vielfältig [sind]: sie haben biografische, emotionale, kognitive und methodische Anteile« (ebd.: 155). Petrik (2011) hingegen kann mit seinem Lehrstück *Dorfgründung* herausarbeiten, dass es möglich ist, Argumente von Schülerinnen und Schülern zu erfassen. Als Ergebnis präsentiert er eine Heuristik von insgesamt acht Politisierungstypen (ebd.: 179f). Seine Forschung verbleibt allerdings im Politikunterricht / in der Politikdidaktik, d.h., sie ist nicht interdisziplinär angelegt.

Resümierend lässt sich im Blick auf Deutsch-, Philosophie- und Politikdidaktik festhalten, dass alle drei Fachdidaktiken darauf bestehen, dass das Argumentieren entweder »traditionell einen hohen Stellenwert im Deutschunterricht« (Winkler 2006: 157) hat oder dass damit »die didaktische Qualität der Philosophie […] gegenüber allen anderen ethischen Orientierungsangeboten wie etwa Religion oder Tradition« (Tiedemann 2006: 126) auszumachen ist oder dass der »Politikunterricht einen prominenten Ort dar[stellt], an dem die Fähigkeit zur Argumentation systematisch und reflektiert erprobt und eingeübt werden kann« (Kuhn 2006: 147). Das heißt, man verbleibt in der jeweils eigenen Domäne, wenn über *das Argumentieren* geforscht wird.

Ergänzend ist zu erwähnen, dass sich, eng an die KMK-Vorgaben (Kompetenz *Kommunikation*) angelehnt, in der Fachdidaktik Geografie Forschungsbemühungen zum Argumentieren abzeichnen (vgl. Budke 2013: 353ff), weil das Argumentieren in diesem Fach bisher »wenig empirisch erforscht, modelliert und didaktisch gefördert wurde« (ebd.: 361).

2.1.4 Religionspädagogische Forschung zum Argumentieren

Für die Religionspädagogik kommt Grümme zu einem ähnlichen Ergebnis, wenn er konstatiert, dass das Thema *Argument, Argumentation, Argumentationsfähigkeit* in der religionspädagogischen Forschung bisher nicht die entsprechende Beachtung erfährt (vgl. Grümme 2006: 131). Allerdings hebt Grümme nur auf das Problem unterrichtlicher Methodikfragen ab. Im Allgemeinen kann zu Veröffentlichungen zur Methodik des Religionsunterrichtes festgehalten werden, dass zwar das Argumentieren (Thesen entwerfen) benannt wird, allerdings nur als eine Vorgehensweise im Unterricht, aber nicht die Frage aufgeworfen wird, was ein Argument sei (vgl. z. B. Niehl/Thömmes [10]2009: 101–103).

Grümme benennt als Einstieg für seine Ausführungen eine religionspädagogische Grundwahrheit (vgl. EKD-Schrift *Identität und Verständigung* von 1994): Ein Religionsunterricht kann im »Kontext von Posttraditionalität und Pluralität nur bildungstheoretisch […] legitimiert werden«, um im Anschluss festzuhalten, dass es »um die bildungstheoretische Relevanz insbesondere der argumentativen Gesprächsmethoden derzeit nicht zum Besten« bestellt ist (Grümme 2006: 131).

Im Rückgriff auf Lachmann (1998) wird eine solche argumentative Gesprächsmethode der Mündlichkeit zugeordnet und differenziert in Plauderei (Grümme 2006: 135f), Lehrgespräch (136f), Schülergespräch (137f) und Diskussion (138). Die Dilemmadiskussion (ebd.), das Theologisieren mit Kindern (138f) sowie die abduktive Argumentation (140f) werden als Techniken vorgestellt, die im Unterricht dazu dienen

> »die Schülerinnen und Schüler zum Nachdenken anzuregen […] ihre Meinungen zu begründen, […] sich ihrer Meinungen bewusst [zu] werden, diese vertreten und in ein begründetes Urteil überführen [zu] können« (Grümme 2006: 140).

Auch hier, wie schon bei Büttner (2006) zu beobachten, wird die Frage, wie Schülerinnen und Schüler argumentieren, oder die Frage, was ein theologisches Argument sein könnte, nicht gestellt. So ähnlich auch Nipkow (2005: 426), der zwar einen argumentativen Unterricht (über religiöse Erfahrungen) erwähnt, allerdings nicht ausführt, wie ein solcher zu gestalten ist. Erstmalig entwickelt die Dissertation von Theresa Schwarzkopf (2015) Aufgaben zu Gottesbildern und Auferstehungsvorstellungen von Schülerinnen und Schülern, um die Argumentationskompetenz zu erhöhen.[11]

Im internationalen Zusammenhang wird, auch in religionspädagogischer Hinsicht, eher auf die Frage nach einer Argumentationstechnik (Lam Wa-ip 2011; Muller Mirza/Peret-Clermont 2009) abgehoben. Die Studie von Gottlieb (2001) untersucht den Zusammenhang zwischen kultureller Beeinflussung und argumentativen Begründungen und Rechtfertigungen für einen religiösen Glauben und arbeitet mit den argumentativen Grundoperationen *Behaupten, Begründen, Kritisieren.* Auffällig ist in den englischsprachigen Studien, dass das Thema *Argumentieren* dem Toulmin-Schema folgt und in einen engen Zusammenhang mit *Critical Thinkings* gerückt wird.

11 Diese Dissertation ist der wissenschaftlichen Öffentlichkeit noch nicht zugänglich. Die Arbeit von Schwarzkopf verweist aber darauf, dass das Argumentieren als Gegenstand der Forschung langsam in der Religionspädagogik ankommt. Bei Einreichung der vorliegenden Habilitationsschrift konnte diese Arbeit leider noch nicht ausgewertet werden. Deshalb ist sie an dieser Stelle nur erwähnt.

2.1.5 Resümee

Aus dem bisher diskutierten Überblick über die Forschungsliteratur lässt sich resümieren, dass aktuelle naturwissenschaftlich-fachdidaktische Ansätze zum Argumentieren stark von der informellen Logik geprägt sind. Dialogische Äußerungen werden als soziale Handlungen betrachtet, die zwar nur mit einer relativen Gültigkeit ausgestattet sind, aber von den Dialogpartnern im Sinne eines gemeinsamen Hintergrundwissens geteilt werden können.

Zur Analyse der Fähigkeit in diesen Situationen ist als Basis das Toulmin-Schema auszumachen, nach dem Argumentationen in ihre Bestandteile zerlegt werden und anhand ihrer Zusammensetzung die Qualität und damit die Fähigkeit des Sprechers bestimmt wird.

Diese Beobachtung gilt für die naturwissenschaftlichen Fachdidaktiken, wenn sie unter argumentationstheoretischen Voraussetzungen Forschung betreibt.

Die geisteswissenschaftlichen Fachdidaktiken stehen diesbezüglich noch am Anfang, was vollends für die Religionspädagogik festgehalten werden muss. Das heißt, es lässt sich für den deutschsprachigen Raum keine religionspädagogische Forschung ausmachen, die theoretisch fundiert diskutiert und empirisch überprüft, ob und wie Schülerinnen und Schüler argumentieren.

2.2 Zur Anschlussfähigkeit der Studie an die religionspädagogische Forschung

Bisher konnte unter Berücksichtigung argumentationstheoretischer Ansätze diskutiert und in fachdidaktischen Forschungsansätzen identifiziert werden, dass Argumentationen etwas *Fragliches/Strittiges* in Unstrittiges überführen und dass die Operationen dafür das *Behaupten*, *Begründen* und *Kritisieren* sind. Des Weiteren wurde der Begriff *Anlass* hervorgehoben: Argumentationen brauchen Anlässe. Es kann dabei auch von den *Inhalten* einer Argumentation gesprochen werden.

Im Folgenden ist exemplarisch die religionspädagogische Literatur zu betrachten, welche über den hier gewählten Inhalt *Schöpfung und Evolution* forscht. Die biologiedidaktische Forschung wird, soweit möglich, mit einbezogen.

2.2.1 Überlegungen zur Verhältnisbestimmung von Theologie und Naturwissenschaft

Nipkow (1987) konstatierte zur Gottesfrage »Einbruchstellen«[12] bei Jugendlichen. Er gewinnt diesen Begriff aus der Analyse der *Textsammlung Schuster* (Schuster 1984; es handelt sich um Texte von 1.236 Jugendlichen im Alter von 16 bis 20 Jahren). Eine Einbruchstelle ist mit »Gott – Schlüssel zur Erklärung von Welt, Leben und Tod?« (Nipkow 1987: 60) beschrieben.[13] An dieser, so Nipkow, entzündet sich die Frage nach »Gemeinsamkeiten und Unterschiede im Verhältnis von *Theologie* und *Naturwissenschaft*«, weil »die *Erklärung der Welt im Ganzen*« zur Disposition steht (ebd.: 61, Hervorhebungen im Original). Daraus wird eine religionspädagogische Programmatik abgeleitet: Die Schöpfungslehre ist theologisch gefordert, einen Beitrag zum Weltbild zu leisten (vgl. ebd.).

Verschiedene Studien[14] haben an die Nipkow'sche Analyse und deren Ergebnissen angeschlossen bzw. diese produktiv weiterbearbeitet. Hervorgehoben werden soll hier die auf einer Re-Analyse – speziell zum Thema Naturwissenschaft und Verhältnis zum Gottesglauben – der *Textsammlung Schuster* basierende Studie von Rothgangel (1999). Die Studie setzt mit strukturgenetisch orientierten Überlegungen ein (ebd.: 29ff) und bezieht sich dabei explizit auf den Ansatz komplementären Denkens (vgl. Oser/Reich 1987; Reich/Schröder 1995). Durch die Re-Analyse der Texte, die mit der Grounded Theory ausgewertet werden, lassen sich drei Kategorien gewinnen: Naturwissenschaft widerlegt Gott (Rothgangel 1999: 67f); Naturwissenschaft und Glaubenskonflikt (68f); Vermittlungsstrategie von Naturwissenschaft und Gottesglaube (ebd.: 70f).

---

12 Mit dem Begriff *Einbruchstellen* operiert u.a. Freudenberger-Lötz (2012: 19), wenn sie feststellt, dass spätestens »mit dem Eintritt in die Pubertät […] solche Einbruchstellen des Glaubens« auftreten und »Jugendliche möglicherweise […] auch noch als Erwachsene beeinflussen« können. Dagegen äußert Dieterich schon 2007 (124), dass »die ›Einbruchstellen‹ eher als ›Entscheidungsfelder‹ bzw. Kristallisationspunkte zu verstehen« sind, an denen sich der Kinderglaube verabschiedet und neuen möglichen Zugängen Raum geschaffen wird bzw. werden soll.

13 Die anderen *Einbruchstellen* sind differenziert: Ist Gott Helfer und Garant des Guten (Das Theodizeeproblem); Ist Gott bloß ein Wort oder Symbol? (Illusionsverdacht und Religionskritik); Ist Gott glaubhaft verbürgt in der Kirche? (Kirchenkritik) (vgl. Nipkow 1987: 53–78).

14 Andere Autoren zur Verhältnisbestimmung sind z.B. Burgey 1985, Angel 1988, Biesinger/Strack 1996, Dorschner 1998, Fricke 2005, Hunze 2007 und 2009, Höger 2008, Dieterich 1996 und 2008, Nipkow 2008, Kraft 2009, Schweitzer ²2011. Das Heft 1, 2009, der Zeitschrift TheoWeb widmet sich ebenfalls diesem Thema (vgl. http://www.theo-web.de/zeitschrift/ausgabe-2009-01/ [8.9.2013]). Indirekt gehören hierzu auch die Studien von Fuchs (2010) zum *bioethischen Lernen in Bezug auf Konzepte und Kategorien in der Sekundarstufe I* und von Klose (2009), die *empirisch kreationistische und wissenschaftsgläubige Denkmuster im Kontext schulischen Lernens* erfasst.

Damit sind – im Anschluss an Nipkow (1990), Ziebertz (1994) und Schweitzer (^{7}2001) – »›alltagsweltliche‹ Verhältnisbestimmungen von Naturwissenschaft und Theologie« eruiert (Rothgangel 1999: 94). Die »vier verschiedenen Idealtypen« (ebd.: 129ff) nach Barbour (1990) – Konfliktmodell, Unabhängigkeitsmodell, Dialogmodell, Integrationsmodell – dienen als Typologie, um in wissenschaftsgeschichtlicher Perspektive (Rothgangel 1999: 103ff) eine Auseinandersetzung mit Theologiekritikern (Albert: Konfliktmodell, ebd.: 132ff) und mit verschiedenen theologischen Ansätzen (z.B. Barth: Unabhängigkeitsmodell, 144ff; Küng und Pannenberg: Dialogmodell, 159ff; Griffin: Integrationsmodell, 186ff) zu ermöglichen.[15]

Aus diesen wissenschaftstheoretisch und wissenschaftsgeschichtlich motivierten Perspektiven zieht Rothgangel Schlussfolgerungen für eine religionspädagogische Vermittlung zwischen Lebenswelt (der Schülerinnen und Schüler) und Wissenschaft. So wird u.a. festgehalten, dass

> »ein wesentliches Potential wissenschaftstheoretischer Überlegungen im Religionsunterricht gerade darin besteh[t], daß sie durch eine Reflexion von Grenzen und Möglichkeiten der Naturwissenschaften zu einer Infragestellung wissenschaftsgläubiger Einstellungen beitragen und gleichfalls vor ihrem Hintergrund Gemeinsamkeiten und Unterschiede zwischen Theologie und Naturwissenschaft diskutiert werden können« (Rothgangel 1999: 254; so auch Rothgangel 2011, 2012b).

Kritisch angemerkt wird, dass

> »eine weitgehende Ausblendung wissenschaftstheoretischer Reflexion [...] zur Nichtberücksichtigung der Grenzen von Wissenschaft« führt, womit »eine Extremform der Wissenschaftsorientierung« und eine »Wissenschaftsgläubigkeit« gefördert wird (Rothgangel 1999: 256).

Dies hat Konsequenzen für den Religionsunterricht, weil im Nichtreflektieren der Grenzen naturwissenschaftlicher Forschung andere Weltzugänge scheinbar – so könnte ein Argument lauten – ihre Gültigkeit verlieren. In Bezug auf die Ebene *Schule, schulischer Unterricht* scheinen Jugendliche

> »ganz enorme Schwierigkeiten [zu haben], den Modellcharakter naturwissenschaftlicher Weltentstehungstheorien, also ihre nur relative Gültigkeit, als Faktum zu ak-

15 Eine Verhältnisbestimmung zwischen Theologie und Naturwissenschaft hat auf der *innertheologischen* Ebene darüber Auskunft zu geben, nach welcher Theologie *Schöpfung* theologisch verstanden werden kann oder soll. Formal betrachtet ist Theologie zwar als Einheit von Disziplinen zu denken, wie Exegese, Systematik, Geschichte und Praxis, inhaltlich ist allerdings nur von Theologien zu sprechen (vgl. dazu Rothgangel 2012a). Da es eine Vielzahl von Theologien (z.B. für die systematische Theologie / Dogmatik von Barth, Tillich, Bultmann, Moltmann, Ebeling, Jüngel usw.) gibt, muss als Problembewusstsein wachgehalten werden: Theologische Systeme und Aussagen sind relative Urteile, die zeit- und damit kontextgebunden den Wahrheitsanspruch des Christentums interpretieren; dies als Erweiterung in wissenschaftstheoretischer, aber auch wissenschaftsgeschichtlicher Hinsicht.

zeptieren [...] Zudem wird in der Schule als ganzer nach wie vor das von den Naturwissenschaften selbst längst überwundene Bild vermittelt, es handle sich bei ihren Aussagen um objektive Wahrheiten.« (Kliss 2003: 50)

Eine solche religionspädagogische Forschung – wie hier an Rothgangel exemplarisch gezeigt – führt zu differenzierten Ergebnissen, die einen Hinweis darauf abgeben, dass Diskussionen über eine Verhältnisbestimmung zwischen Theologie und Naturwissenschaft und damit zwischen Schöpfung und Evolution einen berechtigten Platz im Religions-, aber auch im naturwissenschaftlichen Unterricht erhalten sollten.[16] Solche Diskussionen machen allerdings nur Sinn, wenn sie auf der Basis des (bewussten) Austausches von Argumenten stattfinden.

Auf zwei weitere Studien sei noch kurz verwiesen. Hunze (2007, 2009) warnt vor der Gefahr, *Schöpfung* auf Ethik (Bewahrung) zu reduzieren. Er macht darauf aufmerksam, dass

»theologische Schöpfungsgedanken weitestgehend unberücksichtigt [bleiben]. Der Schöpfungsbegriff scheint als solcher [...] kein wichtiges *Konzept* oder *Prinzip* für die Religionspädagogik zu sein.« (Hunze 2009: 43, Hervorhebungen im Original).

Hunze versucht, Schöpfung wieder als eine zentrale religionspädagogische Kategorie stark zu machen. Seine Modelle zur Verhältnisbestimmung zwischen Theologie und Naturwissenschaft sind wie folgt benannt: Inkommensurabilitätsmodell, Konkordanz- und Konsonanzmodell, Konkurrenzmodell (vgl. Hunze 2007: 196ff). Im Anschluss an Moltmann (ebd.: 71ff) versucht Hunze Rahmenbedingungen für ein religionsunterrichtliches Lernen zum Themenfeld Schöpfung herauszuarbeiten (ebd.: 135ff). An anderer Stelle beschreibt er dies so:

»Als Kategorie führt die Schöpfungsidee zu einer konvergierenden Sicht der Erfahrungen durch die geglaubte Wahrnehmung der Beziehung aller Dinge zu Gott, ihrem

16 Die Untersuchungen von Körner (2006) – die Autorin untersucht speziell die Situation in Ostdeutschland – thematisiert das *Verhältnis zwischen Theologie und Naturwissenschaft* auf der Ebene der Schulleitbilder und der schulinternen Curricula und kann zeigen, dass eine »Verhältnisbestimmung zwischen Aussagen der Evolutionstheorie und solchen der biblischen Schöpfungsberichte [...] nur im Lehrplan eines der ostdeutschen Bundesländer, nämlich Brandenburg, als verbindliches Unterrichtsziel ausgewiesen [ist]. Auch die für eine Verhältnisbestimmung zwischen Naturwissenschaft und Theologie grundlegende Beschäftigung mit Wissenschaftstheorie ist laut Rahmenplan nur in Thüringen und Brandenburg vorgesehen« (Körner 2006: 145f). An dieser Studie fällt auf, dass die Autorin den theologisch nicht haltbaren Begriff *Schöpfungsberichte* verwendet. Eine solche Verwendung kann in Bezug auf schulischen Unterricht bei Schülerinnen und Schülern durchaus Verwirrung stiften; suggeriert doch der Begriff *Bericht* eine Tatsachenebene. Dieses Phänomen ist immer wieder zu beobachten, so z.B. bei Gennerich (2013: 86). Gennerich schwankt aber auch zwischen Schöpfungsmotiv (76), Schöpfungsglaube (77), Schöpfungsordnung (79), Schöpfungstexten (80).

> Schöpfer. Der Begriff ›Kategorie‹ macht deutlich, dass mit Schöpfung zunächst keine direkte Erfahrung bezeichnet wird […] Die Welt *ist* also nicht einfach so Schöpfung, sondern muss *als Schöpfung entdeckt werden.*« (Hunze 2009: 51, Hervorhebung im Original)

Deshalb ist Schöpfung auch

> »kein deskriptiver Begriff, der etwas Vorfindliches beschreibt – weder die Natur, noch das eingespielte Öko-System. Genauso wenig ist Schöpfung eine Bezeichnung für einen anfanghaften Akt Gottes, der den von der Physik beschriebenen Kosmos oder das von der Biologie beschriebene Leben ins Dasein ruft«, sondern »ein genuin theologischer Begriff.« (ebd.)

Etwas anders geht die Studie von Höger (2008) vor, die bemüht ist, der Frage nach den Vorstellungen von Jugendlichen über Gott bei der Welterschaffung nachzugehen und differenzierte Umgangsmöglichkeiten von Schülerinnen und Schülern in Bezug auf Welterklärungsmodelle zu diskutieren. Dabei greift Höger auf die von Rothgangel (1999) erarbeiteten drei Kategorien zurück und erweitert diese durch eine vierte: Schöpferglaube bedingt Ablehnung von Naturwissenschaft (Höger 2008: 47). Im Ergebnis kann Höger ausmachen, dass es für »einen zwingenden biografischen Abschied vom Schöpfergott im Jugendalter […] in dieser Studie keine empirischen Beleg gibt« (ebd.: 303). Dieses Ergebnis – welches die *Einbruchstellen* fragwürdig macht – ist mit Vorsicht zu betrachten. Es erhebt sich die Frage, ob eine solche Aussage angesichts der geringen Anzahl der interviewten Schülerinnen und Schüler (n=14) nicht eine Allgemeingültigkeit suggeriert, die nicht nur das kleine Sample ausblendet, sondern auch die Entstehungssituation der Interviews (Baden-Württemberg). Es könnte auch andersherum argumentiert werden: Solange *nur* diese Studie vorliegt, gilt die *Abschiedsthese* bzw. gelten die *Einbruchstellen* als nicht widerlegt.

Resümiert werden kann: In der religionspädagogischen Forschung ist *Schöpfung* und *Evolution* thematisch fest in der Frage nach einer Verhältnisbestimmung zwischen Theologie und Naturwissenschaft verankert (vgl. z. B. Öhler 2013: 15; Höger 2013: 91). Die Anschlussfähigkeit der vorliegenden Studie an die religionspädagogische Forschung zur Verhältnisbestimmung von Theologie und Naturwissenschaft ist demonstriert. In argumentationstheoretischer Hinsicht lässt sich diese ausmachen, wenn die hier vorgelegte Studie danach fragt, ob und wie Schülerinnen und Schüler argumentieren.

Zu argumentieren setzt – als sprachliche Handlung – eine Verknüpfung und damit immer eine (direkte oder indirekte) Verhältnisbestimmung voraus. Indem Schülerinnen und Schüler behaupten, begründen und kritisieren sollen, schwingt ein Verhältnis (aber auch ein Verhalten zu …) mit – ob implizit oder expliziert ist an dieser Stelle noch nicht auszumachen, dazu bedarf es der empirischen Prüfung.

Aber auch in Bezug auf die Erkenntnisse eines Denkens in Komplementaritäten kann eine Anschlussfähigkeit ausgemacht werden, denn Argumente könnten mit einem ausschließenden »Oder«, einem »Auch« bzw. einem »Sowohl-als-auch« formuliert werden, was grob gesprochen den Stufen 1–4 nach Oser und Reich (1987) entsprechen würde, allerdings hier nicht weiter ausgeführt werden kann.

In der Betonung, dass Schöpfung ein genuin theologischer Begriff ist – wie bei Hunze hervorgehoben – eröffnet sich ein inhaltliches Problembewusstsein vorliegender Studie, womit ebenfalls eine Anschlussfähigkeit hergestellt ist: Argumente von Schülerinnen und Schülern können und müssen fachwissenschaftlich eingeschätzt werden, um eine Aussage über das *Ob* und *Wie* zu ermöglichen.

In der Fachdidaktik Biologie kann eine Tendenz notiert werden, sich ernsthafter mit *Schöpfung* zu beschäftigen, was u. a. an der wachsenden Einsicht liegt, dass theologische und naturwissenschaftliche Forschungen gemeinsam gegen fundamentalistische Strömungen agieren sollten. Diese Forschung untersucht z. B. Einstellungen von Schülerinnen und Schülern zum Kreationismus, aber auch Szientismus (vgl. Konnemann et al. 2013; Klose 2011; Rothgangel 2012). Dabei wird Kreationismus »als Sammelbezeichnung« verstanden, unter der die verschiedenen Strömungen, wie beispielsweise der »Junge-Erde-Kreationismus und die Intelligent-Design-Bewegung« subsumiert werden (Konnemann et al. 2013: 51). Kreationismus wird zu Recht mit *pseudowissenschaftlich* gekennzeichnet (vgl. dazu die Überblicke von Bayrhuber 2011; Leinfelder 2011; Kölbl-Ebert 2011), da dessen Vertreter nicht nur ein wörtliches Bibelverständnis propagieren, sondern den der Evolutionstheorie inhärenten Gedanken einer Entwicklung vom Einfachen zum Komplexen durch das Agieren eines Designers erklären wollen. Für die vorliegende Studie ist inhaltlich eine Anschlussfähigkeit zu sehen, da die Frage nach dem Argumentieren von Schülerinnen und Schülern, dem Gebrauch von Argumenten, in der Forschung zu Einstellungen nicht gestellt wird.

Für beide, fachwissenschaftliche und fachdidaktische, Forschungsanstrengungen sind dialogische Zugänge auszumachen – in Bezug auf den Begriff *Dialog* ist somit von einem interdisziplinären Dialog auszugehen, der u. a. die von Rothgangel avisierte Verhältnisbestimmung aufnimmt, aber auch die fachwissenschaftlich begründete Verhinderung fundamentalistischer Einflüsse gestalten kann. Damit wird die vorgelegte Studie anschlussfähig, weil sie sich selbst im interdisziplinären Feld bewegt und dort eine besondere dialogische Form betrachtet: die Argumentation.[17]

---

17 Im Sammelband von Weiße (1996) werden Untersuchungen zum schülerorientierten Dialog über religiöse Themen in kulturell heterogen zusammengesetzten Klassen angestellt (vgl.

2.2.2 Kinder- und jugendtheologische Ansätze

Bisher konnte eine inhaltliche Anschlussfähigkeit an die Forschungen zur *Verhältnisbestimmung von Theologie und Naturwissenschaft* ausgemacht werden. Eine solche lässt sich auch zu den Forschungen zur *Kindertheologie* und – zunehmend auch – *Jugendtheologie* vortragen.

Zur Kindertheologie[18] lassen sich umfangreiche Studien ausmachen, wie das Jahrbuch für Kindertheologie ab 2002[19] zeigt. Neben den eher programmatischen Aussagen von Schweitzer (2003) aber auch der Zwischenbilanz von Büttner und Bucher (2005) ist Freudenberger-Lötz (2007a, 2007b, 2008) als wohl exponierteste Vertreterin kindertheologischer Forschung zu nennen. Gerade sie hat jüngst damit begonnen, auch in der Jugendtheologie zu forschen (Freudenberger-Lötz 2011).

Für die Jugendtheologie sei verwiesen auf Büttner (2007, 2012a, 2012b), Dieterich (2007, 2012, 2013), Dietrich und Imkampe (2013), Freudenberger-Lötz (2012), Gennerich (2010), Meyer-Blanck (2013), Rothgangel (2012c), Spaeth (2013), Schweitzer (2005), Schlag und Schweitzer (2011, 2012) Schweitzer (2013) und Schlag (2013). An der Differenzierung zwischen Theologie *von* Kindern/Jugendlichen, Theologie *mit* Kindern/Jugendlichen und Theologie *für* Kinder/Jugendliche sollen exemplarisch die entsprechenden Forschungen veranschaulicht sowie Anknüpfungsperspektiven zur vorliegenden Studie verdeutlicht werden.

---

den eigenen Beitrag von Weiße 1996: 117). An anderer Stelle (vgl. Weiße 2000: 126–128) können mit der Methode *Nachträgliches lautes Denken* verschiedene Argumente und Positionen ausgemacht werden. Insgesamt fragt diese Forschung aber nicht danach, welcher Art diese Argumentationen der beobachteten Schülerinnen und Schüler sind (zum gesamten Projektbericht mit dem entsprechenden Forschungsüberblick vgl. Knauth/Leutner-Ramme/Weiße 2000: 9–39).

18 Anton Bucher konnte schon 1992 von Kindern als Theologen sprechen (vgl. Bucher 1992: 7f) und die Synode der EKD formulierte die Aufgabe, Kinder als »selbständige religiöse Entdecker und kleine Theologen« zu begreifen und wahrzunehmen (Synode der EKD 1995: 70). Spätestens seit dem Erscheinen des ersten Bandes des *Jahrbuches für Kindertheologie* (2002) ist von einer systematischen Durchdringung auszugehen, sodass Kraft (2007: 111) resümieren kann: »Kindertheologie« hat sich als »innovative[s] religionsdidaktische[s] Konzept[] in die jüngste religionspädagogische Debatte nachhaltig eingetragen«. *Kindertheologie* kann somit als ein religionsdidaktisches Konzept bzw. Programm verstanden werden, welches sich – genetisch betrachtet – durch Ansätze der *Kinderphilosophie* inspirieren ließ (vgl. Büttner/Bucher 2005: 36).

19 Es macht wenig Sinn, hier alle Titel des *Jahrbuches für Kindertheologie* aufzuzählen. Ab 2002 erscheint es regelmäßig in der Herausgeberschaft von Bucher, Büttner, Freudenberger-Lötz und Schreiner, um die wichtigsten Herausgeber zu nennen. Entsprechende Aufsätze werden im Rahmen der Studie herangezogen und sind dann mit den konkreten Autoren gekennzeichnet. Explizit verwiesen sei an dieser Stelle nur auf den Band 11/2012, der sich mit dem Thema *Mit Kindern über Schöpfung und Weltentstehung nachdenken* beschäftigt (Kalloch/Schreiner 2012).

Die Ausgangsposition kindertheologischer Forschung ist eine »Würdigung bzw. das Ernstnehmen von Kindern als Subjekten, die eigenständig über ihren Glauben nachdenken können« (Freundenberger-Lötz 2008: 39). Das Konzept einer Kindertheologie fand eine Ausdifferenzierung in Theologie *von* Kindern, *mit* Kindern und *für* Kinder – mit dem Schwerpunkt, dass Theologie nicht »für Kinder präpariert und vereinfacht, sondern von ihnen selbst hervorgebracht wird« (Büttner/Bucher 2005: 35). Die Unterscheidung *von, mit* und *für* wurde programmatisch von Schweitzer (2003: 11ff) vorgetragen, der noch von einer Theologie »der Kinder« (ebd.) spricht. Kritisch nimmt Schluß (2005) diese programmatische Aussage auf und plädiert dafür, dass *von, mit* und *für* nicht »alternativ zu verstehen« sind, sondern »sich ergänzen« sollen (Schluß 2005: 23).

Mit dieser Ausdifferenzierung, die von der jugendtheologischen Forschung übernommen wurde – Dieterich (2007: 122ff) nimmt die Unterscheidung zwischen *Theologie für Jugendliche* und *Theologie von Jugendlichen* auf, später (Dieterich 2013: 35f) auch *Theologie mit Jugendlichen* (vgl. auch Schlag/Schweitzer 2011: 60) – lassen sich religionspädagogisch Konzeptionen wie Subjektbezug (z.B. Freudenberger-Lötz 2008: 39), Elementarisierung (Schweitzer 2003, [2]2011), eine »dialogische [...] Form des Theologietreibens« (Schweitzer 2005: 47) oder der Laientheologie (Schlag 2013: 12) im Programm *Kinder- und Jugendtheologie* verarbeitet vorfinden. Den drei Perspektiven (*von, für* und *mit*) stellen Schlag und Schweitzer (2011: 61) noch fünf Dimensionen zur Seite: implizite, persönliche und explizite Theologie, theologische Deutung mithilfe der theologischen Dogmatik und ein ausdrückliches theologisches Argumentieren von Jugendlichen. Gerade an diese drei Perspektiven mit den fünf Dimensionen ist die vorliegende Studie anschlussfähig. Dieses Schema/diese Matrix wird hilfreich sein, um jugendtheologische Konsequenzen (fokussiert auf Theologie *von* Jugendlichen), die sich aus der empirische Erhebung ergeben, einordnen und kritisch diskutieren zu können.

Dabei ist zu notieren, dass für die *Kindertheologie* Ansätze der entwicklungspsychologischen Forschung (Piaget) Verwendung fanden, die eine Modifizierung erfuhren, und zwar dahingehend, dass »sie [die Entwicklungspsychologie, TW] die Wissensstruktur des Kindes weniger geprägt sieht durch ein allgemeines Niveau, sondern durch seine Bereichsspezifik« (Büttner/Bucher 2005: 42 mit Verweis auf Mähler 1999: 53–66). Im jugendtheologischen Zusammenhang geht Schlag beispielsweise davon aus, dass

> »*sehr viele Jugendliche eine Theologie längst haben*, zumindest im Sinne einer impliziten und einer persönlichen Theologie« (Schlag 2013: 18, Hervorhebung im Original).

Und er schlussfolgert daraus, dass es in der Jugendtheologie »nur« darum gehen kann, »Jugendliche als diejenigen Theologen wahrzunehmen und anzuerkennen, die sie tatsächlich schon lange sind« (ebd.).

Auffällig ist in beiden Forschungszusammenhängen, dass hinter den systematisch-didaktischen Ansätzen das reformatorische Verständnis eines Theologietreibens steht, welches das lutherische »Für-mich« des Kleinen Katechismus ernst nimmt.

Werden diese grundsätzlichen Überlegungen in Beziehung zu den bisher erörterten argumentationstheoretischen Positionen (Fraglichkeit/Strittigkeit, Anlass) gesetzt, dann wird klar, dass sich hier ein eindeutiges Forschungsdesiderat feststellen lässt.

In den kinder- und jugendtheologischen Forschungsansätzen wird immer wieder hervorgehoben, dass das »Theologisieren gemäß argumentativer Regeln erfolgen« soll (Büttner/Bucher 2005: 44), dass »die Argumentationsfähigkeit abhängig ist vom Wissen im jeweiligen Feld« [oder, dass] »es notwendig ist, mögliche Denkmuster zu bestimmten Fragestellungen für Kinder eines bestimmten Alters anzugeben« (42). Für die jugendtheologische Forschung unternehmen Dieterich und Imkampe (2013: 132–143) die Bestimmung solcher Denkmuster. Hier kommt es allerdings zu einer begrifflichen Vermischung zwischen Denk- und Argumentationsmuster (vgl. ebd.: 136 u. ö.). Es wird auch programmatischer formuliert: Kindertheologie zielt ab auf »theologische Argumentationsfähigkeit und religiöse Urteilsfähigkeit« (Kraft 2007: 111), in jugendtheologischen Konzeptionen verfügen Schülerinnen und Schüler durch bestimmte Methoden über ein »Bündel an Argumentationsmustern« (Freudenberger-Lötz 2012: 85), durchdringen Theologie »diskursiv« (Büttner 2007: 136) oder werden ausdrücklich zu einem »theologische[n] Argumentieren« angeregt (Schlag 2013: 15). Als Leitfaden wird die Frage nach »theologischen Argumentationsstrukturen, Begründungsmustern, Denkfiguren« (Dieterich 2013: 39) formuliert.

Der Fragehorizont: *Ob* und *wie* Schülerinnen und Schüler argumentieren, mit welchen Mustern, aus welchen Anlässen, aus welchen fachwissenschaftlichen und/oder fachübergreifenden Kontexten heraus, blieb dabei bisher völlig unberücksichtigt.

Es lässt sich festhalten, dass vorliegende Studie anschlussfähig ist an Forschungen zur Kinder- und insbesondere Jugendtheologie, auch wenn programmatische Ansätze zur Jugendtheologie (vgl. Schlag/Schweitzer 2011) kritisch diskutiert werden müssen. In den Fokus wird eine Forschung gerückt, die sich als Beitrag zu einer *Jugendtheologie* versteht. Es sollen mit empirischer Methodik Erkenntnisse über »das theologische Denken von Jugendlichen, also ihr eigenständiges Nachdenken über Fragen von Religion und Glauben« (Dieterich 2013: 36) gewonnen werden. Nach der Auswertung des erhobenen Materials ist zu diskutieren, inwiefern es sich dabei um eine Theologie *von* Jugendlichen / ein Theologisieren *von* Jugendlichen handelt und ob sich aus den Daten prinzipielle religionspädagogische Überlegungen bzw. Konsequenzen für das Programm *Jugendtheologie* ableiten lassen.

2.2.3 Resümee

Es hat sich eine inhaltliche Anschlussfähigkeit vorliegender Studie an die Forschungen zur *Verhältnisbestimmung von Theologie und Naturwissenschaft* und an die zur *Kinder- und* insbesondere *Jugendtheologie* zeigen lassen. Mit solchen religionspädagogischen Forschungsansätzen wird einer primären Aufgabe des evangelisch verantworteten Religionsunterrichtes nachgegangen. Dieser hat – bezogen auf Schöpfung – die biblische Schöpfungstradition zu interpretieren, indem er die Bibel textgemäß ausgelegt, die Botschaft sachgemäß beurteilt und die Rolle der Theologie verständig begriffen wird (vgl. Nipkow 2008: 30). Gerade dadurch soll religiöse Sprache im Religionsunterricht verständlich gemacht und eingeübt werden (vgl. ebd.: 32). Hinzu kommt, dass eine solche Form des Theologisierens von einem Perspektivenwechsel durchdrungen sein muss, der das »›literacy‹-Konzept von PISA« (Dressler 2007a: 17; auch Schieder 2008) aufnimmt: »Bildungsprozesse insgesamt leben [...] vom Perspektivenwechsel und den damit verbundenen Unterscheidungsvermögen« (Dressler 2007a: 21). Müller, Direk und Müller-Friese (2005: 214ff, Zitat: 216) bezeichnen dies als hermeneutische Kompetenz, denn die Hermeneutik »stellt [...] eine umfassende Perspektive dar, die immer dann zu berücksichtigen ist, wenn es um Verstehensprozesse geht«.

Werden die drei von Nipkow vorgeschlagenen Modi einer religiösen Sprachfähigkeit – textgemäß auslegen, sachgemäß beurteilen, verständig begreifen – für das Thema *Schöpfung* aufgenommen, so ist es angesichts der vielfältigen religionspädagogischen Forschung zusammenfassend verwunderlich, dass im deutschsprachigem Raum keine Studie zum *Argument*, zur *Argumentation* oder zur *Argumentationsfähigkeit* vorliegt.

Verwunderlich ist dies deshalb, weil – argumentationstheoretisch betrachtet – ein Argumentieren immer dann nötig wird, wenn etwas fraglich oder strittig ist oder wird. Dieses *Fragliche/Strittige* könnte als *Einbruchstelle* bzw. als *Entscheidungsfeld* (Dieterich 2007: 124) identifiziert werden. Im Prozess des Argumentierens werden durch Argumente Erkenntnisse, Einstellungen und Haltungen hinterfragt; dies kann mit *Auslegung* übersetzt werden. Fragliches oder Strittiges soll durch Unstrittiges unstrittig gemacht werden, was ein *Beurteilen* voraussetzt und zu einem *Urteil* führt, um einen für alle Beteiligten tragbaren Konsens zu erreichen, der als solcher *begriffen* sein muss oder zumindest einen neuen Frage- und damit Verstehenshorizont eröffnet.

Mit anderen Worten: Wer argumentiert, will andere von seiner eigenen Position überzeugen. Mit dem Hervorbringen von Argumenten ist ein Urteil verbunden, welches die jeweiligen Standpunkte abwägt bzw. abgewogen hat. Wie die Diskussion forschungsrelevanter Literatur gezeigt haben dürfte, kann vorliegende Studie gut an verschiedene religionspädagogische Forschungsstränge anschließen. In Bezug auf argumentationstheoretische Grundpositionen betritt sie allerdings (religionspädagogisches) Neuland.

3. Grundsätzliche Überlegungen zur Studie und ihrer Grenzen

Die vorliegende Studie versteht sich als ein Beitrag zur Jugendtheologie (im Anschluss an die grundsätzlichen Überlegungen von Schweitzer 2005: 46–53; Dieterich 2007: 121–137; Dieterich 2013: 35–49, Schlag/Schweitzer 2011; Schlag 2013: 9–23). Es ist eine Forschung angestrengt, die fragt, ob und wie Schülerinnen und Schüler der gymnasialen Oberstufe das Thema *Schöpfung und Evolution* argumentativ entfalten können, d. h., im Sinne der Jugendtheologie wird empirisch auf den Bereich einer Theologie *von* Jugendlichen fokussiert, um anschließend und in kritischer Absicht Konsequenzen für das Programm *Jugendtheologie* zu diskutieren.

Gegenüber den vorgestellten Ansätzen zur Kinder- und Jugendtheologie setzt diese Studie grundlegend an, weil mit der Identifizierung der »Argumente der Jugendlichen« (Schweitzer 2005: 52) am Inhalt *Schöpfung und Evolution* – also am Exempel – studiert wird, über welches Argumentationspotenzial Schülerinnen und Schülern im Alter von 16 bis 18 Jahren verfügen. Diese *Potenzialanalyse* ist inhaltlichen und, in Bezug auf Lehr- und Lernprozesse, fachdidaktischen Überlegungen zur methodischen Gestaltung von Gesprächen/Diskussionen/Diskursen mit Jugendlichen bzw. Schülerinnen und Schülern der gymnasialen Oberstufe vorgelagert.

Während Studien wie die von Ziegler (2006) zum Verständnis von Jesus Christus nach *Haltungen* fragen und daraus eine Typologie entwickelt wird (vgl. Ziegler 2006: 216ff), will vorliegende Studie eruieren, ob und wie, also aus welchen *Fragehorizonten* und *fachwissenschaftlichen Kontexten* heraus sich Schülerinnen und Schüler zum Thema *Schöpfung und Evolution* argumentativ äußern bzw. welche Argumente sie dazu verwenden.

Die Typologie kontextabstrakter Argumentationsmuster nach Kienpointner (1992) (vgl. Kap. 2.1 der Einleitenden Überlegungen) wird sich im Rahmen der hier vorgetragenen Forschung als ein geeignetes Instrument zur Erfassung von Schülerargumentationen erweisen. Im Gegensatz zum Toulmin-Schema (und anderen Modellen) hat diese Typologie den Vorteil, dass die aus der Alltagslogik abgeleiteten Ansätze auch in fachlichen Zusammenhängen zur Anwendung kommen können (vgl. Nussbaum 2011). Aus diesem Grund kann die Betrachtung der Argumentation aus der Sicht der Alltagssprache und -logik als natürlicher Ansatzpunkt für die Analyse von Schülerargumentationen in unterschiedlichen Fächern gesehen werden (vgl. Duschl 2007). Die vom konkreten Kontext abstrahierenden Muster dürften gut geeignet sein, theologische und biologische Argumentationen differenziert identifizieren zu können.

Wie auch die Ansätze zur Analyse von Argumentationen, die auf dem Toulmin-Schema beruhen, geht Kienpointner von einem formalen, kontextunabhängigen, dreigliedrigen Grundschema aus: Über eine *Schlussregel* wird es ermöglicht, von einem *Argument* auf eine *Konklusion* zu schließen. Dabei klassifiziert Kienpointner nicht nach der Komplexität der Argumentation, d. h., er fragt nicht, aus wie vielen Elementen eine Argumentation besteht, sondern nach der Art der Verwendung der Schlussregel. Unter einem *Argument* ist in diesem Zusammenhang ein Grund zu verstehen, der für oder gegen die *Konklusion* angeführt wird bzw. werden kann (vgl. Kienpointner 1996: 75). Damit ist eine *Argument*-Definition gegeben, die für beide Domänen zutreffend ist, da sie sowohl naturwissenschaftliche als auch theologische Schlüsse, aber auch Werte und Normen umfasst.

Die von Kienpointner vorgelegte Systematisierung ist durch drei Kategorien bestimmt – schlussregelbenutzende, schlussregeletablierende und schlussregelillustrierende Argumentationsmuster, aus denen sich insgesamt 22 Subklassen ergeben. Der gesamte Ansatz von Kienpointner fokussiert auf den Begriff *Plausibilität*, der in vorliegender Studie verstanden wird als *etwas, was einleuchtend* ist. Weil Argumentationen nicht nur Gründe für die Geltung einer Sachlage anführen, sondern dadurch auch ein Urteil gefällt wird, ist festzuhalten: »Plausible Urteile sind relative Urteile, deren Relativität sich in drei Merkmalen zeigt: Sie sind intersubjektiv, probabilistisch und überholbar« (Steudel-Günther 2003: 1282). Plausible Urteile sind überzeugende Urteile, die vor dem Hintergrund eines sozial hergestellten Konsenses von Meinungen gebildet werden.

Solche Urteile sind also nicht auf absolute Wahrheit oder ein wie auch immer gelagertes absolutes Wissen ausgerichtet, sie lassen sich auch nicht auf die zweiwertige Prädikatenlogik beschränken, sondern gewinnen ihre *Kraft* durch ein wechselseitiges Anerkennen der in der konkreten Kommunikationssituation stehenden Partner. Diese wechselseitige Anerkennung muss nicht zwingend zu einer Lösung des Problems führen, sondern ist schon dann gegeben, wenn sich beispielsweise durch das Argumentieren ein neuer Fragehorizont eröffnet. Ein so definierter Plausibilitätsbegriff nimmt die Überlegungen von z. B. Lenke, Lutz und Sprengert (1995) auf: Die Beweiskraft von Argumenten ist als relative, intersubjektiv ausgehandelte Gültigkeit anzusehen und u. a. vom sozialen Kontext abhängig.

Mit diesem theoretischen Instrument wird der Versuch unternommen, die fachspezifische und/oder fachübergreifende Verwendung von Argumentationsmustern von Schülerinnen und Schülern der gymnasialen Oberstufe am Thema *Schöpfung und Evolution* zu identifizieren.

Vor der hier skizzierten Problematik, dem dargelegten Forschungsstand sowie dem vorgestellten Instrument zur Erhebung von Schülerargumentationen ist es sinnvoll, eine interdisziplinäre Forschung anzustrengen. Dabei wird von der folgenden Fragestellung ausgegangen:

Wie argumentieren Schülerinnen und Schüler der gymnasialen Oberstufe in den Fächern Evangelische Religion und Biologie zum Thema *Schöpfung und Evolution?*

Mit dieser Forschungsfrage ist sichergestellt, dass in beiden Fächern zu beiden Inhalten geforscht wird. Zugleich verlangt der Fragemodus »wie« eine Ausdifferenzierung. Diese lautet als Teilfragen formuliert:

1) Welche Argumentationsmuster lassen sich bei Schülerinnen und Schülern *fachspezifisch* in Bezug auf die Thematik *Schöpfung und Evolution* identifizieren?
2) Welche Argumentationsmuster lassen sich bei Schülerinnen und Schülern *fächerübergreifend* in Bezug auf die Thematik *Schöpfung und Evolution* identifizieren?
3) Lässt sich ein Zusammenhang zwischen der Musterverwendung und dem Inhalt *Schöpfung und Evolution* bei den untersuchten Schülerinnen und Schülern der gymnasialen Oberstufe feststellen?

Mit der Ausdifferenzierung der Forschungsfrage wird die gestellte Problematik in doppelter Weise bearbeitet. Zum einen wird unter konkreten argumentationstheoretischen Voraussetzungen untersucht, *ob* Schülerinnen und Schüler in der Lage sind, entsprechende Argumentationsmuster fachspezifisch und/oder fachübergreifend zu verwenden. Das heißt, ein Ziel der Studie liegt in der prinzipiellen Identifizierung der Muster, die differenziert wird in die Frage nach fachspezifischer/fachübergreifender Verwendung, da eine solche Einteilung im Vorfeld nicht ausgemacht werden kann. Es ist nur zu vermuten, dass durch die Kontextabstraktheit der Argumentationsmuster die differenzierte Erfassung von fachspezifisch/fachübergreifend möglich ist. *Ob* sie als solche auch bei der untersuchten Schülergruppe erfasst werden kann, ist das Fragliche, welches einer theoriegeleiteten empirischen Überprüfung bedarf.

Ein weiteres Ziel der Studie ist mit der Teilfrage 3 vorgegeben, denn diese fragt danach, *ob* und *wie* fachspezifische/fachübergreifende Muster mit konkreten Inhalten (Schöpfung und Evolution / Schöpfung oder Evolution) bei den Schülerinnen und Schülern verknüpft werden und dadurch eine argumentative Verwendung finden. Erst mit dieser Teilfrage 3 wird somit ein Zusammenhang zwischen Form (Argumentationsmuster) und Inhalt (*Schöpfung und Evolution*) hergestellt. Dies bedeutet im Umkehrschluss: Die Teilfragen 1 und 2 betrachten eher die formale Ebene, während die Teilfrage 3 auf eine inhaltliche Ebene abhebt. Aus der Zusammenschau des formalen und des inhaltlichen Elementes, wird sich das *Ob* und *Wie* umfassend in Bezug auf die untersuchten Schülerinnen und Schüler beantworten lassen können.

Um auf diese Fragen zu fokussieren, werden impulsgesteuerte Texte analysiert und ausgewertet, die von gymnasialen Oberstufenschülerinnen und -schülern selbstständig verfasst wurden. Der Reiz dieses interdisziplinären Ansatzes besteht darin, dass für beide Fächer eine fachspezifische Argumentationsweise behauptet werden kann. Ob die in der Forschungsliteratur vorgenommene Einteilung in Evidenz (naturwissenschaftlich) und existenziell (theologisch) haltbar ist, wird sich im Ergebnis dieser Studie ebenfalls verdeutlichen lassen. Ausgewertet werden die von der untersuchten Schülerschaft erzeugten Texte mit der Technik der formalen Strukturierung (vgl. Mayring ^{11}2010: 94f; vgl. Kap. 3.2.4), also einer Auswertungsmethode, die aus dem Bereich der qualitativen sozialwissenschaftlichen Forschung stammt.

Jede Forschung hat ihre Grenzen zu bedenken. Für die vorliegende Studie ist eine eindeutige Grenze durch die qualitative Methodik gesetzt. Es wird somit nach der Auswertung des erhobenen Materials nicht möglich sein, Verallgemeinerungen zu formulieren, die ein quantifizierendes Untersuchungsdesign zur Voraussetzung haben. Alle Ergebnisse beziehen sich nur auf die untersuchten Schülerinnen und Schüler. Bezogen auf diese Gruppe ist allerdings eine Hypothesenüberprüfung möglich.

Des Weiteren wurde in die Untersuchung nicht mit einbezogen, in welcher Intensität die Inhalte *Schöpfung und Evolution* unterrichtlich bearbeitet wurden. Zwar gab es vor der Hauptuntersuchung bei den entsprechenden Fachlehrerinnen und -lehrern die Anfrage, ob das Thema im Unterricht behandelt wurde, allerdings könnte erst eine Aussage über die Qualität des Unterrichtes erfolgen, wenn dieser beobachtet und parallel ausgewertet werden würde.

Diese Grenze ist auch für die Verwendung der Argumentationsmuster gesetzt. Auch hier können nur Vermutungen geäußert werden, ob in den Fächern Biologie und Evangelische Religion das Argumentieren methodisch und inhaltlich eingeübt wird bzw. wurde. Das heißt, die Frage, weshalb kann eine Schülerin, ein Schüler besser argumentieren als andere, kann mit der vorliegenden Studie nicht beantwortet werden. Insofern können auch keine Niveaustufen zur Fähigkeit des Argumentierens formuliert werden.

Die benannten Grenzen der vorliegenden Studie verweisen auf weiterführende Forschungsmöglichkeiten.

4. Aufbau und Gliederung der Studie

Die Studie liegt zweibändig vor. Der erste Band (Printmedium) umfasst die Erarbeitung und kritische Diskussion der theoretischen und methodischen Voraussetzungen, die Beschreibung der einzelnen Schritte der Datenerhebung und der Datenauswertung sowie eine abschließende Reflexion der gewonnenen Ergebnisse in Bezug auf Forschungsansätze zur Jugendtheologie.

Im zweiten Band (Open Access) sind alle von den untersuchten Schülerinnen und Schülern selbstständig verfassten Texte zusammengestellt. Im Anhang 1 sind dies die Texte aus der Pilotstudie in Brandenburg, die Anhänge 2 und 3 bieten – in tabellarischer Form aufbereitet – das gesamte Material aller für die Hauptuntersuchung ausgewerteten Texte (n=48). Dieser Materialband ist unter dem folgenden Link abrufbar: www.v-r.de/weiß_argumentationen.

Der erste Teil der Studie ist folgendermaßen gegliedert:
Im *ersten Hauptteil* werden theoretische Grundlagen vorgestellt und erörtert. Dabei wird differenziert in inhaltliche und argumentationstheoretische Grundlagen. Im *ersten Kapitel* werden schöpfungstheologisch und evolutionstheoretisch grundlegende Positionen diskutiert, um bei der Auswertung des Materials einschätzen zu können, ob die schriftlich fixierten Schülerargumentationen im Kontext der jeweiligen Fachwissenschaft stehen. Um diese Einschätzung vornehmen zu können, ist über das Wissenschaftsverständnis von Theologie und Biologie zu reflektieren. Im Ergebnis sind fachwissenschaftliche Leitideen zu erwarten, die als eine Möglichkeit für einen (vermuteten) Verstehenshorizont von gymnasialen Oberstufenschülerinnen und -schülern formuliert und einer exemplarischen Überprüfung an Lehrbüchern beider Fächer unterzogen werden.

Abschließend kommt es vor dem Hintergrund der fachwissenschaftlichen Grundpositionen zu einer Diskussion über die gestellte Forschungsfrage mit ihren differenzierten drei Teilfragen. Dabei werden Arbeitsdefinitionen für die hier verwendeten Begriffe *fachspezifisch* und *fachübergreifend* vorgeschlagen.

Vor dem Hintergrund der diskutierten Forschungsfrage und der Arbeitsdefinitionen für die Verwendung von »fachspezifisch« und »fachübergreifend« ist das *zweite Kapitel* den argumentationstheoretischen Voraussetzungen gewidmet. Im Kern wird in diesem Kapitel der Frage nachgegangen, weshalb sich die von Kienpointner (1992) vorgeschlagene *Typologie von Argumentationsmustern* als ein mögliches theoretisches Instrument eignet, um die fachspezifischen und fachübergreifenden Argumentationen von Schülerinnen und Schülern differenziert zu erfassen.

Weil die einzelnen Argumentationsmuster auf der impliziten Benutzung einer Schlussregel (Präsupposition) aufgebaut sind, ist die semantische und pragmatische Theorie zur Präsupposition kurz zu diskutieren. Im Horizont linguistischer und philosophischer Überlegungen wird sich zeigen lassen, dass ein pragmatisches Verständnis zur Präsupposition für die vorliegende Forschung vorteilhafter ist als ein semantisches. Damit erfährt die Typologie nach Kienpointner eine erste leichte Modifikation.

Diese Typologie ist auf der Kontextabstraktheit der einzelnen Argumentationsmuster aufgebaut, die Forschungsfrage verlangt aber auch die inhaltliche Relation (Schöpfung/Evolution): Deshalb wird eine zweite Modifikation der Typologie Kienpointners mit der Frage nach dem Argumentationsanlass sowie mit der Frage nach dem Argumentationsgrund vorgenommen. Mit beiden Fragen sollte die Kontextspezifik (die inhaltlichen Relationen der Aussagen) mit der Kontextabstraktheit (die Subklassen als Muster) in ein passendes Verhältnis gesetzt werden können.

Eine dritte Präzisierung der Typologie ergibt sich aus der Differenzierung in vollständig verwendeten und unvollständig verwendeten Mustern. Auch diese Differenzierung erfährt eine Begründung.

Durch die theoretische Präzisierung der Typologie wird es möglich, diese begründet als das die Forschung leitende, argumentationstheoretisch abgesicherte Instrument zu verwenden.

Der *zweite Hauptteil* widmet sich der Suche nach der geeigneten Methode und der Instrumentüberprüfung. Im Zentrum des *dritten Kapitels* steht die Frage nach der Methode zur Auswertung des erhobenen Materials. Nach der Reflexion der verschiedenen qualitativen sozialwissenschaftlichen Techniken wird eingehender die *Qualitative Inhaltsanalyse* nach Mayring ([11]2010) vorgestellt. Diese Methode wird als diejenige Technik vorgetragen, welche sich für den vorliegenden Forschungszusammenhang am besten eignet. Innerhalb dieser qualitativen sozialwissenschaftlichen Methodik sind die vier, von Mayring näher beschriebenen Auswertungstechniken (formale, inhaltliche, typologisierende und skalierende Strukturierung) zu diskutieren, um anschließend die methodische Entscheidung für die *formale Strukturierung* einsichtig zu machen.

Der Vorteil dieser Form der Strukturierung ist, dass das strukturierende Element theoretisch begründet festgelegt werden kann, aber auch muss. Weil die Typologie nach Kienpointner unter dem pragmatischen Aspekt einer Präsuppositionstheorie leicht modifiziert wurde, konnte bei der formalen Strukturierung das pragmatische Element als Struktur festgelegt werden. Das heißt, die Untersuchung fragt konsequent nach der *Verwendung* von fachspezifischen und fachübergreifenden Mustern.

In der Darstellung und Diskussion der einzelnen Auswertungsschritte kann verdeutlicht werden, dass und wie sich die Typologie von Kienpointner mit der formalen Strukturierung verbinden lässt, d. h. wie die Verbindung zwischen Kontextabstraktheit und Kontextspezifik in der methodisch geleiteten Auswertung des Materials Berücksichtigung findet. Dadurch soll ein theoretisch und methodisch abgesichertes Instrument zur Analyse von schriftlich fixierten Schülerargumentationen erarbeitet werden. Mit Einblicken in Gütekriterien qualitativer sozialwissenschaftlicher Forschung wird das dritte Kapitel abgeschlossen.

Nach der theoretischen und methodischen Präzisierung kommt es im *vierten Kapitel* zu einer Überprüfung des Analyseinstrumentes. Dazu werden drei Textanalysen – zwei Lehrbuch- und ein Schülertext – durchgeführt. Die Analysen zu den beiden Lehrbuchtexten sollen zeigen, wie in Schulbüchern fachwissenschaftlich argumentiert wird. Mit diesen Analysen können Vermutungen angestellt werden, ob Schülerinnen und Schüler – vermittelt über Lehrbuchtexte – mit entsprechenden fachwissenschaftlichen Argumentationen vertraut gemacht worden sind.

Die beiden Lehrbuchtexte entstammen einschlägigen Lehrwerken für die Fächer Biologie (Bayrhuber/Hauber/Kull ^{23}2010) und Religion (Rupp/Reinert 2004). Die interne oder Expertenvalidierung ist dadurch gegeben, dass beide Lehrwerke im schulischen Alltag eingesetzt werden und somit das Genehmigungsverfahren für Lehrbücher[20] durchlaufen haben müssen.

Der Text einer Schülerin wird in die Analyse zur Instrumentenüberprüfung aufgenommen, um feststellen zu können, ob es im Horizont von Oberstufenschülerinnen und -schülern greift, d.h. ob mit diesem Instrument die von der Schülerschaft verwendeten Argumentationen erfasst werden können. Gesteuert durch einen offenen, selbst entwickelten Schülerimpuls, der einer Expertenvalidierung (fünf Lehrkräfte der gymnasialen Oberstufe) unterzogen wurde, konnte an einem Gymnasium in Wien eine Schülerin gewonnen werden, sich in schriftlicher Form zum Thema *Schöpfung und Evolution* argumentierend zu äußern. Es handelt sich dabei um eine 17-jährige Schülerin, die den evangelischen Religionsunterricht und den Grundkurs Biologie besuchte.

Durch das Aufeinanderbeziehen der Typologie und der formalen Strukturierung kann als Ergebnis dieses vierten Kapitels ausgemacht werden, dass das theoretisch und methodisch erarbeitete Instrument einer praktischen Überprüfung standhält. Ein weiteres Ergebnis ist mit der Generierung von Hypothesen umrissen, welche die Auswertung der Hauptstudie leiten sollen.

Das *fünfte Kapitel* fasst die einzelnen Teilergebnisse zusammen und diskutiert das theoretisch konstruierte, empirisch überprüfte und damit für die vorliegende Studie abgesicherte Instrument zur Identifizierung von Argumentationsmustern.

Der *dritte Hauptteil* umfasst die Darstellung der Erhebung und die Auswer-

20 Vgl. für Berlin und Brandenburg: www.bravors.brandenburg.de/sixcms/detail.php?gsid=land_bb_bravors_01.c.43752.de [3.11.2011].

tung des gewonnenen Materials. Mit dem *sechsten Kapitel*, in dessen Fokus die Beschreibung der Vorbereitung und Durchführung der Materialerhebung steht, beginnt dieser Teil der vorliegenden Studie. In einem ersten Schritt wird auf die Erarbeitung und Optimierung des Schülerimpulses eingegangen, wobei detailliert die Expertenkonsultation und die durchgeführte Pilotstudie (n=4) vorgestellt und diskutiert wird.

Im Ergebnis beider Vorbereitungen für die Hauptuntersuchung kann ein optimierter Schülerimpuls präsentiert werden, der sich durch einen konkreten Argumentationsanlass auszeichnet. Die Pilotstudie zeigt, wie Schülerinnen und Schüler mit dem gesetzten Impuls umgehen, wenn sie schriftlich fixierte Argumentationen äußern. Zugleich kann mit dieser kleinen Studie schon der Unterschied zwischen fachspezifischer und fachübergreifender Verwendung von Argumentationsmustern diskutiert werden.

Weil auch in der qualitativen Forschung die Gewinnung der Stichprobe theoriegeleitet durchgeführt werden muss (vgl. Mayring [11]2010: 53), werden entsprechende Ansätze zum Sampling reflektiert, und es wird begründet, weshalb der deduktiven Stichprobenziehung (vgl. beispielsweise Reinders 2005) im vorliegenden Forschungszusammenhang der Vorrang eingeräumt wurde. Mit der nachvollziehbaren Beschreibung der konkreten Stichprobe, einschließlich der vorgenommenen externen und internen Codierung sowie den Ergebnissen der Inter-Coder-Reliabilität, ist dieses Kapitel abgeschlossen.

Im Zentrum des *siebten* und *achten* Kapitels steht die Auswertung des erhobenen Materials.

Das *siebte Kapitel* zeichnet die Schritte der einzelnen Auswertungsphasen nach. Diese orientieren sich an den Ablaufschritten 1 bis 8 nach Mayring ([11]2010). Differenziert vorzutragen ist ein Verfahren zur Identifizierung von Argumentationsmustern und ein Verfahren zur Sammlung der einzelnen Argumentationsmuster (Subklassen) im gesamten Materialcorpus. Diese Differenzierung ist nötig für die Scheidung zwischen der vollständigen und der unvollständigen Musterverwendung.

Anschließend können die in den Schülertexten identifizierten Argumentationsmuster als Kategorien verwendet und mit den entsprechenden Ankerbeispielen belegt werden. Damit wäre die Auswertung soweit vorangetrieben, dass sich das erarbeitete Analyseinstrument – bezogen auf die untersuchte Population – als ein Instrument erweist, welches durch empirische Belegstellen kategorial abgesichert ist. Mit Überlegungen zur Güte dieses Kategoriensystems wird das 7. Kapitel abgeschlossen.

Im Kern der Auswertung steht die Darstellung und Diskussion der fachspezifischen und der fachübergreifenden Verwendung von Argumentationsmustern, weil damit die Forschungsteilfragen eins bis drei einer Antwort zugeführt werden können. Dieser Darstellung und Diskussion ist das *achte Kapitel* gewidmet. Zu Beginn stehen die eher formalen Forschungsteilfragen eins und zwei im Fokus – die Fragen nach der fachspezifischen und fachübergreifenden Verwendung von Argumentationsmustern. Im Ergebnis ist eine empirisch ausgewiesene Typologie zur Verwendung von Argumentationsmustern bei Schülerinnen und Schülern der gymnasialen Oberstufe zu erwarten bzw. kann eine solche – zumindest für die untersuchte Schülerschaft – präsentiert werden.

Eine Zusammenfassung dieser Ergebnisse leitet über zu exemplarischen Fallstudien, in deren Zentrum die Beantwortung der Forschungsteilfrage drei steht – die Frage nach den fachspezifischen und den fachübergreifenden Argumentationsmustern in Bezug auf die inhaltliche Verwendung. Exemplarisch sind diese Fallstudien, weil Texte (n=8) ausgewählt wurden, die den gesamten Materialcorpus präsentieren. Im Ergebnis sind inhaltliche Kategorien zu formulieren, welche bestimmten Mustern zugeordnet werden können. Abschließend wird der gesamte Prozess der Auswertung einer Reflexion in Hinsicht auf Theologie/Theologisieren *von* Jugendlichen unterzogen, welche die Überleitung zum letzten Hauptteil ermöglicht.

Der *vierte Hauptteil* besteht aus einem einzigen Kapitel. Dieses *neunte Kapitel* hat die Funktion, religionspädagogische Konsequenzen aus den Ergebnissen einer »Theologie *von* Jugendlichen/Schülerinnen und Schülern« nachzuzeichnen. Deshalb werden die grundsätzlichen Positionen dieses religionspädagogischen Konzeptes diskutiert, mit den empirisch Analysen verglichen und prinzipielle Schlussfolgerungen für das Programm *Jugendtheologie* abgeleitet.

Dieses letzte Kapitel der vorliegenden Studie schließt mit einem Ausblick ab, in dessen Zentrum Überlegungen zu einer Fortschreibung der hier begonnenen Forschung vorzutragen sind. So sollen Fragen beispielsweise nach Lernaufgaben, aber auch Fragen nach der Weiterbildung für Lehrkräfte gestellt und diskutiert werden. Dadurch erhält die gesamte Studie einen zusammenfassenden Abschluss, der zeigen kann, wie notwendig das Einüben theologischer Argumente ist, gerade auch im Sinne einer lebensweltlich bezogenen Jugendtheologie.

I. Hauptteil: Theoretische Grundlagen

1. Kapitel: Fachwissenschaftliche Positionen zu Schöpfung und Evolution

Um bei der Auswertung des Materials einschätzen zu können, ob die schriftlich fixierten Schülerargumentationen im Kontext der jeweiligen Fachwissenschaft (Theologie und Biologie) stehen, hat das erste Kapitel fachwissenschaftliche Positionen zu kennzeichnen, die als Leitideen für die Einschätzung des erhobenen Materials dienen sollen.

Deshalb werden in einem ersten Unterpunkt theologische Positionen zum Thema Schöpfung diskutiert (1.1). Dabei ist der Frage nachzugehen, wie Theologie als Wissenschaft verstanden werden kann. Weil von Theologie nicht pauschal zu sprechen ist – dies hängt mit der innertheologischen Spezialisierung zusammen – ist eine Begründung vorzutragen, weshalb in diesem Unterpunkt nur Ansätze zur systematischen (dogmatischen) Theologie Berücksichtigung finden können. Zum Abschluss werden die herausgearbeiteten schöpfungstheologischen Positionen auf die Ebene von 16- bis 18-jährigen Schülerinnen und Schüler heruntergebrochen, um eine inhaltliche Einschätzung des Materials (vgl. Kap. 8) zu ermöglichen. In einem weiteren Kapitel (1.2) wird dieser Vorgang für evolutionstheoretische Positionen wiederholt.

Abschließend kommt es vor dem Hintergrund der formulierten Grundpositionen zu Überlegungen zur gestellten Forschungsfrage (1.3). Dazu werden Arbeitsdefinitionen für die Begriffe *fachspezifisch* und *fachübergreifend* hergeleitet, sodass die in der Einleitung vorgetragene Ausdifferenzierung der Forschungsfrage eine Ergänzung findet.

1.1 Schöpfungstheologische Positionen

1.1.1 Schöpfungstheologie – innertheologische Abgrenzung

Theologie, dies dürfte eine unbestreitbare Tatsache sein, ist die entscheidende Bezugswissenschaft für einen evangelisch verantworteten und damit konfessionell verstandenen Religionsunterricht an der öffentlichen Schule. Zwar werden in diesen Unterricht auch religionswissenschaftliche Elemente eingebunden, allerdings kann und darf ein evangelischer Religionsunterricht nicht beim Vergleichen – als Hauptmethode der Religionswissenschaft – stehen bleiben, weil er sonst seinen normativen Charakter verlieren würde. Ohne ein Abarbeiten an einer konkret gesetzten Norm könnten Bildungsziele (z. B. einen Perspektivenwechsel vollziehen zu können, vgl. Dressler 2007a) eines solchen Unterrichtes verfehlt werden, weil es sich »nur« um ein *Learning about Religion* handelt würde und nicht auch um ein *Learning from Religion* (vgl. Schieder 2008: 17ff).[21]

Wissenschaftlich betriebene Theologie lässt sich in exegetische, geschichtliche, systematische und praktische Fächer differenzieren. Alle Teildisziplinen beschäftigen sich entsprechend ihrer eigenen Profession und Methodik mit dem Thema *Schöpfung*.[22] Hier die gesamte Breite schöpfungstheologischer Positionen und Deutungen zur Darstellung bringen zu wollen, ist nicht einmal ansatzweise möglich. Deshalb sind Schwerpunkte zu markieren.

Der erste Schwerpunkt betrifft das Thema selbst: Nicht verhandelt werden schöpfungstheologische Positionen, wie sie sich aus dem Neuen Testament[23] ableiten lassen. Aber auch Schöpfungspsalmen oder die entsprechenden Passagen im Buch Hiob stehen nicht zur Debatte. Schöpfungstheologie konzentriert sich hier auf die beiden Texte in Gen. 1 und 2, auch wenn alttestamentliche

21 Das Abarbeiten an einer konkreten Norm bedeutet nicht, diese als einzige gelten zu lassen. Viel eher ist davon auszugehen, dass ohne Standpunkt mit Schülerinnen und Schülern keine Orientierung und damit auch kein Orientierungswissen aufgebaut werden kann. Das heißt, konfessioneller Religionsunterricht ist eben kein Unterricht, der einschränkt, sondern ein Unterricht, der von einem bestimmten Punkt aus »seine Kreise zieht«, was die Möglichkeit einer Kritik oder Ablehnung der konkreten Norm einschließt. Etwas zu kritisieren, hat allerdings die Kenntnis und Durchdringung des zu Kritisierenden zur Voraussetzung, zumindest dann, wenn Unterricht auf die Fähigkeit abzielt, sich ein Urteil bilden zu können.

22 Beim Thema Schöpfung (wie auch bei anderen Themen wie z. B. Abraham, David oder Jesus) greifen die unterschiedlichen Teildisziplinen natürlich ineinander. Beispielsweise bauen systematische Positionen auf exegetischen, aber auch historischen Kenntnissen auf und legen diese zeitgemäß aus. Religionspädagogik greift auf historisch bedingte Auslegungen und auf exegetische Erkenntnisse zurück usw. Die genaue Verhältnisbestimmung der Teildisziplinen zueinander gehört in den Bereich der enzyklopädischen Frage an die Theologie, wie Rothgangel an der Rezeption theologischer und außertheologischer Disziplinen in der Religionspädagogik (vgl. Rothgangel 2012a) und, mit etwas anderer Akzentsetzung, in einem Vortrag zur GwR-Tagung (vgl. Rothgangel 2013b) verdeutlicht. Dieser Fragehorizont kann hier nicht weiter verhandelt werden. Für einen guten exegetischen, historischen und systematischen Überblick vgl. beispielsweise den Artikel *Schöpfung* (RGG ^{4}2004).

23 Diese Einschränkung lässt sich durchaus aus dem Religionsunterricht bzw. den entsprechenden Rahmenlehrplänen und Schulbüchern ableiten. Öhler (2013) verweist darauf, dass in Lehrbüchern für den Schulunterricht das Thema *Neue Schöpfung* nicht vorhanden ist, d. h., Schöpfung wird unterrichtlich an kosmologischen, anthropologischen und ethischen Fragestellungen bearbeitet – eine Einschränkung der biblischen Schöpfungsthematik, die religionspädagogisch aufgebrochen werden müsste.

Wissenschaftler zu Recht darauf verweisen, dass *Schöpfung* die Kapitel 1–9 des Buches Genesis umfasst (vgl. Schmid 2012: 83).

Der zweite Schwerpunkt liegt auf der Systematischen Theologie und innerhalb dieser Teildisziplin auf der Dogmatik als zusammengefasste Lehre christlichen Glaubens- und Weltverständnisses. Aber auch Dogmatik ist nur pluralisch zu verstehen. Deshalb konzentriert sich die Studie auf die Grundstruktur einer Dogmatik, und zwar derjenigen von Härle (^{4}2012). Diese Konzentration bedarf einer Begründung.

Härle versteht seine *Dogmatik* als ein »Lehrbuch«, mit dem »zur eigenen Urteilsbildung« angeregt werden soll, und zwar dadurch, dass

> »in einem zusammenhängenden Gedankengang die Fragen, Argumente und Lösungsansätze entfaltet werden, die sich für den Verfasser bei seiner Beschäftigung mit dem christlichen Glauben ergeben haben«. (Härle ^{4}2012: Vorwort: xxi)[24]

Dies bedeutet, dass Härle seinen Standpunkt vertritt und seine Dogmatik keine Sammlung von verschiedenen Lehrmeinungen bzw. dogmatischen Positionen ist.

Es könnte jetzt der Einwand der Subjektivität vorgebracht werden. Diesem Einwand entgeht Härle damit, dass das Ziel seiner Dogmatik eine Anleitung sein soll, »aus eigenem Verstehen gewonnene Überzeugungen auszubilden und argumentativ zu vertreten« (ebd.). Das heißt, Härle traut (und mutet) den Leserinnen und Lesern seiner Dogmatik zu, dass sie in der Lage sind, sich selbstständig ein Urteil bilden zu können. Zugleich hebelt Härle selbst den möglichen Subjektivismusvorwurf aus, indem er seinen eigenen Darstellungen umfassende Literatur als Verweise zur Vertiefung oder Einzelfallproblematisierung zur Seite stellt. Genau diese Verknüpfung eröffnet einen guten Zugang zur »fachwissenschaftlichen Diskussion« (Vorwort: xxiii). Deshalb ist dieses Lehrbuch der *Dogmatik* für das hier vorliegende Forschungsvorhaben gut geeignet, um stringent und ohne Ausschweifungen schöpfungstheologisch-dogmatische Positionen kennzeichnen zu können.

Zum Abschluss der Begründung für die Fokussierung auf die Härle'sche Dogmatik sind noch drei Vorteile hervorzuheben:

1) Härle bemüht sich um Klarheit bzw. Klärung der verwendeten Begriffe.
2) Es findet eine Anknüpfung an biblische und/oder kirchliche Traditionen statt.

24 Wird in diesem Kapitel Bezug auf die Dogmatik von Härle genommen, so ist immer die 4. Auflage (2012) zitiert. Im Text erscheinen dann nur die Seitenzahlen. Ansonsten wird zitiert mit Autor, Jahr und Seite. Das Vorwort der Härle'schen Dogmatik ist das der ersten Auflage, welches in der vierten Auflage enthalten ist.

3) Für Härle ist es wichtig, eine Vermittlung von Tradition und lebensweltlichem Denken zu ermöglichen, weil Glauben nur so eine Orientierungsgröße für Menschen werden kann (vgl. Vorwort: xxii).

Zusammenfassend ist festzuhalten, dass im vorliegenden Forschungsvorhaben die Grundstruktur (formal und inhaltlich) der Dogmatik von Härle genutzt wird, um an dieser entlang schöpfungstheologische Positionen zu kennzeichnen, die 16- bis 18-jährigen Schülerinnen und Schülern – unterrichtlich aufbereitet – bekannt sein dürften, sodass berechtigt von der Annahme ausgegangen werden kann, dass diese auch in schriftlich fixierten Argumentationen inhaltlich zu identifizieren sein dürften.[25]

1.1.2 Theologie als Wissenschaft

Es ist hier nicht der Platz, umfassend über das Wissenschaftsverständnis im Allgemeinen (Wissenschaftstheorie) und über das Wissenschaftsverständnis von Theologie im Besonderen zu reflektieren (vgl. dazu Rothgangel 1999, besonders Hauptteil II). Viel eher sind mit wenigen Strichen die Positionen bei Härle nachzuzeichnen, um die schöpfungstheologischen Aussagen besser einordnen zu können.

Härle kennzeichnet Wissenschaft als eine Funktion, die »Wissen auf überprüfbare Weise zu erweitern« hat (4). Diese Aussage impliziert den Anspruch auf Rationalität, den Anspruch auf Wahrheit oder Wahrsein und den Anspruch auf intersubjektive Überprüfbarkeit. Der Anspruch auf Rationalität (bei Härle: *kognitiver Inhalt*, 4) ergibt sich aus dem Wissensbegriff selbst. Gewusst wird dasjenige, was sich mittels rationaler Zeichensysteme[26] aussagen lässt, d.h. worüber kommuniziert und worauf in kommunikativen Situationen zurückgegriffen werden kann.

Damit sind verschiedene Aussageformen eingeschlossen, wie beispielsweise

25 Es macht keinen Sinn, hier theologische »Spitzfindigkeiten« oder Einzelprobleme zu bearbeiten, weil diese nichts mit der Welt der untersuchten Schülerinnen und Schülern gemeinsam haben. Soll es aber zu einer inhaltlichen Einschätzung der von der untersuchten Gruppe verwendeten Argumentationen kommen, muss auch ein Abgleich zwischen dieser Lebenswelt und theologischen Positionen hergestellt werden – ein weiterer Grund, weshalb die Entscheidung für die Dogmatik von Härle gerechtfertigt ist, was natürlich nicht davon entbindet, über den Härle'schen Text hinauszugehen.

26 Härle beschreibt das rationale Zeichensystem als wissenschaftliche Arbeit, die sich im »Medium [...] komplexe[r] Zeichen, insbesondere Begriffe, Aussagen und Schlussfolgerungen« (7) widerspiegelt, um von da aus auf die drei bekannten Möglichkeiten von Schlussfolgerungen (Deduktion, Induktion, Abduktion, 7f) zu verweisen, wobei für die Theologie »die abduktiven Schlussfolgerungen von größter Bedeutung« sind (8).

auch solche, die auf Vorurteilen basieren[27], die emotional getragen sind[28] oder die ein bestimmtes Deutungssystem zur Voraussetzung haben[29], aber auch solche Aussagen, die fiktionale[30], transzendentale[31], normative[32] oder symbolische[33] Rationalitäten zum Ausdruck bringen.

Wird der Unterscheidung von Mittelstraß (2001: 75f) oder der von Wohlrapp (^{2}2009: 163f; vgl. dazu auch Schröder 2011) gefolgt, dann ist – dies unterlässt Härle – Wissen zu differenzieren in Verfügungs- und Orientierungswissen.[34] Beide Wissensformen sind getragen vom Anspruch auf Rationalität und müssen sich somit dem Anspruch auf Wahrheit und auf Überprüfbarkeit stellen.

Der Anspruch auf Wahrheit oder Wahrsein der (wissenschaftlichen) Aussage ist eng verknüpft mit dem Anspruch auf Rationalität. Natürlich sind auch Aussagen, die nicht wahr sind, rational, allerdings entsprechen solche Aussagen nicht der Funktion von Wissenschaft: zur Wissenserweiterung beizutragen.[35] Wahre wissenschaftliche Aussagen sind also solche, die der Frage nachgehen, was wir wirklich wissen / wissen können und was somit wirklich wahr ist (vgl. 5). Sie bewegen sich bei der Beantwortung dieser Fragen in einem Zirkel zwischen Gegenstand und Methode (vgl. 6) sowie zwischen Kontext und Begriff. Keines dieser zirkulären Elemente darf vernachlässigt oder ausgeblendet werden, weil es sich sonst nicht mehr um wissenschaftliche Aussagen handeln würde.

Mit anderen Worten: Der Gegenstand bestimmt die Methode, und durch die

27 Vgl. Gadamer ^{6}1990: 270ff.

28 Vgl. Hanisch 2009: 133ff.

29 Jede Aussage hat ein bestimmtes Deutungssystem zur Voraussetzung. Dies dürfte Allgemeingut sein. Was hier aber hervorgehoben werden soll, ist beispielsweise die Taubstummen- oder Gebärdensprache, die Kommunikation ermöglicht aufgrund eines erlernten haptischen Systems.

30 So wird, zumindest aus den Augen des Zuschauers (z.B.) die Tragödie von fiktionalen Aussagen getragen, die nach Aristoteles (1994: Die Poetik) der Katharsis dienen.

31 Transzendentale »Rationalität« ergibt sich seit Kant als Frage nach den Bedingungen von Erkenntnis (vgl. KdrV, B198).

32 Alle Aussagen, die eine Norm betreffen (wie die Menschenrechtserklärungen, die Zehn Gebote oder die Bergpredigt Jesu) greifen auf Wissen zurück, und zwar auf ein praktisches, lebensweltliches Wissen.

33 Symbolische Aussagen sind nicht nur bei den Religionen anzutreffen, sondern auch z.B. in Philosophie und bildenden Künsten.

34 Verfügungswissen kann mit technischem Wissen und dessen Umsetzung in die Praxis gleichgesetzt werden, Orientierungswissen fragt danach, ob alle möglichen technischen Umsetzungen für den Menschen und die Menschheit auch sinnvoll, notwendig und erlaubt sind.

35 Das prinzipielle Falsifizierungsgebot von Popper (vgl. ^{2}1994) betrifft einen anderen Bereich der Falschheit von Aussagen, nämlich den, dass die aufgestellte Hypothese nicht auf den Fall X zutrifft. Eine nicht wissenschaftliche Aussage, die nicht wahr ist, aber dennoch rational, wird in erster Linie durch den kontradiktorischen Widerspruch transportiert: Ich weiß, dass Fall X zutrifft und zugleich (unter denselben Bedingungen) nicht zutrifft. Prinzipiell sind wissenschaftliche Aussagen, zumindest seit Aristoteles, von Widerspruchsfreiheit getragen.

Methode werden Gegenstände in eine Untersuchung entweder eingeschlossen oder aus dieser ausgeschlossen. Der Kontext gibt vor, wie ein Begriff zu verstehen/zu benutzen ist, und der Begriff ermöglicht – mit Ausnahmen – die Erschließung des Kontextes. Wissenschaftliche Aussagen können somit nur einen Anspruch auf Wahrheit erheben, wenn sie diesen Anspruch unter die soeben beschriebenen zirkulären Voraussetzungen stellen.

Mit dieser Überlegung ist der Anspruch auf intersubjektive Überprüfbarkeit schon mitformuliert. Wissenserweiterung ist eng verknüpft mit einer Reflexion über die gewählte Methode. Die Methode gewährt geradezu eine intersubjektive Überprüfbarkeit, weil sie den Erkenntnisweg verdeutlicht, die Wiederholbarkeit impliziert und die Ergebnisüberprüfung (einschließlich der Methodenwahl), aber auch die Ergebnisoffenheit ermöglicht (vgl. 5).

Werden diese drei, sich aus der allgemeinen Funktion von Wissenschaft ableitbaren Ansprüche auf Theologie als Wissenschaft übertragen, so ergibt sich nach Härle, dass die Wissenschaftlichkeit der Theologie eng und unaufgebbar mit ihrer Funktion für den christlichen Glauben verknüpft ist. Diese Verknüpfung zielt ab auf das Selbstverständnis von Theologie: »*Theologie ist eine Funktion des Glaubens. Christliche Theologie ist folglich eine Funktion des christlichen Glaubens*« (10, Hervorhebung im Original). Weil aber christlicher Glaube rückgebunden an die Lehre (in Verkündigung und Reflexion der Inhalte der Botschaft) sein muss, ist christliche Theologie auch immer ein Ausdruck von »denkender Religion« (14, unter Bezug auf Ratschow 1963). Christliche Theologie kann somit nur im Zusammenhang mit der Existenz, der Bewahrung (bei Härle: Erhaltung, 10) und der Auslegung – für die jeweilige zeitliche Epoche – des christlichen Glaubens möglich sein (vgl. dazu auch Evers 2011).

Als *denkende Religion* hat sich Theologie an den Kriterien eines allgemeinen Wissenschaftsverständnisses zu orientieren (vgl. Pannenberg 1973). Als Wissenschaft nimmt sie »teil an der Auseinandersetzung des Wissenschaftsbegriffs« (17). Unter den benannten funktionalen Voraussetzungen, die sich aus dem Selbstverständnis einer christlichen Theologie ableiten lassen, und der Tatsache, dass das Christentum eine soziologische Größe (vgl. Bergmann/Hahn/Luckmann 1993) ist, über die und mit der kommuniziert wird (Matthes 1992), kann die Wissenschaftlichkeit von Theologie bestimmt werden mit:

1) Der Fähigkeit, im Rahmen und unter Voraussetzung der Existenz eines christlichen Glaubens rationale Aussagen über die Wirklichkeit, deren Grund (Gott)[36] sowie über das Verhältnis zwischen beiden zu treffen (vgl. Dalferth 1999; Schröder 2011).

36 Dass Gott als Grund gedacht wird, entspringt letztlich einer pietistischen Linie, die von Jacob Böhme über Oetinger zu ziehen ist und von Schelling und später dann Tillich philosophisch bzw. theologisch aufgegriffen und verarbeitet wurde. Bei Böhme wird dieser Grund zum

2) Den Anspruch auf Wahrheit/Wahrsein dieses Glauben, als Verhältnis zwischen Wirklichkeit und Gott, im Vollzug der geschichtlich bedingten Antworten und Fragen des Menschen einzuordnen und nachvollziehbar zu machen (vgl. Weiß 2000).
3) Sich selbst und anderen wissenschaftlichen - aber auch nichtwissenschaftlichen - Perspektiven (auf die Wirklichkeit) gegenüber methodisch und damit auch methodologisch Rechenschaft abzulegen (vgl. Evers 2006).

Einer wissenschaftlichen Theologie kann es somit nicht um evidenzbasiertes, in künstlichen Versuchsreihen immer wieder reproduziertes Wissen gehen, sondern um eine Reflexion auf die Verhältnisbestimmung zwischen Welt/Mensch und Gott unter den Rahmenbedingungen eines denkenden und handelnden Glaubens. Deshalb hat Theologie sich auch gegen eine Verengung von Wissenschaft auf empirisch Messbares zu wehren bzw. ist immer wieder aufgefordert, den jeweils geltenden Wissenschaftsbegriff »zu prüfen und zu entscheiden [...], welchen Wissenschaftsbegriff sie (mit-)verantworten kann« (28).[37]

Angesichts dieser kurzen Überlegungen zur Wissenschaftlichkeit von Theologie erhebt sich die Frage, wie *Schöpfung* theologisch zu bestimmen ist.

1.1.3 Schöpfungstheologische Positionen

Christliche Theologie, verstanden als Wissenschaft, zielt auf das Wirklichkeitsverständnis des christlichen Glaubens ab. Dieses Wirklichkeitsverständnis speist sich aus den beiden Bereichen *Gottesverständnis* und *Weltverständnis*. Unter die Reflexionen zum Weltverständnis des christlichen Glaubens sind die schöpfungstheologischen Aussagen zu subsumieren, die jetzt expliziert werden können.[38]

Zusammenfassend ist voranzustellen, dass schöpfungstheologische Aussagen mit den drei folgenden Punkten zu umschreiben sind:

Gedanken *Ungrund* gesteigert, weil *Grund* selbst schon eine Kausalkette erzeugen würde oder könnte (vgl. Schelling 1809/1991, Tillich 1961: 135–145).

37 Härle überprüft an den Begriffen *Methodisierbarkeit, Vorurteilsfreiheit, Wahrheitsfähigkeit und -gewissheit, Hypothesenbildung, Falsifizierbarkeit, Widerspruchsfreiheit und Selbstrelativierung* den von ihm aufgestellten Wissenschaftsbegriff an der Theologie. (vgl. 18–28). Diese Überprüfung ist hier die Voraussetzung dafür, dass Theologie und Wissenschaftlichkeit zusammengedacht werden können, ja in Bezug auf die Perspektivität von Weltwirklichkeit zusammengedacht werden müssen.

38 Zum *Weltverständnis* des christlichen Glaubens expliziert Härle noch: das Problem der Theodizee, die gefallene, die versöhnte, die vollendete Welt, also: das Malum, die Hamartologie, die Soteriologie und die Eschatologie (vgl. 439–649).

1) die drei Relationen *Wesensverschiedenheit von Welt und Gott, Verbundenheit zwischen Welt und Gott* sowie *Einheit von Verschiedenheit und Verbundenheit von Welt und Gott* (vgl. 409–415);
2) das Problem zwischen *Schöpfung und Weltentstehung* (vgl. 415–424);
3) die Reflexion über *Schöpfer und Geschöpf* (vgl. 424–440).

Eine christlich verstandene Schöpfungstheologie geht davon aus, dass Gott der Schöpfer »so unterschieden von seiner Schöpfung [ist], dass er ihr ganz gegenübersteht« (Schmid 2012: 90). Gott ist somit kein Werkmeister, er kann nicht mit Kategorien der Kausalität erschlossen werden, was eine Rückführung von der Schöpfung auf einen Schöpfer – als das gängigste Argument des Kreationismus/Intelligent-Designs – verunmöglicht. Damit wird aber auch der Gedanke einer Emanation ausgeschlossen sowie der einer Zeugung von Welt (aus dem Schoß Gottes). Die Wesensverschiedenheit ist nicht quantitativ oder qualitativ sondern »kategorial« gedacht (413).[39] Dies bedeutet:

> »Die Lehre von der Schöpfung ist nicht die Geschichte eines Ereignisses, das irgendwann einmal stattgefunden hat. Sie ist vielmehr die grundlegende Aussage der Beziehung über Gott und Welt.« (Tillich [8]1978: 291)

Die Reflexion über die Wesensverschiedenheit von Welt und Gott kann als »das Besondere des biblisch-christlichen Schöpfungsverständnisses« (413) gekennzeichnet werden, als eine Art *Entzauberung der Welt* (Max Weber), gerade weil z. B. in Gen. 1 die Gottheiten als Lampen zur Orientierung für die anderen Geschöpfe (Gen 1, 14–19) dienen oder weil das Staunen über die Schöpfung »immer wieder in das Lob des Schöpfers mündet (vgl. Ps 139, 14)« (Ritter 1999: 321). Mit diesem Stauen über die Schöpfung ist schon die zweite Relation – die Verbundenheit zwischen Welt und Gott – angesprochen. Weil diese erste Relation, exakt zu Ende gedacht, eine Wesensverschiedenheit zwischen Welt und Gott impliziert, so dass Gott mit dieser Welt nichts (mehr) gemeinsam hat; er also nur der Ferne bzw. der Fremde ist, wird theologisch zugleich auf die Verbundenheit von Welt und Gott reflektiert.

Die zweite Relation setzt sich mit dualistischen Annahmen auseinander. Entgegen z. B. gnostischen Vorstellungen, nach denen »die Welt nicht das Werk Gottes, sondern des Demiurgen ist« (413), zielt das Denken einer Verbundenheit von Gott und Welt darauf ab, Schöpfung für gut, in sich wertvoll zu deklarieren. Dieser christlich-theologische Reflexionsversuch ist aber, das sei an dieser Stelle

39 Härle unterscheidet exakt zwischen quantitativer Differenz (unterschiedliche Grade ein und derselben Art), qualitativer Differenz (besteht zwischen verschiedenen Arten ein und derselben Gattung) und kategorialer Differenz (besteht zwischen unterschiedlichen Sachverhalten mit jeweils unterschiedlichen Grundbegriffen oder unterschiedlichen Begriffsebenen) (vgl. 75).

betont, etwas anders als das jüdische Schöpfungsverständnis, woraus auch eine andere Beziehungsvorstellung abzuleiten ist. Gerade im priesterlichen Erzählungsstrang zeigt sich die jüdische Vorstellung eines Heilsgeschehens Gottes an seinem Volk (vgl. Zimmerli 1978: 25), d. h. geschichtliches und schöpferisches Heilsgeschehen werden zusammengedacht – derselbe Gott, der aus Ägypten befreite, schuf auch die Welt.

Die christlich-theologische Denkweise überträgt diese Heilsvorstellung auf Jesus, denn derselbe Gott, der »Jesus Christus zum *Heil* der Welt erschlossen [,] ist auch ihr Schöpfer.« (414).[40] Das heißt, das Christentum hat aus der priesterlichen Reflexion auf die Umwelt Israels[41] einen Schöpfungsglauben kreiert, der sich im Apostolischen oder im Nizäischen Glaubensbekenntnis widerspiegelt und durch die lutherische Auslegung einen ganz personalen-menschlichen Zug erfährt.[42] Die Verbindung zwischen Welt und Gott wird in der christlichen Tradition dahingehend reflektiert, dass Welt »als *Werk* Gottes« (414) verstanden wird, wobei die Liebe Gottes die verbindende Kraft dieses Verhältnisses ist.

Christlicher Schöpfungsglaube hat seine

> »Pointe nicht in einer speziellen Weltentstehungstheorie, sondern in einem spezifischen menschlichen Selbstverständnis [...] es legt seinen Akzent darauf, dass wir hier und jetzt von Gott bejaht sind.« (Schröder 2011: 85f)

Das Verhältnis von Welt und Gott wird in den beiden bisher besprochenen Relationen in Anlehnung, aber auch in Abgrenzung von jüdischen Auslegungen und Vorstellungen zur Schöpfung entwickelt und trägt – zumindest im protestantisch-christlichen Verständnis – klare personale Züge, die einerseits verhindern wollen, Gott und Welt zu vermischen, andererseits darauf abzielen, in Gott, dem Schöpfer, einen Garanten zu sehen, durch den die Existenz des Einzelnen schon gerechtfertigt ist.

Im Zusammendenken dieser beiden Relationen greift – so Härle – die Theologie auf

> »zwei Metaphern zurück, die diese Einheit nicht nur aus unterschiedlicher Perspektive, sondern auch mit unterschiedlicher Akzentsetzung beschreiben: ›Die Welt ist Werk Gottes‹ und ›Gott ist der Grund der Welt‹.« (424)

40 In dieser christlichen Übernahme liegt freilich die Gefahr, Schöpfung zum Schauplatz der Offenbarung zu degradieren »als [...] Zurüstung für die Gnade« (Barth 1993: 261).

41 Auf diese Reflexion (kein Kampf mit einem Urchaos oder Urdrachen, keine »Siegesfeier«, die mit der Schaffung der Welt versinnbildlicht wird usw.) verweisen u. a. Preuß (1991: 259f), Zimmerli (1978: 31), aber auch schon von Rad ([5]1958: 145).

42 Apostolicum: »Ich glaube an Gott, den Schöpfer des Himmels und der Erde«; Nizäisches Glaubensbekenntnis: »Wir glaube an den einen Gott [...], der alles geschaffen hat, Himmel und Erde«; Luther: »Ich glaube, dass Gott *mich* geschaffen hat« [Hervorhebung TW].

Die Werkmetapher schiebt dabei die Trennung zwischen Welt und Gott, die Grundmetapher die Verbindung zwischen Welt und Gott in den Vordergrund. Verbunden werden beide durch den Gedanken »einer *Partizipation* der Welt am Wesen Gottes, und zwar als eine Partizipation, die von Gottes Seite aus unverbrüchlich gilt« (425, Hervorhebung im Original). Dieser Gedanke muss genau durchdacht und nachvollzogen werden. Subjekttheoretisch (so bei Schleiermacher 1983) ergibt sich daraus der Gedanke einer Endlichkeitsreflexion (vgl. Tillich [8]1987: 291; Barth 2003: 421), die sich aus dem unbedingten Abhängigkeitsgefühl nach Schleiermacher speist (vgl. Schleiermacher 1983). Allerdings hat diese subjekttheoretisch ausgelegte Endlichkeitsreflexion einen entscheidenden Nachteil:

> »Begünstigt durch die evolutionäre Denkfigur wird durch die subjekttheoretische Fundierung und Konzentration der Religion auf das menschliche Selbstbewusstsein die Möglichkeit nahe gelegt, den Gottesgedanken selbst nur als geschichtliches Produkt und nicht als Grund von Gefühl und Vernunft zu verstehen.« (Evers 2000: 137)

Was also könnte mit Partizipation als Einheit der Verschiedenheit und Verbundenheit gemeint sein? Partizipation meint zuerst einmal immer *Teilnahme.* Diese kann differenziert werden in *Etwas teilen, gemeinsam haben* oder *Anteil haben* und *Teil von etwas sein* (vgl. Tillich 1969: 71).

Partizipation setzt damit eine Trennung voraus, ein Individuelles, eine Differenz, z. B. zwischen Subjekt und Objekt. Zugleich beschreibt Partizipation aber auch die Möglichkeit einer Verbindung zwischen Subjekt und Objekt, also eine Überschreitung der Trennung, des Individuellen. Das heißt, ein Teil dieser Differenz/Trennung muss so offen sein, dass es am anderen ein Teil-*Haben* oder eine Teil-*Nahme* findet.

Bezogen auf die Werkmetapher kann damit gesagt werden: Die Welt *als* Werk Gottes ermöglicht die Partizipation (Teil von etwas zu sein) des Menschen an dieser, was die menschliche Sonderstellung ausschließt – zumindest lässt sie sich nicht aus Gen 1, 26 ableiten (mit Westermann 1986: 21f). Für die Grundmetapher ist zu notieren: Gott *als* Grund von Welt ermöglicht Partizipation (etwas gemeinsam haben, Anteil haben) des Menschen an dieser, was eine (theologische) Konkurrenz zu jeglichen Weltentstehungstheorien ausschließt. Das heißt, die Einheit von Verschiedenheit und Verbundenheit zwischen Gott und Welt ist theologisch über den Gedanken einer Partizipation als *Mächtigkeit* zu denken (Tillich 1969: 71).

Dieser Gedanke hat eine entlastende Funktion, denn er befreit von einem Scheinwiderspruch zwischen Urknalltheorie und Schöpfung, aber auch zwischen Evolutionstheorie und Schöpfung, weil er im Durchdenken des Verhältnisses Gott/Welt nicht auf einen Naturbegriff abzielt, der mit Hervorbringen, Verursachung oder anderen raum-zeitlichen Kategorien arbeitet, und somit auch kein Naturalismus oder gar ein methodischer Naturalismus sein kann.[43] Schöpfung, theologisch gedacht, kann dann eben nicht auf (verfügbare) Natur reduziert werden, und eine Bewahrung der Schöpfung (vgl. Moltmann ^{3}1987) ist theologisch solange nicht haltbar, wie der Bewahrungsgedanke den Menschen aus dem Verhältnis der Partizipation entlässt.

Schöpfung, dies dürfte deutlich geworden sein, ist nur als *Beziehung* oder *Verhältnis* theologisch sinnvoll zu bestimmen.

Damit sind die drei Relationen soweit beschrieben, dass nur noch kurz auf das Problem zwischen *Schöpfung und Weltentstehung*, sowie auf das Verhältnis zwischen *Schöpfer und Geschöpf* eingegangen werden muss.

> »Macht man sich bewußt, daß es sich bei den biblischen Schöpfungserzählungen um theologisch gründlich reflektierte, in langen Zeiträumen entstandene und verdichtete Texte handelt, dann ist es jedenfalls bemerkenswert, daß diese Erzählungen die Frage nach dem Ursprung der Materie und in diesem Sinn nach einem Anfang der Welt recht unbefangen *offenlassen* konnten.« (431, Hervorhebung im Original)

Damit lässt sich die Lehre von der *creatio ex nihilo* einordnen.

In dieser schwingt der Begriff der Voraussetzungslosigkeit mit und, unter dem Gesichtspunkt der Kausalität, hat dies zu Widersprüchen geführt bzw. führt noch immer zu Schwierigkeiten und Widersprüchen. Die Schöpfung aus dem Nichts betont ja das *Wirken* Gottes. Weil Schöpfung theologisch nur als Verhältnisbestimmung zwischen Gott und Welt zu denken ist, kann die *creatio ex nihilo* nicht als Schaffen materieller Gegenstände aus dem Nichts begriffen werden, sondern als Vollzug. Dazu reicht ein Blick in die Erkenntnisse der alttestamentlichen Wissenschaften aus: Für Gottes Wirken wird ausschließlich das Verb ›bara‹ (göttliches Schaffen) verwendet (von Rad ^{5}1958: 37). Daraus lässt sich zwar noch keine *creatio-ex-nihilo*-Lehre ableiten (vgl. Westermann 1974: 138)[44], allerdings wird damit der theologische Hinweis gegeben, dass Gott die Welt ordnet und gestaltet (vgl. 421). Schöpfung unter dem Gesichtspunkt der Lehre der *creatio ex nihilo* kann als Gestaltungs- und Ordnungsvorstellung gelesen werden, die u. a. den Menschen *nur als* Mann und Frau und nicht als König/Königin eines Volkes, Herrscherpaar usw. klassifiziert. Das heißt: »Ohne das göttliche Wort wäre die Welt […] ein vollkommen sinnloses und nutzloses ›Tohuwabohu‹.« (Schmid 2012: 90).

Somit gewinnt die Lehre aus dem Nichts einen Ordnungsgedanken, der auch bei der *creatio continua* zu finden ist, denn hier geht es um ein Spezifisches am Schöpfungsgedanken. Dieser ist »nicht das Element des Anfangs, sondern der Daseins-Gewährung und des Dasein-Lassens« (423), wodurch die Grundmeta-

43 Damit wird dem Problem eines zeitlichen Anfangs nicht ausgewichen, benannt ist allerdings die Mehrdimensionalität dieses Problems.

44 Anders argumentiert allerdings Zimmerli 1978: 27.

pher unterstützt wird, aber auch der Gedanke an Zuverlässigkeit und – in Übernahme der israelitischen Vorstellungen – der Gedanke an Kontinuität, welche sich in der Geschichte entfaltet.

Das Verhältnis zwischen Schöpfer und Weltentstehung kann damit gar kein Ausdruck einer Kosmologie oder einer Biologie sein, sondern, auch wenn die Erzählungen vor dem Hintergrund damaliger naturwissenschaftlicher Erkenntnisse entstanden, ein Ausdruck grundlegender Ordnungszusammenhänge (Schmid 2012: 80ff), die einerseits auf den Sabbat abzielen oder den Tages- bzw. Wochenrhythmus regeln und andererseits prinzipiell das Verhältnis zwischen Gott und Welt bestimmen: Als einer von Gott ausgehenden Ordnung, wodurch die geschaffene Welt in ihrer Vielfalt strukturiert ist.

Zum Abschluss sollen noch einige kurze Anmerkungen zum Verhältnis zwischen Schöpfer und Geschöpf vorgetragen werden. Dabei wird auf die Ebenbildlichkeit des Menschen fokussiert, in deren Zentrum nicht der vermeintliche Herrscherauftrag steht, sondern »die Frage nach der göttlichen Bestimmung des Menschen« (440). Mit der Erschaffung und Bestimmung ist der Mensch offenbar aus der Schöpfung hervorgehoben. Weil er ein vernunftbegabtes, zum Mitleiden fähiges Wesen ist – um zwei mögliche anthropologische Klassifizierungsmöglichkeiten zu benennen – ist er in der Tat das Wesen, welches auf das *Angesprochen werden* von Gott reagieren kann.

Wird in die Überlegung einbezogen, dass das Verhältnis zwischen Welt und Gott nicht quantitativ oder qualitativ, sondern kategorial zu denken ist, dann kann Ebenbildlichkeit nur bedeuten, dass der Mensch »in seiner leib-seelischen Ganzheit in einer Beziehung zu Gott und zu seinen Mitmenschen existiert« (446f). Zugleich meint dieses Existieren aber – zumindest mit Dalferth (1992: 40) –, dass es um eine Lokalisierung geht. Denn linguistische Untersuchungen »verschiedener Sprachen zeigen, daß die Verwendung von ›sein‹ und ›existierend‹ in wesentlicher Hinsicht lokalisiernd ist« (ebd.). Dies bedeutet, im Ansprechen ist der »Beziehungsort« zwischen Ansprechendem und Angesprochenem verankert, der theologisch als Frage des Menschen und als Antwort von Gott einen korrelativen Ausdruck gefunden hat (Tillich [8]1987: 73–80). Damit ist ein Gedanke ausgesprochen, welcher jenseits von Herrschafts- und Unterwerfungsansprüchen angesiedelt werden muss. Die Ebenbildlichkeit betrifft den ganzen Menschen als Angesprochenen. Als ein solcher wird ihm die Gemeinschaft (Mann und Frau) angetragen und er ist derjenige, dessen Verhältnis zu Gott in den Vordergrund tritt – um den nicht kosmologischen Aspekt von Gen 1, die Verhältnisbestimmung, deutlich zu unterstreichen (vgl. Kosak 1968). Als Angeredeter ist dem Menschen zwar der Akt der Namensgebung möglich, als angeredetes Geschöpf bleibt er allerdings eine an Gott rückgebundene Kreatur, die gegenüber der gesamten Schöpfung keine Sonderstellung einnehmen kann.

1.1.4 Schöpfungstheologische Positionen im Horizont von Schülerinnen und Schülern

Es bedarf wohl keiner gesonderten Begründung, dass die hier zugrunde gelegten schöpfungstheologischen Positionen so nicht im Horizont von Schülerinnen und Schülern sein dürften. Deshalb wird jetzt der Versuch unternommen, diese Punkte auf die Ebene der Schülerschaft herunterzubrechen.

Ritter (1999) hat dies in Bezug auf entwicklungspsychologische Ansätze (Oser/Gmünder 1984; Fowler 1995) unternommen und Vorschläge unterbreitet, wie unterrichtlich, religionspädagogisch und damit fachdidaktisch verantwortet mit dem Thema *Schöpfung* umgegangen werden könnte. So erstreckt sich die Auswahl in der Grundschule beispielsweise auf »Gottes gute Schöpfung [...] Freude und Dank [...] ›Garten‹ als Bild für Schöpfung und Bewahrung der Schöpfung«, in der Sekundarstufe I wird u.a. vorgeschlagen: »Schöpfung / Leben auch naturwissenschaftlich zu reflektieren [...] Welt als Schöpfung Gottes [...] Gottes Fürsorge für die Welt und die Verantwortung des Menschen dafür [...] Schöpfung und Evolution« (Ritter 1999: 332). Für die Sekundarstufe II macht Ritter solche Vorschläge nicht. Für die Grundschule und die Sekundarstufe I ist aber zu notieren, dass altersgemäß die in Kap. 1.1.3 ausgeführten Verhältnisbestimmungen als schöpfungstheologische Positionen für den evangelischen Religionsunterricht aufgegriffen werden[45] – zumindest die, welche sich aus dem Alten Testament ergeben.

Werden nun die hier explizierten schöpfungstheologischen Positionen zusammengefasst und auf der Ebene der Schülerinnen und Schüler der Sekundarstufe II betrachtet, lassen sich die folgenden Themenblöcke in Bezug auf die alttestamentlichen Texte aus Gen 1 und 2 vorschlagen:

1) Biblische Schöpfung ist eine Erzählung, Poesie, die ihren (ursprünglichen) Sitz im Leben des Volkes Israels hatte (und hat) und vom Christentum, aber auch vom Islam übernommen und verändert worden ist (z.B. im Christentum: Schöpfungsglauben).
2) Die Schöpfungserzählungen sind in Übernahme anderer Mythen (babylonischer Schöpfungsmythos) vor dem Hintergrund damaliger (ca. 568 v. Chr.) (naturwissenschaftlicher) Erkenntnisse entstanden.
3) Auch wenn die Urgeschichte (Gen 1,1) mit der Einleitung *Im Anfang ...* die Idee einer Kosmologie nahelegt, ist Schöpfung kein Bericht über Tatsachen (Entstehung des Kosmos, der Welt oder des Lebens), sondern drückt Relationen/Verhältnisse zwischen Gott und Welt aus, die zeitgemäß zu interpretieren sind.

45 Damit ist noch keine Aussage darüber getroffen – dies ist mit einer Themenauflistung auch nicht möglich –, ob im konkreten Unterricht *Schöpfung* so auch behandelt wird.

4) Schöpfung kann (sollte) unter theologisch weisheitlichen, heilsgeschichtlichen, anthropologischen, religionsphilosophischen, ethischen und kulturellen Gesichtspunkten betrachtet werden – keiner dieser einzelnen Betrachtungsweisen darf für sich allein Absolutheit beanspruchen, aber auch keine dieser Positionen schließt den Gegenstand der Naturwissenschaften (Natur) ein.
5) Schöpfung spricht dem Menschen keine Sonderrolle zu, sondern lokalisiert das Du *im Angeredetwerden* durch Gott, also eine Verhältnisbeschreibung zwischen Schöpfer und Geschöpf, wodurch die Bewahrung der Schöpfung zumindest so kritisch zu reflektieren ist, dass es nicht zu einer Ineinssetzung von Schöpfung und Natur kommt.
6) In die Klärung des Verhältnisses zwischen Schöpfer/Geschöpf und Schöpfer/Welt ist ein prinzipieller Verstehensprozess eingebunden. Das heißt, Schöpfungstheologie umfasst wissenschaftstheoretisch die Bereiche *Erklären* und *Verstehen.* Deshalb muss unterschieden werden zwischen einem theologischen Erklären und einem naturwissenschaftlichen Erklären, aber auch zwischen einem theologischen Verstehen und einem naturwissenschaftlichen Verstehen.
7) Schöpfung bedarf einer dauerhaften Interpretation, weil es sich um eine textliche Struktur handelt, die *über* das eigentlich Wörtliche hinausreicht und deshalb methodisch und inhaltlich immer neu zu erschließen ist.

Ein nicht tiefschürfender Blick in gängige Lehrbücher für den evangelischen Religionsunterricht der Sekundarstufe II belehrt, dass so oder so ähnlich das Thema Schöpfung behandelt wird. Beispielsweise geben die *Grundlinien Religion* (1990) einen biblischen Überblick, eine Bestimmung zwischen Schöpfungstheologie und Naturerkenntnis, Luthers Katechismus oder Versuche eines Dialoges zwischen Theologie und Naturwissenschaften. Das Buch *Perspektiven Religion* (2000) bezieht sich explizit auf Schöpfungsmythen, verschiedene Weltbilder (18.–20. Jh.), aber auch auf den Sündenfall. *Glaube und Naturwissenschaft* (Lehrerheft, ^{2}1996) umkreist unter anderem die Fragen, was Theologie ist, Weltbilder im Wandel oder Naturwissenschaft und Theologie. Das *Kursbuch Religion Oberstufe* (2006) behandelt Schöpfung unter den Stichworten Wirklichkeit und Gott und das Buch *ELFZWÖLF: Religion – entdecken, verstehen, gestalten* (2008) geht unter dem Stichwort Glaube und Naturwissenschaft auf Schöpfung ein. Eine ergiebige Materialsammlung zu Schöpfung und Evolution, *Gott vs. Darwin*, ist von Roser (^{2}2010) herausgegeben worden.

Auch wenn hier keine Aussage darüber getroffen werden kann, welche Religionslehrbücher bei der untersuchten Gruppe im Unterricht Verwendung finden, so kann doch davon ausgegangen werden, dass die sieben angegebenen Punkte Schülerinnen und Schülern bekannt sein dürften, sodass sie für das vorliegende Forschungsvorhaben als Leitideen für eine inhaltliche Einschätzung des erhobenen Materials dienen können.

1.2 Evolutionstheoretische Positionen

1.2.1 Evolutionstheorie – innerbiologische Abgrenzung

Wie der Name des Faches angibt, ist Biologie die entscheidende Wissenschaft, aus der sich dieser schulische Unterricht speist.[46] Es kann – wie auch bei der Theologie gezeigt – nicht pauschal von Biologie gesprochen werden. Ein Blick in schulische Lehrbücher zeigt verschiedene Teilgebiete dieser Naturwissenschaft, wie beispielsweise Zoologie, Botanik, Genetik, Paläontologie und anderes. Zu dieser Wissenschaft gehört auch die Evolutionsbiologie bzw. die Evolutionstheorie. Markl macht darauf aufmerksam, dass sich bei

> »der Diskussion der Evolutionsbiologie [...] eine der Hauptquellen für triviale Missverständnisse [ergibt], wenn zwischen ihren beiden Komponenten nicht auch sprachlich unterschieden wird: Die Evolutionsbiologie besteht aus der Evolutionsgeschichte – Vermutungen zur Geschichte des Wandels der Organismen – und der eigentlichen Evolutionstheorie, welche die Mechanismen beschreibt, die diesen Wandel bewirken.« (Markl 2007: 37)

Spätestens seit den 1970er Jahren hat sich das Thema *Evolution* als ein roter Faden von Biologie, praktisch als allgegenwärtiger Hintergrund dieser Naturwissenschaft, etabliert, denn nur durch die Evolutionstheorie ergeben sich in der Wissenschaft *Biologie* die entsprechenden Zusammenhänge (vgl. Kutschera [2]2007, [3]2008). Das heißt: »Die Evolutionstheorie ist die zentrale Theorie der Biologie« (Van Dijk/Kattmann 2010: 7). So klar wie bei Markl wird hier nicht unterschieden zwischen Evolutionsbiologie und Evolutionstheorie, sondern nur von Evolutionstheorie gesprochen – also von Entwicklung(stheorie)[47].

An dieser Stelle kann notiert werden, dass Biologie eine historische Wis-

46 Lehrbücher, wie *Linder Gesamtband*, verweisen darauf, dass die Erkenntnisse der Evolutionstheorie mit Erkenntnissen aus der »Geologie, Geophysik und Astrophysik« übereinstimmen, sodass sie »zu einem Teil des naturwissenschaftlichen Weltbildes« gehören (Linder Gesamtband [23]2010: 504).

47 Im Prinzip entspringt dieser Gedanke der romantischen Naturphilosophie, in erster Linie bei Schelling, der sich mit dem Problem der Selbstorganisation von Leben, Materie und Energie beschäftigte (vgl. dazu Barth 2003: 464ff, dort die entsprechendes Hinweise zu Schelling). Kattmann meint, dass der Begriff *Evolution* vom »englischen Philosophen Herbert Spencer (1820–1903) geprägt« wurde (Kattmann 1998: 1). Wie diese Prägung gelesen werden soll – als Theoriebegriff, um die Artendifferenzierung zu subsumieren, als Abstammungsbegriff im Sinne einer Kosmologie oder als Selbstorganisationsbegriff – lässt sich aus der Kattmann'schen Äußerung nicht erschließen.

senschaft ist, wenn sie als Evolutionsbiologie die Entwicklung von Organismen (mehr oder weniger vermutend) beschreibt. Theoretisch wird diese Evolutionsbiologie, wenn sie – dem methodischen Naturalismus verpflichtet – Modelle entwickelt und überprüft, wie und weshalb sich diese Entwicklung vollzogen hat, wobei die »Evolutionstheorie [...] die zentrale Theorie der Biologie« ist (Van Dijk/Kattmann (2010: 7). In diesem Sinne wird der Begriff *Evolutionstheorie* im vorliegenden Forschungszusammenhang verwendet, denn als solche ist sie die Voraussetzung für den öffentlichen Diskurs zu biologischen Themen, aber auch für einen Biologieunterricht, denn Lehrkräfte – so die Studie von Van Dijk und Kattmann – sollen Schülerinnen und Schüler »bei der Entwicklung eines Verständnisses von allgemein akzeptierten wissenschaftlichen Vorstellungen« (ebd.) begleiten. Es kann geschlussfolgert werden, dass ohne Evolutionstheorie keine Biologie möglich ist, gerade weil sie als Theorie allgemein akzeptiert ist.[48]

Ein Blick in Lehrbücher zeigt, dass das Schulfach Biologie in der gymnasialen Oberstufe ganz auf ein fundiertes Erfassen evolutionstheoretischer Positionen ausgerichtet ist (vgl. *Linder Gesamtband* (Bayrhuber/Hauber/Kull [23]2010) oder *Natura* (2002).

Was aber sind diese evolutionstheoretischen Positionen? Dieser Frage ist nachzugehen, um bei der Auswertung des Materials einschätzen zu können, ob die untersuchten Schülerinnen und Schüler in der Lage sind, inhaltlich ihre Argumentationen unter Bezug auf fachwissenschaftliche Positionen – im Horizont 16- bis 18-Jähriger – vorzutragen.

Auch in diesem Abschnitt des ersten Kapitels ist zu fokussieren. Vorgestellt und diskutiert werden unter dem Stichpunkt *Biologie als Wissenschaft* die Methodik sowie die grundlegenden Mechanismen von Evolution: Reproduktion, Variation/Mutation und Selektion. Daraus abgeleitet werden kann dann eine kurze Erläuterung zum naturwissenschaftlichen Verständnis des Begriffes *Zufall*, um abschließend evolutionstheoretische Positionen formulieren zu können, die im Horizont der Schülerinnen und Schülern liegen sollten, was an Lehrbüchern für das Fach Biologie zu überprüfen ist.

1.2.2 Biologie als Wissenschaft

Dass Biologie eine naturwissenschaftliche Disziplin ist, dürfte klar sein, dass sie aber gerade durch die Evolution auch eine historische Disziplin ist, scheint –

48 *Allgemein akzeptiert* meint hier von Naturwissenschaftlern, aber auch Theologen. Indirekt wird damit Kreationisten bzw. Anhängern des Intelligent-Designs ein »Theologenstatus« abgesprochen, was insofern möglich ist, als dass diese Gruppierungen Theologie als Ideologie benutzen und damit vom Wissenschaftskanon trennen (vgl. dazu beispielsweise Junker 2007: 127–145).

zumindest im öffentlichen Diskurs – weniger präsent zu sein. Es ist ebenso erstaunlich, wie häufig (vgl. beispielsweise Evers 2000, 2010 und 2011) Theologen sich um ein Verstehen der naturwissenschaftlichen Methodik bemühen und wie wenige Naturwissenschaftler (Ausnahme: z. B. Kattmann 2008, 2009) diesen Versuch für die Geisteswissenschaften unternehmen. Dieses Ungleichgewicht aufzuheben, wäre für die Förderung eines Dialogs zwischen beiden Wissenschaftsbereichen vorteilhaft, wie beispielsweise der von Bayrhuber, Faber und Leinfelder (2011) herausgegebene Band zum Darwinjahr zeigt.

Vom Selbstverständnis der Biologie als Wissenschaft aus betrachtet, unterscheiden sich Biologie und Theologie nicht. Auch im biologischen Zusammenhang geht es darum, Wissen überprüfbar zu erweitern, was durch die verschiedenen Elemente und Ansprüche, wie sie bei Härle expliziert sind (vgl. Kap. 1.1.2), erfolgen soll. Der entscheidende Unterschied besteht in der Methodik und darin, dass Biologie prinzipiell auch eine empirische Wissenschaft ist, d. h. sie vollzieht ihre Theoriebildung u. a. dadurch, dass sie deren Elemente qua Experiment und/oder Fund (z. B. Knochenfunde) überprüft, bestätigt oder falsifiziert. Allgemein besteht das naturwissenschaftlich-methodische Modell (methodischer Naturalismus[49]) aus den folgenden Elementen:
- Beobachtung,
- Entwicklung einer Forschungsfrage,
- Hypothesenbildung und Prognosenableitung,
- Überprüfung von Hypothese und Prognose durch weitere Beobachtungen/ Experimente,
- Bestätigung oder Widerlegung der Hypothese (Diskussion über die Hypothese).

Im Ergebnis dieses Prozesses steht bei einer Bestätigung kein Anspruch auf Wahrheit der Hypothese, sondern es können Gesetze formuliert werden, nach denen die Hypothese sich wiederholt bestätigen lässt und die von einer naturwissenschaftlichen Community anerkannt werden. Solche Naturgesetze beschreiben aber »nicht die wirkliche oder gar beobachtbare Welt, sondern sie abstrahieren auf fiktive, idealisierte Vorgänge« (Lesch 2011: 54).

Wird die Hypothese widerlegt, erfolgt in jedem Fall die Formulierung einer neuen Hypothese und damit einer neuen Forschungsfrage.

Naturwissenschaftliche Forschung ist methodisch betrachtet ein prinzipiell unabschließbarer Prozess, der dasjenige vorantreibt, was u. a. den Menschen als

49 Lesch (2011: 51) macht darauf aufmerksam, dass im Naturalismus weitestgehend auf Metaphysik verzichtet wird, sowie dieser die These vertritt, »dass komplexe Systeme durch Evolution aus einfacheren Teilen be- und entstehen«. Deshalb kann von einem »evolutionäre[n] Naturalismus« gesprochen werden.

eine besondere Spezies kennzeichnet: die Fähigkeit zur Theoriebildung (vgl. Wohlrapp ²2009: 85–98). Dabei richtet sich naturwissenschaftliche Forschung an nur einem Gegenstand aus: an Natur. Metaphysisches oder Spekulatives ist methodisch für Naturwissenschaften kein Gegenstand, auch wenn Prognosen immer ein spekulierendes Element enthalten.

Naturwissenschaft hört an der Stelle auf, Naturwissenschaft zu sein, an der sie über ihren Gegenstand hinaus Aussagen trifft, die methodisch nicht in ihren Bereich fallen. Dann wird aus Naturwissenschaft eine Ideologie, die zu einem gläubigen Szientismus ausarten kann, wie beispielsweise bei Dawkins (2006) zu beobachten. Auch Kutscheras (vgl. z.B. ²2007: 97–105) Veröffentlichungen zeigen stellenweise derartige Züge.[50]

Was für die naturwissenschaftliche Forschung methodisch im Allgemeinen gesagt wurde, trifft auch für die Biologie als Naturwissenschaft zu. Methodisch betrachtet ist ihr Gegenstand das Leben, und zwar vor dem Hintergrund der verschiedenen, ineinanderwirkenden Systeme, die als Mikro- und Makrokosmos beschrieben werden können. Weil der Lebensbegriff in der Biologie streng von anderen Lebensbegriffen zu unterscheiden ist, reicht die biologische Aussagekraft rückblickend auf die Entwicklungen und auf die Veränderungen von Leben im Sinne einer »Körperlichkeit«, die sich entweder bildet/gebildet werden kann (beispielsweise in der Genetik) oder Voraussetzung der biologischen Forschung ist, auch wenn die einzelne Art nicht mehr lebt (wie beispielsweise in der Paläontologie). Das heißt, »Biologie erforscht die an Zellen gebundenen Lebensprozesse« (Kutschera ³2008: 11).

Es kann zusammenfassend festgehalten werden, dass naturwissenschaftliche und somit auch evolutionsbiologische Forschung einen unabschließbaren Prozess darstellen, der im Ergebnis zu einer Generierung von Hypothesen gelangt, die nicht nur empirisch nachgewiesen sein sollen, sondern einen anerkannten Status erlangen müssen, um als naturwissenschaftliche Theorie zu

50 Es ist schon erstaunlich, wie sehr sich Kutschera bemüht, die Positionen der beiden Großkirchen als Negativfolie zu verwenden. Sicherlich ist seinem Fazit zu folgen, dass »in der deutschen Bevölkerung ein Mangel an Grundlagenwissen zum Thema Evolution existiert« (²2007: 74). Dieser Mangel entstand allerdings nicht dadurch, dass in der europäischen Christenheit der Mensch als Gottes Geschöpf gedacht wurde. Vielleicht sollten eher Überlegungen angestellt werden, weshalb biologisches Wissen keinen breiten Platz im Bewusstsein einer Bevölkerung einnimmt, anstand anhand von einigen ungeheuer antihumanen Beispielen, wie die Hexenverbrennung (vgl. ³2007: 100), meinen nachweisen zu können, dass Religion in der Endkonsequenz im Sterben liegt. Wissenschaftlich redlicher wäre es, wenn eine Beschäftigung mit dem Thema *Schöpfer und Geschöpf* auch diejenigen benennt, die gerade aus dem Gedanken der Geschöpflichkeit heraus menschlich fast Übernatürliches geleistet haben, wie Gandhi, Mandela, Mutter Theresa usw., ohne dabei die negativen Auswüchse amtskirchlicher Machtanmaßung übergehen zu wollen oder zu können. Es wird hier also für einen Diskurs plädiert. Alle anderen Zugänge sind Ideologien: theologische, aber auch naturwissenschaftliche.

gelten. Diese Geltung wird bis zur Widerlegung aufrechterhalten. Gerade in Bezug auf die Geltung liegen naturwissenschaftliche und geisteswissenschaftliche Forschung sehr nahe beieinander, denn auch in der geisteswissenschaftlichen Forschung gehen Veränderungen der Geltungsbereiche einher mit neu gewonnenen Erkenntnissen oder Einsichten.

Die von den Naturwissenschaften erzeugten theoretischen Modelle zeichnen sich meistens durch Einfachheit aus, was u. a. mit der Funktion von Naturgesetzen begründet werden kann. Ein solches einfaches Modell ist auch das evolutionstheoretische, welches jetzt nachvollzogen werden soll.

1.2.3 Evolutionstheoretische Positionen

Als interessierter Laie ist hier – ohne auch nur annähernd in die Differenzierungsmöglichkeiten der Evolutionstheorie einsteigen zu können – der Versuch zu unternehmen, die wichtigsten Positionen dieser Theorie zu zeigen.[51]

Die Grundfragen der Biologie sind die nach der Ontogenese und nach der Phylogenese. Während die Ontogenese auf die Entwicklung des Einzelnen abzielt, versucht die Phylogenese die Stammesentwicklung nachzuvollziehen und zu beschreiben. Evolutionsbiologie dokumentiert diese Entwicklung durch Fossilienfunde als Hauptquelle der Beschreibung. Die grundlegende Lehre der Evolutionstheorie ist die Lehre von der Deszendenz – der Nachkommenschaft.

Nach Drieschner (2007: 42), der Remane, Storch und Welsch (1973) zitiert, handelt es sich im Zentrum um die Aussage: »Alle heutigen Tier- und Pflanzenarten und der Mensch haben sich im Laufe der Erdgeschichte in direkter Abstammung durch schrittweise Veränderungen aus einer geringen Anzahl, vielleicht nur aus einer einzigen entwickelt.« Diese zentrale Aussage enthält die entscheidenden Grundpositionen der Evolutionstheorie, wie sie u. a. von Lamarck vorbereitet und von Darwin und Wallace entwickelt worden sind und die seitdem in einem ständigen Überarbeitungs- und Verfeinerungsprozess stehen (vgl. Kutschera [3]2008: 26–31), so dass der Evolutionsgedanke mittlerweile auch die Physik (Kosmologie), aber auch die soziale Entwicklung (kulturelle Evolution) mit zu erfassen versucht.

Im engeren Sinne – also biologisch – sind es drei Positionen, die es hervorzuheben gilt[52]:

51 Ein guter Überblick findet sich bei Kutschera [3]2008, Mayr 2003, Kummer 2009 (Theologe). Vgl. auch den entsprechenden Beitrag im Lexikon der Biologie (2006) oder www.wissenschaft-online.de/abo/lexikon/biok/3961 [25.6.2013].

52 Drieschner (2007: 43–47) hat diese grundlegenden Positionen zusammengefasst und dargestellt. Daran wird sich im Folgenden orientiert, ohne dass er immer zitiert wird.

1) Leben reproduziert sich selbst (Abstammung).
2) Leben verändert sich (Variation und Mutation).
3) Leben passt sich an (Selektion).

Es sind diese drei grundlegenden Erkenntnisse seit Darwin, die die Theorie einer Evolution ausmachen.

Dass Arten konstant bleiben, hängt damit zusammen, dass sich nur Gleiches mit Gleichem paaren kann, zumindest, wenn es überleben will. In der Weitergabe des entsprechenden Erbgutes liegen die Informationen bereit, die für die folgende Generation (und in der Regel auch für die folgenden Generationen) dasjenige Material mit sich führen, welches für ein Überleben hinreichend ist. Pro Generation kommt es allerdings zu kleinen Veränderungen, sodass es dennoch eine Entwicklung gab und gibt. Damit Entwicklungsprozesse ablaufen können, darf weder die Art absolut konstant sein, noch die Veränderung gravierend:

> »Wäre die Art vollkommen konstant, dann gäbe es keine Entwicklung; wären die Änderungen innerhalb einer Generation zu groß, dann würde die Art sehr bald aussterben.« (Drieschner 2007: 44).

Hinzu kommt, dass die gleiche Art in immer verschiedenen (individuellen) Merkmalsausprägungen fortbesteht (z. B. Körperbau, Größe, Behaarungsdichte). Das heißt, dasjenige, was weitergegeben wird, variiert durch die Weitergabe (z. B. die Chromosomen bei der elterlichen Fortpflanzung), durch eine Variation des Genpools. Durch diese Variationen kommen dann die kleinen Veränderungen zustande, die die Ausprägung einer Art und damit deren Entwicklung ermöglichen. Eine solche Entwicklung erfolgt in langen Zeiträumen (Tausenden von Jahren). Aufgabe der Phylogenese ist es, diese Entwicklung nachzuvollziehen, woraus methodisch eine rekonstruierende Beobachtung folgt.

Als eine weitere Komponente für die Veränderung der Arten ist die Mutation zu bestimmen, die sich aus Veränderungen der DNA ergibt, und zwar ausgelöst »etwa durch Wärme, mutagene chemische Substanzen oder Radioaktivität« (Drieschner 2007: 44). Dadurch entstehen ganz neue, bisher noch nicht vorhandene Möglichkeiten bzw. Variationen, die dann wieder durch geringfügige Veränderungen von Generation zu Generation variieren. Mit dieser evolutionstheoretischen Grundposition ist somit auf die Veränderung der Erbmasse – den Genpool – abgezielt.

Das heißt, eine Art paart sich nur mit seinesgleichen, um überleben zu können[53], und eine Art erfährt durch Paarung (aber auch durch äußere Um-

53 So ist beispielsweise der Liger (eine Mischung aus Löwe und Tiger) nicht zeugungsfähig, da

stände) minimale Veränderungen[54], um überleben zu können – beides trägt zur Entwicklung und damit zur Arterhaltung bei.

Die letzte dieser theoretischen Grundpositionen ist mit Selektion zu umschreiben. Selektion heißt Auswahl im Sinne der Anpassung. Auswahl geschieht – so Darwins Beobachtung – durch den Einfluss des Menschen (Zuchtwahl) und durch natürliche Zusammenhänge. Bei der natürlichen Zuchtwahl gibt es kein vorgegebenes Ziel – im Gegensatz zur Selektion durch den Menschen[55] –, sondern das Prinzip lautet: »The survival of the fittest«.

Am besten ausgerüstet / am besten angepasst zu sein, bedeutet, die eigenen Nachkommen in dem Maße zeugen und aufziehen zu können, die für eine »gesunde« Population der Art garantieren, was »Selektionsvorteil« genannt wird. Ein bekanntes Beispiel eines solchen Selektionsvorteils ist die Erklärung für das Wachstum des Giraffenhalses. Diejenigen Exemplare, die genetisch bedingt einen längeren Hals bekamen, waren auch zur Nahrungsaufnahme von Blättern in der Lage, wenn die gesamte Population den unteren Bereich der Bäume schon abgefressen hatte. Und über längere Zeit setzten sich dann diese Exemplare durch (Selektionsvorteil), die anderen starben aus (vgl. zur Selektion allgemein: Mayr 2003: 147ff). Auch die Gendrift kann als ein mögliches Erklärungsmodell im Zusammenhang mit der Selektion herangezogen werden.

Zwar können die drei grundlegenden Positionen der Evolutionstheorie nicht miteinander vermischt werden, allerdings ergibt sich eine gewisse Abhängigkeit voneinander. Wenn Abstammung/Reproduktion dafür zuständig ist, dass die Art einigermaßen konstant bleibt, Variation/Mutation dafür, dass sich über lange Zeiträume genetische Veränderungen ausmachen lassen und Selektion eine natürliche Auslese ist, dann darf auch behauptet werden, dass Evolution eine Theorie ist, die tautologisch argumentiert (mit Drieschner 2007: 47), denn dann überleben die am besten Angepassten, um Nachkommen zu zeugen, die wiederum genau diese Eigenschaft haben, sodass sich diese Nachkommen wiederum am ehesten vermehren werden, weil sie am besten angepasst sind.

Vertreter des Intelligent-Designs argumentieren nun so, dass es bestimmte Komponenten gibt, die durch die Evolutionstheorie nicht erfasst werden, die sogenannten *Missing Links*, und konstruieren dahinein Gott oder eben einen Designer. Verkannt wird dabei, dass zumindest die Möglichkeit besteht, diese Lücken zu erfassen bzw. durch Belegexemplare (Knochenfunde, Fossilien) zu

es sich zwar um dieselbe Gattung, aber nicht um dieselbe Art handelt, d.h., genetisch ist diese Variation für ein Überleben (durch Nachkommenschaft) nicht ausgerüstet.

54 Mutationen sind in der Regel nur im Labor nachweisbar, beispielsweise bei Experimenten mit Bakterienkulturen (vgl. Kutschera [3]2008: 225–228).

55 Die künstliche Selektion wird dadurch betrieben, dass diejenigen Exemplare einer Art zur Fortpflanzung zugelassen sind, die die gewünschten Eigenschaften am stärksten besitzen, so z.B. Fell oder Fleischmasse bei Tieren, Widerstandsfähigkeit von Pflanzen, Eigenschaften von Gebrauchstieren wie Hunden.

schließen oder zumindest zu verkleinern. D. h. aber auch: Die Evolutionstheorie kann durchaus zugeben, dass sie tautologisch argumentiert – mit dem Konzept von Gott als Lückenbüßer ist ihr jedenfalls nicht »beizukommen«. Fruchtbringender wäre also ein diskursiver Ansatz der einzelnen Wissenschaften. Darwins große Leistung war das Aufstellen eines Theorems, welches ohne spezielle Ursache auskommt und deshalb auf eine tautologische Erklärung hinauslaufen muss, denn ein genetischer Code setzt sich durch, der Eigenschaften ausweist, welche z. B. das Zeugen von mehr Nachkommen ermöglicht, und dieser »Code« erzeugt dann mehr Nachkommen.

Nach der Benennung und kurzen Erläuterung evolutionstheoretischer Grundpositionen ist es notwendig, speziell auf einen Begriff einzugehen, der, ob seiner jeweils anderen Interpretation, im Diskurs zwischen Biologie und Theologie / Schöpfung und Evolution mit dazu beiträgt (beitragen kann), dass Missverständnisse produziert und reproduziert werden: Der Begriff *Zufall.*

In den Naturwissenschaften wird Zufall differenziert in objektiven und subjektiven Zufall:

> »Ein objektiv zufälliges Ereignis hat keine Ursache und kann deshalb weder vorhergesagt noch im Nachhinein erklärt werden. […] Ein subjektiv zufälliges Ereignis hat zwar eine Ursache, kann aber ebenfalls nicht erklärt werden, weil das dafür erforderliche Wissen fehlt.« (Bayrhuber 2011: 14)

Gerade im Diskurs zwischen Biologie und Theologie liegt in der Verwendung des Zufallsbegriffs die Gefahr, die jeweils andere Seite nicht zu verstehen. Wenn, wie beispielsweise – darauf hebt Drieschner 2007: 51 f ab – der ehemalige Papst Benedikt XVI. in seiner Predigt zur Amtseinführung am 24. 4. 2005[56] sagt: »Wir sind nicht das zufällige und sinnlose Produkt der Evolution. Jeder von uns ist Frucht eines Gedankens Gottes. Jeder ist gewollt, jeder ist geliebt, jeder ist gebraucht«, dann verwendet er das Wort *zufällig* anders als es in der naturwissenschaftlichen Forschung gebraucht wird.

Drieschner (2007: 50) verweist auf den Unterschied zwischen »contingentia« und »accidens« – contingentia ist dabei theologisch, accidens naturwissenschaftliche konnotiert. Der entscheidende Unterschied besteht darin, dass contingentia *das Mögliche* beschreibt und accidens *das Nicht- zur- Substanz-Gehörige.* Beide Begriffe können allerdings mit *Zufall, zufällig* übersetzt werden.

Der Papst gebraucht in seiner Predigt den Begriff *zufällig* im Sinne der contingentia und überschreitet damit seine Kompetenz, wenn er der Evolutionstheorie unterstellt, sie gehe davon aus, dass wir sinnlos und zufällig wären. Die Evolutionstheorie gibt darüber keine Auskunft, sondern sagt nur, dass die

56 www.vatican.va/holy_father/benedict_xvi/homilies/2005/documents/hf_ben-xvi_hom_20050424_inizio-pontificato_ge.html [25. 6. 2013].

Entwicklung von solchen komplexen Lebensformen wie die der Spezies Mensch auf einem Zusammentreffen von Zufällen basiert, also etwas Akzidentielles ist, womit nur ausgesagt wird, dass dahinter kein erkennbarer Plan steht.

Genauso überschreitet ein Biologe wie Monod (vgl. [6]1992) seine Kompetenz, wenn er aus der naturwissenschaftlichen Konnotation des Begriffes *Zufall* (accidens) ableitet, wir seien Zigeuner am Rande des Universums. In beiden Fällen wäre ein Blick auf die Bedeutung und Wirkungstradition von Begriffen sinnvoll, um erkennen zu können, dass dieses und jenes etwas anderes ist bzw. meint, trotzt der Benutzung eines gemeinsamen Wortes.

1.2.4 Evolutionstheoretische Positionen im Horizont von Schülerinnen und Schülern

Wie Eingangs erwähnt, sollten in diesem Kapitel nur die grundlegenden Positionen der Evolutionstheorie skizziert werden. Es hat sich herausgestellt, dass die Evolutionstheorie auf den Säulen Abstammung/Reproduktivität, Variation/Mutation und Selektion aufsitzt. Alle drei Säulen konnten für dem vorliegenden Forschungszusammenhang hinreichend zur Darstellung gebracht werden, sodass jetzt der Frage nachzugehen ist, ob sich diese Grundpositionen auch im Horizont von 16- bis 18-jährigen Schülerinnen und Schülern befinden bzw. ob es besonderer – wie bei den schöpfungstheologischen Positionen – Ausformulierungen bedarf.

Die Frage nach den besonderen Formulierungen ist zu verneinen. Für das Fach Biologie kann festgehalten werden, dass die hier gefundenen Grundsätze übernommen werden können. Für einen (vermuteten) Schülerhorizont ist das Folgende festzuhalten:

1) Evolution meint allgemein (und neutral) Entwicklung und impliziert damit weder einen Plan, einen Planer noch den Gedanken einer stetigen, zielgerichteten Höherentwicklung, d.h., Evolution ist ohne erkennbare Ursache denkbar.
2) Evolution ist zu unterscheiden in Evolutionsbiologie und Evolutionstheorie und damit in eine historisch rekonstruierende Wissenschaft vom Wandel der Organismen und der theoretischen Modellierung des Mechanismus, der diesen Wandel beschreiben soll und kann.
3) Die auf Darwin zurückgehende und sich seit ihm entwickelnde Evolutionstheorie basiert auf der Deszendenzlehre – d.h., alle heute beobachtbaren Lebewesen haben sich im Laufe der Erdgeschichte in direkter Abstammung entwickelt.

4) Diese Abstammung basiert auf einer einigermaßen gleichbleibenden (konstanten) Reproduktion innerhalb derselben Art, wobei mehr reproduziert wird, als für das Überleben der Art nötig.
5) Durch Variation und Mutation werden die Arten langfristig und geringfügig verändert.
6) Selektion ist zu unterscheiden in eine natürliche und eine künstliche (durch Menschen vorgenommene) Auswahl, die diejenigen Eigenschaften an die Population weitergibt, welche gesicherte Nachkommenschaft ermöglichen. Dadurch wird durch Anpassung das genetische Material weitergeben, welches sich für das Überleben, das Zeugen und die Aufzucht von Nachkommen am besten eignet.
7) Evolutionsbiologie/Evolutionstheorie argumentiert in Tautologien; sie bewegt sich damit nicht in einem logischen Widerspruch, sondern hilft, die Zweckmäßigkeit der heute lebenden Organismen zu erklären.

Mit diesen Formulierungen kann an entsprechende Lehrbücher herangetreten werden. Das wohl renommierteste Lehrbuch für das Schulfach Biologie dürfte *Linder Gesamtband* (Bayrhuber/Hauber/Kull [23]2010) sein. In diesem Lehrwerk werden einführend die Methoden naturwissenschaftlichen Arbeitens reflektiert. Das Thema *Evolution* ist umfassend in die Kapitel *Evolutionstheorie, Stammesgeschichte, Geschichte des Lebens* und *Evolution des Menschen* untergliedert (S. 424–507). Alle oben angegebenen fachwissenschaftlichen Positionen lassen sich in diesem Lehrbuch wiederfinden. Eingeführt wird in das Thema *Evolution* mit Darwin und historischen Belegen zur Entwicklung der Theorie.

Ähnliches, wenn auch nicht so umfangreich, lässt sich für das Schulbuch *Natura* (Knauer/Kronberg/Krull 2007) konstatieren. Am Beispiel *Begegnungen mit der Natur 8* (Biegl 2006) kann auch für Österreich festgehalten werden, dass Evolution umfangreich und im hier beschriebenen Sinne von den evolutionstheoretischen Grundpositionen ausgeht. Dabei ist für alle Lehrwerke zu notieren, dass Evolution als die zentrale Theorie der Biologie dargestellt wird, eine Forderung, welche schon vor mehr als zehn Jahren im *Handbuch des Biologieunterrichtes, Sekundarbereich I* (Hedewig/Kattmann/Rodi 1998) gestellt wurde. Gerade dieses Handbuch nimmt in der Klassenstufe 9/10 das Thema *Schöpfung und Evolution* auf. Im *Linder Gesamtband* wird zumindest am Ende (S. 504–505) über die Bedeutung der Evolution in Abgrenzung zu Kreationismus und Szientismus diskutiert. Mit der Ausgabe der Zeitschrift *Kompakt Unterricht Biologie* (Kattmann 2008) wird das Thema *Schöpfung und Evolution* für den Biologieunterricht so aufbereitet, dass es zu einer kritischen Auseinandersetzung mit kreationistischen Positionen kommen kann.

Auch für das Schulfach *Biologie* kann hier keine Aussage darüber getroffen werden, welche Lehrbücher und Arbeitsmaterialien in der untersuchten Gruppe im Unterricht Verwendung finden. Dennoch ist auch in diesem Fall davon auszugehen, dass die in den sieben Punkten angegebenen grundlegenden Positionen der Evolutionstheorie Schülerinnen und Schülern bekannt sein dürften, sodass sie für das vorliegende Forschungsvorhaben als Leitideen für eine inhaltliche Einschätzung des erhobenen Materials dienen können.

1.3 Diskussion im Hinblick auf die Forschungsfrage der Studie

Es konnten schöpfungstheologische und evolutionstheoretische Grundpositionen ausgemacht werden, die bei der Auswertung und Einschätzung des Materials (vgl. Kap. 8) als Leitideen dienen sollen. In diesem, das Kapitel 1 abschließenden Teil werden vor dem Hintergrund der formulierten Grundpositionen Überlegungen zur gestellten Forschungsfrage vorgetragen. Dazu werden Arbeitsdefinitionen für die Begriffe *fachspezifisch* und *fachübergreifend* hergeleitet, sodass die Forschungsfrage in ihrer Ausdifferenzierung einsichtig gemacht werden kann.

Die Forschungsfrage (vgl. Einleitende Überlegungen) lautet: Wie argumentieren Schülerinnen und Schüler der gymnasialen Oberstufe in den Fächern Evangelische Religion und Biologie zum Thema *Schöpfung und Evolution?*

Sie wurde differenziert in drei Teilfragen:

1) Welche Argumentationsmuster lassen sich bei Schülerinnen und Schülern *fachspezifisch* in Bezug auf die Thematik *Schöpfung und Evolution* identifizieren?
2) Welche Argumentationsmuster lassen sich bei Schülerinnen und Schülern *fächerübergreifend* in Bezug auf die Thematik *Schöpfung und Evolution* identifizieren?
3) Lässt sich ein Zusammenhang zwischen der Musterverwendung und dem Inhalt *Schöpfung und Evolution* bei den untersuchten Schülerinnen und Schülern der gymnasialen Oberstufe feststellen?

Nachdem erläutert und begründet werden konnte, welche fachwissenschaftlichen Voraussetzungen/Leitideen vorliegende Studie tragen, muss jetzt – zumindest als Arbeitsdefinition – festgehalten werden, was in Bezug auf theologische und biologische Inhalte unter den Adjektiven *fachspezifisch* und *fachübergreifend* verstanden werden soll.

1.3.1 Überlegungen zu *fachspezifisch*

Im Zuge der Entwicklung von Bildungsstandards wurde, so scheint es zumindest, der Begriff *Fachspezifik* abgelöst vom Begriff *Domänenspezifik.* Ein Merkmal dieser *Domänenspezifik* ist die Fachlichkeit selbst, die dadurch beschrieben ist, dass es für jedes Fach bestimmte »Grundprinzipien der Disziplin« (Klieme et al. 2003: 24) gibt. Die Klieme-Expertise führt weiter aus:

> »Unterrichtsfächer korrespondieren mit wissenschaftlichen Disziplinen, die bestimmte Weltsichten [...] ausarbeiten und dabei bestimmte ›Codes‹ einführen [...] Die Abgrenzung einzelner Fächer [...] ist immer wieder diskutiert worden [...], aber im Prinzip muss sich die Schule an der Systematik dieser Weltsichten orientieren, wenn sie anschlussfähig sein will an kulturelle Traditionen und an die Diskurse anderer Lebensbereiche.« (ebd.: 25)

Von diesen Überlegungen ausgehend wird im vorliegenden Forschungszusammenhang von *fachspezifisch* gesprochen, wenn der Inhalt einer Argumentation, also die Prämisse, das Argument und die Konklusion begrifflich mit schöpfungstheologischen bzw. evolutionstheoretischen Positionen gefüllt ist. Begriffe und begriffliche Zusammenhänge wie in Kap. 1.1 und Kap. 1.2 gezeigt, können so eindeutig dem jeweiligen fachlichen Hintergrund zugeordnet werden. So z. B. theologisch: Schöpfung ist eine Erzählung, eine Verhältnisbestimmung zwischen Gott und Welt, Schöpfung als ein Text, der interpretiert werden muss; biologisch: Begriffe und deren inhaltliche Zusammenhänge wie Entwicklung durch Abstammung, Selektion, Mutation.

Diese Festlegung für *fachspezifisch* geht von einem engen Theologie- und Biologieverständnis aus. Daraus ergibt sich die Überlegung, ob die fachspezifisch-begriffliche Zuordnung noch greift, wenn ein Text beispielsweise auf eine externe Religionskritik abzielt und dabei Begriffe wie *Gott* oder *Schöpfung* verwendet oder wenn auf die Urknall-Theorie rekurriert wird, die zwar eine Voraussetzung für die biologische Evolution ist, allerdings eher in den fachspezifisch-physikalischen Kontext gehört. Für diese Fälle ist die Berücksichtigung des (anderen) Kontextes von Bedeutung. Allerdings ist diese Bedeutung und damit die Einschätzung, ob im konkreten Fall noch von einem fachspezifischen Muster gesprochen werden kann, nicht spekulativ zu erschließen, sondern an den entsprechenden empirischen Daten zu überprüfen. Deshalb wird diese Frage vorerst zurückgestellt und im Zuge der Vorbereitung zur Datenauswertung wieder aufgenommen (vgl. Kap. 7.1.3.1).

Aufgrund der geschilderten Problemlage kann als Arbeitsdefinition für *fachspezifisch* festgehalten werden: Die in Argumentationen verwendeten Begriffe und Zusammenhänge verweisen auf den jeweiligen fachwissenschaftlichen Inhalt/entspringen dem jeweiligen fachwissenschaftlichen Inhalt des

Faches *Religion* oder *Biologie* und führen so zu einer stimmigen (fachspezifischen) Argumentation.

1.3.2 Überlegungen zu *fachübergreifend*

Für die Bestimmung dessen, was im vorliegenden Forschungszusammenhang unter *fachübergreifend* verstanden werden soll, wird auf allgemeinpädagogische Erkenntnisse zurückgegriffen. Benner unterscheidet sechs verschiedene lebensweltliche Bereiche der einen menschlichen Praxis. Diese sind nicht-hierarchisch aufgebaut und differenzieren die Praxis in Politik, Kunst, Pädagogik, Religion, Arbeit und Ethik (vgl. Benner ^{5}2005: 44). Dabei wird die menschliche (Gesamt-)Praxis entfaltet in der Leiblichkeit, der Geschichtlichkeit, durch Freiheit und Sprache (ebd.). Diese Entfaltung impliziert notwendige Perspektivenwechsel, wobei unter einem Perspektivenwechsel das Wissen und die Kenntnis des Eigenen Voraussetzungen ist, um ein Anderes einschätzen, beurteilen und/oder daran teilhaben zu können.

Übertragen auf eine Bestimmung von *fachübergreifend* bedeutet dies, dass aus dem »eigenen fachlichen Kontext« als einer möglichen menschlichen Praxis eine Überprüfung der Voraussetzungen, Behauptungen usw. des anderen »fachlichen Kontextes« als einer anderen möglichen menschlichen Praxis erfolgen kann, und zwar dann, wenn Gemeinsamkeiten entdeckt und Unterschiede benannt und beurteilt werden können. Dabei ist mit »eigener fachlicher Kontext« nicht zwingend der religiöse oder der biologische gemeint, sondern durchaus auch ein ethischer, anthropologischer, politischer, historischer usw. Bewusste Kontextualisierung als eine mögliche Bedingung der Argumentation dürfte auch ein hinreichendes Kriterium für die Bestimmung von *fachübergreifend* sein.

Ein weiteres, die vorgetragenen Überlegungen ergänzendes bildungstheoretisches Kriterium für *fachübergreifend* kann im Zusammenhang mit den Weltbegegnungsmodi gesehen werden. Weil schulischer Unterricht auf der Reflexion der eigenen Erfahrung mit den verschiedenen Modi von Weltbegegnungen aufsitzt, wie beispielsweise die kognitiv-instrumentelle Modellierung, die ästhetisch-expressive Begegnung und Gestaltung, die normativ-evaluative Auseinandersetzung oder die Erfassung und Bewältigung von Problemen konstitutiver Rationalität (vgl. Baumert 2002: 107), kann *fachübergreifend* die Bedeutung einer aus dem jeweiligen fachlichen Kontext abwägenden Kommunikation in Verbindung mit Positionen des anderen Faches erlangen. Eine solche Kommunikation muss nicht zwingend in einem Urteil (richtig/falsch) münden, sondern kann sich auch auf der Ebene der wechselseitigen Anerkennung befinden.

Aber auch hier – wie bei der Bestimmung von *fachspezifisch* – ist davon auszugehen, dass eine Konkretisierung erst im Zuge der Vorbereitung der Auswertung erfolgen kann (vgl. Kap. 7.1.3.2). Als Arbeitsdefinition für *fachübergreifend* soll an dieser Stelle festgehalten werden: Die in Argumentationen verwendeten Begriffe und Zusammenhänge übersteigen den jeweiligen fachwissenschaftlichen Inhalt und stellen so kommunizierbare Sinnzusammenhänge zwischen den Inhalten der Fächer *Religion* und *Biologie* durch stimmige Argumentationen her.

1.3.3 Überlegungen zur Forschungsfrage

Die vorgetragenen Überlegungen zu *fachspezifisch* und *fachübergreifend* sind als Arbeitsdefinitionen zu verstehen, die in der Auswertung (vgl. Kap. 7; Kap. 8) geschärft und präzisiert werden müssen. Mit den Definitionen zur Verwendung von *fachspezifisch* und *fachübergreifend* kann noch einmal vor dem Hintergrund der erarbeiteten theologischen und biologischen Grundpositionen über die Differenzierung der Forschungsfrage nachgedacht werden.

Bei genauerer Betrachtung ergibt sich, dass die Fragen nach der fachspezifischen und fachübergreifenden Verwendung von Argumentationsmustern eher einer formalen Fragestellung entsprechen. Eine formale Fragestellung lässt z. B. als Antwort ein *Ja* oder ein *Nein* erwarten bzw. im vorliegenden Fall: *kann identifiziert werden, kann nicht identifiziert werden.* Damit wäre nichts gewonnen. Die Bestimmung der Inhalte des Faches ermöglicht es deshalb, über diesen formalen Zusammenhang hinauszugehen.

Für die argumentationstheoretische Fundierung (vgl. Kap. 2) ist diese Möglichkeit von ausschlaggebender Bedeutung. Die von Kienpointner übernommene Typologie (vgl. Kap. 2.2) zeichnet sich ja dadurch aus, dass die dort zusammengestellten Muster so abstrakt (formal) sind, dass sie auf verschiedene Inhalte angewendet werden können. Damit ergibt sich aus dem Fragehorizont dieser Studie ein mögliches Wechselspiel zwischen Form und Inhalt, welches bei der Auswertung zu bedenken ist. Während die Forschungsteilfragen eins und zwei den formalen Aspekt – das Identifizieren von Argumentationsmustern – in den Vordergrund rücken und nur vorsichtig normativ interpretierend vorgehen, ist bei der Forschungsteilfrage drei das Gegenteil der Fall: Hier wird, um zu einer Antwort zu gelangen, der Inhalt in den Vordergrund gerückt, und die Muster werden als mögliche Werkzeuge definiert, die diese Inhalte transportieren.

Beide Aspekte, die sich aus der Differenzierung der Forschungsfrage ergeben, erzeugen in der vorliegenden Studie eine Vermittlung zwischen formalem Muster und inhaltlicher Anwendung, die theoretisch (vgl. Kap. 2), methodisch (vgl. Kap. 3) und bei der Auswertung (vgl. Kap. 7; Kap. 8) eine Berücksichtigung finden muss und finden wird.

2. Kapitel: Argumentationstheoretische Positionen – zur Typologie von Argumentationsmustern nach Kienpointner

Vor dem Hintergrund der Forschungsfrage wird im zweiten Kapitel die *Typologie von Argumentationsmustern* nach Kienpointner erarbeitet. Weil diese Typologie ohne eine Theorie zur *Präsupposition* nicht auskommt, ist eine kurze Darstellung des semantischen und pragmatischen Ansatzes zu dieser Theorie nötig (2.1), um die Typologie Kienpointners zu reflektieren und daraus die theoretischen Grundpositionen der vorliegenden Forschung ableiten und formulieren zu können (2.2). Die Entscheidung für ein pragmatisches Verständnis von Präsupposition im Zusammenhang mit der sprachlichen Äußerung Argumentieren wird in einem weiteren Unterkapitel (2.3) vorgetragen und begründet. Abschließend (2.4) sollen die gewonnenen Erkenntnisse zusammenfassend diskutiert werden.

2.1 Theorien zur Präsupposition

Kienpointner verfolgt mit seiner *Alltagslogik* (1992) zwei Hauptziele: »eine Klärung des Begriffes ›Plausibilität‹[57] im Hinblick auf alltagssprachliche Argumentation« und das Erstellen und Überprüfen[58] einer »Typologie von Schemata der Alltagsargumentation« (Kienpointner 1992: 13). Der Fokus vorliegender

57 Auf den Begriff *Plausibilität* wird hier nicht näher eingegangen. In der Einleitung wurde schon vermerkt, dass dieser Begriff in vorliegender Forschung verstanden wird als *etwas, was einleuchtend* ist. Weil Argumentationen nicht nur Gründe für die Geltung einer Sachlage anführen, sondern dadurch auch ein Urteil fällen, ist noch einmal festzuhalten: »Plausible Urteile sind relative Urteile, deren Relativität sich in drei Merkmalen zeigt: Sie sind intersubjektiv, probabilistisch und überholbar« (Steudel-Günther 2003: 1282). Plausible Urteile sind überzeugende Urteile, die vor dem Hintergrund eines sozial hergestellten Konsenses von Meinungen gebildet werden. Kienpointner möchte die Klärung dieses Begriffes im Zusammenhang mit dem Begriff der Gültigkeit in der Logik und unter Einbeziehung semantischer Theorien vornehmen (vgl. Kienpointner 1992: 13).

58 Kienpointner überprüft die von ihm entwickelte Typologie von Argumentationsmustern an einem Corpus aus der deutschen Gegenwartssprache.

Studie liegt auf der Typologie. Diese basiert auf dem Gedanken, dass sich ein Übergang vom Argument zur Konklusion »erst durch die den entsprechenden Zusammenhang stiftende Schlußregel« ergibt (ebd.: 45).

Der Begriff *Schlussregel* ist problematisch. Er wird in linguistischen Forschungsansätzen als *Präsupposition* bezeichnet und kontrovers diskutiert. Weil Kienpointner, wie noch zu zeigen sein wird, das Konzept der Schlusspräsupposition von Öhlschläger (1979) übernimmt, soll ein Einblick in die linguistische Diskussion zur Präsuppositionstheorie gegeben und die Verwendung dieser Theorie bei Kienpointner diskutiert werden. Im Anschluss daran wird die Typologie von Argumentationsmustern vorgestellt und reflektiert.

2.1.1 Semantische und pragmatische Präsuppositionstheorie

In der linguistischen, sich auf die analytische Sprachphilosophie[59] berufenden Forschung wird eine semantische Theorie zur Präsupposition von einer pragmatischen unterschieden. Der Begriff *Präsupposition* (lat. praesupponere) bezeichnet ein »Zugrundelegen« (vgl. Löwe 1985: 324). Im englischen Sprachraum wird Präsupposition (*presuppose*) ähnlich verwendet: »voraussetzen, zur Voraussetzung haben« (Terrell et al. 2001: 1676). Das Problem, ob der Begriff *Präsupposition* eher der Semantik oder eher der Pragmatik zugeordnet werden kann, wird in der Linguistik seit ca. 40 Jahren umfassend diskutiert.[60]

In Beschränkung auf eine kurze Skizzierung der Problematik, die sich aus einer Theorie zur Präsupposition ergibt, soll hier die semantische und die pragmatische Definition einer Präsupposition von Meibauer ([2]2008) aufgegriffen werden, der in seinem Lehrbuch zur Pragmatik die Diskussion der letzten 40 Jahre gut strukturiert und zusammenfassend präsentiert. Das entscheidende Kennzeichen einer semantischen Theorie zur Präsupposition ist, dass ein Sprecher bei der Äußerung von Sätzen etwas voraussetzt: eine relevante Vor-

59 Grundlegend hat Frege in seinem Aufsatz *Über Sinn und Bedeutung* (1892/2007) formuliert, dass wenn »man etwas behauptet, so ist immer die Voraussetzung selbstverständlich, daß die gebrauchten einfachen oder zusammengesetzten Eigennamen eine Bedeutung haben. Wenn man also behauptet, ›Kepler starb im Elend‹, so ist dabei vorausgesetzt, daß der Name ›Kepler‹ etwas bezeichne; aber darum ist doch im Sinne des Satzes ›Kepler starb im Elend‹ der Gedanke, daß der Name ›Kepler‹ etwas bezeichne, nicht enthalten« (Frege 1892/2007: 36). Bei Frege wird damit die Voraussetzung für eine Theorie der Präsupposition gelegt, auch wenn er den Begriff selbst nicht verwendet. Russell bezieht die Gegenposition zu Frege, indem er von logischen Eigennamen ausgeht (vgl. Russell 1905/1970). Die erste explizite Theorie zur Präsupposition (presupposition) legte Strawson (1952) vor. Keller (1974: 31 ff bzw. 47 ff) diskutiert beide Positionen (Frege/Strawson und Russell) und erarbeitet im Ergebnis den Begriff *kollektives Wissen*.

60 Vgl. Keller 1974, von Polenz 1985, indirekt Klein 1985, Levison 1983/2000, Öhlschläger 1979, Kienpointner 1983 und 1992, Holly 2001, Ernst 2002, Meibauer 2008.

aussetzung, die auch unter Negation des Satzes konstant bleibt. So definiert Meibauer (^{2}2008: 45) in Anlehnung an Levison (1983/2000):

> »Ein Satz p präsupponiert semantisch einen anderen Satz q genau dann, wenn gilt: (a) in allen Situationen, in denen p wahr ist, ist q wahr; (b) in allen Situationen, in denen p falsch ist, ist q wahr.«[61]

Beispiel:
- Julia nimmt an der Schulspeisung teil. (p)
- Es gibt eine Schulspeisung. (q)

Negation:
- Julia nimmt nicht an der Schulspeisung teil. (p)
- Es gibt eine Schulspeisung. (q)

Eine pragmatische Präsuppositionstheorie unterscheidet sich von einer semantischen dadurch, dass von einem gemeinsamen Hintergrund ausgegangen wird. Keller (1974: 93ff) spricht von einem *kollektiven Wissen*, Levison (1983/2000: 224ff) und Lambrecht (1994: 51ff) arbeiten mit dem Begriff *gemeinsames Hintergrundwissen* (mutual background, knowledge), Ernst (2002: 19ff) argumentiert mit dem Begriff *Weltwissen.*

In deutlicher Abhebung von einem semantischen Verständnis zu einer Theorie der Präsupposition fasst Meibauer (2008: 54) den pragmatischen Ansatz zusammen: »Ein Sprecher präsupponiert mit seiner Äußerung eine Proposition p, wenn er davon ausgeht, daß diese den Gesprächspartnern wechselseitig bekannt ist oder als gegeben akzeptiert wird.« Als Beispiel gibt Meibauer die Überlegungen von Chierchia und McConnell-Ginet (1990: 23–28) wieder, die beobachteten, dass

> »Präsuppositionen in verschiedenen Abwandlungen eines Satzes auftauchen:
> a. Ingo hat aufgehört zu dealen.
> b. Ingo hat nicht aufgehört zu dealen.
> c. Hat Ingo aufgehört zu dealen?
> d. Wenn Ingo aufgehört hat zu dealen, laust mich der Affe.« (Meibauer 2008: 54)

Es scheint belanglos zu sein, ob es sich um einen positiven oder negativen Deklarativsatz, einen Fragesatz (Entscheidungsfrage) oder einen Konditional-

61 Meibauer verweist an dieser Stelle auf die einzelnen Präsuppositionstypen wie existenziell (existiert), faktisch (hat getan), kontrafaktisch (ich bin) usw. (vgl. Meibauer 2008: 48). Levison (2000: 194ff) gibt »Präsuppositionsauslöser« an wie z. B. implikative oder faktische Verben (197), Beurteilungsverben oder Interative (198); Spalt- und Temporalsätze (199). Solche Differenzierungs- und Gliederungsversuche wurden auch von anderen Linguisten unternommen – allein im Rahmen dieser Arbeit würde eine Diskussion darüber wesentlich zu weit führen.

satz handelt, allen Sätzen gemeinsam ist die Präsupposition: *Ingo hat gedealt.* Dies bedeutet, dass der Sprecher/Verfasser und der Hörer/Leser über einen gemeinsamen Hintergrund verfügen, der lauten könnte: Es gibt einen Jungen / einen Mann, der einer bestimmten Tätigkeit (dealen) nachgegangen ist.

Nun könnte bei der semantischen und der pragmatischen Bestimmung der Eindruck entstehen, als ob eine Präsupposition ein Bewusstseinsakt des Sprechers/Verfassers wäre. Gegen diese Vermutung meint von Polenz (1985: 307f, Hervorhebung im Original), dass es sich meistens

> »nur um etwas Mitbedeutetes [handelt] [...], also vom Hörer/Leser MITVERSTANDEN wird, ohne daß der Sprecher/Verfasser eine spezielle, zusätzliche VORAUSSETZUNG gemacht hat«.

Meibauer (2008: 54) vermerkt dann auch, dass Präsuppositionen »einerseits eine sprachliche Basis haben«, dies wäre der semantische Aspekt des Begriffes, »andererseits aber abhängig vom jeweiligen gemeinsamen Hintergrundwissen sind«, dies wäre die pragmatische Komponente des Begriffs. Neben der *sprachlichen Basis* und dem *gemeinsamen Hintergrundwissen* wird in der linguistischen Forschung (Levison 1983/2000: 204f) noch auf die Aufhebbarkeit – Meibauer (2008: 49) spricht von Löschbarkeit – einer Präsupposition verwiesen. So hebt sich in der folgenden, von Levison (1983/2000: 205) als Beispiel gebrauchten Sentenz die Präsupposition auf:

> »(77) Sarah machte Urlaub, bevor sie ihre Diplomarbeit beendete. (78) Sarah beendete ihre Diplomarbeit. Dagegen präsupponiert (79) Sarah starb, bevor sie ihre Diplomarbeit beendete, ganz sicher nicht (78), sondern übermittelt, daß Sarah ihre Diplomarbeit nie beendet hat.«

Die Aufhebbarkeit bzw. Löschbarkeit kann u. a. dadurch ausgelöst werden, dass es mit der Proposition zu einem Wechsel des Rahmens[62] kommt. So zeigt das Beispiel bei Levison, dass in (77) mit dem Namen *Sarah* ein Existenzzustand verbunden wird, während in (79) mit dem Namen *Sarah* dieser Status aufgegeben werden muss. Für Kienpointner ist diese Beobachtung ein Grund, das »kollektive Wissen« (Keller), flexibler zu gestalten[63], weil dieses »Schlucken« von

62 Zum Begriff *Rahmen* vgl. Wohlrapp (²2009: 237ff), der darauf aufmerksam macht, dass Gegenstände und Sachverhalte immer selektiv erfasst werden, weil ansonsten »eine gezielte Untersuchung und damit Erkenntnis unmöglich wäre« (Wohlrapp ²2009: 239). Es wäre also auch möglich, anstatt von Rahmen von Fokus zu sprechen, und dies bedeutet, dass eine vorgetragene Argumentation u.a. nur gelingen kann, wenn dieser Fokus/Rahmen nicht gewechselt wird. Diese »Glücksbedingungen« für das Gelingen einer Argumentation sind außer bei Wohlrapp in der Forschung so nicht beachtet worden; sie stehen aber in einem engen Zusammenhang mit dem »Schlucken von Präsuppositionen« (Keller 1974: 105; so auch Öhlschläger 1979 und Levison 1983/2000).

63 Was Kienpointner unter »flexibel gestalten« verstanden wissen möchte, erläutert er leider

Präsuppositionen auch dann geschieht, wenn dem Hörer diese gar nicht bekannt sind und sie »somit nicht zum kollektiven Wissen gehören« (Kienpointner 1992: 33).

Es müsste hier, darauf verweist Meibauer (2008) unter Berufung auf Lamprecht (vgl. Lambrecht 1994: 65–73), zu einer »pragmatischen Akkomodation« kommen, wobei unter einer pragmatischen Akkomodation »eine Anpassung an die jeweils nötigen präsuppositionalen Wissensbestände zu verstehen« ist (Meibauer 2008: 54). Bei Ernst wird diese Problematik unter dem Begriff *Inferenz* diskutiert:

> »Wir fügen der Bedeutung von Sprachformen durch kognitive Prozesse Ergänzungen oder Erweiterungen hinzu, die auf unserer Erfahrung beruhen. [...] Inferieren bedeutet, dass man etwas aus dem eigenen Wissen oder der eigenen Erfahrung ergänzt, was in einem sprachlichen Ausdruck nicht direkt (durch die Wortsemantik) enthalten ist.« (Ernst 2002: 3)

Daraus kann eigentlich nur geschlussfolgert werden, dass Präsuppositionen von Sprechern/Schreibern und Hörern/Lesern *benutzt* werden, um den Sinn des Gesagten/Geschriebenen von den eigenen Voraussetzungen aus, sprich: Erfahrungen, zu erschließen.

Eine solche Ergänzung durch gesammelte Erfahrungen kann aber nur dann zu einer Sinnstiftung führen, wenn diese wiederum sprachlich ausgedrückt werden kann. Bei Keller (1974: 117) liest sich das so:

> »Es sind Sätze, die etwas präsupponieren, nicht Sprecher, Behauptungen, Fragen oder Befehle. Nicht der Sprecher präsupponiert, daß er etwas für wahr hält, sondern der Satz präsupponiert, daß der Sprecher, wenn er ihn zu einer Sprechhandlung verwenden will, etwas für wahr hält.«

Einfacher ausgedrückt: Beim Gebrauch eines Satzes durch einen Sprecher kann es zu einer Präsupposition kommen. Dass es dazu kommen kann, liegt am *kollektiven Wissen* (Keller) oder, wie Ernst (2002: 19ff) plausibel vorgetragen hat, an einer Verknüpfung von Weltwissen, Sprachwissen und Sprachverhalten.

Diese Verknüpfung ist ein Hinweis darauf, dass, wenn Präsuppositionen »vorliegen«, diese auch rekonstruierbar sein müssen, was auch auf »geschluckte« Präsuppositionen zutreffen dürfte, weil ansonsten nicht von einem »Schlucken«, »Aufheben«, oder der »Löschbarkeit« von Präsuppositionen gesprochen werden könnte.

Die Diskussion um eine klare begriffliche Zuordnung sowie um eine klare Zuschreibung der Funktion einer Präsupposition innerhalb einer Sprache

---

nicht – es ist also unklar, ob er dies in Bezug auf Erfahrung oder Erkenntnis meint, im operationalen Sinne, in Bezug auf Logik, Semantik oder Pragmatik.

scheint aus linguistischen Sicht – einen Gesamtüberblick gibt z. B. Seuren (^{2}2006) – noch so offen, dass Levison (1983/2000: 245) feststellen muss:

> »Wir halten fest, daß Präsuppositionen auch neunzig Jahre nach Freges Ausführungen zu diesem Thema nach wie vor nur zum Teil verstanden sind und eine wichtige Grundlage für Untersuchungen der Interaktion zwischen Semantik und Pragmatik bilden.«

Zusammenfassend kann notiert werden: Es gibt eine semantische und eine pragmatische Theorie zur Präsupposition. Die semantische Theorie bezieht sich auf nicht ausgesprochene Voraussetzungen, die auch unter Negation konstant bleiben. Eine pragmatische Theorie bezieht sich auf die Verknüpfung von einem kollektiven Wissen, gemeinsamen Hintergrundwissen bzw. Weltwissen mit dem Sprachwissen und dem Sprachverhalten. Präsuppositionen sind löschbar (können geschluckt werden), und zwar genau dann, wenn es zu einem Rahmenwechsel bzw. zu einem nicht zum Weltwissen der Hörer/Leser gehörenden Ausdruck kommt. In diesem Falle ist eine Anpassung (pragmatische Akkommodation) nötig bzw. eine neue/andere Verknüpfung von Weltwissen, Sprachwissen und Sprachverhalten.

Der Gedanke, dass Präsuppositionen von Sprechern benutzt werden können, schließt ein, dass mit Präsupposition eine Grundvoraussetzung gemeint ist, die auf den gesammelten Erfahrungen beruht. Dieser Zusammenhang ermöglicht es u. a., dass auch eine *geschluckte* Präsupposition rekonstruierbar sein dürfte.

2.1.2 Präsuppositionstheorie bei Kienpointner

Bei Kienpointner ist ein Schwanken zwischen einer semantischen Theorie und einer pragmatischen Theorie zur Präsupposition zu beobachten. Er hält den »pragmatische[n] Präsuppositionsbegriff [...] [für] angemessener« (so schon Kienpointner 1983: 61 f sowie Kienpointner 1992: 33 f[64]), folgt aber

> »der von Frege und Strawson herrührenden Tradition, nach der Präsuppositionen Bedingungen dafür sind, daß überhaupt von der Wahrheit bzw. Falschheit einer behaupteten Proposition gesprochen werden kann« (31).[65]

Für Kienpointner entstehen allerdings mit einer semantischen Theorie zwei Probleme. Das erste bezieht sich auf die Russell'sche Tradition, nach der, wenn

64 Wenn sich die Ausführungen in diesem und den beiden folgenden Unterkapiteln auf Kienpointners *Alltagslogik* (1992) beziehen, wird die Angabe der Quelle dadurch verkürzt, dass nur die Seitenzahlen als Ziffern angegeben werden. Andere Autoren/Quellen werden wie üblich zitiert.

65 Bußmann (^{4}2008: 546f) macht auf die Tradition der semantischen Theorie zur Präsupposition nach Strawson aufmerksam.

die behauptete Proposition falsch ist, auch die Präsupposition falsch sein muss (vgl. 31f). Das zweite Problem ergibt sich aus der »Konstanz unter Negation« (32), weil sich daraus Probleme für die zweiwertige Logik ergeben, denn es erhebt sich hier

> »die Frage, ob für Sätze mit nicht erfüllten Präsuppositionen ein dritter Wahrheitswert anzusetzen ist, wie viele Präsuppositionen anzusetzen sind usw.« (33)

Daraus leitet Kienpointner die Frage ab,

> »ob Präsuppositionen *überhaupt* semantisch bestimmbar sind« (ebd.), und kommt zu der Feststellung, dass »der semantische Präsuppositionsbegriff durch einen pragmatischen, d.h. auf den Kontext und Sprecher/Hörer-Wissen bezogenen Präsuppositionsbegriff zu ersetzen ist« (ebd.).

Kienpointner übernimmt dabei das Konzept der Schlusspräsupposition von Öhlschläger (1979), der unter Berufung auf Tugendhat (1976/[9]2010: 254ff) feststellt, dass wer

> »argumentiert, behauptet etwas – das sog. Argument –, um das in Frage stehende – die sog. Konklusion – zu stützen, und präsupponiert, daß die Konklusion aus dem Argument folgt, d.h. schließt vom Argument auf die Konklusion aufgrund der Schlußpräsupposition« (Öhlschläger 1979: 99).

Es handelt sich bei Schlussregeln also um inhaltliche Relationen, die in einem bestimmten Zusammenhang sinnstiftend sind oder sein sollen.

Auch wenn Kienpointner (38) vermerkt, dass dieser

> »präsuppositionale Ansatz [...] den Vorzug [hat], den Status von Schlußregeln als ›Hintergrundannahmen‹, die deswegen als selbstverständlich vorausgesetzte Bestandteile des kollektiven Wissens oft implizit bleiben, hervorzuheben«,

unterstellt er Öhlschläger, dass dieser davon ausgehe, dass Propositionen Präsuppositionen machen und nicht der Sprecher präsupponiert (vgl. 34 mit Verweis auf Öhlschläger 1979: 91). Diese Unterstellung ist ungenau – die Sachlage verhält sich anders. Für Öhlschläger sind Präsuppositionen die »notwendigen Bedingungen für das Zukommen eines Wahrheitswertes« (Öhlschläger 1979: 92), d.h., Präsuppositionen sind Bedingungen, »für deren Erfülltsein derjenige, der etwas [...] behauptet, garantiert« (ebd.: 91).[66]

Neben dem Öhlschläger'schen Ansatz greift Kienpointner den Gedanken von Keller auf (1974: 103ff) – der Begriff *Wahrheit* von Propositionen und Präsuppositionen ist durch den Begriff *kollektives Wissen* zu ersetzen – und möchte dadurch den pragmatischen Präsuppositionsbegriff erweitern. Aber er unterstellt auch Keller, dass dieser davon ausgehe, dass »behauptete Propositionen

66 Über diese »Garantieleistung« könnte diskutiert werden; es sei hier damit aber nur auf ein weiteres Problem innerhalb einer Theorie zur Präsupposition verwiesen.

Präsuppositionen haben und nicht Sprecher präsupponieren« (34, so schon Kienpointner 1983: 61). Auch dies dürfte, wie schon gezeigt, nicht zutreffend sein, weil Keller zwischen dem Gebrauch eines Satzes durch einen Sprecher und dem Satz selbst unterscheidet, d. h. zwischen Bedeutung und Regel (Keller 1974: 117). Kienpointner verlässt mit dieser Unterstellung den Argumentationsrahmen von Keller, der davon ausgeht, dass Präsuppositionen »unassertierte Propositionen« sind (ebd.).[67]

Es darf also nicht davon ausgegangen werden, dass Kienpointner (33f) gegen Öhlschläger und Keller zu Recht vorbringen kann, dass es nicht Sätze, sondern Sprecher sind, die »Präsuppositionen machen« (33).

Kienpointner konzipiert seine Theorie der Präsupposition durch die Annahme, dass Schlussregeln *Konversationsimplikationen* sind, d. h., er versucht zur Bestimmung der Schlussregel eine Synthese zwischen einem pragmatischen Präsuppositionsbegriff und den Konversationsimplikationen, die auf das Grice'sche Kooperationsprinzip[68] zurückgehen. An diesem Ansatz (vgl. Van Eemeren/Grootendorst/Kruiger 1984) fällt auf, dass es um eine Rekonstruktion unter zwei Aspekten geht: dem logischen: »Die Rekonstruktion muss so erfolgen, daß sich ein logisch gültiger Schluß ergibt« und dem konversationell-pragmatischen: »Die Rekonstruktion muss so erfolgen, daß die Konversationsmaximen befolgt werden« (37). Damit entfällt aber der Kontextbezug, weil die logische und die konversationell-pragmatische Rekonstruktion nur das Minimum an Möglichkeiten ergeben und in anderen Kontexten auch anders ausgelegt werden könnten (37f).[69]

Dennoch schlägt Kienpointner vor, »Schlußregeln als Konversationsimplikationen zu erklären« (39).[70] Dieser theoretische Ansatz ist insofern schwierig, weil er nicht einsichtig machen kann, wie mit Argumentationen umgegangen werden soll, die dem logischen Minimum der konversationellen Implikation (wenn … dann, also z. B. dem Modus ponens, vgl. 248) nicht folgen, wie z. B. bei Argumenten, die nicht *begründen*, sondern zu einem *Verstehen* beitragen wol-

67 Damit wendet sich Keller gegen die Position von Strawson, nach dessen Theorie Präsuppositionen Behauptungen sind (vgl. Keller 1974: 45). Es ist hier erhellend, dass sich die Kritik Kienpointners an Keller und Öhlschläger ausschließlich auf den existenziellen Präsuppositonstyp (es gibt; vgl. Meibauer 2008) bezieht und damit eine Verkürzung des Problems darstellt.

68 Die Kooperationsprinzipien bzw. Konversationsmaximen nach Grice bestimmen Schlussregeln als Konversationsimplikationen und werden als Maxime formuliert: Maxime der Qualität, Quantität, Relevanz/Relation, Modalität (vgl. Grice 1975: 45f). Eine Parallele zu Kants vier Funktionen des Verstandes ist unübersehbar (Vgl. KdrV, B 95/A 70). Auch dieses Konzept – so wichtig es für Linguisten sein möge – ist hier nicht weiter zu diskutieren, weil die *Schlussregel als Präsupposition* im Fokus vorliegender Forschung steht. Zu Grices Ansatz vgl. Rolf (1994).

69 Zum Problem der Implikatur vgl. noch Meibauer (2008: 24ff).

70 Zur gesamten Diskussion vgl. Kienpointner 1992: 30–42.

len.[71] Natürlich folgen auch solche Argumente einer Logik, aber eben nicht der zweiwertigen Prädikatenlogik, womit alle Aussagen, die sich nicht in den entsprechenden Modi dieser Logik hineinpressen lassen entweder keine Argumente wären oder die zweiwertige Logik aufheben würden – beide Konsequenzen scheinen aber so widersinnig, dass nach einer anderen Lösung gesucht werden muss.

Kienpointner (247) selbst ist der Ansicht, dass sich »die meisten«[72] seiner Argumentationsmuster auf die Aussagelogik zurückführen lassen. Es wird wichtig werden, die Typologie dahingehend zu überprüfen, ob die Kontextabstraktheit – deshalb sind es Muster – sich auf kontextspezifische Relationen so beziehen lassen, dass von sinnhaften Argumentationen gesprochen werden kann, oder ob bestimmte Muster in bestimmten Texten gar nicht präsent sein können. Sollte sich das zuletzt Genannte herausstellen, dann ergibt sich als weitere Frage, ob neue Kategorien (Muster) gebildet werden müssen.

Mit der *Schlußregel als Konversationsimplikation* bricht Kienpointner, und dies liegt in seinem Forschungsansatz[73] begründet, die Schlussregel herunter auf ein »logische[s] Minimum«, welches er den Ausführungen von Van Eemeren/Grootendorst (1984: 135; bei Kienpointner 1992: 41) entnimmt. Dies legt nahe, dass Kienpointner den von ihm bevorzugten pragmatischen Präsuppositionsansatz verlässt, denn er will mit dieser Synthese das »semantische Minimum«[74] unter »Berücksichtigung spezifischer Kontexte« verwenden, um »Schlußregeln kontextadäquat präziser und detaillierter zu formulieren« (42).

Trotz dieses »anderen« Ansatzes hält er am Grundgedanken fest, dass

> »zwar die Zahl der kontextspezifisch als Argument, Konklusion oder Schlußregel (re)formulierten Propositionen wohl unendlich groß ist, aber die als Schlußregeln formulierten inhaltlichen Relationen auf eine endliche Zahl (mehr oder weniger)

---

71 Vgl. Wohlrapp ²2009: 112ff.

72 Das Problem ist mit dem »die meisten« allerdings nicht gelöst, sondern nur verschoben. Die Aussagelogik kann sich, um gültig zu sein, auf maximal eine Referenz beziehen. Dies ist in Kunstsprachen wie die der Logik selbst, aber auch die der Mathematik, die hinreichende und notwendige Bedingung. Anders verhält es sich in der natürlichen Sprache, zumal dann, wenn es sprachlich zur »Auslegung von Welt« – wie man zumindest im Bereich Schöpfung formulieren kann – kommt, denn dort entfällt die notwendige Bedingung und die hinreichende Bedingung besteht nur gemäß des hermeneutischen Anspruches. Dies lässt sich auch im evolutionstheoretischen Bereich verfolgen, und zwar genau dann, wenn die Erkenntnisse, die aus Beobachtungen gefolgert werden, nicht mehr als hypothetisches, sondern als epistemisches Wissen ausgegeben werden und damit den Status der Vorläufigkeit verlieren, wie z. B. bei der monokausalen naturalistischen Erklärung. Zu dieser Diskussion vgl. Mahner oder Wukettis, beide in Klinnert (2007).

73 Klärung der Frage der Plausibilität in Auseinandersetzung mit dem Begriff der Gültigkeit in der Logik.

74 Kienpointner will unter »semantisch« »logisch« nach Van Eemeren/Grootendoorst verstanden wissen.

kontextunabhängiger Relationen zurückgeführt werden können« (44). Es sind also die kontextabstrakten Formulierungen, die »die Verbindlichkeit der Schlußregeln« sicherstellen, wobei diese »ein Teil des gemeinsamen Weltwissens in einer Sprechergemeinschaft [sind] und [...] deshalb in der Argumentation oft als implizite Prämissen vorausgesetzt« (46) werden.

Eine kurze Zusammenfassung der Kienpointner'schen Gedanken ergibt, dass bei ihm das linguistische Interesse an *Gültigkeit* und *Plausibilität* zu einem Schwanken zwischen Semantik und Pragmatik führt. Offenbar deshalb versucht er eine Synthese zwischen einem pragmatischen Präsuppositionsbegriff und dem Ansatz einer Schlussregel als Konversationsimplikation. Der Vorteil dieser Synthese ist, dass Kienpointner damit – gemäß seines Forschungsansatzes – auf das *semantische Minimum* abheben kann, der Nachteil liegt darin, dass er nicht verständlich zu machen weiß, was dann noch ein Argument ist. Denn – so lässt sich als These formulieren – es gibt durchaus Argumentationen, die sich nicht an der zweiwertigen Prädikatenlogik messen lassen, sondern anderen Logiken folgen. Kienpointner gibt den Begriff der Präsupposition auf, benutzt aber »unter der Hand« einen Begriff von Weltwissen, der den pragmatischen Ansatz zu einer Präsuppositionstheorie zur Voraussetzung hat. In dieser Spannung und anderen Akzentsetzung[75] ist auch die Typologie von Kienpointner zu lesen, die im Folgenden vorgestellt werden soll.

2.2 Die Typologie von Argumentationsmustern nach Kienpointner

Nach diesem Problemaufriss zu einer Theorie der Präsupposition kann die Typologie von Argumentationsschemata/Argumentationsmustern[76] nach Kienpointner präsentiert werden. Kienpointner bemerkt, dass seine Typologie »nicht den Anspruch erheben [kann], völlig ›neu‹ zu sein«, weil die Argumentationsmuster seit der Antike »eine derartige Bandbreite von Möglichkeiten der Einteilung ab[decken], daß es kaum mehr möglich ist, eine völlig neue Systematik zu entwickeln« (231). Eine solche neue Systematik ist allerdings auch nicht nötig, denn Kienpointner bleibt mit seiner Typologie anschlussfähig

75 Die Präsupposition/Schlussregel ist somit keine Behauptung (wie bei Strawson), auch keine Garantie für die Wahrheit der Konklusion (wie bei Öhlschläger), sondern der (logische?) Übergang zur nächsten Argumentation.

76 Im Folgenden werde ich von Argumentationsmustern sprechen und den Begriff Argumentationsschemata nur in Zitaten verwenden, weil der Begriff Schema/Schemata erkenntnistheoretisch seit Kant (Vgl. KdrVA 137f / B 176f) anders besetzt ist, nämlich als dritter Stamm der Erkenntnis, woraus eine Lehre zur Einbildungskraft entwickelt wurde. Zur Einbildungskraft vgl. Kamper (1981, 1986).

»an eine mehr als 2000jährige Tradition [...], nämlich an die antike und mittelalterliche Dialektik (und Rhetorik), die Kataloge von argumentativen Topoi bzw. loci erstellte«. (43, 232–235)

Weil diese Typologie als Analyseinstrument an von Schülerinnen und Schülern produzierten Texten eingesetzt werden soll, bedarf es hier allerdings keiner expliziten Auseinandersetzung mit der Topik-Rhetorik-Tradition[77]. Viel eher ist der Fokus darauf gerichtet, wie sich die kontextabstrakten Muster zu den kontextspezifischen inhaltlichen Relationen verhalten, ob und wie sich z. B. die einzelnen Muster voneinander abgrenzen lassen und ob der Ansatz einer pragmatisch verstandenen Präsuppositionstheorie für eine Analyse von Texten brauchbar ist.

Für Kienpointner ergibt sich aus der

»Verbindung zwischen fundamentalen Inhaltsrelationen der linguistischen Semantik und der Topik [...], daß es einen Grundstock inhaltlicher Relationen gibt, die in Argumentationen als Schlußregeln funktionalisiert werden und wohl in jeder inhaltlich orientierten Typologie von Argumentationsschemata auftauchen müssen«. (231 f)

Da es ihm um den Begriff *Plausibilität* geht, ist eine Vollständigkeit von Mustern »nur auf der Ebene der maximal kontextabstrakten Versionen von Argumentationsschemata möglich« (232).

Die Kontextabstraktheit dieser Typologie stellt sicher, dass Vergleiche zwischen verschiedenen Sprach- und Textsorten ermöglicht werden und ist ein entscheidender Vorteil des Kienpointner'schen Ansatzes. Ein weiterer großer Vorteil besteht darin, dass diese Typologie, die einzelnen Muster, an einem Corpus, an einer Sammlung aus der deutschen Gegenwartssprache belegt bzw. überprüft worden sind. Bei diesen Belegen handelt es sich in erster Linie um »Gesprächsmitschnitte« oder Zeitungsausschnitte, die vor allem politisch-ethische Fragestellungen berühren. Das heißt, der Corpus besteht aus Belegstellen, die eher den Strukturen der Mündlichkeit folgen. Auch wenn in der vorliegenden Studie durch die Analyse von Schülertexten den Strukturen der Schriftlichkeit[78] gefolgt wird, hat die Belegsammlung von Kienpointner den

77 Es sei an dieser Stelle verwiesen auf Ueding, G. (1992ff): Historisches Wörterbuch der Rhetorik. Bd. 1 (1992) (Argument/Argumentation, Sp. 889ff); Bd. 7 (2005) (Rhetorik, Sp. 1423); Bd. 8 (2007) (angewandte Rhetorik, Sp. 1 ff) sowie Bd. 9 (2009) (Topik, Sp. 605ff).

78 Der Unterschied zwischen Mündlichkeit und Schriftlichkeit besteht in erster Linie wohl darin, dass die mündliche Kommunikation aus dem Kurzzeitgedächtnis gespeist ist und auf konkrete, zeitlich und räumlich eingeschränkte Situationen abzielt. Es handelt sich dabei um die Lautsprache, welche in der Regel die Anwesenheit des Empfängers erforderlich macht. Die Schriftlichkeit hingegen zeichnet aus, dass langfristig Informationen usw. – über Generationen hinweg – zugänglich bleiben. Den Fokus innerhalb dieser Arbeit auf die Schriftlichkeit zu legen, hat vor allem methodische Gründe, denn, wie gezeigt werden wird, bestehen qualitative Daten aus einer Kommunikationssituation, die in »irgendeiner Form«

unschätzbaren Wert, dass durch sie die einzelnen Muster empirisch überprüft worden sind.[79]

Zugleich ist natürlich auch die Grenze einer solchen Typologie zu bedenken. Diese liegt in der Relation zwischen kontextabstrakt und kontextspezifisch. Als These kann formuliert werden: Umso abstrakter die Muster sind, umso eher werden sie in vielen sprachlichen Formen gefunden werden können. Die Kehrseite gilt für die Kontextspezifik: Umso spezieller, desto höher dürfte der kontextspezifische Grad der Anwendung ausfallen, was allerdings zur Konsequenz hätte, dass für verschiedene Kontexte verschiedene Typologien entwickelt werden müssten. Kienpointner gibt dies selbst zu bedenken, wenn er bemerkt, dass »Belege für kontextspezifische Varianten allgemeiner Argumentationsschema« gefunden werden können, wenn die Untersuchung sich auf »spezielle Argumentationsformen [konzentriert …] oder die Argumentation einer bestimmten […] Subgruppe näher analysiert werden« soll (235). Somit muss im Folgenden überprüft werden, ob von den Mustern wirklich angenommen bzw. nachgewiesen werden kann, dass sie für das Argumentieren auch wirklich typisch sind.

Kienpointner differenziert in drei Großklassen:
- Großklasse I: schlussregelbenutzende Argumentationsmuster,
- Großklasse II: schlussregeletablierende Argumentationsmuster,
- Großklasse III: schlussregelillustrierende Argumentationsmuster.

Diese drei Großklassen gehen über die allgemeinste Klassifikation von Argumentationsmustern, die sich »zunächst in dreifacher Weise dichotom gliedern« (240) hinaus: Die allgemeinste Ebene betrifft die Dichotomien: deskriptiv-normativ; pro-kontra; real-fiktiv (vgl. 241).

Während die beiden ersten Dichotomien als bekannt vorausgesetzt werden können, muss die Dichotomie *real-fiktiv* kurz erläutert werden. Es handelt sich bei dieser Dichotomie prinzipiell nicht um *wirklich* und/oder *unwirklich.* Ein reales Muster liegt dann vor, wenn »der Sprecher von Wahrheit/Wahrscheinlichkeit der Prämissen in bezug auf die reale Welt ausgeht; sie sind typischerweise im Indikativ formuliert« (242). Bei einem fiktiven Muster wird aufgrund »der Möglichkeit bestimmter kontrafaktischer Annahmen in den Prämissen in bezug auf der realen Welt ähnlichen oder nahestehenden möglichen Welt(en)

schriftlich »fixierte Kommunikation« ist (Mayring [11]2010: 11; vgl. Kap. 3.2.1). Zum Unterschied zwischen Mündlichkeit/Schriftlichkeit vgl. die knappe, aber sehr aufschlussreiche Darstellung von Christian Lehmann: www.christianlehmann.eu/ling/variation/muendlichkeit_schriftlichkeit.php (14.10.2013).

79 Empirisch überprüft, heißt hier nicht, methodisch ausgerichtet nach z. B. Validität, Objektivität usw. Aber es bedeutet in jedem Fall, dass die Muster in der deutschen Gegenwartssprache vorkommen, d. h. Verwendung finden. Ob dies auch für die zu analysierenden Texte zutrifft, kann erst nach der Auswertung dieser entschieden werden (vgl. dazu Kap.7; Kap. 8).

argumentiert; sie sind typischerweise im Konjunktiv II formuliert« (ebd.). Als Beispiel für ein fiktives Argumentieren gibt Kienpointner (vgl. ebd.) an:

1. Wenn p der Fall wäre, wäre auch q der Fall – Angenommen p wäre der Falle, dann ...
2. Wenn p der Fall wäre, würde q eintreten – Angenommen p wäre der Fall, dann ...
3. Wenn p der Fall wäre, wäre auch q der Fall – nun ist q nicht der Fall, sondern r, dann ist auch nicht p ...

Der Vorteil der fiktiven Muster liegt in der Erweiterung des Argumentationspotenzials der Sprechenden, der Nachteil darin, dass fiktive Argumente immer »mit dem Verweis auf ihre Nichtfaktizität zurückgewiesen werden« können (ebd.).

Weil die drei Großklassen – so Kienpointner – über die erwähnten Dichotomien hinausgehen, beschreibt er sie näher:

I) Schlussregelbenutzend sollen die Muster sein, die auch in der Tradition immer wieder gefunden werden können, und zwar bezogen auf Inhaltsrelationen, d. h., die Muster der Großklasse I setzen die Inhaltsrelationen voraus.

> »Da die entsprechenden Schlußregeln zwar Regularitäten beinhalten, aber in der Alltagsargumentation in den seltensten Fällen Allsätze im strengen Sinn bilden, ist I nicht mit deduktiver Argumentation gleichzusetzen, schon gar nicht mit deduktiver Argumentation im Sinne der formalen Logik.« (243)

II) Schlussregeletablierend[80] ist ein Muster, wenn es sich um eine »induktive Argumentation im engeren Sinn« (ebd.) handelt. Der Schluss wird aufgrund einiger (manchmal auch nur eines Beispiels) gezogen, wobei der allgemeine Satz, die Regelmäßigkeit, in weiteren Argumentationen als Schlussregel benutzt werden kann, d. h., die weitere Argumentation müsste sich dann aus Teilen der Großklasse I zusammensetzen, denn das Beispiel wird als Konklusion verwendet und »nicht als Prämisse der Argumentation« (ebd.).

III) Die dritte Großklasse wird als Schlussregeln weder benutzend noch etablierend gekennzeichnet und ist differenziert in illustratives Beispiel-, Analogie- und Autoritätsmuster. Beim illustrativen Beispielmuster wird die Schlussregel

80 Kienpointner verweist an dieser Stelle auf den Zusammenhang zwischen seiner Typologie und der Argumentationsstruktur nach Toulmin (1958/2003: 120) mit dessen Unterscheidung zwischen »warrant-using arguments« vs. »warrant-establishing arguments«. So auch Toulmin, Rieke und Janik (1984: 277): »rule applying arguments« vs »rule justifying arguments«, wobei nach Kienpointner Letzteres nur für das Verhältnis zwischen regulär und kritisch zutrifft (vgl. Kienpointner 1992: 243).

nicht wie in II etabliert, sondern wie in I als Prämisse genutzt, allerdings nicht als vorausgesetzt, sondern durch mehrere Beispiele veranschaulicht. Im Analogiemuster werden Schlussregeln weder wie in I benutzt noch wie in II etabliert. Ein solches Muster besteht eher darin, dass der zu ziehende Vergleich zwei Realitätsbereiche berührt, die nicht zusammengehören. Das Autoritätsmuster setzt eine Schlussregel voraus, aber nicht wie in I und auch nicht wie in II, weil hier Schlussregeln bereits bestehende Regeln bekräftigen bzw. solche Regeln »bestätigt (oder wie im Fall von Kontraargumentationen mithilfe der Autorität widerlegt)« werden (244).

> »Da Autoritäten ferner zur Stützung/Widerlegung *aller* Argumentationen nach den Argumentationsmustern in I dienen können [...] rechtfertigt sich die Abgrenzung der Autoritätsargumentation von I. Schon Cicero hat die ›auctoritas‹ als ›extrinsischen‹ locus von allen übrigen Argumentationsformen abgegrenzt« (ebd.).

Aus den drei Großklassen werden dann Subklassen abgeleitet »die in etwa den Subklassen des ciceronischen Standardkatalogs bzw. den Klassen von Maximen der scholastischen Topik entsprechen« (245). Bei der Präsentation der Typologie kommt Kienpointner somit auf »rund 60 maximal kontextabstrakte Argumentationsschemata« (ebd.), wobei jede Subklasse noch einmal in *deskriptive* und *normative* Musterverwendung unterschieden wird. Die vollständige Typologie ist wie folgt aufgestellt (siehe Tabelle 1, Kap. 2):

Tabelle 1, Kap. 2: Argumentationstypologie nach Kienpointner (1992: 246)

Großklasse I	**Großklasse II**	**Großklasse III**
Einordnungsmuster	Induktives Beispiel	Illustratives Beispiel
Definition		Analogiemuster
Genus-Spezies		Autoritätsmuster
Ganzes-Teil		
Vergleichsmuster		
Gleichheit		
Ähnlichkeit		
Verschiedenheit		
A maiore		
A minore		
Gegensatzmuster		
Kontradiktorisch		
Konträr		
Konvers		
Inkompatibel		

((Fortsetzung))

Großklasse I	**Großklasse II**	**Großklasse III**
Kausalmuster		
Ursache		
Wirkung		
Grund		
Folge		
Mittel		
Zweck		

Auffällig an dieser in drei Großklassen differenzierten Typologie ist, dass Kienpointner sie nicht wirklich begründet. Besonders auffällig wird das an den Stellen, an denen er selbst einen Hinweis auf die Rhetorik-Topik-Tradition einstreut, wie beim illustrativen Beispielmuster der Hinweis auf die aristotelischen Paradigmata bzw. auf die Perelman'sche »illustration« (244) oder auf die Typologie von Schellens (vgl. 243). Dies bedeutet, dass er annimmt, sich auf diese Traditionsstränge verlassen zu können und mit seiner Typologie eigentlich nur eine Einschränkung vornimmt, um seine Textsammlung daran abzuarbeiten.

Diese durchaus methodische Schwierigkeit muss bei den Analysen der Texte immer mitbedacht werden, d.h., die Typologie nach Kienpointner kann bisher nur als ein vorläufiges Analyseinstrument bestimmt werden. Die Konsequenz daraus ist eine methodische Reflexion, denn es könnte sich herausstellen, dass zwar Muster gefunden werden, diese aber gar keine inhaltliche Relevanz zum Thema *Schöpfung/Evolution* in sich tragen, also nur auf der formalen, kontextabstrakten Ebene identifiziert werden können. So könnte sich aber auch herausstellen, dass sich das illustrative Beispiel-, das Analogie- sowie das Autoritätsmuster aus der Großklasse III in allen Texten nachweisen lässt, hingegen das induktive Beispielmuster der Großklasse II vielleicht nur in theologisch konnotierten Schülertexten oder das Definitions-, Vergleichs- und Kausalmuster der Großklasse I vielleicht nur in Texten, die aus einer biologischen/evolutionstheoretischen Perspektive heraus verfasst wurden.[81]

Kienpointner ist sich natürlich bewusst, dass es in vielen Fällen schwierig sein könnte, eine Abgrenzung zwischen den einzelnen Mustern seiner Typologie zu finden. Im Folgenden soll deshalb noch kurz auf die wichtigsten Punkte einer Abgrenzung aufmerksam gemacht werden, um im Anschluss die Frage nach dem Zusammenhang zwischen dieser Typologie und einem pragmatischen Verständnis von *Präsupposition* stellen zu können.

81 Diese Gedanken sind bisher nur Vermutungen, werden nach der Überprüfung des Instrumentes (vgl. Kap. 4) in Hypothesen überführt und lassen sich erst in der Auswertung (vgl. Kap. 7; Kap. 8) bestätigen oder nicht.

2.2.1 Typologie von Argumentationsmustern – Abgrenzungsprobleme

Das Hauptproblem »besteht in der sehr häufigen Implizitheit der Schlußregeln, die ja gerade die Grundlage für die Klassifikation bilden sollen« wobei die »Rekonstruktion impliziter Schlußregeln als stark konventionalisierte Konversationsimplikation [...] in vielen Fällen [...] möglich« ist (235f). Allerdings kann oft »zwischen Rekonstruktionsvarianten bzw. Graden der Allgemeinheit der zu erstellenden Schlußregel nur schwer entschieden werden« (236, mit Verweis auf Van Eemeren/Grootendorst 1984; Öhlschläger 1979; Kienpointner 1986).

Auch dürfte es zutreffen, dass manche Argumentationsmuster doppeldeutig sind, »d.h. Mehrfachzuordnungen zulassen« (236).[82]

Aus den Benennungen von Abgrenzungsschwierigkeiten leitet Kienpointner Kriterien ab, »nach denen zumindest in einigermaßen klaren Fällen verläßliche, d.h. intersubjektiv nachvollziehbare Einstufungen argumentativer Äußerungen vorgenommen werden können« (237). Als Kriterien (vgl. 237f) werden wie folgt angegeben: Argumentierende äußern explizit, dass sie argumentieren. Auch lexikalisches Material und Partikel (erst/erst recht/schon/sogar) oder Substantive (Ursache/Grund/Wirkung/Effekt) können als Kriterien für eine Argumentation angesehen werden. Die verbalen und situativen Kontexte – ohne diese dürfte es prinzipiell unmöglich sein, ein Argumentationsmuster zu klassifizieren – sowie die Verwendung der Schlussregeln können Hinweise auf eine Argumentation sein. Gelingt es, so Kienpointner, »*ein* Schema der Sequenz klar zu bestimmen, kann das andere / die anderen mit gewisser Wahrscheinlichkeit ebenfalls ermittelt werden« (239, Hervorhebung im Original). Auch die inhaltliche Fokussierung, die Konzentration auf etwas Neues[83] stellt ein Kriterium dar, um zu einer Identifizierung von Argumentationsmustern beizutragen.

Mit der Benennung der Abgrenzungsschwierigkeiten sowie der Kriterien, die nach Kienpointner Hinweise auf Argumentationsmuster geben können, kann die Vorstellung und Beschreibung seiner Typologie abgeschlossen werden.

Kienpointner erhebt mit ihr den Anspruch »die in geschriebenem und gesprochenem Standard-Deutschen der Gegenwart anzutreffenden Argumentationsschemata annähernd vollständig zu erfassen« (47). Ist dieser Anspruch zu rechtfertigen? Es gelingt Kienpointner, abgeleitet aus und mit Bezug auf die Rhetorik-Topik-Tradition eine Typologie zu entwickeln, die de facto die in der Alltagssprache verwendeten Muster von Argumentationen identifizieren kann. Dies zeigt der umfangreiche Belegcorpus. Das heißt, trotz des Schwankens

82 Mögliche Mehrfachzuordnungen werden konkret an den entsprechenden Textstellen diskutiert. Vgl. dazu Kap. 4; Kap. 7; Kap. 8.

83 Vgl. dazu Wohlrapp (^{2}2009: 107f) und Meibauer (2008: 154ff).

zwischen einer semantischen und einer pragmatischen Tradition bzw. Theorie kann mit dieser Typologie aufgezeigt werden, welche Muster »in einer Sprechgemeinschaft üblich und mehr oder weniger akzeptiert sind« (417).

2.2.2 Typologie von Argumentationsmustern – kritische Reflexion

Der Vorteil der Typologie von Argumentationsmustern nach Kienpointner ist die Kontextabstraktheit der Muster. Dies macht die Typologie für das vorliegende religionspädagogische Forschungsvorhaben zu einem geeigneten Analyseinstrument, weil davon ausgegangen werden kann, dass mit diesem Instrument Texte von Schülerinnen und Schülern der gymnasialen Oberstufe in Bezug auf die Inhalte – Schöpfung und Evolution – so analysiert werden können, dass sich die entsprechende Verwendung von Argumentationsmustern (im pragmatischem Sinne: der Gebrauch) zeigen lässt. Davon ausgegangen werden kann deshalb, weil es schon einen Belegcorpus für die deutsche Gegenwartssprache gibt. Welche Muster dieser Typologie sich dann in den entsprechenden Schülertexten finden lassen, ist eine Frage, die erst durch eine empirische Überprüfung beantwortet werden kann.

Dazu wurde schon die Vermutung angestellt, dass bestimmte Muster nur in bestimmten Texten zu finden sind, z. B. das Kausalmuster der Großklasse I eher in biologisch konnotierten Schülertexten, das illustrative Beispielmuster der Großklasse III wird sich wahrscheinlich in allen Texten aufzeigen lassen, hingegen das Analogiemuster der Großklasse III vielleicht nur in den Schülertexten, die aus einer theologischen Perspektive heraus entstanden sind.

Es ist bei der Analyse der verschiedenen Texte zwingend notwendig, darauf zu achten, ob die Kriterienbeschreibung und die von Kienpointner vorgenommenen Abgrenzungen der Muster untereinander wirklich zu den entsprechenden Textsorten passen. Deshalb ist eine dauerhafte Überprüfung der Muster und zwar in Bezug auf die verwendete Textsorte als Kontext eine methodische Unumgänglichkeit. Erst dann wird sich zeigen, ob die Kienpointner'sche Typologie auch auf unterschiedliche Subgruppen[84] innerhalb einer Sprachgemeinschaft angewendet werden kann oder ob hier Einschränkungen bzw. Erweiterungen vorgenommen werden müssen. So könnte es sich zum Beispiel herausstellen, dass zwar formal ein Muster im Textbeispiel X gefunden wird, dieses allerdings

84 Mit Subgruppen sind hier weniger die verschiedenen Texte gemeint als vielmehr oder zumindest zugleich auch die Verfasser dieser Texte. Es spielt sicherlich in der Verwendung der Muster eine Rolle, ob ein Schüler gerade das Thema *Schöpfung/Evolution* im Unterricht behandelt hat oder allein aus seinen Erinnerungen/Erfahrungen heraus die gestellte Aufgabe bearbeitet – dies nur als eine Problemanzeige.

keine kontextspezifische Bedeutung trägt, d.h. keine Sinndeutung in Bezug auf den entsprechenden Kontext liefert.

Auf dieses Problem verweist Wohlrapp. Er kritisiert an Kienpointner, dass dieser (neben anderen) »ohne nach der theoretischen Basis zu fragen [...] drauflos argumentier[t]« und gibt als Beispiel ein Gegensatzschema an (Wohlrapp ^{2}2009: 114f). Das von Wohlrapp gewählte Beispiel ist Kienpointner (1992: 318) entnommen. Verkürzt dargestellt geht es in einem Streit zwischen zwei Eheleuten zum Thema Blumen darum, dass die Aussage der Frau impliziert, die Blumen wären gekauft, ihre explizite Äußerung lautet aber: Die Blumen sind geschenkt. Kienpointner identifiziert im Gegensatz *gekauft* und *geschenkt* ein Gegensatzmuster. Wohlrapp moniert daran, dass nicht erkennbar sei, worum es hier eigentlich geht (vgl. Wohlrapp ^{2}2009: 114f) und ob hier überhaupt von einer Argumentation gesprochen werden kann, denn es »fehlt die Frage, was die These ist, und was an Theorie etabliert ist« (ebd.: 115). Das heißt, es scheint durchaus mit der Typologie Kienpointners auf der rein formalen Ebene möglich zu sein, in Texten, Gesprächsmitschnitten usw. Argumentationsmuster zu identifizieren, die in keinem argumentativen Zusammenhang stehen. Wohlrapps Kritik zielt auf die inhaltliche Bestimmung einer Argumentation ab, die Kienpointner'sche Typologie hingegen ist eher auf einer formalen Ebene aufgebaut.

Resümierend ist festzustellen: Wenn es um den Versuch geht, Argumentationsmuster bei Schülerinnen und Schülern zu identifizieren, kann die Typologie von Kienpointner als Instrument benutzt werden. Dass dies möglich ist, liegt an der Kontextabstraktheit der Muster. Auf der formalen Ebene stellt diese Typologie sicher, dass – werden Argumentationsmuster in den zu untersuchenden Texten verwendet – diese auch differenziert identifiziert werden können.

Die an der Typologie herausgearbeitete Kritik betrifft in erster Linie das Schwanken Kienpointners zwischen einer semantischen und einer pragmatischen Präsuppositionstheorie. Dieses Schwanken hängt damit zusammen, dass der Kienpointner'sche Ansatz die Frage, ab wann überhaupt von einer Argumentation gesprochen werden kann bzw. darf, vernachlässigt. Gerade durch diese Fragestellung lässt sich aber die hier vertretene theoretische Grundannahme festigen, was im Folgenden erweiterte und differenzierte Ausführungen zu einem pragmatisch verstandenen Präsuppositionsbegriff notwendig macht.

2.3 Pragmatischer Präsuppositionsbegriff und Argumentation

2.3.1 Zusammenfassung zum pragmatischen Präsuppositionsbegriff

Es sind drei Hauptgedanken, in denen die pragmatische Theorie zur Präsupposition bisher erfasst wurde.

1) Im Konzept von Klein (1974) und Öhlschläger (1979) ist die Präsupposition bzw. die Schlusspräsupposition eine inhaltliche Relation, die den Übergang vom Argument zur Konklusion ermöglicht. Das heißt, die Präsupposition ist eine inhaltliche Relation, die sinnstiftend ist oder sein soll.
2) Im Zusammenhang mit einem *kollektiven Wissen* (Keller 1974), *einem gemeinsamen Hintergrundwissen* (Lambrecht 1994; Levison 1983/2000) oder *Weltwissen* (Ernst 2002) hat sich ein pragmatischer Ansatz zur Präsupposition bisher als Voraussetzung gezeigt, um Aussagen als Argumentation identifizieren zu können, die nicht der zweiwertigen Prädikatenlogik (z. B. dem Syllogismus) folgen.
3) Um die Bedeutung einer Sprachform zu erfassen, wird eine Person durch kognitive Prozesse veranlasst, zu *inferieren*, d. h., dasjenige, was an Bedeutungen in einem sprachlichen Ausdruck nicht durch die Wortsemantik enthalten ist, wird aus dem eigenen Wissen und den eigenen Erfahrungen ergänzt (vgl. Ernst 2002: 3). Der Begriff *Inferenz* hat gezeigt, dass Präsuppositionen von Sprechern/Schreibern und Hörern/Lesern *benutzt* werden, um den Sinn des Gesagten/Geschriebenen von den eigenen Voraussetzungen, sprich: den eigenen Erfahrungen her, zu erschließen, wobei diese Ergänzungen durch gesammelte Erfahrungen nur dann zu einer Sinnstiftung führen, wenn diese wiederum sprachlich ausgedrückt werden kann.

Diese drei Hauptgedanken zu einer pragmatischen Präsuppositionstheorie können so zusammengefasst werden: Eine Präsupposition ist vor dem Hintergrund eines kollektiven Wissens, eines gemeinsamen Hintergrundwissens bzw. eines Weltwissens die Sinnvoraussetzung sprachlicher Äußerungen, die inferiert werden muss.

2.3.2 Zur Voraussetzung der sprachlichen Äußerungsform *Argumentation*

Aus der Zusammenfassung zu einer pragmatischen Präsuppositionstheorie ergeben sich zwei allgemeine Voraussetzungen für sprachliche Äußerungen:

1) Wenn über etwas gesprochen wird, dann muss vorausgesetzt werden, dass der Gegenstand einer Sprachgemeinschaft zugänglich ist (das darunter etwas Gemeinsames verstanden wird oder – in Zukunft – verstanden werden kann).

2) Wenn über etwas gesprochen wird, dann muss vorausgesetzt werden, dass alle Teilnehmenden über eine Schnittmenge an einem gemeinsamen Wissen verfügen (vgl. dazu Ernst 2002: 21f).

Werden diese beiden Voraussetzungen aufeinander bezogen, so kann als Konsequenz für die sprachliche Äußerung *Argumentation* abgeleitet werden:

Wird eine dieser beiden Voraussetzungen nicht erfüllt, kann, aber nur dann, davon gesprochen werden, dass argumentiert werden muss bzw. dass mit der sprachlichen Äußerung eine Argumentation vorgetragen wird.

In den Einleitenden Überlegungen wurde vermerkt, dass eine sprachliche Äußerung unter zwei Voraussetzungen eine Argumentation genannt werden kann:

1) »Die Tätigkeit des Argumentierens besteht im einzelnen darin, dass rechtfertigende und begründende Argumente für die einzelnen Meinungen und Entscheidungen vorgetragen werden« (Gil 2012: 10). Dies betrifft den ersten Punkt – der Gegenstand ist einer Sprachgemeinschaft zugänglich.
2) »Argumentieren [...] ist ein Verfahren, mit dem einer etwas, was strittig ist, mit Hilfe von Unstrittigem unstrittig machen will oder kann« (Nussbaumer 1995: 1). Dies betrifft den zweiten Punkt, denn ein Unstrittigmachenkönnen setzt eine gemeinsame Schnittmenge voraus, weil ansonsten ein Unstrittiges gar nicht als Unstrittiges, ein Strittiges gar nicht als Strittiges wahrzunehmen wäre.

Daraus ergibt sich für die sprachliche Äußerung *Argumentation*, welche vom Gedanken einer pragmatischen Präsuppositionstheorie ausgeht:

Vor dem Hintergrund eines gemeinsamen Wissens (Weltwissen) übernimmt in sprachlichen Äußerungen eine Präsupposition die Rolle der Sinnvoraussetzung, um die durch ein Strittiges aufgebrochene Lücke zwischen Individuen zu einem gemeinsamen Weltwissen als Schnittmenge der individuellen Weltwissensbestände (Erfahrungen, soziales Rollenverhalten usw.) wieder zusammenfügen zu können. In diesem Konstrukt wäre ein pragmatisch verstandener Präsuppositionsbegriff der Ermöglichungsgrund einer Argumentation, weil unterstellt ist, dass durch die Präsupposition der Übergang von der Prämisse über das Argument zur Konklusion erfolgt. Nur wenn diese Übergänge erkennbar werden oder sich rekonstruieren lassen, können Argumentationen auch als solche identifiziert werden.

Dieser theoretische Gedanke bedarf noch weiterer differenzierter Erläuterungen, gerade weil er problematische Begriffe wie *Weltwissen* oder *das Strittige* enthält. Es wird sich vor allem zeigen lassen, dass der Begriff *das Strittige* zu eng ist, um in den zu untersuchenden Texten nicht nur auf der formalen Ebene Argumentationsmuster identifizieren zu können. Das Strittige muss durch *das*

Fragliche (die Frage bzw. Quaestio) ersetzt werden, um die gesamte theoretische Grundposition exakter formulieren zu können. Dazu und zum Begriff *Weltwissen* die folgenden Ausführungen.

2.3.3 Pragmatischer Präsuppositionsbegriff: Weltwissen und Sinnvoraussetzung

Als Frage ist zu formulieren: Wie wäre es, wenn die Schlussregel, die Präsupposition, als *Miterklärtes, Mitverstandenes* anstatt als implizite Prämisse, als Ausdruck von Weltwissen und eine Argumentation als Antizipation an diesem Weltwissen betrachtet wird? Dieses Weltwissen besteht nach Ernst aus den »Überschneidungen der individuellen Weltwissen« (Ernst 2002: 21), welche die reale Welt und die von Menschen gemachten Konventionen und Übereinkünfte in dieser realen Welt zur Voraussetzung haben (vgl. ebd.). Daraus ergibt sich, dass das Weltwissen individuell sein muss, sich aus mehreren Arten zusammensetzen kann, aber im Sprachwissen und durch Sprachverhalten repräsentiert wird.[85]

Dies bedeutet aber auch, dass der Begriff *Weltwissen* kein wie auch immer gelagertes Objektives ist – wer sollte darüber verfügen? – sondern die Perspektivität von Wissen und Erkenntnis einschließt, gerade weil das individuelle Weltwissen auf dem beruht, was der Einzelne erfahren hat. Es kann nach Ernst z. B. durchaus auch auf eine nicht existente, imaginierte Welt referiert werden:

> »Es ist also ohne Bedeutung, ob ein Gott Dionysos wirklich existiert, wichtig ist nur, dass wir erfahren haben, dass es eine Vorstellung von einem Gott des Weines namens Dionysos gegeben hat oder immer noch gibt.« (ebd.: 19f)

Nach Ernst – als schon beschriebener Hauptgedanke einer pragmatischen Präsuppositionstheorie – sind Präsuppositionen *Sinnvoraussetzungen*, welche nicht in sprachlichen Äußerungen angesprochen werden und deshalb inferiert werden müssen. Dass Äußerungen ergänzt werden können, »hängt von unserem Weltwissen ab« (ebd.: 31). Somit bildet dieses Weltwissen die Hintergrundfolie, aus der heraus sich eine Präsupposition als Sinnvoraussetzung ergibt. Freilich verweist auch Ernst darauf, dass der Begriff *Weltwissen* etwas »ungenau und

85 Interessant ist, dass nach Ernst Sprachwissen und Sprachverhalten »die pragmatischen Entsprechungen für die vergleichbaren Begriffe Kompetenz und Performanz.« zu sein scheinen (Ernst 2002: 23). Darauf kann hier nicht weiter eingegangen werden, denn es müsste eine explizite Diskussion zur generativen Grammatik nach Chomsky entfaltet werden. Dennoch ist der Hinweis von Ernst wichtig. Er wird im Zuge der Auswertung der Schülertexte (vgl. Kap. 7; Kap. 8) wieder aufgegriffen.

wenig präzise« ist und dass dieser Begriff als »Mitzuverstehendes« beschrieben wird (ebd.: 20, mit Verweis auf von Polenz 1985: 302ff).

Unter dieser Modifizierung – Präsupposition als Ausdruck von Weltwissen – kann die Typologie von Kienpointner immer noch als Analyseinstrument eingesetzt werden, allerdings wäre der Fokus verschoben: Es könnte herauskommen, dass Argumentationen nicht dazu dienen, »dass sich die Betroffenen auf irgendeine Lösung *einigen*« (Wohlrapp ^{2}2009: 119), sondern dass eine Argumentation und die den Übergang vom Argument zur Konklusion ermöglichende Präsupposition einen Fragehorizont entstehen lassen, der die verschiedenen Betrachtungsweisen aufzuzeigen in der Lage ist.

2.3.4 Pragmatischer Präsuppositionsbegriff: Fragliches und Orientierung

Mit Nussbaumer (1995: 1) wird vorausgesetzt, dass nur dann eine Argumentation vorliegt, wenn etwas Strittiges durch Unstrittiges unstrittig gemacht werden will oder kann. Was aber bedeutet dies: Strittiges bzw. Unstrittiges? Wohlrapp beschreibt es so:

> »Argumentieren ist nur möglich, wenn dabei nicht alles fraglich oder umstritten ist, sondern wenn etwas Sicheres oder Festes vorausgesetzt werden kann. Diese schlichte Einsicht erlaubt uns, im sprachlichen Handeln beim Argumentieren zwei pragmatische Modi zu unterscheiden. Der eine Modi ist der des Fraglichen, Unsicheren, das der Stützung bedarf, der andere ist der des Sicheren und Festen, das zur Stützung genutzt wird.« (Wohlrapp ^{2}2009: 47)

Das Strittige ist somit das Unsichere oder das Fragliche, das Unstrittige das Feste, von dem aus die Frage einer Beantwortung zugeführt werden soll. Eine Frage zu stellen heißt, mit Rickert

> »ein Satz, der eine unvollständigen Erkenntnis (ontologisch) oder eine Annahme (logisch) zum Ausdruck bringt, deren abschließende Antwort oder Wahrheitsentscheidung der Fragende entweder von einer anderen Person, dem Gefragten, erwartet oder selbst herbeizuführen sucht. Daher leistet der Urteilsakt nichts für die Erkenntnis, wenn er nicht auf eine Frage antwortet.« (Rickert zit. n. Veit 1996: 421).

Linguistisch betrachtet[86] enthält die Frage ein Doppeltes: Zum einen ergibt sich, dass sie »in anthropologischer und philosophischer Hinsicht eine Wirklichkeit im Erkennen, Wissen und Urteilen zu erfassen, zu ordnen und zu beurteilen« (Veit 1996: 421) sucht. Zum anderen

86 Die linguistischen Betrachtungen zur Frage speisen sich hier aus den zusammenfassenden philosophischen Überlegungen zum Thema von Zillober (1972: 1059ff).

> »wird mit einer Frage nicht nur ein Erkenntnisinteresse zum Ausdruck gebracht und eine Annahme (These/Hypothese) formuliert, sondern gleichzeitig auch eine Kommunikationsgemeinschaft etabliert«. (ebd.: 421)

Nun gilt es in der linguistischen Forschung als Allgemeingut, dass jeder Text (mündlich oder schriftlich) die Intention verfolgt, auf eine Frage eine Antwort zu geben (vgl. Hellwig 1984: 14). Die Frage muss dabei nicht zwingend im Text selbst gestellt sein.[87] Der Quaestio[88], wie ein solches Fragen in der antiken Rhetorik genannt wurde, ist »die zentrale Funktion für die Planung der Rede« zuzuschreiben, wobei »es sich bei der *Quaestio* um ein theoretisches Konstrukt und nicht um eine Beschreibungskategorie auf der Phänomenebene handelt« (von Stutterheim 1997: 18, Hervorhebung im Original). Das Fragliche, welches durch einen (mündlich vorgetragenen) Text, also durch eine Rede, geklärt werden soll, wird in der antiken Rhetorik am Beispiel der Gerichtsverhandlungen expliziert (vgl. Quintilianus 1972–1975: 391–393, erster Teil).[89] Deshalb, darauf verweist Lausberg (1979: 61ff), ist bei Quintilianus das Fragliche (die Quaestio) auch das Strittige[90].

Es kann nun davon ausgegangen werden, dass jeder Text etwas thematisiert, was dem lesenden oder hörenden Rezipienten entweder nicht oder noch nicht bekannt ist oder wozu er eine andere Einstellung, Haltung oder Überzeugung bezieht bzw. beziehen würde. Dies bedeutet, dass die explizite oder implizite Quaestio den Fokus eines jeden Textes bestimmt. Lässt sich mit Wiegand allgemein formulieren: »Das Thema eines Textes ist etwas, was fraglich ist« (Wiegand 1988: 31), so kann mit von Stutterheim davon ausgegangen werden, dass »die Quaestio inhaltliche und strukturelle Vorgaben für den Textaufbau setzt« (von Stutterheim 1997: 20)[91].

---

87 So beantwortet eine Gebrauchsanweisung für ein technisches Gerät die Frage, wie dieses zu bedienen ist, indem sie die einzelnen Schritte beschreibt. Ein Kommentar zu einem Gesetz beantwortet die Frage, wie dieses und in welchen Fällen es anzuwenden ist, und legt damit eine Norm aus. Ein Essay in einer Tageszeitung antwortet auf die Frage eines politischen Ereignisses, indem es dieses beschreibt und mit Normierungen konfrontiert.

88 Zur Rezeption des Begriffes Quaestio in der lateinischen Antike vgl. Lausberg (1979), Ueding und Steinbrink ([3]1994).

89 Dazu auch Cicero (De inventione I, XIII 18), der fünf Schritte festlegt, die bei der Planung einer Rede zu beachten sind: inventio, dispositio, elocutio, memoria, pronunciatio. Als Vorbild für die lateinische Rhetorik können die Überlegungen des Aristoteles (1995), wie er sie im Buch 3, Kap. 13 seiner Rhetorik ausgeführt hat, gelten.

90 Auch dies trifft nicht auf alle Textsorten zu – Gebrauchsanweisungen z.B. thematisieren nichts Strittiges, sondern geben Auskunft über den richtigen Gebrauch und beantworten damit die nicht im Text selbst zu findende Frage.

91 Von Stutterheim bezieht sich auf mündliche Texte (Reden). Eine Unterscheidung auf der Ebene *Textplanung* zwischen mündlich vorzutragenden Texten und schriftlichen Texten, die veröffentlicht werden, ist formal betrachtet sinnlos. Lediglich in der Semantik, der Wortwahl und dem Wiedergabemodus unterscheiden sich diese Textsorten. Deshalb können die

Das Konstrukt *Quaestio* legt somit den Referenzrahmen fest. Dieser Rahmen besteht aus zeitlichen, räumlichen, modalen Festsetzungen und zielt auf bestimmte Wissensausschnitte, Schemata usw. ab (vgl. von Stutterheim 1997: 21 f).[92] Dadurch wird eine Fokussierung ermöglicht, was bedeutet:

> »Jedes irgendwie bestimmte Erfassen eines Sachverhaltes ist selektiv, auch wenn das oft nicht intendiert und gewusst ist. Wir erfassen nicht einfach Gegenstände oder Sachverhalte, sondern wir erfassen sie in einem Rahmen, und das heißt zunächst einmal ganz einfach: Wir erfassen sie ausschnittsweise.« (Wohlrapp ²2009: 238)

Die Quaestio gibt neben der Möglichkeit der Fokussierung aber auch eine Art Garantie der Perspektivität, wie z. B. Konzeption, Informationswahl, Struktur und Gewichtung (vgl. von Stutterheim 1997: 24).

Im vorliegenden Forschungszusammenhang soll eher von einem *Fraglichen* als von einer Frage (Quaestio) die Rede sein, weil das Fragliche die Tätigkeit, zu argumentieren, eher intendiert als das Nomen *die Frage.*[93]

Dieses Fragliche ist vorerst das »[O]ffene« (ebd.: 19). Als solches ermöglicht das Fragliche, in gesprochenen oder geschriebenen Texten Sinneinheiten zu identifizieren, so dass es in einem Text zugleich der Anlass einer Argumentation[94] ist. Dies bedeutet, das Fragliche ermöglicht eine Argumentation, weil es als Fragliches etwas aufwirft, was von einer Sinnvoraussetzung (der pragmatische Präsuppositionsbegriff nach Ernst 2002) ausgeht, auf ein gemeinsames Wissen zurückgreift (Weltwissen oder epistemisches Wissen nach Wohlrapp ²2009)[95] und so eine Orientierung, eine Perspektive herstellt, innerhalb derer Antworten möglich werden. Das Fragliche garantiert dann eben auch die Fokussierung auf ein Thema.[96] In einer solchen Fokussierung liegt überhaupt erst die Möglichkeit, Argumente hervorbringen zu können.

Stutterheim'schen Überlegungen durchaus auf die in dieser Arbeit zu analysierenden Texte übertragen werden (vgl. von Stutterheim 1997: 25).

92 Dieser Gedanke wird wieder aufgegriffen, wenn gezeigt werden kann, dass das Konstrukt *Quaestio* aufgrund der Strukturierung von Texten eine inhaltliche Nähe zur Auswertungsmethode der formalen Strukturierung im Rahmen der Qualitativen Inhaltsanalyse nach Mayring hat und als eine Art methodischer Meta-Reflexion dienen kann (vgl. Kap. 3.3).

93 Die Frage kann auch als rein grammatikalische oder rein logische Kategorie gelesen werden, beim Fraglichen ist dies weniger der Fall.

94 So stellt Ruhloff zu Recht fest: »Das Hervorbringen von Argumenten hat einen *Anlass* oder genauer: *Zur Grammatik des begrifflichen Sprachspiels ›Argumentation‹ gehört der Bedeutungszug des ›Anlasses‹*. ›Anlass‹ ist jedoch ein geschichtlich-zeitliches Bedeutungselement und kein logisch-systematisches. ›Anlässe‹ entziehen sich der Herleitung aus Vernunftschlüssen [...] Anlass ist ein Ausdruck für eine individuelle oder kollektive Erfahrung im Sinne eines Widerfahrnisses« (Ruhloff 2004: 214 ff; Hervorhebungen im Original).

95 Vgl. auch Hügli, der davon spricht, dass Überzeugungen durch Argumente hergestellt werden, diese aber »nur dadurch fixiert werden können, als wir sie – metaphorisch gesprochen – irgendwo anbinden können« (Hügli 2004: 37).

96 Zum Problem Thema-Rhema/Fokus-Topik vgl. Meibauer (2008: 149 ff).

Werden diese Gedanken zur Frage, zum Fraglichen zusammengefasst, so scheint es sinnvoller zu sein, von einem Fraglichen als Voraussetzung eines argumentativen Dialoges auszugehen und nicht, wie Nussbaumer, von einem Strittigen. Das Strittige ist im Fraglichen ja enthalten, zusätzlich bietet das Fragliche aber die Perspektivität von Erkenntnis an, während das Strittige nur eine Einigung intendiert. Das heißt, das Strittige ist für den hier vertretenen Ansatz zu eng, weil damit alle Texte ausgeschlossen würden, die ein solches Strittiges nicht oder scheinbar nicht enthalten.[97]

Die Differenzierung zwischen Frage und Fraglichem sowie die theoretische Entscheidung gegen das Strittige ermöglicht es, die theoretische Grundposition des vorliegenden Forschungsvorhabens zu präzisieren:

Vor dem Hintergrund eines gemeinsamen Wissens (Weltwissen) übernimmt in sprachlichen Äußerungen eine Präsupposition die Rolle der Sinnvoraussetzung, wobei das Fragliche die Funktion der Fokussierung übernimmt, um die aufgebrochene Erkenntnis- oder Verstehenslücke zwischen Individuen zu einem gemeinsamen Weltwissen als Schnittmenge der individuellen Weltwissensbestände wieder zusammenfügen zu können. In diesem Konstrukt ist ein pragmatisch verstandener Präsuppositionsbegriff der Ermöglichungsgrund einer Argumentation, weil unterstellt ist, dass durch die Präsupposition der Übergang vom Argument zur Konklusion erfolgt sowie das Fragliche die Fokussierung und Strukturierung garantiert.

Damit kann sichergestellt werden, dass eine Präsupposition durchaus im pragmatischen Sinne verstanden werden kann und hier so verstanden werden soll. Sie verweist vor dem Hintergrund eines Weltwissens auf das Feste, welches, wie die linguistische Forschung herausgestellt hat, nicht sprachlich geäußert wird. Zugleich stellt sie sicher, dass der Übergang vom Argument zur Konklusion so erfolgen kann, dass ein neuer Fragehorizont als Verstehensprozess entsteht, der von Wohlrapp als »grundsätzliches Bedürfnis [des Menschen, TW] nach Orientierung« beschrieben wird (Wohlrapp ^{2}2009: 111). Es ist somit auf das Fragliche zu achten, welches ein Argumentieren auslöst und strukturiert. Dieses Fragliche kann als These oder Hypothese begriffen werden, in jedem Fall sollte damit ein Prozess initiiert werden, der mit *Forschen als Weg zur Orientierung* beschreibbar ist. An den Ergebnissen eines solchen Prozesses hängt letztlich die »vernünftige Weltgestaltung und die Berechtigung des menschlichen Selbstvertrauens« (ebd.: 15).[98]

97 Dieser Gedanke wird sich vor allem in der Analyse eines Textes aus einem Biologielehrbuch bestätigen lassen (vgl. Kap. 4.2).

98 Überträgt man diesen Gedanken von Wohlrapp in Verbindung mit dem *Weltwissen* nach Ernst auf den Unterricht, kann festgehalten werden, dass Unterricht prinzipiell die Spannung zwischen Unsicherem/Fraglichem und Sicherem/Festem zu tragen hat und ein Unterricht

2.3.5 Pragmatischer Präsuppositionsbegriff und das Fragliche: Ermöglichung von Argumentationen

Wenn etwas zu einer Frage wird, dann ist die Möglichkeit zu einer Argumentation gegeben. Das Fragliche ist der Anlass einer Argumentation. Es zeigt eine Fehlstelle, nach Wohlrapp eine Lücke oder einen nicht mehr oder noch nicht geltenden Anspruch an.

Den Aspekt der Geltung hat Klein (1985) stark gemacht: »In Argumentationen wird versucht, etwas Fragliches mithilfe des kollektiv Geltenden in kollektiv Geltendes zu überführen« (Klein 1985: 213). Die entsprechenden Argumentationen werden von ihm als komplexe Sprach- bzw. Sprechhandlungen charakterisiert, die in erster Linie auf der natürlichen Sprache beruhen und sich aus Behauptungen, Fragen, Einwürfen usw. zusammensetzen. Argumente sind orientiert an Aufgaben und sie müssen an einer konkreten Quaestio entwickelt werden (vgl. ebd.: 209). Die Überführung von einem Fraglichen zu einem kollektiv Geltenden ergibt sich nach Klein aus einer Art Dialektik (die eigentlich eine Dialogik darstellt), nämlich dann, wenn etwas thematisch gemacht werden muss, weil es nicht mehr oder noch nicht gilt (ebd.: 208).[99]

---

dann argumentativ vorgeht, wenn er diese Spannung nicht auflöst, sondern (er)trägt und damit den einzelnen Schüler in einen neuen Verstehenshorizont einführt.

99 Habermas kritisiert an Klein, er könne nicht zwischen Geltung und Gültigkeit unterscheiden (vgl. Habermas 1987: 52f). Bremerich-Vos (1985: 110) kann freilich zeigen, dass die Habermas'sche Kritik nicht greift, »weil sich die Konzepte der Logik bei Klein und Habermas unterscheiden«. Der von Habermas und im Anschluss an ihn von Kopperschmidt favorisierte normative Ansatz mit seiner Unterbrechung der kommunikativen Situation durch den Diskurs, in dem dann nichts mehr Neues eingeführt, sondern nur noch über die Geltung gestritten wird (vgl. Habermas 1987: 34ff, Kopperschmidt 1989), dürfte zu kurz greifen. Unhinterfragt wird dabei auf das Toulmin'sche Schema zurückgegriffen (Habermas 1988: 38ff; zu dieser Diskussion vgl. Wohlrapp ²2009: 34f). Aber auch für den Diskurs muss die grundlagentheoretische Voraussetzung die sprachliche Handlung sein und damit bleibt bei Habermas unklar, wie sich kommunikative Handlungen zur Diskurshandlung verhalten. Er kommt mit seinen vier Ansprüchen auf Wahrheit, Wahrhaftigkeit, Richtigkeit und Angemessenheit (Habermas 1988: 45) nur soweit, dass eine Norm geltend gesetzt wird, die eigentlich gar nicht mehr fraglich sein dürfte, weil die Frage ja außerhalb des Diskurses verortet werden muss. Diese Setzung aber verletzt das Habermas'sche Anliegen selbst, nämlich die gesellschaftliche Struktur des kommunikativen Handelns. Der Zwang des besseren Argumentes bleibt ein Zwang und damit ein Herrschaftshandeln, welches die Rationalität von Gesellschaft nur noch instrumentalisieren kann. Die Konsequenzen für die Rhetorik liegen auf der Hand: Es geht in einer solchen Rhetorik um das Überreden, nicht um das Überzeugen, auch wenn Kopperschmidt sich im Anschluss an Habermas bemüht, mittels »eines ungehinderten Zugangs zum Diskurs« (Kopperschmidt 2006: 24) den Habermas'schen Universalanspruch mit dem eines universalen Auditoriums nach Perelman und Olbrechts-Tyteca (1958, dt. 2004) zu verknüpfen. Die eigentlichen ideologiekritischen Momente des kommunikativen Handelns werden durch einen solchen Diskurs außer Kraft gesetzt, und somit verfällt der Diskurs, zumindest potenziell, selbst dem Ideologieverdacht, weil das sinnstiftende Element von Wahrheit, Wahrhaftigkeit usw. fehlt.

Wenn das Fragliche ein »[O]ffene[s]« (von Stutterheim 1997: 19) ist, so ist es, hermeneutisch betrachtet, zugleich die Voraussetzung von Erfahrung, denn »alles Wissen [ist ein Durchgang, TW] durch die Frage« (Gadamer 1999: 345). Dieses Fragen, das Fragliche, ist nur begrenzt durch den Horizont des Fragens, durch dasjenige, was mit Wohlrapp *Rahmen* genannt werden kann. Der pragmatisch verstandene Begriff *Präsupposition* gibt diesem Fragehorizont, dem Fraglichen selbst die Sinnvoraussetzung, indem im Fraglichen unausgesprochen etwas miterklärt wird, welches nicht fraglich sein kann, weil ansonsten keine Frage gestellt und damit keine Argumente vorgetragen werden könnten.

Diese Überlegung schließt ein, dass nur beides zusammen – die Sinnvoraussetzung und das Fragliche – den Ermöglichungsgrund für Argumentationen abgeben können, d.h. in Bezug auf die pragmatische Präsuppositionstheorie: um die individuellen Weltwissensbestände zu einem gemeinsamen Weltwissen als Schnittmenge wieder zusammenfügen zu können. Dieses Fügen ist normativ, aber auch deskriptiv möglich, sodass Argumentationen nicht ausschließlich dafür geführt werden, um zu einem kollektiv Geltenden zu gelangen, sondern durchaus auch dafür, um einen gemeinsamen Verstehenshorizont zu ermöglichen, der das erneute Fragen qualifiziert.[100]

Diese Einsicht ist für das vorliegende Forschungsvorhaben deshalb von enormer Bedeutung, weil sich am Fraglichen eine naturwissenschaftliche von einer geisteswissenschaftlichen Argumentation unterscheiden lassen.[101]

Mit diesen Überlegungen ist ein theoretisches Konstrukt vervollständigt und vorgetragen, welches sicherstellt, dass Argumentationsmuster nicht nur auf der formalen Ebene identifizierbar werden, sondern dass auch nach dem Grund, dem Anlass einer Argumentation zu fragen ist, um Kontextabstraktheit (Muster) und Kontextspezifik (Inhalt) aufeinander beziehen zu können.

2.4 Resümee

In diesem zweiten Kapitel wurden die beiden grundlegenden Theorien zur Präsupposition (semantisch und pragmatisch) allgemein und in Bezug auf die Typologie von Argumentationsmustern nach Kienpointner diskutiert.

100 Das Fragen ist somit innerhalb des hermeneutischen Zirkels des Verstehens zu verorten (vgl. dazu Heidegger 1927/[16]1986: §§ 1–4; Gadamer [6]1990: 250ff). Theologisch umgekehrt hat dies Jüngel (1975), der davon ausgeht, dass der »Mensch eine Antwort ist, zu der wir die Frage noch nicht hinreichend kennen«. Aber auch diese Umkehrung ist kein wirkliches Ausbrechen aus dem hermeneutischen Zirkel des Verstehens, sondern nur eine Umkehrung der klassischen anthropologischen Position, dass der Mensch sich selbst eine Frage ist.

101 Diese Unterscheidungsmöglichkeit wird sich im Kapitel 4, aber auch im Kapitel 8 deutlich zeigen lassen.

Als erste theoretische Grundposition dieser Arbeit kann gezeigt werden, dass – rein auf der formalen Ebene betrachtet – die Typologie sicherstellt, Argumentationsmuster in den zu untersuchenden Texten zum Thema *Schöpfung und Evolution* identifizieren zu können. Dies wird durch die Kontextabstraktheit ermöglicht, und deshalb ist von *Mustern* zu sprechen.

Die an der Typologie herausgearbeitete Kritik betraf das Schwanken Kienpointners zwischen einer semantischen und einer pragmatischen Präsuppositionstheorie. Dieses Schwanken hing damit zusammen, dass der Kienpointner'sche Ansatz die Frage vernachlässigt, ab wann überhaupt von einer Argumentation gesprochen werden kann bzw. darf.

Aus der Beantwortung dieser Frage ergibt sich in Erweiterung der theoretischen Position: Vor dem Hintergrund eines gemeinsamen Wissens (Weltwissen nach Ernst) übernimmt eine pragmatisch verstandene Präsupposition in sprachlichen Äußerungen die Rolle der Sinnvoraussetzung und das Fragliche die Funktion der Fokussierung. In diesem Konstrukt, so kann verdeutlicht werden, ist ein pragmatisch verstandener Präsuppositionsbegriff der Ermöglichungsgrund einer Argumentation, weil unterstellt ist, dass durch die Präsupposition der Übergang vom Argument zur Konklusion erfolgt sowie das Fragliche die Fokussierung und Strukturierung garantiert.

Mit dieser Erweiterung der theoretischen Position wird die rein formale Ebene der Typologie von Argumentationsmustern nach Kienpointner verlassen, weil die inhaltlichen Voraussetzungen mit einbezogen werden.

Diese theoretische Position muss nun in Bezug auf den methodischen Ansatz bedacht werden. Zum einen gibt die Typologie von Argumentationsmustern nach Kienpointner ein Instrumentarium an die Hand, welches kategorial an die zu untersuchenden Texte herangetragen und überprüft werden kann. Damit lassen sich – so wird vermutet – die Forschungsfragen eins und zwei beantworten. Zum anderen ist die Annahme, dass Argumentationen dann vorliegen sollten, wenn eine »Lücke« zwischen den individuellen Weltwissensbeständen vorliegt, anschlussfähig an die spezifischen inhaltlichen Relationen des Themas *Schöpfung und Evolution* – womit die Forschungsfrage drei einer Antwort zugeführt werden könnte. Das heißt, die Texte müssen strukturiert nach Kontextabstraktheit und inhaltlichen Relationen untersucht werden.

Ob die kontextabstrakten Argumentationsmuster nach Kienpointner methodisch hinreichend sind, um die entsprechende Verwendung in den zu untersuchenden Texten überprüfen zu können, und inwieweit die Überlegungen zum Fraglichen, zur Quaestio (vgl. Klein 1985: 209; linguistisch: von Stutterheim 1997: 15ff; philosophisch: Wohlrapp ^{2}2009: 107ff) auch methodisch zur Anwendung kommen müssen, ist im folgenden Kapitel drei zu diskutieren.

Unter dieser doppelten Fragestellung wird aus den verschieden möglichen methodischen Ansätzen der qualitativen sozialwissenschaftlichen Forschung auf die Qualitative Inhaltsanalyse (nach Mayring [11]2010) fokussiert. Diese Methode ist für das vorliegende Forschungsvorhaben das am besten geeignete Instrument, was seiner Vorstellung, Begründung und Reflexion im Horizont der hier gestellten Forschungsfragen bedarf.

II. Hauptteil: Sozialwissenschaftliche Methodik und Studien zur Instrumentüberprüfung

3. Kapitel: Qualitative sozialwissenschaftliche Methodik

Im vorangegangenen Kapitel wurde die Typologie von Argumentationsmustern nach Kienpointner vorgestellt sowie über den Zusammenhang zwischen der Kontextabstraktheit dieser Muster und einem pragmatisch verstandenen Präsuppositionsbegriff reflektiert. Es konnte gezeigt werden, dass die Kienpointner'sche Typologie ein Instrument sein kann, um in Texten verwendete Argumentationsmuster zu identifizieren.

Um nicht auf einer rein deskriptiven Ebene zu verbleiben, d. h. um mögliche Spannungen zwischen kontextabstrakten Mustern und kontextspezifischen Relationen interpretieren zu können, wurde der Vorschlag unterbreitet, den Begriff *Präsupposition* pragmatisch als *Sinnvoraussetzung* (Miterklärtes, Mitverstandenes) auszulegen. Durch eine solche Auslegung wäre die Präsupposition ein Ausdruck von vorauszusetzendem Weltwissen und eine Argumentation würde dann vorliegen, wenn die Aktualisierung dieser Voraussetzung nicht oder noch nicht gegeben ist.[102]

Dadurch ist der Fokus in Bezug auf die Verwendung der Kienpointner'schen Typologie verschoben: Es könnte sich herausstellen, dass Argumentationen nicht dazu dienen, »dass sich die Betroffenen auf irgendeine Lösung *einigen*« (Wohlrapp ^{2}2009: 119), sondern dass eine Argumentation und die den Übergang vom Argument zur Konklusion ermöglichende Schlussregel einen Fragehorizont entstehen lassen, der die verschiedenen Betrachtungsweisen aufzuzeigen in

102 Ist für das Individuum der konkrete Weltwissensbestand nicht gegeben, handelt es sich um den hier vorausgesetzten Modus einer Argumentation: das Fragliche. Ob dies zutrifft, ist allerdings nur am konkreten Fall zu bestimmen. Dieses »nicht« oder »noch nicht vorhanden« bedeutet dann, dass im Dialog das potenzielle, also das mögliche Wissen in Aktualität »umgewandelt« wird. Dies ist für die Religionspädagogik, aber auch für die allgemeine Pädagogik nicht unbedeutend, denn Unterricht ist eigentlich nichts anderes als die Umwandlung der Potenz in den Actus, bezogen auf die individuellen Erfahrungen. Zur Act-Potenz-Lehre vgl. die von Schelling (1809/1991) unter Rückbezug auf die mystisch-theologischen Überlegungen von Jakob Böhme und Christoph Öttinger vorgetragenen Überlegungen, die theologisch von Tillich (1961: 44, 134–136 u. ö) und philosophisch von Heidegger (1936/1971) interpretiert werden.

der Lage ist. Mit einem so verstandenen pragmatischen Zugang zur Argumentation kann eher an inhaltliche Relationen herangetreten werden, die sich vordergründig auszuschließen scheinen. Wohlrapp (ebd.: 107 ff) beschrieb dies als »Lücke« zwischen den individuellen Weltwissensbeständen.[103] Argumente, so der Gedanke, sollen die Anschlussfähigkeit an spezifische inhaltliche Relationen ermöglichen.

Daraus ergibt sich die Schlussfolgerung, dass die entsprechenden Texte strukturiert untersucht werden müssen. Methodisch, so wird sich zeigen lassen, eignet sich hier primär die *formale Strukturierung* als eine mögliche Analysetechnik innerhalb der Qualitativen Inhaltsanalyse nach Mayring. Weil es auch andere qualitative sozialwissenschaftliche Methoden gibt, ist es notwendig, in einem ersten Unterkapitel kurz darzulegen, was unter qualitativer sozialwissenschaftlicher Forschung zu verstehen ist (3.1).

Im Anschluss wird die methodische Entscheidung für die formale Strukturierung im Rahmen der Qualitativen Inhaltsanalyse nach Mayring erläutert und begründet (3.2): Unter anderem wird diese Analysetechnik Verwendung finden, weil sie aufgrund ihrer noch näher zu beschreibenden Schritte die Überprüfung zwischen Kontextabstraktheit (Muster) und Kontextspezifik (inhaltliche Relation) ermöglicht, auf die in Kapitel zwei verwiesen wurde.

Im dritten Unterpunkt (3.3) wird in methodischer Hinsicht noch einmal auf das Problem der *Quaestio* als metatheoretisch-methodische Reflexion eingegangen. Immer dann, wenn sich herausstellt, dass in einem Text nur auf der formalen Ebene Argumentationsmuster identifiziert werden können, sich also vordergründig kein Fragliches zeigt, wird die Frage zu stellen sein, ob dies am Gegenstand oder am verwendeten Instrument liegt. Das heißt, in diesen Fällen setzt eine Metareflexion ein, die zu interpretieren versucht, weshalb das eine oder das andere nicht greift.[104]

Die Nähe zur Qualitativen Inhaltsanalyse nach Mayring besteht darin, dass bei ihm (Mayring [11]2010: 65) das Interpretieren in drei grundlegende Formen differenziert wird: »Zusammenfassung, Explikation und Strukturierung«. Die

103 Vgl. auch Ernst (2002: 21).

104 Man könnte hier auch von einer doppelten »Ob-Frage« sprechen: Primär wird in dieser Studie untersucht, ob Argumentationsmuster vorhanden sind bzw. angewendet werden. Wenn sich herausstellt, dass solche in einem Text nicht gefunden werden, dann stellt sich (als zweites »Ob«) die Frage, ob dies am Gegenstand oder am Instrument liegt. Liegt es am Gegenstand, so wären z. B. Fragen möglich wie: Wurde der Rahmen gewechselt? Liegt eine stillschweigende Voraussetzung vor, welche die Dialogteilnehmer nicht kennen können? Liegt es am Instrument, so wären Fragen möglich wie: Verkürzt das verwendete Instrument die Analysemöglichkeit und muss es deshalb erweitert werden? Ist die Kienpointner'sche Typologie nur auf bestimmte Textsorten anwendbar? Ist, trotz Belegcorpus, die Typologie zu weit gefasst, sodass bestimmte Inhalte damit nicht erschlossen werden können? Und allgemein: Bieten die Untersuchungsebenen überhaupt einen Anlass zur Argumentation?

von ihm beschriebene *formale Strukturierung* und die schon erläuterte Strukturierungsdimension durch das Fragliche (vgl. Kap. 2.3.4 und 2.3.5) zeigen inhaltliche und methodische Berührungspunkte auf, die in Kap. 3.3 beschrieben werden. Eine Zusammenfassung (3.4) schließt dieses dritte Kapitel ab.

3.1 Merkmale qualitativer sozialwissenschaftlicher Forschung

Es ist schwierig, per definitionem festzuhalten, was unter dem Begriff *qualitative sozialwissenschaftliche Forschung* verstanden werden soll. Es gibt, darin ist sich die Mehrheit der Forschenden einig, keine genaue Definition (vgl. exemplarisch dazu: Heinze 2001; Bortz/Döring 2006; Kleining 1995; Mayring [11]2010).[105]

Hingegen können bestimmte Techniken und Methoden benannt werden, die zur qualitativen sozialwissenschaftlichen Forschung gehören. In Kleemann/Känke/Matuschek (2009: 36ff) wird die Konversationsanalyse, die Narrationsanalyse, die Objektive Hermeneutik sowie die Dokumentarische Methode unter einem qualitativen sozialwissenschaftlichen Forschungsansatz subsumiert. In Bortz und Döring (2006: 307ff) werden die qualitative Befragung, die qualitative Beobachtung, das narrative Interview, die Gruppendiskussion sowie die Einzelfallbeobachtung als qualitative Datenerhebungsmethoden beschrieben. Zu den qualitativen Auswertungsmethoden zählt dieses Lehrbuch die Globalauswertung, die Qualitative Inhaltsanalyse sowie die Grounded Theory (Bortz/Döring [4]2006: 329ff). Zusätzlich verweist dieses Lehrbuch auf besondere qualitative Forschungsansätze, zu denen die Feld-, Aktions-, Frauen- und Biografieforschung gerechnet wird (Bortz/Döring [4]2006: 337ff).[106]

Parallel betrachtet ergeben die einzelnen, als qualitativ definierten Auswertungs- und Erhebungsmethoden Gemeinsamkeiten, die in der sozialwissenschaftlichen Methodologie lange Zeit als eine Abgrenzung gegenüber der quantitativen Forschung gelesen wurden.[107] Bucher (1994: 23) zählt als qualitative Paradigma das Folgende auf:

105 Da in diesem Kapitel noch nicht einmal im Ansatz die verschiedenen qualitativen Erhebungs- und Auswertungsmethoden berücksichtigt werden können und da es sich hier auch nicht um eine methodologische Reflexion handeln kann, wird außer den schon Genannten auf die folgende Literatur verwiesen: Berg 1989; Bichlbauer 1991; Bogdan/Taylor 1975; Bohnsack 1991; Denzin 1989; Denzin/Lincoln 1994; Flick et al. 1995; Flick/von Kardorff/Steinke 2000; Mertens 1983; Ritsert 1972; Rust 1980 a, 1980 b, 1981.

106 Auch diese speziellen Forschungsansätze werden hier nicht weiter berücksichtigt.

107 Historisch betrachtet dauert dieser methodologische Streit seit Ende des 19. Jahrhundert an und fand sicherlich einen Höhepunkt im Positivismusstreit (vgl. dazu den Überblick bei Kleining 1995: 21ff; Bortz/Döring [4]2006: 298ff). Mayring (2010: 20ff) schlägt ein begründetes Modell vor, in dem qualitative und quantitative Forschung miteinander in eine produktive Beziehung gesetzt werden können. Dies scheint, soweit überschaubar, mo-

»Typische Methode	offenes Interview
Stichprobe	eher klein
Hypothesen	werden erst entwickelt
Rolle des Forschers	Partner, Lernender
Vorgehen	flexibel
Induktiv-deduktiv	induktiv
Strategie	entdeckend.«

Diese Gliederung ist nicht unbedingt einleuchtend. Bei der Auswertung von erhobenen Daten gibt es Techniken der Qualitativen Inhaltsanalyse nach Mayring ([11]2010), die durchaus mit einer deduktiven Kategorienbildung arbeiten und nach einer Hypothesenbildung verlangen. Bezogen auf das hier gestellte Thema ist beides sogar zwingend notwendig, da mit einer Typologie gearbeitet werden soll, die an die Texte herangetragen wird. Es wird auch die Vermutung geäußert, dass mit dieser Typologie die entsprechenden Texte analysiert werden können, und zwar unter Berücksichtigung der jeweils vorhandenen inhaltlichen Relation.

Auch »entdeckend« ist nicht unbedingt als ein Paradigma der qualitativen sozialwissenschaftlichen Forschung zu benennen. Es trifft sicherlich auf die Grounded Theory nach Strauss und Corbin (1996) oder auf die Dokumentarische Methode nach Bohnsack (1997) zu. Qualitative Forschung ist aber auch interpretierend, was eher einem hermeneutischen Verfahren entspricht. Damit soll der Entdeckungszusammenhang nicht wegdiskutiert werden, allerdings ist Vorsicht geboten bei der Aufstellung von Paradigmen, denn es fehlt der qualitativen Forschung eine einheitliche Methodologie (vgl. Mayring [11]2010).

Angesichts dieser nicht vorhandenen Methodologie fassen Kleemann/Känke/Matuschek (2009: 14) zusammen:

> »Vielmehr bauen einzelne Ansätze auf unterschiedlichen methodologischen Prämissen auf. […] Bei aller Differenz weisen diese Ansätze aber grundlegende Gemeinsamkeiten auf, die es gerechtfertigt erscheinen lassen, sie zusammenfassend mit dem Oberbegriff ›interpretative Sozialforschung‹ zu bezeichnen.«

Dieser Begriff ist insofern einleuchtend, als das Entdecken ebenso einer Interpretation bedarf wie die Rekonstruktion bzw. hermeneutische Verfahren solche sind, die etwas *als* etwas interpretieren.

Qualitative Sozialforschung ist, mit aller Vorsicht formuliert, eine Forschung, der es in der Datenauswertung um eine Interpretation von bestimmten Daten geht. Dies ist als eine Gemeinsamkeit der einzelnen qualitativen Forschungsansätze hervorzuheben.

---

mentan eher im wissenschaftlichen sowie wissenschaftstheoretischen Forschungstrend zu liegen (vgl. dazu auch Bortz/Döring [4]2006: 298 sowie Kleining 1995: 40ff). Wissenschaftstheoretisch kann zu beiden Ansätzen auf Westermann (2000) zurückgegriffen werden.

Aber welche Daten eignen sich zur Erhebung? Auf diese Frage gibt es in der Forschungsliteratur eine ziemlich einheitliche Antwort. Kleining (1995: 13, Hervorhebungen im Original) versteht abstrakt unter qualitativen Daten solche, »die *soziale Gegenstände* so beschreiben, daß sie die dem Gegenstand eigenen Verhältnisse, besonders *Bedeutung, Struktur* und *Veränderung* erfassen«. Er kommt zu dem Schluss, dass (qualitative) Daten per se sinnhaft sind und vermerkt: »Damit wird der Begriff des *Sinnes* oder der *Bedeutung* als kennzeichnend für qualitative Daten eingeführt« (ebd.: 14, Hervorhebungen im Original).

Auf diese Sinnhaftigkeit bzw. Bedeutung machen u.a. Bucher (1994: 22), Heinze (2001: 12), Kleemann, Känke und Matuschek (2009: 14ff) oder Mayring ([11]2010) aufmerksam. Dies bedeutet: Qualitative Daten sind solche, die »dem ›normalen‹ Menschen […] unter ›normalen‹ Umständen.« (Heinze 2001: 13) sinnhaft erscheinen, also verstanden werden. Damit ist noch keine Aussage darüber getroffen, dass sie auch richtig verstanden werden (vgl. ebd.).

Die Klassifikation – qualitative Daten sind per se sinnhaft und können verstanden werden – erlaubt, ein weiteres Merkmal dieser Daten zu erschließen. Qualitative Daten »liegen entweder schon vor, in Form von geschriebenen oder gedruckten Texten, oder wir beschaffen sie uns durch Beobachtung oder Erfragung, ›erzeugen‹ selbst Texte über einen Gegenstand« (ebd.: 14).

Wird dieses Merkmal verallgemeinert, dann kann auch gesagt werden, dass qualitative Daten in kommunikative Situationen eingebettet sind. Diese müssen nicht unbedingt die abstrakten Zeichen einer Verbalsprache sein. Auch »Musik, Bilder und Ähnliches« (Mayring [11]2010: 12) kann als qualitatives Datenmaterial erhoben und analysiert werden.

Dieses Merkmal qualitativer Daten zeigt an, dass methodisch offen vorgegangen werden muss. Offenes Vorgehen in der Forschung bedeutet nicht ein Vorgehen ohne Regel- oder Kategoriensystem. Dieses wird allerdings, wie einleuchtend innerhalb der Grounded Theory erarbeitet und erprobt, parallel zur Datenerhebung entwickelt (vgl. Lamnek 1988: 118ff). Im religionspädagogischen Zusammenhang haben dies u.a. Nipkow (1990) und Rothgangel (1999) gezeigt.

An dieser Stelle kann abgebrochen und als zweites grundlegendes Merkmal qualitativer sozialwissenschaftlicher Forschung festgehalten werden: Qualitative Daten sind Daten, die durch sich selbst einen Sinn haben, der in den entsprechenden sozialen Zusammenhängen verstanden werden kann. Mit diesem Merkmal ist unterstellt, dass dasjenige, was als qualitative Daten erhoben wird, »im alltäglichen Gebrauch gelernt, genutzt und mit Zusammenhängen, d.h. Sinn versehen [ist]. Ihr Sinn ist gesellschaftlich definiert« (Kleining 1995: 15). Qualitative Daten sind, darauf verweisen Bortz und Döring ([4]2006: 295), »Erfahrungsrealität«, die »zunächst verbalisiert wird«.

Die angeführten Merkmale der qualitativen sozialwissenschaftlichen Forschung – in der Auswertung der Daten geht es um eine Interpretation, in der Erhebung von Daten werden (sinnhafte) Erfahrungen vorgefunden oder (re)produziert – ergeben, dass die qualitative Erhebungs- und Auswertungsmethodik für das hier gestellte Thema besser geeignet ist als die quantitative.[108]

Im folgenden Unterkapitel soll die Qualitative Inhaltsanalyse nach Mayring, als eine mögliche Erhebungs- und Auswertungsmethodik, näher beschrieben werden. Es wird auch eine Begründung für die Entscheidung vorgetragen, weshalb gerade diese Form der qualitativen sozialwissenschaftlichen Forschung in der vorliegenden Studie Verwendung findet.

3.2 Qualitative Inhaltsanalyse nach Mayring

3.2.1 Gegenstand, Methode und Ziel der Qualitativen Inhaltsanalyse

In diesem Kapitel wird die Methode der Qualitativen Inhaltsanalyse nach Mayring anhand der mittlerweile elften Auflage (2010)[109] seines Buches *Qualitative Inhaltsanalyse – Grundlagen und Techniken* erläutert.[110] Parallel dazu soll die Entscheidung für die Anwendung dieser Erhebungs- und Auswertungstechnik reflektiert werden.

Nach Mayring ist das Ziel einer Inhaltsanalyse die »Analyse von Material, das aus irgendeiner Art von *Kommunikation* stammt«. (11). Wie schon im vorhergehenden Kapitel allgemein zur qualitativen sozialwissenschaftlichen Forschung gezeigt, ist es auch hier schwierig, genau zu definieren, was eigentlich Inhaltsanalyse ist bzw. sein soll. Mayring, der verschiedene Definitionsansätze vorstellt (vgl. 11 f), benennt zur Unterscheidung gegenüber anderen Analysetechniken für die Inhaltsanalyse sechs Punkte. Diese können differenziert werden in den *Gegenstand*, die eigentliche *Methodik* und das *Ziel*.

Der *Gegenstand* der Inhaltsanalyse ist Kommunikation, »also die Übertragung von Symbolen«, wobei diese Kommunikation »in irgendeiner Form«

108 Diese Aussage schließt nicht aus, dass nach der Auswertungsphase mit den Ergebnissen durchaus quantifizierend weiter gearbeitet werden kann. So wäre es z. B. möglich, eine Häufigkeitsanalyse der verwendeten Muster durchzuführen, differenziert in deskriptive und normative Anwendung der Muster. Auch die Erarbeitung eines quantitativen Fragebogens wäre möglich, um Rückschlüsse auf Anwendungshäufigkeiten, z. B. im Unterricht, zu eruieren. Diese Ansätze sind allerdings hier nicht intendiert, deshalb dient der Verweis darauf nur dazu, um zu zeigen, dass sich qualitative und quantitative Forschung durchaus befruchten können.

109 Die in 2015 erschienene 12. Auflage konnte nicht berücksichtigt werden.

110 Weil in diesem Unterkapitel die angegebene 11. Auflage (2010) des Buches von Mayring referiert wird, ist die Angabe der Quelle dadurch verkürzt, dass nur die Seitenzahlen als Ziffern angegeben werden. Andere Autoren/Quellen werden wie üblich zitiert.

schriftlich »fixierte Kommunikation« (12) ist.[111] Die eigentliche *Methodik* der Qualitativen Inhaltsanalyse kennzeichnet Mayring mit »systematische[m] Vorgehen« (ebd.) und versteht darunter die »Regelgeleitetheit« sowie eine Analyse, die »unter einer theoretisch ausgewiesenen Fragestellung« durchgeführt wird (13). Als *Ziel* wird festgehalten, dass die Qualitative Inhaltsanalyse »durch Aussagen über das zu analysierende Material Rückschlüsse auf bestimmte Aspekte der Kommunikation ziehen« möchte (ebd.). Daraus abgeleitet ist, dass die Qualitative Inhaltsanalyse eine »schlussfolgernde Methode« ist (ebd.), die nach Mayring eher mit dem Begriff »*kategoriegeleitete Textanalyse*« (ebd.) definiert wäre.

Aus diesen drei allgemeinen Punkten – Gegenstand, Methodik, Ziel – lässt sich die erste Begründung für die Verwendung dieses qualitativen Forschungsansatzes ableiten.

So trivial es klingen mag: Der Gegenstand dieser Untersuchung ist schriftlich fixierte Kommunikation. Es werden Texte untersucht, die von Schülern produziert werden. Dabei soll systematisch, d. h. regel- und theoriegeleitet überprüft werden, ob es sich um eine bestimmte Art von schriftlich fixierter Kommunikation handelt: um argumentierende Texte. Die strukturierte Untersuchung von Schülertexten soll zeigen, ob und wie argumentiert wird. Im Zentrum (als Ziel der Untersuchung) steht eine differenzierte Einschätzung zum fachspezifischen und/oder fachübergreifenden Gebrauch von Argumenten durch Schülerinnen und Schüler der gymnasialen Oberstufe sowie die Frage, ob bestimmte Argumentationsmuster eine Relation zu den inhaltlichen Vorgaben (Schöpfung und Evolution) erkennen lassen.

Natürlich wird auch bei der Konversationsanalyse, der Objektiven Hermeneutik, der Dokumentarischen Methode (vgl. dazu Kleemann/Känke/Matuschek 2009) oder der Grounded Theory (Strauss/Corbin 1996) schriftlich fixierte Kommunikation regelgeleitet untersucht. Allerdings dürfte es mit diesen Methoden schwer fallen, die Typologie von Kienpointner an die entsprechenden Schülertexte heranzutragen. Deshalb sind die von Mayring mit »Spezifika der Inhaltsanalyse als sozialwissenschaftliche Methode« (11) ausgewiesenen Punkte

111 Die Übertragung von Symbolen (Mayring führt als Kommunikationsmodell das von Watzlawick/Beavin/Jackson 1969 an) sowie die schriftliche Fixierung ermöglichen es, als Gegenstand der Qualitativen Inhaltsanalyse auch Bilder oder Musik heranzuziehen, da beides, wie eben auch die Sprache, ein Ausdruck von etwas ist. Freilich bestehen die heutige Schriftsprache sowie das System der Noten nicht aus Symbolen, sondern aus Zeichen, erst Worte oder eine Melodie können zu einem Symbol werden. Auch bei Bildern muss man nicht zwingend notwendig von Symbolen sprechen, es gibt Bilder, die durchaus auf Zeichen basieren (z. B. ein Hinweisschild). Zur Unterscheidung von Symbol und Zeichen vgl. Tillich (^{2}1978); religionspädagogisch basieren auf den Tillich'schen Überlegungen die wichtigen symboldidaktischen Ansätze von Halbfas (katholisch, 1982, 1983ff, 1989) und Biehl (evangelisch, 1991/1993, 1999).

ein erster Hinweis darauf, weshalb diese Methode hier zur Anwendung kommt. Geschärft werden kann die Begründung für diese Methode, indem auf die Techniken näher eingegangen wird.

3.2.2 Techniken der Qualitativen Inhaltsanalyse

Im Kernpunkt der Methodik stehen die Techniken, welche die Qualitative Inhaltsanalyse von anderen qualitativen sozialwissenschaftlichen Forschungsansätzen unterscheiden. Allgemeine Techniken sind »Einbettung des Materials in den Kommunikationszusammenhang«, »Systematisches, regelgeleitetes Vorgehen«, das Kategoriensystem als »dem zentralen Punkt« in der Qualitativen Inhaltsanalyse, »Theoriegeleitetheit« und »Gütekriterien« (48f). Es mag an dieser Stelle also genügen, das allgemeine Ablaufmodell nach Mayring wiederzugeben (siehe Abbildung 1, Kap. 3), um sich im Anschluss auf dasjenige konzentrieren zu können, was nach Mayring »spezielle qualitative Techniken« (63) ausmachen. Erst aus der Darstellung dieser Techniken ergeben sich weitere Punkte zur Begründung für die hier verwendete Methode der formalen Strukturierung.

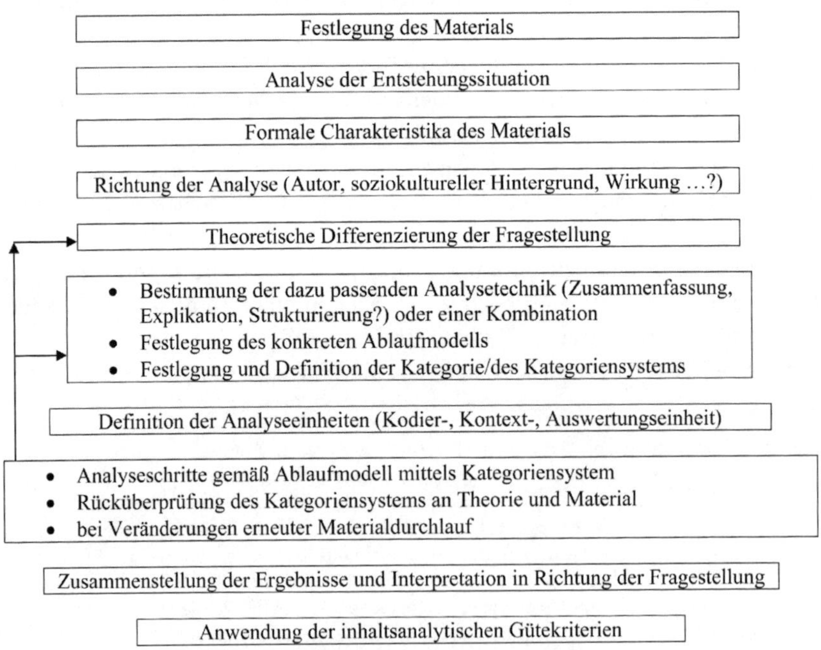

Abbildung 1, Kap. 3: Allgemeines inhaltsanalytisches Ablaufmodell (Mayring [11]2010: 60)

Aus dem Anspruch der Qualitativen Inhaltsanalyse, ein theorie- und regelgeleitetes Verstehen und Interpretieren von Texten zu ermöglichen, leitet Mayring Formen des Interpretierens ab (vgl. 63f) und vermerkt, dass »drei *Grundformen des Interpretierens* differenzierbar [sind]: Zusammenfassung, Explikation und Strukturierung« (64f, Hervorhebung im Original). Diese drei Grundformen sind in ihren einzelnen Schritten methodisch adäquat in Bezug auf den Gegenstand (eine Art von schriftlich fixierter Kommunikation) sowie dadurch, dass sie Texte auf »ihre Grundstruktur hin« (63) überprüfen wollen. Differenzierbar sind diese speziellen Techniken durch ihre Ziele:

Das Ziel der *Zusammenfassung* ist es,

> »das Material so zu reduzieren, dass die wesentlichen Inhalte erhalten bleiben, durch Abstraktion einen überschaubaren Corpus zu schaffen, der immer noch Abbild des Grundmaterials ist«.

Hingegen ist Ziel der *Explikation*,

> »zu einzelnen fraglichen Textteilen (Begriffen, Sätzen, …) zusätzliches Material heranzutragen, das das Verständnis erweitert, das die Textstellen erläutert, erklärt, ausdeutet«.

Das Ziel der *Strukturierung* ist es,

> »bestimmte Aspekte aus dem Material herauszufiltern, unter vorher festgelegten Ordnungskriterien einen Querschnitt durch das Material zu legen, oder das Material aufgrund bestimmter Kriterien einzuschätzen«. (65)

Wie leicht einsehbar, kann nur die Technik der Strukturierung als Methode im Rahmen der Qualitativen Inhaltsanalyse nach Mayring dasjenige leisten, was hier untersucht werden soll. Die Analysetechnik der Zusammenfassung entfällt deshalb, weil sie die zu untersuchenden Texte abstrahiert. Damit könnten bestimmte Argumentationsmuster ebenso herausfallen wie dazugehörige inhaltliche Relationen. Die Explikation eignet sich aufgrund der Erhebungssituation nicht, denn dann müsste mit allen Schülern ein Interview durchgeführt werden. Dies ist aus erhebungsökonomischen Gründen unzweckmäßig.

Aus den benannten Gründen sowie aus der Forschungsfrage und dem vorhandenen Datenmaterial ergibt sich somit die Strukturierung als diejenige Analysetechnik, die am besten für das hier verfolgte Forschungsanliegen geeignet ist. Des Weiteren ist die Strukturierung deshalb für das Forschungsanliegen eine adäquate Methode/Technik, weil in dieser mit deduktiven Kategorien gearbeitet werden kann. Die Argumentationsmuster nach Kienpointner bzw. seine Typologie sind solche deduktiven Kategorien (Kap. 2.2), die an die Texte herangetragen werden. Das heißt, das Forschungsinteresse selbst rechtfertigt die Auswahl der Methode bzw. der Analysetechnik im Rahmen der Qualitativen Inhaltsanalyse nach Mayring.

Es sind vier Formen der Strukturierung möglich, die im Folgenden durch ein weiteres allgemeines Ablaufmodell beschrieben werden. Im Anschluss richtet sich der Fokus auf die *formale Strukturierung*. Diese Form der Strukturierung soll in den Studien zur Überprüfung des Instruments verwendet werden (vgl. Kap. 4). Erweist sie sich tauglich, wird sie bei der Analyse der Schülertexte eingesetzt. Deshalb ist diese Form der Strukturierung zu explizieren, um im Ergebnis das entsprechende Ablaufmodell intersubjektiv nachvollziehbar vorzustellen.

3.2.3 Die inhaltsanalytische Strukturierung

Die Strukturierung ist für Mayring die »zentralste inhaltsanalytische Technik« (92). Struktur bedeutet dabei, dass »in Form eines Kategoriensystems« (ebd.) ein Text systematisch untersucht wird. Das heißt, alle durch die Kategorien angesprochen Materialstellen können so im Text gekennzeichnet bzw. »aus dem Material systematisch extrahiert« werden (ebd.). Als allgemeine Beschreibung für die Technik der Strukturierung werden drei Punkte angeführt:

1. Genaue Bestimmung der Strukturierungsdimensionen, sowie Ableitung und Begründung dieser aus der theoretischen Fragestellung;
2. Differenzierung der Strukturierungsdimensionen in Ausprägungen und eine Zusammenstellung zu einem Kategoriensystem;
3. Festlegung, wann Material unter eine solche Kategorie fällt. (vgl. ebd.)

Dieser dritte Punkt wird noch weiter differenziert in »Definition der Kategorie [...] Ankerbeispiele [...] Kodierregeln« (ebd.).

In Bezug auf das vorangegangene Kapitel kann hier festgehalten werden: Die Strukturierungsdimensionen sind aus einer theoretischen Fragestellung (die Theorie der Präsupposition in Verbindung mit dem Fraglichen) abgeleitet und begründet. Sie wurden zu einem Kategoriensystem (Typologie nach Kienpointner) zusammengestellt und differenziert (drei Großklassen mit entsprechenden Subklassen). Es wurde diskutiert und festgelegt, dass nur dann ein argumentativer Text vorliegt, wenn die argumentationstheoretischen Voraussetzungen vorliegen (vgl. Kap. 2). Zur Veranschaulichung sei hier das allgemeine Ablaufmuster einer Strukturierung eingefügt (siehe Abbildung 2, Kap. 3).

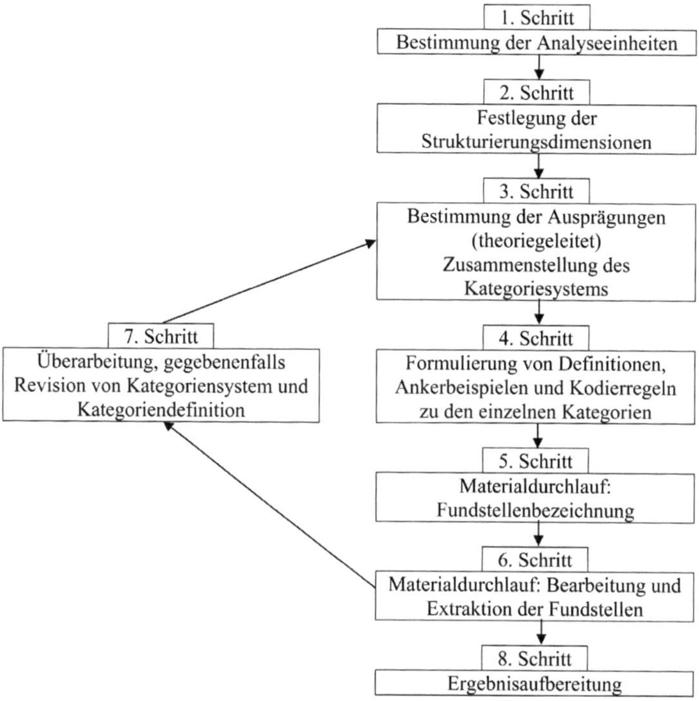

Abbildung 2, Kap. 3: Ablaufmodell strukturierender Inhaltsanalyse (allgemein) nach Mayring ([11]2010: 93)

Mit dieser allgemeinen Strukturierung soll sichergestellt sein, dass in einem Materialdurchlauf alle Stellen eines Textes gefunden und extrahiert werden, die unter die vorher festlegten Kategorien fallen – d. h., der jeweilige Text wird systematisch, also theorie- und regelgeleitet analysiert. Mit den Befunden kann dann weiter gearbeitet werden, indem sie interpretiert werden oder die Grundlage (den Ausgangspunkt) für eine quantitative Studie abgeben.[112]

Neben diesem allgemeinen Ablaufmodell ist die Strukturierung in vier Formen zu differenzieren. Diese Differenzierung ergibt sich wiederum aus den Zielen der zu unternehmenden Analyse:

---

112 Das Oder ist als ein einschließendes *Oder* zu lesen. Interpretation und Ausgangspunkt für eine quantitative Studie schließen sich nicht aus, sondern ein. Erst mit der Interpretation der Ergebnisse ist es überhaupt möglich, eine auf Quantifizierung ausgerichtete Forschungsfrage zu formulieren. Kleine Mengen an Daten werden in der quantifizierenden Forschung immer zur Abschätzung der Validität genommen. Bei der Erstellung eines Erhebungsinstrumentes mit Multiple-Choice-Aufgaben sind dies z. B. die sogenannten Pre-Testungen, die an einer Probandenzahl von zehn bis zwanzig durchgeführt werden, um abschätzen zu können, ob die Aufgabe den entsprechenden Gütekriterien entspricht (vgl. zu den Gütekriterien bei der Entwicklung von MC-Aufgaben Bortz/Döring [4]2006: 215f).

1. Die formale Strukturierung will das Material (dessen innere Struktur) nach bestimmten formalen Gesichtspunkten untersuchen.
2. Die inhaltliche Strukturierung will bestimmte Themen bzw. bestimmte Inhalte zusammenfassen.
3. Die typisierende Strukturierung will markante Ausprägungen und Typen im Material finden.
4. Die skalierende Strukturierung möchte zu den einzelnen Dimensionen Ausprägungen in der Form von Skalenpunkten finden. (vgl. 94)

In Bezug auf das allgemeine Ablaufmodell (siehe Abbildung 2, Kap. 3) unterscheiden sich nach Mayring diese vier Formen der Strukturierung durch den zweiten (Festlegung der Strukturierungsdimensionen) und den achten (Auswertung der Ergebnisse) Schritt. »Die mittleren Analyseschritte des Modells« sind »bei allen vier Formen gleich« (ebd.).

Der entscheidende Unterschied zwischen den einzelnen Formen der Strukturierung besteht also darin, dass die Strukturierungsdimensionen festlegen, *wie* (unter welchen Gesichtspunkten) das Material analysiert werden soll, was aus der Festlegung des Forschungszieles abzuleiten ist.

Die formale Strukturierung will »Strukturen aus dem Material herausarbeiten, die das Material in einer bestimmten Weise untergliedern, zerlegen, schematisieren« (ebd.). Diese Form der Strukturierung eignet sich für die Studie deshalb, weil in den Strukturierungsdimensionen festgelegt werden kann, nach welchen Kriterien diese Schematisierung/Untergliederung erfolgen soll. Zugleich ermöglicht diese Form der Strukturierung den Zusammenhang zwischen Kontextabstraktheit und inhaltlichen Relationen – also den Zusammenhang zwischen Muster und dem »Woran gebraucht?« herzustellen. Deshalb wird im folgenden Abschnitt diese Analysetechnik noch näher beschrieben. Vorher sollen aber die anderen Formen der inhaltlichen Strukturierung kurz erläutert und Begründungen für deren Nichtverwendung genannt werden.

Die typisierende Strukturierung untersucht den Gegenstand, um »Aussagen über ein Material [zu] treffen, indem sie besonders markante Bedeutungsgegenstände herausziehen und genauer beschreiben« (98). Was als eine solche markante Ausprägung (Typ) gelten soll, muss vorher festgelegt werden. Der bisher verwendete Begriff *Argumentationsmuster* bzw. die *Typologie nach Kienpointner* darf nicht darüber hinwegtäuschen, dass die typisierende Strukturierung für die Beantwortung der hier gestellten Forschungsfrage ungeeignet ist, denn es kommt nicht darauf an, wie häufig oder extrem ein Argumentationsmuster in den Texten vorkommt, sondern darauf, ob überhaupt solche Muster identifiziert werden können. Deshalb scheidet die typisierende Strukturierung als Analysetechnik aus.

Ähnlich verhält es sich bei der inhaltlichen Strukturierung. Auch diese Form der Strukturierung ist für vorliegende Forschung ungeeignet, denn die Dimensionen orientieren sich nur daran, »bestimmte Themen, Inhalte, Aspekte aus dem Material herauszufiltern und zusammenzufassen« (ebd.). Würde die Analyse so durchgeführt, könnte zwar als Ergebnis festgehalten werden, ob Schülertexte das Thema Schöpfung bzw. Evolution transportieren, aber es entfiele der Aspekt der Identifizierung von Argumentationsmustern, weil die festgelegten inhaltlichen Strukturierungsdimensionen diese nicht erfassen können. Mit der inhaltlichen Strukturierung wäre somit nur ein Teil der gestellten Forschungsfrage zu beantworten. Deshalb kann diese Analysetechnik hier nicht verwendet werden.

Die skalierende Strukturierung mit ihrer Materialeinschätzung »auf einer Skala (in der Regel Ordinalskala)« zielt auf Trendbeschreibungen, »Wertanalyse, Bewertungsanalyse« (101) ab und ist deshalb für das hier vorgetragene Forschungsinteresse nicht geeignet. Diese Form der Skalierung würde eine Fragestellung verlangen, die auf Einstellungen abzielt, und ist eher in Forschungsprojekten anwendbar, in denen nach Haltungen und Einstellungen geforscht wird.[113]

Aus der kurzen Darstellung der Unterschiede ergibt sich, dass die *formale Strukturierung* die der Forschungsfrage angemessene Analysetechnik ist. Die Beschreibung dieser Form der Strukturierung muss nun verfeinert werden.

3.2.4 Die formale Strukturierung

Wie schon erwähnt, hat die formale Strukturierung das Ziel, aus dem Material Strukturen zu extrahieren, die dieses schematisieren, zergliedern, differenzierbar machen. Mayring gibt Beispiele an, was bei einer solchen Strukturierung von Interesse sein könnte: Es sind dies die Strukturen »von Satzkonstruktionen, die Gliederung nach thematischen Einheiten, die Argumentationsstrukturen oder bei Gesprächen die Gesprächsstruktur« (94). Durch die Notwendigkeit, im zweiten Schritt des Ablaufmodells »das Kriterium genau zu bestimmen, nach dem ein Text analysiert werden soll« (95), können gemäß des Forschungsansatzes erst einmal allgemein die Argumentationsmuster nach Kienpointner als Kategorien festgelegt werden.

Die Möglichkeit dieser kategorialen Festlegung ergibt sich daraus, dass die Qualitative Inhaltsanalyse »kein Standardinstrument« ist, »das immer gleich aussieht; sie muss an den konkreten Gegenstand, das Material angepasst sein

113 Ein solches Projekt wird z. B. in Kooperation zwischen der Universität Wien, Institut für Religionspädagogik an der Evangelisch-Theologischen Fakultät, und der Universität Münster (Fachbereich 13: Biologie) durchgeführt. Vgl. Konnemann et al. 2013.

und auf die spezifische Fragestellung hin konstruiert werden« (49). In dieser methodischen Offenheit ist nicht nur allgemein eine Stärke der qualitativen sozialwissenschaftlichen Forschung zu sehen, sondern speziell der Qualitativen Inhaltsanalyse als Auswertungsmethode für schriftlich fixierte Kommunikation. Ein weiterer Vorteil dieser Methode zur Auswertung von Texten besteht darin, dass durch die Zergliederung in einzelne Interpretationsschritte die Interpretation selbst nachvollziehbar bleibt, d.h., sie wird dadurch »übertragbar auf andere Gegenstände, für andere benutzbar« (59). Dieses Kriterium ist freilich auch eines, welches für wissenschaftliche Methodik allgemein gelten muss.[114]

Mayring schlägt vier mögliche Kriterien für die Festlegung vor:

1. Ein syntaktisches Kriterium – es geht hier um die Struktur der sprachlichen Formulierung.
2. Ein thematisches Kriterium – dabei handelt es sich um eine thematische Gliederung des Materials.
3. Ein semantisches Kriterium – als Rekonstruktion von einzelnen Bedeutungseinheiten.
4. Ein dialogisches Kriterium – Gesprächsbeiträge und Gesprächsschritte sollen in ihrer Abfolge untersucht werden. (vgl. 95f)

Weil es die formale Strukturierung als spezielle qualitative Technik ermöglicht, das Kriterium festzulegen, nach dem Texte von Schülerinnen und Schülern der gymnasialen Oberstufe (1. Schritt = Festlegung der Analyseeinheit) untersucht werden sollen, wird an dieser Stelle das *pragmatische Kriterium* eingeführt. Dies ergibt sich zwangsläufig aus dem vorgetragenen Forschungsinteresse bzw. der gestellten Forschungsfrage. Das »*Wie Schüler argumentieren*« zielt auf den inhaltsbezogenen Gebrauch von Argumentationsmustern ab. Mit dem pragmatischen Kriterium werden die Texte strukturiert nach dem Gebrauch von Argumentationsmustern im Zusammenhang mit den entsprechenden Inhalten untersucht (2. Schritt = Festlegung der Strukturierungsdimension). Das heißt,

114 So wie das Experiment unter gleichen Bedingungen und Voraussetzungen zumindest zu ähnlichen Ergebnissen führen muss, um wissenschaftlich fundierte Aussagen zuzulassen, so muss auch eine Textinterpretation bei gleichen Bedingungen und Voraussetzungen zu ähnlichen Ergebnissen kommen. Dass dies gerade in hermeneutischen Verfahren nicht zwingend der Fall ist, liegt am Interpreten – also an den subjektiv veränderten Bedingungen und Voraussetzungen. Aus den differierenden Ergebnissen entstehen dann z.B. die Für-und-wider-Argumente, die auf Überzeugungen abzielen. Es ist also ziemlich sinnlos, zwischen sogenannten harten und sogenannten weichen Methoden unterscheiden zu wollen, denn auch naturwissenschaftliche Forschung kommt nur unter den benannten Voraussetzungen zu ähnlichen Ergebnissen. Die Trennung zwischen Erklären und Verstehen, die Dilthey eingeführt hat, ist also nur eine, die Intersubjektivität fördert, aber kein Erklärungsmodell für eine natur- und geisteswissenschaftliche Methodologie. Dilthey selbst (vgl. Dilthey 1900/^{2}1957: 337) hat diese harte Unterscheidung zurückgezogen. Wie sehr sich diese dennoch durchgesetzt hat, vgl. von Wright (^{3}1991).

die Untersuchungsstruktur setzt sich aus dem pragmatischen Kriterium (Gebrauch von … am …) und dessen kategorialer Belegung (Argumentationsmuster nach Kienpointner) zusammen. Nach der Bestimmung des formalen Kriteriums müssen *Interpretationsregeln* entworfen werden, nach denen die Texte intersubjektiv nachvollziehbar zu interpretieren sind. Es handelt sich dabei um Modifizierungen der Analyseschritte drei bis sieben. Diese werden jetzt, in Anlehnung an Mayring (vgl. 104) konkret vorgestellt.

3. Schritt = Bestimmung der Ausprägung: Die Ausprägung ergibt sich aus der Typologie von Argumentationsmustern nach Kienpointner. Es handelt sich um die in Kapitel 2 vorgestellten drei Großklassen (I bis III), deren einzelne Subklassen mit deskriptiven und normativen Beispielen belegt werden (vgl. Kienpointner 1992: 250ff). Diese Differenzierung wird übernommen und zugleich erweitert: Es wird zusätzlich zwischen der *vollständigen Verwendung der Muster* und der *nicht vollständigen Verwendung der Muster*[115] unterschieden. Das gesamte Kategoriensystem ist durch die Typologie nach Kienpointner vorgegeben und theoretisch begründet. Als Beispiel wird im folgenden Schritt das Genus-Spezies-Muster aus der Großklasse I angegeben (vgl. ebd.: 264) bzw. als »Ankerbeispiel« zur Verdeutlichung benutzt.

4. Schritt = Formulierung von Definitionen, Ankerbeispielen und Kodierregeln: Definition: »Was von der Spezies ausgesagt wird, wird auch vom Genus ausgesagt. Von der Spezies wird X ausgesagt. Also: Vom Genus wird X ausgesagt« (ebd.). Ankerbeispiel: »Wenn der Mensch sterblich ist, ist ein Lebewesen sterblich. Der Mensch ist sterblich. Also: Ein Lebewesen ist sterblich« (ebd.).

Dieses Beispiel zeigt an, dass es sich um ein deskriptives, vollständiges Muster aus der Großklasse I handelt. In diesem vierten Schritt können die Definitionen und Ankerbeispiele nur abstrakt festgehalten werden. Damit ist eine leichte Abweichung vom Mayring'schen Modell gegeben. Wenn Definitionen festgelegt und mit Ankerbeispielen belegt werden, dann kann es sich bei diesem Schritt des Ablaufmodells nur um die abstrakten Formulierungen der Muster nach Kienpointner handeln, mit denen an die Schülertexte herangetreten wird. Erst nach den Schritten 5 und 6 (Materialdurchlauf) ist es möglich, die abstrakten Muster durch konkrete Formulierungen aus den Texten in konkrete Ankerbeispiele zu überführen (vgl. Kap. 7.3).

5. und 6. Schritt = Materialdurchlauf: Im Material werden alle Fundstellen gekennzeichnet und mit den entsprechenden Notizen versehen. Besonders ausgeprägte Stellen werden als Ankerbeispiele in den Kodierleitfaden aufgenommen.

---

115 Ein nicht vollständiges oder unvollständiges Muster liegt dann vor, wenn z. B. nur die Prämisse benannt oder eine Konklusion gezogen wird, so dass auf ein Muster geschlossen werden könnte, im Text selbst aber ein solches nicht vorliegt.

7. Schritt = Überarbeitung Kategoriensystem: Es erfolgen eine Überarbeitung des Kategoriensystems und ein erneuter Materialdurchlauf. Im Ergebnis des erneuten Materialdurchlaufs sind die Fixierung der konkreten Ankerbeispiele und die differenzierte Darstellung der formalen Musterverwendung durch die untersuchten Schülerinnen und Schüler zu erwarten. Auch dieser Schritt weicht – wenn auch geringfügig – vom Ablaufmodell nach Mayring ab (vgl. Kap. 7).

8. Schritt = Feinanalyse: Nach dem Materialdurchlauf, dem Aufzeigen der konkreten Ankerbeispiele und der Bestimmung, welche Muster von den untersuchten Schülerinnen und Schülern verwendet werden, wird durch zwei Fallstudien (Theologie und Biologie) die Feinanalyse durchgeführt. Diese fragt nicht mehr nach der formalen Ebene der Musterverwendung, sondern setzt die Verwendung zu den Inhalten in eine Relation. Daraus folgt, dass die Feinanalyse hermeneutisch interpretierend vorzugehen hat (vgl. Kap. 8).

9. Schritt = Konstruktion der Grobstruktur (siehe Abbildung 3, Kap. 3): Dieser letzte Schritt des Ablaufmodells stellt den Zusammenhang zwischen formaler und inhaltlicher Musterverwendung her und präsentiert einen Querschnitt durch das gesamte erhobene Material (vgl. Kap. 8). Diese Konstruktion der Grobstruktur ist – vom allgemeinen Ablaufmodell aus betrachtet – ein zusätzlicher Auswertungsschritt, der nur in der formalen Strukturierung Verwendung findet (vgl. 95).

Aus den genannten Analyseschritten 3 und 4 ist für die Typologie nach Kienpointner ein vollständiger Kodierleitfaden erstellt, der die Großklassen sowie die Subklassen und die vorgenommenen Differenzierungen verständlich und – aufgrund der Abstraktheit der Muster – handhabbar für die Analyse der Texte macht. Der Kodierleitfaden wird im Folgenden vorgestellt.

3.2.4.1 Kodierleitfaden

Die Großklassen I bis III sind mit den Buchstaben Q, R und S belegt:
- Q = schlussregelbenutzende Argumentationsmuster (Großklasse I),
- R = schlussregeletablierende Argumentationsmuster (Großklasse II),
- S = schlussregelillustrierende Argumentationsmuster (Großklasse III).

Die Großklasse I besteht aus vier Subklassen (Einordnungsmuster, Vergleichsmuster, Gegensatzmuster, Kausalmuster). Die Großklasse II hat eine Subklasse (induktives Beispielmuster), und die Großklasse III ist durch drei Subklassen (illustratives Beispiel, Analogiemuster, Autoritätsmuster) gekennzeichnet.

In der Großklasse II und III werden keine weiteren Differenzierungen von Kienpointner vorgenommen. Anders in der Großklasse I. Hier wird, wie schon gezeigt (vgl. Kap. 2), z. B. unter der Subklasse *Einordnung* differenziert in Definitions-, Genus-Spezies-, Ganzes-Teil-Muster. Um die Übersichtlichkeit zu wahren, werden in den drei Großklassen alle Subklassen und deren Differenzierungen fortlaufend nummeriert.

Deskriptive Muster werden belegt mit *d*, normative Muster mit *n*. Die Anwendung der Muster wird verdeutlicht durch *v* bei einem vollständigen Muster und durch *u* bei einem unvollständigen Muster. Alle Differenzierungen werden bei jedem gefundenen Muster in Klammer gesetzt.

Beispiele: Es handelt sich um ein vollständiges deskriptives Definitionsmuster aus der Großklasse I: Q1 (d;v) oder um ein normatives, unvollständiges, induktives Beispielmuster aus der Großklasse II: R1 (n;u).

Die Definition der einzelnen Subklassen bzw. Unterkategorien sowie mögliche Abgrenzungsschwierigkeiten werden immer am konkreten Fall vorgestellt und diskutiert. In Gesamtheit sind sie bei Kienpointner (1992: 235 ff) zu finden.

Aus den vorgestellten Differenzierungen ergibt sich als Kodierleitfaden die folgende Übersicht (siehe Tabelle 1, Kap. 3).

Tabelle 1, Kap. 3: Kodierleitfaden: Differenzierungen und Kürzel der Argumentationsmuster nach Kienpointner

Großklasse I = Q (d/n; v/u)	**Großklasse II = R (d/n; v/u)**	**Großklasse III = S (d/n; v/u)**
Einordnungsmuster	Induktives Beispiel = R1	Illustratives Beispiel = S1
Definition = Q1		Analogiemuster = S2
Genus-Spezies = Q2		Autoritätsmuster = S3
Ganzes-Teil = Q3		
Vergleichsmuster		
Gleichheit = Q4		
Ähnlichkeit = Q5		
Verschiedenheit = Q6		
A maiore = Q7		
A minore = Q8		
Gegensatzmuster		
Kontradiktorisch = Q9		
Konträr = Q10		
Konvers = Q11		
Inkompatibel = Q12		
Kausalmuster		
Ursache = Q13		
Wirkung = Q14		
Grund = Q15		
Folge = Q16		
Mittel = Q17		
Zweck = Q18		

Die Abbildung 3, Kap. 3, veranschaulicht nach der Erstellung des Kodierleitfadens abschließend noch einmal das konkrete Analysemodell der formalen Strukturierung, welches bei der Studie zur Überprüfung des Instruments (vgl. Kap. 4) und bei den Analysen der Schülertexte angewendet werden soll. Da nach Mayring (94) die Schritte 3 bis 7 des Ablaufmodells (vgl. 38) für alle Formen der Strukturierung gleich sind, werden hier nur noch die Besonderheiten der formalen Strukturierung eingetragen.

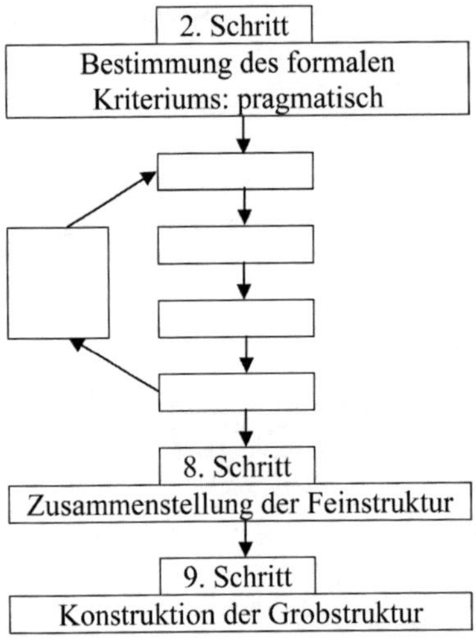

Abbildung 3, Kap. 3: Modifiziertes Ablaufmodell für die formale Strukturierung (vgl. Mayring [11]2010: 95)

3.2.5 Gütekriterien

Es wurde herausgearbeitet und begründet, weshalb die Qualitative Inhaltsanalyse und speziell die Technik der formalen Strukturierung die für diese Studie am besten geeignete Methode ist. Bisher wurde allerdings zu den Gütekriterien dieser Forschung noch keine Aussage getroffen. Dies soll, der Vollständigkeit halber, wenigstens noch angedeutet werden.

Dic Qualitative Inhaltsanalyse geht theorie- und regelgeleitet vor. Neben diesen beiden methodischen Kriterien muss, will »die Inhaltsanalyse den Status einer sozialwissenschaftlichen Forschungsmethode für sich beanspruchen« (116), sich diese Analysemethode auch dem Kriterium der Güte stellen.

Gütekriterien der quantitativen Forschung sind: Objektivität, Reliabilität und

Validität.[116] Unter »Objektivität« wird die »möglichst weit gehende Unabhängigkeit der Testergebnisse von situativen Aspekten der Testdurchführung sowie von individuellen Variationen der Testauswertung und -interpretation« verstanden; unter »Reliabilität« die »Zuverlässigkeit« und »Messgenauigkeit«, d.h. eine möglichst geringe Belastung »durch Messfehler«; unter »Validität« die »möglichst hohe Übereinstimmung« der im Test gemessenen Leistungen mit dem, »was der Test zu messen beansprucht« (Arnold 2002: 118).

Validität wird in der testtheoretischen Methodologie differenziert in »Inhaltsvalidität«, die u.a. durch das Urteil von Experten bestimmt wird; »Kriterienvalidität«, die an Zusammenhängen zwischen Testergebnissen und weiteren Kriterien wie z.B. Schulnoten oder Ergebnissen eines Intelligenztests überprüft werden; sowie »Konstruktvalidität«, die dann gegeben ist, wenn die Operationalisierung vollständig, präzise und intersubjektiv nachvollziehbar gelungen ist (vgl. ebd.: 120).

Sind diese Gütekriterien auch auf die qualitative sozialwissenschaftliche Forschung, und hier speziell: auf die Qualitative Inhaltsanalyse anwendbar, oder gibt es spezifische, inhaltsanalytische Gütekriterien?

Mayring (2002, [11]2010) schlägt vor, mit spezifischen Gütekriterien zu arbeiten (so schon Flick 1987) und erläutert dies am Modell von Krippendorff (1980: 158; vgl. 119). Krippendorff gibt zwei Hauptkriterien (Validität und Reliabilität) an und differenziert Validität im engeren Sinne in:

- materialorientiert (semantische Gültigkeit, Stichprobengültigkeit);
- ergebnisorientiert (korrelative Gültigkeit, Vorhersagegültigkeit);
- prozessorientiert (Konstruktgültigkeit).

Reliabilität wird unterschieden in:

- Stabilität,
- Reproduzierbarkeit,
- Exaktheit.

Für die vorliegende Studie treffen nur wenige dieser aufgestellten Gütekriterien zu. Es handelt sich dabei um die *semantische Gültigkeit*, die *Stichprobengültigkeit* sowie um dasjenige, was Mayring in Anlehnung an Klüver (1979) sowie Heinze und Thiemann (1982) die *kommunikative Validierung* nennt (vgl. 120).

Die *semantische Gültigkeit* »drückt sich in der Angemessenheit der Kategoriendefinition [...] aus« (119) und kann durch Experten überprüft werden.

Die *Stichprobengültigkeit* wird dadurch gewährleistet, dass das Material durch einen Dreischritt beschrieben wird:

116 Diese Kriterien können nach Arnold (2002: 118) als »Hauptgütekriterien« jeder psychologischen Messung verstanden werden.

1. Festlegung des Materials,
2. Analyse der Entstehungssituation,
3. Formale Charakterisierung des Materials. (vgl. 52f)

Die *kommunikative Validierung* ist dadurch gegeben, dass die vorliegende Arbeit in enger Kooperation mit Fachdidaktikern aus dem Bereich Biologie verfasst wurde.[117]

Die *korrelative Gültigkeit*, die *Vorhersagegültigkeit* und die *Konstruktvalidität* dürften als Kriterium kaum überprüfbar sein. Die *korrelative Gültigkeit* nicht, weil kein Material von außen an den Gegenstand herangetragen wird, d.h., es entsteht keine Korrelation. Eine solche kann nur entstehen, wenn die identifizierten Argumentationsmuster in ihrer Anwendung in Bezug auf die untersuchten Unterrichtsfächer untersucht werden. Diese Korrelation wäre dann eine »innere Korrelation« (also ein neues Gütekriterium), weil kein zusätzliches Material herangetragen wird, und könnte mit dem Begriff *fachübergreifende Argumentationsmuster* beschreibbar sein. Ob es zu einer solchen Korrelation kommt, ist an dieser Stelle noch nicht bzw. erst nach der Auswertung zu sagen.

Die *Konstruktvalidität* kann deshalb nicht angestrebt werden, weil kein Vergleichskonstrukt vorliegt. Aber es könnte sich durch die Auswertung zeigen, dass das Konstrukt (Instrument) funktioniert, also wirklich dasjenige, was erhoben werden soll, auch erheben kann. Dagegen spricht freilich die geringe Stichprobenzahl als typisches Merkmal der qualitativen sozialwissenschaftlichen Forschung. Für die Auswertung ist also nur eine vorsichtige Formulierung in Bezug auf die Konstruktvalidität erwartbar.

Die *Vorhersagegültigkeit* ist nicht anwendbar, weil hier kein prognostisches Vorgehen avisiert ist. Dies wäre auch erst dann möglich, wenn sich die Untersuchung nicht auf religionspädagogischem Neuland bewegen würde (vgl. Einleitende Überlegungen).

Zur *Reliabilität* als Gütekriterium muss festgehalten werden, dass sich die Stabilität des Instrumentes erst im Forschungsgang herausstellen wird. Sollte das Instrument stabil sein, dann ist natürlich eine dementsprechende Beschreibung möglich. Eine negative Überprüfung der Stabilität wäre in jedem Fall dann gegeben, wenn in einem Text keine Argumentationsmuster identifiziert werden können.

Ähnliches trifft für die *Reproduzierbarkeit* zu – eine solche wird erst dann als Gütekriterium angewendet werden können, wenn mit dem Instrument ein erster Durchlauf erfolgt ist und danach verfeinert damit weitergearbeitet wird.

---

117 Besonders hervorzuheben ist hier der Bereich der Biologiedidaktik des IPN Kiel, aber auch die freundliche und diskursive Unterstützung durch einen der Lehrbuchautoren (Linder Gesamtband), Herrn Bayrhuber.

Die *Exaktheit* »setzt Stabilität und Reproduzierbarkeit« voraus und lässt sich »auch am schwersten überprüfen« (121). Exaktheit als Gütekriterium kann hier also nur so verstanden werden, dass in den einzelnen Analyseschritten das Vorgehen intersubjektiv nachvollziehbar bleibt und die Voraussetzungen bzw. Bedingungen klar benannt werden.

Mit diesen Bemerkungen zu den Gütekriterien kann die Darstellung der Qualitativen Inhaltsanalyse sowie die Begründung für die Verwendung der formalen Strukturierung als Auswertungstechnik abgeschlossen werden. Es ergibt sich als eine letzte Frage in diesem Kapitel: Wie ist zu reagieren, wenn sich in einem Text keine Argumentationsmuster identifizieren lassen? Es wurde schon angedeutet, dass in diesen Fällen der *Quaestio* als metatheoretisch-methodische Reflexion nachgegangen werden soll, um zu überprüfen, ob das Nichtauffinden von Argumentationsmustern dem Gegenstand oder dem Instrument geschuldet ist. Diese Reflexionsform wird im folgenden Unterkapitel expliziert.

3.3 *Das Fragliche* in methodischer Hinsicht

In den vorangegangenen Punkten dieses Kapitels wird eine Methode der qualitativen sozialwissenschaftlichen Forschung im Allgemeinen und in der konkreten Verwendbarkeit für diese Studie diskutiert. Argumentationstheoretisch ist im zweiten Kapitel herausgearbeitet, dass nur dann ein argumentativer Text vorliegt, wenn gilt (vgl. dazu Ernst 2002: 21f):

1. Wird über etwas gesprochen, dann muss vorausgesetzt werden, dass der Gegenstand in einer Sprachgemeinschaft bekannt ist (dass darunter etwas Gemeinsames verstanden wird).
2. Wird über etwas gesprochen, dann muss vorausgesetzt werden, dass alle Teilnehmenden über dieses Wissen verfügen.

Als Konsequenz ergibt sich: Nur dann muss argumentiert werden bzw. wird mit der sprachlichen Äußerung eine Argumentation vorgetragen, wenn eine dieser beiden Voraussetzungen nicht erfüllt ist. Greift dann aber auch die Typologie als Instrument, wenn eine (oder beide) dieser Voraussetzungen nicht erfüllt ist (sind)? Gegen diese Vermutung spricht, dass aufgrund der Kontextabstraktheit der Argumentationsmuster solche auch dann in Texten gefunden werden müssten, wenn vordergründig kein argumentativer Text vorliegt, also auf der rein formalen Ebene.

Welche methodische Reflexion müsste in diesem Falle durchgeführt werden? Dieser Fragestellung widmet sich das Unterkapitel 3.3. Es ist also näher zu bestimmen, wie methodisch damit umgegangen werden soll, wenn Schülertexte die gezeigten argumentationstheoretischen Voraussetzungen nicht erfüllen. Dazu werden noch einmal Überlegungen zum Fraglichen vorgetragen – diesmal in methodischer Hinsicht.

Die methodische Nähe zwischen dem Fraglichen und der Qualitativen Inhaltsanalyse nach Mayring besteht darin, dass bei ihm das Interpretieren in die drei grundlegenden Formen der *Zusammenfassung*, *Explikation* und *Strukturierung* differenziert wird (vgl. Mayring [11]2010: 65). Sowohl die Zusammenfassung (Reduzierung des Materials auf die wesentlichen Inhalte) als auch die Strukturierung (bestimmte Aspekte aus dem Material unter vorher festgelegten Ordnungskriterien herauszufiltern) zeigen methodische Berührungspunkte zum Fraglichen auf, denn dieses verhilft nach von Stutterheim (1997: 20) »inhaltliche und strukturelle Vorgaben für den Textaufbau« zu setzen.

Gerade weil davon ausgegangen werden kann, dass jeder Text etwas *als* etwas thematisiert, kann methodisch die Nähe zur formalen Strukturierung gezeigt werden, denn es sind gerade diese strukturellen Vorgaben, die in der formalen Strukturierung erfasst werden, und die inhaltlichen Vorgaben sind solche, die der Überprüfung des Kategoriensystems dienen sollen. Damit ist ein erster Zusammenhang zwischen dem Fraglichen eines Textes und der formalen Strukturierung hergestellt.

Auch die Festlegung des Referenzrahmens durch das Fragliche, die zeitliche, räumliche, modale Festsetzung, das Abzielen auf bestimmte, selektive Sachverhalte, Wissensausschnitte, Schemata (vgl. von Stutterheim 1997: 21f; Wohlrapp [2]2009: 238) ermöglichen methodisch die Nähe zur formalen Strukturierung, weil festgelegt wird (pragmatisches Kriterium), in welchem Rahmen (Strukturierungsdimension) die Analyse durchgeführt werden soll.

Für den Fall, dass ein Fragliches nicht explizit im untersuchten Text erscheint, hätte die Analyse zu zeigen, ob der konkrete Text z. B. auf der Ebene eines Sachtextes oder eines Gebrauchstextes anzusiedeln ist, d. h., ob er versucht, auf ein Fragliches, welches nicht expliziert wird, eine Antwort zu geben. Mit dem Fraglichen kann also methodisch kontrolliert werden, um welchen Text es sich im Einzelnen handelt. Dies geschieht durch die Erzeugung strukturierter Sinneinheit, die sich aus dem Fraglichen ergeben. Auch hier liegt eine Nähe zur formalen Strukturierung vor, denn im ersten Analyseschritt (vgl. Festlegung der Analyseeinheit) soll die Analyseeinheit bestimmt werden.

Lassen sich solche Sinneinheiten identifizieren, dann ist dieses Fragliche eines Textes zugleich der Anlass einer Argumentation. Dies bedeutet, das Fragliche ermöglicht eine Argumentation, weil dadurch ein Fragehorizont aufgeworfen wird, der von einer Sinnvoraussetzung (der pragmatische Präsuppositionsbegriff nach Ernst 2002) ausgeht, auf ein gemeinsames Wissen zurückgreift (Weltwissen oder epistemisches Wissen nach Ernst 2002; Wohlrapp

²2009)[118] und so das Fragliche in die Perspektivität von Wissen und Erkenntnis stellen kann. In der Fokussierung auf ein Thema[119] liegt ja überhaupt erst die Möglichkeit, Argumente hervorbringen zu können, und methodisch wäre damit die formale Strukturierung nach Mayring auf einer Metaebene reflektiert.

Es kann festgehalten werden: *Das Fragliche* stellt als Reflexion auf der Metaebene sicher, dass die zu untersuchenden Texte aus ihrer eigenen Intension heraus strukturiert werden können. Mit dieser Strukturierung ist, wie gezeigt, die Verknüpfung zur Qualitativen Inhaltsanalyse nach Mayring (formale Strukturierung) hergestellt.

3.4 Resümee

Im vorstehenden Kapitel wurden qualitative sozialwissenschaftliche Forschungsmethoden vorgestellt. Definitorisch festzulegen, was unter einer qualitativen sozialwissenschaftlichen Forschung verstanden werden soll, hat sich als schwierig herausgestellt. Deshalb wurden verschiedene Ansätze dieser Forschung erwähnt und diskutiert. Es kann gezeigt werden, dass sich diese Forschungsansätze von quantitativen Ansätzen durch zwei allgemeine Kriterien unterscheiden: In der Erhebung und in der Interpretation von Daten.

Qualitative Daten sind mit Kleining (1985) solche, die Sinn, Bedeutung und Veränderung erfassen. Das Ziel der qualitativen sozialwissenschaftlichen Forschung, so kann zusammenfassend festgehalten werden, besteht in der Erfassung der inneren Strukturen der erhobenen Daten, die entweder schon vorliegen oder vom Forscher selbst erzeugt werden (z. B. in der Transkription von Interviews). Weil qualitative Daten Sinn und Bedeutung erfassen, besteht eine methodische Affinität zur Theorie eines pragmatisch verstandenen Präsuppositionsbegriffs.

Dieser Aspekt wurde bei der Vorstellung der Qualitativen Inhaltsanalyse nach Mayring (¹¹2010) konkretisiert. Es handelt sich bei den qualitativen Daten um Formen von fixierter Kommunikation. Mayring schlägt aufgrund der Schwierigkeit einer allgemeingültigen Definition für die Qualitative Inhaltsanalyse vor, eher von einer *kategoriegeleiteten Textanalyse* zu sprechen. Damit sind *systematische Theorie- und Regelgeleitetheit* als Merkmale dieser Analysetechnik aufgenommen. Als Daten können der Qualitativen Inhaltsanalyse neben schriftlich fixierten Texten auch Werke der Musik oder der Bildenden Kunst

118 Vgl. auch Hügli, der davon spricht, dass Überzeugungen durch Argumente hergestellt werden, diese aber »nur dadurch fixiert werden können, als wir sie – metaphorisch gesprochen – irgendwo anbinden können« (Hügli 2004: 37).

119 Zum Problem Thema-Rhema/Fokus-Topik vgl. Meibauer (2008: 149ff).

dienen. Auf die Schwierigkeit der Nichtunterscheidung zwischen Symbol und Zeichen ist verwiesen.

Die drei Grundformen des Interpretierens nach Mayring (Zusammenfassung, Explikation, Strukturierung) wurden näher erläutert. Begründet wird, weshalb sich für die vorliegende Studie die Strukturierung als Auswertungstechnik eignet. Das entscheidende Kriterium, sich für diese Auswertungstechnik als Methode zu entscheiden, liegt in der Anwendungsmöglichkeit deduktiver Kategorien – die Argumentationsmuster nach Kienpointner. Diese Entscheidung ist durch das Forschungsinteresse (Identifizierung von Argumentationsmustern) gerechtfertigt.

In Differenzierung und Abgrenzung der einzelnen Strukturierungsformen (formale, inhaltliche, typisierende und skalierende) zeigt sich die *formale Strukturierung* als die am besten geeignete Technik, um die von Schülerinnen und Schülern zu produzierenden Texte analysieren zu können. Als Kriterium, nach dem die Texte analysiert werden, wird das *pragmatische* Kriterium hervorgehoben bzw. festgelegt. Auch dies entspricht dem hier vertretenen Forschungsansatz, der in der Fragestellung nach dem *Wie*, also nach dem Gebrauch fragt. In diesem Ansatz ist methodisch zugleich die Bestimmung des Verhältnisses zwischen Kontextabstraktheit der Muster und der inhaltlichen Relation eingebunden.

Eine kurze Erläuterung zu den Gütekriterien sozialwissenschaftlicher Forschung, denen sich auch die Qualitative Inhaltsanalyse zu stellen hat, konnte zeigen, dass zumindest die semantische Gültigkeit, die Stichprobengültigkeit sowie die kommunikative Validierung im Rahmen dieser Forschung angestrebt wird. Auf die Schwierigkeiten, allgemeingültige Gütekriterien für die qualitative sozialwissenschaftliche Forschung zu entwickeln, ist begründet verwiesen.

Welche methodische Reflexion durchgeführt werden muss, wenn in einem der Untersuchungsgegenstände nur auf der formalen Ebene Argumentationsmuster identifiziert werden können – dieser Fragestellung widmet sich das letzte Unterkapitel. Dazu wurde noch einmal auf den linguistischen und argumentationstheoretischen Ansatz zum *Fraglichen* zurückgegriffen. Die inhaltliche Nähe zur formalen Strukturierung kann begründet hergestellt werden. Zugleich wird erläutert, dass es sich dabei nicht um eine zweite Methode handelt, sondern um eine Reflexion auf der Metaebene, welche im gegebenen Fall die Frage beantworten hilft, ob das Instrument (die Typologie nach Kienpointner) verändert werden muss. *Das Fragliche* verhilft somit auch in methodischer Hinsicht, den jeweils vorliegenden Text zu fokussieren und damit zu strukturieren.

An zwei ausgewählten Lehrbuchtexten sowie einem schriftlich verfassten Text einer Schülerin wird nun umfassend die Anwendung der *formalen Strukturierung* vorgestellt. Dies geschieht durch eine Tiefen- bzw. Einzelsatzanalyse der vorliegenden Texte.

Diese Analysen sind als Studien zur Überprüfung des Instruments zu verstehen. Im Anschluss lassen sich Forschungsleitende Hypothesen generieren.

4. Kapitel: Lehrbuch- und Schülertextanalysen

In diesem vierten Kapitel wird die Anwendung der *formalen Strukturierung* an zwei ausgewählten Lehrbuchtexten sowie an einer schriftlich verfassten Schüleräußerung demonstriert. Die beiden Lehrbuchtexte entstammen einschlägigen Lehrwerken für die Fächer Biologie[120] und Religion[121]. Die interne oder Expertenvalidierung ist dadurch gegeben, dass beide Lehrwerke im schulischen Alltag eingesetzt werden und somit das Genehmigungsverfahren für Lehrbücher[122] durchlaufen haben müssen.

Der offene Schülerimpuls wurde zuerst einer Expertenvalidierung unterzogen.[123] Fünf Lehrkräfte der gymnasialen Oberstufe begutachteten und kritisierten den selbstverfassten Impuls, sodass im Ergebnis eine Aufgabe im offenen Format entstand, die dem Schülerhorizont entsprach und die entsprechenden Anforderungen an Aufgaben für die gymnasiale Oberstufe[124] erfüllte. In einem zweiten Schritt konnte ein Gymnasium in Wien für den Einsatz des Impulses gewonnen werden. Im Ergebnis entstanden Texte, von denen hier einer vorgestellt wird. Es handelt sich dabei um den Text einer 17-jährigen Schülerin, die den evangelischen Religionsunterricht besucht und den Grundkurs Biologie.

Die Anwendung der *formalen Strukturierung* erfolgt durch eine Tiefen- bzw. Einzelsatzanalyse. Die drei Texte werden vollständig wiedergegeben, um den intersubjektiven Nachvollzug zu gewährleisten. Analytisch werden die folgenden Schritte vollzogen:

1. Der Text wird in Sinneinheiten (Textbausteine/Analyseeinheiten) zerlegt.
2. Innerhalb dieser Textbausteine werden die enthaltenen Prämissen gekennzeichnet.

---

120 Bayrhuber/Hauber/Kull [23]2010.

121 Rupp/Reinert 2004.

122 Vgl. für Berlin und Brandenburg: www.bravors.brandenburg.de/sixcms/detail.php?gsid=land_bb_bravors_01.c.43752.de [14.10.2013].

123 Die Expertenvalidierung wird in Kapitel 6 näher beschrieben.

124 Vgl. www.mbjs.brandenburg.de/sixcms/detail.php?template=vs_start [14.10.2013].

3. Aus den Prämissen können die einzelnen Präsuppositionen erschlossen werden.
4. Die gefundenen Argumentationsmuster werden an den entsprechenden Textstellen mittels des Kodierleitfadens gekennzeichnet (deduktive Kategorienanwendung).
5. Prämissen, Präsuppositionen und Argumentationsmuster werden in ihrer Ausprägung diskutiert, kommentiert und durch Ankerbeispiele belegt.
6. Der jeweilige Textbaustein wird formalisiert bzw. schematisiert dargestellt (Feinstruktur).
7. In einer Zusammenfassung / einer abschließenden Interpretation sollen mögliche Verbindungen und Spannungen zwischen kontextabstrakten Mustern und kontextspezifischen Relationen diskutiert werden (Grobstruktur).

Mit diesen drei Studien ist zu zeigen, ob ein theoretisch tragfähiges und methodisch abgesichertes Instrument als Ergebnis des ersten Hauptteils präsentiert werden kann. Zugleich ermöglichen die drei Analysen, werden sie aufeinander bezogen, eine Hypothesengenerierung für die Hauptstudie.

4.1 Studie zu einem Text aus dem Lehrbuch *Kursbuch Religion Oberstufe*

Das vorzustellende Beispiel ist ein theologisch-systematischer Text des alttestamentlichen katholischen Bibelwissenschaftlers Erich Zenger. Er ist entsprechend eines Lehrwerkes auf die Kernaussagen reduziert.[125] Der Text befindet sich im Kursbuch auf Seite 20 und ist im Themenbereich *Wirklichkeit* eingeordnet. In diesem Themenbereich lassen sich u. a. klassische Schöpfungsmythen, Texte von Naturwissenschaftlern und Theologen sowie methodische Texte (z. B. zur Hermeneutik) finden. Der Text von Erich Zenger konnte in insgesamt sieben Textbausteine gegliedert werden.

4.1.1 Textwiedergabe

Von der Absicht der biblischen Schöpfungserzählung
Die Frage nach dem Anfang von Welt und Mensch ist die Frage nach deren Ursprung und Urgrund. Als solche ist sie nicht die Frage nach dem *Zeitpunkt*

125 Der gesamte Text lässt sich finden in Zenger 1996.

und dem *Modus* des Anfangs, sondern nach der *Qualität* des Anfangs: die Frage nach dem Ursprung ist die Frage nach dem Zusammenhang und nach dem Ziel des Ganzen. Ob der Urfeuerball, aus dem sich der Urknall ereignete, ob Wasserstoff-Atome oder was immer naturwissenschaftlich gesehen »am Anfang« war – kein naturwissenschaftliches Welt-Modell will und kann die philosophischen und theologischen Fragen beantworten: Warum gibt es überhaupt etwas und nicht [vielmehr] nichts? Was ist der Grund des Anfangs? Ein Unfall oder ein Zufall? [...] Warum und wozu das Ganze? Und ich in ihm? Wie kann ich selbst einen Sinn haben, wenn dieses Ganze keinen Sinn hat? Und wie soll dieses Ganze jetzt einen Sinn haben, wenn es ihn nicht schon von Anfang an hatte? [...]

Die biblische Rede von Gott als dem Schöpfer der Welt und dem Schöpfer des Menschen ist ein Nachdenken über diese Fragen. [...] Auch die uns überkommenen biblischen Schöpfungstexte sind noch von der Herkunft der Schöpfungstheologie aus dem Mythos geprägt. [...] Der Mythos [...] ist nicht eine vornaturwissenschaftliche und deshalb heute längst überholte Erklärung der Weltwirklichkeit, sozusagen primitive Naturwissenschaft. [...] Dem Mythos geht es nicht um rationale Erklärung der Weltphänomene und ihrer Ursachen, sondern er erzählt von den guten Anfängen der Welt im Sinne des Gründens, des Grundgebens, des Grundfesthaltens – [...] wobei dieser Anfang nicht ein zeitlicher Anfang ist, sondern Anfang im Sinne von exemplarischem und normativem Urgeschehen. Die Zeit des Mythos ist deshalb eine Zeit jenseits der Zeit der Geschichte: Ur-Zeit, die Zeit überhaupt ermöglicht und normiert, Ur-Geschichte, die Ursprung und Modell von Geschichte ist. Der Mythos gibt Kunde von einem Urgeschehen, das »in illo tempore« (»in jener Zeit«) geschehen ist und von dem alle weiteren Geschehnisse begründet, normiert und als sinn- und heilvoll qualifiziert werden. [...] Die altorientalischen Schöpfungsmythen und analog die biblischen Schöpfungsgeschichten reden eigentlich nicht darüber, wie es zu dieser Welt *gekommen* ist, sondern wie diese Welt »eigentlich« *ist*, wie der Mensch sie und sich in ihr sehen soll und vor allem: wie die Götter bzw. der Gott Israels zu dieser Welt stehen, sie halten und schützen sollen. [...] Im Mythos kehren die Menschen an den als ideal vorgestellten »Anfang« zurück – in eine »paradiesische« Gegen-Welt zu der als vielfach gestört und bedroht erfahrenen »realen« Welt.

4.1.2 Analyse der Textbausteine

Textbaustein 1:
Die Frage nach dem Anfang von Welt und Mensch ist die Frage nach deren Ursprung [P1a][126] *und Urgrund* [P1b]. *Als solche ist sie nicht die Frage nach dem*

126 Die Einfügungen in eckigen Klammern sind von mir vorgenommen. P steht dabei für

Zeitpunkt [P1c] *und dem Modus* [P1d] *des Anfangs, sondern nach der Qualität* [P1e] *des Anfangs: die Frage nach dem Ursprung ist die Frage nach dem Zusammenhang und nach dem Ziel des Ganzen* [P1f].

A) Kommentar zu: Die Frage nach dem Anfang von Welt und Mensch ist die Frage nach deren Ursprung [P1a] und Urgrund [P1b].

Die Frage nach dem Anfang in der Differenzierung von Welt und Mensch wird als Prämisse/Behauptung unterstellt und differenziert in die Frage:
- nach dem Ursprung [P1a],
- nach dem Urgrund [P1b].

»[D]eren« weist darauf hin, dass sich die Frage nach dem Anfang grammatikalisch nicht mehr auf »Mensch« beziehen kann (Relativsatz mit Possessivartikel), sondern nur auf »Welt«. Die Prämisse/Behauptung beschränkt sich somit auf eine Entität: die Welt. Die dazugehörige Präsupposition, also dasjenige, was der Autor als bekannt voraussetzt, könnte lauten: ›Es gibt einen Anfang.‹[127] Der Autor geht hier deskriptiv vor.

B) Kommentar zu: *Als solche ist sie nicht die Frage nach dem Zeitpunkt* [P1c] *und dem Modus* [P1d] *des Anfangs, sondern nach der Qualität* [P1e] *des Anfangs: die Frage nach dem Ursprung ist die Frage nach dem Zusammenhang und nach dem Ziel des Ganzen* [P1f].

Die vorgetragene Negation verbunden mit P1c und P1d dient der Stärkung der Prämisse/Behauptung P1a und P1b. Dass es einen Anfang gibt, wird damit weiterhin vorausgesetzt, allerdings ist dieser Satz nicht deskriptiv, sondern normativ zu verstehen, worauf die Wendung »*als solche*« verweist. In der Abstraktion der konkreten Frage wird die Norm quasi gesetzt. Diese Setzung und damit die Prämissenteile [P1a-d] erfahren eine Erweiterung durch die Verlagerung der Frage nach dem Anfang auf eine Frage nach der Qualität [P1e] desselben. Diese Verlagerung, die jetzt auf einen *Ursprung* rekurriert, lässt den Modus der Qualität als Teleologie des Ganzen [P1f] erscheinen. Damit ist eine

Prämisse, K für Konklusion. Eine Präsupposition wird mit ›…‹ gekennzeichnet, die Abkürzungen für die einzelnen Argumentationsmuster sind im Kodierleitfaden ausgewiesen (vgl. Kap. 3.2.4.1).

127 Semantisch argumentiert, kann man an dieser Textsequenz eine Eigenschaft von Präsuppositionen studieren: das Gleichbleiben bei interner Negation. Die Präsupposition ›Es gibt einen Anfang‹ verändert sich nicht, wenn der Satz lauten würde: »Die Frage nach dem Anfang von Welt und Mensch ist *nicht* die Frage nach deren Ursprung und Urgrund.« Aber auch der pragmatische Präsuppositionsbegriff kann hier gut abgelesen werden. Vom Leser oder Hörer wird verlangt, dass er zur Behauptung inferiert: ›Es gibt einen Anfang‹ (vgl. Ernst 2002).

normative Setzung vorgegeben, die als eine zweite Präsupposition voraussetzt, dass ›es ein Ganzes gibt‹.

Fasst man diesen Textbaustein zusammen, so lassen sich in ihm keine Argumentationsmuster finden, sondern der Textbaustein gibt Auskunft darüber, wie (im theologischen Sinne) der Anfang von Welt zu verstehen ist bzw. verstanden werden soll. Dieses Verstehen ist somit die Voraussetzung, um den Zusammenhang zum nächsten Textsegment herzustellen.

Textbaustein 2:
Ob der Urfeuerball, aus dem sich der Urknall ereignete [S1 d;v][128], *ob Wasserstoff-Atome* [S1 d;v] *oder was immer naturwissenschaftlich gesehen »am Anfang« war – kein naturwissenschaftliches Welt-Modell will und kann die philosophischen und theologischen Fragen beantworten: Warum gibt es überhaupt etwas und nicht [vielmehr] nichts? Was ist der Grund des Anfangs? Ein Unfall oder ein Zufall? [...] Warum und wozu das Ganze? Und ich in ihm? Wie kann ich selbst einen Sinn haben, wenn dieses Ganze keinen Sinn hat? Und wie soll dieses Ganze jetzt einen Sinn haben, wenn es ihn nicht schon von Anfang an hatte?*

A) Kommentar zu: *Ob der Urfeuerball, aus dem sich der Urknall ereignete* [S1 d;v], *ob Wasserstoff-Atome* [S1 d;v] *oder was immer naturwissenschaftlich gesehen »am Anfang« war [...]*

Dieser Satz zeigt das erste Argumentationsmuster des Textes. Es handelt sich dabei um das illustrative Beispielmuster[129] [S1 d;v] aus der Großklasse III, welches zweimal präsentiert wird (*Urfeuerball/Urknall, Wasserstoff-Atome*). Es scheint so, dass das Beispielmuster verschränkt ist mit einem, im Sinne einer Ursache, deskriptiven Kausalitätsgedanken (*ob ... aus; ob ... was auch immer*), welcher die Position der naturwissenschaftlichen Forschung einnimmt, um sie im Anschluss »widerlegen« zu können.

Bezogen werden beide Beispiele darauf, dass sie das Ganze (den Anfang)

128 d= deskriptiv, n= normativ, v= vollständig, u= unvollständig (vgl. Kap. 3.2.4.1).

129 Man könnte meinen, es handelt sich hier um ein induktives Beispiel aus der Großklasse II. Dieses wird nach Kienpointner gekennzeichnet mit: In Beispiel 1 kommt X die Eigenschaft Y zu, in Beispiel 2 kommt X die Eigenschaft Y zu usw. In Beispiel n kommt X die Eigenschaft Y zu. Dagegen spricht: 1) Die verwendeten Beispiele (Feuerball, Wasserstoffatom) sind induktiv nicht erschließbar, weil sie sich der Erfahrung des Einzelnen entziehen. 2) Der aus den Beispielen erschlossene Satz (Konklusion) »kein naturwissenschaftliches Modell will und kann [...] beantworten.« dient im weiteren Text der Erhärtung der Schlussregel (Präsuppositionen ›Anfang‹ und ›Ganzes/Zusammenhang‹). Das heißt, die hier vorgetragene Argumentation wird in den folgenden Überlegungen als Prämisse Verwendung finden. Insofern kann auch von einer Erhärtung der Schlussregel gesprochen werden. Aus diesen Gründen ist eher von einem illustrativen Beispielmuster der Großklasse III auszugehen.

illustrieren sollen. Diese Illustration ist allerdings eine negative, wie der folgende Satz zeigt. Diese Beobachtung erhärtet, dass es sich um ein illustratives und nicht um ein induktives Beispielmuster handelt, weil die Argumente nicht als Konklusion, sondern im Folgesatz als Prämisse verwendet werden.

B) Kommentar zu: *[…] kein naturwissenschaftliches Welt-Modell will und kann die philosophischen und theologischen Fragen beantworten* [K1]: *Warum gibt es überhaupt etwas und nicht [vielmehr] nichts? Was ist der Grund des Anfangs? Ein Unfall oder ein Zufall? […] Warum und wozu das Ganze? Und ich in ihm? Wie kann ich selbst einen Sinn haben, wenn dieses Ganze keinen Sinn hat? Und wie soll dieses Ganze jetzt einen Sinn haben, wenn es ihn nicht schon von Anfang an hatte?*

Die erste Aussage stellt die Schlussfolgerung (Konklusion) aus den negativen Illustrationen des vorhergehenden und schon analysierten Satzes dar. Die sich anschließenden Fragen entfalten diese Konklusion und damit die Präsuppositionen ›Anfang, Ganzes/Zusammenhang‹[130], indem sie fragend den Rahmen/Horizont angeben, innerhalb dessen theologisch sinnvoll überhaupt nach einem Anfang gefragt werden kann. Sie beziehen sich jetzt wieder auf Welt und Mensch.

Da die Konklusion negativ formuliert ist, kann sie als eine Abwehr von im Text nicht ausgeführten naturwissenschaftlichen Behauptungen, Erkenntnissen u. ä. zu einer Erklärung vom Anfang der Welt gelesen werden. Der Autor geht hier deskriptiv und normativ vor. Deskriptiv deshalb, weil er mit den aufgeworfenen Fragen den Horizont absteckt, normativ, weil dieser Horizont eine bestimmte (hier: die naturwissenschaftliche Sicht) ausschließt. Damit ist die Konklusion gleichzeitig der Übergang für den folgenden Text, der darauf abhebt, diesen Fragehorizont argumentativ zu entwickeln.

Es werden in diesem Textbaustein keine Argumentationsmuster verwendet, wohl aber zeigt diese Textpassage »*Warum gibt es […] von Anfang an hatte*« das Fragliche an. Es kann hier mit von Stutterheim (1997) argumentiert werden, dass diese Fragen den Rahmen und somit die Struktur des gesamten Textes festlegen.

Zusammenfassung zu Textbaustein 1 und 2: Der Gesamttext geht von einer Prämisse aus [P1f], mit der ein teleologischer Zusammenhang in Bezug auf einen Anfang/Ursprung behauptet wird. Die entsprechenden vorgelagerten Prämissenteile P1a bis P1e differenzieren diese eine Prämisse und transportieren damit eine Textkomposition als Trias von Deskriptivität – Negation – Nor-

130 Die Präsuppositionen von Fragesätzen sind die möglichen Antworten auf die Frage / die Fragen. Wenn von Entfaltung der Präsupposition besprochen wird, dann nur in dem Sinne, dass die Konklusion die Lücke im individuellen Weltwissen schließen kann. Die Funktion der Konklusion ist somit u. a. die Überprüfung von inferiertem Wissen, welches in Überzeugungen eingeht.

mativität. Die eigentliche Prämisse P1f (*sondern nach [...] des Ganzen*) kann auch als Konklusion gelesen werden. Dafür spricht, dass die formulierte Präsupposition, jetzt für beide Textbausteine zusammengefasst: ›es gibt ein Ganzes‹, eine generalisierende Aussage darstellt, die im Text selbst problematisiert wird. Die erste Problematisierung geschieht durch die illustrativen Beispielmuster, die zweite Problematisierung durch das Aufzeigen des Fragehorizontes, innerhalb dessen theologisch sinnvoll nach einem Anfang gefragt werden kann.

Daraus ist die folgende Schlussfolgerung zu ziehen: Unter der Voraussetzung, dass es ein Ganzes gibt, welches ein existenzielles Fragen nach dem Anfang auf einen Verstehenshorizont des Ganzen in Bezug auf einen personalen Sinn entfaltet, intendiert der Text die Möglichkeit, jenseits des naturwissenschaftlichen Beobachtens und Experimentierens eine Haltung einzunehmen, die einem bestimmten Weltmodus (Baumert 2002: 113) entspricht. Der existenzielle Präsuppositionstyp[131] sowie die Verwendung des illustrativen Beispielmusters aus der Großklasse III verweisen darauf.

Der Autor greift auf ein Weltwissen[132] zurück und kann so im Zusammenhang mit der teleologischen Frage nach dem Ganzen [P1f] die negative Formulierung – was Naturwissenschaft nicht kann – als Konklusion entfalten. Die Richtigkeit dieser Konklusion, deshalb ist sie negativ formuliert, soll normativ verstanden werden. In Bezug auf diese Konklusion bleibt die Prämisse [P1f] eine Prämisse. Die einzelnen Prämissenteile 1a-f (*Ursprung, Urgrund, Zeitpunkt, Modus, Qualität, Teleologie*) sind die inhaltlichen Argumente. Diese werden mit den angegebenen Mustern illustriert, um den Übergang von der Prämisse zur Konklusion zu ermöglichen.

Die Schlussregel ›Anfang, Ganzes/Zusammenhang‹ kann nur eine schlussregelillustrierende Argumentation ermöglichen, weil »die Geltung der in der Schlussregel ausgedrückten inhaltlichen Generalisierung nicht [...] selbstverständlich oder gar problematisch« ist (Kienpointner 1992: 373f), wie schon angedeutet wurde.

Aus dieser interpretierten Feinstruktur ergibt sich der folgende formalisierte/schematisierte Textaufbau (Abbildung 1, Kap. 4):

131 Zum existenziellen Präsuppositionstyp vgl. Meibauer ^{2}2008: 48.

132 Weltwissen kann hier nur meinen, dass ich als Individuum schon (mindestens) einmal die Frage nach meinem Woher im nichtbiologischen Sinne gestellt habe, d.h. dass in meinem Erfahrungshorizont diese Frage relevant ist. Insofern ist Weltwissen (m)ein Erfahrungswissen und kann nicht auf Kognition beschränkt werden. Wie schwierig dieses Problem ist, hatte Kant mit seiner Aussage, dass alle unsere Erkenntnisse mit der Erfahrung anfangen (KdrV B1) angemahnt. In pädagogischen Zusammenhängen ist es die Erfahrung selbst, die reflektiert werden soll, damit um Welt gewusst werden kann. Zum Erfahrungsbegriff vgl. Gadamer 1990; zum pädagogisch reflektierten Erfahrungsbegriff vgl. Meyer-Drawe 2008; zum religionspädagogischen Erfahrungsbegriff vgl. Grümme 2007.

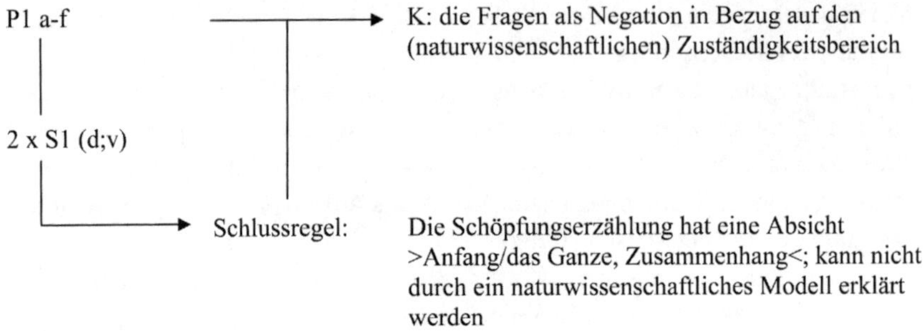

Abbildung 1, Kap. 4: Schematisierung Textbaustein 1 und 2; Kursbuch Religion

Textbaustein 3:
Die biblische Rede von Gott als dem Schöpfer der Welt und dem Schöpfer des Menschen ist ein Nachdenken über diese Fragen […] [P1]. *Auch die uns überkommenen biblischen Schöpfungstexte sind noch von der Herkunft der Schöpfungstheologie aus dem Mythos geprägt* [P2]

A) Kommentar zu: *Die biblische Rede von Gott als dem Schöpfer der Welt und dem Schöpfer des Menschen ist ein Nachdenken über diese Fragen* [P1].

Diese Aussage ist eine Prämisse, die als Argument für die Schlussregel ›die Schöpfungserzählung hat eine Absicht‹ dient.

B) Kommentar zu: *Auch die uns überkommenen biblischen Schöpfungstexte sind noch von der Herkunft der Schöpfungstheologie aus dem Mythos geprägt* [P2].

Auch dies ist eine Prämisse, die ein Argument für die Schlussregel abgeben soll. Zugleich wird mit dieser Aussage der Übergang in den nächsten größeren Textteil vollzogen, indem ein neuer Begriff (*Mythos*) eingeführt wird. Auf diesen Begriff werden sich die folgenden Argumente stützen bzw. er wird selbst argumentativ eingesetzt.

Zusammenfassung zu Textbaustein 3: P1 und P2 können als Übergang gelesen werden, um die Schöpfungserzählung und die darin liegende/unterstellte Absicht formal und inhaltlich von einer naturwissenschaftlichen Beschreibung »des Anfangs« abzugrenzen. Das heißt, der Text versucht mit P1 und P2 die sich aus Textbaustein 1 und 2 ergebende Konklusion sowie die Schlussregel ›Anfang/Ganzes‹ zu erhärten. Diese Überlegung unterstreicht noch einmal die Abgrenzung zwischen dem induktiven Beispielmuster der Großklasse II und dem illustrativen Beispielmuster der Großklasse III, d.h., die Entscheidung für die Großklasse III wird hier noch einmal gestützt.

Textbaustein 4:
Der Mythos [...] ist nicht eine vor-naturwissenschaftliche [P1] *und deshalb heute längst überholte Erklärung der Weltwirklichkeit, sozusagen primitive Naturwissenschaft [...]* [Q6 d;v]. *Dem Mythos geht es nicht um rationale Erklärung der Weltphänomene und ihrer Ursachen, sondern er erzählt von den guten Anfängen der Welt* [Q2 d;u] *im Sinne des Gründens, des Grundgebens, des Grundfesthaltens* [S1 n;v] – *[...] wobei dieser Anfang nicht ein zeitlicher Anfang ist, sondern Anfang im Sinne von exemplarischem und normativem Urgeschehen.*

A) Kommentar zu: *Der Mythos [...] ist nicht eine vor-naturwissenschaftliche* [P1] *und deshalb heute längst überholte Erklärung der Weltwirklichkeit, sozusagen primitive Naturwissenschaft* [P1]; [Q6 d;v].

Diese begriffliche Erklärung will, als Prämisse [P1] ex negationis formuliert, P1 und P2 aus Textbaustein 3 begründen. In der Gesamtheit handelt es sich um ein Muster aus der Großklasse I (Vergleichsschema als Verschiedenheit) und zwar um Q6 [d;v], welches durch das Signalwort *deshalb* verstärkt wird. Kienpointner fasst den Vergleich dahingehend zusammen, dass »Größen vergleichend – im weitesten Sinne des Wortes – gegenübergestellt werden« (Kienpointner 1992: 284).

Im konkreten Fall ist der Vergleich dadurch gekennzeichnet, *dass* die Ausdrücke *nicht vor-wissenschaftliche, längst überholte und sozusagen primitive* in Bezug auf die zu vergleichenden Größen (Mythos und Naturwissenschaft) verschiedene Qualitäten aufweisen, denn die Attribute, mit denen der Begriff *Mythos* gekennzeichnet ist, heben ihn ab von den Naturwissenschaften. Diese Unterscheidung wird allerdings im Text nicht weiter erläutert.

Alle drei Äußerungen vergleichen Mythos und Naturwissenschaft in Bezug auf eine *Erklärung der Weltwirklichkeit.* Die deskriptive Vorgehensweise darf nicht darüber hinwegtäuschen, dass die Prämissen aus Textbaustein 3 und 4 eine Konklusion vorbereiten, die in ihrer Gesamtheit normativ verstanden werden soll.

B) Kommentar zu: *Dem Mythos geht es nicht um rationale Erklärung der Weltphänomene und ihrer Ursachen, sondern er erzählt von den guten Anfängen der Welt* [Q2 d;u] *im Sinne des Gründens, des Grundgebens, des Grundfesthaltens* [dreimal S1 (n;v)].

In dieser Sequenz wird die vorherige Negation noch einmal aufgenommen und argumentativ gestärkt – man kann also von einer Negativdefinition sprechen, zumindest bis »*und ihrer Ursachen*«. Inhaltlich wird gegenüber Kommentar A des Textbausteins 4 nichts Neues ausgesagt.

Hervorgehoben ist nur die negative Definition des Begriffs Mythos: Ein Mythos ist nicht/keine rationale Erklärung der Weltwirklichkeit. Erst der zweite

Teilsatz lässt ein Muster erkennen. Hier ist das Signalwort »*sondern*«. In Bezug auf die Negativdefinition des Begriffes *Mythos* zeigt sich diese Satzsequenz als ein Genus-Spezies-Schema [Q2 d;u]: »Was von der Spezies [nicht, TW] ausgesagt wird, wird auch [nicht, TW] vom Genus ausgesagt« (Kienpointner 1992: 264). Der Mythos (Genus) sagt nichts aus über eine rationale Erklärung der Welt. Dies ist ein unvollständiges Muster, denn der Leser muss auf Textbaustein 3 (B) zurückgreifen, um sagen zu können: Der Mythos (Genus) sagt nichts aus über eine rationale Erklärung der Welt und somit auch nicht die Schöpfungserzählung (Spezies). Oder positiv ausgedrückt: Wenn der Mythos etwas anderes als eine rationale Erklärung der Welt ist, dann erst recht der Schöpfungsmythos.

In Gesamtheit können die beiden in Textbaustein 4 besprochenen Sentenzen (A und B) aber auch in das Gegensatzschema [Q12 n;v] der Großklasse I eingeordnet werden, welches mit einem illustrativen Beispielmuster (S1) der Großklasse III zu verbinden ist. Ein Gegensatzschema ist dadurch gekennzeichnet: »Wenn X die Eigenschaft P aufweist, kann X nicht zur gleichen Zeit in derselben Hinsicht die inkompatible Eigenschaft P' aufweisen« (ebd.: 308).

Daraus ergibt sich vorerst (Abbildung 2, Kap. 4):

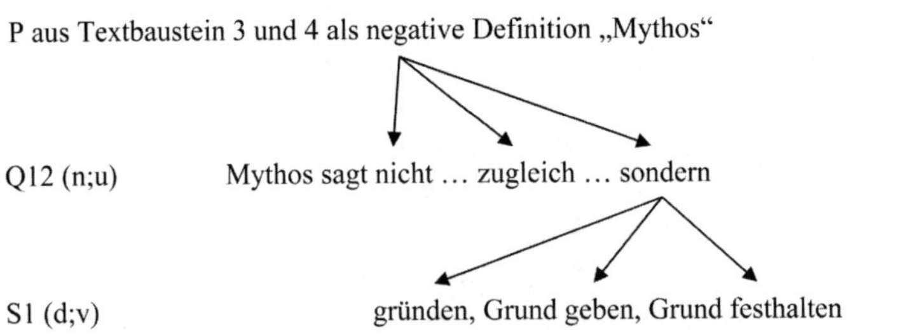

Abbildung 2, Kap.4: Schematisierung I: Textbaustein 3 und 4; Kursbuch Religion

C) Kommentar zu: *[…] wobei dieser Anfang nicht ein zeitlicher Anfang ist, sondern Anfang im Sinne von exemplarischem und normativem Urgeschehen.*

Hier wird die Präsupposition von Textbaustein 1 ›Es gibt einen Anfang‹ expliziert. Diese Explikation enthält – wiederum als Negation – eine Modifikation. Es geht, da es einen Anfang gibt, nicht um den zeitlichen Anfang. Zugleich werden die illustrativen Beispiele aus Kommentar B Textbaustein 4 begründet und zwar in doppelter Hinsicht. Das Gründen/Grundgeben/Grundfesthalten soll exemplarisch und normativ verstanden werden.

Diese Sequenz ist der eigentliche Übergang, der belegt sein will, also die weiter oben noch nicht benannte Konklusion. Indem der Text sagt, was der Mythos nicht ist, nicht will und nicht kann, führt er über die benannten Muster zu einer Aussage über den Anfang, die sich im Bezugssystem (Rahmen) als richtig oder gültig erweist bzw. erweisen soll: Es gibt nicht nur einen Anfang, sondern dieser Anfang ist als Exempel und als Norm in Bezug auf ein Geschehen *vor aller Zeit* zu verstehen.

Das daraus abzuleitende Schema sieht wie folgt aus (Abbildung 3, Kap. 4):

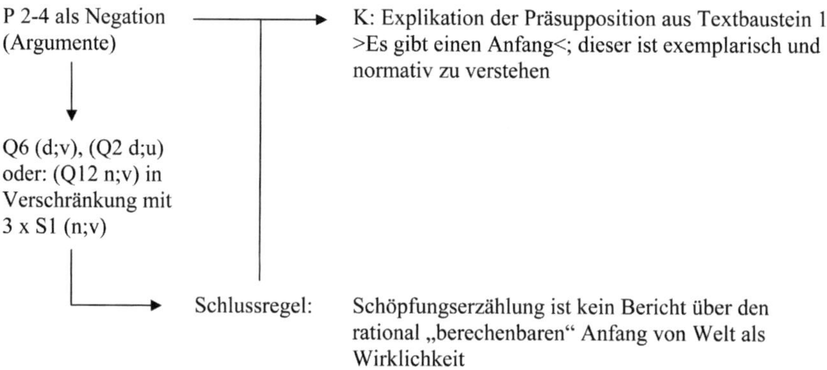

Abbildung 3, Kap. 4: Schematisierung II: Textbaustein 3 und 4; Kursbuch Religion

Zusammenfassung zu Textbaustein 4: Etabliert werden soll im besprochenen Textbaustein 4 der Unterschied zwischen naturwissenschaftlicher Erklärung und Schöpfungserzählung. Durch die genannten Negationen und die verwendeten Argumentationsmuster soll die Textgattung *mythologische Erzählung* gegen die Annahme, sie berichte rational von einem Anfang, verteidigt und ihr Eigenrecht hervorgehoben werden. Teilweise wird damit die Präsupposition (›Anfang‹) aus den Textbausteinen 1 und 2 expliziert, indem diese als exemplarisch und normativ modifiziert wird.

Textbaustein 5:
Die Zeit des Mythos ist deshalb eine Zeit jenseits der Zeit der Geschichte: Ur-Zeit, die Zeit überhaupt ermöglicht und normiert, Ur-Geschichte, die Ursprung und Modell von Geschichte ist [P1; Q6 n;v]. *Der Mythos gibt* [Q15 n;v] *Kunde von einem Urgeschehen, das »in illo tempore« (»in jener Zeit«) geschehen ist, und von dem alle weiteren Geschehnisse begründet, normiert und als sinn- und heilvoll qualifiziert werden* [P2; Q18, d;u].

A) Kommentar zu: *Die Zeit des Mythos ist deshalb eine Zeit jenseits der Zeit der Geschichte: Ur-Zeit, die Zeit überhaupt ermöglicht und normiert, Ur-Geschichte, die Ursprung und Modell von Geschichte ist* [P1 Q6 n;v].

Die Sequenz enthält ein Vergleichsmuster der Verschiedenheit [Q6 n;v] der Großklasse I, angezeigt durch das Signalwort »deshalb«. Verglichen wird »Zeit«

mit »jenseits der Zeit« und »Urgeschichte« mit »Geschichte«. Es handelt sich hierbei um einen normativen Vergleich:

> »Von (hinsichtlich eines quantitativen/qualitativen Kriteriums Z) unterschiedlichen Gegenständen X werden unterschiedliche Eigenschaften Y ausgesagt. Die Gegenstände X sind (hinsichtlich eines quantitativen/qualitativen Kriteriums Z) verschieden.« (Kienpointner 1992: 285)

Zeit wird in Bezug auf den Mythos, als Kontext dieser Argumentation, unterschieden von *jenseits der Zeit* und damit unterschiedlich bewertet. Die *Ur-Zeit* soll Ermöglichungsgrund von Zeit sein. Dasselbe Argument kann auch bei der Erläuterung zur Geschichte beobachtet werden. Im Vergleichspaar *Geschichte – Urgeschichte* wird letztere als Modell von Geschichte gedeutet. Präsentiert werden diese Überlegungen als Prämisse.

B) Kommentar zu: *Der Mythos gibt* [Q15 n;v] *Kunde von einem Urgeschehen, das »in illo tempore« (»in jener Zeit«) geschehen ist, und von dem alle weiteren Geschehnisse begründet, normiert und als sinn- und heilvoll qualifiziert werden* [Q18, d;u] *[…].*

Das Argument – der Mythos erzählt von etwas anderem –, welches als Schlussregel in Textbaustein 4 fungiert und durch den Textbaustein 5 (Kommentar A) erhärtet wird, soll mit der hier zu besprechenden Sequenz noch unterstützt werden. Dabei zeigt sich ein Kausalschema [Q15 n,v] der Großklasse I. Der Text bis *geschehen ist* kann als ein Erklärungsschema, als ein Schluss von Handlungen auf Folgen (vgl. ebd.: 337) gelesen werden. Vorbereitet wird mit diesem Schluss die Abhängigkeit in Bezug auf *alle weiteren Geschehnisse.*

Diese Form des kausalen Erklärungsmusters bereitet die im zweiten Teilsatz liegende kausal begründete Vorhersage als hinreichende Bedingung einer finalen Ursache/Wirkung = eines Zweckes [Q18 d;u] (vgl. ebd.: 308) vor. Diese beiden Kausalmuster qualifizieren die bisherigen Schlussregeln:

- Schlussregel 1 aus Textbaustein 1 und 2: Die Schöpfungserzählung hat eine Absicht (Anfang, das Ganze, der Zusammenhang) die nicht durch ein naturwissenschaftliches Modell erklärt werden kann.
- Schlussregel 2 aus Textbaustein 3 und 4: Die Schöpfungserzählung ist kein Bericht über den rational »berechenbaren« Anfang von Welt als Wirklichkeit (siehe Abbildung 4, Kap. 4).

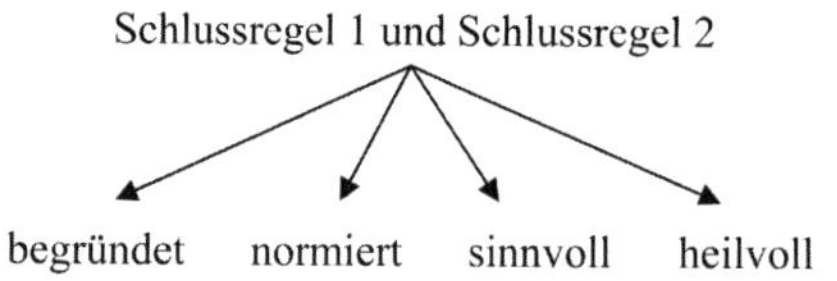

Abbildung 4, Kap. 4: Qualifizierung der Schlussregeln durch Q15 und Q18; Kursbuch Religion

Zusammenfassung zu Textbaustein 5: Mit der Qualifizierung der beiden Schlussregeln ist der Übergang zu einer neuen Konklusion geschaffen. Expliziert wird diese im Folgenden. Der Textbaustein 5 schafft durch differenzierte Formulierungen von Prämissen zum Begriff *Mythos* den Rahmen, in welchem Schöpfung gelesen, gedeutet, verstanden werden soll, vielleicht auch nur verstanden werden kann. Der gesamte, bisher besprochene Text erarbeitet argumentativ hinreichende Bedingungen zur »Absicht der Schöpfungserzählung« (vgl. die Überschrift des Textes).

Textbaustein 6:
Die altorientalischen Schöpfungsmythen und analog die biblischen Schöpfungsgeschichten reden eigentlich nicht darüber, wie es zu dieser Welt gekommen ist [Q6 d;v], *sondern wie diese Welt »eigentlich« ist* [Q6 n;v], *wie der Mensch sie und sich in ihr sehen soll und vor allem: wie die Götter bzw. der Gott Israels zu dieser Welt stehen, sie halten und schützen sollen* [S1 d;v] *[...].*

A) Kommentar zu: *Die altorientalischen Schöpfungsmythen und analog die biblischen Schöpfungsgeschichten reden eigentlich nicht darüber, wie es zu dieser Welt gekommen ist [...]* [P1; Q6 d;v].

Das Adjektiv *analog* scheint auf ein Analogiemuster [S2] aus der Großklasse III zu verweisen, allein, es fehlt die »echte« Analogie, weil eine solche nur möglich ist, wenn »Dinge« aus unterschiedlichen Realitätsbereichen miteinander verglichen werden, z. B. »Bank« (vgl. Kienpointner 1992: 384f). Deshalb ist der erste Teilsatz nur ein Hinweis darauf, dass die Schöpfungsgeschichten zu den altorientalischen Schöpfungsmythen gehören, von diesen quasi ein Beispiel sind.[133]

Die gesamte Sequenz kann als Q6 [d;v], also als ein Vergleichsmuster aus der Großklasse I, identifiziert werden. Verglichen in ihrer Andersartigkeit wird die eine Textgattung mit einer (nicht näher bezeichneten) anderen. Das Argument ist wieder ein negatives, also der Verweis darauf, was die Textgattung *Schöpfungserzählung* nicht leisten will.

133 Wenn im Satz an die Stelle von »analog« das Wort »parallel« eingesetzt würde, ist eindeutiger ein Argument gefunden, dass »analog« nicht als Hinweis auf ein Analogiemuster zu lesen ist. Dabei ist vorausgesetzt, dass »parallel« nicht zeitlich, sondern inhaltlich gelesen wird.

B) Kommentar zu: *[…] sondern wie diese Welt »eigentlich« ist* [Q6 n;v], *wie der Mensch sie und sich in ihr sehen soll und vor allem: wie die Götter bzw. der Gott Israels zu dieser Welt stehen, sie halten und schützen sollen* [S1 d;v] *[…].*

Die in Kommentar A angemerkte Negation wird hier – eingeleitet durch das Signalwort *sondern* – begründet. Der inhaltliche Zusammenhang ist durch das doppelte *Eigentlich* (Sentenz A und B) gegeben. Mit anderen Worten: Eigentlich macht X nicht das, sondern jenes.

Mit diesem normativen Vergleichsmuster der Verschiedenheit – Q6 [n;v] aus der Großklasse I – wird die in Textbaustein 5 vorbereitete und hier explizierte Konklusion gestützt. Positiv formuliert: Die Schöpfungserzählungen reden über die Welt. Damit ist jeglicher Spekulation über einen Anfang argumentativ der Boden entzogen, weil dieses Reden die Existenz von Welt zur Voraussetzung hat.

Zusätzlich werden zur Illustration noch Beispiele [S1 d;v] herangezogen: *wie der Mensch sich und sie sehen soll; wie die Götter/der Gott Israels zur Welt stehen, sie halten, sie schützen.* In dieser Verschränkung von Vergleich und Illustration sowie unter Berücksichtigung des in Kommentar A zum Textbaustein 6 vorgetragenen Musters ergibt sich hier das folgende Schema (Abbildung 5, Kap. 4):

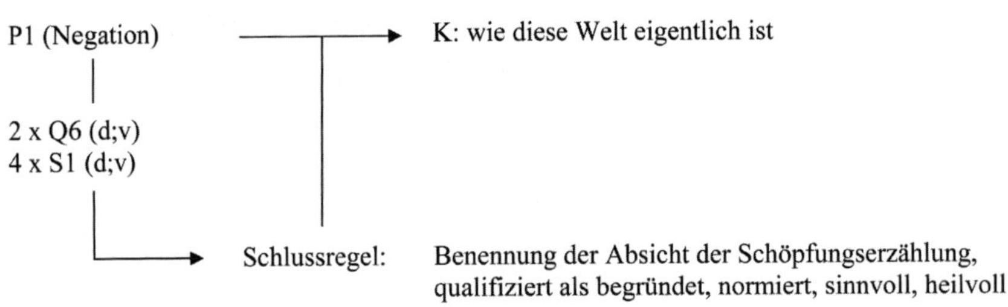

Abbildung 5, Kap. 4: Schematisierung Textbaustein 6 unter Berücksichtigung von Textbaustein 5; Kursbuch Religion

Zusammenfassung Textbaustein 6: Die explizierte Konklusion – Schöpfungsgeschichten reden darüber, wie diese Welt *eigentlich* ist – fungiert im Text nicht als willkürliche Setzung, sondern als eine logische Schlussfolgerung, die sich aus dem Duktus des gesamten Textes ergibt. Mit *logisch* kann hier freilich keine zweiwertige Prädikatenlogik gemeint sein. Viel eher zeigt der Textbaustein 6 eine Entfaltung der Absicht der Schöpfungserzählung (vgl. Überschrift). Der gesamte Text erarbeitet – bis einschließlich Textbaustein 5 – hinreichende Bedingungen für eine Absicht der Schöpfungserzählung. Textbaustein 6 hingegen zeigt notwendige Bedingungen, d. h., es werden erklärende und begründende Aussagen gemacht in Bezug auf eine Absicht der Textgattung *Schöpfung.*

Textbaustein 7:
Im Mythos kehren die Menschen an den als ideal vorgestellten »Anfang« zurück – in eine »paradiesische« Gegen-Welt zu der als vielfach gestört und bedroht erfahrenen »realen« Welt [Q6 d;u].

A) Kommentar zu: *Im Mythos kehren die Menschen an den als ideal vorgestellten Anfang zurück – in eine »paradiesische«* [P1] *Gegen-Welt zu der als vielfach gestört und bedroht erfahrenen »realen«* [P2] *Welt* [Q6 d;u].

Die Schlusssequenz des Textes stellt affirmativ eine Behauptung auf, die keine Begründung/Belegung mehr erfährt. Sie besteht aus dem Muster Q6 [d;u], also wiederum aus einem Vergleichsmuster der Großklasse I. Unvollständig ist dieses Muster deshalb, weil in der Textsequenz zwei disjunktive Prämissen gesetzt sind: *paradiesisch* und *real*, die zwar noch einen Bezugsrahmen haben (Welt), allerdings nicht mehr belegt werden.

Die eigentliche Schlussfolgerung kann auch als vorgelagerte Schlussfolgerung bezeichnet werden, da sie sich nicht auf die formulierten Behauptungen im Textbaustein 7, sondern auf die Gesamtheit des Textes bezieht.

Mit diesen Ausführungen ist der Text aus dem *Kursbuch Religion* im Detail analysiert. Was lässt sich zusammenfassend festhalten?

4.1.3 Zusammenfassung

Ist der Text bisher einer Feinanalyse unterzogen worden, so kann jetzt – zusammenfassend – die Grobstruktur des Textes aufgezeigt werden.

Im Zenger'schen Text sind zwei Präsuppositionen auszumachen. Die erste bezieht sich auf einen Anfang, die zweite nimmt diesen Gedanken auf und überträgt ihn auf ein Ganzes / auf einen Zusammenhang. Während der erste Präsuppositionstyp ein existenzieller ist, kann der zweite als normativer Typ gekennzeichnet werden.[134] Insofern ist der gesamte Text auch in einer doppelten Distinktion aufgebaut: Die Prämissen und die Muster bleiben solange im Bereich der Deskription, solange der Text beschreibend den Unterschied zwischen Schöpfung und Naturwissenschaft herausstellt. Erst von dem Punkt, an dem der deskriptiv behauptete bzw. gesetzte teleologische Zusammenhang (P1f, Textbaustein 1) über den Begriff Mythos begründet wird (die Textbausteine 3 bis 5), kann eine normative Konklusion gefunden werden (Textbaustein 6).

Beide Zugänge verbleiben dabei im Bereich des Negativen, d.h., die Intention des gesamten Textes bezieht sich auf eine Klarstellung dessen, was mythologische Erzählungen im Allgemeinen und somit auch die biblische Schöpfungs-

134 Vgl. dazu Meibauer 2008.

erzählung nicht sein wollen und nicht sein können: die rationale Erklärung eines wie auch immer gelagerten Anfangs.

Wird die Textüberschrift *(Von der Absicht der biblischen Schöpfungserzählung)* in diese Überlegung mit einbezogen, so könnte als Antwort des Textes formuliert werden: Die biblische Schöpfungserzählung ist kein Bericht vom Anfang der Welt, des Kosmos oder ähnliches. In dieser Negativität liegt freilich eine mögliche, vielleicht klassische theologische Reflexion, die im Textbaustein 6 entfaltet wird. Durch das Aufzeigen eines Fragehorizontes ist die biblische Schöpfungserzählung als eine Problematisierung zu lesen, durch die überhaupt sinnvoll nach einem Anfang gefragt werden kann.

Der Normativitätsbezug erhält hier eine Rückbindung an die Existentialität in Form einer Frage nach (m)einem Sinn. Die differenzierten Formulierungen zum Begriff *Mythos*, die als Argumente gebraucht werden, stecken den Rahmen ab, in welchem die Schöpfungserzählung gelesen, gedeutet, verstanden werden soll, vielleicht auch nur verstanden werden kann. Damit sind, es wurde schon darauf verwiesen, hinreichende, aber auch notwendige Bedingungen (vgl. Zusammenfassung Textbaustein 5 und 6) in Bezug auf eine Absicht der Textgattung *Schöpfung* argumentativ vorgetragen.

Diese Form der negativen Dialektik wird nur durch die Schlusssequenz des Textes (Textbaustein 7) andeutungsweise aufgehoben. Die disjunktiven Prämissen: *paradiesisch* und *real* in Bezug auf den Rahmen *Welt* können als affirmative Behauptungsintention des gesamten Textes gelesen werden. An diesem, aber nur an diesem Punkt verlässt der Text von Zenger den Duktus von Deskriptivität – Negation – Normativität.

Werden diese zusammenfassenden Überlegungen auf die gefundenen Argumentationsmuster bezogen, dann ergibt sich als Grobstruktur des gesamten Textes das folgende Bild: Im analysierten Text lassen sich Argumentationsmuster aus der ersten und aus der dritten Großklasse identifizieren. Die Großklasse I ist nach Kienpointner im weitesten Sinne eine Zusammenfassung von Argumentationsmustern, die auf eine »Einordnung einer Größe« abzielen (Kienpointner 1992: 250). In der Großklasse III hingegen soll im Allgemeinen die Schlussregel illustriert oder bekräftigt werden (vgl. ebd.: 373).

Um argumentativ das Eigenrecht der biblischen Schöpfungserzählungen – und damit ihre Absicht – zu untermauern, werden Einordnungen vorgenommen, die in der Mehrzahl auf der Variante *Vergleichsmuster als Verschiedenheit* basieren. Zusätzlich zu den Vergleichsmustern zeigt der Text noch ein *inkompatibles Gegensatzmuster* und ein *Genus-Spezies-Muster.* Die Kausalmuster (*Grund und Zweck*) sind an der Stelle identifiziert worden, an der es auf eine Qualifizierung der Schlussregeln des Textes ankam.

Die gefundenen Muster sind in der Regel vollständig. Ausnahmen bilden das *inkompatible Gegensatzmuster* und das *Genus-Spezies-Muster.* Da alle Muster aus der Großklasse I schlussregelbenutzende Muster sind, kann davon ausgegangen werden, dass der Text durch die Verwendung dieser Muster die Absicht der biblischen Schöpfungserzählungen als normativ zu verstehende Textgattung voraussetzt und nicht, wie die Textoberfläche vielleicht annehmen lassen kann, eine Abgrenzung zu den Naturwissenschaften vornimmt: Etwas zu benutzen, setzt das Vorhandensein dessen, was benutzt werden soll, voraus.

Dem Autor geht es also keineswegs um eine Verteidigung der biblischen Schöpfungserzählung. Die identifizierbaren Muster der Großklasse I ordnen theologische Regularitäten zur inhaltlichen Relation Schöpfung. Die angedeuteten naturwissenschaftlichen Bezugspunkte (Urfeuerball, Urknall, Wasserstoffatom) bilden nur die Hintergrundfolie. Mit anderen Worten, die naturwissenschaftlichen Modelle eines Anfangs werden nicht wirklich diskutiert.

Insofern ist es logisch, dass den Einordnungen aus der Großklasse I die Illustrationen aus der Großklasse III (insgesamt zehnmal) an die Seite gestellt werden. Die gefundenen *illustrativen Beispielmuster* dienen der Erhärtung bzw. der Veranschaulichung der inhaltlichen Relationen und werden eher als Prämissen genutzt und nicht als Konklusion.

Dieser Gedanke dient auch als ein Hinweis darauf, weshalb im Text nicht das *induktive Beispielmuster* der Großklasse II gefunden werden kann. Gemäß des Textaufbaus ist ein induktives Argument (vgl. ebd.: 243) nicht angebracht, weil es als *vereinzeltes Beispiel* für eine auf Existenzbezüge ausgelegte Normativität nicht ausreichend wäre, um die entsprechenden inhaltlichen Relationen zu verdeutlichen. Auch wenn ein solches einzelnes Beispiel als Prämisse im weiteren Textverlauf eingesetzt werden könnte, würde es den Status der Regularität nicht erreichen, wodurch die entsprechende Argumentation »brüchig« oder sinnlos würde.

Als einziges induktives Beispiel ließe sich vielleicht die Textpassage aus dem Textbaustein 7 identifizieren *(»paradiesische«* [P1] *Gegen-Welt zu der als vielfach gestört und bedroht erfahrenen »realen«* [P2] *Welt)*, allein, mit dieser Kennzeichnung wäre ein unüberbrückbarer Gegensatz zur Gesamtheit des Textes eröffnet, der keine Einordnung dieser Sequenz mehr zuließe.

In Gesamtheit kann festgehalten werden: Im analysierten Text aus dem *Kursbuch Religion Oberstufe* lassen sich Argumentationsmuster nach Kienpointner identifizieren sowie deren Verwendung/Anwendung einsichtig machen. Des Weiteren zeigen die Detailanalysen, dass das erarbeitete Instrument für diese Textsorte ein funktionierendes Instrument ist, zumal die Kontextabstraktheit der Muster in Zusammenhang mit den entsprechenden inhaltlichen Relationen gebracht werden kann (vgl. Kap. 2). Methodisch bewährt sich an diesem Text die formale Strukturierung als Auswertungsmethode im Rahmen der Qualitativen Inhaltsanalyse nach Mayring (vgl. Kap. 3). Aber auch inhaltlich zeigt der Text theologische Positionen an, die durchaus im Horizont von 16- bis

18-jährigen Schülerinnen und Schülern liegen können bzw. unterrichtlich erarbeitet werden sollten (vgl. Kap. 1.1.4). In Gesamtheit ist mit dieser Textanalyse nachgewiesen, dass das Instrument zur Erfassung von Argumentationsmustern theoretisch (für theologische Argumentationsmuster und argumentationstheoretisch) und methodisch tauglich ist. Ob diese Tauglichkeit auch für Argumentationen von Schülerinnen und Schülern gilt, lässt sich erst nach der Auswertung des erhobenen Materialcorpus (vgl. Kap. 7; Kap. 8) einschätzen.

4.2 Studie zu einem Text aus dem Lehrbuch *Linder Biologie Oberstufe*

Das Beispiel ist dem Lehrwerk *Linder Biologie Gesamtband* (Bayrhuber/Hauber/Kull [23]2010) entnommen. Der Text ist innerhalb der Evolutionstheorie dem Abschnitt *Stammesgeschichte des Menschen* (492–497) zugeordnet. Der gesamte Text beschreibt in »chronologischer« Weise die Entwicklung bis zum Homo sapiens und schließt mit einer Problematisierung der Einordnung und der Namensgebung ab. Ein konkreter Autor ist nicht zu erkennen. Für die folgende Analyse wird nur der erste Textteil (492) vorgestellt. Eine Einzelsatzanalyse ist durch die Textsorte (Sachtext) nicht möglich. Vielmehr mussten die Sinneinheiten anders strukturiert werden. Dabei ist eine Orientierung an den Teilüberschriften des Textes (Historische Einordnung, Vorfahren der Menschen, Frühe Vormenschen) hilfreich. Zugleich ergab die Analyse, dass aus inhaltlichen Gründen der Abschnitt *Vorfahren der Menschen* in vier Sinneinheiten differenziert werden kann, sodass insgesamt sechs Textbausteine vorliegen. Es kann unter dieser doppelten Voraussetzung (andere Textsorte, größere Analyseeinheiten) gezeigt werden, welche Argumentationsmuster identifizierbar sind.

4.2.1 Textwiedergabe

Im Jahr 1856 wurden beim Kalkabbau im Neandertal bei Düsseldorf Skelettreste gefunden und dem Lehrer Johann Carl Fuhlrott aus (Wuppertal-)Elberfeld übergeben. Er beschrieb sie als Reste eines Menschen der »vorhistorischen« Zeit. Dieser Ansicht wurde von Fachleuten, allen voran vom Anatomen Rudolf Virchow, widersprochen. Es dauerte etwa 30 Jahre, bis sich herausstellte, dass Fuhlrott recht gehabt hatte. Mit dem Fund des »Neandertalers« beginnt die wissenschaftliche Erforschung der menschlichen Stammesgeschichte. [… Abbildung …]

Vorfahren der Menschen. Vor etwa 30 Mill. Jahren lebten Arten der Vorfahren der Altweltaffen als Baumtiere in Afrika. In der Zeit vor 24–16 Mill. Jahren entstanden viele Arten einer Gruppe, die als Ursprungsgruppe von Menschenaffen und Menschen angesehen wird; (A) am bekanntesten ist die ostafrikanische Gattung *Proconsul.* Vor etwa 17. Mill. Jahren erreichten frühe Menschenaffen auch Europa. Sie bildeten hier die Gruppe der Dryopithecien. Vor etwa 12–10 Mill. Jahren trennte sich eine Evolutionslinie zum Orang-Utan. Vor ungefähr 9 Mill. Jahren entstand die Evolutionslinie zum Gorilla. Schließlich erfolgte vor 7–6 Mill. Jahren die Auftrennung der Linie zum Menschen und zum Schimpansen. Etwa diese Alter besitzen zwei Fossilfunde, die sich daher nicht sicher einer der beiden Evolutionslinien zuordnen lassen: (A) aus Kenia ein Fund von Kieferstücken mit Zähnen und Extremitätenknochen, der den Namen *Orrorin tugenesis* erhielt; (B) aus dem Tschad ein Schädelfund, *Sahelanthropus tchadensis* (494).

Weltweite Klimaveränderungen vor etwa 7–5 Mill. Jahren führten in Afrika zu einer Auflockerung vieler Wälder und einer Zunahme der Savannenflächen. Infolge der Selektion entwickelten sich daher neue Anpassungsformen, die den Lebensraum anders nutzten. Wahrscheinlich spielt ein Wechsel in der Ernährung eine wichtige Rolle. Zusätzlich zur Pflanzennahrung konnten Aas und Kleintiere verzehrt werden. Bei aufrechter Körperhaltung konnten die Individuen ein größeres Gebiet überblicken und daher die Nahrung besser ausfindig machen. Außerdem wird bei dieser Körperhaltung ein kleinerer Teil der Körperoberfläche der Sonnenstrahlung ausgesetzt. Dadurch muss weniger Energie für die Temperaturregulation aufgewendet werden. Die Zuhilfenahme der Hände bei der Ernährung führte zu einer allmählichen Rückbildung der Kaumuskulatur und damit zur Umbildung des Schädels. Zusammen mit dem vielseitigen Gebrauch der Hand verstärkte dies die Tendenz zur Vergrößerung des Gehirns, das dadurch mehr Energie benötigte. Der Übergang zu gemischter Nahrung war dabei vorteilhaft, da aus ihr mehr Energie je Masseeinheit gewonnen werden kann als aus pflanzlicher Nahrung.

Frühe Vormenschen. Jene Form der menschlichen Evolutionslinie, die noch nicht alle anatomischen Merkmale des echten Menschen aufweisen und die keine gut behauenen Steinwerkzeuge herstellten, bezeichnet man als Vormenschen. Zahlreiche Funde aus Ost- und Südafrika *(Abbildung. 492.1),* die sich über einen Zeitraum von über 3 Mill. Jahren erstrecken, erlauben eine Einteilung in mehrere Gattungen. Die frühesten dieser Lebewesen gingen vermutlich zeitweilig aufrecht; die wichtigste Form war *Ardipithecus ramidus.*

4.2.2 Analyse der Textbausteine

Textbaustein 1:
Im Jahr 1856 wurden beim Kalkabbau im Neandertal bei Düsseldorf Skelettreste gefunden und dem Lehrer Johann Carl Fuhlrott aus (Wuppertal-)Elberfeld übergeben. Er beschrieb sie als Reste eines Menschen der »vorhistorischen« Zeit. Dieser Ansicht wurde von Fachleuten, allen voran vom Anatomen Rudolf Virchow, widersprochen. Es dauerte etwa 30 Jahre, bis sich herausstellte, dass Fuhlrott recht gehabt hatte. Mit dem Fund des »Neandertalers« beginnt die wissenschaftliche Erforschung der menschlichen Stammesgeschichte.

A) Kommentar zum Textbaustein 1: Dieser Textbaustein kann in Bezug auf die Identifizierung von Argumentationsmustern vernachlässigt werden. Es handelt sich bei diesem Textabschnitt um einen Verweis darauf, wann die wissenschaftliche Beschreibung der menschlichen Stammesgeschichte begonnen hat, als eine Art historisch gesicherter Einleitung. Formal ist dieser Textabschnitt in 5 Sentenzen gegliedert und wie folgt aufgebaut:

1. Beschreibung eines Fundes: mit den Angaben über Zeit, Ort und Untersuchung des Fundes,
2. Beschreibung einer Beschreibung: »*Er beschrieb als …*«,
3. Beschreibung (formal) einer Diskussion,
4. Beschreibung der Bestätigung der Beschreibung aus Punkt 2,
5. Ableitung aus den Beschreibungen durch Setzungen:
   a) Fund = Neandertaler,
   b) die Beschreibung in Punkt 2 markiert einen naturwissenschaftlichen »Neuansatz«.

Um eine Argumentation zu finden, hätte im hier besprochenen Textbaustein 1 das inhaltliche *Für und Wider* der Analyse von Fuhlrott und dessen Gegnern benannt werden müssen. So wie der Text gestaltet ist, verweist er auf ein naturwissenschaftshistorisches Ergebnis, welches eine Ableitung darstellt. Es fehlen dem Text die als Prämisse(n) verwendbaren Argumente. Allerdings ergibt sich eine zusammenfassbare Präsupposition, die folgendermaßen formuliert werden kann: ›Die menschliche Phylogenese ist (naturwissenschaftlich) erforschbar.‹ Das heißt, dieser Textbaustein kann als eine Voraussetzung für die folgenden Textsequenzen gelesen werden; er gibt einen historisch datierbaren Ausgangspunkt der Erforschung der menschlichen Phylogenese an.

Zusammenfassung: Enthält Textbaustein 1 keine Argumentationsmuster, aber eine Präsupposition, so kann geschlussfolgert werden, dass in den folgenden Textbausteinen diese Präsupposition als Prämisse fungiert, welche benutzt, etabliert oder illustriert wird. Dieser Gedanke schließt ein, dass im folgenden Text Muster aller drei Großklasse zu finden sein müssten, denn die Großklasse I benutzt die Schlussregel, die Großklasse II etabliert diese und die Großklasse III illustriert sie (vgl. Kienpointner 1992, 30f, 250, 365 u. ö).

Textbaustein 2:
Vorfahren der Menschen
Vor etwa 30 Mill. Jahren [A] *lebten Arten der Vorfahren der Altweltaffen* [A1] *als Baumtiere in Afrika. In der Zeit vor 24–16 Mill. Jahren* [B] *entstanden viele Arten* [B … n] *einer Gruppe, die als Ursprungsgruppe von Menschenaffen und Menschen angesehen wird; am bekanntesten ist die ostafrikanische Gattung Proconsul* [B1 von n]. *Vor etwa 17. Mill. Jahren* [C] *erreichten frühe Menschenaffen auch Europa. Sie bildeten hier die Gruppe der Dryopithecien* [C … n]. *Vor etwa 12–10 Mill. Jahren* [D] *trennte sich eine Evolutionslinie zum Orang-Utan* [D1]. *Vor ungefähr 9 Mill. Jahren* [E] *entstand die Evolutionslinie zum Gorilla* [E1]. *Schließlich erfolgte vor 7–6 Mill. Jahren* [F] *die Auftrennung der Linie zum Menschen* [F1] *und zum Schimpansen* [F2]. *Etwa diese Alter besitzen zwei Fossilfunde, die sich daher nicht sicher einer der beiden Evolutionslinien zuordnen lassen: aus Kenia ein Fund von Kieferstücken mit Zähnen und Extremitätenknochen, der den Namen Orrorin tugenesis erhielt; aus dem Tschad ein Schädelfund, Sahelanthropus tchadensis* [F1 oder F2].

Kommentar zu Textbaustein 2: Der Textbaustein 2 scheint kein argumentativer Text zu sein, sondern eine chronologisch angelegte Beschreibung (von A bis F1 oder F2) der menschlichen Phylogenese über einen Zeitraum von ca. 24 Mill. Jahren. Die Signalworte dieser Chronologie sind *vor etwa, vor* sowie *vor ungefähr.* Sie dient der Orientierung, indem sie eine naturwissenschaftliche Zuordnung zu den Genera ermöglicht, und erfüllt damit die Struktur der Folge und nicht, wie bei einem Kalender, die der Zählung. Freilich entsteht aus dieser Folge der Eindruck einer Kausalkette, welche unvollständig ist, denn es fehlen die notwendigen Ursachenbeschreibungen. Wird an den Textbefund das hier benutzte Instrument angelegt, so kann von einem unvollständigen Kausalmuster [Q14 d;u] gesprochen werden. Dieses Muster bezieht sich auf die Wirkung und nicht auf die im Text vorgegebene Folge.

Eine kausale Folge setzt eine Handlung voraus, die personal gebunden ist. Hingegen wird von einer Ursache-Wirkungs-Relation (Q13) gesprochen, wenn die Ursache personal oder nicht personal beschrieben werden kann.[135] Ein sol-

135 Wenn eine personal gebundene Ursache vorliegt, dann ist auch die Wirkung personal, z. B. bearbeitet der Tischler bewusst mit bestimmten Werkzeugen ein bestimmtes Holz und es entsteht *sein* Tisch, als Antlitz seiner selbst (vgl. Hegel 1807/1999: 109–116; Herrschaft und

ches Kausalmuster ist definiert mit: »Wenn die Ursache … vorliegt, tritt die Wirkung auf. Die Ursache liegt vor« (Kienpointner 1992: 336). An dieser Definition wird deutlich, weshalb im Text nur ein unvollständiges Kausalmuster identifiziert werden kann.

Weshalb sich z. B. *Vor etwa 12–10 Mill. Jahren* [D] *eine Evolutionslinie zum Orang-Utan* [D1] *trennte*, wird nicht erläutert bzw. beschrieben. Viel eher suggeriert der Text, dass alle Aussagen im Rahmen des naturwissenschaftlichen Kontextes mit genügenden Beispielen (hier: Knochenfunde) belegt werden können. Das heißt, im Text lässt sich formal ein Muster finden. Dieses Muster benutzt die Präsupposition ›Die menschliche Phylogenese ist erforschbar‹ in doppelter Form: einmal als Prämisse und ein weiteres Mal als Präsupposition, was als Tautologie gelesen werden könnte, wobei die eigentliche Konklusion leer bleibt.[136]

Die aufgezeigten sechs Genera mit den jeweiligen Einzelbeispielen[137] sind die Inhalte der schon beschriebenen Struktur der Folge als unvollständiges Kausalmuster. Vorläufig kann der Textbaustein 2 in seiner Gesamtheit als Beleg für die in Textbaustein 1 formulierte Beschreibung der wissenschaftlichen Erforschung der menschlichen Stammesgeschichte gelesen werden. Die formulierte Präsupposition dient als Prämisse. Das unvollständige Kausalmuster soll, vermittelt über die Präsupposition, die Konklusion sicherstellen, diese existiert aber nicht. Schematisch dargestellt ergibt sich das Folgende (siehe Abbildung 6, Kap. 4):

Knechtschaft). Hingegen, wenn ein Sturm aufzieht, können Bäume gebrochen werden usw. Diese Wirkung ist unabhängig von einer Person, auch wenn sie von Personen beschrieben werden kann.

136 Das Leerbleiben der Konklusion ist dadurch erklärbar, dass der Text kein Fragliches expliziert. Der einzige Hinweis auf ein solches Fragliches ist in der Formulierung *Etwa diese Alter besitzen zwei Fossilfunde, die sich daher nicht sicher einer der beiden Evolutionslinien zuordnen lassen* zu finden, was allerdings nicht weiter verfolgt wird. Hier dürfte die Kritik Wohlrapps (^{2}2009: 114f) an der Kienpointner'schen Typologie zutreffen, die zusammengefasst darauf hinausläuft, dass mit rein formalen Mustern noch keine Argumentation als Kommunikationsmodus etabliert ist.

137 Für das Genus F werden zwei Einzelbeispiele angeführt.

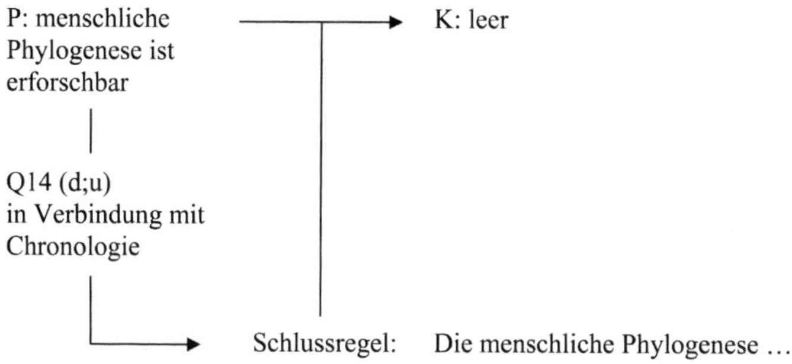

Abbildung 6, Kap. 4: Unvollständiges Kausalmuster (Q13) der Großklasse I; Linder Biologie

An dieser Stelle wäre eine Zusammenfassung notwendig. Allerdings lassen sich im Textbaustein 2 noch weitere auffällige Formulierungen finden, sodass diese vorher zu betrachten sind. Es handelt sich dabei um Formulierungen, die zwar mit der Chronologie verbunden bleiben, allerdings jeweils andere Intentionen aufweisen. Deshalb werden diese, als Textbausteine 3 und 4 herauspräparierten Sätze, zunächst analysiert.

Textbaustein 3:
In der Zeit vor 24–16 Mill. Jahren entstanden viele Arten einer Gruppe, die als Ursprungsgruppe von Menschenaffen und Menschen angesehen wird; am bekanntesten ist die ostafrikanische Gattung Proconsul [R1 d;v].

Kommentar zu Textbaustein 3: Der Eingangssatz zum Textbaustein 2 besteht aus einer eigenen Sinnrelation, die mit der gesamten, schon analysierten kausalen Struktur verbunden ist. Die Chronologie in den Hintergrund stellend, lassen sich in dieser Sentenz drei Relationen finden:
A) eine Relation zur Gattung (viele Arten einer Gruppe),
B) eine Relation zur Autorität (angesehen wird),
C) eine Relation zur Gattung als induktives Beispiel (am bekanntesten ist).

Da sich die Relationen A und B auf C beziehen, kann ein induktives Beispielmuster der Großklasse II [R1 d;v] identifiziert werden. Der Gattungshinweis (viele Arten einer Gruppe) und das Verweisen auf eine nicht genannte Autorität (wird angesehen) sind die Prämissen, um über ein mögliches Beispiel (am bekanntesten) die Konklusion (Ursprungsgruppe Menschenaffe und Mensch)[138] durch Etablierung der Schlusspräsupposition einzusetzen.

Das induktive Beispielmuster wird an pointierter Stelle des Gesamttextes

138 Dieses Beispiel könnte in weiterführenden Argumentationen als Konklusion, aber nicht mehr als Prämisse verwendet werden (vgl. Kienpointner 1992: 243).

benutzt. Die in Textbaustein 2 gezeigte Chronologie ist gleich zu Beginn durch den Verweis auf ein Beispiel unterbrochen, um die Kausalstruktur zu bekräftigen. Damit fungiert die Präsupposition als unausgesprochene Voraussetzung, die beschrieben werden soll. Dass das induktive Beispielmuster ein vollständiges Muster ist, lässt sich mit der inneren Struktur dieses Musters begründen. Die *ostafrikanische Gattung Proconsul* wird als typisch für anderes (vgl. Kienpointner 1992: 366; Schellens 1985: 194f) angesehen. Damit wird eine hinreichende Erklärung gegeben, die, wäre sie unvollständig, nicht funktionieren würde.

Die gesamte Sequenz bzw. Relation läuft also darauf hinaus, am Beispiel Proconsul zu demonstrieren: In der naturwissenschaftlichen Forschung wird davon ausgegangen, dass diese Gattung dieselbe Eigenschaft hat, wie die vielen (nicht näher bezeichneten) Arten einer Gruppe, nämlich die gemeinsame Wurzel von Mensch und Menschenaffe zu sein. Wird diesem Gedanken gefolgt, ergibt sich für den Rest des Textes kein Grund mehr, die kausale Folge zu belegen, ein einfaches Benennen (z.B. Gorilla, Orang-Utan usw.) scheint dann ausreichend zu sein. Allerdings ist auch hier die Frage zu stellen, ob der Text argumentativ vorgeht. Die Satzsentenz selbst zeigt nichts Strittiges/Fragliches. Die *viele[n] Arten einer Gruppe, die als Ursprungsgruppe von Menschenaffen und Menschen angesehen* werden, sind im Text als Faktum behandelt und mit einem Beispiel demonstriert[139], d.h., die Schlussregel wird durch das Beispiel etabliert. Insofern scheint es sich, wie in Textbaustein 2, formal wiederum um ein Argumentationsmuster, aber nicht um eine Argumentation zu handeln. Dafür spricht auch die Beobachtung, dass *»als […] angesehen wird«* eine dahinterstehende Autorität[140] suggeriert. Wenn, so Kienpointner (1992: 394), Autoritätsmuster (S3) zur Bekräftigung von Schlussregeln eingesetzt werden, so bestätigt dies der hier analysierte Satz. Schematisch ergibt sich aus diesen Überlegungen die folgende Abbildung 7, Kap. 4:

139 Der Text suggeriert mit »am bekanntesten«, dass es noch andere Beispiele gibt, die hier, wie auch im Text davor, nicht eigens benannt werden.

140 Autorität hier nicht als Einzelperson, sondern eher als Gruppensubjekt, z.B. »von Evolutionsbiologen« oder »die in der biologischen Forschung weltweit Tätigen« usw.

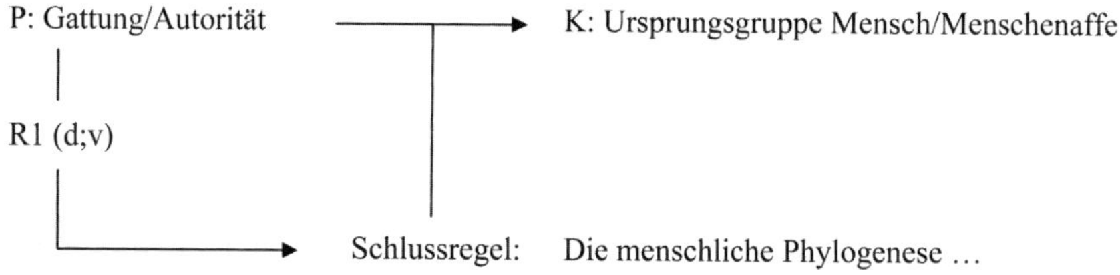

Abbildung 7, Kap. 4: Vollständiges induktives Beispielmuster (R1) der Großklasse II; Linder Biologie

Textbaustein 4:
Etwa diese Alter besitzen zwei Fossilfunde, die sich daher nicht sicher einer der beiden Evolutionslinien zuordnen lassen: aus Kenia ein Fund von Kieferstücken mit Zähnen und Extremitätenknochen, der den Namen Orrorin tugenesis erhielt; aus dem Tschad ein Schädelfund, Sahelanthropus tchadensis.

Kommentar zu Textbaustein 4: Erstmalig in dem hier analysierten Text wird mit »*Etwa […] sich nicht mit Sicherheit*« eine Fraglichkeit angezeigt. Es fällt allerdings zugleich auf, dass eben hier nicht argumentierend vorgegangen wird, d. h. es sind keine Muster zu finden. Zwar könnten die beiden als Belege angeführten Befunde als illustrative Beispiele Verwendung finden, aber es fehlt der Übergang von einer Prämisse zu einer anderen Prämisse bzw. zu einer Konklusion. So wie der Text präsentiert ist, wird auf diese Unsicherheit der Zuordnung nicht eingegangen, sondern es erfolgt ein Wechsel des Bezugsrahmens (vgl. Textbaustein 5). Das heißt, die Funde zeigen zwar eine Einordnungsunsicherheit an, werden aber in Bezug auf das Gesamte marginalisiert.

Zusammenfassung Textbaustein 2 bis 4: Die Analyse der Textbausteine dürfte gezeigt haben, dass der Text verschiedene Relationen enthält, in denen Argumentationsmuster identifizierbar sind. Alle Muster beziehen sich direkt oder indirekt auf die Chronologie, innerhalb derer ein unvollständiges Kausalmuster und ein induktives Beispielmuster gefunden werden kann. Das Fragliche, als Voraussetzung einer Argumentation gekennzeichnet (vgl. Kap. 2.3.5), scheint in diesen Texten zu fehlen bzw. wenn es vorhanden ist (vgl. Textbaustein 4), wird darauf nicht weiter eingegangen.

Die hier analysierten Bausteine können als Bekräftigung der weiter vorne erarbeiteten Präsupposition angesehen werden, die, da sie ohne argumentative Stützung auszukommen scheint, im Folgetext weiterhin als Prämisse fungieren müsste. An dieser Stelle tritt erstmalig notwendig die Frage auf, ob das Fragliche – jetzt in methodischer Hinsicht (vgl. Kap. 3.3) – hilfreich für eine angemessene und methodisch abgesicherte Textanalyse sein kann. Weil sich, wie die weiteren Textbausteine zeigen, diese Problematik auf den gesamten Text bezieht, wird die

Frage an dieser Stelle noch zurückgestellt und erfährt in der abschließenden Zusammenfassung ihre Entfaltung.

Textbaustein 5:
Weltweite Klimaveränderungen [U1] *vor etwa 7–5 Mill. Jahren führten in Afrika zu einer Auflockerung vieler Wälder* [A] *und einer Zunahme der Savannenflächen* [B] [Q13 d;v]. *Infolge der Selektion* [U2] *entwickelten sich daher neue Anpassungsformen, die den Lebensraum anders nutzten. Wahrscheinlich spielt ein Wechsel in der Ernährung eine wichtige Rolle* [H1]. *Zusätzlich* [C] *zur Pflanzennahrung konnten Aas und Kleintiere* [S1 d;v] *verzehrt werden. Bei aufrechter Körperhaltung* [S1 d;v] *konnten* [U3] *die Individuen ein größeres Gebiet überblicken und daher die Nahrung besser ausfindig machen. Außerdem* [D] *wird bei dieser Körperhaltung ein kleinerer Teil der Körperoberfläche der Sonnenstrahlung ausgesetzt* [S1 d;v]. *Dadurch* [E] *muss weniger Energie für die Temperaturregulation* [S1 d;v] *aufgewendet werden. Die Zuhilfenahme der Hände* [U4] [S1 d;v] *bei der Ernährung führte zu einer allmählichen Rückbildung der Kaumuskulatur und damit* [F] *zur Umbildung des Schädels* [S1 d;v]. *Zusammen mit dem vielseitigen Gebrauch der Hand verstärkte* [U5] *dies die Tendenz zur Vergrößerung des Gehirns* [S1 d;v], *das dadurch* [G] *mehr Energie benötigte. Der Übergang zu gemischter Nahrung war dabei vorteilhaft* [U6], *da aus ihr mehr Energie je Masseeinheit* [S1 d;v] *gewonnen werden kann als aus pflanzlicher Nahrung.*

Kommentar zu Textbaustein 5: Dieser Textteil knüpft an die Chronologie an *(vor etwa 7–5 Mill. Jahren)*, der Schwerpunkt (Rahmenwechsel) liegt allerdings auf der Benennung von insgesamt sechs Ursachen, die den Fortgang der menschlichen Phylogenese beschreiben sollen. Von den sechs Ursachen können U1 und U2 als primäre und U3 bis U6 als sekundäre Ursachen angesehen werden. Die *Weltweite Klimaveränderung* (U1) hat zwei Folgeerscheinungen (A und B).

Hier liegt ein Kausalmuster der Großklasse I [Q13 d;v] vor: »Wenn die Ursache … vorliegt, tritt die Wirkung auf. Die Ursache liegt vor« (Kienpointner 1992: 336). Auf die (hauptsächliche) Ursache *Klimaveränderung* treten die Folgen *Auflockerung der Wälder* und *Zunahme der Savannenflächen* ein. Diese monokausale Darstellung ist freilich schwierig, weil nicht geklärt ist, ob die Ursache eine hinreichende oder eine hinreichende und notwendige Bedingung ist, um die Wirkung eintreten zu lassen. Es könnte auch sein, um mit Ballweg (1981: 149f) zu argumentieren, dass sich ohne U1 ebenfalls eine *Auflockerung der Wälder* und eine *Zunahme der Savannenflächen* ergeben hätten. Abbildung 8, Kap. 4, verdeutlicht noch einmal das Argumentationsmuster der Vorlage:

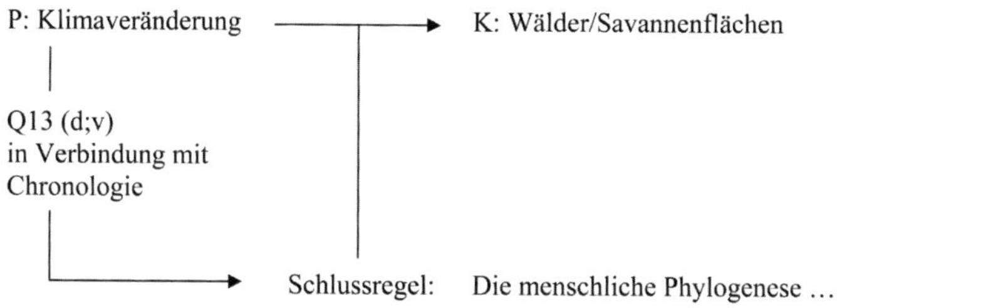

Abbildung 8, Kap. 4: Vollständiges Kausalmuster (Q13) der Großklasse I; Linder Biologie

Der anschließende Text führt als zweite primäre Ursache (U2) die Selektion ein. Verstärkt wird diese zweite primäre Ursache mit der Formulierung: *Infolge der Selektion*[141] sowie durch die Verbindung mit Hypothese (H1) *Wahrscheinlich […] Wechsel in der Ernährung.*

Der fortlaufende Text fokussiert auf dieses Konstrukt, um – unter Benutzung von Kausaladverbien wie *zusätzlich, daher, außerdem, dadurch* usw. – den Fortgang der menschlichen Phylogenese zu beschreiben, also die Präsupposition zu entfalten. Dieser gesamte Textteil zeigt ebenfalls eine kausale Struktur, die aber nicht, wie in Textbaustein 2, chronologisch ausgebaut ist, sondern parallel: Aus vielen verschiedenen bzw. parallelen Ursachen ergeben sich Wirkungen, die in Gesamtheit die Entwicklung zum Menschen plausibel erscheinen lassen.

Deshalb kann dieser Text eigentlich nur ein Kausalmuster [Q13 d;u] sein, welches seine Stützung durch insgesamt acht illustrative Beispiele[142] [S1 d;v) aus der Großklasse III erfährt. Illustrative Beispiele sind es deshalb, weil die Schlussregel nicht etabliert, sondern als Prämisse genutzt wird, allerdings nicht als vorausgesetzte, sondern durch Beispiele veranschaulichte. Unvollständig ist dieses Kausalmuster, weil keine Konklusion zu erkennen ist.

In einem Schaubild verdeutlicht (siehe Abbildung 9, Kap. 4) ergibt sich eine

141 Selektion wird hier als eine Art *prima causa*, also eine erste, von selbst anhebende Ursache vorgestellt. Mit dieser Beobachtung soll nicht die Evolutionstheorie infrage gestellt werden, aber diese Formulierung zeigt deutlich an, dass die Evolutionstheorie auf ungeklärten Anfängen beruht – hier dürfte eine Parallele zur Urknalltheorie bestehen, die die Singularität postulieren muss, um überhaupt zu einer raum-zeitlichen Ausdehnung des Universums zu gelangen (vgl. Planck'sche Ära). Ähnlich die Biologie: »Die Begünstigung der hinsichtlich Fortpflanzung am besten angepassten Organismen nannte DARWIN *natürliche Selektion* (Auslese)« (Bayrhuber/Hauber/Kull ^{23}2010: 430, Hervorhebung im Original). Selektion wird somit als ein Vorgang vorausgesetzt, der Kausalität – im evolutionstheoretischen Sinn – ermöglicht.

142 Die Zahl 8 ergibt sich aus: *zusätzlich Aas und Kleintiere verzehrt; aufrechter Körperhaltung; ein kleinerer Teil der Körperoberfläche der Sonnenstrahlung ausgesetzt; weniger Energie für die Temperaturregulation; Zuhilfenahme der Hände; Umbildung des Schädels; Vergrößerung des Gehirns; mehr Energie je Masseeinheit gewonnen werden.*

facettenreiche Verkopplung verschiedener, als Ursachen gedeuteter Bedingungen, die den Prozess dieser (menschlichen) Genese erklärbar machen sollen.

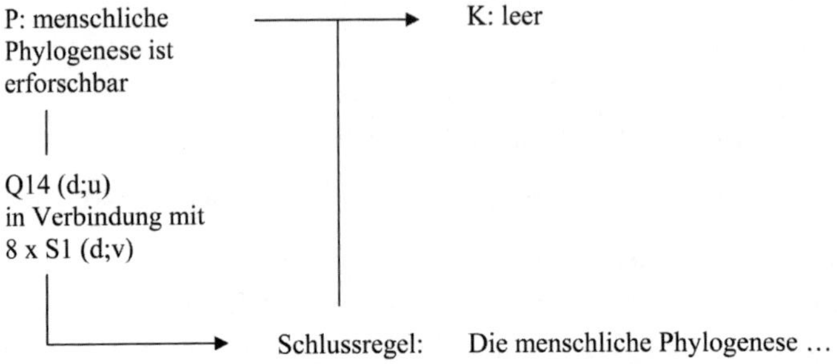

Abbildung 9, Kap. 4: Unvollständiges Kausalmuster (Q13) der Großklasse I in Verschränkung mit illustrativen Beispielmustern (S1) der Großklasse III; Linder Biologie

Zusammenfassung Textbaustein 5: Die Aussagen des gesamten Textes beziehen sich auf die Präsupposition, wobei die Ursache U1 nur eine marginale Rolle einnimmt. Primär ist der Text und sind die entsprechenden Muster auf der Annahme der Ursächlichkeit des Konstrukts *Selektion* aufgebaut. Dieses, für die Evolutionstheorie wichtige Konstrukt[143] bildet die Grundursache für die folgenden kausalen Relationen, die im Text als Beispiele präsentiert werden. Diese Kausalkette scheint nichts Fragliches klären zu wollen, allerdings fällt auf, dass sie unvollständig ist. Ein versteckter Hinweis darauf, dass hier doch eine Fraglichkeit angesprochen werden soll? Auch dieser Frage kann erst in der Gesamtzusammenfassung nachgegangen werden.

143 Zu den Mechanismen der Evolution vgl. Drieschner (2007: 43f). Zur Selektion wird dort als Argument ausgeführt: »Der Affe ist deswegen so ideal an sein Leben im Urwald angepasst, weil schon seine Vorfahren nur in eben dieser Umwelt überlebt haben, weil sie darin besser als andere zurechtkamen.« Das heißt, A1 ist deshalb so gut, weil schon A gut war, und deshalb ist A1 gut: Es liegt hier eine Tautologie vor, die auch nicht damit wegzuerklären ist, dass »ein Argument […] allein schon aus seiner logischen Form wahr ist« und dass das »Darwin'sche Argument […] wegen eben dieser Struktur schlagend« ist (Drieschner 2007: 48). Die sich aus dieser Argumentation ergebende Frage liegt in der Verwendung des Begriffes *logisch.* Eine zweiwertige Prädikatenlogik kann nicht dahinterstehen, maximal ein Syllogismus. Es ist eben nicht logisch, dass aus einem theoretischen Konstrukt eine Form von *wahr* abgeleitet wird. Viel einleuchtender sind Formulierungen, die das theoretische Konstrukt auch als ein solches benennen, z.B.: Unter einer Voraussetzung X ist die Annahme Y berechtigt, dass Z richtig oder wahr ist. Erst mit solchen oder ähnlichen Formulierungen wäre ein Diskursrahmen geschaffen, der die Vorläufigkeit von Naturwissenschaften kenntlich macht.

Textbaustein 6:
Frühe Vormenschen
Jene Form der menschlichen Evolutionslinie, die noch nicht alle anatomischen Merkmale des echten Menschen aufweisen [Q1 d;v] *und die keine gut behauenen Steinwerkzeuge* [Q1 d;v] *herstellten, bezeichnet man* [S3 d;v] *als Vormenschen. Zahlreiche Funde aus Ost- und Südafrika* (Abbildung. 492.1), *die sich über einen Zeitraum von über 3 Mill. Jahren erstrecken, erlauben eine Einteilung in mehrere Gattungen* [Q2 d;v]. *Die frühesten dieser Lebewesen gingen vermutlich zeitweilig aufrecht; die wichtigste Form war* Ardipithecus ramidus [S1 d;v].

Kommentar zu Textbaustein 6: Mit diesem letzten Textbaustein aus dem Lehrwerk Biologie im Rahmen dieser Analyse beginnt eine Einzelcharakterisierung, die bei der Gattung Homo sapiens (im Lehrbuch) endet. Im Gegensatz zu den bisher besprochenen Textbausteinen wird hier näher auf Eigenschaften eingegangen, welche der Abgrenzung innerhalb der menschlichen Phylogenese dienen. So gibt dieser Textbaustein eine Negativdefinition an (Abbildung 10, Kap. 4):

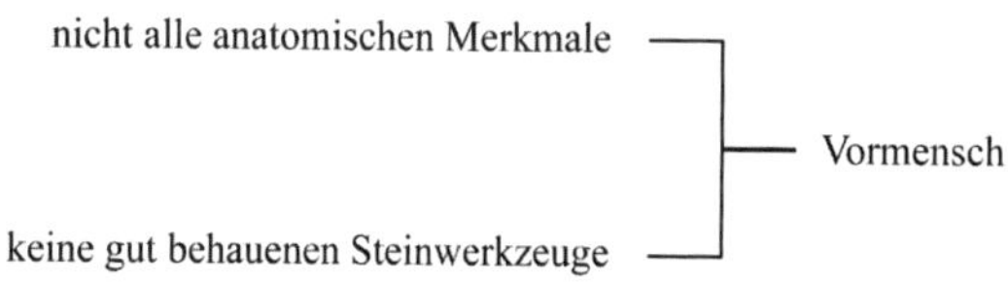

Abbildung 10, Kap. 4: Negativmerkmale der Definition *Vormensch;* Linder Biologie

Im Zusammenhang mit der Benennung der wichtigsten Form *Ardipithecus ramidus* kann das Definitionsschema [Q1 d;v] aus der Großklasse I entdeckt werden: »Was über die Definition ausgesagt wird, wird auch über das Definierte ausgesagt und umgekehrt« (Kienpointner 1992: 250). Es lässt sich, als Negativvariante wie folgt lesen: Wenn X und Y nicht erfüllt sind, dann handelt es sich um Z. X und Y sind beim *Ardipithecus ramidus* nicht erfüllt, also handelt es sich um einen Vormenschen (die wichtigste Form).

Des Weiteren zeigt der Text ein Autoritätsmuster: [S3 d;v] *bezeichnet man,* ein Genus-Spezies-Muster [Q2 d;v]: *Zahlreiche Funde [...] erlauben eine Einteilung in mehrere Gattungen,* sowie mit der Benennung *Ardipithecus ramidus* ein illustratives Beispielmuster [S1 d;v][144]. Autorität und illustratives Beispiel sind der Großklasse III, Definition und Genus-Spezies-Muster der Großklasse I zuzuordnen.

144 Ein induktives Beispielmuster der Großklasse II kann hier nicht vorliegen. Zwar liegt in der Beschreibung *gingen vermutlich zeitweilig aufrecht* ein Typisches vor, allein die Benennung *wichtigste Form* schließt die Induktion aus, es wird damit das Typische »nur« illustriert.

Aus geografischer und temporaler »Sicherheit« heraus *(Funde aus Ost- und Südafrika [...] Zeitraum von über 3 Mill. Jahren)* werden Gattungsunterscheidungen getroffen und die entsprechenden Merkmale (hier: *teilweise aufrecht gehen*) abgeleitet. Die Intention des gesamten Textbausteines läuft darauf hinaus, eine Einordnung als Übergang vom Vormenschen zum Menschen vornehmen zu können, die sich einer nicht benannten Autorität sowie einer Illustration bedient. Es fehlt allerdings, wie an vielen anderen Textstellen des analysierten Textes das Fragliche, im naturwissenschaftlichem Sinne das Hypothetische, um von einem argumentativen Text sprechen zu können. Ein solcher Text könnte, ganz fiktiv formuliert, wie folgt aussehen (siehe Abbildung 11, Kap. 4).

Sprecher A:

Also ich denke, dass die Evolutionstheorie noch gewaltige Lücken aufweist, wenn es um den Übergang von den Vorfahren des Menschen zum Menschen geht.

Sprecher B:

Mitnichten! Da ist z. B. von den Vormenschen der *Ardipithecus ramidus* zu nennen. **(A)**
Ein Vormensch deshalb, weil noch nicht alle anatomischen Merkmale ausgebildet waren, wie z. B. die Verkürzung der vorderen Extremitäten. Es waren auch noch keine gut behauenen Steinwerkzeuge vorhanden, zumindest wurden solche bisher nicht gefunden. **(B)**
Aber dieses Wesen, dies zeigen die Funde in Ost- und Südafrika, die sich immerhin über einen Zeitraum von 3 Millionen Jahren datieren lassen, ging zumindest zeitweise aufrecht und kann somit als ein Bindeglied zwischen Vorfahren des Menschen und Menschen bezeichnet werden. **(C)**
Diese Ansicht vertreten auch Biologen aus China und den USA. **(D)**

A = Illustratives Beispielsmuster aus der Großklasse III
B = Definitionsmuster aus der Großklasse I in Verbindung mit illustrativem Beispielmuster aus der Großklasse III
C = Genus-Speziesmuster aus der Großklasse I
D = Autoritätsmuster aus der Großklasse III (Kollektive Autorität)

Abbildung 11, Kap.4: Fiktiver Dialog; Linder Biologie

Zusammenfassung Textbaustein 6: Auch dieser Textbaustein enthält Muster, aber auch ihm fehlt das Fragliche. Die hier eingestreute fiktive Diskussion würde ein solches Fragliches explizieren bzw. durch so eine dialogische Form würde ein

Lehrbuchtext gewinnen, weil für Schülerinnen und Schüler die Absicht des Textes – eine Klärung herbeizuführen – einsichtig werden könnte. Für die Anwendbarkeit der Muster nach Kienpointner spricht die Möglichkeit der rein formalen Identifizierung.

Zugleich zeigt die Abwesenheit des Fraglichen, dass der hier besprochene Lehrbuchtext naturwissenschaftliches Erkenntnisgut transportiert, welches auf eine Plausibilität zurückzugreifen scheint, die das Hypothetische naturwissenschaftlicher Forschung schon überwunden meint und auf scheinbar unzählige Beispiele (Funde von Schädeln, Knochen usw.) verweisen kann.

4.2.3 Zusammenfassung

In der Zusammenfassung zur Analyse des Textbeispiels aus dem *Lehrwerk Biologie* müssen die verschiedenen herausgearbeiteten Facetten bedacht werden. Der Text enthält Varianten des deskriptiven Kausalitätsmusters. Dies überrascht nicht, versuchen doch die Naturwissenschaften im Allgemeinen ihre Erkenntnis aus dem Ursache-Wirkung-Mechanismus abzuleiten. Auffällig hingegen ist, dass die identifizierten Kausalmuster unvollständig sind. Es fehlen die Benennungen entweder der Ursachen oder die der Wirkungen. Eine Erklärung für diese Auffälligkeit könnte sein, dass durch die Unvollständigkeit zumindest indirekt ein Hinweis auf die Diskutierbarkeit der naturwissenschaftlichen Ergebnisse gegeben werden soll, dass also indirekt auf ein Fragliches hingewiesen wird. Ob dieses durch Schülerinnen und Schüler als ein solches erfasst werden kann, ist eine andere Problematik.

Darauf lässt sich die zweite Auffälligkeit beziehen. Wird das Fragliche nicht expliziert, sind aber dennoch Muster zu finden, dann lässt sich die Frage stellen, ob das theoretische Konzept einschließlich des methodischen Vorgehens für die Erfassung und Identifizierung von Argumentationsmustern für solche Texte geeignet ist. Argumentationstheoretisch wurde herausgearbeitet, dass nur dann ein argumentativer Text vorliegt, wenn ein Fragliches auffindbar ist. Das Instrument (Typologie) ist nur dann methodisch abgesichert, wenn das untersuchte Material diese argumentationstheoretische Voraussetzung zeigt. Dies ist im analysierten Text aber, bis auf die Ausnahme im Textbaustein 4, nicht der Fall.

Zur Erinnerung sei noch einmal das Folgende festgehalten: In der linguistischen Forschung gilt als Allgemeingut, dass jeder Text (mündlich oder schriftlich) die Intention verfolgt, auf eine Frage eine Antwort zu geben (vgl. Hellwig 1984: 14). Die Frage muss dabei nicht zwingend im Text selbst gestellt sein. Bei der Quaestio, wie ein solches Fragen seit der antiken Rhetorik genannt wird, handelt es sich »um ein theoretisches Konstrukt und nicht um eine Beschreibungskategorie auf der Phänomenebene« (von Stutterheim 1997: 18). In der antiken Rhetorik (vgl. Quintilianus 1972–1975: 391–393, erster Teil) war das Fragliche (die Quaestio) auch das Strittige.

Kann davon ausgegangen werden, dass jeder Text etwas thematisiert, das dem lesenden oder hörenden Rezipienten entweder nicht oder noch nicht bekannt ist, dann expliziert oder impliziert die Quaestio den Fokus eines jeden Textes. Das Konstrukt *Quaestio* legt somit den Referenzrahmen fest. Dieser Rahmen besteht aus zeitlichen, räumlichen, modalen Festsetzungen und zielt auf bestimmte Wissensausschnitte, Schemata usw. ab (vgl. von Stutterheim 1997: 21 f), wodurch eine Fokussierung ermöglicht ist – was bedeutet, dass jedes

> »irgendwie bestimmte Erfassen eines Sachverhaltes […] selektiv [ist]. […] Wir erfassen nicht einfach Gegenstände oder Sachverhalte, sondern wir erfassen sie in einem Rahmen, und das heißt […] wir erfassen sie ausschnittsweise« (Wohlrapp ^{2}2009: 238).

Die Quaestio gibt aber auch eine Art Garantie der Perspektivität, wie z. B. Konzeption, Informationswahl, Struktur und Gewichtung (vgl. von Stutterheim 1997: 24).

Die Untersuchungen zu den einzelnen Textbausteinen zeigen nun, dass der konkrete Text auf der Ebene eines Sachtextes anzusiedeln ist. Er unterliegt der Struktur der Wie-Frage, denn er operiert mit einer Dass-Behauptung[145], gibt aber eigentlich keine Antwort auf das *Wie*, sondern reiht naturwissenschaftliche Aussagen aneinander, ohne die Struktur der Vorläufigkeit[146] dieser in das Blickfeld der Rezipienten (Schülerinnen und Schüler) zu rücken. Die methodische Kontrolle durch das Konstrukt *Quaestio* ergibt: Obwohl Argumentationsmuster identifizierbar sind, liegt kein argumentierender Text vor.

Ein Argument für dieses Zwischenergebnis ist, dass die Muster aufgrund ihrer Kontextabstraktheit auch nur auf rein formaler Ebene identifizierbar sind. Gegen dieses Argument spricht freilich, dass der Text aus dem *Lehrbuch Religion* Muster gezeigt hat, die sehr wohl die Verbindung zwischen formal und inhaltlich eingehen. Deshalb kann hier, aufgrund eines Textbeispiels aus dem Lehrbuch Biologie, noch keine Verallgemeinerung formuliert werden.

Freilich könnte sich herausstellen, dass der Unterschied zwischen der Präsentation von geistes- und naturwissenschaftlichen Texten in Lehrwerken für die gymnasiale Oberstufe darin liegt, dass erstgenannte deshalb argumentative Texte sind, weil sie von der Textebene aus betrachtet das Fragliche in den Vor-

145 Die Dass-Behauptung ergibt sich aus der herausgestellten Präsupposition, die Wie-Frage soll durch die Chronologie, die Kausalität usw. beantwortet werden, die jeweils mit Beispielen (Knochenfunde usw.) illustriert sind. Dabei ist ein Verbleiben im Status der Prämisse zu beobachten.

146 Auf die Vorläufigkeit naturwissenschaftlicher Erkenntnisse macht das gesamte Lehrwerk nur auf S. 18–19 aufmerksam bzw. in der kurzen Sequenz des Textbausteines 4. Es stellt sich also die Frage, ob dies Schülerinnen und Schülern bewusst ist bzw. durch zwei Schuljahre hindurch bewusst bleibt.

dergrund rücken, und bei letzteren dies nicht angestrebt ist. Es könnte aber auch heißen: Naturwissenschaftliche Texte in Lehrbüchern setzen einen Geltungswert der Aussagen voraus, der nicht mehr befragt wird. Ob dieser Geltungswert dann auch zwingend plausibel ist, das herauszuarbeiten, bedürfte einer eigenen Forschungsanstrengung.

Was beiden bisher analysierten Texten allerdings gemeinsam ist – und dies unterstützt das theoretische Konstrukt dieser Forschung –, ist die Tatsache, dass der Vorschlag (vgl. Kap. 2.3), die Schlussregel (die Präsupposition) als Ausdruck von Weltwissen zu verstehen und damit die pragmatische Theorie der Verwendung von Präsuppositionen zu betonen, in beiden untersuchten Textsorten greift. Selbst wenn nur eine indirekte Argumentation (Lehrbuch Biologie) zu beobachten ist, weil das Fragliche nicht oder nur selten expliziert wird, kann von Antizipation eines Weltwissen besprochen werden, womit die rein kontextabstrakte Ebene der Typologie von Argumentationsmustern nach Kienpointner in der Tat verlassen werden kann.

Argumentationsmuster, so zeigt der Text aus dem *Lehrbuch Biologie*, lassen sich auch rein formal als solche identifizieren. Dabei gilt es, die kritische Anmerkung von Wohlrapp – »die Frage, was die These ist« (Wohlrapp ^{2}2009: 115) – bei einer Argumentationsanalyse nicht aus den Augen zu verlieren.

Von der inhaltlichen Seite aus betrachtet, transportiert das Lehrwerk evolutionstheoretische Positionen, wie in Kapitel 1 herausgearbeitet. Das heißt, es kann davon ausgegangen werden, dass diese Positionen (vgl. Kap. 1.2.4) auch im Horizont von Schülerinnen und Schülern der gymnasialen Oberstufe liegen. In Gesamtheit zeigt die Textanalyse, dass das Instrument zur Erfassung von Argumentationsmustern theoretisch (biologisch und argumentationstheoretisch) und – mit den erwähnten Besonderheiten – methodisch tauglich ist.

4.3 Studie zu einem Text einer gymnasialen Oberstufenschülerin

Der letzte hier vorzustellende Text wurde von einer 17-jährigen Schülerin eines Wiener Gymnasiums verfasst. Sie besucht den evangelischen Religionsunterricht und einen Grundkurs in Biologie. Die Schülerin gab an, mit Religion außerhalb der Schule durch ihre Anbindung an eine freikirchliche Gemeinde Kontakt zu haben.

Der Text ist aufgrund eines Impulses verfasst worden. Der Impuls lenkt durch einen Eingangstext aus dem *Lehrbuch Religion Oberstufe* die Schülerschaft auf die Möglichkeit eines argumentierenden Dialoges zwischen einem Naturwissenschaftler und einem Metaphysiker. Als Parabel verfasst, sollen die Schülerinnen und Schüler eine Vorstellung davon bekommen, wie sie die sich an den Text anschließende Aufgabe lösen könnten.

Die Aufgabe selbst ist so konstruiert, dass sich die Schüler in eine Rolle hineinversetzen sollen. Von der Aufgabenstellung gibt es die Variante A (Rolle eines Theologen / religiösen Menschen) und B (Rolle eines Evolutionstheoretikers).[147] Beide Varianten wurden von verschiedenen Lehrkräften validiert (Expertenvalidierung, vgl. Kap. 6.1.4).

Im Folgenden werden zuerst der Impuls wiedergegeben und im Anschluss der Text der Schülerin. Im Schülertext lassen sich insgesamt 9 Textbausteine ausmachen, wobei der gesamte Text der klassischen Dreiteilung einer Erörterung (Einleitung, Hauptteil, Schluss mit wertendem Urteil) folgt.[148] Deshalb erfährt die Analyse immer erst dann eine Zusammenfassung, wenn jeweils der vollständige Teil erfasst ist. Die Schülerin hatte zur Bearbeitung die Möglichkeit, Quellen zu benutzen und hat diese angegeben.[149] Im Rahmen der Pilotierung werden nun die einzelnen Textbausteine analysiert.

4.3.1 Schülerimpuls

Der folgende Text ist dem Lehrbuch *Kursbuch Religion Oberstufe* (Rupp/Reinert 2004: 27) entnommen. Er trägt den Titel: »Das Netz des Physikers« und ist Teil einer Rede des Physikers und ehemaligen Direktors des Max-Planck-Institutes München Hans-Peter Dürr.[150]

Bitte lesen Sie sich diesen Text aufmerksam durch!

»[…]Lassen Sie mich diese Beziehung zwischen den Erkenntnissen der Naturwissenschaft über die Wirklichkeit und der ›eigentlichen‹ Wirklichkeit mit einer einprägsamen Parabel beschreiben, die von dem berühmten Astrophysiker Sir Arthur Eddington […] angeführt wird. Eddington vergleicht in dieser Parabel den Naturwissenschaftler mit einem Ichthyologen, einem Fischkundigen, der das Leben im Meer erforschen will. Er wirft dazu sein Netz aus, zieht es gefüllt an Land und überprüft seinen Fang nach der gewohnten Art eines Wissenschaftlers. Nach vielen Fischzügen und gewissenhafter Überprüfung formuliert er zwei Grundgesetze der Ichthyologie:

1) Alle Fische sind größer als fünf Zentimeter.

2) Alle Fische haben Kiemen.

---

147 Die Varianten A und B stellen sicher, dass ein Abschreiben in der Testsituation durch das wechselseitige Verteilen nicht möglich ist. Zugleich ist mit den beiden Varianten erreicht, dass der Impuls im Religionsunterricht und im Biologieunterricht eingesetzt werden kann.

148 Vgl. zur Erörterung: Ossner/Denk 2002; Ludwig/Spinner 2000.

149 Die Benutzung von externen Quellen ist natürlich in der Erhebungssituation nicht vorgesehen. In der Phase der Pilotierung ist dies allerdings kein Hindernis, weil nur herausgefunden werden soll, ob der gesetzte Impuls funktioniert und zu verwertbaren Ergebnissen führt.

150 Hans-Peter Dürr (1990): Das Netz des Physikers. Naturwissenschaftliche Erkenntnis in der Verantwortung. München: Deutscher Taschenbuchverlag.

Er nennt diese Aussagen Grundgesetze, da beide Punkte sich ohne Ausnahme bei jedem Fang bestätigt hatten [...].
Ein kritischer Beobachter – wir wollen ihn einmal Metaphysiker nennen – ist jedoch mit den Schlussfolgerungen des Ichthyologen höchst unzufrieden und wendet energisch ein: ›Dein zweites Grundgesetz, dass alle Fische Kiemen haben, lasse ich als Gesetz gelten, aber dein erstes Grundgesetz, das über die Mindestgröße der Fische, ist gar kein Gesetz. Es gibt im Meer sehr wohl Fische, die kleiner als fünf Zentimeter sind, aber diese kannst du mit deinem Netz einfach nicht fangen, da es eine Maschenweite von fünf Zentimetern hat!‹
Unser Ichthyologe ist von diesem Einwand jedoch keineswegs beeindruckt und entgegnet: ›Was ich mit meinem Netz nicht fangen kann, liegt prinzipiell außerhalb fischkundigen Wissens, es bezieht sich auf kein Objekt der Art, wie es in der Ichthyologie als Objekt definiert ist. Für mich als Ichthyologen gilt: Was ich nicht fangen kann, ist kein Fisch.‹«

Erläuterung:
Mit dieser Parabel liegt Ihnen ein Beispiel eines argumentierenden Dialogs vor. So ähnlich könnten auch ein Evolutionstheoretiker (Biologe) und ein religiöser Mensch (Theologe) diskutieren.

Aufgabe:
Übertragen Sie bitte gedanklich die Parabel von Sir Arthur Eddington auf das Thema »Evolution und Schöpfung« und schreiben Sie eine überzeugende Rede (3 bis 5 A4-Seiten), in der Sie die Rolle eines religiösen Menschen einnehmen und die Berechtigung eines Glaubens an die biblische Schöpfung trotz des evolutionstheoretischen Modells zur Entstehung des Lebens argumentativ vertreten.

4.3.2 Wiedergabe des Schülertextes

Der Glaube an die biblische Schöpfung

»Der Glaube aber [...] ist ein Überzeugtsein von Dingen, die man nicht sieht.« (Hebräer 11,1) Dieses Bibelzitat handelt genau von dieser Auseinandersetzung mit dem Unsichtbaren, dem Ungreifbaren, wie es die restlichen Fische im Meer sind, die nicht ins Netz des Ichthyologen gelangten und deshalb für ihn nicht existent bzw. für seine Forschungen nicht bedeutend sind. Aber ist nicht oft das, was wir nicht sehen können, das Wichtige? Der Glaube beschäftigt sich gerade mit dem, was man nicht sieht, was aber dennoch da ist, denn auch die Biologie führt uns eine Welt vor Augen, die durchaus den Abdruck eines »Bauplanes« trägt, der hinter ihr steckt. Denn die Natur ist mit Sicherheit voll von erstaunlichen Dingen und Verläufen, die anscheinend perfekt geplant sind. Kann also eine solch komplexe, in sich aber dennoch wunderbar funktionierende Welt Produkt des

Zufalls sein? Ich finde, schon allein das »Wunder Mensch« deutet unmissverständlich darauf hin, dass es durch und mit Intelligenz geschaffen wurde.

Bevor man sich der Frage »Glaube oder Wissenschaft« stellt, ist es hilfreich, sich zunächst mit Grundlagen der Wissenschaftstheorie zu beschäftigen: Naturwissenschaften sind empirische Wissenschaften. Ihre Daten werden durch Naturbeobachtung oder gezielte Experimente erworben. Die Beobachtungen müssen wiederholbar sein. Der vorrangige Untersuchungsbereich liegt in der Gegenwart, und aus den gewonnenen Daten versuchen Wissenschaftler Hypothesen zu erstellen, die kausale Zusammenhänge zwischen den Daten erklären sollen. Neu gewonnene Daten können eine Hypothese stützen oder auch widerlegen. Im letzteren Fall muss die Hypothese neu überarbeitet oder geändert werden, so entsteht dann aus einer Hypothese eine Theorie. Umgekehrt wird die Suche nach neuen Daten oft von der vorgegeben Hypothese oder Theorie geleitet. Der Wissenschaftler sucht dabei nur jene Ergebnisse, die seine vorgegebene Theorie bestätigen, anderes wird ausgeklammert.

Die Frage nach dem Ursprung des Lebens kann nur sehr begrenzt mit den naturwissenschaftlichen Methoden erforscht werden, denn Entwicklung und Geschichte des Lebens auf unsrer Erde sind einmalig und experimentell nicht wiederholbar. In dieser Hinsicht ist sie nicht dem naturwissenschaftlichen, sondern dem geschichts*wissenschaftlichen Fachgebiet zuzuordnen. Beweise im naturwissenschaftlichen Sinn, die die Evolutionstheorie be- oder widerlegen, sind schwer zu erbringen, die Daten können höchstens einer Plausibilitätsabwägung dienen, indem man Indizien heranzieht. Subjektive Einschätzungen spielen jedoch eine große Rolle.*

*Es muss an dieser Stelle betont werden, dass weder die Evolutions*theorie, *noch Schöpfungs*theorien *als naturwissenschaftlich be- oder widerlegt gelten können!*

Kommen wir nun auf das »Gegensatzpaar« Glaube und Wissenschaft zurück. Bedeutende Wissenschaftler quer durch alle Jahrhunderte bekannten sich zu ihrem Glauben an einen persönlichen Gott. Als Beispiele möchte ich hier Isaac Newton, Galileo Galilei oder Blaise Pascal anführen. Dieser Gegensatz wurde vielmehr durch atheistische Wissenschaftler ins Leben gerufen, deren Weltanschauung der Naturalismus ist. Sie vertreten die Auffassung, dass in der Welt und in ihrer Geschichte ausschließlich natürliche Kräfte wirken. Diese Denkvoraussetzung kann allerdings empirisch nicht begründet werden. Sie ist eine Weltanschauung. Das wird zum Beispiel in folgendem Zitat von Richard Lewontin, 1997, sehr deutlich: »Es ist nicht so, dass uns die Methoden und Institutionen der Wissenschaft zwingen würden, eine materielle Erklärung der phänomenalen Welt zu akzeptieren, sondern wir sind im Gegenteil durch unser a priori Festhalten an materiellen Ursachen dazu gezwungen, einen Forschungsapparat und Begriffe zu schaffen, die materielle Erklärungen produzieren, ganz gleich, wie sehr das der Intuition des nicht Eingeweihten entgegenläuft, ganz gleich, wie rätselhaft es ihm erscheint. […] Zudem ist dieser Materialismus absolut, denn wir können keinen göttlichen Fuß in der Tür zulassen.« (Richard Lewontin, 1997 – Zitiert aus »New York Review of Books«, 9.1.1997 in John Lennox, »Hat die Wissenschaft Gott begraben?«, 2002)

Hier tarnt sich eindeutig atheistischer Materialismus in wissenschaftlichem Kleid.

Schöpfungstheorien basieren auf dem Weltbild der Bibel. Sie erklären die Entstehung des Kosmos und aller Lebewesen durch Gottes Handeln. Auch das ist freilich wissenschaftlich nicht beweisbar, so stehen sich hier zwei Theorien gegenüber. Es ist eine persönliche Entscheidung jedes Menschen, welche dieser Theorien er für sich als wahr annimmt.

Laut Evolutionstheorie soll alles Leben aus anorganischen Grundstoffen entstanden sein und sich von den Einzellern bis zu den Menschen stetig höher entwickelt haben. Schon der Ansatzpunkt dieser Theorie erscheint mir persönlich als unwahrscheinlich, da wir auf unserem Planeten nur beobachten können, dass Leben aus Leben entsteht. Dieses Prinzip wurde so benannt: omne vivum ex vivo. Bisher konnte keine einzige Ausnahme dieses Grundsatzes gefunden werden.

Es besteht kein Zweifel daran, dass Lebewesen eine Anpassungsfähigkeit besitzen. Wildtiere und -pflanzen passen sich ihrer Umwelt an, Nutzpflanzen oder Haustiere können zu einer erstaunlichen Vielfalt gezüchtet werden. Dieses Prinzip kann man als Mikroevolution bezeichnen. Es geht dabei wohl eher um Spezialisierung als um Höherentwicklung. Eine systemüberschreitende Makroevolution lässt sich in der Natur nicht beobachten. Ich finde den Ansatz, Lebewesen in Grundtypen einzuteilen, als sehr hilfreich. Mitglieder eines Grundtyps sind direkt oder indirekt miteinander kreuzbar. So gehören zum Beispiel alle Hühnervögel einem Grundtyp an. Entenvögel dagegen sind einem anderen Grundtyp zuzuordnen, weil sie sich mit Hühnern nicht verkreuzen. Analoges gilt im Pflanzenreich, wo der Grundtyp vielleicht irgendwo auf der Familienebene liegt. Kernobst und Steinobst zum Beispiel gehören verschiedenen Grundtypen an.

Ich möchte hier auch betonen, dass Kritik an der Darwinistischen Evolutionstheorie, wie sie heute an unseren Schulen und Universitäten gelehrt wird, nicht nur aus dem »religiösen Lager« vorgebracht wird. Zahlreiche Wissenschaftler bezweifeln, dass der Neo-Darwinismus heute noch irgendeine wissenschaftliche Relevanz hat (z.B. die Wissenschaftler-Gruppe »Altenberg 16«).

Wissenschaftler, die die Richtung des »Intelligent-Designs« vertreten, weisen darauf hin, dass das Leben auf unserem Planeten tatsächlich intelligent entworfen ist. Die Funktionsweise von Zellen, Geweben oder Organen ist äußerst komplex und optimal aufeinander abgestimmt. Kern allen Lebens ist eindeutig Information, die ja in der DNA jedes Zellkerns gespeichert ist. Der atheistischen Evolutionstheorie fehlt bisher jede Erklärung, wie diese Information entstanden sein könnte, denn Information kann per definitionem nicht zufällig entstanden sein. Sie setzt eine intelligente Quelle voraus.

Abschließend möchte ich festhalten, dass nicht Glaube und Wissenschaft, sondern verschiedene Weltanschauungen einander unvereinbar gegenüberstehen. Ich persönlich habe somit auch kein intellektuelles Problem, wissenschaftsinteressiert zu sein und gleichzeitig an die Bibel als Offenbarung eines persönlichen Gottes, der in Jesus Mensch geworden ist, zu glauben. Denn Glaube heißt für mich keineswegs nichts zu wissen, sondern ist Ausdruck meiner tiefen Beziehung zum Schöpfer.

4.3.3 Analyse der Textbausteine

Textbaustein 1:
»Der Glaube aber […] ist ein Überzeugtsein von Dingen, die man nicht sieht.« (Hebräer 11,1) [S1 d;v] *Dieses Bibelzitat handelt genau von dieser Auseinandersetzung mit dem Unsichtbaren, dem Ungreifbaren, wie es die restlichen Fische im Meer sind, die nicht ins Netz des Ichthyologen gelangten und deshalb für ihn nicht existent bzw. für seine Forschungen nicht bedeutend sind* [S2 d;v]. *Aber ist nicht oft das, was wir nicht sehen können, das Wichtige?* [P1] *Der Glaube beschäftigt sich gerade mit dem, was man nicht sieht, was aber dennoch da ist* [P2], *denn auch die Biologie führt uns eine Welt vor Augen, die durchaus den Abdruck eines »Bauplanes«* [S1 d;v] *trägt, der hinter ihr steckt. Denn die Natur ist mit Sicherheit voll von erstaunlichen Dingen und Verläufen, die anscheinend perfekt geplant sind* [S1 d;v]. *Kann also eine solch komplexe, in sich aber dennoch wunderbar funktionierende Welt Produkt des Zufalls sein? Ich finde, schon allein das »Wunder Mensch«* [S1 d;v] *deutet unmissverständlich darauf hin, dass es durch und mit Intelligenz geschaffen wurde.*

Kommentar zu Textbaustein 1: Der erste Textbaustein zeigt vielfältige, ineinander verwobene Argumentationsmuster. Er gibt zugleich den Rahmen bekannt, innerhalb dessen der restliche Text gelesen werden soll. Auch wenn der erste Satz den Eindruck erweckt, ein normatives Definitionsmuster aus der Großklasse I[151] zu sein, verweist die Angabe der Quelle (Heb. 11,1) darauf, dass

151 Definiert wird, was unter *Glauben* zu verstehen ist, nämlich ein *Überzeugtsein.* Da es sich bei dieser Definition um eine personale Gebundenheit handelt »Ich bin überzeugt von …« kann eigentlich nur von einem normativen Muster ausgegangen werden. Allerdings fehlt dieser Definition das Definierte, denn »Dinge, die man nicht sieht« können kaum definiert werden. Definitionen sollen ein Allgemeines benennen. Das persönliche Überzeugtsein wäre dann eine personale Auslegung eines solchen Allgemeinen. Genau in dieser Spannung bewegt sich der Eingangssatz, er definiert aus der personalen Auslegung heraus.

hier ein Autoritätsmuster [S3 d;v] vorliegt. Bezogen wird dieses Muster dann auf eine echte Analogie [S2 d;v]. Die Signalsequenz dazu lautet: *Dieses [...] handelt genau [...], wie die [...].* Verglichen wird dabei die Auseinandersetzung mit dem Unsichtbaren und den Fischen, die dem Ichthyologen nicht ins Netz gehen, also zweier Gegenstandsbereiche unterschiedlicher Realitäten.[152] Die im Anschluss gestellte Frage transportiert die vorgenommenen Beschreibungen in den normativen Bereich: Das Wichtige ist dasjenige, was man nicht sehen kann.

Zur Bekräftigung der Prämisse P1, die sich aus einer Autorität und einer Analogie speist, wird im Folgesatz eine neue Prämisse P2 eingeführt. Es ist der Glaube, der sich mit dem beschäftigt, was man nicht sieht, was aber dennoch da ist. Zur Stärkung dieser zweiten Prämisse wird das illustrative Beispielmuster [S1 d;v] verwendet und zwar durch die Formulierungen *Abdruck eines Bauplanes* und *anscheinend perfekt geplant.* Der Text wendet quasi die Überzeugung, dass der Glaube von etwas spricht, was man nicht sehen kann, auf die Naturwissenschaft und die Natur an.

Dahinter steckt ein Kategorienfehler, der aus der persönlichen Überzeugung entsprungen sein kann. Die Schülerin illustriert mit beiden Beispielen, was sie dann im letzten Satz mithilfe eines dritten illustrativen Beispielmusters [S1 d;v] *Wunder Mensch* deutlich ausspricht: Hinter dieser Welt steckt eine Intelligenz, die alles geplant und geschaffen hat.

Aus dieser Überzeugung geht klar eine kreationistische Denkweise hervor.[153] In Gesamtheit ist der Textbaustein 1 eine Art Vorwort – es wird offen dargelegt, aus welcher Überzeugung heraus der restliche Text verfasst wurde. Hinter den Aussagen dieses Textbausteines steht ein existenzieller Präsuppositionstyp: ›Es gibt eine weltschaffende/weltschöpfende Intelligenz.‹[154]

Eine Zusammenfassung des Textbausteins wird, wie schon vermerkt, erst gegeben werden, wenn die beiden folgenden Passagen (2 und 3) analysiert sind. Im Textbaustein 2 wird der Rahmen gewechselt, im Textbaustein 3 hingegen eine Einordnung vorgenommen. Erst mit diesen drei Textsequenzen, so lässt sich

152 Diese Textpassage zeigt, dass der Impuls mit der vorangestellten Parabel gut geeignet ist, um Schülerinnen und Schüler zum Schreiben eines argumentierenden Textes anzuregen. Die Schülerin nimmt die Parabel auf und konfrontiert durch diesen Impuls ihre eigenen Gedanken mit der Aufgabenstellung.

153 In diesem Kapitel sollen nur die verwendeten Argumentationsmuster identifiziert werden. Überlegungen zum Thema Schülerwelt und Kreationismus lassen sich finden bei Konnemann et al. (2013: 49–62) oder bei Klose (2014).

154 Es könnte den Anschein haben, als ob hier eine Präsupposition hineininterpretiert wird. Allein, der Text sagt aus, dass die Schülerin die These/Annahme vertritt, hinter dieser Welt stehe eine Intelligenz. Damit setzt sie die Existenz einer solchen unausgesprochen voraus. Deshalb ist es auch nicht verwunderlich, dass der gesamte Textbaustein 1 Muster aus der Großklasse III beinhaltet, denn diese wollen die Präsupposition illustrieren, sei es durch Vergleich, Illustration oder das Berufen auf eine Autorität. Zum existenziellen Präsuppositionstyp vgl. Meinbauer 2008: 48, zur Großklasse III vgl. Kienpointner 1992: 243ff.

zeigen, ist das »Vorwort« dahingehend abgeschlossen, als der Sinn des Eingangssatzes des hier besprochen Textbausteins aufgenommen und für den restlichen Text interpretierend verwendet wird. Deshalb kann an dieser Stelle (siehe Abbildung 12, Kap. 4) nur die schematische Darstellung der im Textbaustein 1 gefundenen Argumentationsmuster wiedergegeben werden.

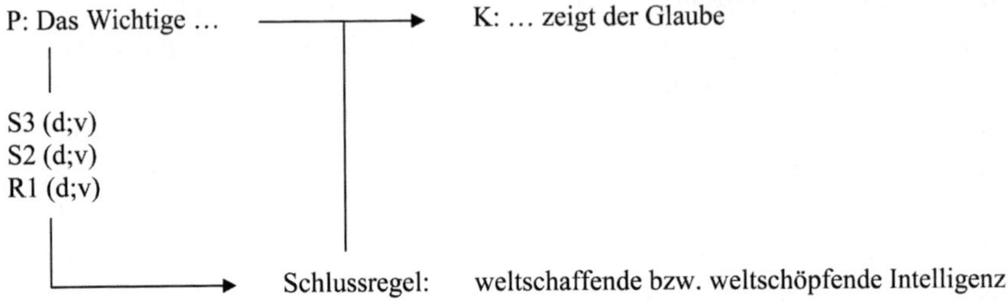

Abbildung 12, Kap. 4: Vollständiges illustratives Beispielmuster (S1) und Autoritätsmuster (S3) der Großklasse III sowie das induktive Beispielmuster (R1) der Großklasse II; Text Oberstufenschülerin

Textbaustein 2:
Bevor man sich der Frage »Glaube oder [P2] *Wissenschaft« stellt, ist es hilfreich, sich zunächst mit Grundlagen der Wissenschaftstheorie zu beschäftigen* [P1]: *Naturwissenschaften sind empirische Wissenschaften. Ihre Daten werden durch Naturbeobachtung oder gezielte Experimente erworben. Die Beobachtungen müssen wiederholbar sein. Der vorrangige Untersuchungsbereich liegt in der Gegenwart, und aus den gewonnenen Daten versuchen Wissenschaftler Hypothesen zu erstellen, die kausale Zusammenhänge zwischen den Daten erklären sollen. Neu gewonnene Daten können eine Hypothese stützen oder auch widerlegen. Im letzteren Fall muss die Hypothese neu überarbeitet oder geändert werden, so entsteht dann aus einer Hypothese eine Theorie. Umgekehrt wird die Suche nach neuen Daten oft von der vorgegeben Hypothese oder Theorie geleitet. Der Wissenschaftler sucht dabei nur jene Ergebnisse, die seine vorgegebene Theorie bestätigen, anderes wird ausgeklammert.*

Kommentar zu Textbaustein 2: Bei Textbaustein 2 liegt ein Rahmenwechsel vor, es handelt sich um eine »reine« Deskription. Beschrieben wird eine klassische wissenschaftstheoretische Position in Bezug auf das Selbstverständnis naturwissenschaftlicher Forschung. Eine solche grundlegende Beschreibung lässt sich auch im Biologielehrbuch *Linder Gesamtband* (Bayrhuber/Hauber/Kull [23]2010: 18f) finden. Argumentationsmuster können in diesem Textbaustein nicht identifiziert werden. Allerdings kann der Eingangssatz: *Bevor man sich der Frage »Glaube oder Wissenschaft« stellt, ist es hilfreich, sich zunächst mit*

Grundlagen der Wissenschaftstheorie zu beschäftigen als Prämisse P1 gelesen werden. Es wird behauptet, dass eine Auseinandersetzung mit grundlegenden wissenschaftstheoretischen Aussagen hilfreich ist, um sich mit dem Thema »Glauben oder Wissenschaft« beschäftigen zu können.

In dieser Prämisse liegt eine zweite Prämisse, die als Gegensatz von Glauben und Naturwissenschaft im »Oder« ihren Ausdruck findet. Hinter beiden Prämissen scheint eine Präsupposition zu stecken, die so formuliert werden könnte: ›Es ist eine Entscheidung (zwischen Glauben und Naturwissenschaft) verlangt.‹[155]

Der abschließende Satz dieser Textsequenz lenkt den Leser auf den folgenden Text, der indirekt ebenfalls mit wissenschaftstheoretischen Aussagen operiert.

Textbaustein 3:
Die Frage nach dem Ursprung des Lebens kann nur sehr begrenzt mit den naturwissenschaftlichen Methoden erforscht werden [P1], *denn Entwicklung und Geschichte des Lebens auf unserer Erde sind einmalig und experimentell nicht wiederholbar. In dieser Hinsicht ist sie nicht dem naturwissenschaftlichen, sondern dem geschichtswissenschaftlichen Fachgebiet zuzuordnen. Beweise im naturwissenschaftlichen Sinn, die die Evolutionstheorie be- oder widerlegen, sind schwer zu erbringen, die Daten können höchstens einer Plausibilitätsabwägung dienen, indem man Indizien heranzieht. Subjektive Einschätzungen spielen jedoch eine große Rolle. Es muss an dieser Stelle betont werden, dass weder die Evolutionstheorie, noch Schöpfungstheorien als naturwissenschaftlich be- oder widerlegt gelten können!* [Q12 d;v].

Kommentar zum Textbaustein 3: Wie im Textbaustein 2 liegt auch hier ein Rahmenwechsel vor. Ähnlich wie im Text von Zenger wird am Anfang dieses Textabschnittes die Ursprungsfrage aufgerollt. Bezüglich einer naturwissenschaftlichen Beschreibung wird diese negativ entschieden. Mit der Negation *experimentell nicht wiederholbar* soll die Prämisse gestützt werden, dass *Die Frage nach dem Ursprung des Lebens […] nur sehr begrenzt mit den naturwissenschaftlichen Methoden erforscht werden* kann. Diese Prämisse nimmt den Gedanken der vorangegangenen Textbausteine in doppelter Weise auf. Zum einen wird direkt betont, dass unter der (*einmaligen*) *Entwicklung […] des Lebens auf unserer Erde* eine geschichtswissenschaftliche Frage zu verstehen ist, zum anderen wird die wissenschaftstheoretische Grundlegung der Naturwissenschaften nicht als eine solche angesehen, die die Frage nach dem Ursprung zu beantworten in der Lage ist.

In Gesamtheit ist ein inkompatibles Gegensatzmuster der Großklasse I [Q12

155 Auch hier kann von einem existenziellen Präsuppositionstyp ausgegangen werden.

d;v] zu identifizieren, welches bei Kienpointner wie folgt definiert ist: »Wenn X die Eigenschaft P aufweist, kann X nicht zur gleichen Zeit in derselben Hinsicht die inkompatible Eigenschaft P' aufweisen« (Kienpointner 1992: 308). Das Muster ist aber nur vollständig, wenn bei dieser Argumentation die wissenschaftstheoretische Grundlegung aus dem Textbaustein 2 hinzugezogen wird. Denn nur dann wird aus der zweifachen negativen Benennung eine Position, die die Aussage *sondern dem geschichtswissenschaftlichen Fachgebiet* verständlich macht. Die Inkompatibilität des naturwissenschaftlichen und des geschichtswissenschaftlichen Fachgebiets liegt somit in der Angewiesenheit auf Wiederholung in dem einen, auf Einmaligkeit bzw. Nichtwiederholbarkeit im anderen Fachgebiet.

Das *Sondern* zeigt den Gegensatz an, ein vollständiges Muster ist es durch die Deskription aus Textbaustein 2. Vereinfacht lässt sich formulieren: Nicht dieses, sondern jenes Fachgebiet ist zuständig für ... Damit wird die Präsupposition aus Textbaustein 1 und 2 benutzt, d.h., der Text basiert an dieser Stelle auf der indirekt benutzten Präsupposition einer schaffenden Intelligenz und auf der direkt benutzten Präsupposition der Entscheidung. Die folgende Sequenz in Textbaustein 3 stellt erst einmal nur eine Behauptung auf und verleiht der Überzeugung einer Nichtbelegbarkeit, aber auch einer Nichtwiderlegbarkeit der beiden Theorien Ausdruck. Auch hier liegt ein Kategorienfehler vor, welcher die schon angedeutete kreationistische Haltung der Schülerin zu bekräftigen scheint.[156] Abbildung 13, Kap. 4, stellt diese Textpassage schematisch dar:

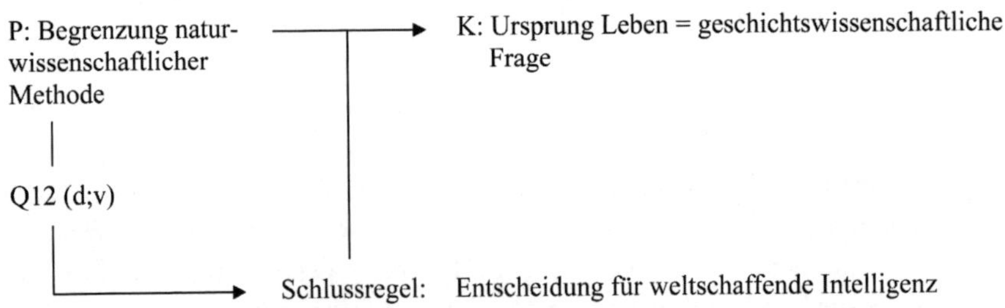

Abbildung 13, Kap. 4: Vollständiges inkompatibles Gegensatzmuster (Q12) der Großklasse I; Text Oberstufenschülerin

Zusammenfassung Textbaustein 1 bis 3: Werden die drei bisher analysierten Textstücke der Intention nach verfolgt, so ergibt sich als Bild ein erster Text, der

156 Von Schöpfungstheorie zu sprechen bzw. zu schreiben, setzt voraus, dass es eine solche gibt. Theologisch kann vielleicht von einer Erzähltheorie gesprochen werden. Ist von einer Schöpfungstheorie die Rede, dann darf auch berechtigt angenommen werden, dass dahinter Gedanken stehen wie: Die sieben Tage der Schöpfungserzählung haben einen realen Hintergrund im Zusammenhang mit der Entstehung von Welt.

eine Überzeugung widerspiegelt, ein zweiter Text, der eine als klassisch anzusehende wissenschaftstheoretische Position beschreibt, und ein dritter Text, welcher die beiden vorangegangenen aufeinander bezieht. In Gesamtheit kann von einer Einleitung oder von einem Vorwort gesprochen werden. Alle drei Textbausteine wollen eine Position klarmachen, aus der heraus (wie noch zu zeigen sein wird) der restliche Text gelesen und verstanden werden soll. Es können in den einzelnen Textbausteinen Argumentationsmuster identifiziert werden, die entweder die Präsupposition illustrieren wollen (Textbaustein 1) oder diese benutzen (Textbaustein 3). In der dazwischen liegenden Beschreibung kann eine weitere Präsupposition gefunden werden.

Diese Ergebnisse in einen Zusammenhang gesetzt, ist jetzt als Präsupposition zu formulieren: ›Die Annahme einer schaffenden/schöpfenden Intelligenz ist eine (im Sinne der Schülerin: meine) Überzeugung.‹ Des Weiteren hat die Textanalyse ergeben, dass von einem inkompatiblen Gegensatz ausgegangen werden soll. Der nun folgende Text hätte also zu zeigen, ob und wie dieser Gegensatz eine argumentative Stützung erfährt.

Textbaustein 4:
Kommen wir nun auf das »Gegensatzpaar« Glaube und Wissenschaft zurück. Bedeutende Wissenschaftler quer durch alle Jahrhunderte bekannten sich zu ihrem Glauben an einen persönlichen Gott. [P1] *Als Beispiele möchte ich hier Isaac Newton, Galileo Galilei oder Blaise Pascal anführen* [S1 d;v].

Kommentar zu Textbaustein 4: Dass die Textbausteine 1–3 als eine Art Vorwort/ Einleitung gelesen und verstanden werden sollen, zeigt gleich der Eingangssatz. Mit diesem wird der Gegensatz wieder aufgegriffen. Die gesetzte Prämisse P1 wird mit einem Beispielmuster [S1 d;v] der Großklasse III illustriert. Die Genannten zeichnet eine gemeinsame Eigenschaft aus: naturwissenschaftlich zu denken und an Gott zu glauben.

In Bezug auf diese Gemeinsamkeit könnte in der Formulierung auch ein induktives Beispiel [R1 d;v] der Großklasse II gesehen werden, weil die (zusammengefasste) Schlussregel ›Die Annahme einer schaffenden/schöpfenden Intelligenz ist eine (im Sinne der Schülerin: meine) Überzeugung‹ durch die Beispiele etabliert werden soll. Gegen die Annahme spricht allerdings der nicht vorhandene Kontext – der Textbaustein 4 scheint eher eine Übergangspassage für den mit Textbaustein 5 beginnenden Hauptteil zu sein.

Die Sequenz könnte aber auch als ein Autoritätsmuster [S3 d;v] gelesen werden. Die drei Genannten können durchaus als Autoritäten in Bezug auf eine mögliche Verbindung zwischen Glauben und Wissenschaft angesehen werden. Dann müsste allerdings die Prämisse dazu eingesetzt sein, um die Schlussregel/ Präsupposition zu benutzen. Dies gibt allerdings der textliche Rahmen nicht her, denn es müssten dann Formulierungen wie z. B. »Ich glaube als Naturwissenschaftler an Gott« verlangt werden. Da es sich um einen Übergang von der Einleitung zum Hauptteil des Textes handelt und die vorliegende Formulierung eher neutral verfasst ist, scheint das Muster eher ein illustratives Beispielmuster zu sein.[157] Für den Textbaustein 4 kann somit berechtigt vom Vorliegen eines illustrativen Beispielmusters ausgegangen werden, welches wie in Abbildung 14, Kap. 4, zu schematisieren ist:

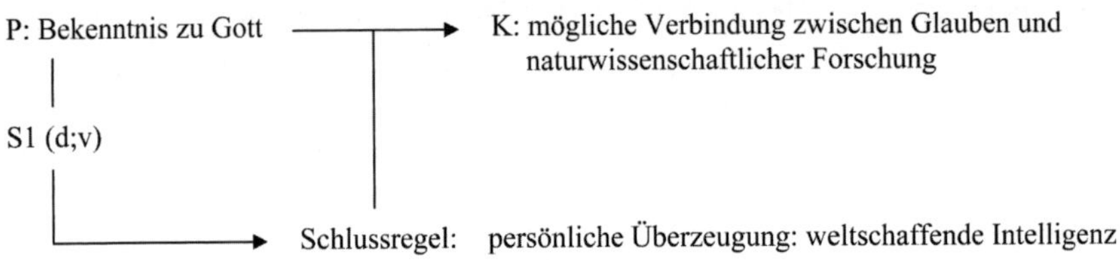

Abbildung 14, Kap. 4: Vollständiges illustratives Beispielmuster der Großklasse III; Text Oberstufenschülerin

Auch hier soll erst nach der vollständigen Analyse des Hauptteiles (bis Textbaustein 8) eine Zusammenfassung präsentiert werden, sodass gleich zu Textbaustein 5 überzugehen ist.

Textbaustein 5:
Dieser Gegensatz wurde vielmehr durch atheistische Wissenschaftler ins Leben gerufen, deren Weltanschauung der Naturalismus [P1] *ist. Sie vertreten die Auffassung, dass in der Welt und in ihrer Geschichte ausschließlich natürliche Kräfte wirken. Diese Denkvoraussetzung kann allerdings empirisch nicht begründet werden* [Q6 d;v]. *Sie ist eine Weltanschauung. Das wird zum Beispiel in folgendem Zitat von Richard Lewontin, 1997, sehr deutlich: »Es ist nicht so, dass uns die Methoden und Institutionen der Wissenschaft zwingen würden, eine materielle Erklärung der phänomenalen Welt zu akzeptieren, sondern wir sind im Gegenteil durch unser a priori Festhalten an materiellen Ursachen dazu gezwungen, einen Forschungsapparat und Begriffe zu schaffen, die materielle Erklärungen produzieren, ganz gleich, wie sehr das der Intuition des nicht Einge-*

157 Die hier geführte Diskussion deutet an, wie schwierig es stellenweise ist, zwischen den einzelnen Argumentationsmustern zu unterscheiden bzw. klare Abgrenzungen vornehmen zu können. Auch Kienpointner (1992: 235–240) diskutiert diese Schwierigkeit. Ein klares Kriterium, um dieser Schwierigkeit begegnen zu können, wurde benannt: Der jeweilige Kontext ist ein solches Kriterium, worauf Wohlrapp (^{2}2009) und von Stutterheim (1997) verweisen. Letztlich kann natürlich jedes Argumentationsmuster als Autoritätsmuster interpretiert werden. Allein, das Berufen auf eine Autorität verlangt das Benennen des eigenen Standpunkts / der eigenen Überzeugung. Diese Benennung liegt hier (noch nicht) vor. Auch das induktive Beispiel muss, aufgrund des Kontextes, eher abgelehnt werden.

weihten entgegenläuft, ganz gleich, wie rätselhaft es ihm erscheint. […] Zudem ist dieser Materialismus absolut, denn wir können keinen göttlichen Fuß in der Tür zulassen.« (Richard Lewontin, 1997 – Zitiert aus »New York Review of Books«, 9. 1. 1997 in John Lennox, »Hat die Wissenschaft Gott begraben?«, 2002) [S1 d;v] *Hier tarnt sich eindeutig atheistischer Materialismus in wissenschaftlichem Kleid.*

Kommentar zu Textbaustein 5: Der in Textbaustein 3 identifizierte inkompatible Gegensatz wird in dem hier zu analysierenden Textbaustein durch ein Vergleichsmuster [Q6 d;v] aus der Großklasse I aufgegriffen. Der Eingangssatz beginnt mit *Dieser Gegensatz*, der inhaltlich auf Textbaustein 4 rekurriert, womit das dort gefundene illustrative Beispielmuster unterstützt wird. Die Verschiedenheit bezieht sich in diesem Textbaustein 5 auf die Prämisse *Naturalismus.* Um diesen ablehnen zu können, zeigt der Text die Verschiedenheit zwischen *vertreten die Auffassung* und kann *empirisch nicht begründet werden.*

Nach Kienpointner (1992: 285) ist diese Form des Vergleiches folgendermaßen definiert: »Von (hinsichtlich eines quantitativen/qualitativen Kriteriums Z) unterschiedlichen Gegenständen X werden unterschiedliche Eigenschaften Y ausgesagt. Die Gegenstände X sind (hinsichtlich eines quantitativen/qualitativen Kriteriums Z) verschieden.« Die Verschiedenheit liegt somit in der naturalistischen Erklärung, dass *in der Welt und in ihrer Geschichte ausschließlich natürliche Kräfte wirken* als Gegenstand X und *der Denkvoraussetzung, die empirisch nicht begründet werden* kann als Eigenschaft Y.

Im vorliegenden Text bzw. nach der Auffassung der Schülerin wird damit eine Weltanschauung vorgelegt, aber keine (natur)wissenschaftliche Hypothese aufgestellt. Zur Unterstützung dieser Aussage, die dann als Prämisse fungiert, wird ein illustrierendes Beispiel [S1 d;v] herangezogen, ein Zitat von Richard Lewontin. Die Aussage, dass der Naturalismus eine Weltanschauung ist, wird damit illustriert und nicht etabliert (wie beim induktiven Beispiel). Abbildung 15, Kap. 4, zeigt das identifizierte Argumentationsmuster schematisch:

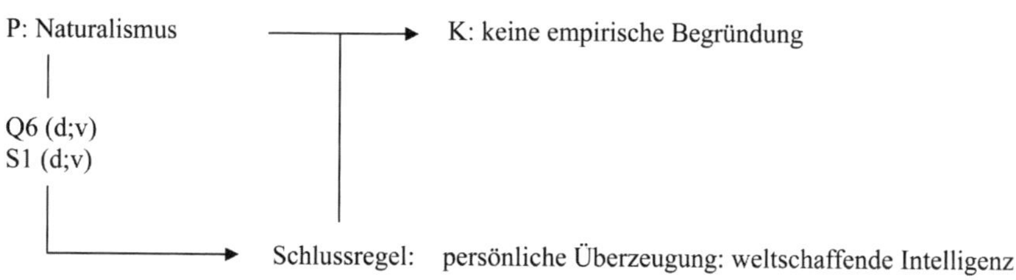

Abbildung 15, Kap. 4: Vollständiges Vergleichsmuster (Q6) der Großklasse I in Verbindung mit einem illustrativen Beispielmuster der Großklasse III; Text Oberstufenschülerin

Der Textbaustein 5 endet mit einer Wertung, die gleichsam den Übergang zur nächsten Sinneinheit herstellt.

Textbaustein 6:
Schöpfungstheorien [P1] *basieren auf dem Weltbild der Bibel* [P2]. *Sie erklären die Entstehung des Kosmos und aller Lebewesen durch Gottes Handeln* [Q3 d;v]. *Auch das ist freilich wissenschaftlich nicht beweisbar, so stehen sich hier zwei Theorien gegenüber. Es ist eine persönliche Entscheidung jedes Menschen, welche dieser Theorien er für sich als wahr annimmt.*

Kommentar zu Textbaustein 6: Als nächste Sinneinheit im Hauptteil des Schülerinnentextes wird auf den Kontext *Schöpfung* fokussiert. Auch hier macht sich sofort der schon benannte Kategorienfehler bemerkbar, denn, im Plural angegeben, kann nicht von Schöpfungstheorie die Rede sein. Es ist auch theologisch schwierig, ein Weltbild der Bibel ausfindig zu machen. Im Zusammenhang mit beiden Prämissen liegt hier ein Ganzes-Teil-Muster [Q3 d;v] aus der Großklasse I vor. Das Ganze ist mit *Handeln Gottes* bezeichnet, die Teile mit *Entstehung des Kosmos und aller Lebewesen.*

Definiert ist ein solches Muster dadurch: »Was vom Ganzen ausgesagt wird, wird auch von den Teilen ausgesagt. Vom Ganzen wird X ausgesagt« (Kienpointner 1992: 274). Dass es sich dabei nicht um ein normatives Muster handelt, ergibt sich aus dem *Erklären.* Normativ ist aber die Präsupposition in Form einer persönlichen Überzeugung zu verstehen. Dies lässt nicht nur der letzte Satz des Textbausteins vermuten, sondern wird auch mit dem folgenden Hinweis ausgedrückt: *Auch das ist freilich wissenschaftlich nicht beweisbar.*

Die auf den bisher analysierten Gesamttext bezogene Konklusion[158] lautet: *[S]o stehen sich hier zwei Theorien gegenüber.* Schematisch dargestellt, ergibt sich das Folgende (Abbildung 16, Kap. 4):

158 Damit ist also nicht ausgedrückt, dass die bisher identifizierten Muster keine Konklusionen hätten. Vielmehr erreicht der Text hier eine Art Höhepunkt. Für die Schülerin ist der Gegensatz – als unversöhnlicher – ausgesprochen und argumentativ belegt. Diese interessante Beobachtung lässt den Rückschluss zu, dass der gesamte Text (bis Textbaustein 6) eigentlich normativ verstanden werden soll, auch wenn die einzelnen benutzten Argumentationsmuster eher deskriptiv sind.

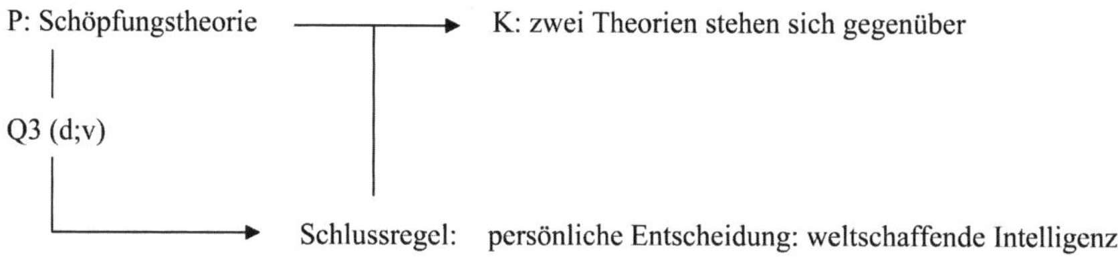

Abbildung 16, Kap. 4: Vollständiges Ganzes-Teil-Muster (Q3) der Großklasse I; Text Oberstufenschülerin

Textbaustein 7:
Laut Evolutionstheorie soll alles Leben aus anorganischen Grundstoffen entstanden sein und sich von den Einzellern bis zu den Menschen stetig höher entwickelt haben. Schon der Ansatzpunkt dieser Theorie erscheint mir persönlich als unwahrscheinlich [P1], *da wir auf unserem Planeten nur beobachten können, dass Leben aus Leben entsteht* [Q13 d;v]. *Dieses Prinzip wurde so benannt: omne vivum ex vivo* [S3 d;v]. *Bisher konnte keine einzige Ausnahme dieses Grundsatzes gefunden werden* [K1]. *Es besteht kein Zweifel daran, dass Lebewesen eine Anpassungsfähigkeit besitzen. Wildtiere und -pflanzen passen sich ihrer Umwelt an, Nutzpflanzen oder Haustiere können zu einer erstaunlichen Vielfalt gezüchtet werden* [S1 d;v]. *Dieses Prinzip kann man als Mikroevolution bezeichnen. Es geht dabei wohl eher um Spezialisierung als um Höherentwicklung. Eine systemüberschreitende Makroevolution lässt sich in der Natur nicht beobachten. Ich finde den Ansatz, Lebewesen in Grundtypen einzuteilen, als sehr hilfreich* [P2]. *Mitglieder eines Grundtyps sind direkt oder indirekt miteinander kreuzbar. So gehören zum Beispiel alle Hühnervögel einem Grundtyp an. Entenvögel dagegen sind einem anderen Grundtyp zuzuordnen, weil sie sich mit Hühnern nicht verkreuzen. Analoges gilt im Pflanzenreich, wo der Grundtyp vielleicht irgendwo auf der Familienebene liegt. Kernobst und Steinobst zum Beispiel gehören verschiedenen Grundtypen an* [S1 d;v].

Kommentar zu Textbaustein 7: Diese längere Textpassage wendet sich wieder der Evolutionstheorie zu. Nach der Benennung einer ihrer Grundannahmen *(alles Leben aus anorganischen Grundstoffen entstanden)* wird die Wertung *erscheint mir persönlich als unwahrscheinlich* vorgenommen, welche als Prämisse eingesetzt ist. Vom Beobachterstatus *(auf unserem Planeten nur beobachten können)* ausgehend wird ein Kausalmuster [Q13 d;v] der Großklasse I benutzt – *Leben entsteht aus Leben.*

Es wäre hier auch denkbar, ein Kausalmuster der Wirkung [Q14] anzugeben, allein der Kontext bzw. der Duktus der vorgetragenen Argumentation geht davon aus, dass zuerst Leben gewesen sein muss, um daraus Leben entstehen zu lassen. Das heißt, diese Argumentation geht von einer hinreichenden und einer notwendigen Bedingung aus. Gestützt wird dieses Muster durch eine nicht genannte Autorität [S3 d;v], die hinter dem Satz: *dieses Prinzip wurde so benannt: omne vivum ex vivo* zu stehen scheint.

Beide Muster werden verwendet, um die Konklusion, dass bisher *keine einzige Ausnahme dieses Grundsatzes gefunden werden konnte*, zu stützen. Im Anschluss wird *das Prinzip [...] Mikroevolution* durch entsprechende Beispiele [S1 d;v] illustriert, ohne dass eine Fraglichkeit vorliegt bzw. diese wird durch *Es besteht kein Zweifel* ausgeschlossen.

Eine Frage wirft der Textbaustein 7 erst wieder beim Thema *Makroevolution* auf, wobei die Ablehnung dieser nur genannt und nicht argumentativ belegt wird, es sei denn, es werden die Muster aus der Eingangssequenz auf diese Aussage übertragen. Der Text fährt mit der Einführung einer zweiten normativen Wertung fort: *Ich finde den Ansatz, Lebewesen in Grundtypen einzuteilen, als sehr hilfreich.* Das *Hilfreichsein* wird durch Beispiele illustriert. Damit ist eine zweite Prämisse eingeführt, auf die das Muster [S1 d;v] angewendet wird, wobei die Argumentation auch hier von einem Beobachterstatus ausgeht. Die Häufung der Beispiele sowie die Verwendung des Kausalmusters lassen neben der bisherigen Präsupposition eine weitere bzw. zusätzliche vermuten, die lauten könnte: ›Unter bestimmten Voraussetzungen ist die Evolutionstheorie sinnvoll und nützlich.‹

Abbildung 17, Kap. 4, verdeutlicht noch einmal das Gesagte:

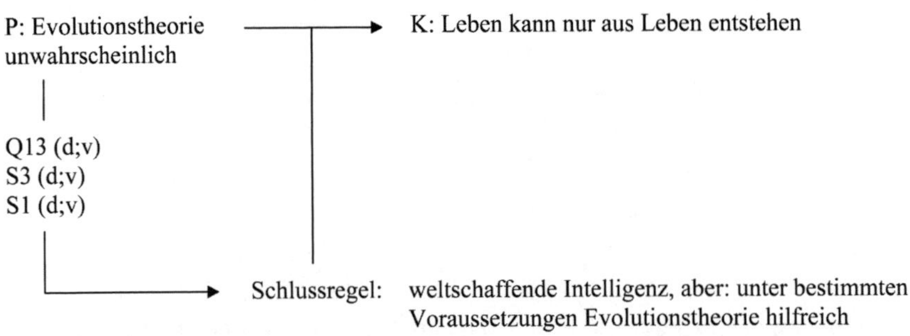

Abbildung 17, Kap. 4: Vollständiges Kausalmuster (Q13) der Großklasse I in Verbindung mit dem Autoritäts- und dem illustrativen Beispielmuster (S3 und S1) der Großklasse III; Text Oberstufenschülerin

Textbaustein 8:
Ich möchte hier auch betonen, dass Kritik an der Darwinistischen Evolutionstheorie, wie sie heute an unseren Schulen und Universitäten gelehrt wird, nicht nur aus dem »religiösen Lager« vorgebracht wird [P1]. *Zahlreiche Wissenschaftler bezweifeln, dass der Neo-Darwinismus heute noch irgendeine wissenschaftliche Relevanz hat (z. B. die Wissenschaftler-Gruppe »Altenberg 16«.*[R1 d;v] *Wissenschaftler, die die Richtung des »Intelligent-Designs«* [S1 d;v] *vertre-*

ten, weisen darauf hin, dass das Leben auf unserem Planeten tatsächlich intelligent entworfen ist [S3 d;v]. *Die Funktionsweise von Zellen, Geweben oder Organen ist äußerst komplex und optimal aufeinander abgestimmt. Kern allen Lebens ist eindeutig Information, die ja in der DNA jedes Zellkerns gespeichert ist. Der atheistischen Evolutionstheorie fehlt bisher jede Erklärung, wie diese Information entstanden sein könnte, denn Information kann per definitionem nicht zufällig entstanden sein. Sie setzt eine intelligente Quelle voraus* [K1].

Kommentar zur Textbaustein 8: In kritischer Absicht bringt Textbaustein 8 eine Überzeugung gegen die Evolutionstheorie[159] zum Ausdruck, die sich auf drei Gruppen beruft:

1. die Lehre an Schulen und Universitäten,
2. zahlreiche Wissenschaftler,
3. Wissenschaftler der Richtung des »Intelligent-Designs«.

Die Gruppe eins bezieht sich auf das öffentliche Bildungssystem und wird nicht näher klassifiziert[160], zwei wird mit der Wissenschaftlergruppe »Altenberg 16«[161] beispielhaft angegeben und Gruppe drei mit Vertretern der Richtung »Intelligent-Design«[162].

Dieser Differenzierung geht eine Prämisse voraus, die sich aus einer persönlichen Wertung – *Ich möchte betonen, dass Kritik* – und einer vierten, nicht näher bestimmten Gruppierung *religiöses Lager* zusammensetzt. Alle vier Gruppen zeigen ein Berufen auf eine Autorität an, d.h., es liegt ein Autoritätsmuster [S3 d;v] vor. Während das indirekte Bekenntnis, der vierten Gruppe anzugehören, und die Gruppe eins sehr allgemein genannt sind, werden die Gruppe zwei und drei wenigstens grob personalisiert – Gruppe zwei mit dem Beispiel der *Wissenschaftler-Gruppe »Altenberg 16«* und Gruppe drei mit *Vertretern des »Intelligent-Designs«*.

Dabei zeigt sich, dass das Beispiel aus Gruppe zwei ein induktives Beispielmuster [R1 d;v] der Großklasse II ist, welches die Schlussregel etablieren soll; dass das Beispiel aus der Gruppe drei aber ein illustratives Beispielmuster [S1 d;v] der Großklasse III ist, weil damit inhaltlich illustriert wird, weshalb die mitgeführte Präsupposition ›Es gibt eine weltschaffende/weltschöpfende Intelligenz‹ sinnvoll gegen eine atheistische Evolutionstheorie eingesetzt und der

159 Gegen die Evolutionstheorie meint hier nur »aus der Sicht der Schülerin«.

160 Die Aussage der Schülerin stimmt zumindest für den deutschsprachigen Raum nicht. Schulbücher für Biologie, die einen kreationistischen Ansatz vertreten, werden nicht für die öffentliche Schule zugelassen.

161 Vgl. 12.2011].

162 Vgl. www.genesisnet.info/.

Übergang zur Konklusion – *setzt eine intelligente Quelle voraus* – ermöglicht werden kann.

Der hier analysierte Textbaustein zeigt somit eine Verbindung zwischen dem Autoritätsmuster und den Beispielmustern der Großklassen II und III. Etabliert und illustriert werden soll nicht nur die Annahme einer schaffenden Intelligenz, sondern auch das eigene Überzeugtsein: ›Die Annahme (Existenz) einer schaffenden/schöpfenden Intelligenz ist eine (im Sinne der Schülerin: meine) Überzeugung.‹

Mit diesen Ausführungen ist der Hauptteil des Schülerinnentextes abgeschlossen. Schematisch ergibt sich das folgende Bild (siehe Abbildung 18, Kap. 4).

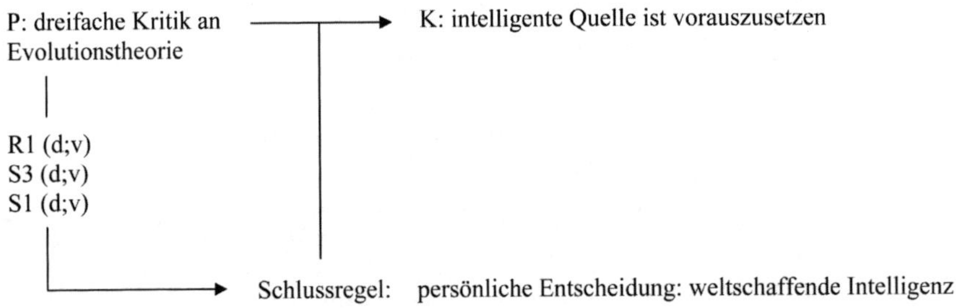

Abbildung 18, Kap. 4: Vollständiges induktives Beispielmuster (R1) der Großklasse II in Verbindung mit dem Autoritäts- und dem illustrativen Beispielmuster (S3 und S1) der Großklasse III; Text Oberstufenschülerin

Zusammenfassung Textbausteine 4–8: Im Kern lässt sich im Hauptteil des Textes das illustrative Beispielmuster aus der Großklasse III identifizieren. Dieses Muster findet immer in den Textpassagen Anwendung, an denen die Präsupposition illustriert werden soll, sei es, dass sie als Annahme, persönliche Überzeugung, Entscheidung oder Voraussetzung fungiert. Dabei lässt sich beobachten, dass schlussregelbenutzende Muster (Kausalmuster/Gegensatzmuster) immer dann in Verbindung mit dem illustrativen Beispielmuster auftreten, wenn persönliche Überzeugungen belegt bzw. gefestigt werden sollen (vgl. Textbaustein 5 oder 6).

Hingegen wird das Autoritätsmuster in Verbindung mit dem illustrativen Beispielmuster immer dann eingesetzt, wenn der Text verallgemeinernde Aussagen trifft (z. B. Textbaustein 8).

Wird dieses Ergebnis in aller Vorsicht interpretiert, so ergibt sich für die Analyse von Schülertexten die Frage, ob Schülerinnen und Schüler ihren eigenen Erfahrungs- oder Überzeugungshorizont durchaus mit Mustern begründen können, die eine Schlussregel benutzen, während sie andere Zusammenhänge eher – unter Berufung auf eine Autorität – illustrieren. Auf diese Frage ist an dieser Stelle noch keine Antwort zu finden, aber sie zeigt eine Problemstellung an, auf die in der Auswertung der Hauptuntersuchung zu achten ist.

Textbaustein 9:
Abschließend möchte ich festhalten, dass nicht Glaube und Wissenschaft [P1], sondern verschiedene Weltanschauungen einander unvereinbar gegenüberstehen. [Vergleichsmuster der Verschiedenheit, Q6 d;u]. *Ich persönlich habe somit auch kein intellektuelles Problem, wissenschaftsinteressiert zu sein und gleichzeitig an die Bibel als Offenbarung eines persönlichen Gottes, der in Jesus Mensch geworden ist, zu glauben. Denn Glaube heißt für mich keineswegs nichts zu wissen* [S1 n;v], *sondern ist Ausdruck meiner tiefen Beziehung zum Schöpfer.*

Kommentar zum Textbaustein 9: Der gesamte Text bewegt sich im Rahmen eines Schlusswortes mit persönlicher Wertung. Dabei ist die Gegenüberstellung *Glauben und Wissenschaft* und *verschiedene Weltanschauungen* ein Muster aus der Großklasse I, und zwar ein Vergleichsmuster der Verschiedenheit [Q6 d;u]. Unvollständig ist dieses Muster deshalb, weil das *unvereinbare [G]egenüberstehen* nur benannt wird. Als Prämisse fungiert dieses Muster, um eine Norm als persönliche Überzeugung ausdrücken zu können. Diese Norm spiegelt sich in der Gleichzeitigkeit von *wissenschaftsinteressiert* und *glauben* wider.

In Ableitung dieser Norm erfolgt die Illustration [S1 n;v] am Beispiel des Wissens, trotz des Glaubens (Abbildung 19, Kap. 4) oder, wie die Schülerin schreibt *Glauben heißt für mich, keineswegs nichts zu wissen, sondern ist [...]*

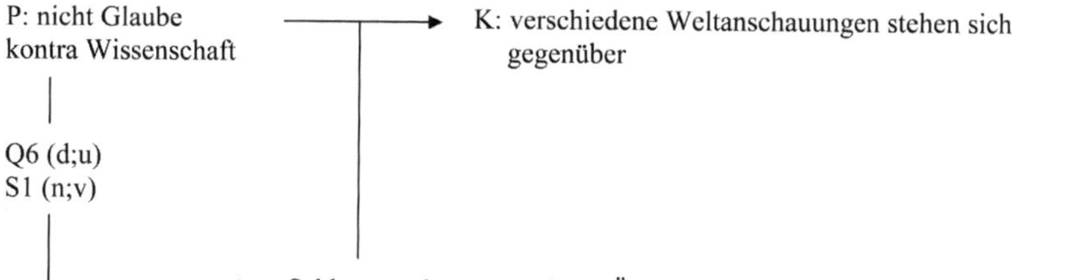

Abbildung 19, Kap. 4: Unvollständiges Vergleichsmuster (Q6) der Großklasse I in Verbindung mit dem illustrativen Beispielmuster (S1) der Großklasse III; Text Oberstufenschülerin

4.3.4 Zusammenfassung

Die Analyse des Schülerinnentextes ergibt, dass das theoretisch gesetzte Instrument unter Anwendung der Methode der formalen Strukturierung greift. Formal zeigt der gesamte Text den klassischen Aufbau eines Aufsatzes mit

Einleitung, Hauptteil, Schluss. Den gesetzten Impuls bzw. die Aufgabenstellung kann die Schülerin mit u. a. im Deutschunterricht erlernbaren Verfahren zum Verfassen eines Textes in Verbindung bringen.

Inhaltlich hat, zumindest lässt das der analysierte Text erkennen, der Impuls die erwünschte Wirkung: Die Schülerin nimmt die Parabel auf und überträgt sie auf die Aufgabenstellung, indem sie einen eigenen, von der Parabel unabhängigen Text verfasst.

Der Intention nach spiegelt der Text eine persönliche Überzeugung wider, die in der Einleitung benannt und auf die im Schlussteil zurückgegriffen wird. Der dazwischen liegende Hauptteil versucht unter Verwendung verschiedener Argumentationsmuster diese Überzeugung zu plausibilisieren. Die Schülerin diskutiert dabei verschiedene Positionen, wobei die (Haupt-)Präsupposition ›Die Annahme einer schaffenden/schöpfenden Intelligenz ist eine (im Sinne der Schülerin: meine) Überzeugung‹ in Abwandlungen, wie ›Es gibt eine weltschaffende/weltschöpfende Intelligenz‹, ›Es ist eine Entscheidung (zwischen Glauben und Naturwissenschaft) verlangt‹, ›Unter bestimmten Voraussetzungen ist die Evolutionstheorie sinnvoll und nützlich‹, die entsprechenden Konklusionen ermöglichen soll.

Auffällig ist die Kombination der verwendeten Argumentationsmuster. Geht der einleitende Teil von einem inkompatiblen Gegensatz aus, der durch den Vergleich im Schlussteil noch einmal, wenn auch unvollständig, aufgegriffen wird, so dominiert im Hauptteil das illustrative Beispielmuster der Großklasse III, welches mit Einordnungsmustern aus der Großklasse I oder mit dem Autoritätsmuster der Großklasse III kombiniert wird. Die einzelnen Kombinationen setzen sich so zusammen, dass die Schülerin immer dann, wenn persönliche Überzeugungen belegt werden sollen, schlussregelbenutzende Muster in Verbindung mit dem illustrativen Beispielmuster verwendet. Hingegen ist die Kombination Autoritätsmuster und illustratives Beispielmuster immer dann zu identifizieren, wenn der Text verallgemeinernde Aussagen trifft. Nur einmal kann die Verwendung des induktiven Beispiels aus der Großklasse II nachgewiesen werden. Als Problem wird die Frage aufgeworfen, ob diese Kombination schülertypisch ist. Eine Begründung für diese These bzw. eine Antwort auf diese Frage ist erst möglich, wenn die Auswertung der Hauptuntersuchung abgeschlossen ist.

In Gesamtheit lässt sich aber auch hier festhalten, dass das angewandte Instrument in argumentationstheoretischer, inhaltlicher und methodischer Hinsicht tauglich ist, um Argumentationen von Schülerinnen und Schülern zu erfassen.

4.4 Resümee und Hypothesengenerierung

Im vierten Kapitel des ersten Hauptteiles konnte die formale Strukturierung als qualitative Auswertungsmethode an drei Texten überprüft werden. Mit der Pilotierung des Instruments kann zugleich eingeschätzt werden, ob die theoretische Voraussetzung – den Begriff Präsupposition pragmatisch als *Miterklärtes, Mitverstandenes* auszulegen – greift, d. h. ob sich die kontextabstrakten Muster (Kienpointners Typologie) auf kontextspezifische Relationen beziehen lassen bzw. ob die spezifische Verwendung von Argumentationsmustern untersucht werden kann. Als Ergebnis kann ein theoretisch und methodisch abgesichertes Instrument vorgelegt werden. Die wichtigsten Teilergebnisse erfahren jetzt eine Zusammenfassung, aus der für die vorliegende Forschung die entsprechenden Hypothesen generiert werden können.

In allen drei untersuchten Texten lassen sich auf formaler Ebene Argumentationsmuster identifizieren. Während sich die beiden religionsbezogenen Texte[163] im Kern als eine Verbindung zwischen Einordnungsmustern aus der Großklasse I[164] und dem illustrativen Beispielmuster aus der Großklasse III[165] strukturieren lassen, zeigt der Text aus dem *Lehrbuch Biologie*, dass sich hier als Grobstruktur die Verwendung verschiedener Varianten des Kausalmusters aus der Großklasse I festhalten lässt.

Erste Hypothese: Aufgrund dieses Ergebnisses wird davon ausgegangen, dass sich in Texten gymnasialer Oberstufenschülerinnen und -schüler Argumentationsmuster identifizieren lassen.

Nach Kienpointner wird unter der Großklasse I im weitesten Sinne eine Zusammenfassung von (schlussregelbenutzenden) Argumentationsmustern verstanden, die auf die »Einordnung einer Größe« abzielen (Kienpointner 1992: 250), während die Großklasse III im Allgemeinen die Schlussregel illustrieren oder bekräftigen soll (vgl. ebd.: 373). Diese Funktion der Muster lässt sich in allen drei Texten beobachten.

Dass das induktive Beispielmuster der Großklasse II nur zweimal gefunden werden konnte (im Text aus dem Lehrbuch Biologie und im Schülertext), scheint daran zu liegen, dass ein induktives Argument (vgl. ebd.: 243) in Bezug auf die Inhaltsrelation *Schöpfungserzählung* nicht ausreicht, um die angelegte Norma-

163 Mit religionsbezogenen Texten sind die Texte aus dem *Lehrbuch Religion Oberstufe* (Zenger) und der Text der www.austria-lexikon.at/attach/Wissenssammlungen/Essays/Natur wissenschaften/Dauerthema_Evolution/WZ100710_052_1c.pdf [11Schülerin gemeint.

164 In der Mehrzahl konnten Varianten des Vergleichsmusters der Verschiedenheit (Q6), aber auch das inkompatible Gegensatzmuster (Q12), das Genus-Spezies-Muster (Q2) sowie die Kausalmuster (Grund und Zweck, Q15 und Q18) identifiziert werden.

165 Das Autoritätsmuster S3 der Großklasse III wurde nur im Schülertext gefunden.

tivität zu verdeutlichen, während es im *naturwissenschaftlichen Zusammenhang* kaum hinreichend sein dürfte, um eine allgemeine bzw. generalisierende Aussage treffen zu können.

Zweite Hypothese: Es wird unterstellt, dass bestimmte Muster in den Texten der Schülerinnen und Schüler nicht oder nur marginal, andere Muster hingegen in den meisten Texten zu identifizieren sind.

Mit Ausnahme der beiden im Zengertext gefundenen unvollständigen Muster (inkompatibles Gegensatzmuster Q12 und Genus-Spezies-Muster Q2) zeigen die beiden religionsbezogenen Texte vollständige deskriptive und normative Muster. Im Lehrbuchtext Biologie verhält sich die Sachlage umgekehrt – hier sind in erster Linie unvollständige deskriptive Muster identifiziert worden, mit der Ausnahme des induktiven Beispielmusters aus der Großklasse II und (einmalig) des Kausalmusters Q13. Die normative Variation eines Musters konnte in diesem Text nicht ausgemacht werden.

Diese zusammenfassende Grobstrukturierung der Texte überrascht wenig. Es kann von der Beobachtung ausgegangen werden, dass die Texte zur Thematik *Schöpfung* letztendlich auf ein normatives Verständnis der biblischen Schöpfungserzählungen ausgerichtet sind und nicht, wie die Oberfläche beider Texte vermuten lassen könnten, auf eine Abgrenzung zu den Naturwissenschaften.[166] So darf auch vom Schülerinnentext, obwohl vordergründig eine persönliche Überzeugung (im Umfeld des Kreationismus) transportiert wird, nicht von Apologetik gesprochen werden, eher ist von einer pseudo-theologischen (pseudo-wissenschaftlichen) Perspektive der Schülerin auszugehen; die identifizierbaren Muster der Großklasse I entfalten auch hier »theologische«[167] Überlegungen. Solche werden durch entsprechende Beispiele (Zengertext und Schülerinnentext) oder durch das Berufen auf eine Autorität (Schülertext) illustriert. Beide Texte intendieren eine Fraglichkeit als Voraussetzung von argumentativen Texten.

Der Text im *Lehrbuch Biologie* verfolgt hingegen eine andere Intention: In ihm geht es um die deskriptive Darstellung der allgemeinen Erkenntnisweise der Naturwissenschaften – die Ableitung aus einem Ursache-Wirkungs-Mechanismus. Schon verwiesen wurde darauf, dass die Vorläufigkeit der naturwissenschaftlichen Erkenntnisse im Text nicht oder nur geringfügig expliziert wird und dass deshalb der Eindruck entsteht, diese Erkenntnisse seien als Fakten zu be-

166 Dies gilt auch für den Schülertext, obwohl dieser eher auf einen nicht vereinbaren Gegensatz insistiert, als der Text von Zenger. Allein, auch der Text der 17-jährigen Schülerin richtet sein Hauptinteresse darauf, eine Überzeugung zu explizieren – also eine Norm zu setzen.

167 Theologisch meint hier – im Gegensatz zu Zenger – propädeutisch oder Laientheologie (vgl. Schlag 2013: 12f).

handeln, die einer Diskussion/Argumentation nicht mehr bedürfen.[168] Allerdings kann die Unvollständigkeit der meisten identifizierten Muster als indirekter Hinweis auf die Diskutierbarkeit der naturwissenschaftlichen Ergebnisse gedeutet werden, als ein Verweis, dass indirekt eine Frage transportiert werden soll.

Dritte Hypothese: Die von Schülerinnen und Schülern aus einer theologischen/religiösen Perspektive heraus verfassten Texte zeigen eine deutlich höhere Verwendung von normativen Argumentationsmustern als die Texte, welche aus der biologischen/evolutionstheoretischen Perspektive heraus verfasst werden.

Es ist allerdings zu befürchten, dass diese Indirektheit durch die Textrezipienten (hier: Schülerinnen und Schüler der gymnasialen Oberstufe) als solche nicht erfasst werden kann. Als Beispiel mag an dieser Stelle ein Hinweis aus dem analysierten Schülertext genügen, welches allerdings das Problem nur anzeigen kann:

> *»Laut Evolutionstheorie soll alles Leben aus anorganischen Grundstoffen entstanden sein und sich von den Einzellern bis zu den Menschen stetig höher entwickelt haben. Schon der Ansatzpunkt dieser Theorie erscheint mir persönlich als unwahrscheinlich, da wir auf unserem Planeten nur beobachten können, dass Leben aus Leben entsteht.«* (Schülerinnentext, Textbaustein 7)

Die theoretische Konzeption wurde, aufgrund der Tatsache, dass sich im *Lehrbuch Biologie* Muster finden lassen, ohne dass explizit ein Fragliches vorliegt, erneut überdacht bzw. mit dem linguistischen Ansatz der Quaestio (vgl. Kap. 2.3.4 und 2.3.5) konfrontiert. Im Ergebnis zeigt sich, dass die einzelnen Textbausteine bzw. der gesamte Text auf der Ebene eines Sachtextes anzusiedeln ist, der ohne Argumentation auszukommen scheint. Er unterliegt zwar der Struktur der Wie-Frage, denn er operiert mit einer Dass-Behauptung, aber er gibt eigentlich keine Antwort auf diese Behauptung, sondern reiht naturwissenschaftliche Aussagen aneinander, ohne die schon erwähnte Struktur der Vorläufigkeit[169] für die Rezipienten zu markieren. Die methodische Kontrolle durch das Konstrukt *Quaestio* ergibt somit: Es liegt kein argumentativer Text vor, obwohl Argumentationsmuster identifizierbar sind.

Die Konsequenz dieser Kontrolle lautet: Argumentationsmuster können auch auf der rein formalen Ebene identifiziert werden, hätten dann aber keine Be-

168 Die Ausnahme ist der Baustein 4 aus dem Text *Lehrbuch Biologie.* Hier wird ein Fragliches benannt, aber nicht weiter verfolgt.

169 Zur Wiederholung: Auf die Vorläufigkeit naturwissenschaftlicher Erkenntnisse macht das gesamte Lehrwerk nur auf S. 18–19 aufmerksam bzw. in der kurzen Sequenz des Textbausteines 4. Es stellt sich also die Frage, ob dies Schülerinnen und Schülern bewusst ist bzw. durch zwei Schuljahre hindurch bewusst bleibt.

deutung. Eine weitere Konsequenz kann darin gesehen werden, dass der Unterschied zwischen der Präsentation von geistes- und naturwissenschaftlichen Texten in Lehrwerken für die gymnasiale Oberstufe darin liegt, dass erstgenannte Texte deshalb argumentative Texte sind, weil sie – von der Textebene aus betrachtet – die Fraglichkeit in den Vordergrund rücken, während bei den zweitgenannte Texten dies nicht angestrebt ist. Es könnte aber auch heißen: Das *Lehrbuch Biologie* setzt die Geltung naturwissenschaftlicher Aussagen unhinterfragt voraus.

Vierte Hypothese: Schülerinnen und Schüler der gymnasialen Oberstufe neigen im Fach Biologie eher dazu, die Erkenntnisse zum Gegenstand *Evolution* als gegeben und nicht hinterfragbar anzunehmen, während sie im Fach Religion eher dazu neigen, die Erkenntnisse zum Gegenstand *Schöpfung* explizit auf der Ebene einer persönlichen (Glaubens-)Überzeugung zu transportieren. Beide Zugangsweisen werden fachwissenschaftlichen, aber auch wissenschaftstheoretischen Ansprüchen nicht gerecht.

5. Kapitel: Reflexionen zu den theoretischen und methodischen Grundlagen

In diesem Kapitel werden die bisher erarbeiteten theoretischen und methodischen Forschungszugänge vorliegender Studie noch einmal zusammenfassend diskutiert. Dabei sind im ersten Abschnitt (5.1) die fachwissenschaftlichen und die argumentationstheoretischen Positionen und im zweiten Abschnitt (5.2) die sozialwissenschaftliche Methodik und die Analysen, die zur Hypothesengenerierung führten, zusammengestellt. Abschließend (5.3) werden die gewonnenen Einsichten und Ergebnisse präsentiert.

5.1 Fachwissenschaftliche und argumentationstheoretische Positionen

Im ersten Kapitel werden grundlegende Positionen zur Schöpfung und Evolution vorgestellt und diskutiert. Dabei zeigt sich in einem Vergleich mit verschiedenen Lehrbüchern der schulischen Fächer *Evangelische Religion* und *Biologie*, dass diese grundlegenden fachwissenschaftlichen Positionen Schülerinnen und Schülern bekannt sein dürften.

Des Weiteren wird in diesem Kapitel eins diskutiert, was in der vorliegenden Forschung unter *fachspezifisch* und *fachübergreifend* verstanden werden soll. Die erarbeiteten Definitionen ermöglichen eine Einschätzung des Materials in Bezug auf die Teilforschungsfragen eins und zwei; die grundlegenden fachwissenschaftlichen Positionen dienen als Leitideen, um zu einer inhaltlichen Einschätzung des Materials und damit zur Beantwortung der Teilforschungsfrage drei zu gelangen.

Die beiden Theorien zur Präsupposition (semantisch und pragmatisch) sowie die Typologie von Argumentationsmustern nach Kienpointner als Instrument zur Analyse von Schülertexten werden im zweiten Kapitel soweit thematisiert, wie es für den hier avisierten Forschungszusammenhang notwendig ist.

Wenn es darum geht, Argumentationsmuster zu identifizieren, kann die Typologie von Kienpointner – mit den vorgetragenen Einschränkungen – verwendet werden. Dass dies möglich ist, kann mit der Kontextabstraktheit der Muster begründet werden. Theoretisch betrachtet, kann diese Typologie sicherstellen, dass Argumentationsmuster in den zu untersuchenden Texten identifiziert werden können.

Weil Kienpointner die Frage, ab wann eigentlich von einer Argumentation, einem argumentativen Text gesprochen werden kann, vernachlässigt, werden die Voraussetzungen einer Argumentation benannt und diskutiert. Dabei kann eine Begründung für die pragmatische Präsuppositionstheorie vorgetragen werden. Vor dem Hintergrund eines gemeinsamen Wissens (*Weltwissen* nach Ernst 2002) übernimmt in sprachlichen Äußerungen eine Präsupposition die Rolle der unausgesprochenen Sinnvoraussetzung. Das, was konkret durch eine Argumentation zur Verhandlung steht, kann die Sinnvoraussetzung benutzen (schlussregelbenutzend = Muster der Großklasse I), etablieren (schlussregeletablierend = Muster der Großklasse II) oder durch illustrative Beispiele, Analogien oder Autoritäten stützen (Muster der Großklasse III).

Eine Argumentation liegt somit dann vor, wenn ein Konkretes infrage gestellt ist und somit eine Erkenntnis-, Verstehens- oder Überzeugungslücke (vgl. Wohlrapp ^{2}2009) vorliegt. Die Tätigkeit des Argumentierens ermöglicht es, eine Orientierung zwischen Individuen in Bezug auf ein gemeinsames Weltwissen herzustellen, welches als gemeinsame Schnittmenge individueller Weltwissensbestände herausgearbeitet wurde. Dabei ist dieses Weltwissen kein objektives Wissen, sondern geht in ein relatives Urteil[170] ein, weil es in argumentierenden Kommunikationssituationen um die Begründung einer konkreten These geht, die erst dann in ein Urteil überführt werden kann, »wenn sie darauf angelegt ist, den vernünftig denkenden Menschen zu überzeugen« (Perelman/Olbrechts-Tyteca 1958, dt. 2004: 41). Ein solcher Überzeugungsprozess kann gelingen, wenn er »an ein gemeinsames Bezugssystem, gemeinsame Wertvorstellungen« (ebd.: 154) anzuknüpfen versteht, womit der Begriff *Weltwissen* näher definiert wird.

Diese theoretische Grundposition ermöglicht die Anschlussfähigkeit an spezifische inhaltliche Relationen zu den Themen Schöpfung und Evolution. Das

170 Kienpointner nennt diese Urteilsform plausibel. Plausibilität wird vor dem Hintergrund eines sozial hergestellten Konsenses von Meinungen gebildet, der überzeugen soll (vgl. Ueding 2003, Stichwort: Plausibilität). In diesem Sinne ist Plausibilität dasjenige, was *einleuchtet*, zu einer *Einsicht* führt. Der Begriff Plausibilität ist somit nicht vom formallogischen, sondern vom konkreten Inhalt her definiert (vgl. Wohlrapp ^{2}2009). Ein plausibles Urteil kann auch mit dem Begriff *relatives Urteil* umschrieben werden und weist drei Merkmale auf: Es ist intersubjektiv, probabilistisch und überholbar. Der Erkenntnisbezug plausibler Urteile kann deshalb nicht auf Wahrheit oder auf ein sogenanntes absolutes Wissen ausgerichtet sein.

heißt, die Texte können strukturiert nach der Verwendung von Argumentationsmustern (Kontextabstraktheit, Typologie von Kienpointner) und ihrer Anwendung auf inhaltliche Relationen (Kontextspezifik, Schöpfung/Evolution) untersucht werden.

5.2 Sozialwissenschaftliche Methodik und Lehrbuchanalysen

Das dritte Kapitel ist der Diskussion geeigneter qualitativer sozialwissenschaftlicher Auswertungsmethoden gewidmet. Allgemein kann gesagt werden, dass qualitative Daten Formen fixierter Kommunikation sind, die Sinn, Bedeutung, aber auch Bedeutungsveränderungen erfassen. Im Fokus der Diskussion um die für die Studie geeignete qualitative sozialwissenschaftliche Methode stand die Erläuterung der Qualitativen Inhaltsanalyse nach Mayring. Demgemäß ist die Inhaltsanalyse eine kategoriengeleitete Textanalyse, die sich durch systematische Theorie- und Regelgeleitetheit als Hauptmerkmale auszeichnet. Sie zielt »auf einen *Verstehensprozess* von vielschichtigen Sinnstrukturen im Material« ab, der auch die *»latenten Sinngehalte«* (Mayring [11]2010: 32, Hervorhebungen im Original) einzubeziehen versteht, woraus sich eine methodische Affinität zur Theorie eines pragmatisch verstandenen Präsuppositionsbegriffs ergibt.

Es kann begründet werden, weshalb aus den drei Grundformen des Interpretierens die Strukturierung und innerhalb dieser Auswertungsmethode die *formale Strukturierung* am besten geeignet ist, um nach der empirischen Erhebung auswerten zu können, wie Schülerinnen und Schüler zum Thema *Schöpfung und Evolution* argumentieren. Das entscheidende Kriterium für die Strukturierung im Allgemeinen, so wird betont, liegt in der Anwendungsmöglichkeit deduktiver Kategorien (die Argumentationsmuster nach Kienpointner), die formale Strukturierung als Konkretisierung ermöglicht das Festlegen des pragmatischen Kriteriums, nach dem die Texte analysiert werden.

Damit ist in der Auswertung der Daten die Identifizierung und Verwendung bzw. Anwendung von Argumentationsmustern möglich. Das heißt, diese Methode entspricht dem hier vertretenen Forschungsansatz, der nach dem Gebrauch der Argumentationsmuster unter Berücksichtigung der inhaltlichen Relation(en) fragt.

Das Ziel der qualitativen sozialwissenschaftlichen Forschung ist in der Erhebung und Auswertung dieser inneren Strukturen der Daten zu sehen. Daraus ergibt sich wiederum eine methodische Affinität zur Theorie eines pragmatisch verstandenen Präsuppositionsbegriffs.

Welchen Gütekriterien sich eine qualitative sozialwissenschaftliche Forschung zu stellen hat, wird unter Verweis auf die Schwierigkeiten, für diese Methoden allgemeingültige Gütekriterien zu entwickeln, diskutiert.

Im vierten Kapitel wird die formale Strukturierung als qualitative Auswertungsmethode an drei Texten überprüft. Diese Analysen dienen der Generierung von Hypothesen und sollen zeigen, ob ein theoretisch und methodisch abgesichertes Instrument als Ergebnis der Hauptteile I und II präsentiert werden kann. An zwei ausgewählten Lehrbuchtexten sowie dem schriftlich verfassten Text einer Schülerin wird die Anwendung der formalen Strukturierung durch eine jeweilige Tiefen- bzw. Einzelsatzanalyse vorgestellt. Zusammenfassend können vier Hypothesen formuliert werden.

Mit der Pilotierung des Instruments soll zugleich eingeschätzt werden, ob ein fundiertes Konstrukt vorliegt, d.h. ob sich die kontextabstrakten Muster (Kienpointners Typologie) auf kontextspezifische Relationen beziehen lassen bzw. ob die spezifische Verwendung von Argumentationsmustern untersucht und empirisch belegt werden kann. Im Ergebnis ist festzuhalten, dass in allen drei untersuchten Texten Argumentationsmuster identifiziert werden können. Werden die in den Texten identifizierten Argumentationsmuster mit den erfassten Präsuppositionen unter Berücksichtigung der konkreten Fraglichkeit zusammengeführt, so kann das folgende Bild festgehalten werden:

In den religionsbezogenen Texten (Zenger/Schülerin) ließ sich ausmachen, dass mehrere Präsuppositionen formuliert werden können, die allerdings – zusammengefasst – immer den gleichen Typ präsentieren: Vom existenziellen Präsuppositionstyp ausgehend (›Es gibt einen Anfang‹ bei Zenger, ›Es gibt eine weltschaffende/weltschöpfende Intelligenz‹ im Schülertext) ist im Verlauf der Argumentation eine Überführung dieses existenziellen Typs zur Normierung (›Es gibt ein Ganzes / einen Zusammenhang‹ bei Zenger, ›Die Annahme einer schaffenden/schöpfenden Intelligenz ist meine Überzeugung‹ im Schülertext) zu beobachten. Diese Präsuppositionen mit den verwendeten Argumentationsmustern zusammengedacht ergibt, dass Einordnungsmuster immer dann verwendet werden, wenn die existenzielle Präsupposition entfaltet werden soll, hingegen illustrative Beispielmuster im Zusammenhang mit der Normierung stehen.

Im Schülertext kann zusätzlich noch beobachten werden, dass Einordnungsmuster in Verbindung mit dem illustrativen Beispielmuster auftreten, wenn persönliche Überzeugungen belegt bzw. gefestigt werden sollen, das Autoritätsmuster aber Verwendung findet, wenn verallgemeinernde Aussagen getroffen werden.

Geht man mit Kienpointner davon aus, dass die Argumentationsmuster (vor allem das illustrative Beispielmuster) der Großklasse III dann eingesetzt werden, wenn »die Geltung der in der Schlussregel ausgedrückten inhaltlichen Generalisierung nicht […] selbstverständlich oder gar problematisch« ist (Kienpointner 1992: 373f), so ergibt sich ein klarer Zusammenhang zwischen Präsupposition und Fragehorizont des jeweiligen Textes.

Die analysierten religionsbezogenen argumentativen Texte transportieren einen Geltungswert, der vor dem naturwissenschaftlichen Hintergrund (als Folie) eine Vermittlung zwischen eigener Existenz und Normativität ergibt, die im Text von Zenger eher negativ, im Schülertext eher positiv ausgedrückt wird.

Im *Lehrbuch Biologie* konnte als zusammengefasste Präsupposition formuliert werden: ›Die menschliche Phylogenese ist naturwissenschaftlich erforschbar‹. Damit handelt es sich um einen faktischen Präsuppositionstyp. Dieser wird im gesamten Text dahingehend durchgehalten, dass dafür Belege (Chronologie, Funde von Knochen, Beschreibungen von klimatischen Veränderungen usw.) angeführt werden.

Die unvollständigen Kausalketten zeigen an, dass dieser Text die Frage nach der Herkunft nicht im existenziellen Sinne stellt, ja gar nicht stellen kann, denn die naturwissenschaftliche Forschung ist nicht auf eine Vermittlung der eigenen Existenz mit einer Norm angelegt. Hingegen zeigt der Text einen Zusammenhang auf, welcher eine bestimmte Form von Wissen über die menschliche Phylogenese präsentiert, die einen Weltzugang ermöglicht, der zuallererst einmal faktisch das Dasein des Menschen (allgemeiner: Leben und dessen Entwicklung) versucht zu begründen.

Inwiefern hier zwei diametrale Weltmodi gegenüberstehen oder solche, die miteinander korrespondieren (könnten), ist beispielsweise in Rothgangel (1999) aber auch Höger (2008) erhellend dargestellt.

5.3 Ergebnispräsentation

Im Rahmen des vierten Kapitels werden das theoretische Konstrukt (Kap. 1 und 2) und die Auswertungsmethode (Kap. 3) aufeinander bezogen und überprüft. Die analysierten Texte haben das Folgende einsichtig machen können:

1. Das theoretische Konstrukt dieser Forschung – die theoretischen Grundpositionen – greift in allen drei Texten. Je nach Textsorte kann von der Antizipation eines konkreten Weltwissen besprochen werden, auch wenn im *Lehrbuch Biologie* das Fragliche scheinbar aufgehoben ist bzw. kaum expliziert wird.
2. Mit der Typologie von Kienpointner liegt ein Analyseinstrument vor, welches verwendete Argumentationen als Argumentationsmuster identifizieren kann. Das erarbeitete Instrument funktioniert für die analysierten Textsorten – die Kontextabstraktheit der Muster kann in Zusammenhänge mit den entsprechenden inhaltlichen Relationen gebracht werden.

3. Methodisch hat sich an diesen Text die formale Strukturierung als Auswertungsmethode im Rahmen der Qualitativen Inhaltsanalyse nach Mayring bewährt. Ausgehend von den Analyseeinheiten (Textbausteinen) werden Ankerbeispiele vorgestellt (bis hin zur Einzelsatzanalyse), die bestimmten Kodierregeln/Kategorien unterworfen werden (die Muster), um daraus über eine Feinstruktur der Texte (schematische Darstellung) zu einer Grobstruktur zu gelangen, die interpretiert werden kann.
4. Auch die methodische Kontrolle zum Fraglichen hat sich als vorteilhaft herausgestellt, um den Text im Biologielehrbuch, der vordergründig keine Frage zu stellen scheint, nicht einfach als nicht argumentierend abzustempeln, sondern ihn angemessen einordnen zu können.

Als Ergebnis kann somit ein theoretisch und methodisch abgesichertes Instrument vorgelegt werden. Mit diesen Ausführungen sind die theoretischen Grundlegungen vorliegender Forschungsarbeit abgeschlossen. Im Folgenden werden die Erhebung der Schülertexte sowie deren Auswertung vorgestellt und ergebnisorientiert diskutiert werden.

III. Hauptteil: Empirische Analyse

6. Kapitel: Vorbereitung und Durchführung der Materialerhebung

Mit dem sechsten Kapitel zur Beschreibung der Vorbereitung und Durchführung der Materialerhebung beginnt der dritte Hauptteil. Es wird auf die Erarbeitung und Optimierung des Schülerimpulses eingegangen (6.1). Anschließend sind die Ergebnisse der in Brandenburg durchgeführten Pilotstudie zu diskutieren (6.2). Auch in der qualitativen Forschung ist die Gewinnung der Stichprobe theoretisch zu begründen (vgl. Mayring [11]2010: 53). Deshalb ist eine dem Forschungsgegenstand angemessene Methode und deren Anwendung mit dem Ziel vorzustellen, die konkrete Stichprobe einschließlich der vorgenommenen externen und internen Codierung nachvollziehbar zu beschreiben (6.3). Ein kurzes Resümee (6.4) beschließt dieses Kapitel.

6.1 Der Schülerimpuls

Um Argumentationsmuster bei Schülerinnen und Schülern identifizieren zu können, wurde ein Schülerimpuls in den Varianten A (theologisch) und B (biologisch) entwickelt, der hier vorzustellen und zu diskutieren ist. Er besteht aus drei Teilen und wurde im Fach *Religion* und im Fach *Biologie* an zwei Gymnasien eingesetzt. Vor dem Einsatz des Impulses kam es zu einer Expertenkonsultation[171]. Im Ergebnis dieser Konsultation konnte der Impuls optimiert werden. Die einzelnen Teile des Impulses werden in dieser optimierten Fassung vorgestellt (6.1–3). Ein vierter Abschnitt trägt Überlegungen zur Überprüfung der Güte des Impulses vor und beschreibt die dazu durchgeführte Expertenkonsultation (6.4). Zusammenfassende Überlegungen (6.5) bilden den Abschluss.

171 Die Expertenkonsultation ist eine Möglichkeit der Überprüfung der Qualität des Impulses.

6.1.1 Der Schülerimpuls – erster Teil

Der erste Teil sollte für die Schülerinnen und Schüler den Horizont abstecken, innerhalb dessen die gestellte Aufgabe zu bearbeiten ist.

Als Text[172] wurde ein Teil einer Rede des Physikers Hans-Peter Dürr mit dem Titel »Das Netz des Physikers« ausgewählt. Diese Rede bezieht sich im Kern auf die bekannte Parabel von Sir Arthur Eddington. Die Auswahl für den ersten Teil des Impulses fiel auf diesen Text, weil er zwei wichtige Elemente enthält:

1. Einen Dialog zwischen einem naturwissenschaftlich forschenden Menschen (im Text: der Ichthyologe) und einem Menschen, der außerhalb der naturwissenschaftlichen Zugangsweise zu den Phänomenen steht (im Text: der Metaphysiker).
2. Die Veranschaulichung einer möglichen Streitfrage, welche die verschiedenen Erkenntnisweisen von Naturwissenschaften und Geisteswissenschaften reflektiert.

Durch diesen Text sollte den Schülerinnen und Schüler gezeigt werden, was von ihnen in der konkreten Aufgabenstellung verlangt wird: Einen eigenen Text zu verfassen, der dialogisch aufgebaut ist und aus der Haltung des jeweiligen Faches heraus argumentativ vorgeht. Im Folgenden wird der erste Teil des Impulses wiedergegeben.

Der folgende Text ist dem Lehrbuch *Kursbuch Religion Oberstufe* (hrsg. von Hartmut Rupp und Andreas Reinert, Stuttgart 2004: Calwer Verlag, S. 27) entnommen. Er trägt den Titel: »Das Netz des Physikers« und ist Teil einer Rede des Physikers und ehemaligen Direktors des Max-Planck-Institutes München Hans-Peter Dürr (vgl. Hans-Peter Dürr (1990): Das Netz des Physikers. Naturwissenschaftliche Erkenntnis in der Verantwortung. München: Deutscher Taschenbuchverlag).
Bitte lesen Sie sich diesen Text aufmerksam durch!

»[...] Lassen Sie mich diese Beziehung zwischen den Erkenntnissen der Naturwissenschaft über die Wirklichkeit und der ›eigentlichen‹ Wirklichkeit mit einer einprägsamen Parabel beschreiben, die von dem berühmten Astrophysiker Sir Arthur Eddington [...] angeführt wird. Eddington vergleicht in dieser Parabel den Naturwissenschaftler mit einem Ichthyologen, einem Fischkundigen, der das Leben im Meer erforschen will. Er wirft dazu sein Netz aus, zieht es gefüllt an Land und überprüft seinen Fang nach der gewohnten Art eines Wissenschaftlers. Nach vielen Fischzügen und gewissenhafter Überprüfung formuliert er zwei Grundgesetze der Ichthyologie:
1. Alle Fische sind größer als fünf Zentimeter.
2. Alle Fische haben Kiemen.
Er nennt diese Aussagen Grundgesetze, da beide Punkte sich ohne Ausnahme bei jedem Fang bestätigt hatten [...].

172 Vgl. Dürr (1990). Der Text ist auch abgedruckt in Rupp/Reinert (2004: 27) und wurde, nach einem Vergleich mit dem Original, von dort übernommen.

(Fortsetzung)

Ein kritischer Beobachter – wir wollen ihn einmal Metaphysiker nennen – ist jedoch mit den Schlussfolgerungen des Ichthyologen höchst unzufrieden und wendet energisch ein: ›Dein zweites Grundgesetz, dass alle Fische Kiemen haben, lasse ich als Gesetz gelten, aber dein erstes Grundgesetz, das über die Mindestgröße der Fische, ist gar kein Gesetz. Es gibt im Meer sehr wohl Fische, die kleiner als fünf Zentimeter sind, aber diese kannst du mit deinem Netz einfach nicht fangen, da es eine Maschenweite von fünf Zentimetern hat!‹ Unser Ichthyologe ist von diesem Einwand jedoch keineswegs beeindruckt und entgegnet: »›Was ich mit meinem Netz nicht fangen kann, liegt prinzipiell außerhalb fischkundigen Wissens, es bezieht sich auf kein Objekt der Art, wie es in der Ichthyologie als Objekt definiert ist. Für mich als Ichthyologen gilt: Was ich nicht fangen kann, ist kein Fisch.‹«

Erster Teil des Schülerimpulses

Didaktisch betrachtet, handelt es sich bei diesem Text um einen stummen Impuls. Die Aufforderung, den Text aufmerksam zu lesen, lenkt die Schülerinnen und Schüler zu einer Erwartungshaltung der Aufgabensteller, die dann im zweiten Teil des Impulses expliziert wird. Beide Impulsteile haben insofern funktioniert, als der Inhalt der Parabel häufig als illustratives Beispielmuster (S1) aus der Großklasse III in den selbständig verfassten Schülertexten vorkommt. Das folgende Beispiel dient der Verdeutlichung.

Ein Ichthyologe begründete – nach dem berühmten Astrophysiker Sir Arthur Eddington – einst seine selbst aufgestellte Regel »Alle Fische sind größer als fünf Zentimeter« so: »Was ich nicht fangen kann, ist kein Fisch.« *Nun, meine Damen und Herren, finde ich, das ist doch eine sehr schöne Sichtweise. Sehr simpel, aber sehr durchdacht.* *Der Fischkundige begründet subjektiv.* *Und das ist ja auch seine Freiheit.*[173]

Auszug aus dem Schülertext tn06ABio, TB2, Z04–08[174]

6.1.2 Der Schülerimpuls – zweiter Teil

Mit dem zweiten Impulsteil erhielten die Schülerinnen und Schüler einen möglichen Verstehenshorizont geliefert. In diesem Teil wird expliziert, was in der Anweisung des ersten Teils (Bitte lesen Sie sich diesen Text aufmerksam

173 Zur besseren Lesbarkeit sind die Texte der Schülerinnen und Schüler behutsam und ohne Änderung der Diktion orthografisch und grammatikalisch korrrigiert worden (dabei werden sinngemäße Ergänzungen sichtbar gemacht). Die Originaltexte sind einsehbar unter www.v-r.de/weiß_argumentationen.

174 Die Erläuterung der verwendeten Codes (hier: tn06ABio) erfolgt in Kap. 6.3.2. Die verwendeten Abkürzungen stehen für Textbaustein (TB) und Zeile (Z).

durch!) implizit mitschwingt. So wurden die Schülerinnen und Schüler erneut darauf vorbereitet, was von ihnen in der eigentlichen Aufgabenstellung erwartet wurde, wie der zweite Teil des Impulses veranschaulichen kann.

Erläuterung: Mit dieser Parabel liegt Ihnen ein Beispiel eines argumentierenden Dialogs vor. So ähnlich könnten auch ein Evolutionstheoretiker (Biologe) und ein religiöser Mensch (Theologe) zum Thema »Schöpfung und/oder Evolution« diskutieren. Stellen Sie sich vor, Sie sollen eine Rede halten, mit der Sie andere Menschen von der Berechtigung eines Glaubens an die biblische Schöpfung überzeugen müssten (Für die B-Variante: Stellen Sie sich vor, Sie sollen eine Rede halten, mit der Sie andere Menschen von der Berechtigung des evolutionstheoretischen Modells zur Entstehung des Lebens überzeugen müssten.). Als Grundlage für Ihre Argumentation könnte dabei die in der Parabel von Sir Arthur Eddington aufgeworfene Problematik einander konkurrierender Weltsichten dienen.

Zweiter Teil des Schülerimpulses

Die entscheidenden Signalphrasen sind hier:
- *Beispiel für einen argumentativen Dialog;*
- *So ähnlich könnten … diskutieren;*
- *Stellen Sie sich vor, sie sollen eine Rede halten … [und] überzeugen;*
- *einander konkurrierende Weltsichten.*

Mit dieser Explizierung, davon gingen die beiden Inhaltsanalytiker aus, war die eigentliche Aufgabenstellung in den Varianten A und B soweit vorbereitet, dass die Schülerinnen und Schüler genau einschätzen konnten, was sie in den folgenden 90 Minuten leisten sollten. Der Text und die Erläuterung ermöglichten somit ein zielgerichtetes Vorgehen im Sinne des vorliegenden Forschungszusammenhanges: Schülerargumentationen in Form schriftlich fixierter Kommunikation (vgl. Mayring [11]2010: 12) als Material für eine qualitative Auswertung zu erheben.

6.1.3 Der Schülerimpuls – dritter Teil

Die eigentliche Aufgabenstellung bildet den dritten Teil des Impulses. Sie wurde in den Varianten A und B formuliert. Die entscheidende Überlegung, aus einem Impulstext und dessen Erläuterung zwei Aufgabenvarianten zu erarbeiten, ist mit dem schon vorgetragenen Erkenntnisinteresse zu begründen (vgl. Kap. 1; Kap. 2). Weil neben der Identifizierung von verwendeten Argumentationsmustern auch erforscht werden sollte, ob die Verwendung dieser Muster in *fachspezifisch* und *fachübergreifend* differenziert werden kann (vgl. Forschungsfragen; Einleitende Überlegungen sowie Kap. 1.3), war eine theologisch konnotierte und eine biologisch konnotierte Aufgabenstellung nötig.

Die Aufgabenvarianten wurden in beiden Fächern eingesetzt, um die fachbezogene *Ichheit* (das sogenannte Fachunterrichts-Ich) zu minimieren. Zugleich sollten die beteiligten Schülerinnen und Schüler dahingehend provoziert werden, das jeweilig andere Fach und dessen andere Erkenntnisreichweite in die eigenen Überlegungen und Argumente einzubeziehen. Ein Textbeispiel von einer Schülerin verdeutlicht das Vorgetragene.

> *Zudem vertrete ich ganz stark die Meinung, dass es nicht einfach durch das Verschmelzen einer Ei- und Samenzelle zu einer Lebensform kommen kann, [...]*
> *[...] vielleicht zu einem Körper, jedoch nicht zu einer Seele, einem Geist, [...]*
> *[...] dazu bedarf es immer noch eines Gottes, der so allmächtig ist, dass er Leben schenken kann.*

Auszug aus dem Schülerinnentext Tn24ARu, TB4, Z50–53

Zwei Varianten für eine Aufgabenstellung zu formulieren, bietet aber auch den praktischen Vorteil, dass Schüler X nicht von seinem Klassennachbarn, Schüler Y, abschreiben kann.[175] Bei der Formulierung der zwei Aufgabenvarianten stehen, so kann zusammenfassend festgehalten werden, das leitende Erkenntnisinteresse und Gütekriterien der sozialwissenschaftlichen Forschung (vgl. Mayring [11]2010: 118ff) im Vordergrund.

Die beiden Aufgabenvarianten werden nun vorgestellt.

> Schreiben Sie eine überzeugende Rede (3 bis 5 A4-Seiten), in der Sie die Rolle eines religiösen Menschen einnehmen und die Berechtigung eines Glaubens an die biblische Schöpfung trotz des evolutionstheoretischen Modells zur Entstehung des Lebens *argumentativ* vertreten.

Aufgabenvariante A

> Schreiben Sie eine überzeugende Rede (3 bis 5 A4-Seiten), in der Sie die Rolle eines Evolutionstheoretikers einnehmen und die Berechtigung des evolutionstheoretischen Modells zur Entstehung des Lebens trotz des Glaubens an die biblische Schöpfung *argumentativ* vertreten.

Aufgabenvariante B

Die Aufgabenvarianten sind in formaler Hinsicht gleich: Die Schülerinnen und Schüler sollen eine fiktive Rede[176] von maximal fünf A4-Seiten Umfang schreiben. Sie sollen sich in eine Rolle hineinversetzen[177] und sie sollen etwas argumentativ[178] vertreten.

---

175 Diese Gefahr besteht natürlich in offenen Aufgabenformaten per se weniger als etwa bei Erhebungen, die mit Multiple-Choice-Aufgaben operieren.

176 Eine fiktive Rede (oder einen fiktiven Brief) zu schreiben, ist eine beliebte Unterrichtsmethode, um Schülerinnen und Schüler dazu zu bewegen, ihren eigenen Gedanken in Ruhe und Sorgfalt Ausdruck zu verleihen (vgl. z.B.: http://methodenpool.uni-koeln.de/download/briefmethode.pdf, [14.10.2013].

177 Jeder schulische Unterricht hat Phasen, in denen sich Schülerinnen und Schüler auspro-

Für die inhaltliche Formulierung beider Aufgabenstellungen leitend ist der argumentationstheoretische Gedanke, dass Argumentieren allgemein eine kommunikative Tätigkeit darstellt, bei der »rechtfertigende und begründende Argumente für die einzelnen Meinungen und Entscheidungen vorgetragen werden« (Gil 2012: 10) und es somit insbesondere darum geht, in einem *Dialog* Lösungen auszuhandeln (vgl. Willenberg/Gailberger/Krelle 2007), unter Bezugnahme auf Unstrittiges *Strittiges* (Meinungen oder Entscheidungen, Fragliches) unstrittig zu machen (z. B. Kienpointner 1992; Nussbaumer 1995) und/oder einen Übergang vom *Meinen zum Wissen zu* ermöglichen (Wohlrapp ^{2}2009).

In Variante A ist der Glaube an die Schöpfung das Fragliche bzw. die Berechtigung dieses Glaubens soll argumentativ vertreten werden, in Variante B sollen Argumente für die Berechtigung des evolutionstheoretischen Modells zur Entstehung (Entwicklung) des Lebens vorgetragen werden. Dass beide Weltsichten einander widerstreiten bzw. dass um sie gestritten wird, zeigt die konzessive Präposition *trotz* an, d. h., schon auf der rein grammatikalischen Ebene werden die Schülerinnen und Schüler mit der inhaltlichen Aufgabenformulierung auf einen schriftlich zu fixierenden Begründungszusammenhang gelenkt, der die argumentationstheoretischen Ausgangspunkte aufnimmt und in schülerverständliche Sprache umformuliert.

Auf formaler und inhaltlicher Ebene ist damit eine theoretisch fundierte Begründung dafür gegeben, dass mit der entwickelten Aufgabenstellung in den Varianten A und B eine Aufgabe an die Schülerinnen und Schüler gestellt wird, die zur Annahme berechtigt, dasjenige Material zu erhalten, welches für die Auswertung im Rahmen der Qualitativen Inhaltsanalyse notwendig ist, um zu einer Beantwortung der gestellten Forschungsfragen zu gelangen.

Wie sehr sich die Schülerinnen und Schüler auf diese Aufgabe einließen, soll das folgende Beispiel aus einem Schülertext zeigen.

bieren können und sollen. Im naturwissenschaftlichen Unterricht ist dies u. a. im Experimentieren gewährleistet, im Religionsunterricht (aber auch z. B. im Deutsch- oder Ethikunterricht) ist das Rollenspiel eine Methode, die ein solches Ausprobieren ermöglichen soll. Sich in eine Rolle hineinzuversetzen, verlangt die Annahme einer bestimmten Position. Das heißt, derjenige, der die Rolle einnimmt, muss über die Inhalte und über die Person bzw. die Personen, die diese Inhalte vertreten, Kenntnisse haben. Experiment und Rollenspiel sind zwei mögliche Methoden, um regelgeleitet Erfahrungen und Kenntnisse auszuprobieren und dadurch zu reflektieren. Insofern ist die Aufforderung, eine Rolle einzunehmen, ein weiterer Impuls, um Schülerinnen und Schüler zu animieren, das Thema *Schöpfung und Evolution* aus einem bestimmten Blickwinkel zu bedenken.

178 Die Hervorhebung des Adverbs *argumentativ* ist wieder ein stummer Impuls, der den Schülerinnen und Schülern mitteilt, was von ihnen erwartet wird.

Aus der Sicht eines Theologen *Meine sehr verehrten Damen und Herren, ich danke Ihnen ganz herzlich für Ihr Kommen. Wir haben uns heute zusammengefunden, um über den Konflikt der Verbindung von biologischem und theologischem Wissen zu diskutieren.*

Auszug aus dem Schülertext tn05ABio, TB1, Z01–03

Wurden bisher die Gemeinsamkeiten beider Aufgabenvarianten vorgestellt, so ist im Folgenden zu benennen, worin sich die Variante A von der Variante B unterscheidet. Von den Schülerinnen und Schülern wird verlangt, dass sie, in Absehung ihrer Person, eine bestimmte Rolle einnehmen (religiöser Mensch/ Evolutionstheoretiker). In der Erläuterung, also dem zweiten Impulsteil, wird der religiöse Mensch als Theologe, der Evolutionstheoretiker als Biologe gekennzeichnet. Weil diese Kennzeichnungen auf Kritik stoßen könnten, ist darüber am Beispiel *religiöser Mensch als Theologe* zu diskutieren.

Es ist schwierig zu bestimmen, was unter *religiös* verstanden werden soll, weil dieses Adjektiv eine Reihe von Bedeutungspaletten mit sich führt.[179] Angel (1998: 78) illustriert die Schwierigkeit an einem Beispiel:

> »Versucht man die im Adjektiv versteckt gegebene Differenz präzise in einen Nominalsausdruck zu übersetzen, so kann die Aussage ›Martin ist religiös‹ dementsprechend zweierlei bedeutet:
>
> a) Entweder: ›Martin richtet sein Leben nach den Vorgaben einer Religion aus‹ [religio = relegere, Cicero, TW].
>
> b) ›Martin richtet sein Leben nach seinem eigenen inneren Kern, nämlich seiner Religiosität aus.‹« [religio = re-eligere, Augustinus / Thomas von Aquin, TW[180]]

Angel gelangt zu dem Schluss, dass die gezeigte Differenz ein religionspädagogisches Desiderat darstellt. Zugleich ist die Frage berechtigt, ob *religiös* auf das Nomen *Theologe* passt. Es sei unterstellt, dass die Bezeichnung *Theologe* eine wissenschaftliche Ausbildung in der Theologie zur Voraussetzung hat. Diese Ausbildung ist keine religiöse Unterweisung, sondern eine wissenschaftliche Beschäftigung mit Problemstellungen in den exegetischen Fächern (Neues und Altes Testament), Kirchengeschichte, Systematischer und Praktischer Theologie.[181] Die Bezeichnung *Theologe* impliziert das Adjektiv *religiös* somit nicht, denn auch ohne religiöse Bindung oder Einstellung ist es möglich, Theologie zu studieren und sich nach Abschluss des Studiums *Theologe* zu nennen (vgl. dazu auch Wagner 1990: 128).

Auf Schülerebene ist diese Differenzierung, aber auch die des Adjektivs *religiös* nicht zwingend notwendig, denn im Schülerhorizont gehören *religiöser*

179 Ähnliche Schwierigkeiten lassen sich auch beim Begriff *Religion* finden (vgl. Pollack 1995).

180 Vgl. Weischedel 1983: 8f.

181 Damit sind die wichtigsten Teilgebiete der Theologie benannt, wobei konfessionelle Differenzierungsmöglichkeiten nicht aufgenommen werden.

Mensch und *Theologe* (irgendwie) zusammen. So ist beispielsweise die Erwartungshaltung von Schülerinnen und Schülern an Religionslehrkräfte, dass diese religiös sind, obgleich Studien zum Selbstverständnis von Religionslehrkräften, z. B. in Niedersachsen (Feige et al. 2000; auch www.rpi-loccum.de/studie.html, [14. 10. 2013]), anderes belegen.

Die Texte der untersuchten Schülerinnen und Schüler haben gezeigt, dass sich einige der Wissenschaftlichkeit der Theologie bewusster waren als andere. Der folgende Auszug aus einem Schülerinnentext ist dafür ein Beispiel:

> *Die Gruppe von Menschen, zu der ich persönlich mich ebenfalls zähle – die Gläubigen –, entscheiden sich mit der Taufe und Konfirmation weder gegen die Evolutionstheorie noch für sie.*
> *Denn es geht nicht darum, dass wir wissenschaftliche Erkenntnisse verneinen, sondern darum, dass wir an ein höheres Etwas – Gott – glauben.*
> *Ich persönlich sehe Religion als Möglichkeit, mich mit anderen Menschen über Ängste und Gedanken auszutauschen.*
> *Christentum, Buddhismus und alle anderen Religionen sind Versuche, sich die menschliche Existenz zu erklären.*

Auszug aus dem Schülertext tn04ABio, TB3, Z12–17

Dieses Beispiel intendiert eher einen religiösen Menschen, der nicht zwingend eine wissenschaftliche Ausbildung absolviert haben muss:

> *Sehr geehrte Damen und Herren,*
> *diese Leitfrage ist ganz einfach zu beantworten: Ja! Und jetzt kommt meine ganz persönliche Meinung oder auch Begründung, die Sie gerne mitschreiben können!*
> *Ja, denn wir glauben daran und deshalb existiert dieser Gedanke überhaupt erst.*
> *Er existiert und dies ist die Hauptsache, durch unseren Glauben wissen wir!*

Auszug aus dem Schülertext tn03ABio, TB3, Z37–38

Das erste Beispiel geht eher reflektierend mit dem menschlichen Phänomen *Glaube* um – auch wenn damit eine persönliche Haltung (von Gläubigen) transportiert wird – und könnte somit eher im Umfeld von theologischen Reflexionen gesehen werden. Das andere Beispiel setzt eine Existenz Gottes als unhinterfragbar voraus. Dies könnte, im Sinne der von Angel vorgetragenen Differenzierung (Beispiel a), eher auf eine persönliche religiöse Haltung schließen lassen.

Eine Lösung ist für beide Fälle nicht zu geben, deshalb soll an dieser Stelle nur ein Problembewusstsein angezeigt werden. Es bedürfte einer eigenen Untersuchung, was Schülerinnen und Schüler unter *religiös* und *Theologe*, aber auch unter Theologie verstehen, um hier zu einem Urteil zu gelangen.[182] Für das

182 Damit wird die Feststellung von Angel, dass es sich hier um ein religionspädagogisches Forschungsdesiderat handelt, unterstützt. Knapp macht unter Bezugnahme auf Seckler (1983) darauf aufmerksam, dass für den Religionsunterricht durchaus auf die antike Bedeutung von Theologie als Zusammenhang von Gott und Sprache zurückgegriffen werden

Verfassen des Schülerimpulses war es wichtig, im Horizont der zu untersuchenden Schülerinnen und Schüler zu formulieren, sodass beide Möglichkeiten aufgenommen wurden.

Ähnliche Überlegungen ließen sich auch zur Formulierung in der Variante B (Evolutionstheoretiker/Biologe) anstellen, denn nicht jeder Biologe ist auch ein Evolutionstheoretiker. Beispielsweise greift ein Zoologe, der das Paarungsverhalten von Großkatzen untersucht, nicht zwingend auf evolutionstheoretische Voraussetzungen oder Annahmen zurück, sondern setzt diese für seine Forschung voraus.[183] Auch bei der Formulierung der Variante B ist es wichtiger gewesen, im Horizont der Schülerinnen und Schüler zu verbleiben. Und auch hier müsste eine eigene Untersuchung angestrengt werden, um zu einem Urteil gelangen zu können.

6.1.4 Die Expertenkonsultation

Der für die Erhebung entwickelte Impuls sollte durch Experten eingeschätzt werden, um überprüfen zu können, ob er dem hier leitenden Erkenntnisinteresse, aber auch dem Schülerhorizont entspricht. Die Konsultation von Experten ist eine Form der Gütekontrolle in der quantitativen, aber auch in der qualitativen sozialwissenschaftlichen Forschung. So wird mit der Gatekeeper-Technik (Merkens 1997: 101 f) auf Experten zurückgegriffen, die im entsprechenden Umfeld tätig sind.[184]

Für diese Expertenkonsultation konnten fünf Lehrkräfte gewonnen werden, die mit der Stellung von Abiturprüfungsaufgaben vertraut sind. Nach einer Erläuterung der wissenschaftlich angestrebten Ziele der Forschung wurden drei Gruppen gebildet. Zwei Lehrkräften wurde der vollständige Impuls zur Einschätzung vorgelegt (Gruppe A), zwei weitere erhielten nur die Teile 1 und 2 des Impulses (Text und Erläuterung; Gruppe B). Diese Gruppe sollte stichpunktartig den Horizont (in Form von Fragen) für eine Aufgabenstellung formulieren. Eine Lehrkraft erhielt nur die beiden Aufgabenvarianten (Gruppe C) und sollte drei inhaltliche Stichpunkte für einen Text liefern, der zur Aufgabenstellung führen könnte.

Die Gruppe A und die Gruppe C äußerten sich positiv zum Schreiben einer

kann (vgl. Knapp 2012: 49). Allerdings erhebt sich die Frage, ob ein schulischer Religionsunterricht immer auf den Zusammenhang von Gott und Sprache abheben muss. Wäre dies so, dann bestände die Gefahr, dass der Gottesbegriff zu einem Panentheismus verkommt.

183 Kattmann (2009) verweist darauf, dass den Schülerinnen und Schülern nicht bewusst ist, dass die Evolutionstheorie die eigentliche Grundlage der Biologie darstellt.

184 Diese Technik wird auch bei der Gewinnung der Stichprobe verwendet. Vgl. Kap. 6.3.

überzeugenden Rede sowie zum *Rolle … einnehmen*, bemängelten allerdings die ursprüngliche Phrase *erörtern*[185]. Deshalb wurde diese Phrase ersetzt durch *argumentativ vertreten.* Die zusätzliche Aufgabe der Gruppe C führte zu den folgenden Stichpunkten:

1. Ein Text, der Aussagen über die beiden Weltzugänge macht.
2. Ein Text, der die Erkenntnisweisen der Naturwissenschaften und der Theologie beschreibt.
3. Ein Text, der den Streit zwischen Schöpfung und Evolution wiedergibt.

An diesen drei Stichpunkten konnte abgelesen werden, dass der gewählte Text (Impulsteil 1) zur Aufgabenstellung passt, auch wenn sich der Text nicht direkt zum Thema *Schöpfung und Evolution* äußert.

Von der Gruppe B, die nur den Impulsteil 1 und 2 vorgelegt bekam, sind die folgenden, stichpunktartig verfassten Aufgabenstellungen (in Form von Fragen) formuliert worden:

1. Kann man heute noch von Schöpfung reden, wenn die Evolutionstheorie Beweise vorlegen kann?
2. Lässt sich Schöpfung heute noch rechtfertigen?
3. Wie wird mit *Missing Links* theologisch und biologisch umgegangen?
4. Über welchen Bereich des Lebens macht Biologie, über welchen Bereich des Lebens macht Theologie Aussagen?
5. Können beide Bereiche zusammengedacht werden?
6. Welche Argumente gibt es für die Schöpfung und welche für die Evolution, und schließen diese sich aus oder ein?

Auch hier ergab die Einschätzung, dass alle drei Impulsteile zueinander passen. Aufgrund der Ergebnisse der Expertenkonsultation konnte der Impuls in beiden Varianten optimiert werden.

6.1.5 Zusammenfassung

Zusammenfassend ist festzuhalten, dass der von den Inhaltsanalytikern erarbeitete und durch die Expertenurteile optimierte Impuls dem leitenden Erkenntnisinteresse entspricht, sodass davon ausgegangen werden kann, mit Hilfe dieses Impulses von Schülerinnen und Schülern schriftlich fixiertes Material zu erhalten, welches für die Auswertung und damit für die Beantwortung der ge-

185 Es war die einhellige Meinung der Lehrkräfte, dass das Verb *erörtern* bei den Schülerinnen und Schülern eine formale Assoziation hervorruft, über die sie die inhaltliche Ausgestaltung »vergessen« könnten.

stellten Forschungsfragen hinreichend ist. Zugleich entspricht der optimierte Impuls – didaktisch gewendet – den Anforderungen an schulischen Unterricht. Dieser hat u. a. die Aufgabe, die verschiedenen Weltbegegnungsmodi (vgl. Baumert 2002: 107) zu reflektieren, und zwar im Lichte der eigenen Erfahrung (vgl. Benner ^{5}2005). Dass es dabei nicht um richtig und falsch, sondern um *Fragliches, Dialog* und den Übergang vom *Meinen zum Wissen* gehen kann, sind die argumentationstheoretischen Voraussetzungen für die Formulierung dieses Impulses.[186]

6.2 Die Pilotstudie im Bundesland Brandenburg

Am Gymnasium in Brandenburg wurde mit dem optimierten Schülerimpuls eine Pilotstudie[187] durchgeführt, deren Ziel dessen Überprüfung auf Schülerebene war.[188] An der Pilotstudie nahmen Schülerinnen und Schüler des katholischen Religionsunterrichts teil (n=5). Ein Text konnte leider keine Verwendung finden, sodass die Pilotstudie aus n=4 Teilnehmerinnen und Teilnehmern besteht. Dies entspricht annähernd der sozialwissenschaftlichen Vorgabe, eine Pilotstudie an 10 % der Gesamtpopulation durchzuführen (Gesamtpopulation N=48). Drei Schülerinnen und Schüler bearbeiteten die Aufgabenvariante A und eine Schülerin die Aufgabenvariante B.[189] Die Pilotstudie setzt sich zusammen aus:
- Impulsvariante A: zweimal weiblich, einmal männlich;
- Impulsvariante B: einmal weiblich.

186 Zusätzlich zum Schülerimpuls wurden verschiedene Wissenstests (Fachwissenstest Biologie und Theologie/Religion, epistemische Überzeugungen, soziodemografischer Hintergrundfragebogen) erarbeitet, pilotiert und in der Hauptuntersuchung eingesetzt. Diese Tests werden nicht mit in die qualitative Auswertung einbezogen, sondern sind erhoben worden, um in einer weiterführenden Forschung ein Erhebungsformat entwickeln zu können, welches quantifizierende Aussagen zulässt.

187 Die vollständigen kommentierten Texte der Pilotstudie sind einsehbar unter: www.v-r.de/weiß_argumentationen, Pilotstudie Brandenburg.

188 Die in Kapitel 4 vorgestellten Studien zur Überprüfung des Instruments haben, wie bereits angemerkt, auch die Funktion der Generierung von Hypothesen.

189 Ursprünglich war das Verhältnis: dreimal Variante A und dreimal Variante B (n=6). Ein Beitrag fiel am Erhebungstag wegen Erkrankung aus, und der Text eines Teilnehmers war leider nicht zu verwerten. Dennoch ist die Pilotstudie aussagekräftig genug, denn sie kann zeigen, dass die Schülerinnen und Schüler die Aufgabenstellung verstanden haben, indem sie argumentierende Texte produzierten.

Der Altersdurchschnitt betrug 17,5 Jahre. Die externe Codierung wurde durch eine interne, numerischen Codierung (Pilotstudie = P1; P2 …) ersetzt[190] (siehe Tabelle 1, Kap. 5).

Tabelle 1, Kap. 6: Interne Codierung Pilotstudie

Externe Codierung	Interne numerische Codierung	Alter und Geschlecht
SR25 (Variante A)	P1	18 J., w
Ai20 (Variante A)	P2	17 J., m
HN01 (Variante A)	P3	17 J., w
SS25 (Variante B)	P4	18 J., w

Die vorgenommene Auswertung erfolgte grober als die Auswertung im Rahmen der Hauptuntersuchung, weshalb auch noch keine tabellarische Darstellung[191] des erhobenen Materials vorgenommen wurde. Es sollte mit dieser Pilotstudie die Frage beantwortet werden, ob die Aufgabenstellung im Horizont der Schülerinnen und Schüler liegt und ob mit dieser das leitende Forschungsinteresse ergebnisorientiert verfolgt werden kann. Das heißt, mit der Pilotstudie sollte eine Einschätzung vorgenommen werden können, ob der Impuls noch einmal zu überarbeiten, aber auch, ob diese Form der Erhebung hinreichend für die Produktion schriftlich fixierter Argumentationen ist, die anschließend inhaltsanalytisch ausgewertet werden können. Gemäß dieser Zielsetzung wurden die von Schülerinnen und Schülern produzierten Texte nach folgenden, im Schülerimpuls vorhandenen Kategorien untersucht:

1. Rolleneinnahme,
2. Inhaltliche Aufnahme des Impulses,
3. Formale Kriterien einer argumentierenden Rede (z. B. Einleitung, Hauptteil, Schluss; Gliederung in Textbausteine),
4. Musterverwendung,
5. Fachspezifische- und fachübergreifende Muster.

Diese fünf Kategorien werden im Einzelnen in diesem Kapitel vorgestellt (6.2.1–5). In einer abschließenden Reflexion (6) sollen die Ergebnisse der durchgeführten Pilotstudie zusammengefasst werden.

190 Zum Zusammenhang zwischen externer und interner Codierung vgl. Kap. 6.3.2.
191 Vgl. Kap. 7.1.2.

6.2.1 Rolleneinnahme

Alle vier Teilnehmenden zeigten direkt oder indirekt, dass sie in der Lage sind, sich in die angegebene Rolle hineinversetzen zu können. Direkt benennt P1 die Rolle eines gläubigen Theologen, während P4 (siehe Beispiel 1) indirekt zu erkennen gibt, dass die Rolle eines Naturwissenschaftlers eingenommen ist.

Sehr geehrte Damen und Herren, sehr geehrtes Fachpublikum, ich möchte ihnen heute einen Fachvortrag über die Schöpfungsgeschichte halten. Ich nehme die Position eines gläubigen Theologen ein. Für mich als Bischof kann es nur eine richtige Evolutionstheorie [geben].

Beispiel zur Rolleneinnahme von P1 (Z01–05)

Meine Damen und Herren, liebes Publikum der christlichen Gemeinde Fürstenwalde, ich bin sehr froh, sie heute hier begrüßen zu dürfen. Das zu debattierende Thema »Wissenschaft vs. Glauben« ist ohne Frage sehr umstritten und trifft womöglich einen wunden Punkt Ihrer Glaubensauffassung und dessen Entstehung – die Schöp-fungsgeschichte. Aufgrund dessen bin ich sehr erfreut, dass sie sich hier eingefunden haben.

Beispiel 1 zur Rolleneinnahme von P4 (Z01–06)

Dass die Schülerin P4 die Rolle eines naturwissenschaftlich denkenden Menschen einnimmt, zeigt sich darin (deshalb indirekt), dass sie von einem *wunden Punkt Ihrer Glaubensauffassung* spricht, d. h., es ist nicht die Auffassung der Rednerin, sondern die des fiktiven Publikums. Der Text zeigt weiter, dass hier vom Standpunkt der Naturwissenschaft und Technik[192] gesprochen wird, auch wenn die Schülerin damit eine naive Glaubenshaltung transportiert, wie Beispiel 2 zeigen kann.

Ich persönlich bin mit meinem Auto hierhergefahren, 140 km/h auf der Autobahn, weil ich der Wissenschaft und meiner Werkstatt vertrau, nicht unbedingt, weil ich denke, dass Gott die Schrauben im Auto festhält.

Beispiel 2 zur Rolleneinnahme von P4 (Z07–09)

P2 und P3 zeigen ebenfalls indirekt die Rolleneinnahme (religiöser Mensch/Theologe) an, sodass davon ausgegangen werden kann, dass der Impuls auf dieser Ebene funktioniert. Schülerinnen und Schüler sind, diese tendenzielle Aussage kann getroffen werden, in der Lage, sich in eine Rolle zu begeben und aus dieser heraus einen bestimmten Standpunkt zu vertreten.

192 Dies impliziert für die Auswertung die Unterscheidung in einen weiten (allgemeinen) und einen engen (biologischen) Begriff von Naturwissenschaft und auch – als These formuliert – ein weites oder enges Verständnis von Religion und Theologie (vgl. dazu die Überlegungen zu *fachspezifisch/fachübergreifend* in Kap. 1.3.1 f; Kap. 7.1.3.1 f).

6.2.2 Inhaltliche Aufnahme des Impulses

Wie in Kapitel 6.1 beschrieben, besteht der Impuls aus einem Teil der Hinführung, einem erläuternden und einem Aufgabenteil. Im Zuge der Auswertung der Pilotierung ist der Teilfrage nachgegangen worden, ob die Schülerinnen und Schüler den Inhalt des Impulses aufgenommen haben und individuell verarbeiten konnten. Wird der Impulstext in zwei Phrasen zusammengefasst, dann spiegelt er die Erkenntnisweise der Naturwissenschaften und deren Reichweite wider sowie einen Einspruch gegen die (einzig zugelassene) Gültigkeit dieser Erkenntnisweise. Dieser Inhalt wird im erläuternden Teil mit der Wortgruppe *einander konkurrierender Weltsichten* gekennzeichnet.

Die Teilnehmerin P3 formuliert diese inhaltliche Hinführung in ihrem Text wie folgt:

Ich spreche heute zu Ihnen, weil leider heutzutage viele Wissenschaftler den christlichen Glauben mit bewiesenen Theorien zu widerlegen versuchen. Doch haben wir nicht alle ein Recht auf ungetrübte Glaubensfreiheit? Anders als zur Zeit unserer Ahnen haben die Menschen heute die Möglichkeit, Tests, Experimente und Forschung zu betreiben. Dies bildet dennoch keinen Gegensatz zur Religion.

Beispiel für die inhaltliche Aufnahme des Impulstextes von P3 (Z03–05)

In dieser Textpassage wird ein Problembewusstsein deutlich: Der Gegensatz zwischen Wissenschaften und Religion ist nach Ansicht der Schülerin falsch. Ähnlich auch P2 in einer längeren Passage. Dieser Schülerinnentext nimmt allerdings einzelne naturwissenschaftliche Erkenntnisse oder Beobachtungen auf, um im Anschluss daran den Gegensatz zwischen Naturwissenschaften und Glauben/Religion zu verdeutlichen:

Sie stützen ihre Thesen mit einer Reihe von sehr unwahrscheinlichen Ereignissen, wie die […] der Erde, die genau so lange dauert und weit genug von der Sonne entfernt ist, dass Leben möglich ist. Der Abstand zwischen Sonne und Erde ist [so, dass Leben] möglich wäre, und wäre sie weiter entfernt, wäre unser Planet ein Eisplanet, auf dem auch kein Leben möglich wäre, aber der Austausch ist so, dass wir ein ausgeglichenes Klima haben. Das Gleiche gilt für die Drehung des Planeten um seine eigene Achse, sie ist weder zu schnell noch zu langsam, die Drehung ist genauso schnell, dass es ein Gleichgewicht zwischen Tag und Nacht gibt. Ebenso gilt das für den Mond, der auch bei dem Urknall entstanden ist, und ohne ihn wäre das Leben auf unserer Erde auch nicht möglich. Es gibt noch tausend andere dieser Bedingungen, die das Leben auf unserem Planeten ermöglichen, und es reicht, das eine Bedingung nicht erfüllt ist und auf unserem Planeten wäre das Leben nicht möglich. Und all diese Bedingungen sollen alle zufällig bei einer Explosion erfüllt worden [sein]?! Ein sehr unwahrscheinliches Ereignis! Aus diesem Grund glaube ich an etwas Übermenschliches, etwas, das gewollt hat, dass dieses Ereignis wirklich passiert.

Beispiel für die inhaltliche Aufnahme des Impulstextes von P2 (Z03–17)

Auch wenn der eine Text von der Möglichkeit spricht, den Gegensatz aufheben zu können, und der andere geradezu den Gegensatz bestimmt, haben beide Texte etwas gemeinsam: Sie nehmen die im Impuls gelieferte Problematik auf und formen sie gemäß der Aufgabenstellung zu einer eigenen Textproduktion um. Auch diese Erkenntnis aus der Pilotstudie lässt sich an allen untersuchten Texten nachweisen, als letztes Beispiel dazu noch eine Phrase aus dem Text von P4, also der Variante B, welcher eine biblische Stelle aufnimmt (Gen 1,28), um daraus die Berechtigung der wissenschaftlichen Forschung abzuleiten.

Es heißt in der Schöpfung, dass Gott dem Menschen die Erde überlässt nach Vollendung seiner angeblichen Schöpfung. Also ist es doch auch völlig legitim, dass die Menschheit forscht und auf glaubwürdige Ergebnisse kommt.

Beispiel für die inhaltliche Aufnahme des Impulstextes von P4 (Z21–24)

6.2.3 Formale Kriterien einer argumentierenden Rede

In der Rhetorik sollte, rein formal betrachtet, jede Rede in eine Einleitung, einen Hauptteil und einen Schluss differenziert werden können (vgl. Bußmann ^{4}2008: 589).[193] Dieses dritte Kriterium lässt sich in den Schülerinnentexten P1, P3 und P4 finden. Eine Ausnahme bildet der Text von P2, der sofort inhaltlich beginnt:

Die Naturwissenschaftler erklären die Entstehung der Erde mit einem Urknall, bei dem alle Bedingungen für ein Leben auf unserem Planeten »zufällig« gegeben wurden.

Beispiel für die inhaltliche Aufnahme des Impulstextes von P2 (Z01–02)

Aber auch diese Phrase zeigt ein Typisches für eine Einleitung: Den Anlass der Rede, das Thema. Indirekt ist auch der Standpunkt, von dem aus die Rede gehalten wird, mit dem »*zufällig*« angegeben. Der Redner glaubt nicht an das Zufällige bzw. möchte nachweisen, dass »alles« auch anders verstanden werden könnte.

Ein Hauptteil und ein Schluss sind in allen Pilottexten auszumachen. Im Hauptteil werden in der Regel die entsprechenden Argumente vorgetragen, im Schlussteil kommt es zu einer wertenden Zusammenfassung oder Beurteilung. Weil die Verwendung von Argumentationen bzw. der Nachweis, dass Schülerinnen und Schüler Argumentationsmuster verwenden, die sich als solche identifizieren lassen, in den Kapiteln 7 und 8 (Auswertung) vorgestellt wird, seien an dieser Stelle nur zwei Beispiele für einen Schluss veranschaulicht:

193 Dies dürfte auch auf die Predigt im Gottesdienst zutreffen. Vgl. zur Homiletik: Engemann (^{2}2011), Klippert (^{7}2010) oder Grözinger/Morgenthaler/Schweitzer (2008).

> *Das ganze Unheil, was es auf der Erde gibt, haben wir Menschen uns selbst zuzuschreiben. Gott überließ die Welt uns Menschen. Gott hatte Vertrauen in uns. Dieses Vertrauen haben leider einige Menschen missbraucht.*

Beispiel für einen wertenden Schluss bei P1 (Z33–36)

> *Die Menschen benötigen immer eine Instanz, zu der sie aufsehen können und an welche sie sich in schweren Zeiten wenden können. Also sage ich Ihnen, kein Weg führt an der Akzeptanz der zwei konkurrierenden Weltsicht[en] vorbei!*
> *Vielen Dank für Ihre Aufmerksamkeit.*

Beispiel für einen wertenden Schluss bei P3 (Z26–30)

Aufgrund der Möglichkeit, die untersuchten Texte in Einleitung, Hauptteil und Schluss zu differenzieren, ist es auch möglich, die einzelnen Redeteile in einer Binnendifferenzierung in Textbausteine zu gliedern, also in Sinneinheiten, die thematisch zusammengehören. Dazu ein Beispiel:

> *[…] Wie erklären sich aber diese Evolutionstheoretiker, dass Menschen mit ihren Geschlechtern und ihrer Intelligenz in diesem Maße leben?*
> *Neuer Textbaustein: Ich stehe nun heute vor Ihnen, um Ihnen unsere wahre Schöpfungsgeschichte zu erläutern. Bevor es überhaupt etwas gab, war Gott da […]*

Beispiel für zwei Textbausteine bei P3 (Z10–13)

Der zuerst zitierte unvollständige Textbaustein 2 endet mit einer Frage an die Evolutionstheorie und setzt mit der Hinwendung zur Schöpfungsgeschichte »neu« ein, d.h., der Text wendet sich in einem neuen Baustein dem Thema *Schöpfung* zu.

6.2.4 Musterverwendung

Die entscheidende Frage, welche mit der Pilotstudie beantwortet werden sollte, war die nach der Verwendung von Argumentationsmustern. Das Ergebnis fällt positiv aus. In Gesamtheit lassen sich in den Texten P1 bis P4 Muster aus den drei Großklassen identifizieren. Die folgende Tabelle 2, Kap. 5, gibt einen Überblick zu den gefundenen Mustern.

Wie schon angedeutet, wurden die Texte der Pilotstudie nicht in dem intensiven Maß ausgewertet, wie dies mit den Texten der Hauptuntersuchung vorzuführen ist. Dennoch konnten schon in diesen Texten Differenzierungen in deskriptive und normative Musterverwendungen vorgenommen werden. Das erste Beispiel zeigt für die Impulsvariante A ein deskriptives Muster aus der Großklasse I, im Beispiel 2 wird ein normatives Muster aus der Großklasse III angegeben. Beide vollständigen Muster sind im Text von P3 identifizierbar.

Tabelle 2, Kap. 6: Überblick zu den verwendeten Mustern in der Pilotstudie

Text	Großklasse I	Großklasse II	Großklasse III
P1	1 Wirkungs-Ursache-Muster (Q14)		2 Autoritätsmuster (S3) 1 illustratives Beispielmuster (S1)
P2	1 Grund-Folge-Muster (Q15)		1 illustratives Beispielmuster (S1)
P3	1 Vergleichsmuster (Verschiedenheit, Q6) 1 Ursache-Wirkungs-Muster (Q13)		1 Autoritätsmuster (S3) 2 illustrative Beispielmuster (S1)
P4	1 Gegensatzmuster (Q10) 1 Vergleichsmuster (Ähnlichkeit, Q5) 1 Grund-Folge-Muster (Q15) 1 Ursache-Wirkungs-Muster (Q13)	2 induktive Beispielmuster (R1)	2 illustrative Beispielmuster (S1)

Prämisse: *Doch haben wir nicht alle ein Recht auf ungetrübte Glaubensfreiheit?* Vergleichsmuster (Q6): *Anders als zur Zeit unserer Ahnen haben die Menschen heute die Möglichkeit, Tests, Experimente und Forschung zu betreiben. Konklusion: Dies bildet dennoch keinen Gegensatz zur Religion.*

Beispiel für ein deskriptives Vergleichsmuster (Q6; P3 (Z02–05)

An dieser Stelle würde ich gerne anmerken, Prämisse: *dass unser modernes Gesellschaftsleben stark vom christlichen Glauben geprägt ist.* Autoritätsmuster (S3): *Die Menschen benötigen immer eine Instanz, zu der sie aufsehen können und an welche sie sich in schweren Zeiten wenden können.* Konklusion: *Also sage ich Ihnen, kein Weg führt an der Akzeptanz der zwei konkurrierenden Weltsicht[en] vorbei!*

Beispiel für ein normatives Autoritätsmuster (S3; Impulsvariante A) im Text von P3 (Z25–29)

Auch in der Impulsvariante B ließen sich deskriptive und normative Muster identifizieren. Die beiden folgenden Beispiele veranschaulichen dies am Text von P4.

Prämisse: *Es heißt in der Schöpfung, dass Gott dem Menschen die Erde überlässt nach Vollendung seiner angeblichen Schöpfung.* Konklusion: *Also ist es doch auch völlig legitim, dass die Menschheit forscht und auf glaubwürdige Ergebnisse kommt [...]* Induktives Beispielmuster (R1): *Da wären zum Beispiel die Söhne von Adam und Eva, Kain und Abel. Wie ist es möglich, sich fortzupflanzen, nur durch zwei Söhne?*

Beispiel für ein deskriptives Induktives Beispielmuster (R1; Impulsvariante B) im Text von P4 (Z21–24 und 27–28)

Vergleichsmuster (Q5): *Selbst wenn sie eine Tochter und einen Sohn hätten, wäre es ein, wie es heute in den Medien genannt wird, Inzestskandal.* Induktives Beispielmuster (R1): *Täter eines solchen Inzests werden hart bestraft und gesellschaftlich verachtet.*

Beispiel für ein deskriptives Vergleichsmuster (Q5; Impulsvariante B) und ein deskriptives und normatives Induktives Beispielmuster (R1; Impulsvariante B) im Text von P4 (Z28–31)

Bezogen auf die Prämisse: *Es heißt in der Schöpfung […],* ist ein Vergleichsmuster (Q5) in Verbindung mit einem weiteren induktiven Beispielmuster (R1) zu finden, welches sowohl deskriptiv als auch normativ verwendet wird:

Das deskriptive Element des hier vorgestellten induktiven Beispielmusters ist in der Phrase *werden hart bestraft* zu finden, das normative Moment wird mit *gesellschaftlich verachtet* angezeigt.

Aufgrund dieser Befunde konnte berechtigt davon ausgegangen werden, dass der konstruierte und nach einer Expertenkonsultation optimierte Schülerimpuls erkenntnisfördernd für die Hauptuntersuchung eingesetzt werden kann.

6.2.5 Fachspezifische und fachübergreifende Muster

Dass Schülerinnen und Schüler Argumentationsmuster verwenden und dass diese identifiziert werden können, zeigt die Auswertung der Pilotstudie. Ist diese kleine Studie aber auch ausreichend, um eine Identifizierung von fachspezifischen und fachübergreifenden Mustern[194] zu ermöglichen? Auch diese letzte Kategorie kann in der Pilotstudie ausfindig gemacht werden. So verwendete P2 beispielsweise naturwissenschaftliche Aussagen, um den eigenen Glauben *an etwas Übernatürliches* zu illustrieren:

Prämisse: *Die Naturwissenschaftler erklären die Entstehung der Erde mit einem Urknall, bei dem alle Bedingungen für ein Leben auf unserem Planeten »zufällig« gegeben wurden.*
Beispielmuster (S1): *Sie stützen ihre Thesen mit einer Reihe von sehr unwahrscheinlichen Ereignissen, wie die […] der Erde die, genau so lange dauert und weit genug von der Sonne entfernt ist, dass Leben möglich ist. Der Abstand zwischen Sonne und Erde ist [so, dass Leben] möglich wäre, und wäre sie weiter entfernt, wäre unser Planet ein Eisplanet, auf dem auch kein Leben möglich wäre, aber der Austausch ist so, dass wir ein ausgeglichenes Klima haben. Das Gleiche gilt für die Drehung des Planeten um seine eigene Achse, sie ist weder zu schnell noch zu langsam, die Drehung ist genauso schnell, dass es ein Gleichgewicht zwischen Tag und Nacht gibt. Ebenso gilt das für den Mond, der auch bei dem Urknall entstanden ist, und ohne ihn wäre das Leben auf unserer Erde auch nicht*

194 In der Pilotstudie werden die in Kapitel 1 (vgl. 1.3.2) diskutierten Arbeitsdefinitionen von *fachspezifisch* und *fachübergreifend* verwendet. Erst im Zusammenhang mit der Hauptstudie (vgl. Kap. 7.1.3.1f) kommt es zu modifizierenden Überlegungen zu *fachspezifisch* und *fachübergreifend*.

(Fortsetzung)

möglich. Es gibt noch tausend andere dieser Bedingungen, die das Leben auf unserem Planeten ermöglichen und es reicht, das eine Bedingung nicht erfüllt ist und auf unserem Planeten wäre das Leben nicht möglich. Negative Konklusion: *Und all diese Bedingungen sollen alle zufällig bei einer Explosion erfüllt worden[sein]?! Ein sehr unwahrscheinliches Ereignis!* Grund-Folge-Muster (Q15): *Aus diesem Grund glaube ich an etwas Übermenschliches, etwas, das gewollt hat, dass dieses Ereignis wirklich passiert.* Konklusion 2: *Ich möchte nicht sagen dass es den Urknall nicht gab, ganz im Gegenteil,* Konklusion 3: *jedoch gehe ich davon aus, dass ihn etwas Übermenschliches initiiert hat.*

Beispiel für die fachübergreifende Musterverwendung aus Text P2 (Z01–19)

Dieses Beispiel, welches schon in Punkt 6.2.2 (inhaltliche Aufnahme des Impulses) Verwendung findet, zeigt deutlich die Komplexität der Verwendung von Argumentationen bei Schülerinnen und Schülern. Der Schüler illustriert mit insgesamt sieben Beispielen aus dem naturwissenschaftlichen Bereich die von ihm gezogene negative Konklusion, die im Anschluss mit einem Grund-Folge-Muster in den theologischen Bereich wechselt. Die gesamte Argumentation zielt darauf ab, von einem naturwissenschaftlichen Wissen zu abstrahieren und daraus einen religiösen (persönlichen) Glauben zu rechtfertigen.

Ein weiteres Beispiel zeigt die fachspezifisch-theologische Verwendung von Argumentationsmustern aus der Impulsvariante A:

Prämisse: *Jedoch ist Gott der Schöpfer, der über uns wacht.* Konklusion: *Wer sollte denn sonst auch alles erschaffen haben?* Illustratives Beispiel (S1): *Das ganze Unheil, was es auf der Erde gibt, haben wir Menschen uns selbst zuzuschreiben. Gott überließ die Welt uns Menschen. Gott hatte Vertrauen in uns.* Konklusion 2: *Dieses Vertrauen haben leider einige Menschen missbraucht.*

Beispiel für die fachspezifische Musterverwendung (Impulsvariante A) aus Text P1 (Z32–36)

Eine letzte Belegstelle verdeutlicht die fachspezifisch-biologische Verwendung von Argumentationsmustern aus der Impulsvariante B.

Prämisse: *In der Schule haben wir alle in Biologie von der Entwicklung vom Affen bis hin zum Menschen gelernt. Wer von Ihnen hat dem Lehrer oder der Lehrerin widersprochen? […]* Konklusion: *Also ist es doch auch völlig legitim, dass die Menschheit forscht und auf glaubwürdige Ergebnisse kommt.* Gegensatzmuster (Q10): *Wenn die Wissenschaft so kritisch betrachtet wird, es aber kaum Lücken in den Erkenntnissen gibt, warum sind dann so viele Christen von der so durchlöcherten Schöpfungsgeschichte überzeugt?*

Beispiel für die fachspezifische Musterverwendung (Impulsvariante B) aus Text P4 (Z19–26)

Hier wird von der biologischen Forschung aus die Frage gestellt, weshalb eine Schöpfung überhaupt noch gedacht werden sollte, d.h., der zweite Teilsatz des Gegensatzmusters (Q10) – *warum sind dann so viele Christen von der so durchlöcherten Schöpfungsgeschichte überzeugt?* – erfährt tendenziell eine fachübergreifende Verwendung. In Gesamtheit ist das vorgetragene Argument allerdings dem fachspezifisch-biologischen Bereich zuzuordnen, weil damit die wissenschaftliche und speziell die evolutionstheoretische Forschung verteidigt wird.

6.2.6 Zusammenfassung

Die Pilotstudie in Brandenburg wurde durchgeführt, um auf Schülerebene zu überprüfen, ob der nach einer Expertenkonsultation optimierte Schülerimpuls in den Varianten A (theologisch) und B (biologisch) Schülerinnen und Schüler dazu anregt, Texte zu produzieren, welche qualitativ-inhaltsanalytisch ausgewertet werden können. Nach den hier vorgestellten Ergebnissen kann begründet die Auffassung vertreten werden, dass der Impuls sie dazu animiert, Texte zu erzeugen, in denen argumentiert wird und in denen die deduktiven Kategorien (Argumentationsmuster nach Kienpointner) in der schon vorgetragenen Differenzierung (vgl. Kap. 2) identifiziert werden können.

Zugleich hat die Pilotstudie gezeigt, dass die Auswertungstechnik methodisch greift. Beide Ergebnisse bestätigen die Erkenntnisse aus den Studien zur Überprüfung des Instruments (vgl. Kap. 4).

Der entwickelte und in mehreren Stufen optimierte Impuls gibt einen Anlass zum Argumentieren (vgl. Ruhloff 2004: 21ff). Damit ist auch unter argumentationstheoretischen Voraussetzungen, als ein weiteres Ergebnis der Pilotierungsstudie, sichergestellt, dass die zu untersuchenden Schülerinnen und Schüler Material erzeugen, welches die hinreichende Voraussetzung für die Beantwortung der gestellten Forschungsfragen abgibt.

6.3 Die Stichprobe

Will eine quantitative Studie verallgemeinerungsfähige Aussagen treffen, ist die Generierung einer Zufallsstichprobe von methodischer Bedeutung (vgl. Nikolova 2011: 95f). Diese Form der Stichprobenziehung gewährleistet bei entsprechender Stichprobengröße, dass repräsentative Aussagen möglich sind. In der qualitativen sozialwissenschaftlichen Forschung ist als Forschungsziel nicht eine Repräsentativität bzw. statistisch gesicherte Verallgemeinerbarkeit vorgesehen. Hier ist eher von einer »exemplarischen Verallgemeinerung« (Wahl/Honig/Gravenhorst 1982: 206) zu sprechen. Im Extremen wird am Einzelfall das Typische einer Gruppe repräsentiert. Wie schon im Kapitel 3 dargestellt, zielt eine qualitative sozialwissenschaftliche Forschung eher auf ein Verstehen ab, welches »am Einmaligen, am Individuellen« ansetzt (Mayring ^{11}2011: 19).[195]

Trotz dieser verschiedenen Ziele ist auch ein qualitativer Forschungsansatz verpflichtet, Auskunft über die Gewinnung der Stichprobe bzw. des Samples zu geben. Das folgende Kapitel ist deshalb der Beschreibung der Stichprobe gewidmet. Es wird mit einer Darstellung der Stichprobengewinnung begonnen (6.3.1). Anschließend können der Weg von der externen zur internen Codierung (6.3.2) sowie die Zusammenstellung der Texte, die in die Auswertung einbezogen worden sind (6.3.3), veranschaulicht werden. Die Ergebnisse der Inter-Coder-Reliabilität – als ein wichtiges Gütekriterium (vgl. Kap. 3.2.5; Mayring ^{11}2010: 116ff) – werden vorgestellt sowie, der Vollständigkeit halber, einige Anmerkungen zur Transkribierung der Texte gemacht (6.3.4). In einem weiteren Punkt wird die gesamte Stichprobe in eine tabellarische Form gebracht (6.3.5) und abschließend erfolgt eine Zusammenfassung (6.3.6).

6.3.1 Gewinnung der Stichprobe

Die Stichprobe ist an zwei Schulen gewonnen worden. Zum einen an einem Evangelischen Gymnasium in Berlin und zum anderen an einem Katholischen Gymnasium[196] im Bundesland Brandenburg. In Berlin verfassten Schülerinnen und Schüler der Klassenstufe 11, in Brandenburg Schülerinnen und Schüler der Klassenstufe 12 entsprechend dem vorgelegten Impuls einen Text.[197] Weshalb gerade diese beiden Schulen für die Stichprobe ausgewählt wurden, ist im Folgenden zu begründen.

Im Zentrum der Frage nach der Stichprobe steht das jeweilige konkrete Erkenntnisinteresse. In der vorliegenden Untersuchung soll erfasst werden, welche Argumentationsmuster gymnasiale Oberstufenschülerinnen und Oberstufen-

195 Dahinter steht ein Wissenschaftsverständnis, welches der quantifizierbaren sozialwissenschaftlichen Forschung einen deduktiven Zugang, der qualitativen sozialwissenschaftlichen Forschung einen induktiven Zugang bescheinigt (vgl. von Wright ^{3}1991). Dieser scharfen Trennung in deduktiv und induktiv ist gerade beim Argumentieren entgegenzutreten, handelt es sich doch hier eher um ein abduktives Verfahren (vgl. Wohlrapp ^{2}2009, der sich auf Charles Sanders Peirce bezieht). Zur religionspädagogischen Auseinandersetzung mit der *Abduktion* vgl. Ziebertz/Heil/Prokopf (2003).

196 Am katholischen Gymnasium in Brandenburg wurden evangelische und katholische Schülerinnen und Schüler in die Auswertung einbezogen. An diesem Gymnasium wurden vor der Hauptuntersuchung auch die Pilotstudie zur Überprüfung des Impulses durchgeführt (n=4, vgl. Kap. 6.2) sowie parallel zur Hauptuntersuchung in katholischen Lerngruppen Texte für die Inter-Coder-Reliabilität produziert (n=5, vgl. Kap. 6.3.4).

197 Dass in Berlin die Klassenstufe 11 und in Brandenburg die Klassenstufe 12 in die Untersuchung einbezogen worden ist (und nicht andersherum), wurde durch ein Los entschieden.

schüler zur Problemstellung *Evolution und Schöpfung* verwenden, sowie der Frage nachzugehen ist, welche Muster fachspezifisch-theologisch, welche fachspezifisch-biologisch und welche fachübergreifend verwendet werden.

Das Erkenntnisinteresse grenzt die zu gewinnende Stichprobe schon mehrfach ein:

1. auf eine soziale Gruppe (Schülerinnen und Schüler);
2. auf eine Altersgruppe (16- bis 19-Jährige);
3. auf eine Schülergruppe, die mit der Thematik vertraut ist oder vertraut sein sollte;
4. auf eine Schülergruppe, die beide Unterrichte (Evangelische Religion und Biologie) regelmäßig besuchte und besucht, um über die entsprechenden Kenntnisse zu verfügen.

Mit dieser Eingrenzung wird methodisch der deduktiven Stichprobenziehung (Inspektion, vgl. Reinders 2005: 136f) entsprochen, da es sich um Kenntnisse über Personen handelt, bei denen berechtigt davon ausgegangen werden kann, dass sie in Bezug auf die Forschungsfragen auskunftsfähig sind, also dem leitenden Erkenntnisinteresse dienen. Zusätzlich kann diese Eingrenzung mit Mayring begründet werden, nach dem bei der Stichprobe u. a. darauf zu achten ist, dass »die Gesamtheit, über die Aussagen gemacht werden soll, genau definiert ist (Mayring [11]2010: 53). Diese genaue Definition ist mit den gestellten Forschungsfragen gegeben.

Eine weitere Eingrenzung im Sinne der deduktiven Stichprobengewinnung ergibt sich aus der deutschen Schullandschaft. Dass gymnasiale Oberstufenschülerinnen und Oberstufenschüler regelmäßig, d. h. kontinuierlich, beide Unterrichte besuchen können, ist vorzugsweise an konfessionell gebundenen bzw. von einer Konfession getragenen Schulen gegeben. Damit ist als eine weitere Eingrenzung die Wahl von Evangelischen und/oder Katholischen Schulen mit gymnasialem Oberstufenzweig oder von Evangelischen bzw. Katholischen Gymnasien begründet.

Es wäre sicherlich auch möglich gewesen, an mehreren staatlichen Gymnasien die entsprechende Stichprobe zu gewinnen. Dagegen spricht allerdings der Grundsatz der Forschungsökonomie. Schulen in kirchlicher Trägerschaft[198] er-

198 Es könnte der Eindruck entstehen, dass kirchlich gebundene Schulen das Analyseergebnis verzerren, weil die gesamte Schülerschaft einer Konfession angehört und damit nicht mehr neutral von *der Schülerin, dem Schüler* gesprochen werden könnte. Dieser Eindruck ist nicht haltbar, denn auch an solchen Schulen ist der Anteil nicht-konfessionell gebundener Schüler sehr hoch. Laut Angaben der Schulleitung des Gymnasiums in Brandenburg setzt sich die untersuchte Schülerschaft (Klassenstufe 12) zusammen aus: 22 ev., 16 kath., 1 musl., 2 freikirchlich, 1 andere und 27 ohne Bekenntnis. Dies entspricht prozentual einem Verhältnis von 64,3 % mit Bekenntnis zu 35,7 % ohne Bekenntnis, wenn alle Bekenntnisse

möglichen am ehesten, eine entsprechend große Stichprobe gewinnen zu können, weil sie als Institution sicherstellen, dass die Schülerinnen und Schüler von der fünften bzw. siebten bis zur zwölften Klasse die Fächer Religion und Biologie mit zwei (in der Oberstufe oft auch drei) Wochenstunden belegt haben.

Die deduktive Stichprobengewinnung hat auch Nachteile. Reinders (2005: 136f) verweist darauf, dass die Zusammenstellung der Stichprobe vom theoretischen Vorwissen abhängt und Konflikte zwischen Kriterien der Vollständigkeit und der Forschungsökonomie auftreten können. Um diese Nachteile zu reduzieren, wurden zwei weitere Überlegungen zur Stichprobengewinnung herangezogen.

Die erste Überlegung geht in Richtung *Gatekeeper-Technik* (vgl. Merkens 1997: 101f), bei der auf das Wissen von Experten, die im Untersuchungsfeld tätig sind, zurückgegriffen wird – in diesem Fall also auf die an beiden Schulen tätigen gymnasialen Lehrkräfte. Die Frage an die Lehrkräfte war, ob sie einschätzen können, dass die Schülerinnen und Schüler, die beide Unterrichte besuchen, in der Lage sind, auf einen schriftlich fixierten Impuls entsprechend argumentierende Texte zu verfassen. Um mögliche Selektionen von Lehrkräften zu vermeiden, wurde allerdings nicht nach einzelnen Personen, sondern nach Lern- bzw. Kursgruppen gefragt.

Des Weiteren wurden die Überlegungen zum *Profil-Sampling* (Reinders 2005: 143f) aufgenommen. Das Profil-Sampling bezieht sich auf Kenntnisse aus schon im gleichen sozialen Umfeld durchgeführten empirischen Untersuchungen. Beide Schulen waren im Rahmen einer quantitativen Studie zur *Religiösen Kompetenz*[199] in der Zufallsstichprobe ausgewiesen, sodass von für die Untersuchung wichtigen relevanten Merkmalen ausgegangen werden konnte wie Unterrichtskontinuität, Vorhandensein entsprechender Kenntnisse einschließlich eines Grundwissens, Bereitschaft, an solch einer Untersuchung teilzunehmen, oder die Fähigkeit zu reflektieren.[200]

Mit diesen beiden zusätzlichen Überlegungen zur Gewinnung der Stichprobe konnte zumindest der erste Nachteil der Inspektion etwas ausgeglichen werden,

zusammengerechnet werden. Werden nur die Schülerinnen und Schüler mit evangelischem Bekenntnis betrachtet, dann sind die ohne Bekenntnis leicht in der Überzahl. Werden die christlichen Konfessionen zusammengerechnet, dann ergibt sich eine leichte Dominanz der konfessionell gebundenen Schülerinnen und Schüler zu solchen ohne Bekenntnis. Ähnlich verhält sich die Sachlage in Berlin (Klassenstufe 11).

199 Beide Schulen waren im Rahmen der DFG-geförderten Studie KERK (Konstruktion und Erhebung Religiöser Kompetenz am Beispiel des evangelischen Religionsunterrichts) an der quantitativen Erhebung im Jahr 2008 beteiligt. Seinerzeit wurden 10-Klässler mit einem auf MC-Aufgaben basierendem Test konfrontiert. Die Ergebnisse dieser Studie, an der auch der Verfasser vorliegender Untersuchung beteiligt war, liegen vor in: Benner et al. (2011).

200 Auf diese beiden Merkmale (*Bereitschaft, sich untersuchen zu lassen; die Fähigkeit zu reflektieren*) sowie auf die Merkmale *Verfügen über Wissen, deren die Forscher bedürfen; Zeit, untersucht zu werden* verweist Merkens (1997: 101).

weil die Stichprobengewinnung nicht allein vom theoretischen Vorwissen abhängig ist.

Der zweite Nachteil der deduktiven Stichprobengewinnung ist insofern für die Entscheidung irrelevant gewesen, weil das Forschungsinteresse nicht am Kriterium der Vollständigkeit[201] ausgerichtet sein kann, da bisher keine empirischen Kenntnisse darüber vorliegen, ob Schülerinnen und Schüler zum Thema *Evolution und Schöpfung* argumentieren (können).[202] Das heißt, der Widerspruch zwischen Vollständigkeit und Forschungsökonomie taucht bei diesem Ansatz nicht auf.

Die Wahl für ein evangelisches Gymnasium in Berlin und ein katholisches Gymnasium in Brandenburg dürfte mit diesen Ausführungen begründet sein, zumindest ist regelgeleitet und intersubjektiv nachvollziehbar[203], weshalb diese Gymnasien für die Stichprobe genommen worden sind. Die Hauptuntersuchung fand zwischen September und Dezember 2011 statt, sodass beide Schulen genügend Zeit hatten, entsprechend ihrer eigenen Ressourcen, die Impulse den beteiligten Schülerinnen und Schülern vorzulegen und entsprechende Texte verfassen zu lassen.

6.3.2 Externe und interne Codierung

Neben den Angaben zur Schule, zum Alter und zum Geschlecht, wurden die beteiligten Schülerinnen und Schüler zur Wahrung der Anonymität aufgefordert, auf allen Erhebungsunterlagen einen eigenen Code einzutragen. Damit sichergestellt werden konnte, dass die Schülerinnen und Schüler genau wissen, wie sich dieser Code zusammensetzt, erhielten sie ein Beispiel:

201 Damit unterscheidet sich diese Untersuchung methodisch eindeutig von der *Grounded Theory*, die das Sample solange erweitert, bis ein Sättigungsgrad der induktiv gewonnenen Kategorien erreicht ist. Deshalb kann die *Grounded Theory* bei der Stichprobenziehung auch nicht deduktiv, sondern muss induktiv (theoretical sample) vorgehen (vgl. Glaser/Strauss 1967; Strauss/Corbin 1996). Bei der Qualitativen Inhaltsanalyse ist geradezu auf eine Veränderung des Stichprobencorpus zu verzichten, weil vorher »definiert werden [muss], welches Material der Analyse zugrunde liegen soll« (Mayring [11]2010: 52). Dies ist im vorliegenden Forschungszusammenhang gegeben.

202 Nach Abschluss dieser Studie wäre es reizvoll, weitere Untersuchungen anzustrengen, die das Kriterium der Vollständigkeit in den Mittelpunkt rücken könnten.

203 Diese vorgetragene Begründung bezieht die von Mayring angemerkten Kriterien einer Qualitativen Inhaltsanalyse – systematisch vorzugehen – insofern ein, als schon bei der Gewinnung der Stichprobe Überlegungen im Vordergrund standen, die expliziten Regeln folgten (vgl. Mayring [11]2010: 12f).

Bitte jeweils ankreuzen:		
Schule: Gymnasium ( )	Gesamtschule ( )	
Ihr Alter: 16 ( ) 17 ( ) 18 ( ) 19 ( ) 20 ( )	Geschlecht: M ( )	W ( )
Code: Als Code tragen Sie bitte ein: » den ersten Buchstaben aus dem Vornamen der Mutter » den dritten Buchstaben Ihres eigenen Vornamens » die ersten beiden Ziffern Ihres Geburtstages		
Beispiel: Annelore, Heinz, geboren am 03. April 1976 = als Code: Ai03 **Ihr Code: ....**		

Beispiel für Codierung der Testunterlagen

Die Lehrkräfte wurden beauftragt, vor der Austeilung der Unterlagen händisch einzutragen, in welchem Fach die Schülerinnen und Schüler den Impuls ausgeteilt bekamen.

Damit war nicht nur eine eindeutige Zuordnung der Testunterlagen zu der jeweiligen Schülerin, dem jeweiligen Schüler möglich, sondern auch, in welchem Fach der Impuls in der Variante A bzw. B bearbeitet worden ist.

In der qualitativen, aber auch quantitativen Forschung ist die vorgetragene Schülercodierung eine gängige Codierungsmethode, um die Anonymität zu gewährleisten. Allerdings erschwert sie die weitere Bearbeitung des Materials, weil aus dem Code weder das Geschlecht noch der Ort der Untersuchung hervorgeht, aber auch nicht das Fach, in dem der Impuls bearbeitet worden ist. Die schnelle Bestimmung des Ortes ist für den Auswertungszusammenhang wichtig, da in Berlin 11-Klässler, in Brandenburg 12-Klässler an der Erhebung teilnahmen. Die schnelle Bestimmung des Faches, in dem der Text verfasst wurde, ist für die Einschätzung der Musterverwendung von Bedeutung.

Als erster Schritt der Materialaufbereitung wurden sämtliche Testunterlagen entsprechend des Schülercodes als *externer Code* sortiert. Nach dieser Zuordnung erfolgte als nächster Schritt die Vergabe eines *internen Codes.* Für Brandenburg wurde der Buchstabe T = Teilnehmer und Tn = Teilnehmerin, für Berlin der Buchstabe t = Teilnehmer und tn = Teilnehmerin eingeführt. Die Nummerierung erfolgte fortlaufend (01, 02, 03 ...). Für die Variante A des Schülerimpulses wurde der Buchstabe A, für die Variante B der Buchstabe B verwendet. Ein Beispiel veranschaulicht die Vorgehensweise (siehe Tabelle 3, Kap. 6).

Tabelle 3, Kap. 6: Beispiel für internen Code

Externer Schüler-Code	Interner Schüler-Code
IE 14	tn01 A

Der interne Code lässt auf einen Blick erkennen, dass der entsprechende Text von einer Schülerin aus Berlin verfasst wurde, welche den Impuls in der Variante A zu bearbeiten hatte.

In einem zweiten Schritt wurden die jeweiligen Fächer zugeordnet. Für den Religionsunterricht mit dem Kürzel: Ru, für den Biologieunterricht mit dem Kürzel: Bio. Tabelle 4, Kap. 6, dient der Verdeutlichung:

Tabelle 4, Kap. 6: Beispiel für internen Code

Externer Schüler-Code	Interner Schüler-Code
IE 14	tn01ABio

Diese interne Codierung lässt zusätzlich zu dem schon Genannten erkennen, dass der Impuls in der Variante A im Fach Biologie bearbeitet worden ist.

Das Material aus der Pilotierung des Impulses in Brandenburg (n=4) wurde zur Überprüfung vorerst ohne diesen internen Code versehen, da es hier noch nicht darauf ankam, schnell und zuverlässig die Herkunft des Textes zu erfassen, sondern nur zu überprüfen, ob der Impuls funktioniert, ob also die Aufgabenstellung dem Horizont der Schülerinnen und Schüler entspricht. Erst bei der Zusammenstellung des gesamten Materials zu einem Corpus wurde auch an diese Texte ein interner Code mit fortlaufender Nummerierung und dem zusätzlichen Buchstaben P (Pilotierung) vergeben (siehe Tabelle 5, Kap. 6). Die fachliche Zuordnung war hier noch nicht nötig. Sie wurde deshalb weggelassen.

Tabelle 5, Kap. 6: Beispiel für internen Code aus der Pilotierung

Externer Schüler-Code	Interner Schüler-Code
SR25	P1= TnP16 A

Ähnlich ist mit dem Material zur Überprüfung der Inter-Coder-Reliabilität vorgegangen worden, wobei hier die Kennzeichnung des Faches wieder aufgenommen wurde. Auch diese Texte sind in den Gesamtcorpus einsortiert und zusätzlich mit der Buchstabenkombination IR versehen (siehe Tabelle 6, Kap. 6).

Tabelle 6, Kap. 6: Beispiel für internen Code zur Inter-Coder-Reliabilität

Externer Schüler-Code	Interner Schüler-Code
AT12	TnIR13ARu

Durch diese interne Codierung ist es somit möglich, das Bundesland (und damit auch indirekt das Alter[204]), das Geschlecht, die Varianz des Impulses sowie das Fach, in dem der Impuls bearbeitet worden ist, abzulesen.

6.3.3 Die konkrete Stichprobe

Aus schulorganisatorischen Gründen haben die Lehrkräfte in Brandenburg mehr Schülerinnen und Schüler in die Untersuchung einbezogen, als ursprünglich geplant waren. Die Mehrzahl der Schülerinnen und Schüler aus diesem Bundesland gab an, dass sie den katholischen Religionsunterricht besuchen. Prinzipiell ist dies allerdings kein Nachteil, sondern sogar vorteilhaft, könnte doch eine Folgestudie einen Vergleich zwischen der Verwendung von Argumentationsmustern bei evangelischen und bei katholischen Schülerinnen und Schülern anstrengen.

In die hier vorgenommene Auswertung werden, mit einer Ausnahme[205], nur die Schülerinnen und Schüler aufgenommen, welche den evangelischen Religionsunterricht besuchen. Für die jeweiligen Bundesländer ergibt sich als Gesamtstichprobe[206] (siehe Tabelle 7, Kap. 6):

Tabelle 7, Kap. 6: Gesamtstichprobe Berlin und Brandenburg

Brandenburg	Berlin
Variante A: n=30	Variante A: n=14
Variante B: n=28	Variante B: n=13

In Brandenburg nahmen somit n=58 Schülerinnen und Schüler und in Berlin insgesamt n=27 Schülerinnen und Schüler an der Erhebung teil, sodass die gesamte Stichprobe aus n=85 besteht.

Die Verteilung der Bearbeitung der Impulse in den Varianten A und B ist an beiden Schulen ausgewogen. In Brandenburg gab es mehr katholische Schülerinnen und Schüler, die nicht in die Auswertung aufgenommen werden. Für

204 Das Alter ist deshalb indirekt abzulesen, weil im Durchschnitt die Schülerinnen und Schüler aus Brandenburg 18 Jahre, die Schülerinnen und Schüler aus Berlin 17 Jahre alt waren.

205 Die evangelische Schülergruppe, welche in Brandenburg die Impulsvariante B bearbeitete, war so gering (n=5), dass in die Auswertung zwei Schülertexte aufgenommen wurden, die keine Angaben zum Religionsunterricht machten und vier Schülertexte, bei denen katholischer Religionsunterricht angegeben worden war. Die Auswahl war zufällig und wurde ohne inhaltliche Kenntnis der Impulsbearbeitung vorgenommen. In Berlin gaben alle Schülerinnen und Schüler an, dass sie den evangelischen Religionsunterricht besuchen.

206 In dieser Stichprobenanzahl sind alle zurückgesandten Materialien enthalten, bevor sie, wie beschrieben, für die Auswertung aufbereitet wurden.

dieses Bundesland ist auch zu unterscheiden in eine Stichprobe, in der die Texte zur Überprüfung der Inter-Coder-Reliabilität und die Texte für die Pilotstudie aufgenommen sind, und in eine Stichprobe, die der Auswertung, also der Identifizierung der Verwendung von Argumentationsmustern dient. Der Vollständigkeit halber werden beide Stichproben tabellarisch aufgeführt (siehe Tabelle 8, Kap. 6, und Tabelle 9, Kap. 6).

Tabelle 8, Kap. 6: Stichprobe in Brandenburg (mit Texten für Inter-Coder-Reliabilität und Pilotstudie)

Variante A	Variante A	Variante B	Variante B	Variante A Pilottexte	Variante B Pilottexte
Fach Religion	Fach Biologie	Fach Religion	Fach Biologie		
n=6	n=6	n=6	N=8	n=3	n=1

Tabelle 9, Kap. 6: Stichprobe in Brandenburg (ohne Texte für Inter-Coder-Reliabilität und ohne Pilotstudie)

Variante A	Variante A	Variante B	Variante B
Fach Religion	Fach Biologie	Fach Religion	Fach Biologie
n=5	n=5	N=6	n=5

Die Stichprobe, die in Tabelle 9, Kap. 6, dargestellt ist, wird in die Auswertung aufgenommen. Es ergibt sich ein ausgewogenes Bild von n=10 Schülerinnen und Schüler, die die Variante A, und n=11 Schülerinnen und Schüler, die die Variante B bearbeiteten.

Da in Berlin weder der Impuls pilotiert noch aus diesem Corpus Texte für die Inter-Coder-Reliabilität genommen worden sind, sieht die tatsächliche Stichprobe wie folgt aus (siehe Tabelle 10, Kap. 6):

Tabelle 10, Kap. 6: Stichprobe in Berlin (ohne Texte für Inter-Coder-Reliabilität und ohne Pilotstudie)

Variante A	Variante A	Variante B	Variante B
Fach Religion	Fach Biologie	Fach Religion	Fach Biologie
n=8	n=6	N=7	n=6

Auch diese Stichprobe ist ausgewogen. Insgesamt haben n=15 Schülerinnen und Schüler im Fach Religion und n=12 Schülerinnen und Schüler im Fach Biologie die jeweiligen Impulsvarianten bearbeitet. Die Verteilung der Impulse ist mit der Spanne zwischen n=6 und n=8 Schülerinnen und Schüler gut.

Weil es die eigens entwickelte interne Codierung ermöglicht, bei der Identifizierung von Argumentationsmustern die beiden Bundesländer unterscheiden zu können, sind beide Schulen zu einer Stichprobe zusammengefügt worden (siehe Tabelle 11, Kap. 6).

Tabelle 11, Kap. 6: Gesamtstichprobe verteilt nach Impuls, Fach und Geschlecht

Variante A	Variante A	Variante B	Variante B
Fach Religion	Fach Biologie	Fach Religion	Fach Biologie
n=11 w=7 m=4	n=13 w=10 m=3	n=12 w=7 m=5	n=12 w=11 m=1

Die konkrete Gesamtstichprobe ergibt ein sehr ausgewogenes Bild von insgesamt n=48 Schülerinnen- und Schülertexten, die mit der formalen Strukturierung im Rahmen der Qualitativen Inhaltsanalyse nach Mayring auszuwerten sind. Dabei sind beide Varianten des Schülerimpulses mit jeweils n=24 vertreten.

Insgesamt überwiegen die Teilnehmerinnen mit n=35. Im Gegensatz dazu stehen mit n=13 die Teilnehmer. Es könnte nun eingewandt werden, dass die Stichprobe dadurch unausgewogen ist. Pinto, Iliceto und Melogno (2012: 35) finden:

> »Significant gender and curriculum effects were found, with males and scientific students dominating at the nonverbal level while females and humanistic students dominated in the argumentative abilities related to the matrices and in all the scores of the metalinguistic test.«

Dies betrifft allerdings eine andere Untersuchungsebene als die hier vorgetragene. Reiss (2009), Foster (2012) oder Blancke et al. (2011) gehen auf Gender nicht ein, und bei Lawson (2009) sowie von Aufschnaiter et al. (2008) gilt dieser Aspekt als ein zu vernachlässigender.[207]

6.3.4 Inter-Coder-Reliabilität und Transkribierung

Nach Mayring (vgl. [11]2010: 117) gehört die Überprüfung der Inter-Coder-Reliabilität zu einem der wichtigsten Gütekriterien der Qualitativen Inhaltsanalyse

207 In dieser Forschung wird die Perspektive *Gender* vernachlässigt, weil hier eine Grundlagenforschung betrieben wird, die im religionspädagogischen Bereich erstmalig zu zeigen versucht, wie Schülerinnen und Schüler argumentieren. In einer »Nachlese« könnten Texte aus dem Gesamtcorpus entnommen werden, die diesen einen Aspekt in den Mittelpunkt der Forschung rücken.

im Speziellen sowie der gesamten qualitativen Sozialforschung im Allgemeinen. Das Verfahren ist einfach. Es werden den beteiligten Inhaltsanalytikern[208] aus dem Gesamtcorpus gleiche, jeweils unbekannte Texte gegeben, die sie jeweils für sich analysieren sollen.[209] Nach dieser Analyse werden die Ergebnisse miteinander verglichen. Dabei sollte ein hoher Grad an gleichen Codierungen (also an gleicher Identifizierung von Argumentationsmustern) herauskommen. Dieses Verfahren ist für die Studie an Texten (n=5; > 10 %), der für die Auswertung infrage kommenden Stichprobe (n=48), angewandt worden. Da die Texte im Rahmen der Hauptuntersuchung zusätzlich entstanden[210], waren sie den beiden Inhaltsanalytikern unbekannt und wurden per Los ausgewählt. In der Endversion hatte das Kategoriensystem zur Bestimmung der Muster ein Cohens Kappa von K=0,89, was einem zufriedenstellenden Wert entspricht (Wirtz/Caspar 2002). Diese Texte wurden von der weiteren Analyse ausgeschlossen.

Mit dem Verfahren zur Feststellung der Inter-Coder-Reliabilität ist keine Objektivität der Analyse im Sinne der quantifizierenden Forschung avisiert. Allerdings gibt das Ergebnis, trotz Kritik (vgl. Mayring [11]2010: 117ff), einen Hinweis darauf, dass die Analyse nachvollziehbar und regelgeleitet durchgeführt worden ist. Zusätzlich zu dieser Überprüfung haben sich beide Inhaltsanalytiker wechselseitig die Ergebnisse der von ihnen analysierten Texte vorgelegt und in »Kodierer Konferenzen« diskursiv überprüft, also eine Form der kommunikativen Validierung (Klüver 1979) angewandt.

Die Transkribierung aller Schülerinnen- und Schülertexte wurde nach der internen Codierung durch eine Mitarbeiterin des Institutes für Religionspädagogik an der Evangelisch-Theologischen Fakultät der Universität Wien vorgenommen.[211] Als oberstes Kriterium der Transkribierung wurde festgelegt, dass jeder Text so zu übernehmen ist, wie er von der Schülerin, dem Schüler verfasst wurde. Unleserliche Stellen sind mit [?] gekennzeichnet.[212]

---

208 In diesem Fall der Kollege Basel vom IPN Kiel und der Verfasser vorliegender Studie.

209 Es können für die Inter-Coder-Reliabilität auch externe Kodierer herangezogen werden. Allein der Aufwand, diese in die theoretischen Zusammenhänge einzuarbeiten, war ausschlaggebend, um der internen Überprüfung den Vorzug zu geben.

210 Wie schon vermerkt, haben die Lehrkräfte in Brandenburg mehr Schülerinnen und Schüler in die Untersuchung einbezogen, als ursprünglich geplant waren.

211 An dieser Stelle einen herzlichen Dank an Frau Schaffenberger!

212 Wie schon in Fußnote 172 vermerkt sind zur besseren Lesbarkeit die Texte der Schülerinnen und Schüler behutsam und ohne Änderung der Diktion orthografisch und grammatikalisch korrrigiert worden (dabei werden sinngemäße Ergänzungen sichtbar gemacht). Die Originaltexte sind einsehbar unter www.v-r.de/weiß_argumentationen.

6.3.5 Tabellarische Darstellung der Stichprobe

Die tabellarische Darstellung der Stichprobe ermöglicht den Nachvollzug der Aufbereitung des gesamten Textcorpus. Die Darstellung ist gegliedert in die Bundesländer Brandenburg und Berlin sowie in die Varianten A und B. Zum Abschluss wird die Tabelle verjüngt, sodass nur noch die für die Auswertung relevanten Informationen in einen Überblick gebracht sind: Tabelle 12 und 13, beide Kap. 6, beziehen sich auf Brandenburg, Tabelle 14 und 15, beide Kap. 6, auf Berlin.

Zum Abschluss dieses Kapitels noch eine zusammenfassende tabellarische Darstellung der gesamten Stichprobe, welche – mit dem vollständigen internen Code versehen – garantiert, dass die angegebenen Fundstellen intersubjektiv nachvollziehbar sind, d.h. auch, dass sie jederzeit im gesamten Corpus[213] gefunden und nachgelesen werden können. Im weiteren Auswertungsverfahren wird ausschließlich auf die beschriebene und in Tabelle 16, Kap. 6, dargestellte Codierung zurückgegriffen.

Tabelle 12, Kap. 6: Tabellarische Darstellung Stichprobe Brandenburg, Variante A

Brandenburg – Gymnasium (BRB; Variante A), Klassenstufe 12 Kursiv = Texte für die Auswertung TnIR = Texte für Inter-Coder-Reliabilität TnP = Texte Pilotstudie					
Externer Code	Interner Code	Alter	Fachkombination	Fragebogen	Text geschrieben im Fach
Mr30	*Tn01 A*	17	LK Bio, GK ev. RU	Ja	Biologie
Bn22	*Tn02 A*	17	GK Bio, GK ev. RU	Ja	Biologie
Ji13	*T03 A*	18	LK Bio, GK ev. RU	Ja	Biologie
Jr21	*T04 A*	19	KEIN Bio, GK ev. RU	Ja	Religion
Et23	*Tn05 A*	17	GK Bio, GK ev. RU	Ja	Religion
AT12	TnIR13 A	18	GK Bio, GK kath. RU	Ja	Religion
SN08	TnIR15 A	18	GK Bio, GK kath. RU	Ja	Biologie
SR25	TnP16 A	18	Ohne Angaben	Nein	Ohne Angabe
Ai20	TP18 A	17	GK Bio, GK kath. RU	Nein	Ohne Angabe

213 Der vollständige Materialcorpus (ohne Pilotstudie und Inter-Coder-Texte), der zur Analyse von Argumentationsmustern verwendet wurde, ist einsehbar unter: www.v-r.de/weiß_argumentationen, Schüler-/Schülerinnentexte Impulsvariante A und Schüler-/Schülerinnentexte Impulsvariante B.

((Fortsetzung))

HN01	TnP21 A	17	LK Bio, GK kath. RU	Nein	Ohne Angabe
MM17	*Tn24 A*	18	GK Bio, GK ev. RU	Ja	Religion
Dx22	*T25 A*	18	GK Bio, GK ev. RU	Ja	Religion
HT26	*Tn27 A*	19	GK Bio, GK ev. RU	Ja	Religion
SS13	*T28 A*	19	GK Bio, GK ev. RU	Ja	Biologie
AI01	*Tn29 A*	18	KEIN Bio, GK ev. RU	Ja	Biologie

Anmerkung:
Gesamtzahl für A: 15; 10 weiblich, 5 männlich; Altersdurchschnitt: 17,86 (gerundet): 18 Jahre

Kombinationen:		
	LK Bio und GK kath. RU: 1 (w)	1
	LK Bio und GK ev. RU: 2 (1 w; 1 m)	2
	GK Bio und GK kath. RU: 3 (2 w; 1 m)	3
	GK Bio und GK ev. RU: 6 (4 w; 2 m)	6
	KEIN Bio und GK ev. RU: 2 (1 w; 1 m)	2
	Ohne Angaben: 1 (1 w)	1
	Gesamt	15

Für die Auswertung vollständig erfasst (Impuls und Fragebogen, ohne Intercoder und ohne Pilotstudie):

Ev. RU gesamt: 10 (6 w; 4 m)

Gesamte Stichprobe (mit Intercoder und Pilotstudie):

Ev. RU gesamt: 10 (6 w; 4 m)
Kath. RU gesamt: 4 (3 w; 1 m)
Ohne Angaben: 1 (1 w)

Tabelle 13, Kap. 6: Tabellarische Darstellung Stichprobe Brandenburg, Variante B

Brandenburg – Gymnasium (BRB; Variante B), Klassenstufe 12
Kursiv = Texte für die Auswertung
TnIR = Texte für Inter-Coder-Reliabilität
TnP = Texte Pilotstudie

Externer Code	Interner Code	Alter	Fachkombination	Fragebogen	Text geschrieben im Fach
MT22	*T01B*	18	GK Bio, GK ev. RU	Ja	Religion
Mn06	*Tn02B*	19	GK Bio, GK ev. RU	Ja	Religion
Ma06	*Tn03B*	17	LK Bio, GK ev. RU	Ja	Biologie
GG16	*T04B*	18	LK Bio, GK ev. RU	Ja	Religion
Er02	*Tn05B*	18	LK Bio, GK ev. RU	Ja	Biologie
My11	*Tn06B*	18	Ohne Angaben	Nein	Biologie

((Fortsetzung))

Ma29	*Tn07B*	19	GK Bio; GK kath. RU	Ja	Religion
BR04	*Tn08B*	19	Ohne Angabe, GK kath. RU	Nein	Religion
CE25	*Tn10B*	18	GK Bio; GK kath. RU	Ja	Biologie
CC14	*Tn11B*	18	GK Bio, GK kath. RU	Ja	Biologie
JZ05	TnP12B	19	Ohne Angaben	Nein	Ohne Angabe
RA01	TP15B	18	Ohne Angaben	Nein	Ohne Angabe
RS21	TnIR16B	18	GK Bio; GK kath. RU	Ja	Religion
MC12	TIR17B	17	GK Bio; GK kath. RU	Ja	Religion
HN03	TIR21B	19	KEIN Bio; GK kath. RU	Ja	Biologie
SS25	TnP23B	18	GK Bio; GK kath. RU	Nein	Ohne Angabe
GR19	*Tn27B*	19	Ohne Angaben	Nein	Religion

Anmerkung:
Gesamtzahl für B: 17; 12 weiblich, 5 männlich; Altersdurchschnitt: 18,23 (gerundet): 18 Jahre

Kombinationen:		
	LK Bio und GK ev. RU: 3 (2 w; 1 m)	3
	GK Bio und GK ev. RU: 2 (1 w; 1 m)	2
	GK Bio und GK kath. RU: 6 (5 w; 1 m)	6
	KEIN Bio und GK kath. RU: 1 (1 m)	1
	Ohne Angaben und GK kath. RU: 1 (1 w)	1
	Ohne Angaben: 4 (3 w; 1 m)	4
	Gesamt	17

Für die Auswertung vollständig erfasst (Impuls und Fragebogen, ohne Intercoder und ohne Pilotstudie):

Ev. RU gesamt: 10 (6 w; 4 m)

Gesamte Stichprobe (mit Intercoder und Pilotstudie):

Ev. RU gesamt: 10 (6 w; 4 m)
Kath. RU gesamt: 3 (3 w)

Für die Auswertung ohne Angaben erfasst (Impuls, ohne Fragebogen, ohne Intercoder und ohne Pilotstudie):

Gesamt: 3 (3 w)

Gesamte Stichprobe (mit Intercoder und Pilotstudie):

Ev. RU gesamt: 5 (3 w; 2 m)
Kath. RU gesamt: 8 (6 w; 2 m)
Ohne Angabe gesamt: 4 (3 w; 1 m)

Tabelle 14, Kap. 6: Tabellarische Darstellung Stichprobe Berlin, Variante A

Berlin – Gymnasium (B; Variante A), Klassenstufe 11
Kursiv = Texte für die Auswertung
TnIR = Texte für Inter-Coder-Reliabilität
TnP (nur in Brandenburg)
= Texte Pilotstudie (nur in Brandenburg)

Externer Code	Interner Code	Alter	Fachkombination	Fragebogen	Text geschrieben im Fach
IE14	*tn01 A*	17	GK Bio, GK ev. RU	Ja	Biologie
BX11	*t02 A*	16	GK Bio, GK ev. RU	Ja	Biologie
CN10	*tn03 A*	16	GK Bio, GK ev. RU	Ja	Biologie
PL26	*tn04 A*	17	GK Bio, GK ev. RU	Ja	Biologie
Ua26	*tn05 A*	16	GK Bio, GK ev. RU	Ja	Biologie
CN24	*tn06 A*	17	GK Bio, GK ev. RU	Ja	Biologie
Ai14	*tn07 A*	17	GK Bio, GK ev. RU	Ja	Biologie
SE20	*tn08 A*	16	GK Bio, GK ev. RU	Ja	Biologie
KM07	*t09 A*	17	KEIN Bio, GK ev. RU	Ja	Religion
KO27	*tn10 A*	17	GK Bio, GK ev. RU	Ja	Religion
Cu26	*tn11 A*	17	LK Bio, GK ev. RU	Ja	Religion
Ma II	*tn12 A*	17	GK Bio, GK ev. RU	Ja	Religion
Sa30	*tn13 A*	17	KEIN Bio, GK ev. RU	Ja	Religion
Hr27	*t14 A*	16	KEIN Bio, GK ev. RU	Ja	Religion

Anmerkung:
Gesamtzahl für A: 14; 11 weiblich, 3 männlich; Altersdurchschnitt: 16,642 (gerundet): 17 Jahre

Kombinationen:	GK Bio und GK ev. RU: 10 (9 w; 1 m)	10
	LK Bio und GK ev. RU: 1 (w)	1
	KEIN Bio und GK ev. RU: 3 (1 w; 2 m)	3
	Gesamt	14

Für die Auswertung vollständig erfasst (Impuls und Fragebogen):
Ev. RU gesamt: 14 (11 w; 3 m)

Tabelle 15, Kap. 6: Tabellarische Darstellung Stichprobe Berlin, Variante B

Berlin - Gymnasium (B; Variante B), Klassenstufe 11 Kursiv = Texte für die Auswertung TnIR = Texte für Inter-Coder-Reliabilität (nur in Brandenburg) TnP = Texte Pilotstudie (nur in Brandenburg)					
Externer Code	Interner Code	Alter	Fachkombination	Fragebogen	Text geschrieben im Fach
Bn09	*tn01B*	17	Ohne Angaben	Nein	Biologie
Si10	*tn02B*	18	GK Bio und GK ev. RU	Ja	Biologie
Ai11	*tn03B*	16	GK Bio und GK ev. RU	Ja	Biologie
ML16	*tn04B*	17	GK Bio und GK ev. RU	Ja	Biologie
KX08	*t05B*	18	GK Bio und LK ev. RU	Ja	Biologie
BR01	*tn06B*	16	GK Bio und GK ev. RU	Ja	Biologie
Gn02	*tn07B*	17	GK Bio und GK ev. RU	Ja	Biologie
St13	*tn08B*	16	GK Bio und GK ev. RU	Ja	Religion
AE22	*tn09B*	18	KEIN Bio und GK ev. RU	Ja	Religion
Kn29	*tn10B*	18	GK Bio und GK ev. RU	Ja	Religion
Sr22	*t11B*	16	KEIN Bio und GK ev. RU	Ja	Religion
KT06	*t12B*	17	KEIN Bio und GK ev. RU	Ja	Religion
BS19	*t13B*	16	KEIN Bio und GK ev. RU	Ja	Religion

Anmerkung:
Gesamtzahl für B: 13; 9 weiblich, 4 männlich; Altersdurchschnitt: 16,923 (gerundet): 17 Jahre

Kombinationen:		
	GK Bio und GK ev. RU: 7 (7 w)	7
	GK Bio und LK ev. RU: 1 (m)	1
	KEIN Bio und GK ev. RU: 4 (1 w; 3 m)	4
	Ohne Angaben: 1 (1 w)	1
	Gesamt	13

Für die Auswertung vollständig erfasst (Impuls und Fragebogen):
Ev. RU gesamt: 12 (8 w; 4 m)
Für Auswertung erfasst (Impuls, ohne Fragebogen):
Ev. RU gesamt: 1 (1 w)

Tabelle 16, Kap. 6: Vollständige interne Codierung für Belegstellen

Variante A	Variante A	Variante B	Variante B
Tn01ABio	tn01ABio	T01BRu	tn01BBio
Tn02ABio	t02ABio	Tn02BRu	tn02BBio
T03ABio	tn03ABio	Tn03BRu	Tn03BRu
T04ARu	tn04ABio	T04BRu	tn04BBio
Tn05ARu	tn05ABio	Tn05BBio	t05BBio
Tn24ARu	tn06ABio	Tn06BBio	tn06BBio
T25ARu	tn07ABio	Tn07BRu	tn07BBio
Tn27ARu	tn08ABio	Tn08BRu	tn08BRu
T28ABio	t09ARu	Tn10BBio	tn09BRu
Tn29Abio	tn10ARu	Tn11BBio	tn10BRu
	tn11Aru	Tn27BRu	t11BRu
	tn12ARu		t12BRu
	tn13ARu		t13BRu
	t14ARu		

6.3.6 Zusammenfassung

Das Kapitel zur Stichprobe dürfte gezeigt haben, dass diese regelgeleitet und intersubjektiv nachvollziehbar gezogen worden ist. Neben Überlegungen zur Inspektion konnten u. a. auch forschungsökonomische Gründe benannt werden, welche die gewonnene Stichprobe begründen. Indirekt wurde ein wichtiger Unterschied zwischen einer quantifizierenden und einer qualitativen Forschung zum Ausdruck gebracht: Qualitative sozialwissenschaftliche Forschung basiert nicht auf statistischen Verfahren, um zu einer verallgemeinerungsfähigen Aussage zu gelangen. Die deutlich geringer ausfallenden Stichproben dieser Forschung sind vom entsprechenden Erkenntnisinteresse geleitet. Das heißt, sie ist bestimmt von der Forschungsfrage und der entsprechenden Forschungsausgangslage.

6.4 Resümee

Werden die in Kapitel 6 vorgetragenen einzelnen Schritte der Vorbereitung und Durchführung der Materialerhebung zusammenfassend betrachtet, so kann festgehalten werden, dass die Erarbeitung und Überprüfungen des Impulses, die Pilotstudie in Brandenburg sowie die Überlegungen zur Stichprobe intersubjektiv nachvollziehbar den Prozess der Gewinnung des Materials zur Auswertung mittels qualitativer Techniken veranschaulichen können.

Die Berücksichtigung verschiedener Gütekriterien, wie die Konsultation von Experten, die Überprüfung auf Schülerebene, das Beachten des unterrichtlichen Kontinuums für beide Fächer, die Durchführung der Inter-Coder-Reliabilität sowie die dargestellte Regelgeleitetheit bei der Gewinnung der Stichprobe stellen sicher, dass mit dem gewonnenen Material – von Schülerinnen und Schülern selbstständig verfasste argumentative Texte zum Thema *Schöpfung und Evolution* – das leitende Erkenntnisinteresse gewahrt und die entsprechend gestellten Forschungsfragen beantwortet werden können.

Dabei wurden die argumentationstheoretischen Ausgangsüberlegungen – das *Fragliche, der Dialog* und der Übergang vom *Meinen zum Wissen* – dahingehend in die Vorbereitung und Durchführung der Materialerhebung aufgenommen, als dass der erarbeitete Schülerimpuls diese Merkmale ausweist, so dass die Schülerinnen und Schüler, wie in der Pilotierungsstudie in Brandenburg gezeigt, in die Lage versetzt wurden, die entsprechende Aufgabenstellung im Sinne des Forschungsinteresses lösen zu können.

Mit dem so gewonnenen Material ist eine Auswertung möglich, die mittels der Technik der formalen Strukturierung die Verwendung der deduktiven Kategorien (Argumentationsmuster nach Kienpointner) bei Schülerinnen und Schülern nachweisen kann. Gelingt dieser Nachweis, dann können die Forschungsfragen eins und zwei – welche Muster verwenden Schüler / fachspezifisch und fachübergreifend – beantwortet werden. Der Impuls ist aber auch so gesetzt, dass die dritte Forschungsfrage, die nach dem Zusammenhang zwischen Inhalt und Musterverwendung, einer Beantwortung zugeführt werden kann.

7. Kapitel: Beschreibung der einzelnen Auswertungsschritte

Es werden jetzt die Materialdurchläufe eins bis drei vorgestellt. Sie dienen der Identifizierung und Kennzeichnung der von Schülerinnen und Schülern verwendeten Argumentationsmuster sowie der wechselseitigen Überprüfung und Kommentierung der jeweiligen Muster.[214] Methodisch wird damit der vierte und fünfte Schritt des Ablaufmodells nach Mayring ([11]2010: 93) vollzogen. Erläutert und beschrieben werden im Folgenden die einzelnen Schritte nach der internen Codierung und Transkribierung der Texte, wie in Kapitel 6 vorgetragen. Im ersten Unterkapitel (7.1) wird das Verfahren zur Identifizierung von Argumentationsmustern vorgestellt. Anschließend (7.2) soll die Materialsammlung exemplarisch eine Erläuterung finden. Der Fokus des gesamten Kapitels liegt allerdings auf der Präsentation der Ankerbeispiele für alle drei argumentativen Großklassen (7.3). Die in Kapitel 3.2.5 aufgestellten Gütekriterien werden diskutiert (7.4), um zu überprüfen, ob das Kategoriensystem diesen standhält. Mit einem Resümee (7.5) ist dieses Kapitel zu beschließen.

7.1 Verfahren zur Identifizierung von Argumentationsmustern

Ein erster Unterpunkt veranschaulicht die weitere Aufbereitung der Texte (7.1.1). Dazu wird die für die Materialdurchläufe eigens entwickelte Tabelle zur Identifizierung von Argumentationsmustern erläutert, auf die Kodierregeln verwiesen und die schon in Kapitel 2 vorgenommene Differenzierung der Muster in deskriptiv/normativ, vollständig/unvollständig noch einmal aufgenommen und konkretisiert (7.1.2). Weil die Erfassung von verwendeten Argu-

214 Die Variante A des Schülerimpulses wurde vom Verfasser vorliegender Studie, die Variante B von Herrn Basel vom IPN Kiel bearbeitet. Das formale Vorgehen ist identisch. Nach dem ersten Materialdurchlauf kam es zum Austausch und zur wechselseitigen Überprüfung der gefundenen Ergebnisse (zweiter Materialdurchlauf). Während verschiedener Arbeitstreffen erfolgte in konkreten, voneinander abweichenden Fällen eine diskursive Überprüfung (dritter Materialdurchlauf).

mentationsmustern in fachspezifische und fachübergreifende Muster erfolgen soll, wird eine Modifizierung dessen, was in dieser Untersuchung unter *fachspezifisch* und *fachübergreifend* (7.1.3) verstanden werden soll, vorgetragen. Zu allen hier vorgenommenen Beschreibungen sind zur Verdeutlichung aus beiden Impulsvarianten Textbeispiele herangezogen, deren Abschluss die Vorstellung eines gesamten Schülerinnentextes in tabellarischer Form bildet. In der Zusammenfassung (7.1.4) werden die einzelnen Arbeitsschritte in methodischer Hinsicht noch einmal diskutiert.

7.1.1 Aufbereitung der Texte

In einem ersten Schritt wurde jeder Text am linken Rand mit einer fortlaufenden Nummerierung versehen (Zeile = Z) sowie eine Aufteilung der Texte in Textbausteine (TB) vorgenommen.[215] Als Textbaustein werden diejenigen zusammenhängenden Sätze in den Schülertexten bezeichnet, die sich auf einen Bereich (z. B. Schöpfung) beziehen. Es sind, formal betrachtet, die in Kapitel 2 beschriebenen Rahmen einer Argumentation. Formal deshalb, weil das Kriterium für die Einteilung in Textbausteine die Frage war, ob die Aussage sich auf Schöpfung oder auf Evolution oder auf etwas anderes bezieht.

In der Regel ließen sich im vorliegenden Material die einzelnen Textbausteine gut voneinander abgrenzen. Damit die einzelnen Beispiele jederzeit und nachvollziehbar gefunden werden können, werden als Quelle der jeweilig intern codierte Schülertext, der Textbaustein (TB) und die Zeilen (Z) angegeben.

Ein Beispiel: Der Text T04ARu beginnt in Textbaustein 1 mit einer Aussage zur Schöpfung: *In erster Linie ist es ja so, dass die biblische Schöpfung in 7 Tagen vollbracht ist und die Menschen, also wir, die Krone der Schöpfung sind* (T04ARu, TB1, Z01–05). Anschließend wird (Textbaustein 2) zur Evolutionstheorie gewechselt: *In der Evolutionstheorie wird gesagt, dass der Mensch vom Affen abstammt […]* (T04ARu, TB2, Z06–11).

Die Einteilung in Textbausteine folgt methodisch dem Ablaufmodell von Mayring, denn sie ist mit der Bestimmung der Analyseeinheiten (siehe erster Schritt im allgemeinen Ablaufmodell, Abbildung 2, Kap. 3) identisch.[216]

215 Mein Kollege aus Kiel hat, im Unterschied zu meiner eigenen Aufteilung der Texte in Zeilen und Textbausteine, jede Zeile, also auch die durch die Absetzung in die einzelnen Textbausteine entstehenden Leerzeilen durchnummeriert. Deshalb beginnen diese Texte (Impulsvariante B) in der Regel erst mit der Zeilennummer 10 und weisen auch zwischendurch größere Abstände auf (vgl. als Beispiel Tn02BRu). Die Schülertexte sind aber auch in dieser Variante vollständig in tabellarische Form gebracht.

216 Mitunter war es schwierig, Textbausteine gut voneinander abgrenzen zu können. Auf diese Spezialfälle wird weiter unten in der Auswertung eingegangen (vgl. Kap. 8).

7.1.2 Tabellarische Darstellung von Argumentationsmustern

Nach der Einteilung der Texte in Zeilen und Textbausteine konnte mit der Identifizierung und Erfassung der vorhandenen Argumentationsmuster begonnen werden. Dazu wurde eine Tabelle entwickelt.

In den beiden linken Spalten sind die Zeile und die Textbausteine notiert, mittig die Prämissen (P), die Konklusionen (K), die Präsuppositionen (Pr: ›…‹) und Kommentare (TW). Auf der rechten Seite sind die Aussagen der Schüler festgehalten, welche den Übergang, also das eigentliche Argument von P zu K plausibel[217] machen. Zur besseren Übersicht sind in den Tabellen alle Schüleraussagen kursiv und in Schriftgröße 11, alle Abkürzungen und Kommentare in Schriftgröße 8 gesetzt.[218] Die Schüleraussagen werden hier zur besseren Lesbarkeit behutsam grammatikalisch und orthografisch korrigiert sowie je nachdem sinngemäß und nachvollziehbar ergänzt (das Originalmaterial ist unter www.v-r.de/weiß_argumentationen einsehbar).

Die Muster in der Tabelle sind mit den im Kodierleitfaden (Kap. 3.2.4.1) befindlichen Abkürzungen versehen. Wenn kein Muster identifizierbar war, wie Tabelle 1, Kap. 7, veranschaulicht, ist dies gekennzeichnet, und die Spalte *Schülertext: Argument* bleibt leer.

Tabelle 1, Kap. 7: Beispiel aus Schülerinnentext tn05ABio, TB1, Z01–03

Zeile	Textbaustein	Schülertext: Prämisse (P), Konklusion (K), Präsupposition (Prä.: ›…‹) Kommentare (TW)	Muster	Schülertext: Argument
01–03	1	TW: Rahmensetzung *Aus der Sicht eines Theologen* *Meine sehr verehrten Damen und Herren, ich danke Ihnen ganz herzlich für Ihr Kommen. Wir haben uns heute zusammengefunden, um über den Konflikt der Verbindung von biologischem und theologischem Wissen zu diskutieren.* TW: Ein Konfliktmodell steht im Hintergrund dieses Textes, der Konflikt wird dabei in drei Leitfragen differenziert. Die Prä. des gesamten Textes lautet: ›Die biologische Forschung ist in Bezug auf	Kein	

217 Dies gilt natürlich nur für die vollständigen Muster. Wenn ein unvollständiges Muster gefunden wird, sind alle gefundenen Bestandteile in tabellarischer Form notiert und die entsprechenden Leerstellen festgehalten, z. B. K = leer/fehlt.

218 Im Fließtext sind die Aussagen der Schülerschaft kursiv und Schriftgröße 12 gesetzt, damit die Einheitlichkeit des Textes gewahrt bleibt.

((Fortsetzung))

Zeile	Textbaustein	Schülertext: Prämisse (P), Konklusion (K), Präsupposition (Prä.: ›…‹) Kommentare (TW)	Muster	Schülertext: Argument
		den Menschen (als normatives Wesen) mangelhaft.‹		

Im Bestreben, den konkreten Text vorläufig auch in tabellarischer Form vollständig lesbar zu halten[219], ist im Idealfall wie folgt vorgegangen worden. Bei der Identifizierung einer Prämisse ist diese in der mittleren Spalte notiert. Kommt es zur Musteridentifizierung, so ist dieser Textteil (Argument) in der ganz rechten Spalte in gleicher Zeilenhöhe wie »das Ende« der Prämisse notiert. Dazwischen wird die Abkürzung für das jeweilige Muster eingetragen. Die anschließende Konklusion beginnt dann wieder mittig eine Zeile nach der Textpassage, die das Argument enthält. Zur Verdeutlichung auch hier ein Beispiel. Im Schülertext tn08ABio ist die folgende Passage zu finden:

- 01 *Die Beziehung zwischen den naturwissenschaftlichen Ergebnissen und dem menschlichen*
- 02 *Glauben ist zugegebenermaßen eine sehr komplizierte, und es ist nicht einfach, zu wissen, auf*
- 03 *welcher Seite man steht. Dabei muss es doch einen Standpunkt geben. Schließlich ist die*
- 04 *Evolutionstheorie definitiv nicht mit der biblischen Schöpfung vereinbar.*

Tabelle 2, Kap. 7., veranschaulicht die Übertragung dieses Textteiles.

Tabelle 2, Kap. 7: Beispiel aus Schülerinnentext tn08ABio, TB1, Z01–04

Zeile	Textbaustein	Schülertext: Prämisse (P), Konklusion (K), Präsupposition (Prä.: ›…‹) Kommentare (TW)	Muster	Schülertext: Argument
01–04	1	TW: Einleitung/Rahmen mit P P= *Die Beziehung zwischen den naturwissenschaftlichen Ergebnissen und dem menschlichen Glauben ist zugegebenermaßen eine sehr komplizierte, und es ist nicht ein-*		

219 Die Materialreduzierung, auf die die Qualitative Inhaltsanalyse methodisch hinausläuft, erfolgte in diesen drei Materialdurchläufen noch nicht, sondern erst ab dem vierten Materialdurchlauf (vgl. Kap. 8).

((Fortsetzung))

Zeile	Textbaustein	Schülertext: Prämisse (P), Konklusion (K), Präsupposition (Prä.: ›…‹) Kommentare (TW)	Muster	Schülertext: Argument
		fach, zu wissen, auf welcher Seite man steht. K= *Schließlich ist die Evolutionstheorie definitiv nicht mit der biblischen Schöpfung vereinbar.*	Q13 (n;v)	*Dabei muss es doch einen Standpunkt geben.*

In der Darstellung dieses Idealfalles sind die Schüleraussagen also von links nach rechts zu lesen. Weil im Material viele Stellen gefunden werden, bei denen z. B. der erste Teil des Satzes die Konklusion, der zweite Teil des Satzes den Übergang und der dritte Teil des Satzes die Ergänzung der Konklusion oder den Abschluss der Konklusion bilden, wird bei diesen Fundstellen verfahren, wie soeben beschrieben, mit der Ergänzung, dass die Teile des Satzes mit »…« als zusammengehörig gekennzeichnet sind. Auch hierfür ein Beispiel (Tabelle 3, Kap. 7):

Tabelle 3, Kap 7: Beispiel aus Schülerinnentext tn13ARu, TB2, Z06–11

Zeile	Textbaustein	Schülertext: Prämisse (P), Konklusion (K), Präsupposition (Prä.: ›…‹) Kommentare (TW)	Muster	Schülertext: Argument
06–11	2	K= *Die Evolutionstheorie ist …* *… zur Entstehung des Lebens.*	S1 (d;v)	*… eine gut bewiesene und veranschaulichte Antwort …*

7.1.3 Fachspezifisch und fachübergreifend – eine Konkretisierung

Es soll noch einmal auf die Unterscheidung zwischen *fachspezifisch* und *fachübergreifend* eingegangen werden. Im Kapitel 1.3 wurden Arbeitsdefinitionen aufgestellt:

- Fachspezifisch: Die in Argumentationen verwendeten Begriffe und Zusammenhänge verweisen auf den jeweiligen fachwissenschaftlichen Inhalt/entspringen dem jeweiligen fachwissenschaftlichen Inhalt des Faches Religion oder Biologie und führen so zu einer stimmigen (fachspezifischen) Argumentation.
- Fachübergreifend: Die in Argumentationen verwendeten Begriffe und Zu-

sammenhänge übersteigen den jeweiligen fachwissenschaftlichen Inhalt und stellen so kommunizierbare Sinnzusammenhänge zwischen den Inhalten der Fächer Religion und Biologie durch stimmige (fachübergreifende) Argumentationen her.

Beide Definitionen sollen jetzt durch Beispiele konkretisiert werden. Damit kann – ähnlich wie bei den Kodierregeln – dem Anspruch der Qualitativen Inhaltsanalyse, regelgeleitet vorzugehen (vgl. Mayring [11]2011: 13 u.ö.), entsprochen werden. Zugleich können diese Konkretisierungen einsichtig machen, wie ein gesamter Schülertext tabellarisch gelesen werden soll. Die einzelnen Muster werden zudem farblich unterschieden (vgl. Kap. 7.1.3.3), um einen raschen Überblick über den Gesamttext zu gewähren.

7.1.3.1 Fachspezifisch

Von *fachspezifisch* wird im vorliegenden Forschungszusammenhang gesprochen, wenn der Inhalt einer Argumentation, also die Prämisse, das Argument und die Konklusion begrifflich aus dem Bereich Theologie bzw. dem Bereich Biologie stammen. Begriffe und begriffliche Zusammenhänge wie *Schöpfung als interpretierender Text, Gott, schaffen oder schöpfen, Adam und Eva* sind damit eindeutig dem fachspezifisch-theologischen Zusammenhang zuzuordnen, Begriffe und deren inhaltliche Zusammenhänge wie *Selektion*, *Mutation* oder *Gendrift* dem fachspezifisch-biologischen Zusammenhang.

Diese Festlegung geht, so wurde betont, von einem engen Theologie- und Biologieverständnis aus. Daraus ergibt sich die Frage, ob die fachspezifisch-begriffliche Zuordnung noch greift, wenn ein Text beispielsweise auf eine externe Religionskritik abzielt und dabei Begriffe wie *Gott* oder *Schöpfung* verwendet. Tabelle 4, Kap. 7, verdeutlicht einen solchen Fall.

Tabelle 4, Kap. 7: Beispiel für ein normatives vollständiges Kausalmuster aus dem Schülerinnentext tn10BRU, TB1, Z 21–25

Zeile	Textbaustein	Schülertext: Prämisse (P), Konklusion (K), Präsupposition (Prä.: ›…‹) Kommentare (TW)	Muster	Schülertext: Argument
21–25	1	K= *Seit Ewigkeiten wurde uns eingetrichtert, Gott habe uns alle geschaffen, wir wären Gottes Kinder und müssten nach seinen Regeln leben, weil er uns das Leben schenkte!*		

((Fortsetzung))

Zeile	Textbaustein	Schülertext: Prämisse (P), Konklusion (K), Präsupposition (Prä.: ›…‹) Kommentare (TW)	Muster	Schülertext: Argument
		Schwachsinn! Alles Unsinn! P= … *und wir heute nicht in demselben Irrglauben leben müssen wie damals!*	Q13 (n;v)	*Wir können uns glücklich schätzen, dass die Neuzeit die Naturwissenschaften voranbrachte …*

Hier kann, trotz begrifflicher Verwendung, nicht mehr von einem fachspezifisch-theologischen Muster gesprochen werden, weil die Begriffe zwar verwendet, allerdings in einen anderen Kontext gestellt sind. Das heißt, es ist zwischen einem vollständigen Muster – wie in Tab 4, Kap. 7 vorliegt, denn Prämisse, Argument und Konklusion sind vorhanden – und einem vollständig fachspezifischen Muster zu differenzieren. Das hier gezeigte Beispiel wäre dann formal vollständig, inhaltlich aber nicht fachspezifisch und damit fachspezifisch unvollständig oder ein fachübergreifendes Muster.[220]

Wenn Schülerinnen und Schüler in der Variante B (Rolle eines Evolutionstheoretikers)auf die Urknall-Theorie rekurrieren, dann benennen sie zwar eine Voraussetzung für die biologische Evolution, bewegen sich aber im fachspezifisch-physikalischen Kontext (siehe Tabelle 6, Kap. 7). Wenn sie sich in der Variante A (Rolle eines Theologen / religiösen Menschen) auf einen intelligenten Schöpfer als Person beziehen, dann verwenden sie kein fachspezifisch-theologisches Argument, sondern ein solches, das aus dem Umfeld des Kreationismus entspringt und theologischer Fachlichkeit bzw. Wissenschaftlichkeit widerspricht.

Mit diesen Beispielen wird die in Kapitel 1 ausgesprochene Vermutung bestätigt, dass bei der Identifizierung von Argumentationsmustern auf den theoretisch begründeten Zusammenhang zwischen formalem Muster und inhaltlicher Anwendung zurückgegriffen werden muss, wie er im Kapitel 2 dargestellt und in den Fallstudien (vgl. Kap. 8) expliziert wird.

Es ist noch auf andere Grenzfälle zu verweisen. So ist das Wort *glauben* nicht prinzipiell theologisch besetzt. Es kann durchaus auch in einer biologischen

220 Anders sähe die Zuordnung aus, wenn es sich um eine interne Religionskritik handeln würde, beispielsweise eine Kritik am Religionsbegriff, wie von Barth (1923) vorgetragen. Dann läge ein fachspezifisch-theologisches vollständiges Muster vor.

Argumentation Verwendung finden, wie beispielsweise in dem Satz: *Ich glaube, dass die Evolutionstheorie deshalb richtig ist, weil …* In solchen Fällen wird bei der Einschätzung, welcher Fachspezifik die entsprechende Aussage zuzuordnen ist, darauf geachtet, ob solche Begriffe oder Worte – hier: glauben – auf einen religiösen Sinnzusammenhang verweisen (ich glaube an die Schöpfung, an Gott usw.) oder ob sie im Sinne von *ich denke* (dass die Evolutionstheorie deshalb richtig ist, weil …) Verwendung finden.

Aufgrund der geschilderten Problemlage kann die Arbeitsdefinition von *fachspezifisch* bestätigt werden.

7.1.3.2 Fachübergreifend

Es wäre falsch, den Schluss zu ziehen, dass alle Muster, die keine Fachspezifik erkennen lassen, automatisch fachübergreifende Muster sind. Auch für die fachübergreifenden Muster müssen Kriterien definiert werden. Ein solches Kriterium ergibt sich – so zeigen es die Daten – aus einem allgemein naturwissenschaftlichen oder allgemein anthropologischen Verständnis.[221]

Tabelle 5, Kap. 7, verdeutlicht insgesamt drei Inhalte, die als *allgemein* beschrieben werden können. Zuerst wird in diesem Beispiel ein anthropologischer Allgemeinplatz beschrieben, der behauptet, das Leben bestehe aus Positivem und Negativem. Der Übergang nimmt den Bereich der Physik auf und bietet einen Vergleich, während die Konklusion sich auf eine soziologisch bestimmbare Größe bezieht. Insgesamt ist ein Q5 (Vergleichsmuster der Ähnlichkeit) zu identifizieren.

Tabelle 5, Kap. 7: Beispiel für ein fachübergreifende Argumentation aus dem Schülertext t14ARu, TB3, Z19–29

Zeile	Textbaustein	Schülertext: Prämisse (P), Konklusion (K), Präsupposition (Prä.: ›…‹) Kommentare (TW)	Muster	Schülertext: Argument
19–29	3	P= *In diesem Argument schwingt mit, dass die Aufteilung in positiv und negativ, die das irdische*		

221 Hier kann auf Überlegungen zur Kompetenzdiskussion zurückgegriffen werden. Empirische Studien wie TIMSS und später PISA orientieren sich an »einer breiten mathematisch-naturwissenschaftlichen Allgemeinbildung« (Klieme et al. 2001: 180). Verständnisse für ein Problem, welche aus der Allgemeinbildung stammen, sind mit Literacy zu kennzeichnen (vgl. Dressler 2007a). Das PISA-Konsortium unter der Leitung von Baumert geht bei fächerübergreifenden Aufgabenstellungen und Lösungen ebenfalls von solchen allgemeinen Kriterien aus. Vgl. zur Thematik Klieme et al. (2001: 180f).

((Fortsetzung))

Zeile	Textbaustein	Schülertext: Prämisse (P), Konklusion (K), Präsup-position (Prä.: ›…‹) Kommentare (TW)	Muster	Schülertext: Argument
		Leben in so großem Maß bestimmt, aufgehoben werden muss.		
			Q5 (d;v)	*Um den Vergleich der Tribolektrischen Reihe, einem Phänomen der Elektrostatik, anzubrin-gen: Die verschiedenen Ladungen führen zu Spannungen und zerstö-rerischen Entladungen …*
		K= … *und ist es nicht das, was unserer Gesellschaft gehörigen Schaden zufügt?*		

Neben den genannten allgemeinpädagogischen (vgl. Benner [5]2005) und bildungstheoretischen (vgl. Baumert 2002) Kriterien kann somit als ein weiteres Kriterium für die hier vorgeschlagene Verwendung von *fachübergreifend* die Verwendung von allgemein-naturwissenschaftlichen bzw. allgemein-geisteswissenschaftlichen Zusammenhängen, wie sich dies aus der Diskussion um Kompetenzen ergibt, festgehalten werden.

In der Regel sind keine »reinen« fachübergreifenden Argumentationen gefunden worden, sondern Mischformen, also solche Argumentationen, die sich aus fachspezifischen und fachübergreifenden Elementen zusammensetzen. Auch hier ein Beispiel aus dem vorhandenen Material (siehe Tabelle 6, Kap. 7).

Tabelle 6, Kap. 7: Beispiel für eine fachübergreifende Argumentation im Zusammenhang mit einer fachspezifisch-theologischen aus dem Schülerinnentext Tn29ABio, TB4, Z32–36

Zeile	Textbaustein	Schülertext: Prämisse (P), Konklusion (K), Präsup-position (Prä.: ›…‹) Kommentare (TW)	Muster	Schülertext: Argument
32–36	4	*Manch einer wird jetzt denken: Wie soll denn das funktionieren, dass Gott einen Menschen erschafft? Und das einfach so, ohne jegliche Basis, quasi aus dem Nichts herbeigekom-men?*		

((Fortsetzung))

Zeile	Textbaustein	Schülertext: Prämisse (P), Konklusion (K), Präsup-position (Prä.: ›…‹) Kommentare (TW)	Muster	Schülertext: Argument
		P= *Ja, das klingt komisch. Für die Ungläubigen sogar albern,* K1= *… weshalb sie immer wieder mit der Wissenschaft argumentieren.* K2= *Aber auch die Wissenschaft kann nicht alles beweisen, …*	R1 (d;v)	*… z. B.: Der Urknall ist zwar nachvollziehbar, aber nicht reproduzierbar, deshalb auch nicht 100-prozentig bewiesen.*

In diesem Beispiel wird der Überleitungssatz *Manch einer wird jetzt denken …* benutzt, um im Zusammenhang mit der Prämisse aus einem theologischen Kontext heraus (im vorangehenden Textbaustein) auf einen allgemeinen Zusammenhang zu verweisen (Konklusion 1 und 2). Das induktive Beispielmuster (R1) stützt diesen allgemeinen Zusammenhang mit einem Beispiel aus der theoretischen Physik.

Auch diese gezeigten Beispiele unterstützen die eingangs vorgetragene Arbeitsdefinition zur hier verwendeten Bedeutung von *fachübergreifend.*

Fazit: Beide Definitionen haben sich durch das erhobene Material bestätigen lassen, womit, methodisch betrachtet, ein wichtiger Schritt für eine intersubjektive Nachvollziehbarkeit im Rahmen der Auswertung der erhobenen Daten gewährleistet ist.

7.1.3.3 Markierung der Argumentationsmuster

Da in den drei ersten Materialdurchläufen immer wieder zu beobachten war, dass z. B. die Prämisse einem fachübergreifenden, das Argument dem fachspezifisch-theologischen und die Konklusion dem fachspezifisch-biologischen Kontext entspringt, wurde, um in den weiteren Auswertungsschritten einen schnellen Überblick über den jeweiligen Gesamttext zu erhalten, festgelegt, dass die fachspezifisch-theologischen Argumentationsteile *gelb* (in der Drucklegung *lila*), die fachspezifisch-biologischen Argumentationsteile *grün* und die fachübergreifenden / andere inhaltliche Zusammenhänge betreffende Argumentationsteile *grau* unterlegt werden.[222] Mit dieser farblichen Differenzierung kann auf einen Blick ein konkreter Text in seiner Gesamtheit eingeschätzt werden. Tabelle 7, Kap. 7, veranschaulicht dies an einem Beispiel, in dem alle drei Differenzierungen vorkommen.

Tabelle 7, Kap. 7: Fachspezifisch-theologische und fachspezifisch-biologische sowie fachübergreifende Argumentationsteile aus Schülerinnentext tn13ARu, TB3, Z21–25

Zeile	Textbaustein	Schülertext: Prämisse (P), Konklusion (K), Präsupposition (Prä.: ›…‹) Kommentare (TW)	Muster	Schülertext: Argument
21-25	3	P= *Für diese Verknüpfung ist allein er verantwortlich,*	Q15 (n;v) Q15 (n;v) Q16 (n;v)	*denn ohne sein Handeln wären auch Einzeller nicht entstanden.* *Dadurch, dass Gott für die gesamte Entstehung die Verantwortung trägt, wissen wir Menschen, weshalb wir uns hier befinden und auch, wozu wir in der Lage sind.* *Außerdem sehen wir uns selbst nicht bloß als vorhanden, sondern als entstanden durch jemanden, der sich etwas dabei gedacht hat.*
26–29	3	K= *Und diese Entstehung kann man wissenschaftlich begründen mit der Evolutionstheorie.*		

222 Diese farbliche Markierung wurde im gesamten Materialcorpus durchgehalten (vgl. Gesamter Materialcorpus unter www.v-r.de/weiß_argumentationen, Schüler-/Schülerinnentexte Impulsvariante A und Schüler-/Schülerinnentexte Impulsvariante B). Bei der Präsentation der Ankerbeispiele (vgl. Kap. 7.3.2) allerdings nur teilweise, weil hier aus der jeweiligen Tabelle eindeutig hervorgeht, ob es sich um ein fachspezifisch-theologisches, fachspezifisch-biologisches oder um ein fachübergreifendes Muster handelt. Bei Drucklegung hat es sich aus drucktechnischen Gründen für sinnvoll erwiesen, die Farbe gelb in lila zu wechseln. In den Anhängen (vgl. www.v-r.de/weiß_argumentationen) ist die ursprüngliche farbliche Markierung beibehalten.

((Fortsetzung))

Zeile	Textbaustein	Schülertext: Prämisse (P), Konklusion (K), Präsupposition (Prä.: ›…‹) Kommentare (TW)	Muster	Schülertext: Argument
		P= *Auch wenn es uns schwerfällt, Gott über der Entstehung zu sehen,* K= *wüssten wir ohne diesen Glauben an Gottes Schöpfung nicht den Sinn unserer Entstehung.*	Q15 (d;v)	*weil wir nur das Geschehen auf der Erde betrachten können,*
30–33	4	K= *Aus diesem Grund gibt es weniger zwei Parteien zur Entstehung des Lebens, die sich vollkommen unterscheiden, sondern vielmehr lassen sich diese beiden gut begründeten aufgestellten Theorien verknüpfen, um sich als eine noch stärker[e] zu erweisen und um eine detaillierte Antwort zu allen Fragen, was die Entstehung belangt, zu finden.*	kein	

Mit einem letzten Beispiel wird ein gesamter Schülertext in tabellarischer Form präsentiert (siehe Tabelle 8, Kap. 7), der das in den Punkten 7.1.3.1 bis 7.1.3.3 Vorgetragene zusammenfassend veranschaulicht.[223]

223 Das gesamte erhobene Material ist, tabellarisch gegliedert, als Corpus aller Schüler- und Schülerinnentexte im Anhang online einzusehen: www.v-r.de/weiß_argumentationen, Schüler-/Schülerinnentexte Impulsvariante A und Schüler-/Schülerinnentexte Impulsvariante B.

Tabelle 8, Kap. 7: Beispiel für einen gesamten, in tabellarische Form gebrachten Schülerinnentext tn11ARu

Zeile	Textbaustein	Schülertext: Prämisse (P), Konklusion (K), Präsupposition (Prä.: ›...‹) Kommentare (TW)	Muster	Schülertext: Argument
01–04	1	TW: Einleitung und Rahmen. *Rede* *Meine sehr geehrten Damen und Herren!* *Ich möchte Sie alle recht herzlich willkommen heißen. Am heutigen Abend möchte ich Ihnen etwas darüber erzählen, wie sich die Evolutionstheorie und die Schöpfungsgeschichte miteinander kombinieren lässt.*	kein	
05	2	P= *Ich glaube an das evolutionstheoretische Modell und glaube zudem an die Schöpfungsgeschichte.*	kein	
06–11	2a	TW: Überleitungssatz zum ersten Teil des TB2. *Zunächst möchte ich näher auf die Schöpfungsgeschichte eingehen.* TW: Nacherzählung von Gen 1; keine Argumentation. *Hier wird uns weitergegeben, dass die Erde in sieben Tagen von Gott geschaffen wurde. Erst wurde die Umgebung geschaffen. Das Land und Wasser, Tag und Nacht und erst danach kamen die Pflanzen hinzu. Zuallerletzt wurde[n] von Gott der Mensch und die Tiere geschaffen. Gott fand, dass die Schöpfung gut war.* K= *Daran glaube ich fest, ...* TW: Hier steckt ein Postulat	Q16 (n;v)	*... denn ich bin ein religiöser Mensch.*

((Fortsetzung))

Zeile	Textbaustein	Schülertext: Prämisse (P), Konklusion (K), Präsupposition (Prä.: ›…‹) Kommentare (TW)	Muster	Schülertext: Argument
		dahinter, aus dem sich ein weiteres normatives Q15 ergibt: »ich würde … wenn …« TW: Die Konklusion bezieht sich letztlich auf die Prämisse in Zeile 5.	Q15 (n;v)	*Ich würde es sehr gut finden, wenn sich noch viel mehr Menschen diesem Glauben anschließen würden.*
12–17	2b	P= *Viele Menschen können dies allerdings nicht oder wollen es schlicht nicht.* K= *… die ihnen dafür im Weg steht* P= *Bei der Evolutionstheorie geht es darum, …* TW: Dies ist zwar eine Definition, aber kein Definitionsmuster, sondern ein Kausalmuster von Ursache und Wirkung. *Bei der Evolutionstheorie geht es darum, …* K= *Das ist die Art, die ihre Bedingungen am besten an die Umwelt angepasst hat.*	Q15 (d;v) Q14 (d;v) Q14 (d;v)	*Ein Grund, weshalb sie es nicht können, ist die Evolutionstheorie, ….* *… dass sich die Menschen und Tiere mit der Zeit immer mehr an ihre Umwelt angepasst haben.* *… dass sich die konkurrenzstärkere Art immer durchsetzt.*
18–20	3	P1= *Meiner Meinung nach ist das auch im Sinne von Gott.* P2= *Gott wollte, dass die Menschen immer mehr werden und [die]Tiere.* K= *Dies geht nur, wenn die Menschen gesund sind, …*		

((Fortsetzung))

Zeile	Textbaustein	Schülertext: Prämisse (P), Konklusion (K), Präsupposition (Prä.: ›…‹) Kommentare (TW)	Muster	Schülertext: Argument
			Q13 (d;v)	*… denn nur die können längerfristig überleben.*
21–25	4	TW: Neuer Rahmen: Ethik mit Übergangssatz. *Jetzt denken Sie vielleicht, wieso? Wir haben auch viele chronisch Kranke und Behinderte auf der Welt.* P= *Das funktioniert meiner Meinung nach aber nur deshalb, …* K= *Damals, als es diese Versorgung noch nicht gab, sind diese gestorben, ohne Nachwuchs zu bekommen.* TW: sozialdarwinistische Züge. TW: Für R1 spricht, dass das »Nichtfortpflanzenkönnen« die SR für das Folgende ergibt. Daraus wird ja die Verbindung zwischen Evolution und Schöpfung abgeleitet. Für S1 spricht, dass es zur Stützung von Q14 dienen kann.	Q13 (d;v) R1 (d;v) ODER S1 (d;v)	*… weil wir diese Menschen pflegen und verarzten.* *Zudem ist es auch heute eher unwahrscheinlich und nur ganz selten zu sehen, dass sich diese Kranken und Behinderten fortpflanzen und durchsetzen können.*
26–28	5	TW: Ethik in Bezug auf Gott, neuer Rahmen. P= *Natürlich ist es so, dass Gott jeden Menschen mag und liebt …* K= *… und trotzdem wäre es im Hinblick auf die Zukunft*	kein	

((Fortsetzung))

Zeile	Textbaustein	Schülertext: Prämisse (P), Konklusion (K), Präsupposition (Prä.: ›…‹) Kommentare (TW)	Muster	Schülertext: Argument
		und Entwicklung der Welt nicht gut, wenn sich diese durchsetzen und fortpflanzen würde[n]. TW: Ohne Muster, also im Status der Behauptung, außer man interpretiert beim Satz das »Wenn« als eine Begründung, dann könnte ein unvollständiges normatives Kausalmuster Q13 (n;u) vorliegen. Semantisch ist dieses »Wenn« aber so nicht interpretierbar, weil es als Konsekutivsatz vom »Trotzdem« abhängt.		
29–32	6	TW: In Bezug auf die Fortpflanzung/Nichtfortpflanzung. *… und ich bitte Sie, sich in Ruhe noch mal Gedanken über diese Rede zu machen, und vielleicht können Sie ja für sich persönlich diese beiden auf den ersten Blick total unterschiedlichen Sachen miteinander verbinden.* TW= Nur ein abschließender Satz, keine K. *Vielen Dank für Ihr Interesse und Ihre Aufmerksamkeit.*	Q14 (d;u)	*Deshalb lässt sich die Evolution und die Schöpfung miteinander verbinden …*

7.1.4 Zusammenfassung

Es kann in diesem Abschnitt 7.1 gezeigt werden, wie ein Materialdurchlauf zur Identifizierung von Argumentationsmustern theorie- und regelgeleitet funktioniert. Durch die Reflexion der Differenzierung *fachspezifisch* und *fachübergreifend* ergibt sich eine begriffliche Schärfung der Unterscheidung zwischen vollständigen und unvollständigen Mustern:

Ein vollständiges *fachspezifisches* Muster ist ein solches, in dem die Prämisse, das Argument und die Konklusion dem jeweiligen fachwissenschaftlichen Bereich angehören. Dasselbe gilt natürlich für unvollständige Muster, die deshalb unvollständig sind, weil eines der drei formalen Elemente (z. B. die Konklusion) fehlt. *Fachspezifische* Muster sind auch dann unvollständig, wenn sich bei zumindest einem Element der Argumentation nachweisen lässt, dass es aus dem jeweils anderen oder einem allgemeinen Kontext stammt. Diese Muster werden als Mischformen gekennzeichnet und sind bisher durch ein Beispiel veranschaulicht (siehe Tabelle 6, Kap. 7).

Mischformen, so wird argumentiert, sind solche, die die formalen Elemente der Argumentation durch den Rückgriff auf den jeweils anderen oder auf einen allgemeinen Kontext inhaltlich füllen. Damit ist dann die Unterscheidung in vollständige *fachspezifische* und vollständige *fachübergreifende* Muster möglich.

Für das *fachübergreifende* Muster kann somit veranschaulicht werden, dass ein Kriterium des Fachübergreifenden eine abwägende Kommunikation zwischen den Fächern *evangelische Religion* und *Biologie* ist sowie die Verwendung von allgemeinen Wissensbeständen (Allgemeinbildung). Dies führt dazu, dass das Muster als ein *fachübergreifendes* gekennzeichnet werden kann. Mischformen sind somit in erster Linie fachübergreifende Argumentationen.

7.2 Materialzusammenfassung nach Mustern am Beispiel des Vergleichsmusters der Ähnlichkeit (Q5)

Der nächste Auswertungsschritt war von der Überlegung geleitet, die einzelnen Muster, die im gesamten erhobenen Material gefunden wurden, zusammenzustellen. Es ist dies methodisch ein Zwischenschritt, um die kategoriale Überprüfung (Ankerbeispiele, vgl. Kap. 7.3) vorzubereiten. Diese Schematisierung ist methodisch bestimmt durch ein Herausarbeiten von »Strukturen [...], die das Material in einer bestimmten Weise untergliedern, zerlegen, schematisieren« (Mayring [11]2010: 94). Die Schematisierung erfolgt entlang der Typologie von Kienpointner. Beim Auffinden eines bestimmten Musters wird dieses aus dem Text extrahiert und in eine Musterdatei übertragen, womit methodisch dem 6. Schritt des allgemeinen Ablaufmodells nach Mayring (ebd.: 93) entsprochen wird.

Somit entstand eine Zusammenfassung, die alle Varianten, beispielsweise des Definitionsmusters der Großklasse I (Q1 d;v; Q1 d;u; Q1 n;v und Q1 n;u) enthält. In einem weiteren Schritt differenziert werden konnte in fachspezifische und fachübergreifende Definitionsmuster.

An einem Beispiel dieser Musterdateien (Vergleichsmuster der Ähnlichkeit (Q5) aus der Großklasse I) soll der Arbeitsschritt verdeutlicht und diskutiert werden.[224] Zuerst werden allgemeine Überlegungen zum Vergleichsmuster (7.2.1) und zum Vergleichsmuster der Ähnlichkeit (7.2.2) angestellt. Danach sollen Beispiele für das Vergleichsmuster der Ähnlichkeit aus der Impulsvariante A und B (7.2.3) sowie der Mischformen (7.2.4)[225] vorgestellt werden. Eine zusammenfassende Reflexion schließt auch diesen Abschnitt ab (7.2.5).

7.2.1 Allgemeines zum Vergleichsmuster

Einen Vergleich zu ziehen, bedeutet, mindestens zwei unterscheidbare Größen oder deren Eigenschaften in ein Verhältnis zu setzen. Dieses *In-ein-Verhältnis-Setzen* ermöglicht dann aus der Mathematik stammende Aussagen wie *größer, kleiner als …* oder *ist gleich*; im Bereich der Physik beispielsweise Aussagen wie *Je größer der Kraftaufwand, desto höher die Geschwindigkeit, aber auch desto höher der Energieverbrauch*; in Gerichtsverhandlungen kann ein Vergleich angestrebt werden, oder er wird von einer der streitenden Parteien angeboten, und in der Politik kommen dann Vergleiche zustande, wenn zwei Staaten unter Wahrung demokratischer Strukturen in einem Aushandlungsprozess stehen, um z. B. einen Bürgerkrieg abzuwehren. In den Evangelien sind Gleichnisreden Jesu wiedergegeben, z. B. *Vom Sämann* (Mk 4,2 ff).[226]

Es könnten noch sehr viele Beispiele angeführt werden, allein, es dürfte an den beschriebenen klar geworden sein, dass in der mündlichen und schriftlichen alltäglichen, aber auch wissenschaftlichen Sprache Vergleiche gezogen werden. Vergleichen ist ein Vorgang, der sprachlich Dinge, Gegenstände usw. in

224 Ein Beispiel ist hier insofern hinreichend, um diesen Arbeitsschritt verdeutlichen zu können, weil im Kap. 7.3, für alle Muster – gemeinsam mit der entsprechenden Kodierregel – die jeweiligen Ankerbeispiele vorgestellt und diskutiert werden. Am Vergleichsmuster lassen sich die in diesem Arbeitsschritt vollzogenen theoretischen Überlegungen gut präsentieren, deshalb ist dieses Muster als Beispiel herangezogen worden.

225 Es werden immer beide Bundesländer in diese Vorstellung einbezogen.

226 Ein Unterschied ist hier anzumerken. Bei vielen Gleichnisreden Jesu handelt es sich um echte Analogien, die zu definieren sind mit: Zwei unterschiedliche, nicht zusammengehörende Lebensweltbereiche werden zueinander in Beziehung gesetzt. Der Unterschied zum Vergleich liegt nicht im *Wie* begründet, sondern darin, dass nach dem Text von Markus die Rede Jesu vom Gottesreich spricht und dieses Gottesreich mit einem alltäglichen Vorgang (das Aussäen) verglichen wird. Im Gegensatz dazu müsste ein Vergleich, der keine Analogie ist, so oder so ähnlich lauten: *Im Gottesreich geht Gott aus und sät …*

ein Verhältnis zueinander setzt, d. h., ein Vergleich drückt immer ein *Verhalten zu*[227] aus.

Kienpointner vermerkt zum Vergleichsschema, dass

> »eine Reihe von Argumentationsmustern zusammengefasst [werden], in denen Größen vergleichend – im weitesten Sinne des Wortes – gegenübergestellt werden, sei es, daß auf bestehende Gleichheiten, Ähnlichkeiten, Unterschiede und auf ›A maiore/minore-Relationen‹ verwiesen wird [...]«. (Kienpointer 1992: 284)

Die von ihm daraus abgeleitete Definition für deskriptive Muster lautet:

> »Von (hinsichtlich eines quant./qual. Kriteriums Z) gleichen/ähnlichen Gegenständen X werden gleiche/ähnliche Eigenschaften Y ausgesagt. Die Gegenstände X sind (hinsichtlich eines quant./qual. Kriteriums Z) gleich/ähnlich. Also: Von den Gegenständen X werden die Eigenschaften Y ausgesagt.« (ebd.)

Die Definition für normative Muster lautet:

> »Wenn X und Y hinsichtlich eines quantitativen/qualitativen Kriteriums Z gleich/ähnlich sind, sind sie im Normalfall diesbezüglich gleich/ähnlich zu bewerten bzw. zu behandeln. X und Y sind im Normalfall hinsichtlich Z gleich/ähnlich. Also: X und Y sind im Normalfall hinsichtlich Z gleich/ähnlich zu bewerten / zu behandeln.« (ebd.: 286)

Die normative Musterdefinition wird von ihm auch als »Gerechtigkeitsschema« (ebd.) bezeichnet.

Problematisch an den Kienpointner'schen Aussagen ist die Zusammenfassung der Vergleiche in Gleichheit, Ähnlichkeit und Unterschiede, wobei er nur den A-maiore- und den A-minore-Schemata eine Relation zugesteht. Problematisch ist dies deshalb, weil sich daraus genau diejenigen Abgrenzungsprobleme ergeben, die er selbst anführt:

1. Trotz Indikatorenverwendung wie *wie, als, verschieden, ähnlich* usw. können Vergleiche auch im illustrativen Beispiel oder im Analogiemuster auftreten (vgl. Kienpointner 1992: 288).
2. In normativen Varianten, also solchen, die mit Wertungen verbunden sind, ist der Vergleich nur möglich, wenn vom Standpunkt *richtig oder falsch* aus ein Vergleich angestrebt wird. Im Falle der Berufung auf einen formalisierten Gesetzestext ist dies sicherlich möglich, im Falle des Themas *Schöpfung und Evolution* wohl eher nicht, denn:

227 Dieser Ausdruck entspringt der phänomenologischen Interpretation Heideggers von Aristoteles (Heidegger ^{2}1994: 52–60). Ohne die Heidegger'schen Explikationen dazu übernehmen zu wollen oder zu müssen, ist an dieser Stelle festzuhalten, dass das *Verhalten zu* eine hinreichende, aber nicht eine notwendige Bedingung jeglichen Verhältnisses ist. Auch ein Gegensatz oder eine Kausalität erzeugen ein Verhältnis, allerdings ohne Vergleich.

3. Vergleiche sind abhängig von »Kontext und Situation« (Kiepointner 1992: 290 mit Verweis auf Perelman/Olbrechts-Tyteca 1958, dt. 2004).

Dass nicht nur Vergleiche, sondern Argumente überhaupt von Kontexten und Situationen abhängig sind, dürfte ein so gängiger Allgemeinplatz sein, dass dieses Argument die Abgrenzungsproblematik nicht aufheben kann (vgl. Dörpinghaus/Helmer 2004). Auch die anderen beiden genannten Punkte lassen sich nicht so recht auflösen. Kienpointner versucht in Bezug auf das illustrative Beispiel- und das Analogiemuster zwar den Weg über die Präsupposition: »Die Beispiele werden jedoch nicht miteinander verglichen [...], sondern ihre Gleichheit wird präsupponiert, um induktiv eine Generalisierung vornehmen zu können bzw. illustrativ eine Schlußregel zu bekräftigen.« (Kienpointner 1992: 288), allerdings macht sich hier seine Unentschiedenheit bzw. sein Schwanken zwischen semantischer und pragmatischer Präsuppositionstheorie deutlich bemerkbar (vgl. Kap. 2). Ginge es Kienpointner um die Verwendung von Mustern (also im pragmatischen Sinne), dann wären die von ihm angeführten Abgrenzungsprobleme dahingehend aufgelöst, als dass

1. der Unterschied zwischen Vergleich und Illustration insofern klar ist, weil die Illustration keine Schlussregel etabliert, sondern eben »nur« illustriert;
2. Normativitäten, die von einem richtigen/falschen Standpunkt ausgehend argumentativ eingesetzt werden, als Pseudoargumente entlarvt werden können, weil
3. der Kontext bzw. die Situation der Verwendung von Argumentationen allein bestimmen kann, ob das eingesetzte Argument in Bezug auf den Kontext richtig(er) oder falsch(er) ist.

Aus dieser Problematisierung ergibt sich, dass in der vorliegenden Forschung die Vergleichsmuster[228] in der theoretisch getragenen Bestimmung der Ausprägung (Schritt drei des Ablaufmodells nach Mayring ^{11}2010: 93; vgl. Kap. 3) differenziert werden in Vergleichsmuster:

- der Gleichheit (Q4),
- der Ähnlichkeit (Q5),
- der Verschiedenheit (Q6),
- A maiore (Q7) und A minore (Q8).[229]

228 Auch alle anderen Muster wurden, wo es notwendig erschien, differenziert. Dies betrifft neben den Vergleichsmustern die Muster des Gegensatzes (Q9-Q12) und die Kausalmuster (Q13-Q18).

229 Schon an dieser Stelle ist zu vermerken, dass die Muster Q7 und Q8 im Material nicht vorkommen.

In Übertragung der angezeigten Problematik auf das Vergleichsmuster der Ähnlichkeit (Q5) ergibt sich das Folgende.

7.2.2 Allgemeines zum Vergleichsmuster der Ähnlichkeit (Q5)

Die von Kienpointner aufgestellte Definition wird dahingehend präzisiert, dass sie als Kodierregel dienen kann:

Es handelt sich um ein Vergleichsmuster der Ähnlichkeit (Q5), wenn von einer Prämisse über ein Ähnliches auf die Konklusion geschlossen werden kann, d.h. wenn die Argumentation darauf abzielt, mittels eines Ähnlichen ein Drittes belegen (plausibel machen) zu können.

Der Vorteil dieser Definition bzw. dieser Kodierregel liegt darin, dass konsequent nach der Verwendung gefragt wird (darauf abzielt … zu belegen). Dabei ist die Formulierung so allgemein gewählt, dass sie in Bezug auf den Kontext vorerst variabel einsetzbar bleibt. Im vorliegenden Fall ist der Kontext *Schöpfung und Evolution* sowie die Situation die Einnahme einer Rolle, aus der heraus zum Kontext argumentiert werden soll (vgl. Kap. 6). Im Gegensatz zum Vergleichsmuster der Gleichheit (Q4) oder der Verschiedenheit (Q6) gilt, dass Q5 nur dann ein solches ist, wenn ein Ähnliches zum Vergleichen gebraucht wird. Das heißt, das Muster Q5 ist erst dann als ein solches einsichtig, wenn das Ähnliche benutzt wird, um von der Prämisse zur Konklusion zu gelangen. Dies bedeutet in Bezug auf die Differenzierung in vollständige und unvollständige Muster, dass die unvollständigen Muster u.a. sich dadurch auszeichnen, dass sie diese Form nicht vorweisen können.

Mit dieser Kodierregel ist der Vergleich der Gleichheit und der Verschiedenheit ausgeschlossen, und eine Plausibilität – im Sinne des vorgetragenen *etwas, das einsichtig ist* (vgl. Kap. 2.1) – wird ermöglicht. Diese Kodierregel kann aber auch Muster als Q5 identifizieren, die im Ansatz auf einen Vergleich der Ähnlichkeit hinweisen, allerdings nur als unvollständige gekennzeichnet werden können.

7.2.3 Das Vergleichsmuster der Ähnlichkeit (Q5): die Fundstellen

7.2.3.1 Impulsvariante A – fachspezifisch-theologisch

In der Impulsvariante A konnte das Muster Q5 im fachspezifisch-theologischen Zusammenhang insgesamt 9-mal identifiziert werden. Die Fundstellen sind in Tabelle 9, Kap. 7, aufgelistet.

Tabelle 9, Kap. 7: Impulsvariante A, Fundstellennachweis Q5 (fachspezifisch-theologisch)

Deskriptiv vollständig	Normativ vollständig	Deskriptiv unvollständig	Normativ unvollständig
T03ABio, TB2, Z06–10	Tn27ARu, TB5, Z27–32	tn01ABio, TB4, Z44–46	
tn01ABio, TB5, Z47–51	Tn27ARu, TB7/8; Z38–44 und 45–48		
	Tn27ARu, TB7/8, Z45–48		
Tn29ABio, TB3, Z22–28	Tn29ABio, TB2, Z15–21		
	tn07ABio, TB4, Z18–23		

Aus Tabelle 9, Kap. 7, ist ersichtlich, dass sechs Schülerinnen und Schüler den Impuls A im Fach Biologie und ein Schüler (mit dreimaliger Verwendung) im Fach Religion bearbeiten.

7.2.3.2 Impulsvariante B – fachspezifisch-biologisch

Im fachspezifisch-biologischen Bereich, also in der Bearbeitung der Impulsvariante B, konnte 3-mal die Verwendung von Q5 festgehalten werden (siehe Tabelle 10, Kap. 7), hier immer in der Bearbeitung des Impulses im Religionsunterricht.

Tabelle 10, Kap. 7: Impulsvariante B, Fundstellennachweis Q5 (fachspezifisch-biologisch)

Deskriptiv vollständig	Normativ vollständig	Deskriptiv unvollständig	Normativ unvollständig
Tn07BRu, TB4, Z60–68	Tn02BRu, TB4, Z39–47		
Tn08BRu, TB2, Z36–43			

Insgesamt konnte somit 12-mal das Vergleichsmuster der Ähnlichkeit (Q5) in fachspezifischen Kontexten identifiziert werden. Dies ist ein erster Hinweis darauf, dass die Forschungsfrage eins, die Frage, ob Schülerinnen und Schüler Argumentationsmuster verwenden, die sich in schriftlich fixierter Kommunikation identifizieren lassen, einer Antwort zugeführt werden kann.

In beiden Impulsvarianten lassen sich normativ unvollständige Formen gar nicht und deskriptiv unvollständige Formen nur einmal finden (tn01ABio). Der Schwerpunkt liegt somit eindeutig auf der vollständigen Verwendung des Musters in den Varianten *deskriptiv* (5-mal) und *normativ* (6-mal).

7.2.3.3 Impulsvariante A und B – Mischformen

An Mischformen[230] lassen sich insgesamt 8 Verbindungen zwischen dem Muster Q5 und dem illustrativen Beispielmuster (S1) aus der Großklasse III, den Kausalmustern Grund-Folge (Q15) und Folge-Grund (Q16) der Großklasse I identifizieren, wobei einmal der Fall auftritt, dass die Verbindung zwischen Q5 und S1 sowohl deskriptive als auch normative Elemente enthält (t14ARu, TB3, Z19–29). Tabelle 11, Kap. 7, zeigt die Mischformen für die Impulsvariante A, Tabelle 12, Kap. 7, für B.

Tabelle 11, Kap. 7: Impulsvariante A, Fundstellennachweis Q5 (Mischformen)

Deskriptiv vollständig	Normativ vollständig	Deskriptiv unvollständig	Normativ unvollständig
t09ARu, TB2, Z07–12 (Verbindung zwischen Q5 und Q15)	tn08ABio, TB3, Z25–26 (ohne anderes Muster, aber fachübergreifend)		
t14ARu, TB3, Z19–29 (Verbindung zwischen Q5 und S1)	T14ARu, TB3, Z19–29 (Verbindung zwischen Q5 und S1; S1 zeigt ein normatives Element)		
tn01ABio, TB2, Z19–24 (Verbindung zwischen Q5 und S1)			
t09ARu, TB1, Z01–06 (Verbindung zwischen Q5, S1 und Q16)			

230 Mischformen setzen sich, wie schon vermerkt, aus fachspezifischen und allgemeinen Kontexten zusammen bzw. sind nicht eindeutig einer der beiden Fachspezifika zuzuordnen. Mischformen sind aber auch dadurch gekennzeichnet, dass der Übergang von P zu K durch mehrere Muster ermöglicht wird.

Tabelle 12, Kap. 7: Impulsvariante B, Fundstellennachweis Q5 (Mischformen)

Deskriptiv vollständig	Normativ vollständig	Deskriptiv unvollständig	Normativ unvollständig
Tn05BBio, TB2, Z 50–63 (ohne Musterverbindung, aber fachübergreifend)			
t13BRu, TB2, 34–41 (Verbindung zwischen Q5 und S1; Q5= Theologischer Kontext, S 1 = allgemeiner Kontext)			

7.2.3.4 Zwischenergebnisse

Werden die identifizierten Mischformen zur fachspezifischen Verwendung durch Schülerinnen und Schüler hinzugerechnet, dann ergibt sich, dass das Vergleichsmuster der Ähnlichkeit insgesamt 20-mal zu identifizieren ist, wobei die 14-malige Verwendung dieses Musters in der Bearbeitung der Impulsvariante A ein deutliches Übergewicht gegenüber der Bearbeitung des Impulses B zu erkennen gibt.

Erstaunlich ist allerdings, dass dieses Übergewicht nicht vom Fachunterricht, in dem der Impuls bearbeitet worden ist, abhängig zu sein scheint, denn von der 14-maligen Verwendung ist zwar 7-mal die Bearbeitung im Religionsunterricht auszumachen, drei davon sind aber bei derselben Schülerin (Tn27ARu, siehe Tab. 9, Kap. 7) identifiziert worden, so dass sich ein Bearbeitungsverhältnis des Impulses A in Bezug auf die Fächer *Biologie* und *Evangelische Religion* von sieben (Biologie) zu vier (Religion) ergibt. Fast die doppelte Zahl der Schülerinnen und Schüler, die den Impuls A zu bearbeiten hatten, verwendeten das Vergleichsmuster der Ähnlichkeit in der Testsituation *Fach Biologie.*

Daraus lässt sich noch nicht der Schluss ziehen, dass der Fachunterricht für eine Testsituation beliebig ist, allerdings ist dieses Zwischenergebnis ein Hinweis darauf, dass Schülerinnen und Schüler der Oberstufe in der Lage sind, kontextspezifische Argumente hervorzubringen, die vom einzelnen Fachunterricht unabhängig zu sein scheinen.

Vor weiteren Überlegungen zu den Mischformen kann als ein erstes Zwischenergebnis festgehalten werden:

1. Die gestellten Forschungsteilfragen – ob sich bei Schülerinnen und Schülern fachspezifische und/oder fachübergreifende Argumentationsmuster identifizieren lassen – scheinen nach diesem ersten Zwischenergebnis einer positiven Beantwortung zugeführt werden zu können. Sie sind allerdings noch differenzierter zu untersuchen.
2. Oberstufenschülerinnen und -schüler scheinen in der Lage zu sein, unabhängig von der fachunterrichtlichen Situation dem Kontext angemessen argumentativ auf Fragestellungen zu reagieren.

7.2.4 Überlegungen zu den Mischformen im Zusammenhang mit Q5

Alle Mischformen zeigen eine fachübergreifende Verwendung von Argumentationsmustern, wobei sich die Mischung zum Teil aus der Verbindung zwischen verschiedenen Argumentationsmustern (vgl. t09ARu), zum Teil aus dieser Mischung und der Verbindung verschiedener Kontexte (allgemein und theologisch, vgl. t13BRu) zusammensetzt. Zwei Textfunde (t08ABio und t14ARu) sind normativ vollständig, in der Fundstelle t14ARU sind aber auch deskriptive Elemente zu verzeichnen. Alle anderen Fundstellen waren der Variante deskriptiv und vollständig zuzuordnen.

In beiden Impulsvarianten ist bei den Mischformen auffällig, dass es sich immer um vollständige Muster handelt. Mithin scheint es so zu sein, dass erst die Verbindung zwischen den beiden konkreten Mustern die Vollständigkeit, also den plausiblen Übergang von der Prämisse zur Konklusion, ermöglicht. Dieser Gedanke wird in der näheren Betrachtung zweier Beispiele noch erhärtet. Aber auch der Umkehrschluss ist zu überprüfen und hier als Frage zu stellen: Verbleiben die Muster in diesen Fällen unvollständig, wenn die gezeigten Verbindungen zwischen ihnen nicht von den Schülerinnen und Schülern produziert worden wären? Denn wie sich gezeigt hat, waren die unvollständig deskriptiven und unvollständig normativen Muster gar nicht identifizierbar. Auch diese Feststellung dient der Erhärtung der hier vorgetragenen Überlegungen, welche nachfolgend mit zwei Beispielen zu illustrieren sind.

7.2.4.1 Textbeispiel 1: t09ARu, TB1, Z01–06

Tabelle 13, Kap. 7, zeigt eine Verbindung zwischen einem Vergleichsmuster der Ähnlichkeit (Q5), einem illustrativen Beispielmuster (S1) und einem Folge-Grund-Muster (Q16).

Tabelle 13, Kap. 7: Mischform, Fundstelle: t09ARu, TB1, Z01–06

P= Die meisten Menschen sind wie Ichthyologen.	Q5 (d;v) / S 1	*Sie wollen die Welt erforschen und immer mehr entdecken,…*
K1= … doch verstehen sie nur, was sie auch sehen können, und glauben nur an das, wofür sie einen Beweis haben.		
	Q16 (d;v) / S1	*Der Ichthyologe in Eddingtons Parabel glaubt nur [an mindestens] 5 cm große Fische mit Kiemen, weil er nur solche mit seinen Netz fängt.*
	Q16 (d;v) / S1	*Der Metaphysiker glaubt an Fische mit Kiemen, weil es eine schlüssige Beweislage gibt und es für ihn logisch ist, …*
K2= … doch er hat Zweifel an der 5-cm-Theorie und zweifelt diese an.		

Im Textbeispiel 1 wird eine nicht genau definierte Größe *(die meisten Menschen)* verglichen mit dem *Ichthyologen* aus der Parabel, also aus dem Hinführungstext des Impulses. Damit der Schüler von der Prämisse *(Die meisten Menschen sind wie der Ichthyologe)* zur Konklusion *(doch verstehen sie nur, was sie auch sehen können, und glauben nur an das, wofür sie einen Beweis haben)* gelangen, d.h. die Konklusion plausibel machen kann, ist er gezwungen, ein illustratives Beispielmuster (S1 = *Sie wollen die Welt erforschen und immer mehr entdecken*) einzufügen. Ohne dieses Beispiel *des Forschens und Entdeckens* wäre die Konklusion entweder unplausibel oder nur eine weitere Prämisse. Das heißt, die Vollständigkeit in dieser Mischform ergibt sich nur aus der Verbindung zweier Muster, wobei das eine Muster die Schlussregel/Präsupposition benutzt (Q5 aus der Großklasse I), das andere diese illustriert (S1 aus der Großklasse III). Die Schlussregel/Präsupposition könnte lauten: ›Verschiedene Menschen glauben an verschiedene Sachen/Dinge.‹

Daraus lässt sich die Frage ableiten, ob ein Vergleichsmuster auch ohne Illustration auskommen kann. Werden dazu fachspezifische Vergleichsmuster herangezogen, wie das Beispiel in Tabelle 14, Kap. 7, (fachspezifisch-theologisch) zeigt, dann ergibt sich allerdings, dass ein Vergleich durchaus ohne Illustration auskommt.

Tabelle 14, Kap. 7: Q5 (d;v); Fundstelle: T03ABio, TB2, Z06–10

P= *Diese Parabel lässt sich wunderbar auf die Schöpfungsgeschichte beziehen.*	In dieser Parabel erkenne ich, dass der Ichthyologe die Wissenschaft, [d]och genauso die Naturwissenschaft, welche versucht, die Schöpfungsgeschichte zu widerlegen, darstellt.
K= *Des Weiteren muss also der Metaphysiker die Theologie darstellen.*	

Die Fundstelle T03ABio zeigt, im Gegensatz zur Mischform aus t09ARu, dass dieser Schüler einen »internen« Vergleich ausdrückt. Intern deshalb, weil er ganz eng am hinführenden Text bleibt, während der andere Schüler (t09ARu) den Versuch gestartet hat, sich zwar auf den hinführenden Text zu beziehen, allerdings mit seiner Argumentation einen größeren Rahmen zu setzen, der schon in der Prämisse *(die meisten Menschen)* seinen Ausdruck findet.

Ähnliches lässt sich auch zur Verbindung Q5, S1 und Q16 beobachten. In Gesamtheit ist das hier vorgestellte Beispiel (Tabelle 13, Kap. 7) ein Vergleich der Ähnlichkeit, welcher aber die Illustration und eine Folge-Grund-Relation nötig hat, um den Übergang von der Prämisse zur Konklusion (1 und 2) plausibel machen zu können. Das heißt, dieses Beispiel zeigt die Komplexität von Argumentationen, aber auch, dass Schülerinnen und Schüler der gymnasialen Oberstufe mit solchen Komplexitäten umgehen können. Mischformen, so könnte aus diesem Beispiel geschlossen werden, sind komplexe Argumentationsfiguren, die ihre vollständige Plausibilität nur durch die verschiedenen Musterverbindungen erhalten. Die weitere Analyse der Texte wird diese Überlegung aufnehmen und festigen.

7.2.4.2 Textbeispiel 2: t14ARu, TB3, Z19–29

Auch bei diesem Beispiel handelt es sich um eine Verbindung zwischen Q5 und S1 (siehe Tabelle 15, Kap. 7). Im Gegensatz zum Textbeispiel 1 ist hier das illustrative Beispielmuster ein solches, welches erst durch die Verbindung deskriptiver und normativer Elemente zu einer Illustration wird und die Vollständigkeit von Q5 garantieren kann.

Tabelle 15, Kap. 7: Mischform, Fundstelle: t14ARu, TB3, Z19–29

P= *In diesem Argument schwingt mit, dass die Aufteilung in positiv und negativ, die das irdische Leben in so großem Maß bestimmt, aufgehoben werden muss.*		
	Q5 (d;v)	*Um den Vergleich der Tribolektrischen Reihe, einem Phänomen der Elektrostatik, anzubringen: Die verschiedenen Ladungen führen zu Spannungen und zerstörerischen Entladungen …*
	S1 (n;v)	*Sind es nicht diese »Ladungsunterschiede« die bewirken, dass Jugendliche »Disse, Disse, Party, Party!« rufend in alkoholisiertem Zustand die Straße des Nachts herunterlaufen, sich täglich »abschießen«, wie sie es nennen, bis es darin endet, dass sie auf dem Boden kauernd erst mal eine Runde »abpapsten«, eine höchst unangebrachte, sich auf das päpstliche Ritual des Küssens des Erdbodens beziehende Umschreibung für den Akt des Sich-Übergebens?*
K= *… und ist es nicht das, was unserer Gesellschaft gehörigen Schaden zufügt?*		

Dem Schüler, der diesen Text verfasst hat, scheint der Vergleich mit der *Triboelektrischen Reihe,* um vom *Positiven und Negativen des irdischen Leben* in der Prämisse plausibel zum *Schaden für die Gesellschaft* in der Konklusion zu kommen, nicht ausreichend zu sein. Deshalb fügt er ein illustratives Beispiel hinzu, welches eine Beschreibung von Jugendlichen – als deskriptives Moment – und eine Wertung des Verhaltens dieser Jugendlichen – als normatives Moment – einbezieht, um den *Schaden für die Gesellschaft* fundiert begründen zu können.

Auch diese Fundstelle zeigt, dass der Vergleich ohne die Illustration nicht ausreichend wäre, um die Argumentation verständlich, einsichtig oder haltbar zu machen. Im Textbeispiel 2 ist zwar das Muster selbst anders gelagert als in Textbeispiel 1. Identisch sind beide Beispiele allerdings aus der Überlegung heraus, dass es sich um komplexe Argumentationsstrukturen handelt, die sich im Textbeispiel 1 aus einem weitgespannten Rahmen, im Textbeispiel 2 aus der konkreten Erfahrungswelt des Schülers speisen.

7.2.4.3 Zwischenergebnisse

In Bezug auf die Mischformen kann als ein weiteres Zwischenergebnis festgehalten werden, dass sich diese, im bisherigen Verlauf der Untersuchung, als komplexe Argumentationen erweisen. Schülerinnen und Schüler machen bzw. können davon Gebrauch machen. Die Überlegung, dass erst die Verbindung verschiedener Muster die Vollständigkeit der vorgetragenen Argumentation ermöglicht, hat sich bestätigt. Würden die einzelnen Muster extrahiert betrachtet, so käme im Ergebnis immer die Unvollständigkeit heraus. Im Bereich der fachübergreifenden Argumentation ergibt sich die Vollständigkeit von Mustern also nicht nur daraus, dass Wissenselemente aus den Fächern *Biologie* und *Religion* zusammengebunden werden, sondern auch daraus, dass aus einem allgemeinen »Bildungshintergrund« heraus argumentiert wird, um die gestellte Problematik *Schöpfung und Evolution* argumentativ bearbeiten zu können.

7.2.5 Zusammenfassung

Die Aussage, dass Mischformen komplexe Argumentationen im fachübergreifenden Bereich sind, impliziert nicht, dass fachspezifisch gebrauchte Argumentationsmuster nicht komplexer Natur sind – eine solche Aussage könnte erst getroffen werden, wenn alle fachspezifischen Muster analysiert sind. Es ist freilich unwahrscheinlich, dass ein solches Ergebnis zutage gefördert werden kann. Hingegen ist zu vermuten, dass die von Schülerinnen und Schülern gebrauchten fachspezifischen und fachübergreifenden Muster ihre Vollständigkeit gerade dadurch erlangen, dass im jeweiligen fachlichen oder eben allgemeinen Kontext komplexe Problemstrukturen von den Schülerinnen und Schülern erkannt und bearbeitet werden können.

Hierin ist vielleicht auch die Unterscheidung zwischen vollständigen und unvollständigen Mustern zu sehen: Unvollständige Muster zeigen an, dass die Schülerinnen und Schüler die jeweilige Problemstellung erkennen, vollständige Muster zeigen an, dass die Schülerinnen und Schüler diese nicht nur erkennen, sondern auch »lösen« können, indem sie überzeugen oder Fragliches überführen wollen in einen überzeugenden Wissensstand. Diese Überlegung führt zum nächsten Auswertungsschritt. Bei allen in den Schülertexten identifizierten Argumentationsmustern sind die entsprechenden Ankerbeispiele zu fixieren, um auskunftsfähiger über den gesamten Textcorpus werden zu können und damit eine Absicherung der verwendeten Kategorien zu ermöglichen.

7.3 Ankerbeispiele

Dieser Abschnitt konzentriert sich auf die in den Texten der Schülerinnen und Schüler gefundenen deskriptiv/normativ vollständigen fachspezifischen/fachübergreifenden Muster. Für diese werden die entsprechenden Ankerbeispiele vorgestellt, d. h., es wird mit den abstrakten Kodierregeln und Ankerbeispielen (die Definitionen der Argumentationsmuster nach Kienpointner, bei Mayring 4. Schritt des Ablaufmodells) die angekündigte methodische Abweichung (vgl. Kap. 3.2.4) durchgeführt.[231] Damit sind die einzelnen Subklassen/Kategorien konkret zu belegen, wodurch das gesamte Kategoriensystem einer Einschätzung unterzogen sowie über dessen Güte diskutiert werden kann.

Mit den folgenden Ausführungen wird ein doppeltes Ziel verfolgt:

1. die Kategorien (Argumentationsmuster) als Kategorien auszuweisen.
2. die Güte des Kategoriensystems zu überprüfen.

Eine allgemeine Reflexion über die methodische Funktion von Ankerbeispielen im Rahmen der formalen Strukturierung steht am Anfang des ersten Unterabschnitts (7.3.1). Es folgt eine Beschreibung der Zusammenstellung aller Ankerbeispiele. Diese Beschreibung reflektiert zuerst den theoriegeleiteten Idealfall, um anschließend die sich de facto aus dem Material ergebende Zusammenstellung exemplarisch vorzuführen. Der gesamte Abschnitt fokussiert auf die vollständigen Muster, eine Begründung, weshalb die unvollständigen Muster weggelassen worden sind, wird deshalb dargelegt. Mit einer Schematisierung zur Präsentation der einzelnen Ankerbeispiele und einer kurzen Zusammenfassung findet dieser erste Unterabschnitt seinen Abschluss.

Im folgenden Punkt (7.3.2) werden die entsprechenden Ankerbeispiele für alle gefundenen Argumentationsmuster aus den drei Großklassen präsentiert. Damit werden die einzelnen Kategorien – nach Mayring ([11]2010: 49) der zentrale Punkt in der Qualitativen Inhaltsanalyse – abgesichert, denn es wird nachgewiesen, welche der Muster aus der Typologie nach Kienpointner von Schülerinnen und Schülern bei der Bearbeitung des jeweiligen Impulses verwendet werden. Für Muster, die nicht eindeutig zugeordnet werden konnten, sind Kodierregeln entwickelt worden, welche die vorgenommene Zuordnung einsichtig bzw. nachvollziehbar machen. Auch diese werden jeweils konkret vorgestellt und diskutiert.

Eine Zusammenfassung (7.3.2.4) der präsentierten Ankerbeispiele schließt den Abschnitt 7.3 ab.

---

231 Diese methodische Abweichung kann durchaus mit dem 7. Analyseschritt nach Mayring identifiziert werden, wenn unter Überarbeitung des Kategoriensystems die hier vorgenommene Konkretisierung verstanden wird.

7.3.1 Allgemeine Reflexion zu Ankerbeispielen

7.3.1.1 Zur methodischen Funktion von Ankerbeispielen

Eine kurze Wiederholung der theoriegeleiteten und methodisch durchgeführten Ablaufschritte (vgl. Kap. 2; Kap. 3; Kienpointner 1992: 231ff; Mayring [11]2010: 92) soll der Überleitung für methodische Überlegungen zu den Ankerbeispielen dienen.

Die grundsätzlichen, theoretisch begründeten Strukturierungsdimensionen sind die drei Großklassen von Argumentationsmustern nach Kienpointner: die schlussregelbenutzenden Muster (GK I), die schlussregeletablierenden Muster (GK II) und die Muster, die weder I noch II erfüllen (GK III; illustrierendes Beispiel, Analogie oder Autorität). Die Muster dieser drei Großklassen gelten im vorliegenden Forschungszusammenhang als grundlegende Kategorien, die an das erhobene Material herangetragen werden, um die Verwendung (pragmatisch) von Argumentationen bei Schülerinnen und Schülern der gymnasialen Oberstufe zum Inhalt *Schöpfung und Evolution* erfassen zu können.

In der weiteren Differenzierung (siehe den Kodierleitfaden Tab 1, Kap. 3) dieser Kategorien wird, theoretisch Kienpointner und methodisch Mayring folgend, die Ausprägung dieser Strukturierungsdimension festgehalten mit Einordnungs- (Q1–3), Vergleichs- (Q4–8), Gegensatz- (Q9–12) und Kausalmustern (Q13–18) für die Großklasse I, dem induktiven Beispielmuster (R1) für die Großklasse II und für die Großklasse III mit dem illustrativen Beispielmuster (S1), dem Analogie- (S2) und dem Autoritätsmuster (S3). Um begründen zu können, »welche Textbestandteile unter eine Kategorie fallen« (Mayring [11]2010: 92), können die Definitionen der einzelnen Argumentationsmuster in der von Kienpointner vorgeschlagenen Subklassifizierung für die Großklasse II und III übernommen werden. Für die Großklasse I erfolgt teilweise eine weitere Verfeinerung der Definitionen, indem beispielsweise die Gegensatzmuster unterschieden werden in einen kontradiktorischen (Q9), einen konträren (Q10), einen konversen (Q11) und einen inkompatiblen (Q12) Gegensatz.[232] Diese Verfeinerungen hatten zugleich den Effekt, dass weitestgehend auf eigens zu erstellende Kodierregeln verzichtet werden konnte.

Jedes einzelne Muster ist zusätzlich differenziert worden in eine deskriptive

---

232 Auch Kienpointner (1992: 306f) verweist auf diese zu unterscheidenden Gegensätze (ebenso wie bei den Vergleichs- und Kausalmustern, 284f und 328f) und benennt sie. Die hier vor der Erhebung festgehaltene Differenzierung diente ausschließlich einer besseren Materialbearbeitung und daraus folgend einer besseren Einschätzung der Texte, weil es beispielsweise ein Unterschied ist, ob zu der Aussage gelangt wird: Die Schülerinnen und Schüler verwenden in der Impulsvariante A und B Gegensatzmuster oder sie verwenden in der Impulsvariante A eher kontradiktorische und in der Impulsvariante B eher konträre Gegensatzmuster.

(d), eine normative (n), eine vollständige (v) und ein unvollständige (u) Variante. Während der einzelnen Materialdurchläufe sind fachspezifische von fachübergreifenden Mustervarianten ebenso unterschieden worden, wie auch die Verwendung des Musters in der jeweiligen Impulsvariante A und B sowie in der Bearbeitungssituation – Fach *Evangelische Religion* oder Fach *Biologie* – Beachtung fand.

Für diese theoriegeleiteten und methodisch notwendigen Ausdifferenzierungen, aber auch um das gesamte Material überblicken und einschätzen zu können, sind Ankerbeispiele nötig:

1. Die *erste methodische Funktion* von Ankerbeispielen: Sie sind methodisch betrachtet konkrete, aus dem gesamten Material extrahierte Textstellen, welche die Kategorien (Argumentationsmuster) veranschaulichen bzw. belegen können, was unter die jeweils definierte Kategorie fallen soll (vgl. Mayring ^{11}2010: 92).
2. Ankerbeispiele haben, als eine *zweite methodische Funktion*, die Aufgabe, durch konkrete Textaussagen die einzelnen Kategorien inhaltlich zu füllen, sodass beispielsweise berechtigt von einem theologischen oder biologischen Definitions-, Vergleichs- oder Kausalmuster in Bezug auf den Inhalt Schöpfung und Evolution gesprochen werden kann.
3. In Basel et al. (i. D.) wird festgehalten, dass insgesamt N=361 Muster in den Schülertexten zu identifizieren sind.[233] Auf jede einzelne Fundstelle einzugehen, würde nicht nur einer Wiederholung gleichkommen, sondern auch unübersichtlich. Deshalb ist berechtigt davon auszugehen, dass Ankerbeispiele, als eine *dritte methodische Funktion*, die jeweilige Kategorie konkret zusammenfassen.

Veranschaulichung, Nachweis der Gültigkeit der Kategorie am Beispiel und Zusammenfassung der theoretisch entwickelten und an das Material herangetragenen Kategorien können als methodische Funktion von Ankerbeispielen festgehalten werden. Das heißt, durch die Ankerbeispiele werden die einzelnen Kategorien als für den untersuchten Fall geltende Kategorien ausgewiesen.

7.3.1.2 Zusammenstellung der Ankerbeispiele

Werden die einzelnen Subklassen der drei Großklassen (GK I–III) zusammengerechnet, lassen sich aus der Typologie von Kienpointner insgesamt 22 ab-

233 Mein Kollege aus Kiel hat dazu relative Häufigkeiten errechnet, so beispielsweise die Verteilung der Muster pro Schüler: M=8,4; SD=3,8; min. 3; max. 20, oder die Variante »Theologe«: N_{gesamt}=201; »Biologe«: N_{gesamt}=160. Zur genaueren Häufigkeitsanalyse und ihrer Aussagereichweite vgl. Basel et al. (i. D.).

strakte Argumentationsmuster ableiten, die von Schülerinnen und Schülern verwendet werden können.

Weil zwei Impulse formuliert worden sind (A und B), ergeben sich für jeden Impuls, bezogen auf jedes Muster drei Möglichkeiten. Es handelt sich um:

1. ein fachspezifisch-theologisches Ankerbeispiel oder
2. ein fachspezifisch-biologisches Ankerbeispiel und/oder
3. ein fachübergreifendes Ankerbeispiel.

Durch die weitere Differenzierung in deskriptiv-vollständig/deskriptiv-unvollständig, normativ-vollständig/normativ-unvollständig können im Idealfall für eine Impulsvariante pro Muster vier Ankerbeispiele als fachspezifisch-theologische, vier als fachspezifisch-biologische und vier weitere als fachübergreifende in den Texten gefunden werden.

Die Impulsvarianten A und B zusammengerechnet ergibt sich aus diesem theoriegeleiteten Idealfall für jedes einzelne Muster die Möglichkeit von insgesamt 24 Ankerbeispielen, wie Tabelle 16, Kap. 7, am Beispiel des Vergleichsmusters der Ähnlichkeit (Q5) veranschaulichen kann.

Tabelle 16, Kap. 7: Schematische Darstellung der Möglichkeiten von Ankerbeispielen pro Argumentationsmuster

Impuls A	**Impuls B**
Theologisch: Q5 (d;v), (d;u), (n;v), (n;u)	Theologisch: Q5 (d;v), (d;u), (n;v), (n;u)
Biologisch: Q5 (d;v), (d;u), (n;v), (n;u)	Biologisch: Q5 (d;v), (d;u), (n;v), (n;u)
Fachübergreifend: Q5 (d;v), (d;u), (n;v), (n;u)	Fachübergreifend: Q5 (d;v), (d;u), (n;v), (n;u)

Hochgerechnet kann also im Idealfall (22 Muster x 24 mögliche Ankerbeispiele) von insgesamt 520 Ankerbeispiele ausgegangen werden.

In den Texten der Schülerinnen und Schüler konnten allerdings die Muster Vergleichsmuster A maiore (Q7), Vergleichsmuster A minore (Q8), Mittel-Zweck-Muster (Q17) und Zweck-Mittel-Muster (Q18) nicht, das konverse und das inkompatible Gegensatzmuster (Q11 und Q 12) nur einmal als unvollständiges Muster gefunden werden. Dass die Muster *A maiore* und *A minore* von Schülerinnen und Schülern nicht verwendet wurden, könnte damit begründet werden, dass diese Muster zu speziell sind, um im Schülerhorizont aufzutauchen. Die Muster der *Mittel-Zweck*-Relation bzw. der *Zweck-Mittel*-Relation (Q17 und Q18) scheinen bei den Schülerinnen und Schülern thematisch keine Rolle gespielt zu haben, obwohl gerade die Zweck-Relation im Zusammenhang mit *Schöpfung* in die Texte hätte Eingang finden können.

Eine mögliche Begründung für das Fehlen dieser Muster könnte darin gesehen werden, dass Zweck-Mittel-Relationen von Schülerinnen und Schülern eher in ethischen Zusammenhängen[234] Verwendung finden. Eine andere Erklärung könnte sich aus dem gesetzten Impuls ergeben, der darauf abzielt, Überzeugungen argumentativ zu vertreten, die nicht an eine Zweck-Mittel-Relation gebunden sind, sondern eher Vergleiche, Definitionen oder Beispiele provozieren. Als letzte Überlegung ist dazu vorzutragen, dass sich die Suche nach Belegstellen für die einzelnen Muster von der Kienpointners dadurch unterscheidet, als dass Kienpointner von der Typologie ausgehend einen Belegcorpus zusammenstellt, d. h., seine Forschung ist in Bezug auf die Belegung der Typologie induktiv, während die vorliegende Forschung von den Schülertexten ausgeht, um die Typologie deduktiv zu nutzen. Somit kann nicht davon ausgegangen werden, dass alle Subklassen gefunden werden können.

Auch wenn die erste Großklasse nach Kienpointner nicht vollständig belegt werden kann, ist damit noch nicht auszusagen, dass Schülerinnen und Schüler die in den Texten nicht vorkommenden Muster nicht auch verwenden könnten. Hier liegt eine deutliche Begrenzung des gestellten Impulses vor, die weder wegdiskutiert, aber auch nicht überbewertet werden darf. Es ist also durchaus vorstellbar, dass mit einem anders gesetzten Impuls bei Schülerinnen und Schülern verstärkt z. B. Zweck-Mittel-Relationen festgestellt werden.

Werden die fehlenden Muster abgezogen und die einmalige unvollständige Variante von Q11 und Q12 ignoriert, so wäre immer noch ein Maximum von 16 Mustern x 24 Ankerbeispiele = 384 Ankerbeispiele möglich. De facto werden im gesamten Material (48 Texte von Schülerinnen und Schülern in den Varianten A und B, N = 361 Muster gesamt) 155 Argumentationsmuster gefunden, die als Ankerbeispiele die beschriebenen Funktionen – Veranschaulichung, Nachweis der Gültigkeit der Kategorie am Beispiel und Zusammenfassung – erfüllen. Von diesen 155 Ankerbeispielen sind 97 deskriptiv oder normativ vollständig und 58 deskriptiv oder normativ unvollständig. Das heißt, fast zwei Drittel aller Ankerbeispiele sind vollständige Muster.

Wird diese Verteilung zwischen vollständiger und unvollständiger Musterverwendung bedacht, so kann als ein positives Ergebnis festgehalten werden, dass Schülerinnen und Schüler der gymnasialen Oberstufe formal betrachtet durchaus in der Lage sind, eine Argumentation mit den Elementen Prämisse,

234 Gerade der Schöpfungsgedanke wird – theologisch allerdings nicht haltbar – verwendet, um ethisch konnotierte Zweck-Mittel-Relationen zu transportieren (vgl. den Überblick bei Graf 1990). Es ist deshalb verwunderlich, dass die Schülerinnen und Schüler diese Muster nicht verwendeten. Auf die (theologische) Verkürzung von Schöpfung als ethisches Problem wird unter dem Stichwort »Bewahrung der Schöpfung« in Kap. 1 verwiesen und in Kap. 8 explizit eingegangen.

Argument und Konklusion aufzubauen bzw. in dieser Form argumentieren zu können.[235]

Um die Zusammenstellung der Ankerbeispiele intersubjektiv nachvollziehbar zu halten, dient jeweils eine Tabelle, in die alle Mustervarianten eingetragen sind. Im übergeordneten Rahmen wurde die Großklasse, das Akronym des konkreten Musters (als Beispiel hier: Vergleichsmuster der Ähnlichkeit = Q5), die Impulsvariante (A oder B) sowie als spezifisches Merkmal *fachspezifisch-theologisch (fachspezifisch-biologisch)* oder *fachübergreifend* gesetzt. Darunter erscheinen links die formalen Mustervarianten wie beispielsweise *deskriptiv-vollständig* in den bisher gebrauchten Abkürzungen. Daneben wird die vollständige Fundstelle angegeben und unter »Auch« die entsprechenden anderen Fundstellen, die dem konkreten Muster zugeordnet werden können, die aber nicht als Ankerbeispiel dienen. In der rechten Spalte ist der Schülertext angeführt, der sich bei einem vollständigen Muster aus Prämisse (P), Argument (A) und Konklusion (K)[236] zusammensetzt.

Das Fach, in dem der jeweilige Impuls bearbeitet worden ist, wird nicht eigens aufgeführt, da diese Angabe dem internen Code (vgl. Kap. 6.3.2) entnommen werden kann. Die Zusammenstellung der Ankerbeispiele erfolgt immer in der Reihenfolge: Variante A *fachspezifisch-theologisch*, *fachspezifisch-biologisch*, Variante B *fachspezifisch-theologisch*, *fachspezifisch-biologisch*, Variante A *fachübergreifend*, Variante B *fachübergreifend*. Alle Mustervarianten, die nicht in den Texten der Schülerinnen und Schüler zu identifizieren waren, sind mit »Kein« in der Spalte Fundstelle und der Spalte Ankerbeispiel gekennzeichnet.

Als Beispiel einer vollständigen Tabelle der fachspezifisch-theologischen Ankerbeispiele für das Vergleichsmuster der Ähnlichkeit (Q5) dient für die Impulsvariante A die Tabelle 17, Kap. 7, während Tabelle 18, Kap. 7, dies für die Impulsvariante B verdeutlicht.

235 Damit ist noch keine Aussage über das Niveau des Argumentierens getroffen, sondern nur festgestellt, dass Schülerinnen und Schüler argumentieren. Das »können« ist hier also nicht im Sinne einer Kompetenz zu verstehen, welche beschrieben werden könnte.

236 Die Abkürzungen P und K sind schon eingeführt (vgl. Kap. 7.1.2). A steht hier für Argument/Aussage, welches/welche von P zu K führt, denn das Muster ist ja erst dann ein (vollständiges) Muster, wenn von P zu K geführt werden kann.

Tabelle 17, Kap. 7: Beispiel für die Erfassung aller Ankerbeispiele zum Vergleichsmuster der Ähnlichkeit (Q5), Impulsvariante A

GK I; Q5, Variante A, fachspezifisch-theologisch		
Mustervarianten	Fundstelle (Schülercode)	Ankerbeispiel
d/v	T03ABio, TB2, Z06–10 Auch: tn01ABio, TB5, Z47–51	P= *Diese Parabel lässt sich wunderbar auf die Schöpfungsgeschichte beziehen.* A= *In dieser Parabel erkenne ich, dass der Ichthyologe die Wissenschaft, [d]och genauso die Naturwissenschaft, welche versucht, die Schöpfungsgeschichte zu widerlegen, darstellt.* K= *Des Weiteren muss also der Metaphysiker die Theologie darstellen.*
d/u	tn01ABio, TB4, Z44–46	P (aus Zeile 41–43)[237] = *Auch wenn diese Schöpfungsgeschichte nicht mehr genau ins Heutige übertragbar ist, schließt das nicht die Möglichkeit einer Gottexistenz aus.* A= *Zudem stimmt diese Schöpfungsgeschichte mit der Evolutionstheorie darin überein, dass zuerst die Struktur der Welt, darauf die Pflanzen und schließlich die Tiere und Menschen in dieser chronologischen Reihenfolge erschaffen wurden.* K= Nicht vorhanden
n/v	Tn29ABio, TB2, Z15–21 Auch: Tn27ARu, TB5, Z27–32 Tn27ARu, TB7, Z38–44 Tn27ARu, TB7, Z45–48; tn07ABio, TB4, Z18–23	P2= *Natürlich nur, bis Eva von der Schlange verführt wurde und so schlussendlich den Rauswurf von Eden provozierte.* A= *Aber auch danach lebten sie weiter und glaubten an Gott und beteten ihn an.*

237 Wird die Prämisse oder die Konklusion nicht im entsprechenden Textbaustein gefunden bzw. bezieht sich das Muster auf eine Prämisse oder Konklusion, die in einem anderen Textbaustein steht, dann sind diese Textpassagen mit der jeweiligen Zeile angegeben, wie das Beispiel P (aus Zeile 41–43) zeigt.

((Fortsetzung))

GK I; Q5, Variante A, fachspezifisch-theologisch		
Mustervarianten	Fundstelle (Schülercode)	Ankerbeispiel
		K2= *Gott verzieh ihnen also und war weiterhin für sie da.*
n/u	Kein	Kein

Tabelle 18, Kap. 7: Beispiel für die Erfassung alle Ankerbeispiele zum Vergleichsmuster der Ähnlichkeit (Q5), Impulsvariante B

GK I; Q5, Variante B, fachspezifisch-theologisch		
Mustervarianten	Fundstelle (Schülercode)	Ankerbeispiel
d/v	Kein	Kein
d/u	Kein	Kein
n/v	Tn27BRu, TB3, Z42–46	P= *Nicht alle Theorien widersprechen zwangsläufig dem Modell der biblischen Schöpfung,* A= *und von einer Kirche, die Akzeptanz und Nächstenliebe von ihrer Kanzel predigt* K= *sollte wenigstens erwartet werden, dass sie der neuen Welt aufgeschlossen gegenüber[ist].*
n/u	Kein	Kein

Beide Tabellen können veranschaulichen, weshalb insgesamt »nur« 155 Ankerbeispiele notiert werden können. Wie bei allen anderen Mustern der drei Großklassen zeigt das Muster Q5 in verschiedenen Variationen Leerstellen. In der Impulsvariante A für n/u (Tabelle 17, Kap. 7), in der Impulsvariante B für d/v, d/u, n/u (Tabelle 18, Kap. 7).

An dieser Stelle kann die Beschreibung der Zusammenstellung der Ankerbeispiele abgebrochen werden, weil das Prinzip mit den vorgetragenen Erläuterungen einsichtig gemacht worden sein dürfte.

7.3.1.3 Vollständige Muster und unvollständige Muster

Für die Entscheidung, bei der Präsentation der Ankerbeispiele nur die vollständigen Muster zu berücksichtigen, können drei Gründe vorgetragen werden.

1) Vollständige Muster unterscheiden sich von unvollständigen dadurch, dass die drei grundlegenden Elemente einer Argumentation – Prämisse, Argument, Konklusion – so aufeinander bezogen sind, dass ein Übergang von der Prämisse zur Konklusion berechtigt abgelesen werden kann. Der erste Grund ist somit ein theoretischer, da erst dann von einem Argumentationsmuster zu sprechen ist, wenn die konkrete Aussage die argumentationstheoretisch begründeten Voraussetzungen erfüllt.
2) Die Forschungsfragen 1 und 2 fragen nach der fachspezifischen und nach der fachübergreifenden Verwendung von Argumentationsmustern. Wird nach der Verwendung gefragt, dann ist vorausgesetzt, dass das Verwendete auch dasjenige ist, wonach gefragt wird, also ein Argumentationsmuster mit Prämisse, Argument und Konklusion. Damit ist als zweiter Grund der Forschungsfokus zu benennen.
3) Die formale Strukturierung als angewandte Forschungsmethode setzt ein theoretisch begründetes, deduktiv entwickeltes Kategoriensystem voraus. Ein solches ist aber nur durch vollständige Muster gewährleistet. Deshalb bedarf es – durch die begründete Entscheidung für diese Auswertungsmethodik – auch nur der vollständigen Ankerbeispiele, insofern diese die Kategorien exemplarisch belegen, was Vollständigkeit voraussetzt. Der dritte Grund hängt demzufolge mit der hier verwendeten Methode zusammen.

Ein unvollständiges Muster, bei dem beispielsweise eine Prämisse aufgestellt, ein Argument vorgetragen, aber keine Konklusion gezogen wird, ist zwar auch der Kommunikationsform *Argumentieren* zuzuordnen, bringt in der gewählten Analyse- und Auswertungsform allerdings keine zielführenden Ergebnisse hervor.

An einem Beispiel soll dies verdeutlicht werden. Im Text tn06ABio kommt es im Textbaustein 5, Zeile 31–32 zu folgender Aussage:

P= *Warum soll Gott nicht an der Evolution teilgehabt haben?*
A= *Die Biologen wissen es nicht, die Theologen sehen keinen Grund.*
K= fehlt

Einmal abgesehen davon, dass die Schülerin hier sprachlich verkürzt geschrieben hat – worin sehen die Theologen keinen Grund? – könnte vermutet werden, sie möchte mit diesem Vergleichsmuster der Verschiedenheit (Q6) darauf hinaus, dass aufgrund des Nicht-Wissens der Biologen und aufgrund des Nichtablehnens dieser Möglichkeit durch die Theologen geschlussfolgert werden soll: Gott ist an der Evolution beteiligt gewesen oder noch beteiligt.

Auch wenn diese Konklusion sich aus den beiden anderen argumentativen Elementen ergeben könnte, gibt es keine Sicherheit darüber, ob die Schülerin dies auch so meinte, da andere Schlussfolgerungen ebenfalls möglich wären, beispielsweise die der Negation: Deshalb (weil die Biologen es nicht wissen und die Theologen keinen Grund sehen) ist Gott an der Evolution nicht beteiligt.

Daraus folgt, dass es methodisch kein Abgrenzungs- und auch kein Zuordnungskriterium gibt, welches nicht durch das Anführen anderer Beispiele widerlegt werden könnte.

Aus den vorgetragenen und mit einem Beispiel belegten Gründen wird auf eine Präsentation der unvollständigen Muster verzichtet bzw. richtet sich der Fokus auf die vollständigen Muster. Nun könnte die Frage gestellt werden, weshalb die unvollständigen Muster überhaupt gesammelt und in die Gesamtzusammenstellung der Ankerbeispiele aufgenommen worden sind. Die Antwort darauf lautet, dass unvollständige Argumentationen nicht keine Argumentationen sind und dass sie, sobald methodisch anders verfahren wird, durchaus zu einem Erkenntnisgewinn beitragen können.

Wird beispielsweise, wie an Fallstudien in Kapitel 8 demonstriert, hermeneutisch interpretierend an die Schülertexte herangetreten, so erhalten die unvollständigen Muster die gewichtige Rolle zur Fragestellung, ob die Schülerin/der Schüler argumentieren kann und auf welchem Niveau[238] dies geschieht. Werden die von den Schülerinnen und Schülern verfassten Texte unter unterrichtlichen Fragestellungen gelesen, dann könnten gerade die unvollständigen Muster Hinweise auf didaktische Aufgaben geben, weil sie zeigen, was die Schülerinnen und Schüler noch nicht können. Es ist somit nur dem hier vertretenen Fokus der Forschung geschuldet, dass die unvollständigen Muster – zumindest bei der Präsentation der Ankerbeispiele – nicht berücksichtigt werden.

7.3.1.4 Schematisierung des Verfahrens zur Präsentation von Ankerbeispielen

Die für die Präsentation der Ankerbeispiele entwickelten Arbeitsschritte werden im Folgenden kurz diskutiert und schematisch veranschaulicht.

Wie schon mehrmals erwähnt (vgl. Kap. 2), definiert Kienpointner jede Subklasse zusammenfassend, bevor er sie mit Textbeispielen aus Zeitungen und Zeitschriften, politisch oder ethisch konnotierten Diskussionsrunden oder aus der Werbung belegt. Diese Vorgehensweise hat den entscheidenden Vorteil, dass sich die Definition der jeweiligen Kategorie und die sich daran unmittelbar anschließenden Beispiele wechselseitig ergänzen – abstrakte Definition, konkretes Beispiel. Dieser Form kann bei den Einordnungsmustern der Großklasse I

238 Noch einmal muss betont werden: Der Begriff *Niveau* ist besetzt durch die quantitative Forschung (Niveaustufe). Im hier vorgetragenen Zusammenhang könnte es sich also nur um hypothesengeleitete, explorativ entwickelte Niveaustufen handeln, die einen noch näher zu beschreibenden Gelingensprozess des Argumentierens differenzieren helfen.

(Q1-Q3), dem Induktiven Beispielmuster der Großklasse II (R1) und bei allen Mustern der Großklasse III (S1-S3) gefolgt werden.

Für die anderen Muster der Großklasse I (Vergleichs-, Gegensatz- und Kausalmuster; Q4-Q6, Q9-Q10, Q13-Q16) werden die von Kienpointner vorgeschlagenen Definitionen jeweils vereinfacht. Diese Vereinfachung ist der Tatsache geschuldet, dass es in der Auswertung zu verzerrten Ergebnissen kommen würde, wenn beispielsweise festzustellen ist, dass »Theologen« und »Evolutionstheoretiker« Vergleichsmuster verwenden, ohne unterscheiden zu können, ob es sich um einen Vergleich der Gleichheit (Q4), der Ähnlichkeit (Q5) oder des Unterschiedes (Q6) handelt.

Um nicht jedes Mal die gleichen Abgrenzungsprobleme aufzugreifen – sie werden bei Kienpointner in Gesamtheit diskutiert – sieht der erste Arbeitsschritt wie folgt aus: In den Fällen, in denen die Definitionen von Kienpointner übernommen werden kann, wird pro Einzelmuster hinsichtlich der vermerkten Abgrenzungsprobleme referiert. Dies betrifft die Muster Q1-Q3, R1 und S1-S3. In den Fällen, in denen Veränderungen/Vereinfachungen vor dem Hintergrund der Kienpointner'schen Definition vorgenommen werden, wird in diesem ersten Arbeitsschritt über Abgrenzungsprobleme der gesamten Kategorie/Subklasse referiert. Dies betrifft die Muster Q4-Q6, Q9-Q10 und Q13-Q16. Der im Schema dargestellte erste Arbeitsschritt ist formal gleich, aber (wie gerade angezeigt) inhaltlich unterschieden. Der zweite Arbeitsschritt ist nur für die Kategorien durchzuführen, die in Gesamtheit referiert werden. Bei den anderen Mustern ist dieser Schritt zu überspringen. Tabelle 19, Kap. 7, zeigt die Schematisierung der einzelnen Arbeitsschritte.

Tabelle 19, Kap. 7: Schematisierung der einzelnen Arbeitsschritte für die Präsentation der Ankerbeispiele

1	Kienpointners Musterdefinition und Abgrenzungsprobleme referieren
2	Definition gegebenenfalls pro Muster differenzieren
3	Tabellarische Präsentation der Ankerbeispiele
4	Benennen von Kodierregeln und dazugehöriger Ankerbeispiele
5	Einschätzung gesamt pro Muster
6	Einschätzung gesamt pro Kategorie/Subklassen

In einem nächsten Arbeitsgang sind die entsprechenden Ankerbeispiele für jedes gefundene Muster zu präsentieren. Dabei wird stereotyp in der Reihenfolge: Impulsvariante A, fachspezifisch deskriptiv-theologisch (fs, d/v, Theol.), fachspezifisch deskriptiv-biologisch (fs, d/v, Bio.); fachspezifisch normativ-theologisch (fs, n/v, Theol.), fachspezifisch normativ-biologisch (fs, n/v, Bio.);

fachübergreifend deskriptiv (fü/d) und fachübergreifend normativ (fü/n)[239] vorgegangen. Diese Reihenfolge wird für die Impulsvariante B wiederholt. Die Ankerbeispiele für die vollständigen Muster werden in einer tabellarischen Form präsentiert (siehe Tabelle 20, Kap. 7), die sich von der Zusammenstellung aller (vollständiger und unvollständiger) Argumentationsmuster (vgl. 7.3.1.2) unterscheidet.

Tabelle 20, Kap. 7: Tabelle zur Erfassung der Ankerbeispiele für vollständige Argumentationsmuster am Beispiel Impuls A, Definitionsmuster (Q1)

GK I; Q1, Variante A		
Mustervarianten	Fundstelle (Schülercode)	Ankerbeispiel
fs, d/v, Theol.		
fs, d/v, Bio.		
fs, n/v, Theol.		
fs, n/v, Bio.		
fü, d/v		
fü, n/v		

Nach dieser Präsentation erfolgt eine kurze Einschätzung des Musters. Für die Fälle, die nicht eindeutig zuzuordnen waren, wurden Kodierregeln aufgestellt. Diese Fälle werden in einer eigenen Tabelle als Ankerbeispiele präsentiert. In diese Tabelle werden nur die Ankerbeispiele aufgenommen, die einer Kodierregel bedürfen. Auch hier wird anschließend eine kurze Einschätzung vorgetragen.

Zum Abschluss jeder Kategorie/Subklasse wird eine Gesamteinschätzung vorgelegt und diskutiert. Diese Einschätzung dient dann später als Grundlage, um in Bezug auf die untersuchten Schülerinnen und Schüler eine empirisch ausgewiesene Typologie zur Verwendung von Argumentationsmustern aufstellen zu können und damit Antworten auf die Forschungsfrage 1 (fachspezifische Verwendung) und die Forschungsfrage 2 (fachübergreifende Verwendung) zu geben.

7.3.1.5 Zusammenfassung

Die Typologie, so wurde im theoretischen Teil herausgearbeitet (vgl. Kap. 2.2), setzt sich aus der Großklasse I, den schlussregelbenutzenden Mustern, der Großklasse II, den schlussregeletablierenden Mustern, und aus der Großklasse III, den Mustern„ die weder I noch II folgen (illustrierendes Beispiel, Analogie,

239 Bei den fachübergreifenden Mustern wird die bisherige farbliche Unterlegung beibehalten: lila = theologischer/religiöser Kontext, grün = biologischer Kontext, grau = allgemeiner Kontext.

Autorität), zusammen. Die Großklasse I besteht aus vier Kategorien (Einordnung, Vergleich, Gegensatz, Kausal). Es ergeben sich durch die Differenzierung dieser vier Kategorien insgesamt 18 Argumentationsmuster (Q1-Q18). Die Großklasse II besteht nur aus einem Muster (R1) und in der Großklasse III werden drei Argumentationsmuster (S1-S3) unterschieden. Insgesamt sind somit 22 Muster zu verzeichnen, die als deduktive Kategorien an die von Schülerinnen und Schülern produzierten Texte zum Inhalt *Schöpfung und Evolution* herangetragen werden.

Nach den entsprechenden Materialdurchläufen war festzustellen, dass alle Kategorien der Großklasse II und III in den Texten identifiziert werden können, hingegen ist für die Großklasse I ersichtlich, dass von insgesamt 18 Mustern nur 12 Muster in den Texten der Schülerinnen und Schüler zu finden sind. Es ist deshalb eine Begründung vorgetragen, weshalb die Muster Q7 und Q8 (aus der Kategorie *Vergleichsmuster*) und die Muster Q17 und Q18 (aus der Kategorie *Kausalmuster*) nicht zu identifizieren sind. Die Muster Q11 und Q12 (aus der Kategorie *Gegensatzmuster*) können zwar identifiziert werden, allerdings nur in der Variante unvollständige Muster. Deshalb finden auch diese beiden Muster keine Berücksichtigung.

Für alle anderen Muster können Ankerbeispiele präsentiert werden, die theoretisch und methodisch durch eine Trias bestimmt sind:

1. Veranschaulichung,
2. Nachweis der Gültigkeit der Kategorie am Beispiel,
3. Zusammenfassung der theoretisch entwickelten und an das Material herangetragenen Kategorien.

In einem weiteren Schritt konnte eine Begründung vorgetragen werden, weshalb in der vorliegenden Arbeit nur die vollständigen Muster mit Ankerbeispielen vorgestellt werden:

1. Nur die vollständigen Muster erfüllen die argumentationstheoretischen Voraussetzungen.
2. Die Forschungsfragen 1 und 2 verlangen vollständige Muster, weil sie nach deren Verwendung (Gebrauch) fragen.
3. Die hier verwendete Auswertungsmethode gründet auf einem theoretischen (deduktiven) Kategoriensystem, welches vollständige Argumentationen zur Voraussetzung hat.

7.3.2 Ankerbeispiele für die Muster der Großklassen I bis III

Es werden in diesem Abschnitt die konkreten Ankerbeispiele für alle in den untersuchten Schülertexten identifizierbaren Muster aus der Großklasse I, II und III vorgestellt. Allgemein und rein formal betrachtet lassen sich in den Impulsvarianten A und B die folgenden Differenzierungsmöglichkeiten ausmachen (siehe Tabelle 21, Kap. 7):

Tabelle 21, Kap. 7: Formale Differenzierung der 97 vollständigen Ankerbeispiele nach Impulsvarianten, fachspezifisch (fs) und fachübergreifend (fü)

Variante A	Variante B
fs: 13 x deskriptiv (theologisch) 9 x deskriptiv (biologisch)	fs: 10 x deskriptiv (theologisch) 8 x deskriptiv (biologisch)
fs: 11 x normativ (theologisch) 0 x normativ (biologisch)	fs: 6 x normativ (theologisch) 6 x normativ (biologisch)
fü: 12 x deskriptiv 6 x normativ	fü: 9 x deskriptiv 7 x normativ

In der Impulsvariante A, dies ist der tabellarischen Übersicht zu entnehmen, überwiegen die deskriptiven Muster. Dabei scheint es keine Rolle zu spielen, ob diese für einen fachspezifisch theologischen oder für einen fachspezifisch biologischen Zusammenhang eingesetzt werden. Für die Impulsvariante B hingegen ist ein ausgewogeneres Verhältnis zwischen deskriptiv und normativ in Bezug auf fachspezifisch theologische und biologische Zusammenhänge festzuhalten. Diese zwei Beobachtungen greifen auch für den fachübergreifenden Bereich beider Impulsvarianten.

Dies bedeutet, dass die Schülerinnen und Schüler, welche in die Rolle eines Theologen schlüpfen sollten, eher beschreibend, als eine Norm setzend auf den gestellten Inhalt (Berechtigung von Schöpfung angesichts evolutionstheoretischer Annahmen) reagieren, während diejenigen, die aus der Rolle eines Evolutionstheoretikers heraus argumentieren sollten, zumindest normative Optionen eher im Blick haben, was besonders bei der fachspezifisch normativ-biologischen Musterverwendung auffällt.

7.3.2.1 Ankerbeispiele der Großklasse I

Die Muster der Großklasse I sind dadurch gekennzeichnet, dass es bei ihnen zu einer schlussregelbenutzenden Argumentation kommt, d. h., es werden bei diesen Mustern die »in der typologischen Tradition immer wieder erörterten Inhaltsrelationen voraus[gesetzt]: Genus-Spezies, Ganzes-Teil, Ursache-Wirkung, Mittel-Zweck, Gegensatzrelationen, Vergleichsrelationen« (Kienpointner 1992: 243).

Die Materialdurchläufe 1–3 ergaben, wie schon erwähnt, dass verschiedene Muster aus den einzelnen Kategorien bzw. Subklassen in den Schülertexten nicht identifiziert werden konnten. Es bleiben somit aus der Großklasse I von ursprünglich 18 Kategorien/Subklassen 12 übrig, die in den Texten der Schülerinnen und Schüler nachgewiesen werden können.

7.3.2.1.1 Einordnungsmuster (Q1-Q3)

Bei den Einordnungsmustern können die von Kienpointner vorgeschlagenen Definitionen jeweils übernommen werden. Deshalb sind diese einzelnen Muster ohne Weiteres vorzustellen, da die entsprechenden Abgrenzungsprobleme immer konkret diskutiert werden. Übersprungen werden kann bei diesen Mustern somit der schematisch dargestellte Arbeitsschritt zwei (vgl. Tabelle 19, Kap. 7).

7.3.2.1.1.1 Definitionsmuster (Q1)

Das Definitionsmuster ist bei Kienpointner (vgl. 1992: 250f)[240] wie folgt festgehalten:

Deskriptiv:
- Was über die Definition ausgesagt wird, wird auch über das Definierte ausgesagt und umgekehrt. X wird über die Definition ausgesagt. Also: X wird auch über das Definierte ausgesagt.
- Wovon das Definierte ausgesagt wird, wird auch die Definition ausgesagt und umgekehrt. Von X wird das Definierte ausgesagt. Also: Von X wird die Definition ausgesagt.

Normativ:
- Wenn X durch Definition Y definiert ist, ist die Wertung Z bezüglich X gerechtfertigt. X ist durch Z definiert. Also: Wertung Z ist bezüglich X gerechtfertigt.
- Wenn X durch die Definition Y definiert ist, ist die Handlung Z angebracht. X ist durch Y definiert. Also: Handlung Z ist angebracht.

Nach Kienpointner (ebd.: 253) ist das Definitionsmuster in mündlichen oder schriftlichen alltäglichen Argumentationen selten, weil im Alltag eher nicht, wie etwa im wissenschaftlichen Bereich, genau festgelegt werden muss, was unter einem Gegenstand oder einer Sache verstanden werden soll.[241] Auch wird in »den

240 Der Wortlaut der einzelnen Definitionen zu den Argumentationsmustern wird aus Kienpointner entsprechend übernommen, seiner Textaufteilung (zwischen Argument und Konklusion befindet sich eine durchgängige schwarze Linie) wird nicht gefolgt. Deshalb als Quellenangabe immer: vgl. Kienpointner 1992 mit Angabe der Seitenzahl.

241 Kienpointner verweist unter Berufung auf Lewandowski (1975) auf die Ausnahme der persuasiven Definition, die (vor allem in der Werbung) dazu verwendet wird, um bestimmte Eigenschaften als zu einem Gegenstand (Produkt) zugehörig zu definieren, wobei

Einzelwissenschaften, der Wissenschaftstheorie und in der Logik [...] ›Definition‹ in vielfältig verschiedener Weise definiert und subkategorisiert« (ebd.: 251), wobei hier Autoren diskutiert werden, die sich letztlich auf die aus dem Mittelalter stammende und auf Aristoteles zurückgehende Unterscheidung zwischen Nominal- und Realdefinition berufen (beispielsweise Braun/Rademacher 1978; vgl. Kienpointner 1992: 252).[242]

Der Kienpointner'sche Vorschlag für das Definitionsmuster wurde übernommen. Für die Verwendung des Definitionsmusters bei Schülerinnen und Schülern der gymnasialen Oberstufe ist das Kriterium entscheidend, ob sie in der Lage sind, aus dem fachlichen Gegenstand heraus eine Übereinstimmung zwischen einem Begriff und dessen Verwendung herstellen zu können. Dabei kommt es nicht darauf an, ob diese Definitionen in Lexika wiedergefunden werden können, sondern viel eher darauf, ob sie inhaltlich so konsistent sind, um das Behauptete fachspezifisch oder fachübergreifend belegen zu können. Das Definitionsmuster kann mit den folgenden Ankerbeispielen belegt werden (siehe Tabelle 22, Kap. 7, für Impuls A und Tabelle 23, Kap. 7, für Impuls B).

Tabelle 22, Kap. 7: Ankerbeispiele Impuls A, Definitionsmuster Q1

GK I; Q1, Variante A		
Mustervarianten	Fundstelle (Schülercode)	Ankerbeispiel
fs, d/v, Theol.	tn04ABio, TB3, Z12–17 Auch: Tn29ABio, TB2, Z06–11	P= *Die Gruppe von Menschen, zu der ich persönlich mich ebenfalls zähle - die Gläubigen –, entschieden sich mit der Taufe und Konfirmation weder gegen die Evolutionstheorie noch für sie.* K= *Denn es geht nicht darum, dass wir wissenschaftliche Erkenntnisse verneinen, sondern darum, dass wir an ein höheres Etwas - Gott - glauben.* A= *Ich persönlich sehe Religion als Möglichkeit, mich mit anderen Menschen über Ängste und Gedanken auszutauschen.*

diese dem Gegenstand (Produkt) naturgemäß gar nicht angehören wie beispielsweise »ein Auto fürs Leben« (vgl. Kienpointner 1992: 254).

242 Diese Diskussion hier aufzunehmen, ist deshalb unmöglich, weil sie den Rahmen der Arbeit sprengen würde. Zur Problematik vgl. Gabriel 1972.

((Fortsetzung))

GK I; Q1, Variante A		
Mustervarianten	Fundstelle (Schülercode)	Ankerbeispiel
fs, d/v, Bio.	Kein	Kein
fs, n/v, Theol.	T28ABio, TB3, Z24–29 Auch: tn06ABio, TB2, Z12–13	P= *[…] dass ich mit meiner Auffassung und meinem Glauben nicht allein bin.* A= *Es gibt auf der Welt zahlreiche Religionen, die sich alle durch eine Eigenschaft auszeichnen: den Glauben.* K= *Gott ist allgegenwärtig und hat die Erde und den Menschen geschaffen.*
fs, n/v, Bio.	Kein	Kein
fü, d/v	Kein	Kein
fü, n/v	T25ARu, TB3, Z38–40	P (aus Z31–36)= *Ein schönes Beispiel für die Auffälligkeit solcher wissenschaftlicher Theorien ist die falsche Auslegung des Darwinismus.* A= *Eine Lehre über die »Wertigkeit« von menschlichen Rassen durch stilisierte Vorstellungen und abstruse Gedankengänge* K= *und [die] somit eine Mitschuld an der größten Menschheitskatastrophe trägt.*[243]

243 Erinnert sei an dieser Stelle, dass bei der fachübergreifenden Verwendung mit der grauen Unterlegung Argumente hervorgehoben werden, die weder dem theologischen noch dem biologischen Kontext zuzuordnen waren, lila unterlegt bezieht sich auf Theologie und grün unterlegt auf Biologie. Diese farbliche Kennzeichnung ist hier nur soweit aufgenommen, wie in den fachübergreifenden Mustern (fü) von Theologie zu Biologie (und entgegengesetzt) argumentiert wird. Das heißt, in der Regel kommen die Ankerbeispiele ohne farbliche Markierung aus und können aufgrund der jeweiligen Tabelle dennoch schnell und eindeutig zugeordnet werden.

Tabelle 23, Kap. 7: Ankerbeispiele Impuls B, Definitionsmuster Q1

GK I; Q1, Variante B		
Mustervarianten	Fundstelle (Schülercode)	Ankerbeispiel
fs, d/v, Theol.	Tn03BRu, TB3, Z50–52	P= *Natürlich gibt es wissenschaftliche Beweise, die eine Schöpfung durch Gottes Hand fast hundertprozentig ausschließen,* A= *doch vielleicht soll uns der biblische Schöpfungsbericht etwas anderes lehren* K= *, als Metapher dienen*
fs, d/v, Bio.	tn04BBio, TB6, Z69–75	P= *Es wurde unter anderem auch Fossilien gefunden und deren Aussehen rekonstruiert, die es heute in dieser Form nicht mehr gibt.* A= *Außerdem wurde die Existenz von sogenannten Brückentieren bewiesen, die [jeweils] ein Tier darstellen, welches in einem Übergangsprozess der Evolution ist.* K= *Alle diese Erkenntnisse belegen die Wahrheit der Evolutionstheorie und lassen sich nicht widerlegen.*
fs, n/v, Theol.	tn07BBio, TB2, Z20–22 Auch: tn07BBio, TB3, Z26–31 tn10BRu, TB4, Z49–61 Tn07BRu, TB2, Z29–38	K= *Die Evolutionstheorie schließt den biblischen Schöpfungsbericht jedoch keineswegs aus.* A= *Es kommt nur darauf an, wie man ihn interpretiert.* P= *Sieht man ihn als eine Art Metapher, so kann man auch gleichzeitig die Evolution akzeptieren.*
fs, n/v, Bio.	tn07BBio, TB1, Z13–16 Auch: Tn03BRu, TB3, Z40–45 T01BRu, TB2, Z62–72	P= *Die Evolutionstheorie hat sich über Jahrhunderte entwickelt, durch neue wissenschaftliche Erkenntnisse wurde sie immer wieder verändert und auch bewiesen.* A= *Wir können nicht sicher sein, dass die Evolutionstheorie, wie wir sie heute*

((Fortsetzung))

GK I; Q1, Variante B		
Mustervarianten	Fundstelle (Schülercode)	Ankerbeispiel
		kennen, die endgültig richtige ist. K= *Jedoch deutet vieles darauf hin, dass das Grundgerüst der Evolution stimmt.*
fü, d/v	Kein	Kein
fü, n/v	tn02BBio, TB4, Z48–59 auch: Tn27BRu, TB4, Z50–55 (mit Q4)	P= *Ich weiß … Die ganzen Anhänger Gottes, die an die biblische Schöpfung glauben, sagen jetzt bestimmt, dass sie keine Beweise für die biblische Schöpfung brauchen, denn allein ihr Glaube an Gott zählt.* A= *Ich aber bin Wissenschaftler! Wir Wissenschaftler haben es uns zur Aufgabe gemacht, Rätsel zu lösen und Dinge/Geschehnisse zu beweisen oder zu widerlegen.* K= *Aus diesem Grunde muss ich sagen, dass ich weiterhin die biblische Schöpfungsgeschichte für Schwachsinn halte, da diese Theorie keine Beweise hat und meinen Vermutungen nach auch niemals welche finden wird.*

Im fachspezifischen Zusammenhang wird das Definitionsmuster von Schülerinnen und Schülern immer dann benutzt, wenn es darum geht, die jeweiligen Ausgangspositionen klarzumachen. Die untersuchten Schülerinnen und Schüler scheinen sich der jeweils anderen Definitionsgrundlage – theologische und biologische Aussagen – durchaus bewusst zu sein. Sie benutzen die unterschiedlichen Definitionen und setzen sie argumentativ ein. Besonders in der Impulsvariante B macht sich bemerkbar, dass die Schülerinnen und Schüler theologische Aussagen zur Schöpfung als zu Interpretierendes – in den Beispielen direkt als *Metapher* gekennzeichnet (vgl. tn07BBio, TB2, Z20–22 und Tn03BRu, TB3, Z50–52) – definieren, während sie evolutionstheoretische Aussagen eher unter dem Duktus hypothesengeleiteten naturwissenschaftlichen

Denkens einer eigenen Definition zuführen. Es kann in beiden Bereichen von »weichen« Definitionen ausgegangen werden, also solchen, die den Schülerinnen und Schülern als Argumentationsstütze dienen und nicht durch harte Fakten (Ausnahme: tn04BBio, TB6, Z69–75 Variante B: Brückentiere) ausgewiesen sind. In der Rollenannahme eines Theologen sind die Schülerinnen und Schüler in der Lage, Glauben und Religion für sich zu definieren, in der Rollenannahme eines Evolutionstheoretikers bedenken sie die Frage nach der Evolution im Sinne von Entwicklung bzw. nach deren theoretischen Grundannahmen.

Interessant ist, dass im fachübergreifenden Zusammenhang nur das normative Definitionsmuster bei den Schülerinnen und Schülern Anwendung findet. Während in der Variante B das Theologische und das Biologische so aufeinander bezogen wird, dass es zu einer Ablehnung von Schöpfung kommt, zeigt die Variante A aus z. B. einem historischen Zusammenhang heraus eine ablehnende Haltung zur evolutionstheoretischen Forschung.

Im Folgenden werden die Fälle vorgestellt, die mit einer Kodierregel zu versehen waren. Zwei Textstellen konnten gefunden werden, bei denen die Kienpointner'sche Definition des Definitionsmusters nicht ausreichte, um eine eindeutige Zuordnung zu diesem Muster zu ermöglichen. Zum einen handelt es sich um eine fachspezifische, normativ-vollständige theologische Aussage, zum anderen um eine Argumentationsform, bei der eine Verbindung zwischen dem Muster Q1 und dem illustrativen Beispielmuster (S1) sowie eine Verbindung zwischen deskriptiven und normativen Elementen der argumentativen Aussage festzustellen ist. Durch die illustrativen Beispiele werden zwar die Bereiche Theologie und Biologie berührt, in Gesamtheit ist allerdings von einem anthropologischen Kontext zu sprechen, der letztlich zu einer negativen Definition dessen kommt, was der Mensch ist.

Für beide Fälle ist die folgende Kodierregel aufgestellt worden:

Ein Definitionsmuster hat in den einzelnen Bestandteilen der Argumentation die Funktion zu erfüllen, etwas *als* etwas zu definieren, damit von einem berechtigten Übergang von einer Prämisse zu einer Konklusion gesprochen werden kann. Beide Ankerbeispiele sind in der Tabelle 24, Kap. 7, aufgelistet.

Tabelle 24, Kap. 7: Ankerbeispiele für Kodierregeln, Definitionsmuster Q1

GK I; Q1, Fälle für Kodierregeln		
Mustervarianten	Fundstelle (Schülercode)	Ankerbeispiel
fs, n/v, theol Variante A	T04ARu, TB3, Z12–16	P= *Allerdings ist die biblische Schöpfung dort viel einfacher strukturiert und man kann in den Schöp-*

((Fortsetzung))

GK I; Q1, Fälle für Kodierregeln		
Mustervarianten	Fundstelle (Schülercode)	Ankerbeispiel
		fungsgeschichten gut ablesen, wenn etwas geschaffen wurde. P= *Auch zu lesen ist, dass der Mensch als Ebenbild Gottes geschaffen wurde* A= *und damit eine Art Hirtenposition von Gott zugeteilt bekommt.* K= *Der Mensch ist quasi der Hüter aller Tiere bzw. allen Lebens auf der Erde.*
fü, d/v und n/v Variante A		P= *Wir sollten wohl erst einmal diesen Begriff, dieses Wissen definieren: »Mensch«.* A= *Ein Lebewesen. Ein Denkender. Ein Gewissenhafter. Ein Entscheider. Ein Tier?* K= *Sie sehen schon, ein Ding der Unmöglichkeit. Der Mensch ist so vielfältig, ihn in Worte zu fassen, würde ihm nie gerecht werden.*

Das fachspezifische Ankerbeispiel könnte durchaus auch als ein Vergleichsmuster der Ähnlichkeit (Q5) gelesen werden, weil die Prämisse auf die Ebenbildlichkeit abzielt. Das Argument hingegen berücksichtigt, dass die Ebenbildlichkeit des Menschen zu einer Funktion führt *(Hüter aller Tiere bzw. allen Lebens auf der Erde)*, wodurch der Mensch als etwas definiert wird. Deshalb handelt es sich hier um ein normatives Q1.

Das andere Beispiel ist ähnlich zu verstehen. Zuerst ist der Ausdruck »*definieren: Mensch*« ein Hinweis darauf, dass hier ein Definitionsmuster vorliegt. Zum Zweiten wird der Übergang zur Konklusion zwar illustriert, aber gerade dadurch werden die verschiedenen Definitionsmöglichkeiten angegeben, und die Schlussfolgerung, dass alle Definitionen zu kurz greifen, kann plausibel vorgetragen werden. Auch hier liegt eine Definition im Sinne von *als etwas definiert* vor, wie die Kodierregel angibt. Beide Beispiele stammen aus der Impulsvariante A und zeigen, wie schon erwähnt, eher »weiche«, von Schülerinnen und Schülern eigens für die Aufgabenstellung definierte Klärungen an.

Wie die Ankerbeispiele zeigen können, lässt sich eine fachspezifische, aber auch eine fachübergreifende Verwendung des Definitionsmusters Q1 bei Schülerinnen und Schülern nachweisen. Dabei ergibt sich, dass die vorgetragenen Definitionen zwar nicht den fachwissenschaftlich begrifflichen Ansprüchen standhalten, allerdings ist ebenso ersichtlich, dass die Probandinnen und Probanden ein Problembewusstsein dafür haben, dass Begriffe, die verwendet werden, auch zu definieren sind oder zumindest festgelegt werden muss, was darunter im konkreten Kontext verstanden werden soll.

Der Aussage von Kienpointner, dass im Alltag ein Definitionsmuster eher nicht vorkommt (vgl. 1992: 253), kann nur bedingt zugestimmt werden. Unterrichtssprache, darauf verweist Rincke (2010), setzt sich immer aus alltags- und fachsprachlichen Elementen zusammen, und die untersuchten Schülerinnen und Schüler nutzen dies in Bezug auf ihre begrifflichen Definitionen, die in der Regel als Ausgangspunkte für die weiteren Argumentationsketten oder als abschließendes Statement dienen. Das Definitionsmuster, auch dies lässt sich an den Ankerbeispielen ablesen, ist eher der fachspezifischen Verwendung zuzuordnen. Im fachübergreifenden Zusammenhang wird es von den Schülerinnen und Schülern benutzt, um das jeweils andere negativ zu belegen.

In Gesamtheit kann davon ausgegangen werden, dass die Subklasse Q1 der Großklasse I ein Argumentationsmuster ist, welches von Schülerinnen und Schülern verwendet wird. Dies bedeutet, dass diese Subkategorie der Typologie nach Kienpointner von ihnen benutzt wird, um kontextuell, also bezogen auf die entsprechenden inhaltlichen Relationen, zu argumentieren, indem definiert wird.

7.3.2.1.1.2 Genus-Spezies-Muster (Q2)

Auch das Genus-Spezies-Muster gehört zur Subklasse der Einordnungsmuster. In der Bestimmung dessen, was unter einem Genus-Spezies-Muster verstanden werden soll, schlägt Kienpointner (vgl. 1992: 264f) die folgenden Definitionen vor:

Deskriptiv:

- Was von der Spezies ausgesagt wird, wird auch vom Genus ausgesagt. Von der Spezies wird X ausgesagt. Also: Vom Genus wird X ausgesagt. (Oft aber nicht vom Genus in der Gesamtheit: Wenn der Mensch zweifüßig ist, ist deshalb noch nicht *jedes* Lebewesen zweifüßig.)
- Wovon die Spezies ausgesagt wird, wird auch das Genus ausgesagt. Von X wird die Spezies ausgesagt. Also: Von X wird das Genus ausgesagt.

- Was vom Genus nicht ausgesagt wird, wird auch von der Spezies nicht ausgesagt. X wird vom Genus nicht ausgesagt. Also: X wird von der Spezies nicht ausgesagt.
- Wovon das Genus nicht ausgesagt wird, wird auch die Spezies nicht ausgesagt. Das Genus wird von X nicht ausgesagt. Also: Die Spezies wird von X nicht ausgesagt.

Normativ:
- Wenn X einer Spezies Y/einem Genus Z angehört, ist bezüglich X die Wertung R gerechtfertigt. X gehört Spezies Y/Genus Z an. Also: Wertung R bezüglich X ist gerechtfertigt.
- Für alle Individuen in einer Spezies/alle Spezies in einem Genus ist die Handlung Z angebracht. X ist ein Individuum in der genannten Spezies/ist eine Spezies in dem genannten Genus. Also: Für X ist Handlung Z angebracht.

Wie schon aus der Definition des Genus-Spezies-Musters nach Kienpointner deutlich wird, handelt es sich hier um ein Muster, das besonders gegenüber dem Definitionsmuster (Q1) und dem Ganzes-Teil-Muster (Q3) Abgrenzungsprobleme mit sich führt. Gegenüber dem Definitionsmuster, weil nicht immer klar ist, ob die Genus-Spezies-Relation nicht immer eine Definition mit sich führen muss. Allerdings sind Definitionsmuster »syntaktisch komplexer als Genus-Spezies-Bezeichnungen« (ebd.: 265) aufgebaut.

Kienpointner macht dies an folgendem Beispiel deutlich: »Wenn der Mensch sterblich ist, ist ein Lebewesen sterblich. Der Mensch ist sterblich. Also: Ein Lebewesen ist sterblich« (ebd.: 264). Berechtigt erhebt sich hier die Frage, ob von einer Genus-Spezies-Relation, also von der Relation *Mensch-Lebewesen* überhaupt gesprochen werden darf, ohne eine Definition (wie beispielsweise: Der Mensch ist dadurch gekennzeichnet, dass er sterblich ist.) formulieren zu müssen. Die Abgrenzungsprobleme ergeben sich dann eben daraus, dass nicht eindeutig zu unterscheiden ist, ob es sich um eine Einordnung im Sinne eines Gleichsetzens zwischen Definiendum und Definiens oder um eine Einordnung im Sinne einer Subsumierung einer Spezies in bzw. unter einen Genus handelt (vgl. ebd.: 258).

Auch in Bezug auf das Ganzes-Teil-Muster ist es schwierig, die Frage zu beantworten, ob die Einordnung eines Teiles/einer Spezies in ein Ganzes/in ein Genus erfolgt. »Ganzes-Teil-Relationen betreffen nicht semantisch ›reichere‹ […] und semantisch ›ärmere‹ Ausdrücke wie bei den Genus-Spezies-Hierarchien.« Es geht außerdem um semantische »Aufteilung einer Gesamtheit in Teile, die semantisch im Ganzen jedoch enthalten sind« (ebd.: 266).

Eine Lösung dieser Abgrenzungsschwierigkeiten bzw. eine größere Klassifizierungssicherheit hängt vor allem von den kontextuellen Faktoren ab. So kann argumentiert werden, dass allgemeine Begriffe wie *ein Lebewesen* oder *der Mensch* semantisch eher dem Genus-Spezies-Muster angehören als dem Ganzes-Teil-Muster, denn mit diesen Begriffen wird eine Einordnung nach Klassen vorgenommen, welche Allgemeinaussagen gestatten wie die der Sterblichkeit. Hingegen ist wohl eher von einem Ganzes-Teil-Muster auszugehen, wenn z. B. der Begriff Mensch durch seine Körperteile oder Handlungen beschrieben wird. Beide Beispiele lösen freilich noch nicht das Problem in Bezug auf das Definitionsmuster, denn beide zeigen zugleich eine definitorische Einordnungsmöglichkeit.

In den Texten der Schülerinnen und Schüler machen sich die benannten Schwierigkeiten bemerkbar. Es gibt (wie auch beim Ganzes-Teil-Muster) nur wenige Ankerbeispiele für das Muster Q2. In der Variante A fehlen sie vollständig. In der Variante B sind zwei festzuhalten (siehe Tabelle 25, Kap. 7).

Tabelle 25, Kap. 7: Ankerbeispiele Impuls B, Genus-Spezies-Muster Q2

GK I; Q2, Variante B		
Mustervarianten	Fundstelle (Schülercode)	Ankerbeispiel
fs, d/v, Theol.	Kein	Kein
fs, d/v, Bio.	Tn02BRu, TB4, Z39–47	P= *Meiner Meinung nach ist die Aussage vom Metaphysiker überzeugender.* A= *Würden wir nach der Aussage des Ichthyologen gehen, sind alle Fische, die kleiner als 5 cm sind, keine Fische.* K= *Das wiederum entspricht nicht der Evolutionstheorie.* Zur K gehört die neue P= *Kleine Fische sind doch nicht keine Fische.*
fs, n/v, Theol.	Kein	Kein
fs, n/v, Bio.	Kein	Kein
fü, d/v	Kein	Kein
fü, n/v	Tn07BRu, TB3, Z70–77	P= *Vielleicht gibt es gar keine richtige Antwort auf die Frage, ob nur die Evolutionstheorie Recht hat oder auch die Theologie ihre Richtigkeit hierbei hat.* A= *Wir können uns auf die Ergebnisse der Forschung verlassen und sie als richtig anerkennen, doch werden*

((Fortsetzung))

GK I; Q2, Variante B		
Mustervarianten	Fundstelle (Schülercode)	Ankerbeispiel
		wir wohl nie wissen, ob Gott wirklich Einfluss hatte oder nicht. K= *In diesem Sinne würde ich sie [die Schöpfung] nicht als haltlos hinstellen, vertrete aber dennoch voll und ganz die Evolutionstheorie. Die Gründe dafür habe ich Ihnen bereits zu Anfang genannt.*

Das erste Ankerbeispiel ist eine deskriptive Form, die eine Einordnung einer Spezies (einer Aussage des Metaphysikers) unter einem Genus (Evolutionstheorie) ermöglicht, indem das Argument den Widerspruch des Ichthyologen aufdeckt. Das heißt, es handelt sich um ein negativ beschreibendes Muster, welches aus dieser Negation seine Fachspezifik gewinnt. Das zweite Ankerbeispiel betrifft die Setzung einer Norm, die versucht, den biologischen und den theologischen Bereich in ein Gespräch zu bringen. Dieses Ankerbeispiel zeigt klar, dass ein Spezies-Genus-Muster vorliegt, weil es hier nicht um die Einordnung von Teilen in ein Ganzes geht, sondern um das Aufzeigen einer möglichen Hierarchie in Bezug auf das Genus (Evolutions-)Theorie.

Durch den von Kienpointner differenziert vorgetragenen Definitionsvorschlag zum Genus-Spezies-Muster ist das Aufstellen einer Kodierregel nicht notwendig. Das Muster zeigt insgesamt eine so geringe Verwendung, dass eine Aussage, ob es sich um ein fachspezifisches oder übergreifendes Muster handelt, nicht möglich ist. Offenbar sind den Schülerinnen und Schülern der untersuchten Gruppen Genus-Spezies-Relationen nicht bewusst. Dies könnte zum einen daran liegen, dass auch dieses Muster (wie schon bei den Mustern Q7, Q8, Q11, Q17 und Q18 vermerkt) so speziell ist, dass die untersuchte Schülerschaft es nicht verwenden kann, was an der (Nicht-)Fähigkeit der Anwendung, aber auch am (Nicht-)Wissen über das Vorhandensein eines solchen Musters liegen könnte. Daraus folgt aber auch, dass sich in der Subklasse *Einordnungsmuster* bisher nur das Definitionsmuster Q1 als ein solches gezeigt hat, welches eine fachspezifische/fachübergreifende Zuordnung ermöglicht. Das Genus-Spezies-Muster, dies lässt sich zumindest in Bezug auf die untersuchten Gruppen sagen, liegt nicht im Horizont der Verwendung durch die Schülerinnen und Schüler.

7.3.2.1.1.3 Ganzes-Teil-Muster (Q3)

Als letztes Muster der Subklasse *Einordnungsmuster* ist das Ganzes-Teil-Muster zu diskutieren. Es ist wie folgt definiert (vgl. Kienpointner 1992: 274ff):

Deskriptiv:
- Was vom Ganzen ausgesagt wird, wird auch von den Teilen ausgesagt. Vom Ganzen wird X ausgesagt. Also: Von den Teilen wird X ausgesagt.[244]
- Wovon das Ganze ausgesagt wird, werden auch die Teile ausgesagt. Von X wird das Ganze ausgesagt. Also: Von X werden auch die Teile ausgesagt.
- Was von den Teilen ausgesagt wird, wird auch vom Ganzen ausgesagt. X wird von den Teilen ausgesagt. Also: X wird von dem Ganzen ausgesagt.
- Wovon die Teile ausgesagt werden, wird auch das Ganze ausgesagt. Von X werden die Teile ausgesagt. Also: Von X wird das Ganze ausgesagt.

Normativ:
- Wenn X einem Teil Y/einem Ganzen Z angehört, ist bezüglich X die Wertung R/das Verhalten V gerechtfertigt. X gehört einem Teil Y/einem Ganzen Z an. Also: Wertung R/Verhalten V bezüglich X ist gerechtfertigt.[245]
- Das Ganze ist für die Bewertung einer Sache X wichtiger als die Teile. Das Ganze führt zu einer positiven Bewertung von X. Also: X ist positiv zu bewerten.
- Was die Gesamtheit (alle)/die Mehrheit (die meisten) tut (tun), soll man selbst auch tun. Die Gesamtheit/die Mehrheit tut X. Also: Man soll X tun.

Das Ganzes-Teil-Muster ist in verschiedener Hinsicht schwierig zu handhaben. Es ergeben sich Probleme der Unterscheidung zwischen diesem und dem Genus-Spezies-Muster, wie sie schon diskutiert wurden. Des Weiteren weist Kienpointner auf das Induktive Beispielmuster (R1) und das Autoritätsmuster (S3) hin (vgl. ebd.: 278 und 284). Das induktive Beispielmuster erlangt in einer

244 Als Spezialfall gibt Kienpointner (1992: 275) die folgende Definition an: Was für eine Gruppe zutrifft, trifft auch auf ihre Mitglieder zu. X trifft auf die Gruppe zu. Also: X trifft für ihre Mitglieder zu. Diese Definition funktioniert nur in bestimmten Bereichen bzw. erhält nur in vorher genau definierten Zusammenhängen eine gewisse Plausibilität, weil nicht prinzipiell davon ausgegangen werden kann, dass alle Mitglieder einer Gruppe konform im Verhalten oder in ihren Ansichten sind. Zugleich ist dieser Fall allerdings in deskriptiver wie in normativer Weise zu verwenden. Im vorliegenden Zusammenhang kann er jedenfalls vernachlässigt werden.

245 Auch hier ist von einem Spezialfall die Rede. Wenn die Formulierung »allgemeiner« (ebd.: 276) ist, kann nicht davon ausgegangen werden, dass für alle Fälle die Relation plausibel erscheint. Es könnte eben auch sein, dass bezüglich X (z. B. rechtsradikale Gruppierung) die Wertung R (als Bürger in demokratischen Staaten können sie ihre Gesinnung ausleben) zu rechtfertigen ist. Aber auch dieser Spezialfall kann hier außer Acht gelassen werden.

Argumentation dadurch seine Berechtigung, dass es an wenigen, mitunter nur an einem Beispiel die Schlussregel etablieren möchte. Darin aber, so verweist Kienpointner zu Recht (vgl. ebd.: 278), liegt das entscheidende Kriterium der Abgrenzung zwischen beiden Mustern. Während das Ganzes-Teil-Muster die Relation selbst schon voraussetzt bzw. benutzt, soll mit dem induktiven Beispielmuster diese erst etabliert werden. Insofern ist die Abgrenzung zwischen beiden Mustern auf formaler Ebene durchaus gegeben. Die eigentliche Schwierigkeit liegt bei diesem Muster auf der inhaltlichen bzw. kontextuellen Seite, denn »Kontextspezifische Argumentationen aufgrund von stereotypen Vorurteilen sind […] meist nur für bestimmte Subgruppen einer Sprechgemeinschaft hochplausibel« (ebd.: 277).[246]

In Bezug auf das Autoritätsmuster ist die Sachlage etwas anders. Weil es sich im Ganzes-Teil-Muster um eine Relation handelt, die ein Ganzes voraussetzt, kann dieses Ganze auch immer als Autorität gedeutet werden, wie die Definition von Kienpointner (Normativ, Punkt 3, alle = kollektive Autorität[247]) anzeigt. Aus diesem Dilemma ist auf der formalen Ebene nicht zu entkommen. Das heißt, auch hier entscheidet der jeweilige Kontext, ob eine Relation vorliegt, die ein Ganzes-Teil-Muster voraussetzt oder die als Autoritäts-Muster bestimmt werden kann.

Die Schülerinnen und Schüler verwenden dieses Muster aus der Subklasse der *Einordnungsmuster* nur marginal. Tabelle 26 und 27, Kap. 7, führen die entsprechenden Ankerbeispiele auf.

Tabelle 26, Kap. 7: Ankerbeispiele Impuls A, Ganzes-Teil-Muster Q3

GK I; Q3, Variante A		
Mustervarianten	Fundstelle (Schülercode)	Ankerbeispiel
fs, d/v, Theol.	tn04ABio, TB3, Z12–17 Auch: tn06ABio, TB2, Z11–12	P= *Die Gruppe von Menschen, zu der ich persönlich mich ebenfalls zähle – die Gläubigen –, entschieden sich mit der Taufe und Konfirmation weder gegen die Evolutionstheorie noch für sie.*

246 So ist es klar, dass im deskriptiven, aber auch im normativen Bereich eine Aussage über ein Ganzes, die auf alle einzelnen Mitglieder zutrifft, nur bedingt Geltung haben kann, z. B. sind nicht alle VW-Fahrer deshalb glücklich, weil sie einen VW fahren (vgl. Werbung). Das heißt,. es bedarf bei diesem Argumentationsmuster der besonderen kontextspezifischen Aufmerksamkeit, um eine exakte Zuordnung zu ermöglichen.

247 Diese kollektive Autorität findet auch bei Schülerinnen und Schülern Anwendung, beispielsweise in Aussagen wie »Die Wissenschaftler«, »Wir Gläubigen« usw. Darauf wird noch speziell beim Autoritätsmuster eingegangen (vgl. Kap. 7.3.2.3.3).

((Fortsetzung))

GK I; Q3, Variante A		
Mustervarianten	Fundstelle (Schülercode)	Ankerbeispiel
		K= *Denn es geht nicht darum, dass wir wissenschaftliche Erkenntnisse verneinen, sondern darum, dass wir an ein höheres Etwas - Gott - glauben.* A= *Christentum, Buddhismus und alle anderen Religionen sind Versuche, sich die menschliche Existenz zu erklären.*
fs, d/v, Bio.	Kein	Kein
fs, n/v, Theol.	Kein	Kein
fs, n/v, Bio.	Kein	Kein
fü, d/v	Kein	Kein
fü, n/v	Kein	Kein

Tabelle 27, Kap.7: Ankerbeispiele Impuls B, Ganzes-Teil-Muster Q3

GK I; Q3, Variante B		
Mustervarianten	Fundstelle (Schülercode)	Ankerbeispiel
fs, d/v, Theol.	Tn27BRu, TB2, Z32–38	P= *Diese [die christliche Kirche] mag zwar kritisieren, dass wir mit unseren Forschungen nur ein Teil des großen Ganzen sehen - aber wenn die Erkenntnisse, die wir über diesem ja sicherlich auch von Gott geschaffenen Teil gewinnen,* A= *schon ihrer Theorie für das Ganze widersprechen,* K= *wie kann sie dann noch haltbar sein?*
fs, d/v, Bio.	Kein	Kein
fs, n/v, Theol.	Tn27BRu, TB5, Z59–65	P= *Auch die Kirche müsste dazu bereit sein, ein wenig Selbstkritik zu üben, oder zumindest soviel Toleranz zeigen, andere Theorien zumindest zu akzeptieren.*

((Fortsetzung))

GK I; Q3, Variante B		
Mustervarianten	Fundstelle (Schülercode)	Ankerbeispiel
		Zwar hat sich die Kirche mit diesen Tugenden in der Vergangenheit nicht sehr hervorgetan, A= *aber genau das ist es doch, was unsere heutige Welt auszeichnet oder zumindest auszeichnen sollte: Meinungsfreiheit.* K= *Meiner Ansicht nach sollte diese Meinungsfreiheit beinhalten, dass sowohl die biblische Schöpfungstheorie als auch die Evolutionstheorie nebeneinander existieren können, ohne dass man gegenseitig versucht, dem anderen seine Wahrheit als »die« Wahrheit zu verkaufen.*
fs, n/v, Bio.	Kein	Kein
fü, d/v	Kein	Kein
fü, n/v	Kein	Kein

Die geringe Zahl der Ankerbeispiele ermöglicht keine Antwort auf die Frage nach fachspezifischer bzw. fachübergreifender Verwendung, weil u. a. ein fachübergreifendes Ankerbeispiel für den Impuls A fehlt. Theoretisch kann zwar auch diese Form der Einordnung – wie das Genus-Spezies-Muster – in verschiedenen Kontexten angewendet werden, offenbar müsste eine solche Argumentationsform aber eingeübt bzw. bewusst gemacht werden – so ist zumindest zu vermuten. Die geringe Verwendung des Ganzes-Teil-Muster durch die untersuchten Schülerinnen und Schüler ist auch mit den schon diskutierten Abgrenzungsproblemen zum Definitionsmuster erklärbar. Wie schwierig sich die von Kienpointner vorgetragene Unterscheidung zwischen einem Definitionsmuster und dem Ganzes-Teil-Muster, aber auch hinsichtlich anderer Muster auslässt, soll deshalb an einem Beispiel veranschaulicht werden.

Das deskriptive Ankerbeispiel des Impulses A (siehe Tab. 26, Kap. 7) wurde schon als Ankerbeispiel dem deskriptiven fachspezifisch-theologischen Definitionsmuster Q1 Impuls A zugeordnet (siehe Tabelle 22, Kap. 7). In Gesamtheit steht im Text der Schülerin das Folgende:

P= *Die Gruppe von Menschen, zu der ich persönlich mich ebenfalls zähle - die Gläubigen -, entschieden sich mit der Taufe und Konfirmation weder gegen die Evolutionstheorie noch für sie.*
K= *Denn es geht nicht darum, dass wir wissenschaftliche Erkenntnisse verneinen, sondern darum, dass wir an ein höheres Etwas - Gott - glauben.*
A1= *Ich persönlich sehe Religion als Möglichkeit, mich mit anderen Menschen über Ängste und Gedanken auszutauschen.*
A2= *Christentum, Buddhismus und alle anderen Religionen sind Versuche, sich die menschliche Existenz zu erklären (tn04ABio, TB3, Z12–17).*

Während das erste Argument *Religion* definiert, sodass berechtigt von einem Definitionsmuster ausgegangen werden kann, subsumiert das zweite Argument konkrete Religionsformen unter ein Ganzes, was mit *Versuche, sich die menschliche Existenz zu erklären* von der Schülerin beschrieben wird. Dieses Argument kann eindeutig dem Ganzes-Teil-Muster zugeordnet werden.

Würde man A1 und A2 zusammenfassen, so ließe sich durchaus auch für ein illustratives Beispielmuster (S1) der Großklasse III argumentieren. Die Definition von Religion und die Zuordnung von konkreten Religionsformen zur Erklärung der menschlichen Existenz könnten die illustrierenden Beispiele sein, die von der Prämisse *(entschieden sich mit der Taufe und Konfirmation weder gegen die Evolutionstheorie noch für sie)* zur Konklusion *(es geht nicht darum, dass wir wissenschaftliche Erkenntnisse verneinen, sondern darum, dass wir an ein höheres Etwas - Gott - glauben)* führen. Es lässt sich aber auch das Element eines Autoritätsmusters (S3) entdecken, weil die Schülerin zumindest behauptet, dass sich ihre gesamte Argumentation auf eine *Gruppe von Menschen, zu der ich persönlich mich ebenfalls zähle - die Gläubigen -*, bezieht, womit sie eine soziale Gemeinschaft als Autorität identifiziert.

Für die Zuordnung zu einem Ganzes-Teil-Muster spricht allerdings die Tatsache, dass der gesamte Kontext der Argumentation darauf abzielt, Evolution nicht zu negieren, und um dies belegen zu können, ordnet die Schülerin Teile (konkrete Religionsformen, die die menschliche Existenz erklären wollen) unter ein Ganzes (alle konkreten Religionsformen glauben an einen Gott), was der von Kienpointner vorgeschlagenen Definition des Ganzes-Teil-Musters (vgl. Punkt 2) entspricht.

7.3.2.1.1.4 Zusammenfassung zur Kategorie Einordnungsmuster *(Q1-Q3)*

Nach Kienpointner (vgl. 1992: 250) sind Einordnungsmuster solche, die etwas definieren, subsumieren oder einer Gesamtheit zuordnen. Wie die Ankerbeispiele zeigen, lassen sich in den untersuchten Texten solche Einordnungen identifizieren. Dies bedeutet, dass die Kategorie *Einordnungsmuster* prinzipiell darin nachgewiesen und mit Ankerbeispielen belegt werden kann. Am stärksten ist dabei das Definitionsmuster Q1 vertreten.

Wie aus der tabellarischen Präsentation aller drei Muster ersichtlich, bleiben bei der Kategorie *Einordnungsmuster* Leerstellen: Das Muster Q1 im Impuls A beschränkt sich auf fs, n/v, Bio und in beiden Impulsen auf fü, d/v. Beim Muster Q2 hingegen bleibt die gesamte Impulsvariante A leer und in der Impulsvariante B kann nur ein fachspezifisches und ein fachübergreifendes Beispiel gezeigt werden. Für Q3 ergibt sich ein ähnliches Ergebnis ausmachen. Auch hier kann nur mit einem fachspezifischen Beispiel in der Impulsvariante A und mit zwei fachspezifischen Beispielen in der Impulsvariante B aufgewartet werden.

Das Definitionsmuster Q1 gibt Hinweise darauf, dass es in fachspezifischen und in fachübergreifenden Zusammenhängen und Kontexten von den untersuchten Schülerinnen und Schülern verwendet wird. Diese Aussage lässt sich für die Muster Q2 und Q3 aufgrund der geringen Anzahl bzw. der großen Leerstellen nicht bestätigen. Ein Grund für dieses Ergebnis kann wohl in der Spezifik dieser Formen von Einordnungsmustern gesehen werden, ein anderer wurde im Rahmen der Frage nach Abgrenzungsproblemen beim Muster Q3 diskutiert. Es muss weiterer Forschung vorbehalten bleiben, der Frage nachzugehen – als möglicher dritter Grund – ob Schülerinnen und Schüler in unterrichtlichen Zusammenhängen der Fächer *Religion* und *Biologie* mit diesen beiden Formen des Einordnungsmusters nicht vertraut gemacht werden, ja es ist auch die Frage zu stellen, ob Lehrkräfte um diese Formen des Argumentierens wissen bzw. darüber verfügen.

7.3.2.1.2 Vergleichsmuster (Q4-Q6)

Für die Kategorie *Vergleichsmuster* wurde festgehalten (vgl. Kap. 7.2.1, Fußnote 229), dass das Muster A maiore (Q7) und das Muster A minore (Q8) nicht in den Texten identifiziert werden kann. Es können in diesem Kapitel also nur die Vergleichsmuster der Gleichheit (Q4), der Ähnlichkeit (Q5) und der Verschiedenheit (Q6) präsentiert werden. Wie in der Einleitung zu diesem Abschnitt (siehe 7.2.1) angezeigt, ist die Kategorie *Vergleichsmuster* bei Kienpointner zwar differenziert, aber auf einem so abstrakten Niveau, dass mit Unexaktheiten in der Auswertung gerechnet werden musste. Deshalb werden im Vorfeld die Kienpointner'schen Definitionen und deren Vereinfachungen vorgestellt, um anschließend die entsprechenden Abgrenzungsprobleme zu diskutieren.[248]

Kienpointner fasst Argumentationsmuster zusammen,

> »in denen Größen vergleichend – im weitesten Sinne des Wortes – gegenübergestellt werden, sei es, daß auf bestehende Gleichheiten, Ähnlichkeiten, Unterschiede und ›A maiore/minore‹-Relationen verwiesen wird«. (Kienpointner 1992: 284)

248 Dieses Verfahren wird dann auch bei der Kategorie *Gegensatzmuster* und *Kausalmuster* angewandt (vgl. Kap. 7.3.2.1.3 und 7.3.2.1.4).

Die Grunddefinition für den Vergleich der Gleichheit/Ähnlichkeit/Verschiedenheit (Unterschied) lautet bei ihm:

Deskriptiv:
1. Von (hinsichtlich eines quantitativen/qualitativen Kriteriums Z) gleichen/ähnlichen Gegenständen X werden gleiche/ähnliche Eigenschaften Y ausgesagt. Die Gegenstände X sind (hinsichtlich eines quantitativen/qualitativen Kriteriums Z) gleich/ähnlich. Also: Von den Gegenständen X werden die Eigenschaften Y ausgesagt.
2. Von (hinsichtlich eines quantitativen/qualitativen Kriteriums Z) unterschiedlichen Gegenständen X werden unterschiedliche Eigenschaften Y ausgesagt. Die Gegenstände X sind (hinsichtlich eines quantitativen/qualitativen Kriteriums Z) verschieden. Also: Von den Gegenständen X werden unterschiedliche Eigenschaften Z ausgesagt. (vgl. Kienpointner 1992: 284f)[249]

Normativ:
1. Wenn X und Y hinsichtlich eines quantitativen/qualitativen Kriteriums Z gleich/ähnlich sind, sind sie im Normalfall diesbezüglich gleich/ähnlich zu bewerten bzw. zu behandeln. X und Y sind im Normalfall hinsichtlich Z gleich/ähnlich. Also: X und Y sind im Normalfall hinsichtlich Z gleich/ähnlich zu bewerten/zu behandeln.
2. Wenn X und Y sich hinsichtlich eines quantitativen/qualitativen Kriteriums Z unterscheiden, sind sie diesbezüglich unterschiedlich zu bewerten/zu behandeln. X und Y unterscheiden sich hinsichtlich Z. Also: X und Y sind hinsichtlich Z unterschiedlich zu bewerten/zu behandeln (vgl. ebd.: 286).

Die normative Definition der Vergleichsmuster wird von Kienpointner als »Gerechtigkeitsregel« (ebd.: 286) gedeutet. Dies heißt, es wird mit dieser Kategorie eine relative Gerechtigkeit angestrebt, die auch immer unterlaufen werden kann. Wie die Definition Punkt 1 (normativ) zeigt, könnte gegen sie auch immer eingewandt werden, dass gleiche oder ähnliche Verhaltensweisen Gerechtigkeit als Norm durchbrechen. Beispielsweise wird niemand dem Satz zustimmen, dass auf Gewalt prinzipiell mit Gewalt zu reagieren ist. Aber genau solche Fälle liegen implizit in der von Kienpointner vorgeschlagenen normativen Definition und – vice versa – für Punkt 2 der normativen Definition.

Den Definitionsvorschlägen von Kienpointner ist auf abstrakter Ebene ge-

249 Die A-maiore-/A-minore-Relation erhält bei Kienpointner jeweils eine eigene deskriptive und normative Definition, die hier weggelassen werden kann, weil sich beide Muster in den Schülertexten nicht nachweisen lassen (vgl. Kienpointner 1992: 285, und für die normative Variante 286f).

folgt worden. Die Schwierigkeit dieser Vorschläge für die Kategorie *Vergleichsmuster* ist darin zu sehen, dass Gleichheit, Ähnlichkeit und Unterschied subsumiert wurden unter die Kategorie *Vergleich*, was zu erheblichen Problemen bei der exakten Identifizierung dieser Kategorie in den Texten der Schülerinnen und Schüler geführt hätte. Deshalb werden die Definitionen in doppelter Hinsicht vereinfacht:

- Für alle drei Formen des Vergleichsmusters wird eine eigene Regel festgehalten, die sich ausschließlich (stereotyp) auf die jeweilige Form des Vergleiches bezieht.
- Auf die Unterscheidung deskriptiv/normativ wird bei der Formulierung dieser Regel verzichtet, weil sich diese Unterscheidung aus dem Kontext bzw. aus der konkreten Textstelle ableiten lässt.[250]

Diese beiden Vereinfachungsregeln werden auch für die Gegensatzmuster (Q9-Q12) und für die Kausalmuster (Q13-Q18) angewandt (vgl. die Kap. 7.3.2.1.3 und 7.3.2.1.4). Alle Vereinfachungen haben einen gemeinsamen Zweck: Die Aussagen der Schülerinnen und Schüler differenzierter wahrnehmen und einordnen zu können.

Für die Kategorie *Vergleichsmuster* werden die folgenden Definitionen aufgestellt, die zugleich die Kodierregeln darstellen und mit denen an die Texte herangetreten wird:

1. Es handelt sich um ein Vergleichsmuster der *Gleichheit* (Q4), wenn von einer Prämisse über ein Gleiches auf die Konklusion geschlossen werden kann, d. h. wenn die Argumentation darauf abzielt, mittels eines Gleichen ein Drittes belegen (plausibel machen) zu können.
2. Es handelt sich um ein Vergleichsmuster der *Ähnlichkeit* (Q5), wenn von einer Prämisse über ein Ähnliches auf die Konklusion geschlossen werden kann, d.h. wenn die Argumentation darauf abzielt, mittels eines Ähnlichen ein Drittes belegen (plausibel machen) zu können.
3. Es handelt sich um ein Vergleichsmuster der *Verschiedenheit* (Q6), wenn von einer Prämisse über ein Verschiedenes auf die Konklusion geschlossen werden kann, d.h. wenn die Argumentation darauf abzielt, mittels eines Verschiedenen ein Drittes belegen (plausibel machen) zu können.

Aus dieser Binnendifferenzierung der Kategorie *Vergleichsmuster* ergibt sich somit ein Vergleichsmuster der Gleichheit (Q4), eines der Ähnlichkeit (Q5) und eines der Verschiedenheit (Q6).

Abgrenzungsprobleme sieht Kienpointner in Bezug auf das induktive Beispiel

250 Verzicht bedeutet hier nur Vereinfachung und nicht Auflösung der Differenzierung, weil ja der abstrakten Unterscheidung Kienpointners gefolgt wird.

(R1), das illustrative Beispiel (S1), das Analogiemuster (S2) und das Definitionsmuster (Q1):

Die Nähe zu den beiden Beispielmustern (R1 und S1) ergibt sich daraus, dass alle Beispiele eine »Gleichheit/Ähnlichkeit« voraussetzen, die allerdings »präsupponiert [wird], um induktiv eine Generalisierung vornehmen zu können bzw. illustrativ eine Schlussregel zu bekräftigen« (Kienpointner 1992: 288). Bei einem »echten« Vergleichsmuster ist hingegen die Schlussregel – wie überall in der Großklasse I – zu *benutzen*, d. h., sie liegt in der Argumentation vor.

Damit können trotz der von Kienpointner betonten Nähe Vergleichsmuster ziemlich eindeutig von den Beispielmustern unterschieden werden.

Dem Verweis Kienpointners auf den Unterschied zwischen einer Analogie – die einzelnen Elemente bestehen aus unterschiedlichen Wirklichkeitsbereichen – und einem Vergleich, bei dem »die verglichenen Elemente aus denselben Bereichen der Realität stammen« (ebd.: 289), ist insofern Folge zu leisten, als dass eine Analogie »nicht ähnliche Eigenschaften, sondern nur ähnliche Verhältnisse oder Funktionen« (RGG [3]1986, Bd. 1: 350) beschreibt.[251] Auch die Abgrenzung zum Definitionsmuster ist nachvollziehbar, wenn Kienpointner feststellt, dass die Gleichheit bei der Definition eine »totale« ist, also die zwischen Definiens und Definiendum, während sie bei einem Vergleichsmuster »nur in Bezug auf für die Argumentation wesentliche[n] Eigenschaften postuliert« wird (Kienpointner 1992: 289).

Auch wenn Kienpointner zusammenfassend zu dem Schluss kommt, dass die Problematik der Vergleichsmuster allgemein darin liegt, dass sie vom »Kontext und der Situation« abhängen und deshalb »›Gleichheit‹/›Ähnlichkeit‹/›Unterschied‹ […] in vielfältiger Weise vage zu nennende Begriffe« sind (ebd.: 290)[252], kann für die vorliegende Forschung gezeigt werden, dass es gerade die Kontextbindung (theologisch/biologisch) ermöglicht, Vergleichsmuster gut gegenüber induktivem oder illustrativem Beispiel, Analogiemuster und Definitionsmuster abgrenzen zu können.

Im Folgenden werden die jeweiligen Ankerbeispiele für die gefundenen Muster Q4, Q5 und Q6 vorgestellt. Dazu wird pro Muster die jeweilige vereinfachte Definition vorangestellt.

251 Auch in der Biologie wird von Analogien gesprochen, wenn Ähnlichkeiten bei verschiedenen Organismen bestehen, »die nicht auf Verwandtschaft beruhen, sondern unabhängig voneinander entstanden sind, z. B. die Flügel der Insekten und der Vögel« (Remane 1971: 228).

252 Dieses von Kienpointner vorgetragene Argument gilt freilich für alle Argumentationsmuster, wie beispielsweise beim Definitionsmuster (vgl. Kap. 7.3.2.1.1.1), aber auch bei den Kausalmustern (vgl. Kap. 7.3.2.1.4).

7.3.2.1.2.1 Das Vergleichsmuster der Gleichheit (Q4)

Es handelt sich um ein Vergleichsmuster der Gleichheit (Q4), wenn von einer Prämisse über ein Gleiches auf die Konklusion geschlossen werden kann, d.h. wenn die Argumentation darauf abzielt, mittels eines Gleichen ein Drittes belegen (plausibel machen) zu können.

Die Ankerbeispiele (siehe Tabelle 28 und 29, Kap. 7) können zeigen, dass das Vergleichsmuster der Gleichheit Q4 eher im fachübergreifenden Bereich Verwendung findet.

Tabelle 28, Kap. 7: Ankerbeispiele Impuls A, Vergleichsmuster der Gleichheit Q4

GK I; Q4, Variante A		
Mustervarianten	Fundstelle (Schülercode)	Ankerbeispiel
fs, d/v, Theol.	t09ARu, TB7, Z39–41 Auch: Tn02ABio, TB2, Z10–14, wobei die P aus Zeile 05–09 stammt.	P= *So kann man zum Abschluss sagen, dass Gott alles ist …* A= *… und so ist er auch die Evolution und bis er [sich] auch als kleiner Fisch zeigt, …* K= *muss der Metaphysiker weiter hoffen und auch der Ichthyologe weiter sein Netz auswerfen, bis er ihn fängt oder nicht.*
fs, d/v, Bio.	Kein	Kein
fs, n/v, Theol.	Kein	Kein
fs, n/v, Bio.	Kein	Kein
fü, d/v	T28ABio, TB2, Z12–14	P= *Ich glaube nicht an die theoretischen Modelle von Evolutionstheoretikern, …* A= *Ich glaube vielmehr an das geschriebene Wort in der Bibel,* K= *denn das ist für mich die Wahrheit.*
fü, n/v	Kein	Kein

Tabelle 29; Kap. 7: Ankerbeispiele Impuls B, Vergleichsmuster der Gleichheit Q4

GK I; Q4, Variante B		
Mustervarianten	Fundstelle (Schülercode)	Ankerbeispiel
fs, d/v, Theol.	Kein	Kein
fs, d/v, Bio.	Kein	Kein
fs, n/v, Theol.	Kein	Kein
fs, n/v, Bio.	Kein	Kein
fü, d/v	t12BRu, TB4, Z48–53 Auch: Tn11BBio, TB1, Z18–24 tn01BBio, TB3, Z43–57 (in Verbindung mit Q13 und S1) Tn27BRu, TB1, Z22–28 (in Verbindung mit R1)	P= *Was tun wir, wenn wir der Evolutionstheorie zusagen? Wir glauben daran. Wir glauben, dass etwas Naturwissenschaftliches richtig ist.* A= *Es gibt also auch eine Verbindung von Religion und Naturwissenschaft.* K= *Der Glaube ist zwar naturwissenschaftlich nicht nachzuweisen, genauso wie Gott, doch trotzdem gehen Naturwissenschaftler davon aus, dass es ihn gibt!*
fü, n/v	Tn27BRu, TB4, Z50–55	P= *Das Argument, dass die Schöpfungstheorie »veraltet« und sogar »dahergeholt« wäre, ist zwar berechtigt,* A= *genauso [ver]hält es sich aber mit den Stimmen, die die Erkenntnisse der Evolutionstheorie infrage stellen. Können wir denn wirklich sicher sein, dass unsere Theorien der Wahrheit entsprechen?* K= *Nein, und jeder, der das behauptet, verdient es in meinen Augen nicht, Wissenschaftler genannt zu werden.*

Die identifizierten Vergleichsmuster Q4 verweisen darauf, dass die Vereinfachung der Kienpointner'schen Definition sinnvoll und notwendig ist. Erst durch diese lässt sich von einem Vergleichsmuster der Gleichheit sprechen bzw. kann Q4 in den Texten der Schülerinnen und Schüler identifiziert werden. Zugleich machen sich die diskutierten Abgrenzungsprobleme bemerkbar.

Das fachübergreifende Ankerbeispiel in der Variante A könnte durchaus auch als Definitionsmuster Q1 gelesen werden. Es baut auf einem Vergleich auf, der davon ausgeht, dass Evolution und Wahrheit jeweils eine Theorie ist. Damit wird dieser Begriff aber nicht definiert, sondern (affirmativ) unterstellt, dass Wahrheit gleichrangig zu einer Theorie zu verstehen und beides ein zu Glaubendes ist. Ähnliches lässt sich bei den anderen fachübergreifenden Ankerbeispielen des Impulses B finden. Auch hier wird die Gleichheit durch die Benutzung bzw. Verwendung eines Begriffes *(Glauben)* – in fü, d/v explizit, in fü n/v implizit – sichergestellt. Das heißt, derselbe Begriff wird je nach Fachspezifik ausgelegt bzw. benutzt und bringt damit den biologischen und den theologischen Kontext in ein Gespräch, was als ein Kriterium von fachübergreifender Argumentation festgehalten ist (vgl. Kap. 7.1.3.2). Auffällig ist, dass dieses Vergleichsmuster in der Variante A nur einmal fachspezifisch, in der Variante B gar nicht fachspezifisch verwendet wird.

7.3.2.1.2.2 Das Vergleichsmuster der Ähnlichkeit (Q5)

Es handelt sich um ein Vergleichsmuster der Ähnlichkeit (Q5), wenn von einer Prämisse über ein Ähnliches auf die Konklusion geschlossen werden kann, d. h. wenn die Argumentation darauf abzielt, mittels eines Ähnlichen ein Drittes belegen (plausibel machen) zu können.

Tabelle 30 und 31, Kap. 7, zeigen die Ankerbeispiele für dieses Muster.

Tabelle 30, Kap. 7: Ankerbeispiele Impuls A, Vergleichsmuster der Ähnlichkeit Q5

GK I; Q5, Variante A		
Mustervarianten	Fundstelle (Schülercode)	Ankerbeispiel
fs, d/v, Theol.	T03ABio, TB2, Z06–10 Auch: Tn01ABio, TB5, Z47–51	*P= Diese Parabel lässt sich wunderbar auf die Schöpfungsgeschichte beziehen.* *A= In dieser Parabel erkenne ich, dass der Ichthyologe die Wissenschaft, doch genauso die Naturwissenschaft, welche versucht, die Schöpfungsgeschichte zu widerlegen, darstellt.* *K= Des Weiteren muss also der Metaphysiker die Theologie darstellen.*
fs, d/v, Bio.	Tn29ABio, TB3, Z22–28	*P= Die Evolutionstheorie sagt aus, dass sich der Mensch langsam aus seinen Vorgängen herausentwickelt hat. Diese Vorgänger sollen Affen gewesen sein,*

((Fortsetzung))

GK I; Q5, Variante A		
Mustervarianten	Fundstelle (Schülercode)	Ankerbeispiel
		weshalb wir ihnen heute noch so ähnlich sind. A= *Der Mensch, wie er hier [und] heute so vielfach vertreten ist, soll ein bloßer Nachkomme des Affen sein? Dementsprechend ist der Mensch also auch nur ein Tier, als Weiterentwicklung eines Tieres?* K= *Und das sei ganz von allein passiert, ohne äußere Einflüsse eines göttlichen Funkens oder Ähnlichem.*
fs, n/v, Theol.	Tn29ABio, TB2, Z15–21 Auch: Tn27ARu, TB5, Z27–32 Tn27ARu, TB7, Z38–44 Tn27ARu, TB7, Z45–48 tn07ABio, TB4, Z18–23 Tn27BRu, TB3, Z42–46	*P2= Natürlich nur, bis Eva von der Schlange verführt wurde und so schlussendlich den Rauswurf von Eden provozierte.* *A= Aber auch danach lebten sie weiter und glaubten an Gott und beteten ihn an.* *K2= Gott verzieh ihnen also und war weiterhin für sie da*
fs, n/v, Bio.	Kein	Kein
fü, d/v	t14ARu, TB3, Z19–29 (in Verbindung mit S1) Auch: tn01ABio, TB2, 19–24 (in Verbindung mit Q15) t09ARu, TB1, Z06–10 (in Verbindung mit Q16 und S1)	P= *In diesem Argument schwingt mit, dass die Aufteilung in Positiv und Negativ, die das irdische Leben in so großem Maß bestimmt, aufgehoben werden muss.* A= *Um den Vergleich der Tribolektrischen Reihe, einem Phänomen der Elektrostatik, anzubringen: Die verschiedenen Ladungen führen zu Spannungen und zerstörerischen Entladungen* K= *und ist es nicht das, was unserer Gesellschaft gehörigen Schaden zufügt?*
fü, n/v	tn08ABio, TB3, Z25–26	P(in Z24–25)= *Der springende Punkt ist doch der, dass wir alle glauben.*

((Fortsetzung))

GK I; Q5, Variante A		
Mustervarianten	Fundstelle (Schülercode)	Ankerbeispiel
		K und A identisch = *Naturwissenschaftler glauben wie wir, die Theologen.*

Tabelle 31, Kap. 7: Ankerbeispiele Impuls B, Vergleichsmuster der Ähnlichkeit Q5

GK I; Q5, Variante B		
Mustervarianten	Fundstelle (Schülercode)	Ankerbeispiel
fs, d/v, Theol.	Kein	Kein
fs, d/v, Bio.	Tn08BRu, TB2, Z36–43 Auch: Tn07BRu, TB4, Z59–66	P= *Wir fischen einige Erkenntnisse aus dem großen Meer der ungeklärten Fragen heraus und behaupten, die Erkenntnisse würden alles erklären.* A= *Wir verallgemeinern und sehen wie der Ichthyologe, wiederkehrende Merkmale als Grundgesetze an.* K= *Wir müssen uns hingegen aber immer daran erinnern, dass auch Wissenschaftler nicht allwissend sind.* K= *Was wissenschaftlich zu beweisen ist, beweisen sie – oder versuchen es zumindest. Fundiert begründet, sind die Ergebnisse dieser Forschung natürlich wahr, doch wir müssen uns eingestehen, dass sie möglicherweise nur unvollständig sind.*
fs, n/v, Theol.	Tn27BRu, TB3, Z42–46	P= *Nicht alle Theorien widersprechen zwangsläufig dem Modell der biblischen Schöpfung,* A= *und von einer Kirche, die Akzeptanz und Nächstenliebe von ihrer Kanzel predigt*

((Fortsetzung))

GK I; Q5, Variante B		
Mustervarianten	Fundstelle (Schülercode)	Ankerbeispiel
		K= *sollte wenigstens erwartet werden, dass sie der neuen Welt aufgeschlossen gegenüber[ist].*
fs, n/v, Bio.	Tn02BRu, TB4, Z39–47	P= *Wir sagen auch nicht, alle Menschen haben grüne Augen. Die anderen sind keine Menschen.* A= *Überträgt man dies auf den Menschen, würde man die Würde des Menschen verletzen.* K= *Die Meinung des Ichthyologen ist damit sehr suboptimal und nicht wirklich mit der Evolutionstheorie zu vereinbaren. Eher finde ich seine Aussage eine Diskriminierung seitens der Fische.*
fü, d/v	t13BRu, TB2, Z34–41 Auch: Tn05BBio, TB2, Z50–63 (mit Q9,Q15,S1)	P= *Hier wird eine erste Ähnlichkeit zum biblischen Schöpfungsbericht deutlich …* A= *Denn auch in der Bibel wird berichtet, dass es zuerst die Tiere und die Pflanzen gab, bevor der Mensch als Krönung der Schöpfung hinzukam, genauso wie es nach der Evolutionstheorie der Fall ist.* K= *Sowohl die Verfechter des einzig geltenden Schöpfungsberichts als auch jene, die nur der Evolutionstheorie zustimmen, sind beide möglicherweise zutreffend. Die Verfechter der Evolutionstheorie sehen die biblische Schöpfungsgeschichte möglicherweise als einen Bericht an, wie Gott nach dem christlichen Glauben die Welt geschaffen hat.*
fü, n/v	Kein	Kein

Die Ankerbeispiele können das Vergleichsmuster der Ähnlichkeit (Q5) sowie die Verwendung durch die Schülerinnen und Schüler in vielfältiger Weise belegen. Es fehlen bei diesem Muster nur fs, n/v, Bio. in Variante A und fs, d/v, Theol. sowie fü, n/v in der B-Variante.

Zum einen kann beobachtet werden, dass Q5 fachspezifisch geeignet ist, theologische oder biologische Zusammenhänge überzeugend vorzutragen, zum anderen eignet sich dieses Muster aber auch für fachübergreifende Argumentationen. In beiden Impulsvarianten wird der Vergleich der Ähnlichkeit zum *Kritiküben* verwendet, wobei auffällig ist, dass der vermutete Allmachtsanspruch naturwissenschaftlicher Forschung von den Schülerinnen und Schülern mit Skepsis bis hin zur Ablehnung vorgetragen wird. Weshalb sie meinen, dass die evolutionstheoretische Forschung einen alles erklärenden Anspruch erhebt, geht aus den Argumenten nicht hervor – dies hätte aber eine weiterführende, fachdidaktisch angelegte Forschung zu erkunden.

Augenfällig ist auch, dass bei diesem Muster erstmalig die Entstehungssituation – in welchem Fach wird welcher Impuls bearbeitet – eine Rolle zu spielen scheint. Die Kritik oder Skepsis an der Aussagereichweite der Evolutionstheorie kann mit Textstellen belegt werden (Variante B: fs, d/v, Bio.; fs, d/v, Bio. und fs, n/v, Bio.), die in der Situation Biologieunterricht entstanden. Freilich ist diese Beobachtung aufgrund der geringen Datenmenge nicht überzubewerten.

Auf einen Fall ist besonders hinzuweisen. In der Impulsvariante A (fs, d/v, Bio.) zeigt das Ankerbeispiel die Bearbeitung der Aufgabe durch eine »Theologin«, die eine, zwar fachwissenschaftlich nicht exakte, biologische Sichtweise übernimmt *(… sich der Mensch langsam aus seinen Vorgängen herausentwickelt hat. Diese Vorgänger sollen Affen gewesen sein)*, diese kritisch befragt *(Der Mensch, wie er hier [und] heute so vielfach vertreten ist, soll ein bloßer Nachkomme des Affen sein?)* und trotz der Konklusion *(Und das sei ganz von allein passiert, ohne äußere Einflüsse eines göttlichen Funkens oder Ähnlichem)* im fachspezifisch-biologischen Bereich verbleibt. Dieses Beispiel zeigt sehr schön, mit welcher Komplexität die an die Schülerinnen und Schüler gestellte Aufgabe behaftet ist und zugleich wie sie damit umgehen können.

7.3.2.1.2.3 Das Vergleichsmuster der Verschiedenheit (Q6)

Als letztes Muster aus der Kategorie Vergleichsmuster ist das der Verschiedenheit (Q6) durch die entsprechenden Ankerbeispiele zu präsentieren. Zuerst sei an die Definition erinnert:

Es handelt sich um ein Vergleichsmuster der Verschiedenheit (Q6), wenn von einer Prämisse über ein Verschiedenes auf die Konklusion geschlossen werden kann, d. h. wenn die Argumentation darauf abzielt, mittels eines Verschiedenen ein Drittes belegen (plausibel machen) zu können.

Das Vergleichsmuster der Verschiedenheit kann mit den folgenden Ankerbeispielen belegt werden (siehe Tabelle 32 und 33, Kap. 7).

Tabelle 32, Kap. 7: Ankerbeispiele Impuls A, Vergleichsmuster der Verschiedenheit Q6

GK I; Q6, Variante A		
Mustervarianten	Fundstelle (Schülercode)	Ankerbeispiel
fs, d/v, Theol.	Kein	Kein
fs, d/v, Bio.	T04ARu, TB4, Z23–28	P1= *Die Evolutionstheorie geht davon aus, dass wir von Affen abstammen, also von Primaten, …* P2= *… wie lässt sich erklären, dass die Evolutionstheorie davon ausgeht, dass wir wie Tiere sind?* P3= *Ich meine, es lässt sich nicht erklären. Denn die Menschen mit Tieren gleichzusetzen, ist mir fremd.* A= *Nun ist die Frage, warum wird diese Theorie auch auf Menschen angewendet, wenn sie doch so unterschiedlich sind und sich eigentlich nicht mit Tieren vergleichen lassen?* K= *Weil ich glaube, dass uns diese Fähigkeit von Gott gegeben wurde und sie nicht aus Millionen Jahren dauernder Evolution entstand.*
fs, n/v, Theol.	T01ABio, TB2, Z04–10	P2= *Gott schuf die Erde an mehreren Tagen. Er ging dabei nicht immer systematisch vor.* A= *Ich finde es gut, dass er den Menschen zum Schluss schuf und nicht so wie Darwin in seiner Evolutionstheorie, den Menschen aus dem Affen schuf.* K2= *Der Mensch kam in der Schöpfungsgeschichte zum Schluss, alles war fertig.*
fs, n/v, Bio.	Kein	Kein
fü, d/v	T04ARu, TB4, Z17–22	P3= *Ich meine, es lässt sich nicht erklären. Denn die*

((Fortsetzung))

GK I; Q6, Variante A		
Mustervarianten	Fundstelle (Schülercode)	Ankerbeispiel
	Auch: tn07ABio, TB2-3, Z03-08 (allerdings weder mit Theol noch mit Bio) tn05ABio, TB3, Z11-16 (mit S1 bio und grau unterlegt) tn05ABio, TB4, Z18-25 (Bio und grau mit S1)	*Menschen mit Tieren gleichzusetzen, ist mir fremd.* A= *Ich frage mich, wieso haben wir eine[n] so[lchen] technologischen Fortschritt, aber zum Beispiel andere Tiere nicht.* K= *Weil ich glaube, dass uns diese Fähigkeit von Gott gegeben wurde und sie nicht aus Millionen Jahren dauernder Evolution entstand.*
fü, n/v	Kein	Kein

Tabelle 33, Kap. 7: Ankerbeispiele Impuls B, Vergleichsmuster der Verschiedenheit Q6

GK I; Q6, Variante B		
Mustervarianten	Fundstelle (Schülercode)	Ankerbeispiel
fs, d/v, Theol.	T04BRu, TB4, Z53-62	P= *Sicherlich dient die Schöpfungsgeschichte in erster Linie dazu, sich ein Bild von Gott, dem Vater, dem Allmächtigen, dem Schöpfer des Himmels und der Erde, zu machen. Die soeben von mir vorgenommene Beschreibung Gottes ist der Beginn des christlichen Glaubensbekenntnisses, welches zu jedem Gottesdienst genutzt wird, um sich in der Kirche zu Gott zu bekennen.* A= *Und an diesem Punkt wird eines deutlich [...] Gott ist Schöpfer des Himmels und der Erde! Soweit so gut, denn in der Evolutionstheorie von Darwin steht [nicht] geschrieben, wie Erde und Himmel entstanden sind. Darwin erläutert*

((Fortsetzung))

GK I; Q6, Variante B		
Mustervarianten	Fundstelle (Schülercode)	Ankerbeispiel
		lediglich, wie es zu unterschiedlichen Arten unter den Lebewesen auf der Erde kommen konnte. K= *Wenn wir uns also auf die Schöpfung des Himmels und der Erde, welche von Gott ausgeht, beziehen, so ist sie mit der darwinistischen Evolutionstheorie vereinbar.*
fs, d/v, Bio.	Kein	Kein
fs, n/v, Theol.	Tn06BBio, TB2, Z 41–50 Auch: tn10BRu, TB2, Z29–37	P= *Es ist mir nicht sehr leichtgefallen, alle Grundsätze der Bibel auf den Kopf zu stellen und zu hinterfragen. Es gibt durchaus einige Parallelen zwischen der biblischen Entstehungstheorie und der evolutionären Entstehungstheorie, …* K= *… dennoch neige ich mehr zur evolutionären, weil die Beweislage einfach mehr dafür spricht als dagegen.* A= *Die biblische Theorie ist nicht 100 % bewiesen und nach den heutigen Erkenntnissen und Kenntnissen sehr umstritten, die Glaubenswürdigkeit ist infrage gestellt*
fs, n/v, Bio.	Kein	Kein
fü, d/v	tn01BBio, TB2, Z32–39 (mit Q1)	P= *Selbstverständlich kann bei beiden Dingen, die jeweils andere Problematik des Anfangs und der Entwicklung nicht ignoriert werden …* K= *… jedoch sind beide Theorien insofern komplementär,* A= *als dass die eine die Quelle für die Entstehung*

((Fortsetzung))

GK I; Q6, Variante B		
Mustervarianten	Fundstelle (Schülercode)	Ankerbeispiel
		aller Dinge nennt und die andere Erklärungen für den heutigen Zustand dieser Dinge liefert.
fü, n/v	Tn03BRu, TB1, Z20–30	P = *Wir alle kennen die Entstehungsgeschichte der Bibel, in der Gott unser Schöpfer ist. Er schuf uns erst eine Welt mit Pflanzen, Tieren, Licht und Dunkelheit und am Ende jemanden, der darauf aufpasst. Er schuf diesem Mann noch einen Partner, damit er nicht einsam wird, eine Frau. Adam und Eva. So »einfach« geschieht es in der Bibel. Alles hat Gott in nur sieben Tagen erschaffen, wohingegen die Welt aus evolutionstheoretischer Sicht in mehreren tausend Jahren entstand und dort vorerst keine Menschen lebten. Auf der wissenschaftlich betrachteten Seite fing alles mit einem Bakterium im Wasser an, woraus sich dann zufällig ein Lebewesen entwickelte. Langsam, über Tausende Jahre hinweg, entwickelte sich über die Affen ein Mensch.* A= *Das klingt alles sehr logisch, nicht wahr? Ich denke schon, logischer als die biblische Schöpfungsgeschichte.* K= *Deswegen fällt es mir leichter, das zu glauben, auch wenn ich mir sicher bin, dass es einen Gott gibt.*

Die Schülerinnen und Schüler verwenden das Muster Q6, um den Unterschied zwischen Schöpfung und Evolution argumentativ vortragen zu können. Die Unterschiede werden verstärkt theologisch und weniger biologisch herausgestellt. So fehlt in der Variante A das Ankerbeispiel für n/v bio und in der Variante B für d/v bio und n/v Bio.

Auf formaler Ebene ist festzuhalten, dass die Schülerinnen und Schüler diese Muster benutzen können. Im Gegensatz zu Q5 geschieht diese Verwendung allerdings zu häufig mit inhaltlichen kategorialen Fehlern, was gegen ein »inhaltliches Beherrschen« dieses Vergleichsmusters spricht. In der Impulsvariante A ist eine schwach ausgebildete kategoriale Bestimmung von theologischen und biologischen Zusammenhängen zu beobachten. Schöpfung wird, um sie von Evolution zu unterscheiden, häufig wortwörtlich verstanden und Evolution skeptisch bis falsch betrachtet. Ein Ankerbeispiel (T04ARu, TB4, Z17–22) kommt doppelt vor, weil es einmal ein fachspezifisch deskriptives biologisches Muster ist, aber auch ein überfachlich biologisches Muster mit theologischer Implikation abbildet.

Etwas anders sieht die Sachlage im Impuls B aus. Hier wird inhaltlich der Unterschied eher dazu genutzt, um eventuelle Gemeinsamkeiten aufzuweisen. Dabei kann in der Regel (mit Ausnahme von Tn02BRu, TB2, Z26–28, fs, d/v, Theol.) von den Schülerinnen und Schülern auf ein evolutionstheoretisches Fachwissen zurückgegriffen werden, welches mit schöpfungstheologischen Aussagen über den Unterschied eine Verknüpfung sucht.

In Gesamtheit kann festgehalten werden, dass die untersuchten Texte auch dieses Muster verwenden, um eine Argumentation zum Thema *Schöpfung und Evolution* vorzutragen.

7.3.2.1.2.4 Zusammenfassung zur Kategorie Vergleichsmuster *(Q4-Q6)*

Die bei der Kategorie *Vergleichsmuster* vor dem Hintergrund der abstrakten Definitionen nach Kienpointner vorgenommene Binnendifferenzierung erweist sich als tragfähig. Erst dadurch kann exakt bestimmt werden, welche Form des Vergleiches verwendet wird. Im Ergebnis ist festzuhalten, dass die Vergleichsmuster Q4 bis Q6 bei den Schülerinnen und Schülern eher Anwendung finden als die Muster der Einordnung (mit Ausnahme von Q1).

Die diskutierten Abgrenzungsprobleme haben sich gerade in der Variante Q4 bemerkbar gemacht. Es ist allerdings nachzuweisen, weshalb es sich bei den Beispielen um Vergleichs- und nicht um Analogiemuster oder induktive bzw. illustrative Beispielmuster handelt. Dazu müssen keine eigenen Kodierregeln entwickelt werden, weil die vorgenommenen Vereinfachungen der Kienpointner'schen Definitionen bzw. die Binnendifferenzierungen ausreichend sind, um die entsprechenden Abgrenzungsprobleme einsichtig lösen zu können.

Bis auf das Muster Q4 – hier ergibt sich nur zwei fachspezifisches Ankerbeispiel in der Variante A – hat sich zeigen lassen, dass die Vergleichsmuster fachspezifisch und fachübergreifend von den Schülerinnen und Schülern in beiden Impulsvarianten – also theologisch und biologisch – verwendet werden.

Beim Muster Q5 ist durch ein hervorgehobenes Beispiel gut zu veranschaulichen, mit welcher Komplexität die an die Schülerinnen und Schüler gestellte Aufgabe behaftet ist und zugleich, dass sie damit umgehen können.

Die Ankerbeispiele zu den Mustern Q5 und Q6 haben die Verwendung durch die Schülerinnen und Schüler in vielfältiger Weise belegt.

Insgesamt lässt sich formulieren, dass die Vergleichsmuster der *Gleichheit*, der *Ähnlichkeit* und der *Verschiedenheit* Argumentationsmuster sind, die den untersuchten Schülerinnen und Schülern geläufig zu sein scheinen. Zum einen kann bei zwei Formen des Vergleichsmusters beobachtet werden, dass sie fachspezifisch geeignet sind, theologische oder biologische Zusammenhänge überzeugend vorzutragen, zum anderen eignen sich alle drei Formen dieses Musters, wie im Einzelnen belegt, auch für fachübergreifende Argumentationen.

Inhaltlich werden die Vergleichsmuster von der untersuchten Schülerschaft genutzt, auch dies ist in beiden Impulsvarianten möglich zu zeigen, um Kritik an einem durch die Schülerschaft vermuteten Allmachtsanspruch naturwissenschaftlicher Forschung zu üben. Dieser vermutete Anspruch wird mit Skepsis bis hin zur Ablehnung argumentativ vorgetragen. Weshalb Schülerinnen und Schüler meinen, dass die evolutionstheoretische Forschung einen alles erklärenden Anspruch erhebt, geht aus den Argumenten nicht hervor – dies hätte eine weiterführende Forschung zu erkunden.

Augenfällig ist auch, dass beim Muster Q5 erstmalig die Entstehungssituation – in welchem Fach wird welcher Impuls bearbeitet – eine Rolle spielt. Die Kritik oder Skepsis an der Aussagereichweite der Evolutionstheorie kann mit Textstellen belegt werden, die in der Situation *Biologieunterricht* entstanden.

Eine weitere Auffälligkeit lässt sich bei Q6 festhalten. Dieses Muster der Verschiedenheit wird genutzt, um inhaltlich die Unterschiede zwischen Schöpfung und Evolution verstärkt theologisch und weniger biologisch hervorzuheben. In formaler Hinsicht wird für Q6 allerdings notiert, dass bei diesem Muster häufig kategoriale Fehler auftreten – zumindest im Impuls A: So wird Schöpfung, um sie von Evolution zu unterscheiden, häufig wortwörtlich verstanden, und Evolution skeptisch bis hin zur Aussage: »Sie ist eine falsche Theorie« betrachtet. Für den B-Impuls kann festgestellt werden, dass der Unterschied eher dazu genutzt wird, um eventuelle Gemeinsamkeiten aufzuweisen. Dabei kann in der Regel auf ein evolutionstheoretisches Fachwissen zurückgegriffen werden, welches mit schöpfungstheologischen Aussagen gerade über den Unterschied eine Verknüpfung sucht.

In Gesamtheit darf notiert werden, dass die untersuchten Schülerinnen und Schüler die Vergleichsmuster Q4 bis Q6 verwenden, um eine Argumentation zum Thema *Schöpfung und Evolution* vorzutragen. Dies bedeutet, dass die *Vergleichsmuster* nach der Typologie von Kienpointner eine in sich differenzierte Kategorie bilden, mittels derer Schülerargumente erfasst werden können.

7.3.2.1.3 Gegensatzmuster (Q9-Q12)

Im Zentrum der im Folgenden vorzustellenden Ankerbeispiele stehen »Gegensätze der verschiedensten Art als für die Argumentation entscheidende Elemente« (Kienpointner 1992: 306). Sie sind in Anlehnung an Kienpointner differenziert in den kontradiktorischen (Q9), den konträren (Q10), den konversen (Q11) und den inkompatiblen Gegensatz (Q12) und werden von ihm wie folgt definiert:

Deskriptiv:

1. Wenn X die Eigenschaft P aufweist, kann X nicht zur gleichen Zeit in derselben Hinsicht die kontradiktorische Eigenschaft P' aufweisen. X weist P auf. Also: X kann nicht zur gleichen Zeit in derselben Hinsicht P' aufweisen.
2. Wenn X die Eigenschaft P aufweist, kann X nicht zur gleichen Zeit in derselben Hinsicht die konträre Eigenschaft P' aufweisen. X weist P auf. Also: X kann nicht zur gleichen Zeit in derselben Hinsicht P' aufweisen.
3. Wenn X die Eigenschaft P aufweist, kann X nicht zur gleichen Zeit in derselben Hinsicht die konverse Eigenschaft P' aufweisen. X weist P auf. Also: X kann nicht zur gleichen Zeit in derselben Hinsicht P' aufweisen.
4. Wenn X die Eigenschaft P aufweist, kann X nicht zur gleichen Zeit in derselben Hinsicht die inkompatible Eigenschaft P' aufweisen. X weist P auf. Also: X kann nicht zur gleichen Zeit in derselben Hinsicht P' aufweisen. (vgl. Kienpointner 1992: 307f)

Normativ:

1. Wenn X die Bewertung W zukommt, kann X nicht zur gleichen Zeit in derselben Hinsicht die gegensätzliche Bewertung W' zukommen. X kommt die Wertung W zu. Also: X kommt W' zur gleichen Zeit in derselben Hinsicht nicht zu.[253]
2. Wenn hinsichtlich Gegenstand X die Handlung Y angebracht ist, ist hinsichtlich des konträren Gegensatzes X' die konträre Handlung Y' angebracht und umgekehrt. Hinsichtlich X ist Y angebracht. Also: Hinsichtlich X' ist Y' angebracht.

253 Kienpointner vermerkt zu dieser Formulierung, dass das »Schema global für alle Gegensatzarten« gelten soll (Kienpointner 1992: 312).

3. Wenn X in der Verhaltensrelation R zu Y steht, darf Y in der konversen Verhaltensrelation R' zu X stehen und umgekehrt. X steht in R zu Y. Also: Y darf in R' zu Y stehen. (vgl. Kienpointner 1992: 312f)

Auch wenn die von Kienpointner abstrakt formulierten Definitionen des *Gegensatzmusters* übernommen werden, sind einige Anmerkungen dazu nötig. Prinzipiell verweisen die Muster des Gegensatzes auf einen Widerspruch, der argumentativ erzeugt wird, um eine Aussage/Überzeugung als wahr (wahrer) gegenüber anderen Aussagen/Überzeugungen zu deklarieren.

Ein kontradiktorisches Gegensatzmuster ist nach dieser Definition (Deskriptiv, 1.) dann gegeben, wenn von der Wahrheit einer Aussage X auf die Falschheit einer Aussage Y bzw. von der Falschheit einer Aussage Y auf die Wahrheit einer Aussage X geschlossen werden kann. Das heißt, die Aussagen schließen sich auf der semantischen Ebene gegenseitig aus, wie beispielsweise in der Aussage: »Der See ist zugefroren, und die Wassertemperatur beträgt plus 16 Grad Celsius.«

Anders ist der konträre Gegensatz zu verstehen, denn bei diesem ist festzuhalten, dass bei Nichtzutreffen des Wahrheitsgehaltes der Aussage X nicht auf das Zutreffen eines Wahrheitsgehaltes der Aussage Y zu schließen ist. Auch hierfür ein Beispiel: »Es gibt rote und blaue Motorräder. Die Yamaha ist nicht rot.« Das bedeutet nicht, sie ist blau. Konträre Aussagen können somit nicht gleichzeitig wahr, aber beide können gleichzeitig falsch sein.

Bei einem konversen Gegensatz ist ebenfalls von einem Ausschluss zu sprechen, der aber nicht durch Negation (wie beim kontradiktorischen Gegensatz) erreicht wird, sondern prinzipiell in der Bedeutungsstruktur der Aussage (des Wortes) liegt, wie beispielsweise »Vorgesetzter« und »Untergebener«.

Liegen zwei Aussagen vor, die semantisch nicht miteinander verträglich, nicht sinnvoll zusammenstimmen oder nicht vereinbar sind, dann ist von einem inkompatiblen Gegensatz zu sprechen. Auch hier ein Beispiel: »Die Gans frisst den Fuchs.«

Weil die Definitionen von Kienpointner die einzelnen Formen eines Gegensatzes berücksichtigen, müssen keine Kodierregeln aufgestellt werden. *Gegensatzmuster* gehören »zu den wichtigsten Mustern der Alltagsargumentation« (Kienpointner 1992: 308), auch wenn sie bestimmte Probleme aufweisen. So ist es vom Kulturkreis, aber auch von Traditionen abhängig, was als Widerspruch bzw. Gegensatz gilt bzw. gelten soll. Wird der Gedanke der Begegnung verschiedener Weltmodi von Baumert et al. (2001) aufgenommen, so zeigt sich dieses Problem beim Inhalt der vorliegenden Forschung: Was im naturwissenschaftlichen, evolutionstheoretischen Kontext als widerspruchsfrei oder eben als Gegensatz gilt, muss nicht zugleich im religiösen Kontext als ein solches gelten und umgekehrt.

Gegensätze sind, ähnlich wie beim Definitionsmuster Q1, an den jeweiligen Kontext gebunden, was bedeutet, dass klar sein muss, ob aus einem naturwissenschaftlichen, ethischen, wirtschaftlichen oder eben religiösen Kontext heraus ein Widerspruch entsteht oder aufgelöst wird. Dies stellt prinzipiell für die Identifizierung von Gegensätzen kein Problem dar, allerdings darf sich eine Diskussion über Schöpfung und Evolution nicht allein am Nichtwiderspruchsgesetz (vgl. Aristoteles 1995b, met. IV.3) orientieren, sondern hat die Komplexität von Weltwirklichkeit zu berücksichtigen, was die verschiedenen Möglichkeiten, ein konkretes Phänomen in den Blick zu nehmen, ein- und nicht ausschließt.

Ungeachtet dieser Überlegungen treten beim *Gegensatzmuster* keine Abgrenzungsprobleme gegenüber anderen Argumentationsmustern auf. Viel eher ist davon auszugehen, dass Abgrenzungen zwischen den einzelnen Mustern des Gegensatzes auftreten können, weil, zumindest aus dem Horizont der Schülerinnen und Schüler gedacht, sicherlich nicht klar unterschieden wird zwischen z. B. einem konträren und einem kontradiktorischen Gegensatz. Es ist Kienpointner zuzustimmen, wenn er vermerkt, dass »Gegensatzschemata auch ›zwingender‹ als z. B. die Vergleichsschemata mit den oft so vagen Konzepten ›Gleichheit‹ und ›Ähnlichkeit‹« sind (Kienpointner 1992: 315).

In den Texten der untersuchten Schülerinnen und Schüler konnte der konverse Gegensatz (Q11) und der inkompatible Gegensatz (Q12) nicht identifiziert werden. Die Ankerbeispiele für den kontradiktorischen (Q9) und den konträren (Q10) werden jetzt vorgestellt.

7.3.2.1.3.1 Kontradiktorisches Gegensatzmuster (Q9)

Als erstes Muster der Kategorie *Gegensatzmuster* werden die Ankerbeispiele für den kontradiktorischen Gegensatz präsentiert (siehe Tabelle 34 und 35, Kap. 7), der – es wurde schon erwähnt – dadurch zu klassifizieren ist, dass von der Wahrheit einer Aussage X auf die Falschheit einer Aussage Y bzw. von der Falschheit einer Aussage Y auf die Wahrheit einer Aussage X geschlossen werden kann.

Tabelle 34, Kap. 7: Ankerbeispiele Impuls A, Kontradiktorisches Gegensatzmuster Q9

GK I; Q9, Variante A		
Mustervarianten	Fundstelle (Schülercode)	Ankerbeispiel
fs, d/v, Theol.	Kein	Kein
fs, d/v, Bio.	T02ABio, TB3, Z15–18 Auch: t02ABio, TB3, Z31–33	P= *Die Evolutionstheorie hingegen begründete es mit der Biologie.* A= *Zwar ist die Ausfüh-*

((Fortsetzung))

GK I; Q9, Variante A		
Mustervarianten	Fundstelle (Schülercode)	Ankerbeispiel
		rung, dass wir aus einem Bakterium und unterschiedlichen Genmutationen entstanden sind, gut erklärt, jedoch haben die Lebewesen so viele wunderbare Fähigkeiten, ohne die die Welt so nicht existieren würde, … K= *… dass der Zufall, dass es sich so, wie die Biologie sagt, sehr gering ist.*
fs, n/v, Theol.	Kein	Kein
fs, n/v, Bio.	Kein	Kein
fü, d/v	Kein	Kein
fü, n/v	Kein	Kein

Tabelle 35, Kap. 7: Ankerbeispiele Impuls B, Kontradiktorisches Gegensatzmuster Q9

GK I; Q9, Variante B		
Mustervarianten	Fundstelle (Schülercode)	Ankerbeispiel
fs, d/v, Theol.	Kein	Kein
fs, d/v, Bio.	Kein	Kein
fs, n/v, Theol.	Kein	Kein
fs, n/v, Bio.	t13BRu, TB5, Z57–62	P= *Wir Evolutionstheoretiker beschreiben das, was wir sehen, und das, was wir begreifen können, und das lässt sich rational erklären, …* A= *… jedoch können wir uns nicht wie die Theologen mit Sachen beschäftigen, die wir nicht sehen, wie Gott, das heißt jedoch nicht, dass er nicht da ist.* K= *Die Evolutionstheorie ist also in jedem Fall nicht falsch, […]*
fü, d/v	t11BRu, TB4, Z58–62	P= *Diese Erkenntnisse schließen eine Schöpfung in sieben Tagen eindeutig aus.*

((Fortsetzung))

GK I; Q9, Variante B		
Mustervarianten	Fundstelle (Schülercode)	Ankerbeispiel
		A= *Wie sollte das Wunder der Evolution in sieben Tagen geschehen?* K= *Die Evolution ist unwiderlegbar.*
fü, n/v	Kein	Kein

Das kontradiktorische Gegensatzmuster Q9 ist in beiden Impulsvarianten sehr gering vertreten. Beim näheren Hinsehen ergibt sich allerdings, dass die Schülerinnen und Schüler, die mit diesem Gegensatzmuster argumentieren, durchaus in der Lage sind, ein Schließen von wahr auf falsch bzw. von falsch auf wahr durchzuführen, um – hier im Kontext Evolutionstheorie – zu einer überzeugenden Argumentation zu gelangen. Inwiefern dieses Muster eine fachspezifische Verwendung erfährt, lässt sich nicht mit Sicherheit sagen. Dazu sind – ähnlich wie bei den Mustern Q2 und Q3 – zu wenige Beispiele zu identifizieren.

Aber auch der fachübergreifende Zusammenhang ist nicht wirklich aus den Schülertexten zu entnehmen, wenngleich hier wenigstens ein Ankerbeispiel (fü, d/v) für die Impulsvariante B vorgestellt werden kann. Gerade in dieser Impulsbearbeitung ist inhaltlich auffällig, dass *Schöpfung und Evolution* als ein Widerspruch angesehen werden, der durch eine Art Zuteilung (Evolutionstheorie ist richtig, somit muss Schöpfung falsch sein) gelöst werden soll. Dabei sind beide Beispiele (fs, n/v, Bio.; fü, d/v) im Fach *Religion* entstanden, aber von einem »Evolutionstheoretiker« bearbeitet worden, was einen Hinweis darauf abgibt, dass der Fachkontext bei der Texterstellung keine relevante Rolle spielt.

Es wird einer weiterführenden Forschung vorbehalten bleiben, genau zu bestimmen, weshalb Schülerinnen und Schüler dieses Gegensatzmuster nicht oder nur sehr selten verwenden. Vermutet wird, dass es ihnen nicht bekannt ist. Als Lösung könnte ein Methodentraining im Unterricht vorgeschlagen werden, welches Schülerinnen und Schüler explizit auf diese Gegensatzform verweist.

7.3.2.1.3.2 Konträres Gegensatzmuster (Q10)

Im Gegensatz zum Muster Q9 wird der konträre Gegensatz dadurch bestimmt, dass bei Nichtzutreffen des Wahrheitsgehaltes der Aussage X nicht auf das Zutreffen eines Wahrheitsgehaltes der Aussage Y zu schließen ist. Die zu diesem Muster gehörigen Ankerbeispiele sind der Tabelle 36, Kap. 7 zu entnehmen.

Tabelle 36, Kap. 7: Ankerbeispiele Impuls A, Konträres Gegensatzmuster Q10

GK I; Q10, Variante A		
Mustervarianten	Fundstelle (Schülercode)	Ankerbeispiel
fs, d/v, Theol.	tn01ABio, TB3, Z29–31 Auch: t02ABio, TB«, Z20–23	P (aus Zeile 24)= *Ebenso verhält es sich auch mit der Wissenschaft.* A= *Denn das, was wir nicht begreifen, was über die Grenzen des menschlichen Verstandes ins Göttliche hinausgeht,* K= *ist für uns zwar nicht erklärbar, dass bedeutet aber nicht, dass es nicht vorhanden ist.*
fs, d/v, Bio.	T03ABio, TB5, Z37–43 Auch: t02ABio, TB3, Z34–37 tn03ABio, TB4, Z35–43	P= *Der Ichthyologe, welcher die Naturwissenschaft darstellt, kann gar nicht erfassen, wie viele Fische es eigentlich gibt und welche Formen sie haben.* A= *Er versucht nun, Gemeinschaften zu finden und lässt dabei die Feinheiten aus! Meistens sind es die Feinheiten, die kleine Dinge bedeutsam machen.* K= *Und deshalb bringt es nichts, einfach eine allgemeine Form aufzustellen, […]*
fs, n/v, Theol.	t02ABio, TB3, Z38–43 Auch: Tn27ARu, TB4, Z22–26	Die K aus Zeile 34–37 wird hier zur P= *Nein! Dieses Experiment ist die Natur selber.* A= *Dieses Experiment »Erde« könne [kann] nur ein höheres Wesen betrachten, und zwar Gott.* K= *Auch in der Schöpfung lesen wir, wie Gott dieses Experiment beurteilt, und zwar als gut.*
fs, n/v, Bio.	Kein	Kein
fü, d/v	T28ABio, TB2, Z12–14	P= *Ich glaube nicht an die theoretischen Modelle von Evolutionstheoretikern, …* A= *… da es wie gesagt nur*

((Fortsetzung))

GK I; Q10, Variante A		
Mustervarianten	Fundstelle (Schülercode)	Ankerbeispiel
		Modelle sind und nicht feste Bestandteile der Wissenschaft. *Ich glaube vielmehr an das geschriebene Wort in der Bibel,* K= *denn das ist für mich die Wahrheit.*
fü, n/v	Kein	Kein

Während das Gegensatzmuster Q10, mit Ausnahmen (fs, n/v, Bio. und fü, n/v), fast vollständig im Impuls A zu finden ist bzw. mit Ankerbeispielen belegt werden kann, fehlt es komplett in der Variante B. Die Ankerbeispiele für den Impuls A entstammen durchgängig Texten von »Theologen«, die im Fach *Biologie* verfasst wurden. Beim näheren Hinsehen fällt auf, dass der konträre Widerspruch nur implizit einen Ausdruck findet (vgl. beispielsweise fs, d/v, Bio.). Eine Ausnahme stellt das Ankerbeispiel fs, d/v, Theol. dar, weil hier expliziert wird, dass von der Falschheit einer Aussage X nicht auf die Wahrheit einer Aussage Y geschlossen werden kann. Der eigentliche konträre Gegensatz wird in der Konklusion durch die doppelte Negation expliziert:

P (aus Zeile 24)=	*Ebenso verhält es sich auch mit der Wissenschaft.*
A=	*Denn das, was wir nicht begreifen, was über die Grenzen des menschlichen Verstandes ins Göttliche hinausgeht,*
K=	*ist für uns zwar nicht erklärbar, dass bedeutet aber nicht, dass es nicht vorhanden ist.*

Bis auf dieses und das Ankerbeispiel fs, d/v, Bio. muss zur inhaltlichen Verwendung festgestellt werden, dass das Muster Q10 durchgängig von theologisch-fachwissenschaftlich falschen Prämissen ausgeht bzw. theologisch nicht tragfähige Konklusionen gezogen werden. Das heißt, das konträre Gegensatzmuster Q10 ist ein Beispiel dafür, dass zwischen einer formalen Musterverwendung und den entsprechenden konkreten Inhalten zu differenzieren ist, wie exemplarisch in Kapitel 8 noch ausführlich dargestellt wird.

Nur die vorhandenen Ankerbeispiele von A ins Visier nehmend, kann gesagt werden, dass dieses Gegensatzmuster zumindest fachspezifisch-theologisch und fachübergreifend verwendet wird. Aufgrund dessen, dass für den fachspezifisch-biologischen Zusammenhang keine Beispiele präsentiert werden können und im Impuls A eher auf einer naturwissenschaftsfeindlichen Ebene argumentiert wird, ist eine solche Aussage für den Fachkontext *Biologie* nicht möglich.

7.3.2.1.3.3 Zusammenfassung zur Kategorie Gegensatzmuster *(Q9-Q10)*

Die Kategorie *Gegensatzmuster* ist in der theoretisch vorgenommenen Differenzierung zwar vertreten, allerdings reichen die Belegstellen bzw. die Ankerbeispiele nicht aus, um diese Kategorie als fachspezifisches und/oder fachübergreifendes Argumentationsmuster ausweisen zu können. Sicherlich ist es für Schülerinnen und Schüler – so kann vermutet werden – schwierig, unterscheiden zu können zwischen einem Gegensatz, der auf einem Schlussfolgern von wahr auf falsch und umgekehrt (kontradiktorischer Gegensatz Q9) und einem Gegensatz, der darauf hinausläuft, dass vom Nichtzutreffen des Wahrheitsgehaltes der Aussage nicht auf das Zutreffen eines Wahrheitsgehaltes der anderen Aussage zu schließen ist (konträrer Gegensatz Q10).

Erstaunlich ist, dass das konträre Gegensatzmuster Q10 (mit Ausnahmen) fast vollständig im Impuls A mit Ankerbeispielen belegt werden kann, allerdings in der Variante B komplett fehlt. Die Ankerbeispiele für den Impuls A entstammen durchgängig Texten von »Theologen«, die im Fach *Biologie* verfasst wurden. Beim näheren Hinsehen fällt weiter auf, dass der konträre Widerspruch nur implizit einen Ausdruck findet. Auch hier kann eine Ausnahme mit einem Ankerbeispiel belegt werden.

Bei dieser Form des Gegensatzmusters ist ebenfalls zu notieren, dass die Schülerinnen und Schüler fast durchgängig von theologisch-fachwissenschaftlichen falschen Prämissen ausgehen bzw. theologisch nicht tragfähige Konklusionen ziehen, woraus geschlussfolgert wird, dass das Muster Q10 ein Beispiel dafür ist, zwischen einer formalen Musterverwendung und den entsprechenden konkreten Inhalten zu differenzieren.

Nur die vorhandenen Ankerbeispiele von Impuls A berücksichtigend, kann gesagt werden, dass dieses Gegensatzmuster zumindest fachspezifisch-theologisch und fachübergreifend verwendet wird. Aufgrund der Tatsache, dass für den fachspezifisch-biologischen Zusammenhang keine Beispiele präsentiert werden können und im Impuls A eher auf einer naturwissenschaftsfeindlichen Ebene argumentiert wird, ist eine solche Aussage für das Fach *Biologie* nicht möglich.

Zusammen betrachtet muss für die Kategorie *Gegensatzmuster* notiert werden, dass sie prinzipiell als eine solche in den Texten der untersuchten Schülerinnen und Schüler ausgewiesen ist, allerdings kann die Frage, ob es sich um ein fachspezifisches und/oder fachübergreifendes Mustern handelt, nicht entschieden werden. Dieses Ergebnis ist u. a. auch bei den Einordnungsmustern Q2 und Q3 festzustellen. Es konnten Hinweise gefunden werden, dass für die Gegensatzmuster der fachliche Kontext der Impulsbearbeitung keine relevante Rolle spielt.

Dass Gegensätze in der Alltagsargumentation eine wichtige Rolle spielen, wie Kienpointner behauptet und innerhalb seiner Sammlung auch belegen kann, ist für die untersuchten Schülertexte nicht zwingend zu belegen; die Ankerbeispiele weisen nur nach, dass diese Kategorie Verwendung findet. Allerdings, so kann vermutet werden, bedürfte es in unterrichtlichen Zusammenhängen einer methodisch ausgewiesenen Förderung dieser Argumentationsmuster.

7.3.2.1.4 Kausalmuster (Q13-Q16)

Das Thema *Kausalität* ist so umfassend, dass hier nicht im Mindesten der Versuch unternommen werden könnte, eine begriffliche Erschließung vorzutragen (vgl. den Überblick bei Specht et al 1976; von Brandenstein/Schöpf 1973). Es ist davon auszugehen, dass die grundlegenden Positionen zur Kausalität einerseits von Hume und andererseits von Kant gelegt worden sind, sodass die Aussage von von Brandenstein und Schöpf nach wie vor aktuell ist:

> »Die gegenwärtige Diskussion der Probleme, die mit dem Begriff der Kausalität verbunden sind, bewegt sich, historisch betrachtet, in dem Feld zwischen *Kant* und *Hume* und basiert auf der diesen Denkern gemeinsamen Kritik an der metaphysischen Kausalitätsauffassung.« (Schöpf 1973: 791)

Während Hume die metaphysische Annahme bestritt, dass Kausalität die Kräfte zwischen Ursache und Wirkung auszudrücken in der Lage ist, weil der Mensch nur Ursache und Wirkung beobachten könne (vgl. Hume 1748/1997), betrifft die Kategorie *Kausalität* nach Kant ein Prinzip, in unserem Wissen so zu verfahren, dass erst dann von einer Erkenntnis gesprochen werden kann, wenn diese kausal zu verknüpfen ist (vgl. Kant 1781/1983 = KdrV: B 223 ff). Hume kritisierte die metaphysische Kausalitätsauffassung somit vom empirischen Standpunkt, Kant in transzendentallogischer Absicht. Diese wenigen Bemerkungen mögen hinreichen, um verständlich zu machen, dass es in diesem Kapitel nicht um Begriffe wie Kausalität, Kausalgesetz oder Kausalprinzip gehen kann, sondern um Argumentationen, »deren Plausibilität durch das Vorliegen verschiedener Kausalrelationen gewährleistet wird« (Kienpointner 1992: 328).

Kienpointner verweist auf die verschiedenen Diskussionsansätze zum Problem Kausalität, wobei er auf die Frage fokussiert, unter welchen Kriterien ein »alltagssprachliche[r] Kausalitätsbegriff zu rekonstruieren« ist (ebd.: 329).[254] Für den vorliegenden Forschungszusammenhang entscheidend ist dabei die Feststellung, dass im alltäglichen Sprachgebrauch »oft stillschweigend ›monokausal‹ argumentiert« wird (ebd.: 332), also jenseits von Überlegungen (vgl. Ballweg 1981; Schellens 1985), dass es sich nicht um »*die*, sondern [um] *eine*

---

254 Es sei angemerkt, dass Kienpointner auf die vier, seit Aristoteles unterschiedenen Ursachen (formal, bewirkend, materiell und final) verweist und von da aus unter Rekurs auf Schellens hinreichende Bedingungen für das Vorliegen einer Kausalität benennt: Regelmäßigkeit des Folgens der Wirkung auf die Ursache, zeitliches Nachfolgen der Wirkung, Veränderbarkeit der Ursache, Nichtvorliegen der Ursache führt zu Nichtvorliegen der Wirkung (vgl. Kienpointner 1992: 330).

Ursache« bzw. Wirkung handelt (Kienpointner 1992: 332, Hervorhebungen im Original). Unter Rekurs auf die Theorie von von Wright ([3]1991) fasst Kienpointner die Diskussion um die alltagssprachliche Verwendung von Kausalität folgendermaßen zusammen:

1. Es besteht ein »prinzipieller Unterschied zwischen kausaler Erklärung von Ursache-Wirkungs-Relationen im engeren Sinn und teleologischer Erklärung von Handlungen durch die zugrundeliegenden Intentionen«.
2. »Handlungen werden [...] durch die Rekonstruktion des ›praktischen Schlusses‹ teleologisch erklärt«; dieser kann »nicht wie logisch gültige Schlußschemata an den Tatsachen verifiziert werden«.
3. Die Zugehörigkeit zu »kulturellen Gemeinschaften ist [...] die Voraussetzung für das Verstehen und teleologische Erklären von Handlungen«. (Kienpointner 1992: 333f)

Kienpointner unterscheidet somit zwischen Ursachen und Wirkungen im naturwissenschaftlichen Sinn, also solchen, die auf »naturgesetzlicher Kausalität« beruhen (ebd.: 334), und solchen Ursachen, die Handlungen sind. Deshalb differenziert er auch in *Wirkungen* und *Folgen* (vgl. ebd.). Dieser Differenzierung, die sich letztlich auf die von Wright'sche Theorie bezieht, ist Folge zu leisten.

Für Kienpointner ergibt sich aus den Überlegungen zur alltagssprachlichen Verwendung von Kausalität eine Systematik (siehe Tabelle 37, Kap. 7), aus der er die deskriptiven und normativen Definitionen der verschiedenen Kausal-Relationen ableitet.

Tabelle 37, Kap. 7: Kausalschema unter Berücksichtigung notwendiger und hinreichender Bedingungen (nach Kienpointner 1992: 337)

Erklärung	Vorhersage
Schluss von Wirkungen auf Ursachen z. B. Es donnert und blitzt, also ist ein Gewitter ausgebrochen. X hat eine gerötete Nase, Husten und Halsweh, also hat X sich erkältet	**Schluss von Ursachen auf Wirkungen** z. B. Es regnet, also wird die Straße nass werden. (= **A. HINREICHENDE BEDINGUNG**) z. B. Es ist kein Holz vorhanden, also kann die Holzhütte nicht gebaut werden (= **B. NOTWENDIGE BEDINGUNG**) z. B. Der Lichtschalter an der Lampe ist in Ein-Position geschaltet worden, also wird die Lampe aufleuchten. (= **C. NOTWENDIGE UND HINREICHENDE BEDINGUNG**)

((Fortsetzung))

Schluss von Folgen auf Handlungen z. B. X besitzt ein einschlägiges Werkzeug, bei X finden sich gestohlene Juwelen, also hat X den Einbruch verübt	**Schluss von Gründen auf Handlungen** z. B. X will ein Haus bauen, also wird X versuchen, sich Geld zu beschaffen
Schluss von Handlungen auf Gründe (Motive) z. B. X hat Y beleidigt, also wollte X Y kränken	**Schluss von Handlungen auf Folgen** z. B. X raucht und trinkt zu viel, also wird X auf die Dauer seine/ihre Gesundheit schädigen

Somit ergeben sich die folgenden Definitionen:

Deskriptiv:

1. Wenn die Ursache (im Sinne A. oder C.) vorliegt, tritt die Wirkung auf. Die Ursache liegt vor. Also: Die Wirkung tritt auf.
2. Wenn die Ursache (im Sinne B. oder C.) nicht vorliegt, tritt die Wirkung nicht auf. Die Ursache liegt nicht vor. Also: Die Wirkung tritt nicht auf.
3. Wenn die Wirkung vorliegt, ist die Ursache (im Sinne B. oder C.) vorher eingetreten. Die Wirkung liegt vor. Also: Die Ursache ist vorher eingetreten.
4. Wenn die Wirkung nicht vorliegt, ist die Ursache (im Sinne A. oder C.) vorher nicht eingetreten. Die Wirkung liegt nicht vor. Also: Die Wirkung ist nicht eingetreten.
5. Wenn X ein Ziel (nur) durch Handlung Z erreichen kann, wird X Z ausführen. X kann das Ziel (nur) durch Handlung Z erreichen. Also: X wird Z ausführen.
6. Wenn X Handlung Y vollzieht, treten Folgen Z auf. X vollzieht Handlung Y. Also: Folgen Z treten auf.
7. Wenn die Folgen Z einer Handlung Y vorliegen, ist Y ausgeführt worden. Die Folgen Z liegen vor. Also: Y ist ausgeführt worden.
8. Wenn X Handlung Y vollzieht, hat X einen Grund (ein Motiv) Z dafür. X vollzieht Handlung Y. Also: X hat Grund (Motiv) Z dafür (vgl. Kienpointner 1992: 336 ff).

Normativ:

1. Wenn die Wirkung Bewertung X rechtfertigt, ist auch die Ursache mit X zu bewerten. Die Bewertung ist X. Also: Die Ursache ist mit X zu bewerten.
2. Wenn die Ursache Bewertung X rechtfertigt, ist auch die Wirkung mit X zu bewerten. Die Ursache ist mit X zu bewerten. Also: Die Wirkung ist mit X zu bewerten.
3. Wenn die Folgen einer Handlung eine Bewertung X rechtfertigen, ist auch die Handlung selbst mit X zu bewerten/(nicht) zu vollziehen. Die Folgen der Handlung sind mit X zu bewerten. Also: Die Handlung ist mit X zu bewerten/(nicht) zu vollziehen.

4. Wenn die Gründe (Ziele) einer Handlung eine Bewertung X rechtfertigen, ist auch die Handlung selbst mit X zu bewerten/(nicht) zu vollziehen. Die Gründe (Ziele) einer Handlung sind mit X zu bewerten. Also: Die Handlung ist mit X zu bewerten/(nicht) zu vollziehen (vgl. ebd.: 340ff).

Bei beiden Varianten *des Kausalmusters* ist nach Kienpointner »der Zusatz ›unter normalen Umständen‹« (Kienpointner 1992: 336) immer mitzudenken. Die normativen Definitionen des *Kausalmusters* sind »verschiedene Varianten des ›pragmatischen Arguments‹« (ebd.: 340 in Anlehnung an Perelman/Olbrechts-Tyceta 1958, dt. 2004: 358; Schellens 1985, 1987).

Eindeutig lässt sich die Kategorie *Kausalmuster* durch das Vorkommen »alltagssprachlichen ›Kausalvokabulars‹ (›Ursache‹/›Grund‹/›Folge‹ [...]) etc.« identifizieren, aber auch durch Begründungszusammenhänge wie »›damit‹ / ›um ... zu‹«, wobei diese »nur dazu dienen, die Kausalschemata von anderen Klassen von Argumentationsmustern abzugrenzen« (Kienpointner 1992: 343). Konkrete Abgrenzungsprobleme sieht Kienpointner in erster Linie gegenüber Gegensätzen, welche Ursache und Wirkung als einen konträren Gegensatz (Q10) setzen (vgl. ebd.).

Explizit verhandelt Kienpointner, unter Rekurs auf Bochenski (1981), alltagssprachliche Kausalmuster, die dem religiösen Bereich zugeordnet werden müssen. Auffällig ist dabei, dass es sich nur um moralisch konnotierte religiöse Aussagen handelt, wie beispielsweise die Frage nach Lohn und Strafe Gottes bzw. nach einer fatalistischen Auslegung der Beziehung zwischen Mensch und Gott (Tun-Ergehens-Zusammenhang) (vgl. Kienpointner 1992: 336f).[255]

Kausalmuster sind für Kienpointner, so kann kurz zusammengefasst werden, Argumentationen, die auf eine Relation zwischen Ursache/Wirkung, Handlung/Folge[256], Zweck/Mittel hinauslaufen. Dieser Differenzierung der Kategorie *Kausalmuster* ist in pragmatischer Hinsicht gefolgt worden, außerdem sind die jeweiligen Umkehrschlüsse – das Schließen von einer Wirkung auf eine Ursache, von einer Folge auf einen Grund und von einem Zweck auf die Mittel – explizit

255 Es ist keinem Linguisten vorzuwerfen, Kausalmuster aus dem religiösen Bereich an diesen beiden Positionen festzumachen, allerdings wäre es exakter gewesen, auch andere religiöse oder gar theologische Positionen auf Kausalverhältnisse hin zu untersuchen.

256 Bei diesem Muster wurde für den Terminus *Handlung* der Terminus *Grund* verwendet, womit eine Handlung als anhebend verstanden ist. Deshalb auch die noch weiter auszuführende Unterscheidung zwischen Wirkung/Ursache als von personalen Handlungen unabhängigen Kausalketten und Grund/Folge als von personalen Handlungen abhängige »Kausalkette«. Mit dieser Differenzierung wird von Wright (^{3}1991) gefolgt. In der Theologie wird Gott (aber auch der Mensch) als handelnde Person verstanden. Um hier nicht auch noch auf jeden Einzelfall verweisen zu müssen – ob menschliches oder göttliches Handeln gemeint ist – habe ich mich für die Verallgemeinerung *personal* entschieden, die *göttlich* und *menschlich* impliziert.

berücksichtigt, sodass im vorliegenden Forschungszusammenhang differenziert wird in ein Ursache-Wirkungs-Muster (Q13), ein Wirkungs-Ursache-Muster (Q14), ein Grund-Folge-Muster (Q15) und ein Folge-Grund-Muster (Q16).[257]

Um vor dem Hintergrund der Kienpointner'schen Differenzierungen die Identifizierung von Kausalmustern zu vereinfachen – es kann davon ausgegangen werden, dass Schülerinnen und Schüler nicht über die angezeigten wissenschaftstheoretischen Unterscheidungen zur Kausalitätsfrage verfügen – werden einfache Definitionen zu den Kausalmustern aufgestellt, die für die deskriptiven und normativen Varianten gelten. In diesen Definitionen steht ganz formal die Reihenfolge der Nennung von Ursache-Wirkung bzw. Grund-Folge im Vordergrund. Diese Vereinfachung erweist sich für die untersuchten Texte als sinnvoll. Die einzelnen Formulierungen werden jetzt vorgestellt:

1. Es handelt sich um ein Ursache-Wirkungs-Muster (Q13), wenn zuerst die Ursache und dann die Wirkung genannt wird. Die Ursache steht in der Prämisse oder als Prämisse, die Wirkung im Argument bzw. in der Konklusion.
2. Es handelt sich um ein Wirkungs-Ursache-Muster (Q14), wenn zuerst die Wirkung und dann die Ursache genannt wird. Die Wirkung steht in der Prämisse oder als Prämisse, die Ursache im Argument bzw. in der Konklusion.
3. Es handelt sich um ein Grund-Folge-Muster (Q15), wenn zuerst der Grund und dann die Folge genannt wird. Der Grund steht in der Prämisse oder als Prämisse, die Folge im Argument bzw. in der Konklusion.
4. Es handelt sich um ein Folge-Grund-Muster (Q16), wenn zuerst die Folge und dann der Grund genannt wird. Die Folge steht in der Prämisse oder als Prämisse, der Grund im Argument bzw. in der Konklusion.

Der Unterschied zwischen Q13/Q14 und Q15/Q16 besteht darin, dass ein Grund dann vorliegt, wenn die *Ursache* personal benannt wird, z. B. *der Forscher*, aber auch Gruppensubjekte, wie beispielsweise *gläubige Menschen*, oder sozial bestimmbare Größen, wie *die Kirchen* usw. Im Unterschied zu Q13/Q14 handelt es sich um eine Folge, wenn die *Wirkung* durch Personen hervorgerufen wird, z. B. *durch Luthers Bibelübersetzung*, aber auch Gruppensubjekte, wie *die Wissenschaftler*, oder sozial bestimmbare Größen wie *die Forschergruppe an der Universität* usw. Diese Unterscheidung ist insofern notwendig, um die Möglichkeit einer Verwechslung zwischen einer naturwissenschaftlich ausgewiesenen Kausalität und einer geisteswissenschaftlich ausgewiesenen Kausalität gering zu halten, weil ansonsten bei der Kategorie *Kausalmuster* die Ergebnisse eine Verfälschung erfahren würden.

257 In Bezug auf die Zweck-Mittel-Relation erfolgt diese Differenzierung ebenfalls (Q17 und Q18). Beide Formen des Argumentierens waren in den untersuchten Texten nicht zu identifizieren und können damit ignoriert werden.

Nach diesen Ausführungen können die Ankerbeispiele zu den vier gefundenen Formen der Kategorie *Kausalmuster* vorgestellt werden.

7.3.2.1.4.1 Ursache-Wirkungs-Muster (Q13)

Es handelt sich um ein Ursache-Wirkungs-Muster (Q13), wenn zuerst die Ursache und dann die Wirkung genannt wird. Die Ursache steht in der Prämisse oder als Prämisse, die Wirkung im Argument bzw. in der Konklusion.

Zum Ursache-Wirkungs-Muster Q13 sind in Tabelle 38 und 39, Kap. 7, die folgenden Ankerbeispiele aufzuführen.

Tabelle 38, Kap. 7: Ankerbeispiele Impuls A, Ursache-Wirkungs-Muster Q13

GK I; Q13, Variante A		
Mustervarianten	Fundstelle (Schülercode)	Ankerbeispiel
fs, d/v, Theol.	tn13ARu, TB2, Z06–11 Auch: T04ARu, TB5, Z29–32	P (aus Zeile 01–03 und P2 aus Zeile 04–05): P1= *Religiöse Menschen denken bei der Entstehung des Lebens an die biblische Schöpfung,* P2= *andere richten ihre Gedanken dazu eher nach der Evolutionstheorie.* K= *Meiner Meinung nach sollte man die biblische Schöpfung keinesfalls vernachlässigen bei seinen Gedanken zur Entstehung des Lebens.* A= *Denn obwohl Wissenschaftler eine nachvollziehbare Evolutionstheorie versucht haben aufzustellen, lässt sich damit doch nirgendwo der Sinn des Lebens hinterfragen.*
fs, d/v, Bio.	T03ABio, TB3, Z23–27 Auch: T04 A, Ru, TB4, Z23–28	P= *Nun möchte ich sagen, dass ich die Evolutionstheorie nicht für Schwachsinn halte.* A= *Denn es kann sehr gut sein, dass sich die Menschen aus den Affen entwickelt haben.* K= *Dies ist nun wirklich von der Wissenschaft bezeugt worden, und daran kann man auch nicht rütteln.*

((Fortsetzung))

GK I; Q13, Variante A		
Mustervarianten	Fundstelle (Schülercode)	Ankerbeispiel
		K2= *Wer es doch tut, dessen Theorie wird als nicht glaubwürdig erachtet.*
fs, n/v, Theol.	Tn27ARu, TB5, Z27–32	P= *Aber Gott hat uns nur die Erde gegeben,* K= *was wir damit machen, hat er uns überlassen.* A= *Es ist schwer, einen nicht religiösen Menschen von einer Denkweise zu überzeugen, die in seinen Augen so absurd zu sein scheint.*
fs, n/v, Bio.	Kein	Kein
fü, d/v	Tn27ARu, TB4, Z22–26 Auch: tn11ARu, TB3, Z18–20 (Verbindung zwischen Theologie und Biologie) tn11ARu, TB4, Z21–25 (alles grau) tn11ARu, TB3, Z18–20 (Theol. und Bio.)	P1= *Die Schöpfung der Erde durch Gottes Hand ist ein Geschenk an die Menschheit.* P2= *Für einen Evolutionstheoretiker mag das schwer zu glauben sein, …* A= *… weil viele Erkenntnisse von Versuchen beweisen, dass die Erde durch einen Urknall entstand.* K= *Doch der Glaube an eine solche unbewiesene Art der Entstehung der Erde gibt den Menschen Mut, die schon alles verloren haben.*
fü, n/v	tn08ABio, TB1, Z01–04	P= *Die Beziehung zwischen den naturwissenschaftlichen Ergebnissen und dem menschlichen Glauben ist zugegebenermaßen eine sehr komplizierte, und es ist nicht einfach zu wissen, auf welcher Seite man steht.* A= *Dabei muss es doch einen Standpunkt geben.* K= *Schließlich ist die Evolutionstheorie definitiv nicht mit der biblischen Schöpfung vereinbar.*

Tabelle 39, Kap. 7: Ankerbeispiele Impuls B, Ursache-Wirkungs-Muster Q13

GK I; Q13, Variante B		
Mustervarianten	Fundstelle (Schülercode)	Ankerbeispiel
fs, d/v, Theol.	t12BRu, TB1, Z23–28 Auch: t13BRu, TB3, Z41–46 tn04BBio, TB2, Z36–38 T01BRu, TB2, Z52–59	P= *Menschen, welche die Schöpfungsgeschichte der Evolutionstheorie vorziehen, sind meist tief religiöse oder einfach religiöse Leute, deren Glauben und Vorstellung durch die Bibel und Gott stark geprägt sind.* A = *Das heißt, dieser Glaube und diese Vorstellung wird auch intensiv den Kindern durch die Erziehung mitgegeben.* K= *Diese Kinder sind dann so stark geprägt, dass sie nur noch an Gott und die Schöpfungsgeschichte glauben und die Evolutionstheorie fast vollständig ablehnen.*
fs, d/v, Bio.	tn04BBio, TB5, Z55–66 Auch: Tn06BBio, TB1, Z33–37	P= *Die Wissenschaftler haben ebenfalls Beweise für die Entwicklung verschiedener Lebewesen gefunden. Viele Tiere haben eine stetige Veränderung der Anatomie aufzuweisen.* A= *Die Tiere mussten sich an ihre neuen Lebensbedingungen anpassen, um eine Überlebenschance zu haben.* K= *Diese Tatsache lässt sich durch die parallele Veränderung der Umwelt begründen.*
fs, n/v, Theol.	tn03BBio, TB3, Z54–57 Auch: tn10BRu, TB1, Z21–25	P= *Ist es denn überhaupt nötig, meine Damen und Herren, genau zu wissen, wie das Leben auf die Erde kam, oder ist es grundsätzlich nicht viel schlauer, das Grübeln einzustellen […]* A= *Der menschliche Drang, alles bis ins Detail erforschen zu wollen, ist legitim,*

((Fortsetzung))

GK I; Q13, Variante B		
Mustervarianten	Fundstelle (Schülercode)	Ankerbeispiel
		K= *doch dürfen wir uns nicht an etwas festbeißen, das theoretisch kaum Einfluss nehmen würde auf unser heutiges Leben.*
fs, n/v, Bio.	Kein	Kein
fü, d/v	tn01BBio, TB3, Z43–57 (in Verbindung mit Q4 und S1) Auch: T01BRu, TB2, Z62–72 (in Verbindung mit S2)	P= *Kommen wir nun also zur zweiten Tiergeschichte dieses Abend: Die Geschichte von dem Ichthyologen, der aufgrund seiner Forschungsergebnisse ein unzutreffendes Grundgesetz formulierte.* A= *Er war mit seinem großmaschigen Netz nicht in der Lage, zu erkennen, dass es auch Fische geben muss, welche kleiner als fünf Zentimeter groß sind. (In gewissem Maße sind Theologen und Evolutionstheoretiker beide in der Rolle des Ichthyologen, denn sie sind mit ihren Mitteln, dem Glauben und der Forschung, nicht in der Lage, das jeweils andere zu erkennen …)* K2= *…Sie mögen ihren Glauben erforschen und an den Erfolg ihrer Forschung glauben, aber sie sind von Grund auf verschieden und in ihrer Engstirnigkeit trotzdem vereint. Es gilt also, diese eine Gemeinsamkeit zu erkennen.*
fü, n/v	Kein	Kein

Das Ursache-Wirkungs-Muster ist in beiden Impulsvarianten mit Ausnahmen der beiden fs, n/v, Bio. umfassend belegt. Im Impuls B fehlt zusätzlich noch das Ankerbeispiel für fü, n/v, allerdings ist dies ein zu vernachlässigender Faktor. Erstaunlich ist vielleicht, dass dieses Muster auch im theologischen Bereich so umfassend präsentiert werden kann. Es trifft also nicht zu, dass Q13 eher für den fachlich-biologischen Zusammenhang bzw. in den Naturwissenschaften angewandt wird. Diese Überlegung findet auch für die fachübergreifende Verwendung des Musters Bestätigung. Dem Ursache-Wirkungs-Muster ist eindeutig eine fachspezifische und eine fachübergreifende Verwendung zu attestieren. Im fachübergreifenden Bereich wird dabei auf Allgemeinplätze abgehoben (Impuls A, fü, n/v, Impuls B fü, d/v); es wird aber auch die Kommunikation zwischen den Fachkontexten *Biologie* und *Religion* hergestellt (Impuls A, fü, d/v).

Die Domäne *Biologie* und allgemein der *Naturwissenschaften* ist durch die Ankerbeispiele sicherlich bestätigt: Naturwissenschaften argumentieren kausal. Dass das Muster Q13 auch für den theologischen Zusammenhang so häufig bei den untersuchten Schülerinnen und Schülern zu finden und mit Ankerbeispielen zu belegen ist, scheint – so die Vermutung – mit dem Wissenschaftsverständnis von Theologie im Horizont der Schülerinnen und Schüler zusammenzuhängen. Alle Ankerbeispiele könnten auch als konträre Gegensatzmuster (vgl. Kienpointner 1992: 343) gelesen werden, weil inhaltlich durchgängig der Gegensatz zwischen *Schöpfung und Evolution* eröffnet wird. Dass es sich dennoch um das Muster Q13 handelt, ist mit der argumentativen Verknüpfung zwischen P und K zu begründen, bei der das eigentliche Argument die Ursache beschreibt oder normativ setzt und von da aus Wirkungen benennen/setzen kann. Es muss auch notiert werden, dass kategoriale fachwissenschaftliche Fehlstellen bei diesem Muster nicht vorhanden sind, wie beispielsweise bei den Vergleichsmustern Q4 bis Q6 zu konstatieren war. Eine Abhängigkeit vom fachlichen Kontext der Bearbeitung des jeweiligen Impulses kann nicht festgehalten werden.

7.3.2.1.4.2 *Wirkungs-Ursache-Muster (Q14)*

Es handelt sich um ein Wirkungs-Ursache-Muster (Q14), wenn zuerst die Wirkung und dann die Ursache genannt wird. Die Wirkung steht in der Prämisse oder als Prämisse, die Ursache im Argument bzw. in der Konklusion.

Auch für diese Variante der Kategorie *Kausalmuster* sind in Tabelle 40 und 41, Kap. 7, Ankerbeispiele zu präsentieren, welche die Verwendung durch die Schülerinnen und Schüler gut belegen können.

Tabelle 40, Kap. 7: Ankerbeispiele Impuls A, Wirkungs-Ursache-Muster Q14

GK I; Q14, Variante A		
Mustervarianten	Fundstelle (Schülercode)	Ankerbeispiel
fs, d/v, Theol.	T03ABio, TB1, Z01–05 Auch: tn01ABio, TB6, Z52–55	P= *die Schöpfungsgeschichte doch nicht nur eine Geschichte ist,* K= *sondern dass die Men-*

((Fortsetzung))

GK I; Q14, Variante A		
Mustervarianten	Fundstelle (Schülercode)	Ankerbeispiel
		schen von Gott in die Welt gesetzt worden sind und … A= *… dadurch Gott der Erschaffer der Menschheit ist.*
fs, d/v, Bio.	tn11ARu, TB2, Z12–17 Auch: tn12ARu, TB3, Z14–18	P1 = *Bei der Evolutionstheorie geht es darum, …* K= *Das ist die Art, die ihre Bedingungen am besten an die Umwelt angepasst hat.* A1= *… dass sich die Menschen und Tiere mit der Zeit immer mehr an ihre Umwelt angepasst haben.* A2= *… dass sich die konkurrenzstärkere Art immer durchsetzt.*
fs, n/v, Theol.	tn08ABio, TB2, Z14–19	P= *Auf diese Fragen gibt es ganz einfache und banale Antworten.* P= *Schon damals konnten sich die Menschen auf Gott verlassen und wussten, dass er da war und existierte.* A= *Es ist der Glaube alleine, der hilft, nicht das Wissen oder Fakten.* K= *Dies braucht der Mensch überhaupt nicht.*
fs, n/v, Bio.	Kein	Kein
fü, d/v	tn08ABio, TB2, Z20 Auch: tn12ARu, TB2, Z06–13 (Verbindung grau Bio. Theol. S1) t14ARu, TB2, Z07–18 (in Verbindung mit S1 grün und grau)	P und K aus Zeile 14–19: P= *Das Ziel des Lebens ist es nicht, möglichst viel zu forschen, analysieren und auszuwerten.* K= *Nein, vielmehr ist es wichtiger, sich auf Sachen zu verlassen und zu glauben.* A= *Menschen, die von der Evolutionstheorie überzeugt sind, glauben schließlich auch nur.*
fü, n/v	t02ABio, TB2, Z27–30	P (aus Zeile 24–26) = *Ein weiteres Beispiel für die*

((Fortsetzung))

GK I; Q14, Variante A		
Mustervarianten	Fundstelle (Schülercode)	Ankerbeispiel
		Widerlegung der Evolutionstheorie und der Entstehung der Erde ist die Erkenntnis, dass wir heute in einer geordneten Welt leben. A= *Doch dann würde auf der Erde nur Chaos herrschen, weil kein Gott den Menschen auf seinem Weg zu unserer heutigen Zeit geleitet hätte und er im Chaos verschwunden wäre.* K= *Deshalb, meine lieben Zuhörer, muss die Schöpfung unserer Erde geordnet abgelaufen Sein, und diese Ordnung finden wir nur in den Heiligen Schriften.*

Tabelle 41, Kap. 7: Ankerbeispiele Impuls B, Wirkungs-Ursache-Muster Q14

GK I; Q14, Variante B		
Mustervarianten	Fundstelle (Schülercode)	Ankerbeispiel
Fs, d/v, Theol.	Tn06BBio, TB1, Z23–29	P= *Es spricht so viel dafür, dass es Leben vor uns gegeben hat, ich kann mir mittlerweile nicht mehr vorstellen, dass die Erde in 7 Tagen erschaffen wurde, wie es in der Bibel zu sagen gepflegt wird.* A= *Stellen Sie sich vor, es gäbe nur Sie und Ihren Mann (d. h., sie sind zusammen Adam und Eva), meinen Sie, Sie wären imstande, so eine kulturreiche Welt mit so vielen Nationen und unterschiedlichsten Hautfarben zu erschaffen?* K= *Ich glaube kaum.*
Fs, d/v, Bio.	T04BRu, TB2, Z36–39	P= *Tiere und auch Menschen entwickeln sich also,*

((Fortsetzung))

GK I; Q14, Variante B		
Mustervarianten	Fundstelle (Schülercode)	Ankerbeispiel
	Auch: tn02BBio, TB2, Z28–34 t11BRu, TB3, Z38–54 tn04BBio, TB5, Z55–6 Tn10BBio, TB2, Z24–20	A= *weil sie bestimmte Fähigkeiten [...] haben,* K= *wodurch sie sich einen Vorteil gegenüber anderen Artgenossen verschaffen und somit überleben.*
Fs, n/v, Theol.	Kein	Kein
Fs, n/v, Bio.	Kein	Kein
Fü, d/v	Tn02BRu, TB3, Z32–35	P= *Der Fischkundige wirft sein Netz aus und stellt nach mehreren Versuchen ein Grundgesetz auf. Des Weiteren meint er, dass sich diese Versuche bei jedem Fang bestätigen lassen.* A= *Seine Aussage ist logisch, aber wenn das Netz zu große Maschen hat, dass die kleinen Fische durch die Maschen wieder durchschwimmen können.* K= *Finde ich die Aussage nicht wirklich berechtigt.*
Fü, n/v	Kein	Kein

Auch das Muster Q14 lässt sich gut verteilt in den Varianten von d/v in beiden Impulsen finden. Während, wie bei Q13, im Impuls A die Variante fs, n/v, Bio. fehlt, sind im Impuls B die normativen Variationen vollständig leer. Dieses Ungleichgewicht ist ein weiterer Hinweis darauf, dass für die Schülerinnen und Schüler Kausalität für den theologischen Bereich in Betracht kommt, um thematisch plausible Argumentationen hervorzubringen. Es erhebt sich beim Muster Q14 die Frage, ob – da die normativen Varianten vollständig für Impuls B fehlen – kausales Argumentieren für die Schülerschaft nur deskriptiv sinnvoll erscheint. Daraus lässt sich auch die Frage ableiten, wie kriteriologisch zwischen einem biologischen und einem theologischen Kausalverständnis zu unterscheiden ist, zumindest, was dessen normative Verwendung anbelangt. Vermutet wird an dieser Stelle, dass hier Kriterien zur Unterscheidung herausgearbeitet werden könnten, allerdings bedürfte es dazu eines anderen als des hier vorgegebenen Untersuchungsdesigns.

Solche Untersuchungen könnten z. B. im Hinblick auf die Frage nach der Wahrheit kausaler Beschreibungen angestrebt werden. Dies scheint ein Problem für die Schülerinnen und Schüler der untersuchten Gruppe zu sein, welches seinen Ausdruck darin findet, dass häufig implizit (mit-)formuliert wird, dass an die Evolutionstheorie auch *geglaubt* werden muss (z.B. Impuls A, fs, n/v, Theol.).[258] Die Antworten auf solche Fragen sind im vorliegenden Forschungszusammenhang zwar nicht vorgesehen; die Fragen selbst müssen aber gestellt werden, denn sie zeigen die Komplexität an, die mit dem Argumentieren und speziell mit dem kausalen Argumentieren zusammenhängt.

Für das Muster Q14 hat die Entstehungssituation des Textes keine Relevanz – sowohl der »Theologe« als auch der »Evolutionstheoretiker« vertreten unabhängig vom Fach, in dem der Impuls bearbeitet worden ist, die jeweilige Haltung/Überzeugung, indem sie kausal argumentieren.

Und auch bei diesem Muster lässt sich eine fachspezifische und eine fachübergreifende Verwendung durch die untersuchte Schülerschaft konstatieren.

7.3.2.1.4.3 Grund-Folge-Muster (Q15)

Es handelt sich um ein Grund-Folge-Muster (Q15), wenn zuerst der Grund und dann die Folge genannt wird. Der Grund steht in der Prämisse oder als Prämisse, die Folge im Argument bzw. in der Konklusion.

Dieses und das folgende Muster beziehen sich auf Kausal-Relationen, die von einem Grund auf eine Folge und umgekehrt schließen, d.h. denen ein personaler Bezug inhärent ist. Die Ankerbeispiele für Q15 werden in Tabelle 42 und 43, Kap. 7, präsentiert.

Tabelle 42, Kap. 7: Ankerbeispiele Impuls A, Grund-Folge-Muster Q15

GK I; Q15, Variante A		
Mustervarianten	Fundstelle (Schülercode)	Ankerbeispiel
fs, d/v, Theol.	t09ARu, TB4, Z18–21 Auch: tn06ABio, TB2, Z12–13 Tn29ABio, TB2, Z06–11 T28ABio, TB2, Z15–23 tn13ARu, TB4, Z26–29	P= *Durch Abwarten, Hoffen und Brotkrumen. Diese Brotkrumen und der Glaube. Der Glaube eines Menschen an Gott und seine Taten.* K= *Man kann Gott nicht fassen oder fangen.* A= *Er wartet, bis er zu einem kommt, denn nur wenn sich Gott einem Menschen zeigt, weiß dieser auch, dass es Gott ist, …*

258 Dieses implizite Mitformulieren kann hier als ein faktischer Präsuppositionstyp festgehalten werden. Auf diese, theoretisch in Kapitel 2 dargestellte Problematik, wird im Kapitel 8 noch näher eingegangen.

((Fortsetzung))

GK I; Q15, Variante A		
Mustervarianten	Fundstelle (Schülercode)	Ankerbeispiel
fs, d/v, Bio.	tn04ABio, TB2, Z03–09	P = *Aus Sicht eines Naturwissenschaftlers, nennen wir ihn, den Ungläubigen, entstand die Erde aufgrund eines Urknalls, der auf rein biologischen, und nicht göttlichen Ursprung, zurück zu führen ist.* A= *Der Ungläubige stellt sich nicht zufrieden mit Erklärungen für den Ursprung, die in der Bibel stehen, und versucht mithilfe von Forschung und Untersuchungen die Worte, die in der Schöpfungsgeschichte stehen, zu widerlegen.* K= *Dabei bedenkt er allerdings nicht, dass er mit seinen Untersuchungen und deren Ergebnissen bei vielen Menschen Unsicherheit verursacht und Fragen aufwirft, die es zuvor so noch nicht gab.*
fs, n/v, Theol.	tn13ARu, TB2, Z12–20 Auch: tn11ARu, TB2, Z06–11 t02ABio, TB4, Z42–48 Tn27ARu, TB7. Z38–44 und TB8, Z45–48	P= *Allerdings fehlt dabei den Menschen das Gefühl sowie der Hintergedanke, also der Sinn, zu ihrer Entstehung.* A= *Denn ohne Gott, der seine Schöpfung mehrmals als gut bezeichnete, wüsste die Menschheit doch überhaupt nicht, was sie mit ihrem Leben anstellt und wozu sie sich überhaupt auf der Erde befindet.* K= *Ich vertrete die Ansicht zu der Entstehung des Lebens, dass der Prozess der Evolution im Laufe der Jahrhunderte und Jahrtausende in jedem Fall stattgefunden hat. Jedoch sehe ich über dem Prozess der Evo-*

((Fortsetzung))

GK I; Q15, Variante A		
Mustervarianten	Fundstelle (Schülercode)	Ankerbeispiel
		lution die Hand Gottes, die die Jahrhunderte bzw. Jahrtausende auf Tage verkürzt hat.
fs, n/v, Bio.	Kein	Kein
fü, d/v	tn11ARu, TB2, Z12–17 (in Verbindung mit Q14 Bio.) Auch: tn10ARu, TB2, Z02–08 (in Verbindung mit S1), grau Tn27ARu, TB3, Z11–21 (in Verbindung mit S1 und Q16 Theol. und grau) T25 A, TB3, Z31–36 (mit S1, R1, grau)	P= *Viele Menschen können dies allerdings nicht oder wollen es schlicht nicht.* A= *Ein Grund, weshalb sie es nicht können, ist die Evolutionstheorie, …* K= *die ihnen dafür im Weg steht*
fü, n/v	Tn24ARu, TB2, Z11–17	P1= *Und ich glaube, man kann und sollte seine Augen auch nicht verschließen vor all den Ereignissen und Erkenntnissen, zu denen die Forschung heutzutage schon gelangt ist.* P2= *Man sollte sie nur vielleicht nicht als das »einzig Wahre« sehen …* A= *… daher blicken wir einmal zurück in die Geschichte , […]* K= *so müssen wir doch letztendlich zugeben, dass alle Forschung an ihre Grenzen stößt.*

Tabelle 43, Kap. 7: Ankerbeispiele Impuls B, Grund-Folge-Muster Q15

GK I; Q15, Variante B		
Mustervarianten	Fundstelle (Schülercode)	Ankerbeispiel
fs, d/v, Theol.	t13BRu, TB3, Z41–46	P= *Jedoch sehe ich in der Schöpfungsgeschichte eher eine Verbildlichung von*

((Fortsetzung))

GK I; Q15, Variante B		
Mustervarianten	Fundstelle (Schülercode)	Ankerbeispiel
	Auch: tn02BBio, TB2, Z28–34 Tn05BBio, TB1, Z25–31	*etwas, die Verbildlichung der Vorstellung, dass Gott uns geschaffen hat und wir gottgewollt sind.* A= *Das heißt nicht, dass er uns in genau dieser Zeitabfolge in 6 Tagen geschaffen hat, ….* K= *es heißt nur, dass Gott uns beeinflusst hat und es immer noch tut.*
fs, d/v, Bio.	Kein	Kein
fs, n/v, Theol.	Kein	Kein
fs, n/v, Bio.	Kein	Kein
fü, d/v	t12BRu, TB3, Z38–44	P= *Es gibt natürlich auch Menschen, die sich nicht entscheiden können, welche Theorie von beiden nun richtig ist und welche falsch ist …* A= *…Diese Menschen glauben an beides ein bisschen und wiederum gar nicht.* K= *…Demnach wären also beide richtig! Kann man an beides glauben?*
fü, n/v	Kein	Kein

Im Zentrum des Musters Q15 stehen Handlungen des Menschen oder Handlungen Gottes. Es scheint »naturgemäß« zu sein, dass die überwiegenden Beispiele im theologischen Zusammenhang zu finden sind; die Schülerinnen und Schüler verbinden mit Evolution keine Handlung im Sinne einer Grund-Folge-Relation. Dies drückt sich darin aus, dass für den Impuls B nur die Variante fs, d/v, Theol. und die Variante fü, d/v, also deskriptive Ankerbeispiele, präsentiert werden können. Im Umkehrschluss werden mit diesem Ergebnis die vorgetragenen Überlegungen zu den Mustern Q13 und Q14 noch einmal bestätigt. Die vorgenommene Differenzierung zwischen Q13/14 und Q15/16 kann schon jetzt als sinnvoll notiert werden, wäre doch sonst der Eindruck entstanden, dass es zu einer »Gleichverteilung« der Kausalmuster gekommen ist, was de facto nicht stimmt.

Im Impuls A ist das Muster Q15, mit Ausnahme der normativen Variante fs, n/

v, Bio., vollständig vertreten. Hier ist somit eine Verwendung im fachspezifischen und im fachübergreifenden Zusammenhang festzustellen, wobei das Muster Q15 eher ein fachspezifisch-theologisches Muster ist. Diese Beobachtung wird auch durch die Impulsvariante B bestätigt; eine Aussage über die fachübergreifende Verwendung lässt der Impuls B allerdings nicht zu. Die Texte, die dieses Muster zeigten, sind überwiegend im Fach Religion verfasst worden. Daraus kann allerdings, aufgrund des geringen Nachweises im Impuls B, noch nicht die Schlussfolgerung gezogen werden, dass dieses Muster abhängig vom Kontext ist, indem die Aufgabe bearbeitet wird. Vielmehr muss diese Frage offenbleiben. Allerdings ist der fachliche Kontext, wie schon erwähnt, eindeutig dem Bereich Theologie/Religion zuzuordnen. Dies bedeutet: Das Grund-Folge-Muster Q15 ist ein Muster, welches zunächst einmal für theologische Argumentationen der Schülerinnen und Schülern verwendet wird.

Auf eine Besonderheit ist noch aufmerksam zu machen. Im Impuls A ist ein normatives Ankerbeispiel fü, n/v festgehalten, welches auf den ersten Blick nicht unbedingt als ein solches zu identifizieren ist. Dieses Beispiel zeigt um einen die Bindung von Argumentationen an Anlässe (vgl. Ruhloff 2004: 216f). Zum anderen kann mit diesem Ankerbeispiel auch die »innere« Komplexität von Argumentationen wieder einmal vorgeführt werden. Deshalb wird dieses Beispiel zum Abschluss vollständig präsentiert:

P1= *Und ich glaube, man kann und sollte seine Augen auch nicht verschließen vor all den Ereignissen und Erkenntnissen, zu denen die Forschung heutzutage schon gelangt ist.*
P2= *Man sollte sie nur vielleicht nicht als das »einzig Wahre« sehen …*
A= *… daher blicken wir einmal zurück in die Geschichte […], wie oft galten Dinge als absolut wahr und wichtig und sind dann einige Jahre später, als die Messgeräte besser und die Menschen gebildeter waren, als bloßer Irrtum dargestellt worden* (R1 und S1). *Auch wenn sich die Technik heute meiner Meinung nach auf einem wahnsinnig hohen Niveau befindet, was wir uns noch vor ein paar Jahren nicht hätten träumen lassen, und obwohl ich die Untersuchungen der Forscher aufs Höchste schätze, ihre Argumente logisch nachvollziehbar und wissenschaftlich belegt sind …* (S1)
K= *so müssen wir doch letztendlich zugeben, dass alle Forschung an ihre Grenzen stößt.* (Tn24ARu, TB2, Z11–21).

Die Schülerin gibt zu erkennen, dass sie wissenschaftliche Forschung achtet bzw. anerkennt. Allerdings schränkt sie diese Anerkennung dahingehend ein, dass implizit die Frage nach Wahrheit gestellt wird. Als Grund benennt sie damit einen Zweifel am Anspruch von Forschung, das *einzig Wahre* zu sein, und argumentiert mit Blick auf *die Geschichte* so, dass sie als Folge ein *Zugeben, dass alle Forschung an ihre Grenze stößt,* konstatiert. Dies entspricht der von Kienpointner formulierten normativen Vorgabe 3 (vgl. Kap. 7.3.2.1.4) und kann auch unter den Gesichtspunkten der Vereinfachung als ein Muster Q15 identifiziert werden. Um allerdings den Blick in die Geschichte zu belegen bzw. zu veranschaulichen, unternimmt es die Schülerin, ihre Grund-Folge-Argumentation mit Elementen des induktiven Beispielmusters R1 *(wie oft galten Dinge als absolut wahr und wichtig und sind dann einige Jahre später … als bloßer Irrtum dargestellt worden)* zu unterfüttern, indem sie ein Typisches zeigt, welches zusätzlich mit ganz konkreten Beispielen, also mit einem Element des Musters S1 *(als die Messgeräte besser und die Menschen gebildeter waren)*, belegt wird.[259]

Mit diesem Beispiel lässt sich gut demonstrieren, wie komplex die Argumentationen der untersuchten Schülerschaft sind, auch wenn dies nicht von allen an der Erhebung Teilnehmenden gesagt werden kann.[260] Es lässt sich mit diesem Beispiel aber auch die Grenze einer rein formalen Bestimmung von Argumentationsmustern zeigen, oder anders ausgedrückt: Es wird an diesem Beispiel der theoretisch hier aufgespannte Rahmen – argumentiert wird nur im Wechselspiel zwischen Inhalt und Form – demonstriert.

7.3.2.1.4.4 Folge-Grund-Muster (Q16)

Es handelt sich um ein Folge-Grund-Muster (Q16), wenn zuerst die Folge und dann der Grund genannt wird. Die Folge steht in der Prämisse oder als Prämisse, der Grund im Argument bzw. in der Konklusion. Diese Relation ist im Rahmen der Kategorie *Kausalmuster* die letzte, welche mit Ankerbeispielen belegt werden kann (siehe Tabelle 44 und 45, Kap. 7).

Tabelle 44, Kap. 7: Ankerbeispiele Impuls A, Folge-Grund-Muster Q16

GK I; Q16, Variante A		
Mustervarianten	Fundstelle (Schülercode)	Ankerbeispiel
fs, d/v, Theol.	Tn27ARu, TB2, Z05–10 Auch: Tn29ABio, TB2, Z06–11	P= *Die biblische Schöpfung ist Hauptelement meines Glaubens. Ich bin davon fest eingenommen, dass Gott in sieben Tagen Himmel und Erde schuf.* A= *So wie wir die Welt heute vor uns haben, hat sie Gott uns erschaffen und gegeben.* K= *Wir Gläubige sind dankbar dafür, dass wir auf so einer wundervollen Erde*

259 Zum Induktiven Beispielmuster vgl. Kap. 7.3.2.2, zum illustrativen Beispiel vgl. Kap. 7.3.2.3.1.

260 Eingehender diskutiert, auch was den gesamten Text betrifft, aus dem dieses Beispiel entnommen wurde, wird die Komplexität von Argumentationen der untersuchten Schülerschaft in Kapitel 8.

((Fortsetzung))

GK I; Q16, Variante A		
Mustervarianten	Fundstelle (Schülercode)	Ankerbeispiel
		leben dürfen. Als Christ glaubt man nun mal an die biblischen Geschichten, auch wenn es für viele schwer vorstellbar ist. Unsere biblische Weltsicht gibt uns Kraft und Mut, unsere Erde zu erhalten und vor allem darum zu kämpfen ….
fs, d/v, Bio.	Kein	Kein
fs, n/v, Theol.	Tn29ABio, TB5, Z37–39 Auch: t02ABio, TB4, Z42–48	P= *Ja, Gott konnte den Menschen aus dem Nichts erschaffen, ebenso wie die Erde und alle Pflanzen und Tiere auf ihr.* A= *Das konnte er allein, weil er allmächtig ist.* K= *Er ist allmächtig und kann mit seiner Güte und Macht einfach alles tun.*
fs, n/v, Bio.	Kein	Kein
fü, d/v	Tn27ARu, TB3, Z11–21 (mit S1 und Q15 grau)	P2= *Da es immer nur um Macht und Geld geht, …* A= *… weil viele sich nicht trauen, in Momenten des Schreckens zu handeln.* *[Wie konnte der Nationalsozialismus so weit kommen? Warum mussten Tausende von Juden sterben?; S1]* P3= *Ich weiß, dass daran die katholische Kirche nicht ganz unschuldig ist, …* *[… da sie dem Ermächtigungsgesetz von Adolf Hitler zustimmte, welches der Grundstein zu seiner Diktatur war. Q15]* K2= *Doch kann man in einer Zeit der Verlorenheit, der Unsicherheit die Schuld einfach auf eine Gruppe von Menschen legen?*

((Fortsetzung))

GK I; Q16, Variante A		
Mustervarianten	Fundstelle (Schülercode)	Ankerbeispiel
fü, n/v	Kein	Kein

Tabelle 45, Kap. 7: Ankerbeispiel Impuls B, Folge-Grund-Muster Q16

GK I; Q16, Variante B		
Mustervarianten	Fundstelle (Schülercode)	Ankerbeispiel
fs, d/v, Theol.	Kein	Kein
fs, d/v, Bio.	Kein	Kein
fs, n/v, Theol.	Kein	Kein
fs, n/v, Bio.	Kein	Kein
fü, d/v	Kein	Kein
fü, n/v	Tn27BRu, TB2, Z32–38 (mit S1 Theol.)	P= *Aber – und wo wir beim eigentlichen Unterschied wären –, im Gegensatz zur christlichen Theorie versuchen wir Wissenschaftler, unsere Ergebnisse einzig und allein nach der Wahrheit auszurichten.* A= *Wir streben danach, unsere Forschungen stetig voranzutreiben [und zu verbessern, um letztendlich vielleicht irgendwann den Grund herauszufinden;* S1]. K= *Das kann man von der christlichen Kirche nicht behaupten.*

Wesentlich geringer ist der Nachweis beim Folge-Grund-Muster Q16. Der beim Muster Q15 festgehaltene Zusammenhang – Grund-Folge Relationen sind zunächst einmal im Bereich Theologie/Religion zu notieren – kann tendenziell aber auch hier konstatiert werden, sodass sich auch dieses Muster als ein fachspezifisch-theologisches kennzeichnen lässt. Der Impuls B ist mit der Ausnahme von fü, n/v leer, im Impuls A sind nur die theologischen und ein deskriptives fachübergreifendes Ankerbeispiel zu präsentieren.

Eine Aussage zur fachübergreifenden Verwendung kann somit mit Sicherheit nicht gegeben werden. An den fachübergreifenden Ankerbeispielen fällt auf, dass sie nicht aus einer kommunikativen Situation zwischen den Fächern *Religion* und *Biologie* entspringen, sondern Allgemeinplätze belegen, die sich mit

Kirche – im weiten Sinne als Institution – auseinandersetzen. Der Rahmen, innerhalb dessen die Aufgaben bearbeitet wurden, spielt bei diesem Muster keine Rolle. Die schon im Muster Q15 an einem Beispiel demonstrierte inhaltliche Komplexität der fachübergreifenden Argumentationen kann auch hier notiert werden.

7.3.2.1.4.5 Zusammenfassung zur Kategorie Kausalmuster *(Q13-Q16)*

Zwei Hauptmerkmale lassen sich bei der Kategorie *Kausalmuster* zusammenfassend festhalten:

1. Die Relation *Ursache-Wirkung* ist nicht ausschließlich in der Domäne *Biologie* (allgemeiner: Naturwissenschaften) verankert, sondern wird von den Schülerinnen und Schülern auch für theologische/religiöse Zusammenhänge verwendet.
2. Bei der *Grund-Folge*-Relation hingegen kann notiert werden, dass diese Form des Kausalmusters in der Verwendung tendenziell eher dem theologisch/religiösen Zusammenhang zugeordnet werden muss.

Kausalrelationen sind, dies ist durch die präsentierten Ankerbeispiele zu belegen, den untersuchten Schülerinnen und Schülern vertraut. Dabei verwenden sie diese *fachspezifisch* und *fachübergreifend*. Im fachübergreifenden Zusammenhang ergibt sich, zumindest bei den Grund-Folge-Mustern, dass diese Relationen die Komplexität von Argumentationen widerspiegeln können. Bei den Mustern Q13 und Q14 fällt auf, dass die Schülerinnen und Schüler fachwissenschaftlich exakter argumentieren, als dies bei den Vergleichs- oder Gegensatzmustern zu konstatieren ist.

Eine weitere Auffälligkeit bei diesen beiden Formen der Kategorie *Kausalmuster* ist die Verteilung zwischen der deskriptiven und der normativen Verwendung. Hier ist erstaunlicherweise festzuhalten, dass die Ursache-Wirkungs-Relation Q13 mit Ausnahme von fs, n/v, Bio. und fü, n/v auch in den normativen Variationen nachweisbar ist. Erstaunlich ist dies deshalb, weil Alltagsvorstellungen zur Kausalität im Sinne von Ursache-Wirkung wohl eher nur im deskriptiven Bereich verankert sind. Freilich ist ebenfalls zu notieren, dass die normative Verwendung zwischen Q13 und Q16 kontinuierlich abnimmt, was u. a. damit begründbar ist, dass bei den beiden Grund-Folge-Relationen die evolutionstheoretische Impulsbearbeitung nur marginal vertreten bzw. nachweisbar ist.

Die einzelnen Ankerbeispiele haben die Aussage Kienpointners, dass in alltäglichen Zusammenhängen eher monokausal argumentiert wird, durchaus bestätigt. Die Kategorie Kausalmuster lässt sich wiedergeben mit dem Schema: eine Ursache – eine Wirkung; ein Grund – eine Folge.

Die Entstehungssituation der Texte, also der Kontext der Bearbeitung der

Aufgabe, lässt keine Aussage über eventuelle Abhängigkeiten bei der Verwendung von Kausal-Relationen zu.

Nach der Präsentation dieser Kategorie kann abschließend noch notiert werden, dass sich die Vereinfachung der einzelnen Definitionen als sinnvoll herausgestellt hat, weil damit u. a. eine differenzierte Betrachtung der Verwendung kausaler Argumentationen der Schülerschaft ermöglicht wird.

7.3.2.2 Ankerbeispiele der Großklasse II

Die Großklasse II besteht nach Kienpointner aus einer Kategorie (Subklasse): Das induktive Beispielmuster (R1). Im Gegensatz zur Großklasse I, die sich aus schlussregelbenutzenden Argumentationsmustern zusammensetzt, ist die Großklasse II dadurch gekennzeichnet, dass die Schlussregel etabliert werden soll (vgl. Kap. 2). Der entscheidende Unterschied zwischen *benutzen* und *etablieren* kann darin gesehen werden, dass das Benutzen das Vorhandensein des zu Benutzenden voraussetzt, während beim Etablieren sich etwas etabliert oder etabliert wird, d. h. es wird für die Benutzung erst *eingerichtet* oder *ins Leben gerufen.*

Auf die Typologie von Kienpointner übertragen, ist festzuhalten, dass die Schlussregel etablierenden Argumente solche sind, die nicht »generelle Sätze induktiv [erschließen], sondern […] Schlußregeln, die in der weiteren Argumentation eine wichtige Rolle spielen«, erhärten oder bekräftigen (Kienpointner 1992: 366). Diese bekräftigenden Schlussregeln sind aber nicht die Konklusionen einer in sich geschlossenen induktiven Argumentation – wie dies bei statistischen Auswertungen der Fall ist –, sondern dienen in weiterführenden Argumentationen als Prämissen, verhalten sich also so »wie in der schlussregelbenützenden Argumentation« (ebd.).

In den untersuchten Texten lassen sich eine Anzahl von induktiven Beispielmustern finden.

7.3.2.2.1 Das induktive Beispielmuster (R1)

Kienpointner definiert das induktive Beispielmuster R1 so eindeutig, dass sein Vorschlag für den vorliegenden Forschungszusammenhang mit einer geringen Modifizierung übernommen werden kann. Für die beiden Varianten (deskriptiv/normativ) lauten die Definitionen wie folgt:

Deskriptiv:
- In Beispiel 1 kommt X die Eigenschaft Y zu.
- In Beispiel 2 kommt X die Eigenschaft Y zu.
- In Beispiel 3 kommt X die Eigenschaft Y zu.

- In Beispiel n kommt X die Eigenschaft Y zu. Also: Nicht wenigen/zahlreichen/ vielen/den meisten X kommt Y zu.

Normativ:
- In Beispiel 1 ist die Bewertung Y von X gerechtfertigt.
- In Beispiel 2 ist die Bewertung Y von X gerechtfertigt.
- In Beispiel 3 ist die Bewertung Y von X gerechtfertigt.
- In Beispiel n ist die Bewertung Y von X gerechtfertigt. Also: In nicht wenigen/ zahlreichen/vielen/den meisten Fällen ist die Bewertung Y von X gerechtfertigt (vgl. Kienpointner 1992: 368).

Mit dem induktiven Beispielmuster R1 verbinden sich mehrere Probleme. Zum einen erhebt sich die Frage, ob eine Argumentation, welche auf Beispielen beruht, nicht leicht mit dem Begriff *irrational* abgetan werden kann, denn es wäre möglich, zu jedem Beispiel ein Gegenbeispiel ins Feld zu führen. In diesem Problem schwingt die Frage nach der Wahrheit dieser Form der Argumentation mit. Kienpointner begegnet diesem Problem berechtigt mit dem Argument, dass alltagssprachliche Induktion »von einem qualitativen Wahrscheinlichkeitsbegriff ausgeht« (Kienpointner 1992: 366), dem es auf das Typische ankommt.

Ein zweites Problem ergibt sich aus einer Vorurteilsstruktur. So kann im alltäglichen Sprachgebrauch beobachtet werden, dass es aufgrund einer für gut befundenen Erfahrung zu einer Weiterempfehlung beispielsweise einer Autowerkstatt kommt; aber auch das Gegenteil könnte der Fall sein.

Als ein letztes Problem ist festzuhalten, dass gerade in Argumentationen zum Problem Umweltschutz auf diese Form der Argumentation zurückgegriffen wird – Beispiel: »*Das zeigt doch das Beispiel Tschernobyl!*« –, weil auf »das Eintreten einer statistisch-relevanten Anzahl von Katastrophen« nicht gewartet werden kann, um zu einer »Generalisierung zu gelangen« (Kienpointner 1992: 367).[261]

Zusammenfassend muss betont werden, dass das induktive Beispielmuster ein Argumentationsmuster ist, welches zwar keine Generalisierung im deduktiven, aber auch nicht im durch Statistik gesicherten induktiven Sinne abgibt, wohl aber durch die konkreten Beispiele eine Argumentationskette ermöglicht, die durchaus zu generalisierbaren Sätzen führen kann. Das heißt, der Kontext ist bei diesem Argumentationsmuster noch viel eindringlicher zu beachten als bei den schlussregelbenutzenden Argumentationen der Großklasse I.

Abgrenzungsprobleme sieht Kienpointner in Hinblick auf das illustrative Beispielmuster (S1), welches ebenfalls in der Regel als Prämisse für weitere Argumentationen dient. Für Kienpointner ist es »oft unklar, ob eine Generali-

261 Kienpointner bezieht sich hier berechtigt auf Kopperschmidts Methodik der Argumentationsanalyse (vgl. Kopperschmidt 1989: 167).

sierung das Ziel einer Argumentation war, die abgeschlossen ist, oder ob die Beispiele eine implizit vorausgesetzte Schlussregel nur bekräftigen/erhärten sollen, die dann aber als Prämisse fungiert« (Kienpointner 1992: 368). Um für dieses berechtigt gesehene Abgrenzungsproblem innerhalb der vorliegenden Forschung eine pragmatische Lösung zu finden, wird eine Kodierregel aufgestellt, die recht sicher das induktive Beispielmuster (R1) vom illustrativen Beispielmuster (S1) differenzieren kann. Im Rückgriff auf *das Typische* werden die beiden Definitionen von Kienpointner modifiziert, was durch die kursive Setzung hervorgehoben ist:

Deskriptiv:
- In Beispiel 1 kommt X die Eigenschaft Y zu.
- In Beispiel 2 kommt X die Eigenschaft Y zu.
- In Beispiel 3 kommt X die Eigenschaft Y zu.
- In Beispiel n kommt X die Eigenschaft Y zu. Also: Nicht wenigen/zahlreichen/vielen/den meisten X kommt Y zu, *wenn Y das Typische für X beschreibt.*

Normativ:
- In Beispiel 1 ist die Bewertung Y von X gerechtfertigt.
- In Beispiel 2 ist die Bewertung Y von X gerechtfertigt.
- In Beispiel 3 ist die Bewertung Y von X gerechtfertigt.
- In Beispiel n ist die Bewertung Y von X gerechtfertigt. Also: In nicht wenigen/zahlreichen/vielen/den meisten Fällen ist die Bewertung Y von X gerechtfertigt, *wenn Y das Typische von X bewertet.*

Mit diesem Zusatz, der für die deskriptive und die normative Variante gilt, kann das induktive Beispielmuster (R1) von S1 gut abgegrenzt werden. Die folgenden Ankerbeispiele (siehe Tabelle 46 und 47, Kap. 7) dienen als Belegstellen für diese Kategorie.

Tabelle 46, Kap. 7: Ankerbeispiele Impuls A, Induktives Beispielmuster R1

GK II; R1, Variante A		
Mustervarianten	Fundstelle (Schülercode)	Ankerbeispiel
fs, d/v, Theol.	T28ABio, TB2, Z15–23 Auch: T03ABio, TB4, Z28–36 tn10ARu, TB4, Z23–32	P= … *was in der Bibel geschrieben steht, doch nur erfundene Geschichten sind, die nur existieren, um den Glauben einiger Menschen zu wahren.* A= *Wenn man sich beispielsweise die Schöpfungsgeschichte in Genesis anschaut, findet man einen Text vor, der auf Überlieferungen von sehr vielen Menschen beruht,* K= *Der Schöpfungsbericht ist meiner Meinung nach so klar belegt – durch das Wort des Menschen!*
fs, d/v, Bio.	T03ABio, TB3, Z11–22	P2= *Genauso wenig kann die heutige Wissenschaft das Universum erfassen.* A= *Zwar kann man die einzelnen Planeten in unserem Sonnensystem beschreiben …* K= *, aber was ist mit den anderen Sonnensystemen? Die kann man noch nicht beschreiben.*
fs, n/v, Theol.	Tn24ARu, TB6, Z54–58 Auch: Tn02ABio, TB2, Z05–09	P = *So muss ich zugeben, dass [m]ich all die modernen wissenschaftlichen Ergebnisse nicht weiter wegbringen von meinem Glauben an Gott, …* A= … *sondern vielmehr immer mehr Bewunderung über die Kreativität, Ideenvielfalt, Allmacht und Liebe dieses Schöpfergottes entstehen lässt.* K= *Ich bin glücklich darüber, mich als ein von Gott erschaffenes, gewolltes und geliebtes Leben in dieser wundervollen Schöpfung zu Sehen …*

((Fortsetzung))

GK II; R1, Variante A		
Mustervarianten	Fundstelle (Schülercode)	Ankerbeispiel
fs, n/v, Bio.	Kein	Kein
fü, d/v	tn08ABio, TB2, Z20–22 Auch: Tn29 A, TB4, Z32–36 (Theol. und grau) T25ARu, TB3, Z31–36 (mit S1 und Q15 alles grau)	P (aus Z 14–19)= *Schon damals konnten sich die Menschen auf Gott verlassen und wussten, dass er da war und existierte.* A= *Nur die wenigsten Menschen haben selber nachgeforscht.* K= *Also glauben diese Menschen auch nur.*
fü, n/v	Kein	Kein

Tabelle 47, Kap. 7: Ankerbeispiele Impuls B, Induktives Beispielmuster R1

GK II; R1, Variante B		
Mustervarianten	Fundstelle (Schülercode)	Ankerbeispiel
fs, d/v, Theol.	Tn07BRu, TB4, Z59–66 Auch: Tn11BBio, TB2, Z28–32 Tn27BRu, TB3, Z42–46	P= *Den Ichthyologen muss man wohl mit den Biologen gleichsetzen, während der Theologe dem Metaphysiker entspricht. Ich gehe davon aus, dass Sie [das] selbst bemerkt haben werden,* K= *Die Evolutionstheorie ist dabei keine Ausnahme und viele Kollegen argumentieren ähnlich wie der Ichthyologe.* A= *Meiner Meinung nach wird in der Parabel sehr gut deutlich, dass viele Theologen die Evolutionstheorie akzeptieren, aber noch mehr sehen, als nur das, was da ist. In diesem Falle wohl Gott in der Schöpfung.*
fs, d/v, Bio.	tn04BBio, TB5, Z55–66 Auch: Tn03BRu, TB1, Z23–27 t11BRu, TB4, Z58–62	P= *Es wurde ein Evolutionsmodell entwickelt.* A= *Geforscht wird zum Beispiel anhand der Präparierung von Fossilien. Diese*

((Fortsetzung))

GK II; R1, Variante B		
Mustervarianten	Fundstelle (Schülercode)	Ankerbeispiel
	t11BRu, TB2, Z31–34 tn04BBio, TB6, Z69–75 Tn05BBio, TB2, Z36–40 Tn08BRu, Tb2, Z36–43	*bringen Beweise, wie lange schon Leben auf der Erde existiert. Es wurden Knochen eines Mammuts in Sibirien gefunden. Aufgrund solcher Funde lässt sich die Vergangenheit sehr gut rekonstruieren, und man kann sich ein Bild darüber machen, wie die Lebewesen auf der Erde ausgesehen haben.* K= *Die Wissenschaftler haben ebenfalls Beweise für die Entwicklung verschiedener Lebewesen gefunden. Viele Tiere haben eine stetige Veränderung der Anatomie aufzuweisen.* K= *Diese Tatsache lässt sich durch die parallele Veränderung der Umwelt begründen.*
fs, n/v, Theol.	Kein	Kein
fs, n/v, Bio.	Tn07BRu, TB4, Z59–66 (hier wird noch einmal der normativ-biologische Teil hervorgehoben. Das gesamte Muster ist aber schon in fs, d/v, Theol. eingeordnet.	P= *Den Ichthyologen muss man wohl mit den Biologen gleichsetzen* A= *Zumindest bei den modernen Naturwissenschaftlern ist es oft so […]* K= *Die Evolutionstheorie ist dabei keine Ausnahme, und viele Kollegen argumentieren ähnlich wie der Ichthyologe.*
fü, d/v	Tn27BRu, TB1, Z22–28 (in Verbindung mit Q4) Auch: T01BRu, TB1, Z23–27 (in Verbindung mit Q1)	P1= *Indem sich beide Parteien gegenseitig mit triftigen Argumenten auszustechen versuchen, wird vollkommen übergangen,* A= *dass es mit Gewissheit niemand sagen kann, wie die Welt wirklich entstanden ist* K= *Auch deshalb hat die Evolutionstheorie genau*

((Fortsetzung))

GK II; R1, Variante B		
Mustervarianten	Fundstelle (Schülercode)	Ankerbeispiel
		denselben Stellenwert zu haben wie der Glaube an eine von Gott erschaffene Welt.
fü, n/v	Kein	Kein

Das induktive Beispielmuster R1 lässt sich in der Variante A (mit Ausnahme von fs, n/v, Bio.) und in der Variante B (mit Ausnahme von fs, n/v, Theol.) gut abbilden. Für beide Varianten fehlt ein Ankerbeispiel für fü, n/v. Im Einzelnen ist zu beobachten, dass die Schülerinnen und Schüler dieses Argumentationsmuster verwenden, um durch ein Beispiel (fs, d/v, Theol.: *Wenn man sich beispielsweise die Schöpfungsgeschichte in Genesis anschaut, findet man einen Text vor, der auf Überlieferungen von sehr vielen Menschen beruht)* oder durch mehrere Beispiele (fs, n/v, Theol.: *... sondern vielmehr immer mehr Bewunderung über die Kreativität, Ideenvielfalt, Allmacht und Liebe dieses Schöpfergottes entstehen lässt)* eine Schlussregel zu etablieren.

Dass das Muster R1 keine Allgemeinsätze abbilden kann, wird bei den Ankerbeispielen am deutlichsten in der Variante B (fs, d/v, Bio.), bei der im Anschluss an das induktive Beispiel die Konklusion *(Diese Tatsache lässt sich durch die parallele Veränderung der Umwelt begründen)* zur Prämisse für ein Ursache-Wirkungs-Muster (Q13) wird. Ein anderer Fall: Die vorgelagerte Konklusion ist notwendig, um die Prämisse als Prämisse wahrnehmen zu können (fs, d/v, Bio.: Vorgelagerte K= *Aber die Schöpfungsgeschichte hat sich durch die moderne Forschung widerlegen lassen*; P= *Es wurde ein Evolutionsmodell entwickelt).*

Auch beim induktiven Beispielmuster lässt sich ein hoher Grad an Komplexität nachweisen. Als Beispiel dient fs, n/v, Bio., welches nur im Zusammenhang mit dem Muster Q5 (Vergleichsmuster Ähnlichkeit) zu verstehen ist: A= *Zumindest bei den modernen Naturwissenschaftlern ist es oft so* (R1), *dass der Ichthyologe sehr engstirnig an die Sache herangeht. Genauso gut könnte man sagen, was er nicht sieht, dass glaubt er auch nicht. Was nicht bewiesen ist, ist für ihn gleich falsch* (Q5).

Die Ankerbeispiele zeigen, dass der Zusatz zur Kienpointer'schen Definition *Das Typische* dazu beitragen kann, R1 von anderen Mustern abzugrenzen. Die Schülerinnen und Schüler der untersuchten Gruppe, dies können die Ankerbeispiele belegen, greifen beim induktiven Beispielmuster entweder zusammenfassend oder durch das Aufzeigen einzelner Attribute auf ein Typisches zurück. Bei diesem Muster ist ebenfalls zu beobachten, dass die Textentstehungssituation keine Rolle spielte, sodass berechtigt davon ausgegangen werden kann, dass das induktive Beispielmuster R1 ein Muster ist, welches im Fachkontext *Religion* und im Fachkontext *Biologie* Verwendung findet, sowie auch – zumindest für den deskriptiven Zusammenhang – diese Feststellung für den fachübergreifenden Zusammenhang zu notieren ist.

Die Inhalte für die fachübergreifende Musterverwendung werden, wie auch schon bei den Mustern der Großklasse I festzustellen war, aus einem Kommunikationsversuch zwischen beiden Fächern und deren Fachwissenschaften (so in Variante A), aber auch aus einem allgemeinen Kontext (so in Variante B) abgeleitet. Des Weiteren treten, inhaltlich betrachtet, bei der Verwendung des Musters R1 wesentlich weniger fachwissenschaftlich kategoriale Fehler auf, als dies z. B. bei den *Vergleichsmustern* zu konstatieren war.

7.3.2.2.2 Zusammenfassung zur Kategorie induktives Beispielmuster *(R1)*

Die Zusammenfassung kann recht kurz gehalten werden, da es sich nur um ein Muster innerhalb der Kategorie handelt. Das *induktive Beispielmuster* (R1) als Kategorie der Typologie nach Kienpointner kann in den untersuchten Texten in beiden Impulsvarianten identifiziert werden. Dabei können die Ankerbeispiele belegen, dass sich die theoretische Position – die Schlussregel ist zu etablieren – in den Texten bestätigt findet. Das heißt, das induktive Beispielmuster wird von den Schülerinnen und Schülern benutzt, um in der weiterführenden Argumentation als Prämisse eingesetzt werden zu können. Auch können die Ankerbeispiele zeigen, dass keine generalisierten Aussagen getroffen, sondern induktiv geschlossen wird, um eine Argumentationskette aufzubauen.

Die Entstehungssituation der Texte spielt beim Muster R1 keine Rolle, sodass von einer Verwendung im Fachkontext *Religion*, im Fachkontext *Biologie*, aber auch im fachübergreifenden Kontext ausgegangen werden kann bzw. diese Verwendung nachgewiesen ist.

7.3.2.3 Ankerbeispiele der Großklasse III

Argumentationsmuster der Großklasse III zeichnen sich dadurch aus, dass sie weder die Schlussregel benutzen (so Großklasse I) noch diese etablieren (so Großklasse II). Es ist deshalb auch nicht möglich, allgemeine Überlegungen zu dieser Großklasse anzustellen. Nach der Kienpointner'schen Typologie besteht die Großklasse III aus insgesamt drei Argumentationsmustern: dem illustrativen Beispielmuster (S1), dem Analogiemuster (S2) und dem Autoritätsmuster (S3).

Von der formalen Ebene aus betrachtet werden hier diese drei Argumentationsformen der Großklasse III so präsentiert wie die Einordnungsmuster (Q1-Q3) und das induktive Beispielmuster (R1). Pro Muster werden somit zuerst die

Definitionen und Abgrenzungsprobleme nach Kienpointner diskutiert, eventuell eigene Definitionen vorgestellt und anschließend die Ankerbeispiele gezeigt und interpretiert. Alle drei Argumentationsmuster können in den Texten der untersuchten Schülerinnen und Schüler identifiziert werden.

7.3.2.3.1 Das illustrative Beispielmuster (S1)

Illustrationen sind immer dann notwendig bzw. werden für notwendig gehalten, wenn »die Geltung der in der Schlußregel ausgedrückten inhaltlichen Generalisierung nicht ganz selbstverständlich oder sogar problematisch ist« (Kienpointner 1992: 373f). Weil es sich um ein Beispielmuster handelt, können in allen Argumentationen Beispiele herangezogen werden, die den Übergang von der Prämisse zur Konklusion einsichtig machen oder überzeugend wirken sollen. Ein solcher Fall wurde schon beim Grund-Folge-Muster Q15 diskutiert (vgl. 7.3.2.1.4.4).

Daraus ist zu schlussfolgern, dass illustrative Beispiele »zu allen Schlußregeln gebracht werden« können (Kienpointner 1992: 375), woraus sich auch die entsprechenden Abgrenzungsprobleme ergeben. Zum einen ist nicht immer und eindeutig zu unterscheiden, ob es sich um ein induktives oder ein illustratives Beispiel handelt – beide zielen darauf ab, »typisch bzw. treffend« zu sein (Kienpointner 1992: 374). Um dennoch zwischen diesen beiden Formen des Beispielmusters unterscheiden zu können, wird in der vorliegender Arbeit dem induktiven Beispiel (R1) als Hauptkriterium das *Typische* zugeordnet; beim illustrativen Beispiel (S1) wird als Hauptkriterium auf das *Passen* der Beispiele fokussiert.

Der Unterschied zwischen *typisch* und *passend* ist darin zu sehen, dass ein Typisches nur innerhalb eines inhaltlichen Bereiches vorliegt, das Besondere dieses Bereiches repräsentiert und somit eher als Kriterium für das *induktive Beispiel* tauglich ist. Passend – passend sein – wird hingegen eher verwendet, wenn Beispiele herangezogen werden, die als *auch dazugehörig* zu verstehen sind. Wie schmal der Grat zwischen dem induktiven und dem illustrativen Beispielmuster ist, kann kurz verdeutlicht werden:

Der lila Schlips, das weiße Hemd und die braunen Halbschuhe sind zwar passend zum grauen Anzug, aber nicht typisch für ihn (weil er in seiner Umgebung eher als Jeansträger bekannt ist).

Dieses Beispiel demonstriert die Unterscheidung: Der Mann, welcher hier beschrieben wird, ist (umgangssprachlich vielleicht auch: sein Markenzeichen ist) eher jemand, dessen Typ mit dem Tragen bestimmter, immer wiederkehrender Kleidung verbunden wird. Nun trägt er für sich untypische Kleidungsstücke, die (und dies ist die Illustration) zwar zusammen passen, für ihn aber untypisch sind, ihn also nicht so erscheinen lassen, wie gewohnt. Daraus folgt:

Es muss eine besondere Situation bestehen, die ihn zum Tragen dieser für ihn untypischen Kleidung veranlasst hat.

Schlussendlich ist die Unterscheidung zwischen beiden Formen des Beispielmusters am jeweiligen Aussagekontext zu überprüfen sowie auf die formale Frage »Soll die Schlussregel etabliert oder illustriert werden?« für den jeweiligen konkreten Fall eine Antwort gegeben werden muss.

Kienpointner definiert das illustrative Beispielmuster wie folgt:

Deskriptiv:
- Wenn das Argument wahr/wahrscheinlich ist, folgt daraus die Wahrheit/Wahrscheinlichkeit der Konklusion. Das Argument ist wahr/wahrscheinlich. In Beispiel 1...n folgt die Konklusion aus dem Argument. Also: Die Konklusion ist *wahr/wahrscheinlich.*

Normativ:
- Wenn das Argument wahr/wahrscheinlich/richtig ist, folgt daraus die Richtigkeit der normativen Proposition in der Konklusion. Das Argument ist wahr/wahrscheinlich/richtig. In Beispiel 1...n folgt die Konklusion aus dem Argument. Also: Die in der Konklusion zum Ausdruck gebrachte normative Proposition ist richtig (vgl. Kienpointner 1992: 374).

Diese Definitionen des illustrativen Beispielmusters werden übernommen. Auch dem Verweis Kienpointners, die »Alternativen ›wahr/wahrscheinlich/richtig‹ im Antezedens der Schlußregel [...] sind nötig« (Kienpointner 1992: 375), kann gefolgt werden, da Illustrationen implizit oder explizit eine Wertung mit sich führen, also auch in den deskriptiven Varianten wertend sind, zumindest die Konklusionen.

Die folgenden Ankerbeispiele können für das Muster illustratives Beispielmuster S1 präsentiert werden (siehe Tabelle 48 und 49, Kap. 7).

Tabelle 48, Kap. 7: Ankerbeispiele Impuls A, Illustratives Beispielmuster S1

GK III; S1, Variante A		
Mustervarianten	Fundstelle (Schülercode)	Ankerbeispiel
fs, d/v, Theol.	tn06ABio, TB4, Z21–30 Auch: T01ABio, TB2, Z04–10 T01ABio, TB2, Z11–13 Tn02ABio, TB2, Z10–14 Tn27ARu, TB3, Z11–21 Tn27ARu, TB5, Z27–32	*In der Schöpfungsgeschichte Genesis I kommt immer wieder wiederholt vor »und Gott sah, dass es gut war«.* P= *Und so können auch wir sehen, dass es gut war.* A= *Gott schuf Licht und Dunkelheit, Erde und Was-*

((Fortsetzung))

GK III; S1, Variante A		
Mustervarianten	Fundstelle (Schülercode)	Ankerbeispiel
	Tn29ABio, TB5, Z40–41 Tn24ARu, TB3, Z27–33 Tn24ARu, TB3, Z34–38 tn01ABio, TB2, Z10–11 tn04ABio, TB4, Z25–20 tn06ABio, TB4, Z21–30 t09ARu, TB6, Z35–38	*ser, vielleicht mit einem Urknall, vielleicht aber auch ohne. So wie er den Menschen schuf. Vielleicht, wahrscheinlich sogar, als eine Abstammung vom Tier.* K= *Aber wir wissen, dass Gott da war, weil wir nach freiem Willen glauben können und dieser freie Wille aus unserem Glauben an Gott entsteht.*
fs, d/v, Bio.	T04ARu, TB2, Z06–11 Auch: t02ABio, TB2, Z04–14 tn03ABio, TB4, Z39–43 tn04ABio, TB4, Z21–24 tn06ABio, TB2, Z04–08 tn13ARu, TB2, Z06–11 tn10ARu, TB3, Z12–17 tn10ARu, TB3, Z18–22	P= *In der Evolutionstheorie wird gesagt, dass der Mensch vom Affen abstammt, …* A= *… aber wie lässt sich dann erklären, dass es Schimpansen und Menschenaffen noch gibt und sie, wie zum Beispiel der Neandertaler oder der Homo erectus, [nicht] ausgestorben sind[?] …* K= *… dies ist nicht logisch und widerspricht sich dadurch selbst.* A= *Ein weiterer Punkt, der sich nicht mit der Evolutionstheorie vereinbaren lässt ist, dass die Evolution keinen Beginn hat und damit kann nicht bestimmt werden, welche Art zuerst da war.*
fs, n/v, Theol.	Tn29ABio, TB4, Z29–31 Auch: Tn29ABio, TB2, Z15–21 Tn29ABio, TB5, Z42–44 tn10ARu, TB5, Z33–35 tn10ARu, TB4, Z23–32	P= *Die Bibel, der Glaube und die Religion jedoch zeigen dem Menschen eine Sichtweise, die so viel trostvoller ist.* A= *Gott schuf den Menschen als sein Ebenbild. Er verzieh Adam und Eva. Er liebte sie, so wie er jeden von uns heute immer noch liebt.*

((Fortsetzung))

GK III; S1, Variante A		
Mustervarianten	Fundstelle (Schülercode)	Ankerbeispiel
		K= *Wir sind keine Nachkommen von irgendwas.*
fs, n/v, Bio.	Kein	Kein
fü, d/v	tn05ABio, TB5, Z27–32 Auch: tn05ABio, TB3, Z11–16 (in Verbindung mit Q5) T09ARu, TB1, Z01–06 (in Verbindung mit Q5 und Q16) tn11ARu, TB4, Z21–25 (in Verbindung mit Q13 und R1) t12ARu, TB2, Z06–13 (in Verbindung mit Q14) tn10ARu, TB2, Z02–08 (in Verbindung mit Q15) tn05ABio, TB4, Z27–32 Tn24ARu, TB4, Z50–53 Tn07ABio, TB3, Z09–12 tn12ARu, TB4, Z32–38 Tn27ARu, TB3, Z11–21 (in Verbindung mit Q15 und Q16) T25ARu, TB3, Z31–36 (in Verbindung mit R1 und Q15) Tn24ARu, TB3, Z39–49 Tn05ARu, TB2, Z09–31 tn12ARu, TB3, Z19–24 tn10ARu, TB6, Z40–42 T25ARu, TB2, Z25–30 tn07ABio, TB3, Z09–12 tn01 A, TB2, Z19–24 tn05ABio, TB4, Z18–25 (in Verbindung mit Q6) t14ARu, TB2, Z07–18 (in Verbindung mit Q14) T03ABio, TB3, Z11–22 (in Verbindung mit S2)	P= *Der Mechanismus unserer Mutter Erde ist vollkommen in sich, ein abgeschlossenes System.* A= *Es gibt keine Fehler, keine Ungenauigkeiten, keine Ausfälle!* A= S1 *Diese Macht kann ich nicht erklären, nicht erforschen und nicht begreifen.* K1= *So etwas kann nicht durch Zufall entstehen, mal ebenso passieren!* K2= *Dahinter muss es eine größere Macht geben und noch dazu einen Sinn für all das!* P= *Aber eins kann ich: Ich kann mit ihr alle Fragen erklären.* *Ich danke Ihnen für Ihre Aufmerksamkeit!*
fü, n/v	T25ARu, TB3, Z38–40 (in Verbindung mit Q1) Auch: t14ARu, TB3, Z19–29	P (aus Z31–36)= *Ein schönes Beispiel für die Auffälligkeit solcher wissenschaftlicher Theorien ist die*

((Fortsetzung))

GK III; S1, Variante A		
Mustervarianten	Fundstelle (Schülercode)	Ankerbeispiel
	(in Verbindung mit Q5) T24ARu, TB2, Z11–17 (in Verbindung mit Q15, R1)	*falsche Auslegung des Darwinismus.* A= *(Q1)Eine Lehre über die »Wertigkeit« von menschlichen Rassen, durch stilisierte Vorstellungen und abstruse Gedankengänge. Ein giftiger Cocktail, der den Nährboden für die Rassenideologie des dritten Reiches schuf* K= *und somit eine Mitschuld an der größten Menschheitskatastrophe trägt.*

Tabelle 49, Kap. 7: Ankerbeispiele Impuls B, Illustratives Beispielmuster S1

GK III; S1, Variante B		
Mustervarianten	Fundstelle (Schülercode)	Ankerbeispiel
fs, d/v, Theol.	Tn07BRu, TB2, Z29–39 Auch: tn02BBio, TB1, Z20–24 tn10BRu, TB4, Z49–61 tn10BRu, TB5, Z65–76 Tn05BBio, TB1, Z25–31 Tn06BBio, TB1, Z23–29 Tn11BBio, TB2, Z32–38	P= *Wie viele Wissenschaftler haben nicht längst bewiesen, dass die Erde nicht in sieben Tagen so entstand, wie sie heute ist?* A= *Charles Darwin wies mit seinen Forschungen nach, dass Lebewesen sich durch Mutationen über Generationen hinweg erst ihrem Lebensraum angepasst haben. Andere bewiesen die Entstehung der Erde durch den Urknall. Und was ist mit den Dinosauriern, deren Existenz aufgrund zahlreicher Funde von Fossilien und Ähnlichem bewiesen wurde? An den Menschen war damals lange noch nicht zu denken. Er entwickelte sich erst über Jahrhunderte hinweg zu dem, was er heute ist.*

((Fortsetzung))

GK III; S1, Variante B		
Mustervarianten	Fundstelle (Schülercode)	Ankerbeispiel
		K= *Aus all diesen aufgezählten Gründen, kann ich die Schöpfung der Erde in sieben Tagen nur als falsch enttarnen.*
fs, d/v, Bio.	t11BRu, TB3, Z36–54 Auch: tn02BBio, TB2, Z29–36 tn02BBio, TB3, Z40–47 tn04BBio, TB5, Z55–66 Tn02BRu, TB4, Z39–47 Tn04BRu, TB2, Z36–39 Tn11BBio, TB1, Z18–25 Tn10BBio, TB2, Z24–30	P= *Außerdem kann man die Ähnlichkeit zwischen Mensch und Affe oder zwischen zwei anderen Lebewesen nachweisen,* A= *Der Affe hat zwei Beine und zwei Arme, er kann sowohl auf den Beinen als auch auf Armen und Beinen laufen. Er hat fünf Finger an seinen Händen und einen ähnlichen Schädel wie der Mensch. Das Kleinhirn und das Großhirn sind so angeordnet wie beim Menschen … Es gibt aber auch kleine Unterschiede: Zum einen ist der Affe, mit Ausnahme vom Gorilla, wesentlich kleiner als der Mensch. Dann ist der Daumen des Affen schlecht geeignet zum Greifen von Gegenständen, wie der des Menschen. Außerdem ist das Großhirn nur halb so groß wie das des Menschen.* K= *Diese kleinen Unterschiede sind entstanden durch die Evolution …* A= *… Es war praktischer, auf zwei Beinen zu laufen als auf vier, dadurch konnten die früheren Menschen, welche auf zwei Beinen gingen, ihren Feinden entkommen und sie konnten Nahrung besser fangen, sodass diese überlebten und Nachkommen bekamen und somit ihre Gene weitergaben. Außerdem überlebten*

((Fortsetzung))

GK III; S1, Variante B		
Mustervarianten	Fundstelle (Schülercode)	Ankerbeispiel
		die, die ihre Feinde früh sahen, die also größer waren. Ein großes Großhirn hatte ebenfalls Vorteile wie z. B. die Fähigkeit, Werkzeuge herzustellen. Der Affe hat sich jedoch an den Regenwald angepasst. Dort ist es besser, wenn man klein und schnell ist.
fs, n/v, Theol.	Tn03BRu, TB3, Z54–58 Auch: tn10BRu, TB2, Z29–37	P= *Ist es denn überhaupt nötig, meine Damen und Herren, genau zu wissen, wie das Leben auf die Erde kam, oder ist es grundsätzlich nicht viel schlauer, das Grübeln einzustellen und das Leben,* A= *wenn vielleicht auch durch Evolution entstanden, einfach hinzunehmen, wie es ist, einfach dankbar zu sein?* K= *doch dürfen wir uns nicht an etwas festbeißen, dass theoretisch kaum Einfluss nehmen würde auf unser heutiges Leben.*
fs, n/v, Bio.	Kein	Kein
fü, d/v	Tn08BRu, TB1, Z23–31 Auch: Tn10BBio, TB2, Z24–30 (in Verbindung mit Q14) Tn27BRu, TB2, Z32–38 (in Verbindung mit Q16) t12BRu, TB3, Z38–44 (in Verbindung mit Q15) Tn03BRu, TB2, Z33–36 (in Verbindung mit Q15) tn01BBio, TB3, Z43–57 (in Verbindung mit Q13 und Q4) Tn08BRu, TB3, Z45–50 (in Verbindung mit Q9) t13BRu, TB2, Z34–41	P = *Nach Beweisen für diese These konnte und kann man bis heute und wohl auch in Zukunft vergeblich suchen* K= *Deshalb wird sie das, was ich Ihnen nun sagen möchte, wahrscheinlich überraschen, verwundern und den einen oder anderen verärgern. Denn ich sage: Neben den Evolutionstheoretikern haben auch die Theologen recht* A= *»Warum?«, fragen Sie sich bestimmt. Nun, nehmen wir als Beispiel den fiktiven Konflikt zwischen*

((Fortsetzung))

GK III; S1, Variante B		
Mustervarianten	Fundstelle (Schülercode)	Ankerbeispiel
	(in Verbindung mit Q5) Tn05BBio, TB2, Z50–63 (in Verbindung mit Q5, Q9, Q15) t12BRu, TB4, Z48–53 (in Verbindung mit Q4)	*einem Naturwissenschaftler und einem Ichthyologen, einem Fischkundigen. Letzterer stellt nach mehrmaligem Auswerfen seines Netzes die Grundsätze auf, alle Fische seien größer fünf Zentimeter und alle Fische hätten Kiemen. Dies kann der kritische, naturwissenschaftliche Beobachter nicht auf sich beruhen lassen und weist den Fischer darauf hin, dass es nur an seinem Netz liege, dass er keine Fische fange, die größer als fünf Zentimeter seien.*
fü, n/v	Kein	Kein

Das illustrative Beispielmuster (S1) ist in beiden Impulsvarianten (mit Ausnahme von fs, n/v, Bio. und im Impuls B fü, n/v) umfangreich vertreten. Dass die normativen Varianten fehlen, ist bisher immer wieder zu beobachten gewesen, z. B. beim Muster R1 oder Q13.

Die Schülerinnen und Schüler verwenden das Muster S1 eindeutig fachspezifisch-theologisch, fachspezifisch-biologisch und fachübergreifend. Ähnliche Ergebnisse konnten bisher beim Definitionsmuster Q1, beim Vergleichsmuster Q5 und Q6, bei den Kausalmustern Q13 und Q14 sowie beim induktiven Beispielmuster R1 nachgewiesen werden.

Die zu den Ankerbeispielen immer zusätzlich angeführten weiteren Belegstellen zeigen allerdings bei vorliegendem Muster, dass es überdurchschnittlich häufig von den untersuchten Schülerinnen und Schülern verwendet wird, sodass die Frage, ob der fachliche Kontext der Bearbeitung der Aufgabenstellung eine Rolle spielt, schon daraus eine klar zu verneinende Antwort findet.

Das Erstellen eigener Kodierregeln ist nicht notwendig.

Werden die einzelnen Varianten des illustrativen Beispielmusters näher beobachtet, so ergibt sich, dass sich vor allem die fachübergreifenden deskriptiven Variationen in den angeführten weiteren Belegstellen (z. B. Impuls A fü, d/v, Impuls B fü, d/v) durch eine Verbindung mit anderen Mustern der Kienpointner'schen Typologie auszeichnen, womit dessen Aussage, dass illustrative Beispiele »zu allen Schlußregel gebracht werden« können, bestätigt wird (Kienpointner 1992: 375). Des Weiteren kann aber daraus auch abgeleitet werden: Das illustrative Beispielmuster (S1) ist eine Argumentationsform, die fachwissenschaftliche und fachübergreifende Kommunikation ermöglicht, und zwar in viel größerem Umfange, als dies bei den anderen Argumentationsmustern bisher zu beobachten ist.

Aufgrund der diskutierten Unterscheidung zwischen den Mustern R1 und S1 lässt sich festhalten, dass die Schülerinnen und Schüler in der Lage sind, ihre Generalisierungsversuche selbst als problematisch wahrzunehmen, und deshalb werden diese illustriert. Dieser Gedanke soll an einem Beispiel aus dem Impuls A (fs, n/v, Theol.) verdeutlicht werden:

P= *Die Bibel, der Glaube und die Religion jedoch zeigen dem Menschen eine Sichtweise, die so viel trostvoller ist.*
A= *Gott schuf den Menschen als sein Ebenbild. Er verzieh Adam und Eva. Er liebte sie, so wie er jeden von uns heute immer noch liebt.*
K= *Wir sind keine Nachkommen von irgendwas* (Tn29ABio, TB4, Z29–31).

Durch das Argument wird *so viel trostvoller* illustriert, um abzuwehren, dass wir nicht *Nachkommen von irgendwas* sind. Weil der Schülerin klar zu sein scheint, dass es problematisch ist, von »allen« Menschen verlangen zu können, dass diese Trost in der Bibel oder dem Glauben finden, wird, um die implizite Norm (wir sind mehr als nur …) der Konklusion zu sichern, illustriert, wie man sich das Verhältnis zwischen Gott und Mensch vorzustellen hat – als Ebenbild.

Mit diesem Beispiel ist demonstriert, dass der Kienpointner'schen Aussage – Illustrationen führen implizit oder explizit eine Wertung mit sich (vgl. Kienpointner 1992: 375) – zugestimmt werden kann. Das illustrative Beispielmuster (S1) ist, wie die Ankerbeispiele und Belegstellen zeigen können, in den verwendeten Argumentationen umfangreich nachweisbar und kann damit als eine gesicherte Kategorie gelten.

7.3.2.3.2 Das Analogiemuster (S2)

Analogien kommen in biologischen und theologischen Argumentationen vor. In der Biologie werden Analogien verwendet, um »Ähnlichkeiten verschiedener Organismen, die nicht auf Verwandtschaft beruhen, sondern unabhängig voneinander entstanden sind« (Remane 1971: 228) zu beschreiben. Im theologischen Sinne sind Analogien ebenfalls als Ähnlichkeit zu verstehen, allerdings betrifft diese Ähnlichkeit verschiedene Realitätsbereiche, wie z. B. das Verhältnis zwischen Gott und Geschöpf (vgl. RGG ^{3}1986, Bd. I: 351, Stichwort: Analogie).

Allgemein betrachtet, drücken Analogien *Ähnlichkeiten* aus und müssen damit vom illustrativen Beispielmuster (S1), vom Vergleichsmuster (Q5) und vom induktiven Beispielmuster (R1) abgegrenzt werden. Kienpointner sieht hier zwei Kriterien: die schon im theologischen Analogieverständnis benannte Unterscheidung zwischen zwei Realitätsbereichen, und dass eine »Analogieargumentation [...] meistens Einzelfallargumentation« ist (Kienpointner 1992: 384).

Als ein zusätzliches Kriterium in Bezug auf die Abgrenzung zu den Vergleichsmustern wird erwähnt, dass »die inhaltliche Distanz zwischen Analogieträger und Analogiethema« (Kienpointner 1992: 390) dazu beiträgt, dass beide Muster voneinander abgegrenzt werden können. Aber was ist ein Analogieträger? Nach Kienpointner eine »in trivialer oder zumindest sehr akzeptabler Weise wahre/wahrscheinliche/richtige Proposition« (Kienpointner 1992: 385) und für Eggler (2006: 63) ein »historische[r] Bezugspunkt«, der herangezogen wird, um für die Gegenwart argumentativ einsichtige Lösungen auszuhandeln.

Analogien, so kann festgehalten werden, sind Vergleiche der Ähnlichkeit, allerdings solche der besonderen Art: Sie illustrieren nicht, und drücken dennoch zu Illustrierendes aus; sie erschließen nicht induktiv, und dennoch sind sie an einem Beispiel aufgebaut.

Um eine Abgrenzung zu ermöglichen, wird im vorliegenden Forschungszusammenhang das Kriterium der Unterschiedenheit der jeweiligen Realitätsbereiche in den Vordergrund geschoben (z. B. belebt/unbelebt). Damit kann am eindeutigsten zwischen einem Analogiemuster (S2) und anderen Argumentationsmustern differenziert werden.

Kienpointners Definitionen sind auch beim Muster S2 übernommen; das Aufstellen von eigenen Kodierregeln zeigt sich als nicht notwendig.

Deskriptiv:
- C steht in Relation R zu D. Die Relation von C zu D ist in relevanten Zügen gleich/ähnlich der Relation zu R‹ von A zu B. Also: A steht in Relation R‹ zu B.

Normativ:
- C steht in der mit X bewerteten Relation R zu D. Die Relation von C zu D ist in relevanten Zügen gleich/ähnlich der Relation zu R‹ von A zu B. Also: A steht in der mit X bewerteten Relation R‹ zu B (vgl. Kienpointner 1992: 385).

Werden diese Definitionen bedacht, so zeigt sich, dass bei Analogien das Strittige mit dem Analogen unstrittig gemacht werden soll, was noch einmal den Analogieträger indirekt erklärt. Die folgenden Ankerbeispiele (siehe Tabelle 50 und 51, Kap. 7) können das Analogiemuster (S2) präsentieren.

Tabelle 50, Kap. 7: Ankerbeispiele Impuls A, Analogiemuster S2

GK III; S2, Variante A		
Mustervarianten	Fundstelle (Schülercode)	Ankerbeispiel
fs, d/v, Theol.	t09ARu, TB3, Z13–17 Auch: t09ARu, TB4, Z18–21 t09ARu, TB6, Z28–34	P= *Wenn der Theologe die Fehler erkennt, welche Antwort hat er auf diese?* K1= *Er antwortet mit Gott.* A= *Gott ist wie der kleinste Fisch im Meer. Er lebt dort.* K2= *Doch kein Fischer kann ihn mit seinem Netz Fangen, und kein Mensch kann Gott begreifen oder gar verstehen.*
fs, d/v, Bio.	Kein	Kein
fs, n/v, Theol.	tn06ABio, TB2, Z13–15	P (aus Z11–12)= *In der Freiheit eines Einzelnen liegt auch die Glaubensfreiheit.* *K (aus Z12–13)= Durch den Glauben sind wir frei.* A= *Das heißt, das eine bedingt das andere. Wenn also der Ichthyologe seinen Glauben subjektiv rechtfertigen kann, dann können das auch wir im Bezug auf unseren Glauben an die Schöpfung.*
fs, n/v, Bio.	Kein	Kein
fü, d/v	t09ARu, TB2, Z22–27 (in Verbindung mit Q15) Auch: T03ABio, TB3, Z11–22 (in Verbindung mit S1, Bio und grau)	P= *Doch der Weg dorthin ist schwer.* A= *Um den kleinsten Fisch zu sehen, muss man erst die anderen Fische füttern. Nur die Großen und Kleinen und manchmal auch einige Raubfische. Sie alle wollen etwas von dir. Einige wollen dich auch nur von deinem Weg abbringen.* K= *Warum sollte man dann also die Fische füttern? Warum all die Zeit und das Brot verschwenden?* P= *Weil es sich lohnt.*
fü, n/v	Kein	Kein

Tabelle 51, Kap. 7: Ankerbeispiele Impuls B, Analogiemuster S2

GK III; S2, Variante B		
Mustervarianten	Fundstelle (Schülercode)	Ankerbeispiel
fs, d/v, Theol.	tn10BRu, TB4, Z49–61 Auch: tn10BRu, TB4, Z49–61 tn10BRu, TB5, Z65–76 T04BRu, TB3, Z43–49 Tn05BBio, TB1, Z25–31	P= *Leider ist unsere Welt grau und kalt.* A= *Auf Basis der Wissenschaft ist sie wie eine leere, graue Geisterwelt ohne Leben.* K= *Erst der Glaube, die Hoffnungen, die Liebe erzeugt die Farbe, Wärme und Leidenschaft der Welt.*
fs, d/v, Bio.	Kein	Kein
fs, n/v, Theol.	Kein	Kein
fs, n/v, Bio.	tn01BBio, TB5, Z67–72	P= *Beide Ansichten widersprechen sich offensichtlich in großem Maße. Es ist nun an uns. zu erkennen, dass es Zeit ist, liberal und tolerant mit der Problematik umzugehen.* A= *Nach Hunderten von Jahren aufgeladenen und angeheizten Diskussionen um Kreationismus und Evolution ist die Darwin-Kartoffel abgekühlt. Packen wir sie und beginnen wir sie zu schälen.* K= *Machen wir sie frei von der verschrumpelten Hülle der Sturheit und haben wir die Einsicht, dass wir nicht alles erklären werden können, aber auch nicht alles glauben werden können.*
fü, d/v	Tn01BBio, TB4, Z62–63	P= *Sehen beide Seiten ein, dass sie einander ergänzen,* A= *wird es ihnen wie Schuppen von den Augen fallen,* K3= *dass es auch drei Zentimeter große Fische gibt.*
fü, n/v	Tn03BRu, TB3, Z39–46	P= *Zwei Menschen streiten sich, wer recht hat und wer falsch liegt mit seinen Überlegungen. Es geht um*

((Fortsetzung))

GK III; S2, Variante B		
Mustervarianten	Fundstelle (Schülercode)	Ankerbeispiel
		einen Pullover. Der eine meint, er sei weich, habe eine bestimmte Farbe und halte warm. Der andere argumentiert mit Fakten, Größe, Ärmellänge, Material des Stoffes. A= *Haben nicht auf gewisse Weise beide recht, kommt es vielleicht am Ende nur auf den Blickwinkel an, aus dem man das Ganze betrachtet?* K= *Ich denke so verhält sich auch die Evolutionstheorie zum Schöpfungsbericht. Als eine Abhängigkeit von Blickwinkeln des Ganzen.*

Das Analogiemuster konnte bei den Schülerinnen und Schülern in beiden Impulsvarianten mit Ausnahme der beiden biologischen Varianten im Impuls A (fs, d/v, Bio.; fs, n/v, Bio.) und der biologischen und theologischen Variante im Impuls B (fs, d/v, Bio.; fs, n/v, Theol.) identifiziert werden. Dieser Befund deutet darauf hin, dass das Muster S2 eher ein fachspezifisch-theologisches Muster ist, was an sich nicht verwundert. Allerdings lässt sich die Verwendung dieses Musters auch im fachspezifisch-biologischen Argumentieren nachweisen, zumindest in der normativen Variante des Impulses B. Dennoch kann die Frage, ob eine Analogie im Horizont der untersuchten Schülerschaft auch ein fachspezifisch-biologisches Muster ist, nicht beantwortet werden bzw. das Verhältnis der Fundstellen deutet eher darauf hin, dass es für diese Schülergruppe kein fachspezifisches Muster ist.

Für die fachübergreifende Benutzung dieses Musters ist nur eine Leerstelle (Impuls A, fü, n/v) zu registrieren, was darauf hindeutet, dass das Muster S2 ein fachübergreifendes Argumentationsmuster ist. Inhaltlich präsentieren die Schülerinnen und Schüler allerdings im Durchschnitt ein pejoratives Verständnis von Naturwissenschaften.

Die Ankerbeispiele für das Analogiemuster zeigen, dass die Schülerschaft sich durchaus dieser besonderen Form des Vergleiches bewusst ist. Werden die einzelnen Ankerbeispiele unter der Kategorie der Abgrenzung gegenüber anderen Mustern betrachtet, dann ergibt sich, dass alle Beispiele zwei verschiedene Realitätsbereiche zusammendenken, um plausibel von einer aufgestellten Prämisse zur Konklusion zu gelangen. Mit diesem Befund wird das hier in den Vordergrund gerückte Kriterium – Unterschiedenheit der jeweiligen Realitätsbereiche – bestätigt.

Für den theologischen/religiösen Kontext und für den fachübergreifenden Kontext kann notiert werden, dass das Analogiemuster sich als taugliche Kategorie erweisen. Diese Aussage muss aufgrund der Befunde für den fachspezifisch-biologischen Kontext offenbleiben.

7.3.2.3.3 Das Autoritätsmuster (S3)

Autoritäten lassen sich sicherlich am ehesten dazu nutzen, um strittige Haltungen oder Überzeugungen in Unstrittiges zu überführen. Die wichtigste Voraussetzung dafür ist, dass alle am konkreten Fall Beteiligten eine Autorität *als* Autorität für den konkreten Fall anerkennen oder anerkennen können. Bochenski (1981: 138) geht von der folgenden formalen Struktur aus: »Autorität ist eine triadische Relation zwischen einer Person, die Autorität besitzt [...] einer anderen Person, für die die erste eine Autorität darstellt [...] und einer Klasse sinnvoller Ausdrücke, bezüglich derer die erste für die zweite eine Autorität ist.« Damit ist ein Grundproblem zum Autoritätsmuster (S3) umrissen. Einerseits scheint es in alltäglichen und anderen (Sprach-)Zusammenhängen unumgänglich, sich auf sogenanntes Expertenwissen verlassen zu können, andererseits liegt in diesem »Sich-darauf-Verlassen« die Gefahr eines Verlustes des eigenständigen Denkens.[262]

Kienpointner stellt fest, dass Argumentationen, die sich auf Autoritäten berufen, weder eine Schlussregel benutzen (wie in Großklasse I), weil sich die von Autoritäten benutzte Schlussregel »von *allen* in I. behandelten Inhaltsrelationen grundlegend unterscheidet«. Diese Unterscheidung gilt auch für die Etablierung von Schlussregeln (wie in Großklasse II), da bei einem Berufen auf eine Autorität »nicht generalisierend geschlossen« wird (Kienpointner 1992: 394, Hervorhebung im Original).

Mit Berufung auf Bochenski[263] (1981: 141) verweist Kienpointer darauf, dass Autoritäten in »deskriptiven und in normativen Argumentationen herangezogen werden können.« (Kienpointner 1992: 394).

Abgrenzungsprobleme werden von Kienpointner keine diskutiert, was mit der Stellung des Autoritätsmusters erklärt werden kann: Da dieses Muster weder eine Schlussregel benutzt noch etablieren will, sondern seine Plausibilität aus

262 Vgl. zu dieser Problematik Fromm (1992), der in seinem Buch *Haben oder Sein* differenziert in: Autorität *haben* (z. B. aufgrund eines Berufsstandes) und Autorität *sein* (z. B. aufgrund von Eigenschaften/Fähigkeiten).

263 Bochenski (1981) spricht von »*Epistemische[r] und Deontische[r] Autorität.*« (141), vermerkt aber zugleich, dass religiöse Aussagen (Sätze) über eine Autorität nur eine indirekte Verifizierbarkeit (91 ff) erlangen können.

der *Stellung* und *Anerkennung* der Autorität bezieht, ist es gegenüber anderen Argumentationsmustern gut zu erkennen. Viel eher stellt sich die Frage, ob beim Autoritätsmuster nicht der Fall eintreten kann, dass gegen ein solches Argument nicht mehr argumentiert werden »darf«, weil mit dem Bezug auf eine Autorität ein Absolutheitsanspruch erhoben wird, gegen den andere Haltungen oder Überzeugungen »a priori sinnlos, blasphemisch oder irrelevant« wirken (Kienpointner 1992: 401).

Für die vorliegende Forschung wird deshalb nicht gefragt, ob gegen ein solches Argument argumentiert werden könnte, sondern ob Schülerinnen und Schüler Autoritäten benutzen, um einsichtig von einer Prämisse zu einer Konklusion zu gelangen. Differenziert wird nur in kollektive Autoritäten (z. B. die Wissenschaftler, die Forscher), soziale Gruppen als Autoritäten (z. B. wir Gläubige, das Christentum) und Einzelautoritäten (z. B. Gott, die Bibel, Darwin).

Die von Kienpointner vorgeschlagenen Definitionen für das Autoritätsmuster (S3) werden übernommen. Es ist wie folgt definiert:

Deskriptiv:
- Wenn Autorität X sagt, dass P wahr/wahrscheinlich ist, ist P wahr/wahrscheinlich. X sagt, dass die Proposition P wahr/wahrscheinlich ist. Also: P ist wahr/wahrscheinlich.

Normativ:
- Wenn Autorität X die Bewertung Y (= die normative Proposition P) für richtig erklärt/die Ausführung der Handlung Z für angebracht erklärt, ist Y richtig/die Ausführung von Z angebracht. X erklärt Y für richtig/erklärt die Ausführung von Z für angebracht. Also: Y ist richtig/die Ausführung von Z ist angebracht (vgl. Kienpointner 1992: 395).

Für das Autoritätsmuster brauchte keine Kodierregel entwickelt werden. Die entsprechenden Ankerbeispiele werden in Tabelle 52 und 53, Kap. 7, aufgeführt.

Tabelle 52, Kap. 7: Ankerbeispiele Impuls A, Autoritätsmuster S3

GK III; S3, Variante A		
Mustervarianten	Fundstelle (Schülercode)	Ankerbeispiel
fs, d/v, Theol.	Kein	Kein
fs, d/v, Bio.	Kein	Kein
fs, n/v, Theol.	T28ABio, TB3, Z24–29	P= *dass ich mit meiner Auffassung und meinem Glauben nicht allein bin.* A= *Millionen von gläubi-*

((Fortsetzung))

GK III; S3, Variante A		
Mustervarianten	Fundstelle (Schülercode)	Ankerbeispiel
		gen Menschen sind der gleichen Meinung wie ich und vertrauen auf die Heilige Schrift, welche aus Überlieferungen von vielen anderen Gläubigen entstanden ist. K= *Gott ist allgegenwärtig und hat die Erde und den Menschen geschaffen.*
fs, n/v, Bio.	Kein	Kein
fü, d/v	tn06ABio, TB2, Z09–11	P (aus Z04–08) = *Der Fischkundige begründet subjektiv.* K= *Auf die Freiheit des Glaubens eines Einzelnen* A= *Schon Aristoteles begründete den freien Willen teils mit dem Glauben. Und ihm gleich tat es Martin Luther, nach dessen Bibel wir uns heute noch richten.*
fü, n/v	Kein	Kein

Tabelle 53, Kap. 7: Ankerbeispiele Impuls B, Autoritätsmuster S3

GK III; S3, Variante B		
Mustervarianten	Fundstelle (Schülercode)	Ankerbeispiel
fs, d/v, Theol.	T04BRu, TB3, Z43–49 Auch: Tn07BRu, TB2, Z29–39 Tn05BBio, TB2, Z43–48	P= *An dieser Stelle gibt es keinerlei Übereinstimmung der beiden Theorien.* A= *Marx würde sagen: »Religion ist Opium fürs Volk«, somit auch die Schöpfungsgeschichte!?* K= *Gottes Schöpfung der Tiere und des Menschen, sehe ich in diesem Sinne, im Sinne von Marx Es ist Opium fürs Volk.*
fs, d/v, Bio.	tn02BBio, TB1, Z20–24 Auch:	P= *Durch den Urknall sind die Planeten und die Erde entstanden.*

((Fortsetzung))

GK III; S3, Variante B		
Mustervarianten	Fundstelle (Schülercode)	Ankerbeispiel
	tn02BBio, TB2, Z28–34 tn02BBio, TB3, Z38–44 t13BRu, TB4, Z50–53 tn07BBio, TB3, Z26–31	A= *Das ist von mehreren Wissenschaftlern bewiesen* K= *und ich vertrete auch diese Meinung!*
fs, n/v, Theol.	Kein	Kein
fs, n/v, Bio.	Kein	Kein
fü, d/v	Kein	Kein
fü, n/v	Kein	Kein

Wie an der Anzahl der präsentierten Ankerbeispiele leicht ersichtlich, verwenden die Schülerinnen und Schüler das Autoritätsmuster (S3) im Impuls A nur in der Variante fs, n/v, Theol. und fü, d/v und im Impuls B nur in der Variante fs, d/v, Theol. und fs, d/v, Bio.

Auffällig ist, dass im biologischen Kontext und in der Bearbeitung des Impulses B wesentlich häufiger ein Autoritätsmuster verwendet wird (wie die Gesamtzahl der Belegstellen zeigt) als im theologischen/religiösen Kontext.

Inhaltlich betrachtet, beziehen sich die Texte auf Gruppenautoritäten (Beispiel: Impuls B, fs, d/v, Bio.) auf soziale Größen (Beispiel: Impuls A, fs, n/v, Theol.) und auf einzelne Personen, wie Aristoteles, Luther oder Marx.

Die Aussage von Kienpointner (1992: 394) – das Autoritätsmuster lässt sich deskriptiv und normativ einsetzen – wird durch die Ankerbeispiele bestätigt. Tendenziell verweist das Muster S3 darauf, dass es im fachspezifisch-biologischen Kontext eingesetzt wird; sei es, um mit der Gruppe *Wissenschaftler* die Evolution zu bestätigen, sei es, um Religion (im Beispiel mit Marx) abzulehnen bzw. extern zu kritisieren. Autoritäten im religiösen bzw. theologischen Zusammenhang werden – mit der Ausnahme Luther – nicht eingesetzt. Dies könnte ein Hinweis darauf sein, dass die Schülerinnen und Schüler, welche den Impuls A bearbeiten, theologisch selbstständig denken, da sie offenbar einen »Rückzug« auf eine Autorität nicht benötigen, um ihre Haltungen und Überzeugungen vorzutragen.[264] Freilich ist aus dieser Überlegung nicht der Umkehrschluss zu ziehen – auch die Schülerinnen und Schüler, die den Impuls B bearbeiten, setzen das Autoritätsmuster relativ wenig ein.

Eine Zuordnung dieses Musters zu *fachspezifisch* und/oder *fachübergreifend*

264 Autoritäten in theologischem/religiösem Sinne sind etwa biblische Gestalten wie Mose, Jesus oder Paulus; Kirchenväter, aber auch z. B. der Ortspfarrer könnten eine solche Autorität sein.

lässt sich auf Grund der Fundstellen nicht eindeutig ausmachen. Wenn der Tendenz entsprochen wird, dann ist es am ehesten die deskriptive Variante eines fachspezifisch-biologischen Musters. Das eine gefundene Ankerbeispiel für den fachübergreifenden Zusammenhang (fü, d/v) zeigt eine kommunikative Haltung zwischen den Fächern *Biologie* und *Religion*, verbunden mit einem hohen Grad an geistesgeschichtlichem Wissen.

In Gesamtheit ist die Kategorie S3 unterrepräsentiert. Eine mögliche Antwort auf dieses Ergebnis – als Vermutung – könnte darin gesehen werden, dass mit dem Impuls (Rolle eines Theologen/Evolutionstheoretikers) schon selbst eine Autorität gesetzt ist bzw. die untersuchten Schülerinnen und Schüler darin schon eine Autorität sehen, weshalb der Rückzug auf eine andere Autorität nicht nötig scheint.

7.3.2.3.4 *Zusammenfassung zu den Kategorien* illustratives Beispielmuster, Analogiemuster *und* Autoritätsmuster *(S1-S3)*

Die drei Kategorien der Großklasse III werden jetzt zusammengefasst. Die theoretische Gemeinsamkeit dieser drei Kategorien liegt darin, dass sie eine Schlussregel weder benutzen (wie in Großklasse I) noch etablieren (wie in Großklasse II). Die Gemeinsamkeit, die sich aus den Texten der Schülerinnen und Schülern ergibt, ist darin zu sehen, dass bei allen drei Mustern kein Abhängigkeitsverhältnis zur Entstehungssituation der Texte (Fachkontext *Religion* oder *Biologie*) zu beobachten ist.

Das illustrative Beispielmuster (S1) wird fachspezifisch-theologisch, fachspezifisch-biologisch und fachübergreifend verwendet, was an den entsprechenden Ankerbeispielen und den zahlreichen anderen Belegstellen eindeutig nachgewiesen wird. Die Schülerinnen und Schüler benutzen dieses Muster in der Regel so, dass sie ihre Argumentationskette unterstützend mit Beispielen illustrieren, um ihre Haltungen oder Überzeugungen einsichtig machen zu können. Das heißt, das illustrative Beispielmuster wird immer dann eingesetzt, wenn Generalisierungen fraglich sind. Damit kann die Kienpointner'sche Überlegung (1992: 373f) zu den illustrativen Beispielmustern in den Texten bestätigt werden. Diskutiert werden kann der Unterschied zwischen dem induktiven Beispielmuster (R1) und dem illustrativen Beispielmuster (S1). Mit der Festlegung: R1 = das Typische, S1 = das Passende, wird ein Unterscheidungskriterium zwischen beiden Mustern herausgearbeitet, welches sich in den Argumentationen der Schülerinnen und Schüler widerspiegelt. Das Muster S1 ist als Kategorie in den untersuchten Texten nachgewiesen.

Auch beim Analogiemuster (S2) sind Unterscheidungen zu notieren. Analogien, so kann festgehalten werden, sind Vergleiche der Ähnlichkeit, allerdings solche der besonderen Art: Sie illustrieren nicht, und drücken dennoch zu Illustrierendes aus; sie erschließen nicht induktiv, und dennoch sind sie an einem

Beispiel aufgebaut. Um eine Abgrenzung zu ermöglichen, wird im vorliegenden Forschungszusammenhang das Kriterium der Unterschiedenheit der jeweiligen Realitätsbereiche in den Vordergrund geschoben (z. B. belebt/unbelebt). Damit kann, gerade auch im Hinblick auf die Vergleichsmuster Q4 bis Q6 der Großklasse I, am eindeutigsten zwischen einem Analogiemuster (S2) und anderen Argumentationsmustern differenziert werden. Im Ergebnis zeigt sich, dass dieses Muster von den Schülerinnen und Schülern eher im theologischen/religiösen Kontext genutzt wird. Das Muster S2 ist somit ein fachspezifisch-theologisches und weniger ein fachspezifisch-biologisches Muster. Es können allerdings Hinweise darauf gefunden werden, dass S2 ein fachübergreifendes Muster ist. Für diese beiden Bereiche erweist sich das Muster S2 als Kategorie. Für den fachspezifisch-biologischen Kontext muss die Antwort darauf offenbleiben.

Als letztes wurde das Autoritätsmuster (S3) präsentiert. Hier zeigt sich, dass die untersuchten Schülerinnen und Schüler auf verschiedene Autoritäten (Gruppen, soziale Größen und einzelne Personen) zurückgreifen. Allerdings ist dieses Muster kein fachspezifisch-theologisches Muster, sondern findet eher im fachspezifisch-biologischen Kontext Verwendung. Mit Sicherheit lässt sich dieses Muster allerdings nicht als ein fachspezifisches Muster nachweisen, was auch zur fachübergreifenden Verwendung zu notieren ist.

Zu diesem Ergebnis wird die Vermutung angestellt, dass sich die Schülerinnen und Schüler aufgrund des Impulses eventuell selbst als Autoritäten (Theologe und Evolutionstheoretiker) fühlen und dass deshalb dieses Muster nicht bzw. nur marginal Verwendung findet. Diese Vermutung müsste einer Überprüfung zugeführt werden, die im Rahmen der vorliegenden Forschung allerdings nicht möglich ist.

Mit diesen zusammenfassenden Ausführungen zu den Kategorien der Großklasse III ist die Präsentation der Ankerbeispiele abgeschlossen. Im nächsten Abschnitt kann der zusammenfassenden Aufbereitung der gewonnenen Ergebnisse nachgegangen werden.

7.3.2.4 Zusammenfassende Ergebnisse zum Kategoriensystem

Die Ergebnisse, die sich aus den Überlegungen zu den Ankerbeispielen und deren Präsentation für alle drei Großklassen ableiten lassen, sind im Folgenden zusammenfassend aufzubereiten. Wie gezeigt werden konnte, lassen sich insgesamt 16 Argumentationsmuster als Kategorien in den Texten der untersuchten Schülerinnen und Schüler nachweisen. Dabei sind die Großklasse II und III kategorial vollständig vertreten, die fehlenden sechs Muster stammen als schlussregelbenutzende Argumentationsmuster aus der Großklasse I.

In Bezug auf die Kienpointner'sche Typologie mit ihren insgesamt 22 Mustern kann somit als Ergebnis festgehalten werden, dass etwas mehr als 2/3 (16 Muster) dieser typologisierten Argumentationsmuster bei Schülerinnen und Schülern der untersuchten Gruppe Verwendung finden. Dies spricht für die Güte der an die Texte herangetragenen deduktiven Kategorien. Es konnte begründet werden, weshalb sechs Muster – aus der Kategorie *Vergleichsmuster*, *Gegensatzmuster* und *Kausalmuster* – nicht zu identifizieren sind; dies liegt zum Teil am Impuls, zum Teil aber auch an der Spezifik der Muster selbst.

In Gesamtheit lässt sich zu den präsentierten Ankerbeispielen notieren, dass mit Ausnahme des Musters Q1 und R1 keine extra zu formulierenden Kodierregeln nötig sind, um die Zuordnung zum jeweiligen Muster einsichtig machen zu können. Auch dies zeugt von der Tauglichkeit der Kategorien. Durch die vorgestellten und diskutierten Vereinfachungen und Konkretisierungen vor dem Hintergrund der Kienpointner'schen Definitionen bei den Mustern Q4-Q6, Q9 und Q10 sowie Q13-Q16 konnte theoretisch abgesichert das Aufstellen von eigenen Kodierregeln weitestgehend vermieden werden.

Für alle drei Großklassen ist festzuhalten, dass sich die Entstehungssituation der Texte, also der fachliche Kontext, in dem der jeweilige Impuls bearbeitet wurde (mit Ausnahme des Musters Q5), als irrelevant für die von den untersuchten Schülerinnen und Schülern verwendeten Argumentationsmuster herausstellt. Die »Theologen« und die »Evolutionstheoretiker« argumentierten also unabhängig vom Fach, in welchem sie die Aufgabe bearbeiteten. Beim Muster Q5, bei dem diese Abhängigkeit festzustellen war, fällt nur auf, dass die Kritik oder Skepsis an der Aussagereichweite der Evolutionstheorie mit Textstellen zu belegen ist, die in der Situation *Biologieunterricht* entstanden. Aufgrund der Einmaligkeit dieser Beobachtung dürfte es nicht möglich sein, daraus Rückschlüsse zu ziehen.

Die nun folgenden Ausführungen zu den identifizierten Argumentationsmustern können – als ein weiteres Ergebnis – unterschieden werden in einen allgemeinen Nachweis (das Muster kommt vor) und einen differenzierten Nachweis (das Muster kommt vor als ein fachspezifisch-theologisches, fachspezifisch-biologisches und/oder fachübergreifendes Muster). Um eine Überblick zu ermöglichen, wird pro Kategorie eine sich selbst erklärende Tabelle (siehe Tabelle 54 bis 61, Kap. 7) verwendet und mit den einfachen Begriffen *kommt vor* = Ja und *kommt nicht vor* = Nein versehen. Je häufiger Varianten eines jeweiligen Musters mit *Nein* belegt werden müssen, umso geringer ist die Aussagekraft darüber, ob es sich um ein fachspezifisches und/oder fachübergreifendes Muster handelt.

Bei den Mustern der *Einordnung* (Q1-Q3) ergibt sich, dass alle drei Unterkategorien prinzipiell in den Texten der untersuchten Schülerinnen und Schüler nachgewiesen und mit Ankerbeispielen belegt werden können. Mit Sicherheit ist aber nur für das Definitionsmuster Q1 die Aussage zu treffen, dass es sich hier um ein fachspezifisch-theologisches, ein fachspezifisch-biologisches und ein fachübergreifendes Muster handelt, wobei die fachspezifisch-theologische Verwendung in beiden Impulsen hervorsticht; auch die normative Variante dieses Musters ist gut vertreten.

Für die Muster Q2 und Q3 kann dieses Ergebnis nicht bestätigt werden. Bei Q2 bleibt die gesamte Impulsvariante A leer und in der Impulsvariante B kann nur ein fachspezifisch-biologisches (deskriptiv) und ein fachübergreifendes normatives Beispiel gezeigt werden. Ähnliches ist bei Muster Q3 zu konstatieren, auch hier kann nur mit einem fachspezifisch-theologischen Beispiel (deskriptiv) in der Impulsvariante A und mit zwei weiteren fachspezifisch-theologischen Beispielen in der Impulsvariante B aufgewartet werden.

Für die Kategorie *Einordnungsmuster* ist zusammenfassend festzustellen, dass das Definitionsmuster in beiden fachspezifischen Kontexten und im fachübergreifenden Kontext verwendet wird. Das Muster Q2 kann nur nachgewiesen, aber nicht eindeutig zugeordnet werden, und Q3 zeigt die Tendenz für ein fachspezifisch-theologisches Muster. Allerdings liegen auch hier wenige Belegstellen (einschließlich Ankerbeispiele 4 Fundstellen) vor, sodass auch dieses Muster in seiner Verwendung durch die Schülerinnen und Schüler nicht eindeutig als ein fachspezifisches Muster zu kennzeichnen ist (siehe Tabelle 54, Kap. 7).

Tabelle 54, Kap. 7: Übersicht zur Kategorie *Einordnungsmuster*

Muster	Fach-spezifisch-theologisch		Fach-spezifisch-biologisch		Fach-übergreifend	
	d	n	d	n	d	n
Definitionsmuster (Q1 – A)	Ja	Ja	Nein	Nein	Ja	Ja
Definitionsmuster (Q1 – B)	Ja	Ja	Ja	Ja	Nein	Ja
	d	n	d	n	d	n
Genus-Spezies (Q2 – A)	Nein	Nein	Nein	Nein	Nein	Nein
Genus-Spezies (Q2 – B)	Nein	Nein	Ja	Nein	Nein	Ja
	d	n	d	n	d	n
Ganzes-Teil (Q3 – A)	Ja	Nein	Nein	Nein	Nein	Nein
Ganzes-Teil (Q3 – B)	Ja	Ja	Nein	Nein	Nein	Nein

Für die Kategorie *Vergleichsmuster* (Q4-Q6) wurde vor dem Hintergrund der abstrakten Definitionen nach Kienpointner eine Binnendifferenzierung vorgenommen, die sich insofern bewährt, als erst dadurch exakter zu bestimmen ist, welche Form des Vergleiches von den Schülerinnen und Schülern verwendet wird. Im Ergebnis ist festzuhalten, dass die Vergleichsmuster Q4 bis Q6 eher Anwendung finden als die Muster der Kategorie *Einordnung* (mit Ausnahme von Q1).

Bis auf das Muster Q4 – hier ergibt sich nur ein fachspezifisch-theologisches Ankerbeispiel in der Variante A – lässt sich zeigen, dass die *Vergleichsmuster* von den Schülerinnen und Schülern in beiden Impulsvarianten – also fachspezifisch-theologisch und fachspezifisch-biologisch – verwendet werden. Für alle drei Unterkategorien lässt sich die Verwendung im fachübergreifenden Kontext mit Sicherheit positiv bestimmen. Das Vergleichsmuster Q4 ist in der hier vorgestellten Studie ein Muster, welches fachspezifisch-theologisch vorkommt und fachspezifisch-biologisch keine Verwendung findet. Die normativen Varianten sind nicht nachweisbar.

Das Muster Q5 wird in fachspezifisch-theologischen und in fachspezifisch-biologischen Kontexten verwendet und das Muster Q6 in jedem Fall fachspezifisch-theologisch. Für beide Muster kann festgehalten werden, dass sie – zumindest im Kontext Theologie – deskriptiv und normativ verwendet werden. Die deskriptiven und die normativen Varianten sind in allen drei Formen des Vergleichsmusters zu finden.

Für die untersuchten Schülerinnen und Schüler kann notiert werden, dass sie Vergleiche in der hier vorgenommenen Differenzierung verwenden, wobei das Muster Q4 tendenziell eher *nur vorkommt*, das Muster Q5 in theologischen und in biologischen Kontexten und das Muster Q6 verstärkt in theologischen Zusammenhängen zu identifizieren ist. Die Muster Q7 und Q8 können nicht nachgewiesen werden. Tabelle 55, Kap. 7, veranschaulicht die Verteilung dieser Musterformen der Kategorie *Vergleichsmuster.*

Tabelle 55, Kap. 7: Übersicht über die Kategorie *Vergleichsmuster*

Muster	Fach-spezifisch-theologisch		Fach-spezifisch-biologisch		Fach-übergreifend	
	d	n	d	n	d	n
Vergleich (Gleichheit, Q4 – A)	Ja	Nein	Nein	Nein	Ja	Nein
Vergleich (Gleichheit, Q4 – B)	Nein	Nein	Nein	Nein	Ja	Ja
	d	n	d	n	d	n
Vergleich (Ähnlichkeit, Q5 – A)	Ja	Ja	Ja	Nein	Ja	Ja
Vergleich (Ähnlichkeit, Q5 – B)	Nein	Ja	Ja	Ja	Ja	Nein

((Fortsetzung))

Muster	Fach-spezifisch-theologisch		Fach-spezifisch-biologisch		Fach-übergrei-fend	
	d	n	d	n	d	n
Vergleich (Verschiedenheit, Q6 – A)	Ja	Ja	Ja	Nein	Ja	Nein
Vergleich (Verschiedenheit, Q6 – B)	Ja	Ja	Nein	Nein	Ja	Ja

Dass das *Gegensatzmuster* in der Alltagsargumentation eine wichtige Rolle spielt, wie Kienpointner behauptet und innerhalb seiner Sammlung auch nachweist (vgl. Kienpointner 1992: 308ff), ist für die untersuchten Texte nicht zwingend zu belegen; die Ankerbeispiele weisen nur nach, dass diese Kategorie Verwendung findet.

Ähnlich wie bei der Kategorie *Vergleichsmuster* wurde eine theoriegeleitete Binnendifferenzierung vorgenommen, wobei die Ankerbeispiele nicht ausreichen, um diese Kategorie als fachspezifisches und/oder fachübergreifendes Argumentationsmuster ausweisen zu können. Die Muster Q11 und Q12 können als vollständige Muster nicht nachgewiesen werden.

Es ist aber auch zu notieren, dass die Muster Q9 und Q10 prinzipiell als eine Kategorie in den untersuchten Texten ausgewiesen sind, allerdings ist die Frage, ob es sich jeweils um ein fachspezifisches und/oder fachübergreifendes Muster handelt, nicht eindeutig entscheidbar.

Das Muster Q9 ist pro Impulsvariante jeweils nur einmal fachspezifisch-biologisch und insgesamt einmal fachübergreifend (Impuls B) vertreten. Q10 kommt im Impuls B gar nicht vor, im Impuls A wäre noch am ehesten von einem fachspezifisch-theologischen Muster auszugehen, allerdings sind neben den Ankerbeispielen die anderen Belegstellen (insgesamt nur drei weitere) zu gering, um darüber eine sichere Aussage zu treffen. Dies bedeutet, wie Tabelle 56, Kap. 7, verdeutlichen kann, dass die Kategorie *Gegensatzmuster* in den Texten der Schülerinnen und Schüler vorkommt, aber für die theoriegeleitete Differenzierung eher nicht aussagekräftig genug ist.

Tabelle 56, Kap. 7: Übersicht über die Kategorie *Gegensatzmuster*

Muster	Fach-spezifisch-theologisch		Fach-spezifisch-biologisch		Fach-übergrei-fend	
	d	n	d	n	d	n
Gegensatz (kontradiktorisch, Q9 – A)	Nein	Nein	Ja	Nein	Nein	Nein
Gegensatz (kontradiktorisch, Q9 – B)	Nein	Nein	Nein	Ja	Ja	Nein
	d	n	d	n	d	n
Gegensatz (konträr, Q10 – A)	Ja	Ja	Ja	Nein	Ja	Nein
Gegensatz (konträr, Q10 – B)	Nein	Nein	Nein	Nein	Nein	Nein

Auch bei der Kategorie *Kausalmuster* hat sich die Vereinfachung der einzelnen Definitionen als sinnvoll herausgestellt, weil damit u. a. eine differenzierte Betrachtung der Verwendung kausaler Argumentationen durch die Schülerschaft ermöglicht wird. Diese Kategorie ist eindeutig – in Bezug auf die untersuchten Texte – eine fachspezifische und eine fachübergreifende Kategorie, die allerdings erläutert werden muss.

Allgemein ist beobachtbar, dass die Verwendung von Kausal-Relationen vom Muster Q13 (Ursache-Wirkung) zum Muster Q16 (Folge-Grund) kontinuierlich abnimmt. Die Zweck-Mittel-Relationen (Q17 und Q18) fehlen vollständig. Durchgängig bilden in beiden Impulsvarianten die jeweiligen normativen Varianten für den fachspezifisch-biologischen Kontext eine Leerstelle. Die Ursache-Wirkungs-Relationen Q13 und Q14 sind in der deskriptiven Variante für beide fachspezifische Zusammenhänge und für das Fachübergreifende nachzuweisen. Es fehlen neben den schon erwähnten normativen fachspezifisch-biologischen Mustern in Q14 auch das normative fachspezifisch-theologische und das normative fachübergreifende Beispiel sowie die normativ-fachübergreifenden Variationen. Allerdings beziehen sich diese Leerstellen nur auf den Impuls B.

Die Aussage Kienpointners (vgl. 1992: 332), dass in alltäglichen Zusammenhängen eher monokausal argumentiert wird, kann durchaus bestätigt werden. Die Kategorie Kausalmuster lässt sich wiedergeben mit dem Schema: eine Ursache – eine Wirkung, aber auch ein Grund – eine Folge.

Es ist nicht verwunderlich, dass bei den Grund-Folge-Relationen Q15 und Q16 die deskriptiven fachspezifisch-theologischen (mit Ausnahme Q16, Impuls B) identifiziert werden konnten, hingegen die deskriptiven fachspezifisch-biologischen Variationen (mit Ausnahme Q15, Impuls A) nicht vorhanden bzw.

nicht nachweisbar sind – als Grund kann das fachspezifische Verständnis dessen, was eine Kausal-Relation ist, angenommen werden.

Ähnliches lässt sich im fachübergreifenden Zusammenhang beobachten, auch hier überwiegen die deskriptiven Varianten leicht gegenüber den normativen, eindeutig in Bezug auf den Impuls A. Tabelle 57, Kap. 7, veranschaulicht die vorgetragenen Ergebnisse. Festzuhalten ist noch, dass im fachübergreifenden Zusammenhang – beispielsweise beim Grund-Folge-Muster Q15 – gezeigt werden kann, wie die Kausalrelationen die Komplexität von Argumentationen widerspiegeln können.

Tabelle 57, Kap. 7: Übersicht über die Kategorie *Kausalmuster*

Muster	Fach-spezifisch-theologisch		Fach-spezifisch-biologisch		Fach-übergreifend	
	d	n	d	n	d	n
Kausal (Ursache-Wirkung, Q13 – A)	Ja	Ja	Ja	Nein	Ja	Ja
Kausal (Ursache-Wirkung, Q13 – B)	Ja	Ja	Ja	Nein	Ja	Nein
	d	n	d	n	d	n
Kausal (Wirkung-Ursache, Q14 – A)	Ja	Ja	Ja	Nein	Ja	Ja
Kausal (Wirkung-Ursache, Q14 – B)	Ja	Nein	Ja	Nein	Ja	Nein
	d	n	d	n	d	n
Kausal (Grund-Folge, Q15 – A)	Ja	Ja	Ja	Nein	Ja	Ja
Kausal (Grund-Folge, Q15 – B)	Ja	Nein	Nein	Nein	Ja	Nein
	d	n	d	n	d	
Kausal (Folge-Grund, Q16 – A)	Ja	Ja	Nein	Nein	Ja	Nein
Kausal (Folge-Grund, Q16 – B)	Nein	Nein	Nein	Nein	Nein	Ja

In der Großklasse II ist die einzige Kategorie innerhalb der Typologie nach Kienpointner das *induktive Beispielmuster* (R1). Es kann in den untersuchten Texten in beiden Impulsvarianten identifiziert werden. Dabei haben die Ankerbeispiele die theoretische Position belegen können: Das induktive Beispielmuster wurde von den Schülerinnen und Schülern benutzt, um in der weiterführenden Argumentation als Prämisse eingesetzt werden zu können. Dies zeigt sich deutlich darin, dass in beiden Impulsen die deskriptiven Varianten vollständig nachzuweisen sind.

Die normative Mustervariante fehlt pro Impuls je zweimal, im Impuls A die fachspezifisch-biologische, im Impuls B die fachspezifisch-theologische; in beiden Impulsen zeigt die fachübergreifende Möglichkeit für R1 jeweils eine Leerstelle (siehe Tabelle 58, Kap. 7).

Tabelle 58, Kap. 7: Übersicht über die Kategorie *Induktives Beispielmuster*

Muster	Fach-spezifisch-theologisch		Fach-spezifisch-biologisch		Fach-übergreifend	
	d	n	d	n	d	n
Induktives Beispiel (R1 – A)	Ja	Ja	Ja	Nein	Ja	Nein
Induktives Beispiel (R1 – B)	Ja	Nein	Ja	Ja	Ja	Nein

Alle drei Kategorien der Großklasse III sind identifizierbar. Das *illustrative Beispielmuster* (S1) wird von den Schülerinnen und Schülern fachspezifisch-theologisch, fachspezifisch-biologisch und fachübergreifend verwendet, was an den entsprechenden Ankerbeispielen und den zahlreichen anderen Belegstellen eindeutig nachgewiesen werden kann. Auch hier, wie schon bei Q13 und Q14 vermerkt, fehlen die normativen fachspezifisch-biologischen und einmal eine fachübergreifende Variante der Kategorie S1.

Das illustrative Beispielmuster wurde immer dann eingesetzt, wenn Generalisierungen fraglich sind. Damit kann die Kienpointner'sche Überlegung (vgl. 1992: 373f) zu den illustrativen Beispielmustern in den Texten bestätigt werden. Das Muster S1 ist darin als Kategorie nachgewiesen, wobei die deskriptiven Illustrationen in der Verwendung eindeutig überwiegen, wie Tabelle 59, Kap. 7, zeigt.

Tabelle 59, Kap. 7: Übersicht über die Kategorie *Illustratives Beispielmuster*

Muster	Fach-spezifisch-theolo-gisch		Fach-spezifisch-biologisch		Fach-übergreifend	
	d	n	d	n	d	n
Illustratives Beispiel (S1 – A)	Ja	Ja	Ja	Nein	Ja	Ja
Illustratives Beispiel (S1 – B)	Ja	Ja	Ja	Nein	Ja	Nein

Im Unterschied zu den Vergleichsmustern Q4 bis Q6 wird die Kategorie *Analogiemuster* von den Schülerinnen und Schülern eher im theologischen/religiösen Kontext genutzt. Das Muster S2 ist somit ein fachspezifisch-theologisches Muster (mit der Ausnahme normativ im Impuls A) und weniger ein fachspezifisch-biologisches Muster (mit der Ausnahme normativ im Impuls B). Es konnten Hinweise darauf gefunden werden, dass S2 fachübergreifend deskriptiv und zumindest im Impuls B auch fachübergreifend normativ verwendet wird (siehe Tabelle 60, Kap. 7). Damit ist S2 für theologische und fachübergreifende Kontexte als Kategorie nachgewiesen. Für den fachspezifisch-biologischen Kontext muss die Antwort offenbleiben.

Tabelle 60, Kap. 7: Übersicht über die Kategorie *Analogiemuster*

Muster	Fach-spezifisch-theologisch		Fach-spezifisch-biologisch		Fach-übergreifend	
	d	n	d	n	d	n
Analogie (S2 – A)	Ja	Ja	Nein	Nein	Ja	Nein
Analogie (S2 – B)	Ja	Nein	Nein	Ja	Ja	Ja

Bei der Kategorie *Autoritätsmuster* (siehe Tabelle 61, Kap. 7) zeigt sich, dass die untersuchten Schülerinnen und Schüler dieses Muster nicht im fachspezifisch-theologischen, sondern eher im fachspezifisch-biologischen Kontext verwenden. Mit Sicherheit lässt sich dieses Muster allerdings nicht als ein fachspezifisches Muster nachweisen, was auch zur fachübergreifenden Verwendung zu notieren ist.

Tabelle 61, Kap. 7: Übersicht über die Kategorie *Autoritätsmuster*

Muster	Fachspezifisch-theologisch		Fachspezifisch-biologisch		Fach-übergreifend	
	d	n	d	n	d	n
Autorität (S3 – A)	Nein	Ja	Nein	Nein	Ja	Nein
Autorität (S3 – B)	Ja	Nein	Ja	Nein	Nein	Nein

Nach diesen zusammenfassenden Einzeldarstellungen ist die Frage nach der Güte des Kategoriensystems zu diskutieren.

7.4 Zur Güte des Kategoriensystems

Im methodischen Teil (vgl. Kap. 3.2.5) wird die Frage nach Gütekriterien qualitativer sozialwissenschaftlicher Forschung aufgegriffen und diskutiert. Es konnte herausgestellt werden, dass die für die quantitative Forschung geltenden Kriterien – Objektivität, Reliabilität und Validität (vgl. Arnold [2]2002: 118f) – prinzipiell auch für die qualitative Forschung zutreffen. Des Weiteren wurde darauf verwiesen, dass nach Mayring (2002 und [11]2010) an spezifischen Gütekriterien zu arbeiten ist (so schon Flick 1987).

In Annahme der Überlegungen von Krippendorff (1980: 158; vgl. Mayring [11]2010: 119) – es gibt zwei Hauptkriterien: Validität und Reliabilität – kann jetzt begründet werden, weshalb die materialorientierte Validität (semantische Gültigkeit, Stichprobengültigkeit) und die kommunikative Validität (vgl. Mayring [11]2010: 120) sowie die Reliabilität (Stabilität, Reproduzierbarkeit, Exaktheit) die entscheidenden Gütekriterien für die vorliegende Forschung sind. Im Folgenden soll diesen einzelnen Gütekriterien in Bezug auf das Kategoriensystem nachgegangen werden.

Die semantische Gültigkeit, welche sich »in der Angemessenheit der Kategoriendefinition« (Mayring [11]2010: 119) ausdrückt, ist mit dem Nachweis der einzelnen Argumentationsmuster und der Belegung dieser durch Ankerbeispiele gewährleistet. Auch wenn nicht alle 22 Muster der Kienpointner'schen Typologie in den Texten der Schülerinnen und Schüler zu identifizieren sind, so hat die Analyse doch insgesamt 16 Muster belegen können sowie eine Begründung über das Fehlen der anderen vorgetragen werden konnte. Die theoriegeleitete Differenzierung der einzelnen Kategorien hat sich ebenfalls durch die Analyse bestätigen lassen.

Die Stichprobengültigkeit kann durch den Dreischritt: Festlegung des Materials, Analyse der Entstehungssituation, formale Charakterisierung (vgl. Mayring [11]2010: 52f) abgesichert werden, wie in Kap. 6 ausführlich diskutiert.

Die kommunikative Validierung (vgl. Mayring [11]2010: 120) ist durch die enge Zusammenarbeit mit Fachdidaktikern aus dem Bereich Biologie ermöglicht worden. Zugleich wurde der selbstverfasste Schülerimpuls – als Voraussetzung für die Entstehung argumentierender Texte – durch eine Expertenkonsultation überprüft und konnte verfeinert werden, was ebenfalls einer Form der kommunikativen Validierung entsprechen dürfte (vgl. Kap. 6.1.4).

Eine Konstruktvalidität ist im vorliegenden Forschungszusammenhang mit der Begründung, dass kein Vergleichskonstrukt vorliegt, nicht angestrebt. Dennoch kann – mit aller Vorsicht – die These aufgestellt werden, dass das Konstrukt funktioniert. Die Analyse hat bisher gezeigt, dass es möglich ist, Argumentationsmuster und deren fachspezifische bzw. fachübergreifende Verwendung durch Schülerinnen und Schüler zu identifizieren. Das heißt, mit dem Instrument – die Typologie von Kienpointner – kann dasjenige erhoben werden, was erhoben werden soll. Freilich ist die kleine Stichprobe, als typisches Merkmal der qualitativen sozialwissenschaftlichen Forschung, nicht ausreichend, um hier wirklich verallgemeinerungsfähige Aussagen treffen zu können.

Zur Reliabilität als Gütekriterium kann festgehalten werden, dass sich das Instrument als stabil herausgestellt hat. Alle von den Schülerinnen und Schülern produzierten Texte enthalten Argumentationsmuster, die mittels der theoriegeleiteten Differenzierung erfasst werden können. Das heißt, eine negative Beschreibung – es gibt Texte, die keine Muster enthalten – kann ausgeschlossen werden.

Zur Reproduzierbarkeit des Kategoriensystems lässt sich schwerlich eine Aussage treffen. Dies liegt u. a. daran, dass der Vorteil der Impulsvarianten A und B – die Schülerinnen und Schüler werden dazu angeregt, zu argumentieren – zugleich sein Nachteil ist. Eine andere Aufgabenstellung könnte vielleicht andere Muster zeigen. Deshalb kann über die Reproduzierbarkeit des Kategoriensystems erst dann eine Aussage getroffen werden, wenn eine weitere Schülergruppe untersucht würde.

Es wurde versucht, die Exaktheit, die »Stabilität und Reproduzierbarkeit« voraussetzt und die sich »am schwersten überprüfen« lässt (Mayring [11]2010: 121), dadurch einzuhalten, dass die einzelnen Analyseschritte intersubjektiv nachvollziehbar aufbereitet sind.

Wie in Kapitel 6.3.4 erwähnt, erzielte auch die Intercoder-Reliabilität ein befriedigendes Ergebnis.

Zusammenfassend lässt sich notieren, dass das Kategoriensystem den hier angeführten Gütekriterien standhalten kann.

7.5 Resümee

Mit den Ausführungen zu den Gütekriterien des Kategoriensystems kann diese Kapitel abgeschlossen und zusammengefasst werden. In Konzentration auf die in den Texten der Schülerinnen und Schüler gefundenen deskriptiven/normativen vollständigen fachspezifischen/fachübergreifenden Muster und deren Belegung mit den entsprechenden Ankerbeispielen konnte dem Ablaufmodell nach Mayring mit der angegebenen minimalen Abweichung (vgl. Kap. 3.3) gefolgt werden.

Das zweifach gestellte Ziel – die Kategorien (Argumentationsmuster) als Kategorien auszuweisen und damit die Güte des Kategoriensystems zu überprüfen – ist damit erreicht.

Nach einer allgemeinen Reflexion über die Funktion von Ankerbeispielen – Veranschaulichung, Nachweis der Gültigkeit der Kategorie am Beispiel und Zusammenfassung der theoretisch entwickelten und an das Material herangetragenen Kategorien – sowie einer Begründung, weshalb nur die vollständigen Muster zu präsentieren sind, kann überprüft werden, welche Argumentationsmuster sich in den Texten der Schülerinnen und Schüler als Kategorien ausweisen lassen. Dabei hat sich herausgestellt, dass insgesamt 16 der 22 Muster der Kienpointner'schen Typologie in den Texten zu identifizieren sind. Damit sind im Material alle drei Großklassen dieser Typologie vertreten.

Für alle drei Großklassen ist festzuhalten, dass sich die Entstehungssituation der Texte, also der fachliche Kontext, in dem der jeweilige Impuls bearbeitet wird (mit Ausnahme des Musters Q5) als irrelevant für die von der untersuchten Schülerschaft verwendeten Argumentationsmuster herausgestellt hat. Die »Theologen« und die »Evolutionstheoretiker« argumentierten also unabhängig vom Fach, in dem sie die Aufgabe bearbeiten.

Die identifizierten Argumentationsmuster können differenziert werden in einen allgemeinen Nachweis (das Muster kommt vor) und einen fachspezifischen/fachübergreifenden Nachweis (das Muster kommt *als* fachspezifisches/fachübergreifendes vor).

Die Überlegungen zur Güte des Kategoriensystems zeigen, dass die Kriterien *semantische Gültigkeit*, *Stichprobengültigkeit*, *kommunikative Validierung* sowie *Reliabilität* positiv mit dem Kategoriensystem verknüpft werden können.

Im nächsten Kapitel wird es darauf ankommen, sich der Frage nach der *fachspezifischen* und *fachübergreifenden* Verwendung der einzelnen Muster zuzuwenden, um die gestellten Forschungsfragen in formaler und inhaltlicher Hinsicht beantworten zu können.

8. Kapitel: Fachspezifische und fachübergreifende Verwendung von Argumentationsmustern

Die Auswertung ist bisher soweit vorangetrieben, dass mit diesem Kapitel die Forschungsfrage einer Beantwortung zugeführt werden kann. Dazu werden – wie in der Einleitung erarbeitet – zwei Teilschritte vollzogen.

Im ersten Abschnitt (8.1) wird auf formaler Ebene gezeigt, welche Argumentationsmuster von den untersuchten Schülerinnen und Schülern *fachspezifisch* und welche *fachübergreifend* benutzt werden. Im Ergebnis (8.2) kann eine empirisch ausgewiesene Typologie präsentiert werden, die diese Verwendung kategorial veranschaulicht. Dazu werden für den fachspezifischen und für den fachübergreifenden Bereich jeweils vier Kategorien entwickelt, unter welche die einzelnen Muster subsumiert werden können. Mit dieser Typologie sind die Teilforschungsfragen 1 und 2 – fachspezifische und fachübergreifende Verwendung – zusammenfassend zu beantworten (8.3).

Im Anschluss (8.4) wird die bisher im Vordergrund der Auswertung stehende formal beschreibende Ebene verlassen, um hermeneutisch und interpretierend an ausgewählten Schülertexten eine Feinanalyse durchzuführen. Dazu werden als Fallbeispiele vier theologische und vier biologische Texte diskutiert. Aus diesen Feinanalysen ergibt sich die Möglichkeit, die dritte Teilforschungsfrage – Lässt sich ein Zusammenhang zwischen Musterverwendung und Inhalt (Schöpfung und Evolution) bei den untersuchten Schülerinnen und Schülern der gymnasialen Oberstufe feststellen? – zu beantworten, was in 8.4.5 zusammenfassend präsentiert wird.

Diese Ergebnisse können zeigen, dass die von Schülerinnen und Schülern zum Thema *Schöpfung* und *Evolution* hervorgebrachten Argumente bzw. die Verwendung von Argumentationsmustern im Zusammenhang mit bestimmten Inhalten als *jugendtheologische* Äußerungen gelesen werden können. Gerade an den Fallstudien lässt sich über die Beantwortung der *Wie*-Frage eine Theologie/ein Theologisieren *von* Jugendlichen ablesen.

Mit einer abschließenden Reflexion (8.5) wird dieses Kapitel beendet.

8.1 Zur formalen Verwendung fachspezifischer und fachübergreifender Argumentationsmuster

Es kann jetzt in Bezug auf die untersuchten Texte eine formale Einschätzung zur Verwendung[265] von Argumentationsmustern erarbeitet werden. Dabei wird eine Zusammenschau der deskriptiven und eine der normativen Verwendung der einzelnen Muster diskutiert, um die Forschungsfragen 1 und 2 zu beantworten. Im Ergebnis ist eine Typologie zu erwarten, die auf formaler Ebene die Verwendung von Argumentationsmustern durch die untersuchten Schülerinnen und Schüler zeigen kann.

8.1.1 Zur deskriptiven Verwendung von Argumentationsmustern

Tabelle 1, Kap. 8, zeigt die deskriptive Verwendung der identifizierten Argumentationsmuster. Die Tabelle ist so gestaltet, dass die Kategorie benannt wird, anschließend das konkrete Muster sowie der Impuls. *Ja* bedeutet die fachspezifische (fs) / fachübergreifende (fü) Verwendung, *Nein* heißt, dass das Muster in dieser Variante nicht nachgewiesen werden konnte. Die Tabelle ist für jedes einzelne Muster somit von links nach rechts zu lesen.

Tabelle 1, Kap. 8: Deskriptive Verwendung von Argumentationsmustern

Kategorie	Muster	Impuls	fs theol.	fs bio.	fü
Einordnung	Q1	A / B	Ja / Ja	Nein / Ja	Ja / Nein
Einordnung	Q2	A / B	Nein / Nein	Nein/ Ja	Nein / Nein
Einordnung	Q3	A / B	Ja / Ja	Nein / Nein	Nein / Nein
Vergleich	Q4	A / B	Ja / Nein	Nein / Nein	Ja / Ja
Vergleich	Q5	A / B	Ja / Nein	Ja / Ja	Ja / Ja
Vergleich	Q6	A / B	Ja / Ja	Ja / Nein	Ja / Ja
Gegensatz	Q9	A / B	Nein / Nein	Ja / Nein	Nein / Ja
Gegensatz	Q10	A / B	Ja / Nein	Ja / Nein	Ja / Nein
Kausal	Q13	A / B	Ja / Ja	Ja / Ja	Ja / Ja
Kausal	Q14	A / B	Ja / Ja	Ja / Ja	Ja / Ja
Kausal	Q15	A / B	Ja / Ja	Ja / Nein	Ja / Ja
Kausal	Q16	A / B	Ja / Nein	Nein / Nein	Ja / Nein
Induktiv	R1	A / B	Ja / Ja	Ja / Ja	Ja / Ja
Illustrativ	S1	A / B	Ja / Ja	Ja / Ja	Ja / Ja

265 Es ist an dieser Stelle darauf zu verweisen, dass, bedingt durch die Methode, nicht auf Typen von Schülerargumentationen, sondern auf Typen der Verwendung von Argumentationen bei Schülerinnen und Schülern abgehoben wird. Zur Modellbildung in Anlehnung an Barbour (1990) vgl. Rothgangel 1999, auch Höger 2008.

((Fortsetzung))

Kategorie	Muster	Impuls	fs theol.	fs bio.	fü
Analogie	S2	A / B	Ja / Ja	Nein / Nein	Ja / Ja
Autorität	S3	A / B	Nein / Ja	Nein / Ja	Ja / Nein

Wie schon in Kap. 7.3 umfangreich durch Ankerbeispiele belegt, benutzen die untersuchten Schülerinnen und Schüler eher deskriptive als normative Argumentationen. Wird nach der Verwendung im fachspezifischen und fachübergreifenden Kontext gefragt (so Forschungsfragen 1 und 2), lässt sich das Folgende festhalten.

8.1.1.1 Fachspezifisch-theologisch

Mit Sicherheit kann in Bezug auf die untersuchten Texte die deskriptive fachspezifisch-theologische Verwendung in den Impulsen A und B festgehalten werden für das Definitionsmuster (Q1), das Ganzes-Teil-Muster (Q3), eine Form des Vergleiches (Verschiedenheit, Q6), für die vier Varianten des Kausalmusters: Ursache-Wirkung und Wirkung-Ursache (Q13 und Q14) sowie Grund-Folge-Relation und Folge-Grund-Relation (Q15 und Q16[266]), für die beiden Varianten des Beispielmusters (R1 und S1) sowie für das Analogiemuster (S2).

Wird die für Auswertungszwecke notwendige Differenzierung in Q13 und Q14 sowie Q15 und Q16 aufgehoben, d.h. wird von einem Kausalmuster der Ursache-Wirkungs-Relation und einem der Grund-Folge-Relation ausgegangen, so zeigt sich, dass aus der Großklasse I insgesamt fünf, aus der Großklasse II das eine und aus der Großklasse III zwei Muster mit Sicherheit im fachspezifisch-theologischen Kontext verwendet werden. Dies bedeutet auch, dass die Schülerinnen und Schüler in ihren Argumentationen Schlussregeln benutzen (GKI), Schlussregeln etablieren (GKII), mit Beispielen illustrieren (GKIII) oder durch das Aufstellen von Analogien (GKIII) argumentieren. Die Texte argumentieren aus einer theologischen Sichtweise zum Thema *Schöpfung und Evolution*, indem sie einordnen, vergleichen sowie kausale, induktive und illustrierende Relationen herstellen:

Deskriptive fachspezifisch-theologische Verwendung im Impuls A und B
Q1, Q3, Q6, Q13/Q14, Q15/Q16, R1, S1, S2

Zusätzlich zu diesem Ergebnis – bei ausschließlicher Betrachtung des Impulses A – kommen für den fachspezifisch-theologischen Zusammenhang noch die

266 Das Muster Q16 ist eine Ausnahme, da es nur im Impuls A und nicht, wie die anderen hier angegeben Muster, in beiden Impulsen nachgewiesen werden kann.

Formen des Vergleiches Q4 (Gleichheit) und Q5 (Ähnlichkeit) sowie der konträre Gegensatz (Q10) als von Schülerinnen und Schülern benutzte fachspezifische Argumentationsmuster hinzu:

Deskriptive fachspezifisch-theologische Verwendung im Impuls A
Q4, Q5, Q10

Das heißt in Gesamtheit, dass die untersuchten Schülerinnen und Schüler von den insgesamt 16 Kategorien 13 für eine fachspezifisch-theologisch Argumentation in Bezug auf das gestellte Thema verwenden. Erstaunlich ist, dass das Autoritätsmuster (S3) im fachspezifisch-theologischen Zusammenhang im Impuls B Verwendung findet.

Ausgeschlossen werden können definitiv für beide Impulse das Genus-Spezies-Muster (Q2), das kontradiktorische Gegensatzmuster (Q9), für den Impuls A das Autoritätsmuster (S3) und für den Impuls B die Muster des Vergleiches (Q4 und Q5), des konträren Gegensatzes (Q10) sowie das Folge-Grund-Muster (Q16).

8.1.1.2 Fachspezifisch-biologisch

Auch bei der Frage nach der fachspezifisch-biologischen Verwendung stechen die beiden Varianten des Kausalmusters Ursache-Wirkung und Wirkung-Ursache (Q13 und Q14) sowie die beiden Varianten des Beispielmusters (R1 und S1) für beide Impulse hervor. Zusätzlich ist das Vergleichsmuster der Ähnlichkeit Q5 ein eindeutig ausgewiesenes fachspezifisch-biologisches Muster. Definitiv ausgeschlossen werden können in diesem fachlichen Kontext die Muster Ganzes-Teil (Q3), Vergleich der Gleichheit (Q4), Folge-Grund (Q16) und Analogie (S2) für beide Impulsvarianten, für den Impuls A die Muster Definition (Q1), Genus-Spezies (Q2) und Autorität (S3) sowie für den Impuls B die Muster Vergleich der Verschiedenheit (Q6), kontradiktorischer Gegensatz (Q9), konträrer Gegensatz (Q10) und Grund-Folge (Q15). In Gesamtheit ergibt sich im deskriptiven fachspezifisch-biologischen Kontext somit die folgende Verwendung:

Deskriptive fachspezifisch-biologische Verwendung im Impuls A und B
Q5, Q13/Q14, R1, S1

Zwar lässt sich als Ergebnis auch hier festhalten, dass die Schülerinnen und Schüler vergleichend, kausal, induktiv und illustrierend an das Thema *Schöpfung und Evolution* herantreten, allerdings verwenden sie im Vergleich zum fachspezifisch-theologischen Kontext wesentlich weniger Muster. Diese Feststellung ist leicht »nach oben« zu korrigieren, wenn die Impulse A und B jeweils separat betrachtet werden. Für den Impuls A ist festzuhalten, dass das Muster Vergleich der Verschiedenheit (Q6), kontradiktorischer Gegensatz (Q9), konträrer Gegensatz (Q10); für den Impuls B die Muster Definition (Q1), Genus-Spezies (Q2) und Autorität (S3) hinzukommen.

Deskriptive fachspezifisch-biologische Verwendung im Impuls A
Q6, Q9, Q10

Deskriptive fachspezifisch-biologische Verwendung im Impuls B
Q1, Q2, S3

Für den deskriptiven fachspezifisch-biologischen Zusammenhang kann somit notiert werden, dass die Schülerinnen und Schüler insgesamt 11 der 16 Muster verwenden. Dabei ist allerdings nicht zu übersehen, dass in der Zusammenschau beider Impulse fachspezifisch-theologisch weit mehr Muster (10) von den Schülerinnen und Schülern verwendet werden als im fachspezifisch-biologischen Kontext (5 Muster). Das heißt, die fachspezifisch-theologische Argumentation ist in der deskriptiven Variante wesentlich breiter angelegt als die fachspezifisch-biologische.

8.1.1.3 Fachübergreifend

Fachübergreifend verwenden die untersuchten Schülerinnen und Schüler in beiden Impulsen die folgenden Muster:

Deskriptive fachübergreifende Verwendung im Impuls A und B
Q4, Q5, Q6, Q13/Q14, Q15, R1, S1, S2

Fachübergreifend wird auf alle Formen des Vergleiches (Q4-Q6), auf Kausal-Relationen, auf das induktive und das illustrative Beispiel sowie auf das Analogiemuster zurückgegriffen. Während im fachspezifisch-biologischen Kontext die Grund-Folge-Relation (Q15) und das Analogiemuster (S2) keine Verwendung finden, werden beide Muster im fachübergreifenden Bereich benutzt. Dies ist ein Hinweis darauf, dass im Gespräch zwischen beiden Disziplinen – als ein entscheidendes Kriterium fachübergreifender Argumentation – Muster Verwendung finden, die ansonsten nur in den fachspezifisch-theologischen Kontexten zu finden sind. Ausgeschlossen werden können die Muster Genus-Spezies (Q2) und Ganzes-Teil (Q3).

Auch hier sind die Impulse A und B getrennt zu betrachten. So kann für den Impuls A festgehalten werden, dass das Definitionsmuster (Q1), das Gegensatzmuster (Q10) und das Autoritätsmuster (S3) fachübergreifende Muster sind. Der konträre Gegensatz (Q9) ist hingegen für diese Impulsvariante kein fachübergreifendes Muster.

Deskriptive fachübergreifende Verwendung im Impuls A
Q1, Q10, S3

Im Impuls B ist von den untersuchten Schülerinnen und Schülern nur der konträre Gegensatz (Q9) zusätzlich für den fachübergreifenden Zusammenhang zu finden.

Deskriptive fachübergreifende Verwendung im Impuls B
Q9

Ausgeschlossen werden können hier das Definitionsmuster (Q1), das Folge-Grund-Muster (Q16) und das Autoritätsmuster (S3).

8.1.1.4 Zusammenfassung zur deskriptiven Verwendung von Argumentationsmustern

Mit Sicherheit kann bei der deskriptiven fachspezifischen Verwendung von Argumentationsmustern für die untersuchten Schülerinnen und Schüler festgehalten werden, dass sie die beiden Varianten des Kausalmusters Ursache-Wirkung und Wirkung-Ursache (Q13 und Q14) sowie die beiden Varianten des Beispielmusters (R1 und S1) verwenden.

Für den fachspezifisch-theologischen Zusammenhang lässt sich zusätzlich die Verwendung des Definitionsmusters (Q1), des Ganzes-Teil-Musters (Q3), eine Form des Vergleiches (Verschiedenheit, Q6), die Grund-Folge-Relationen (Q15 und Q16) sowie das Analogiemuster (S2) festgehalten, im fachspezifisch-biologischen zusätzlich das Vergleichsmuster der Ähnlichkeit (Q5) und das Autoritätsmuster (S3). Daraus ergibt sich die folgende tabellarische Übersicht (siehe Tabelle 2, Kap. 8).

Tabelle 2, Kap. 8: Deskriptive fachspezifische Argumentationsmuster

Deskriptiv fachspezifisch-theologisch	Deskriptiv fachspezifisch-biologisch
Im Impuls A und B: Q1, Q3, Q6, Q13 / Q14, Q15 / Q16, R1, S1, S2	Im Impuls A und B: Q5, Q13 / Q14, R1, S1
Nur im Impuls A: Q4, Q5 und Q10	Nur im Impuls A: Q6, Q9, Q10
	Nur im Impuls B: Q1, Q2, S3

Als zusammenfassendes Ergebnis zur fachspezifischen Musterverwendung kann notiert werden:

1. In beiden fachspezifischen Kontexten wird vergleichend (Q5), kausal (Ursache-Wirkung, Q13 und Q14), induktiv (R1) und illustrierend (S1) argumentiert, wodurch diese Muster als fachspezifisch-theologisch und als fachspezifisch-biologisch zu kennzeichnen sind.
2. Die Kausal-Relation Grund-Folge (Q15 und Q16) und das Analogiemuster (S2) sind rein fachspezifisch-theologische Muster.
3. Beide fachlichen Kontexte arbeiten mit Definitionen (Q1), wobei dies für den fachspezifisch-biologischen Zusammenhang nur für den Impuls B zutrifft.
4. Die Muster der Kategorie *Vergleich* (Q4-Q6) werden fachspezifisch in der Impulsbearbeitung unterschiedlich verwendet (A= Q4 und Q5; B= Q5 und Q6).
5. Bei den Mustern zu den Kategorien *Einordnung* (Q2) und *Gegensatz* (Q9) sowie beim *Autoritätsmuster* (S3) muss die Frage, ob sie eine fachspezifisch-theologische und/oder fachspezifisch-biologische Zuordnung ermöglichen, offenbleiben, da sie ausschließlich nur in bestimmten Impulsvarianten verwendet werden und die entsprechenden Fundstellen (vgl. Kap. 7.3.2.4) recht gering sind. Die Muster Q3 und Q10 (Ganzes-Teil und konträrer Gegensatz) sind am ehesten noch der fachspezifisch-theologischen Verwendung zuzuordnen, in Gesamtheit – so wird sich bei den normativen Varianten zeigen – allerdings ebenfalls zu gering vertreten.

Aus diesen zusammenfassenden Punkten 1–5 ist eine formale Kategorienbildung möglich:

Erste Kategorie: Fachspezifische Muster (d)$^{\text{Theol+Bio}}$[267]

Unter dieser Kategorie sind alle Muster subsumiert, die eine eindeutige fachspezifisch-theologische und fachspezifisch-biologische Zuordnung ermöglichen.

Zweite Kategorie: Fachspezifische Muster (d)^{Theol}

Die Muster dieser Kategorie sind nur im fachspezifisch-theologischen Zusammenhang zu finden.

Dritte Kategorie: Fachspezifische Muster (d)$^{\text{Theol/Bio}}$

Innerhalb dieser Kategorie werden die einzelnen Argumentationsmuster ent-

267 Das Kürzel (d) steht für *deskriptiv*. Bei der Kategorienbildung zur normativen Verwendung wird (n) verwendet, sodass bei der Aufstellung einer Typologie eine Zusammenführung der deskriptiven und normativen Musterverwendung möglich wird.

weder im fachspezifisch-theologischen oder[268] im fachspezifisch-biologischen Zusammenhang verwendet.

Vierte Kategorie: Fachspezifische Muster (d)$^{\text{nicht eindeutig}}$
Aufgrund der geringen Fundstellen vereinigt diese Kategorie Muster, zu denen keine eindeutige Zuordnung erfolgen kann.

Diese vier Kategorien können in eine Typologie eingetragen werden, die Auskunft über die deskriptive fachspezifische Verwendung von Argumentationsmustern durch die untersuchten Schülerinnen und Schüler geben kann.

Vor dem Aufstellen dieser Typologie muss allerdings noch die deskriptive fachübergreifende Verwendung zusammengefasst und kategorial bestimmt werden sowie auf die normative fachspezifische und fachübergreifende Benutzung von Argumentationsmustern zu verweisen ist.

Auch für die Frage nach der fachübergreifenden Verwendung lassen sich Kategorien bilden. Zuerst erfolgt eine tabellarische Übersicht (siehe Tabelle 3, Kap. 8).

Tabelle 3, Kap. 8: Deskriptive fachübergreifende Argumentationsmuster

Deskriptiv fachübergreifend, Impuls A und B	Deskriptiv fachübergreifend, nur Impuls A	Deskriptiv fachübergreifend, nur Impuls B
Q4, Q5, Q6, Q13 / Q14, Q15, R1, S1, S2	Q1, Q10, Q16, S3	Q9

Bei der deskriptiven fachübergreifenden Verwendung von Argumentationsmustern wird in beiden Impulsen auf alle Formen des Vergleiches (Q4-Q6), auf Kausal-Relationen (Q13/Q14 und Q15), auf das induktive und das illustrative Beispiel (R1 und S1) sowie auf das Analogiemuster (S2) zurückgegriffen. Nur im Impuls A lässt sich das Definitionsmuster (Q1), eine Form des Gegensatzmusters (Q10), eine Kausal-Relation (Q16) und das Autoritätsmuster (S3) ausmachen, für den Impuls B ist nur der kontradiktorische Gegensatz (Q9) zu notieren. Wie schon vermerkt (vgl. Kap. 7.3.2.4), lassen sich die Muster Q2 und Q3, Q9 und Q10 sowie das Muster S3 nicht mit Sicherheit der fachübergreifenden Verwendung zuordnen. Aufgrund dieser Zusammenfassung können die folgenden Kategorien abgeleitet werden:

Erste Kategorie: Fachübergreifende Muster (d)$^{\text{Theol+Bio}}$
Unter dieser Kategorie sind alle Muster subsumiert, die aus einem biologischen Kontext in einen theologischen/religiösen Kontext (und andersherum) argu-

268 Es ist hier das ausschließende *Oder* gemeint.

mentieren, aber auch solche, die andere Kontexte benutzen, um eine theologische oder biologische Argumentation einsichtig machen zu können.

Zweite Kategorie: Fachübergreifende Muster (d)^{Theol}
Diese Kategorie versammelt Muster, welche mittels eines theologischen Kontextes biologische oder andere Zusammenhänge argumentativ überprüft.

Dritte Kategorie: Fachübergreifende Muster (d)$^{\text{nicht eindeutig}}$
In dieser Kategorie befinden sich die Muster, über welche aufgrund der geringen Fundstellen keine eindeutige Aussage getroffen werden kann.

Mit dieser zusammenfassenden kategorialen Bestimmung kann die Verwendung deskriptiver Argumentationen verlassen und sich der normativen Verwendung der Muster zugewandt werden.

8.1.2 Zur normativen Verwendung von Argumentationsmustern

In Tabelle 4, Kap. 8, ist die normative Verwendung von Argumentationsmustern zusammenfassend dargestellt. Diese Tabelle ist adäquat der deskriptiven Variante zu lesen.

Tabelle 4, Kap. 8: Normative Verwendung von Argumentationsmustern

Kategorie	Muster	Impuls	fs theol.	fs bio.	fü
Einordnung	Q1	A / B	Ja / Ja	Nein / Ja	Ja / Ja
Einordnung	Q2	A / B	Nein / Nein	Nein / Nein	Nein / Ja
Einordnung	Q3	A / B	Nein / Ja	Nein / Nein	Nein / Nein
Vergleich	Q4	A / B	Nein / Nein	Nein / Nein	Nein / Ja
Vergleich	Q5	A / B	Ja / Ja	Nein / Ja	Ja / Nein
Vergleich	Q6	A / B	Ja / Ja	Nein / Nein	Nein / Ja
Gegensatz	Q9	A / B	Nein / Nein	Nein / Ja	Nein / Nein
Gegensatz	Q10	A / B	Ja / Nein	Nein / Nein	Nein / Nein
Kausal	Q13	A / B	Ja / Ja	Nein / Nein	Ja / Nein
Kausal	Q14	A / B	Ja / Nein	Nein / Nein	Ja / Nein
Kausal	Q15	A / B	Ja / Nein	Nein / Nein	Ja / Nein
Kausal	Q16	A / B	Ja / Nein	Nein / Nein	Nein / Ja
Induktiv	R1	A / B	Ja / Nein	Nein / Ja	Nein / Nein
Illustrativ	S1	A / B	Ja / Ja	Nein / Nein	Ja / Nein
Analogie	S2	A / B	Ja / Nein	Nein / Ja	Nein / Ja
Autorität	S3	A / B	Ja / Nein	Nein / Nein	Nein / Nein

Argumentationen, die auf normative Konklusionen abzielen, werden allgemein von den Schülerinnen und Schülern wesentlich seltener benutzt als die deskriptiven Varianten. Wie der Gesamtüberblick verdeutlichen kann, betrifft dies in erster Linie den fachspezifisch-biologischen Bereich, aber auch im fachspezifisch-theologischen und im fachübergreifenden Kontext ist die normative Verwendung von Argumentationsmustern deutlich geringer. Im Einzelnen kann das Folgende notiert werden.

8.1.2.1 Fachspezifisch-theologisch

Es können insgesamt vier Muster für die normative fachspezifisch-theologische Verwendung von Argumentationsmustern durch die untersuchte Schülerschaft für beide Impulse festgehalten werden: das Definitionsmuster (Q1), die Vergleiche der Ähnlichkeit und der Verschiedenheit (Q5 und Q6) sowie eine Variante der Kausal-Relation (Ursache-Wirkung, Q13). Alle Muster gehören der Großklasse I an, was bedeutet, dass die Schülerinnen und Schüler normative Varianten für die schlussregelbenutzenden Argumentationen verwenden, zumindest in der Zusammenschau der Impulse A und B. Ausgeschlossen werden können für die normative fachspezifisch-theologische Verwendung von Argumentationsmustern die Muster Genus-Spezies (Q2), Vergleich der Gleichheit (Q4) und der kontradiktorische Gegensatz (Q9). Daraus ergibt sich vorerst:

Normative fachspezifisch-theologische Verwendung in den Impulsen A und B
Q1, Q5, Q6, Q13

In der einzelnen Betrachtung der beiden Impulse zeigt sich, dass für den Impuls A das Ganzes-Teil-Muster (Q3) auszuschließen ist, während alle anderen identifizierbaren Muster innerhalb der Kienpointner'schen Typologie normativ verwendet werden.

Normative fachspezifisch-theologische Verwendung im Impuls A
Q10, Q14–16, R1, S1–3

Mit der Ausnahme von S1 und dem im Impuls A ausgeschlossenen Q3 verwenden die Schülerinnen und Schüler im Impuls B keine weiteren normativen fachspezifisch-theologischen Argumentationen, sodass sich das folgende Bild ergibt:

Normative fachspezifisch-theologische Verwendung im Impuls B
Q3, S1

Aus diesem Ergebnis kann geschlussfolgert werden, dass die Schülerinnen und Schüler, die aus einer theologischen/religiösen Perspektive heraus argumentieren, wesentlich häufiger normativ konnotierte Argumente verwenden (12 Muster) als die Schülerinnen und Schüler, welche die evolutionstheoretische Perspektive einnehmen (6 Muster). Dieses Ergebnis lässt sich leicht relativieren durch die nähere Betrachtung der fachspezifisch-biologischen Verwendung normativer Muster:

8.1.2.2 Fachspezifisch-biologisch

Wie der Gesamtüberblick zeigt, können für die normative fachspezifisch-biologische Verwendung für beide Impulse nur wenige Muster festgehalten werden und für den Impuls A gar kein Muster. Im Impuls B handelt es sich lediglich um das Definitionsmuster (Q1), den Vergleich der Ähnlichkeit (Q5), den kontradiktorischen Gegensatz (Q9), das induktive Beispiel (R1) und das Analogiemuster (S2). In einen Überblick gebracht:

Normative fachspezifisch-biologisch Verwendung im Impuls B
Q1, Q5, Q9, R1, S2

Schülerinnen und Schüler argumentieren hier, ähnlich wie bei der deskriptiven Verwendung festzuhalten ist, mit Mustern aus allen drei Großklassen, also schlussregelbenutzend (GKI), schlussregeletablierend (GKII) und – in diesem Falle – in Verwendung von Analogien (GKIII). Erstaunlich ist, dass das illustrative Beispielmuster fehlt, obwohl es sich doch auch normativ gut hätte verwenden lassen. Allerdings kann notiert werden, dass die Schülerinnen und Schüler zumindest im Impuls B 5 normative Mustervarianten verwenden, um aus dem fachspezifisch-biologischen Kontext heraus zu argumentieren.

8.1.2.3 Fachübergreifend

Für den fachübergreifenden Zusammenhang ist ein ähnliches Ergebnis zu notieren wie für die beiden fachspezifischen. In den untersuchten Texten wird nur ein Muster (Definition, Q1) in beiden Impulsen verwendet, um fachübergreifend und normativ zu argumentieren. Ausgeschlossen werden können hingegen die Muster Ganzes-Teil (Q3), kontradiktorischer und konträrer Gegensatz (Q9 und Q10), das induktive Beispielmuster (R1) und das Autoritätsmuster (S3).[269]

269 Mit dem Ausschluss von Q3, Q9, Q10 und S3 wird die Aussage bestätigt, die bei der deskriptiven Verwendung der Muster durch die vierte Kategorie (Fachspezifische Muster (d)$^{\text{nicht eindeutig}}$) notiert wurde.

Normative fachübergreifende Verwendung in den Impulsen A und B
Q1

Dass nur das Definitionsmuster von den Schülerinnen und Schülern in beiden Impulsen benutzt wird, lässt zumindest für dieses Muster die Aussage zu, dass normative Definitionen Eingang in den argumentativen Austausch zwischen den Fachdisziplinen finden – eine Aussage, die durch weitere Untersuchungen zu erhärten wäre. Erstaunlich ist auch im fachübergreifenden Zusammenhang, wie wenig die Schülerinnen und Schüler auf die beiden Varianten der Beispielmuster zurückgreifen, um unter normativen Prämissen fachübergreifend zu argumentieren. Wird diese Beobachtung positiv gewendet, kann freilich notiert werden, dass die untersuchte Gruppe sich der Gefahr normativer Setzungen in Argumentationen bewusst zu sein scheint. Auch hier könnten weitere Untersuchungen angestellt werden. Die Einzelbetrachtung der Impulse kann diese Aussagen etwas relativieren:

Werden die einzelnen Impulse separat betrachtet, so kann für den Impuls A festgestellt werden, dass die Schülerinnen und Schüler normative Vergleichsmuster der Ähnlichkeit (Q5), die Kausal-Relationen Ursache-Wirkung (Q13/Q14) und Grund-Folge (Q15) sowie das illustrative Beispielmuster (S1) argumentativ einsetzen. Damit werden in diesem Impuls dem Definitionsmuster Q1 weitere normative verwendete Argumentationsmuster an die Seite gestellt:

Normative fachübergreifende Verwendung im Impuls A
Q5, Q13/14, Q15, S1

Aus theologisch/religiöser Perspektive wird normativ unter Verwendung der Schlussregel bzw. durch Illustrationen fachübergreifend argumentiert. Auszuschließen sind die Muster Genus-Spezies (Q2), die Vergleichmuster Gleichheit und Verschiedenheit (Q4, Q5) und die Folge-Grund-Relation (Q16).

Für den Impuls B sind die folgenden Muster auszuschließen: Vergleich der Ähnlichkeit (Q5), die Kausal-Relationen (Q13-Q15) und das illustrative Beispielmuster (S1). Hingegen verwenden die Schülerinnen und Schüler das Genus-Spezies-Muster (Q2), die Vergleiche der Gleichheit und der Verschiedenheit (Q4 und Q6), die kausale Folge-Grund-Relation (Q16) sowie das Analogiemuster (S2):

Normative fachübergreifende Verwendung im Impuls B
Q2, Q4, Q5, Q16, S2

Mit diesem Ergebnis scheint sich zu bestätigen, dass im Horizont der Schülerinnen und Schüler Ursache-Wirkungs-Relationen nicht in den normativen fachübergreifenden Zusammenhang gehören, wie sie auch nicht in den normativen fachspezifisch-biologischen Kontext eingetragen werden können. Hingegen ist auffällig, dass auch hier das Analogiemuster verwendet wird, um aus einer biologisch konnotierten Perspektive fachübergreifend zu argumentieren.

8.1.2.4 Zusammenfassung zur normativen Verwendung von Argumentationsmustern

Auch bei der normativen Verwendung von Argumentationsmustern lassen sich fachspezifische Gemeinsamkeiten ausmachen. Die untersuchten Schülerinnen und Schüler verwenden das Definitionsmuster (Q1) und das Vergleichsmuster der Ähnlichkeit (Q5) in beiden fachspezifischen Kontexten.

Im fachspezifisch-theologischen Zusammenhang sind zusätzlich noch zu notieren: Vergleich der Verschiedenheit (Q6) und die Ursache-Wirkungs-Relation (Q13); für den fachspezifisch-biologischen Kontext das kontradiktorische Gegensatzmuster (Q9), das induktive Beispielmuster (R1) sowie das Analogiemuster (S2). Diese Muster konnten allerdings nur im Impuls B nachgewiesen werden.

Die einzelne Impulsbetrachtung hat nur für die normative fachspezifisch-theologische Verwendung Ergebnisse gezeigt: So für den Impuls A die Muster konträrer Gegensatz (Q10), die Kausal-Relationen Wirkung-Ursache/Grund-Folge (Q14-Q16), das induktive Beispiel (R1) und alle Muster der Großklasse III (S1-S3). Das Illustrative Beispielmuster (S1) kann auch in der Impulsvariante B für eine normative fachspezifisch-theologische Verwendung notiert werden, zusätzlich trifft dies auch auf das Ganzes-Teil-Muster (Q3) zu. Tabelle 5, Kap. 8, veranschaulicht das zusammengefasste Ergebnis.

Tabelle 5, Kap. 8: Normative fachspezifische Argumentationsmuster

Normativ fachspezifisch-theologisch	Normativ fachspezifisch-biologisch
In Impuls A und B: Q1, Q5, Q6, Q13	In Impuls A und B: Leer
Nur im Impuls A: Q10, Q14-Q16, R1, S1-S3	Nur im Impuls A: Leer
Nur im Impuls B: Q3, S1	Nur im Impuls B: Q1, Q5, Q9, R1, S2

Als Zusammenfassung zur Verwendung fachspezifisch normativer Argumentationsmuster ist festzuhalten:

1. Nur für den normativ fachspezifisch-theologischen Kontext können in den Impulsen A und B gemeinsame Muster notiert werden. Es handelt sich dabei

um Argumentationen, die definieren (Q1), vergleichen (Q5 und Q6) sowie eine Variante der Kausal-Relation (Q13) benutzen.

2. Die anderen Kausal-Relationen (Q14-Q16), der kontradiktorische Gegensatz (Q10) das induktive Beispiel (R1) und alle drei Muster der Großklasse III (S1-S3) sind zusätzlich fachspezifisch-theologische Muster der normativen Variante, werden allerdings nur im Impuls A verwendet.
3. Aus den Punkten 1 und 2 ergibt sich, dass die benannten Muster mit Sicherheit normative fachspezifisch-theologische Muster sind, zumindest in der Verwendung durch die untersuchten Schülerinnen und Schüler.
4. Weil die Muster Q5, R1 und S2 auch im fachspezifisch-biologischen Kontext – wenn auch nur in der Impulsvariante B – zu notieren sind, kann für diese Muster ausgesagt werden, dass sie normativ fachspezifisch-theologische und normativ-fachspezifisch biologische Argumentationsmuster sind.
5. Normativ fachspezifisch-biologische Muster werden auffällig weniger von den untersuchten Schülerinnen und Schülern verwendet als normativ fachspezifisch-theologische.
6. Auch hier können die Muster Q2, Q3, Q9 und Q10 sowie S3 ausgeschlossen werden, weil – wie schon bei der deskriptiven Verwendung begründet – deren Nachweis möglich ist, allerdings nur mit einer geringen Anzahl von Fundstellen, sodass die Antwort, welcher Fachspezifik sie zugeordnet werden können, offenbleiben muss.

Nach dieser Zusammenfassung ist ebenfalls eine Kategorienbildung möglich. Alle vier deskriptiven fachspezifischen Kategorien können für die normativen fachspezifischen Muster übernommen werden:

Erste Kategorie: Fachspezifische Muster (n)$^{\text{Theol+Bio}}$[270]
Diese Kategorie zeichnet sich dadurch aus, dass eine eindeutige fachspezifisch-theologische und fachspezifisch-biologische Musterzuordnung möglich ist.

Zweite Kategorie: Fachspezifische Muster (n)^{Theol}
Die Muster dieser Kategorie sind nur im fachspezifisch-theologischen Zusammenhang zu finden.

Dritte Kategorie: Fachspezifische Muster (n)$^{\text{Theol/Bio}}$
Unter dieser Kategorie werden die Argumentationsmuster subsumiert, die entweder im fachspezifisch-theologischen oder im fachspezifisch-biologischen Zusammenhang verwendet werden.

270 Das Kürzel (n) steht für *normativ.*

Vierte Kategorie: Fachspezifische Muster (n)$^{\text{nicht eindeutig}}$
Diese Kategorie zeichnet sich dadurch aus, dass aufgrund der geringen Belegstellen der Muster keine eindeutige Aussage getroffen werden kann.

Die drei Kategorien für die fachübergreifende Verwendung von deskriptiven Varianten der einzelnen Argumentationsmuster greifen auch bei den normativen Mustern. Es ist, auch wenn die Benutzung von normativen Varianten aller Argumentationsmuster im Gegensatz zu den deskriptiven deutlich geringer ist, noch eine vierte Kategorie auszumachen. Im Überblick ergibt sich das Folgende (siehe Tabelle 6, Kap. 8).

Tabelle 6, Kap. 8: Normative fachübergreifende Argumentationsmuster

Normativ fachübergreifend Impuls A und B	Normativ fachübergreifend nur Impuls A	Normativ fachübergreifend nur Impuls B
Q1	Q5, Q13/14, Q15, S1	Q2, Q4, Q5, Q16, S2

In beiden Impulsen ist das Definitionsmuster (Q1) als fachübergreifendes normatives Muster zu notieren. Werden die Impulsvarianten miteinander verglichen, so kann festgehalten werden, dass das Vergleichsmuster der Ähnlichkeit (Q5) noch am ehesten ein gemeinsames fachübergreifendes Muster darstellt. Die Muster Q13-Q15, S1 (für Impuls A) sowie Q2, Q4, Q16 und S2 (für Impuls B) verweisen darauf, dass aus dem jeweiligen fachspezifischen Kontext heraus fachübergreifend argumentiert wird bzw. diese Muster für eine fachübergreifende Argumentation von den untersuchten Schülerinnen und Schülern verwendet werden. Als Kategorien sind somit festzuhalten:

Erste Kategorie: Fachübergreifende Muster (n)$^{\text{Theol+Bio}}$
Unter dieser Kategorie sind alle Muster subsumiert, die aus einem biologischen Kontext in einen theologischen/religiösen Kontext (und andersherum) argumentieren, aber auch solche, die andere Kontexte benutzen, um eine theologische oder biologische Argumentation einsichtig machen zu können.

Zweite Kategorie: Fachübergreifende Muster (n)^{Theol}
Diese zweite Kategorie versammelt Muster, welche mittels eines theologischen Kontextes biologische oder andere Zusammenhänge argumentativ überprüft.

Dritte Kategorie: Fachübergreifende Muster (n)$^{\text{nicht eindeutig}}$
In dieser Kategorie kann aufgrund der geringen Fundstellen keine eindeutige Aussage getroffen werden.

Vierte Kategorie: Fachübergreifende Muster (n)^{Bio}
Innerhalb dieser Kategorie sind Muster zusammengefasst, die aus einem biologischen Kontext heraus fachübergreifend argumentieren.

Mit dieser kategorialen Bestimmung der deskriptiven und normativen fachspezifischen und fachübergreifenden Verwendung von Argumentationsmustern ist es möglich, eine Typologie aufzustellen. Weil die vier Kategorien der deskriptiven und der normativen fachspezifischen Muster identisch sind, kann im Folgenden die Kennzeichnung »d« und »n« weggelassen werden. Dies gilt auch für die drei identischen fachübergreifenden Kategorien. Die Ausnahme bildet hier die Kategorie vier: Fachübergreifende Muster (n)^{Bio}, da sie nur im normativen Bereich zu verorten ist.

8.2 Eine empirisch ausgewiesene Typologie zur Verwendung von Argumentationsmustern: Ergebnisse zu den Forschungsfragen eins und zwei

Für die deskriptiven fachspezifischen und für die normativen fachspezifischen Argumentationsmuster haben sich jeweils vier Kategorien, für die deskriptiven fachübergreifenden und für die normativen fachübergreifenden Muster drei Kategorien und, im normativen Bereich, eine zusätzliche vierte Kategorie ausmachen lassen.

Werden diese Kategorien zusammengefasst, so ergibt sich das folgende Bild:

1) Fachspezifisch
   - Erste Kategorie: Fachspezifische Muster $^{\text{Theol+Bio}}$ = fs$^{\text{Theol+Bio}}$
   - Zweite Kategorie: Fachspezifische Muster ^{Theol} = fs^{Theol}
   - Dritte Kategorie: Fachspezifische Muster $^{\text{Theol/Bio}}$ = fs$^{\text{Theol/Bio}}$
   - Vierte Kategorie: Fachspezifische Muster $^{\text{nicht eindeutig}}$ = fs$^{\text{nicht eindeutig}}$
2) Fachübergreifend
   - Erste Kategorie: Fachübergreifende Muster $^{\text{Theol+Bio}}$ = fü$^{\text{Theol+Bio}}$
   - Zweite Kategorie: Fachübergreifende Muster ^{Theol} = fü^{Theol}
   - Dritte Kategorie: Fachübergreifende Muster $^{\text{nicht eindeutig}}$ = fü$^{\text{nicht endeutig}}$
3) Zusätzlich
   - Vierte Kategorie: Fachübergreifende Muster (n)^{Bio} = fü$^{\text{(n) Bio}}$

Formal betrachtet lässt sich daraus ableiten, dass sich differenziert deskriptive und normative fachspezifisch-theologische und fachspezifisch-biologische Argumentationsmuster in der Verwendung durch die untersuchten Schülerinnen und Schüler nachweisen lassen. Dies kann auch für die fachübergreifende (fü)

Musterverwendung als Ergebnis konstatiert werden. Zugleich zeigt sich, dass bestimmte Muster gar nicht zu identifizieren sind, und dass Muster zu identifizieren sind, die eine eindeutige Zuordnung nicht ermöglichen.

Auf diesem Ergebnis aufbauend kann jetzt eine Typologie zur Verwendung von Argumentationsmustern erstellt werden, die auf der Basis der empirischen Untersuchung ausweist, welche konkreten Muster von den untersuchten Schülerinnen und Schülern fachspezifisch und/oder fachübergreifend verwendet wurden, um das Thema *Schöpfung und Evolution* argumentativ zu bearbeiten.

Dazu werden alle Muster der Typologie von Kienpointner (22 Muster) eingeordnet. Tabelle 7, Kap. 8, zeigt die Muster, welche nicht zu identifizieren sind, und die Muster, die zwar nachgewiesen, aber nicht eindeutig zugeordnet werden können und damit aus der Typologie zur Verwendung von Argumentationsmustern durch Schülerinnen und Schüler auszuschliessen sind.

Tabelle 7, Kap. 8: Ausgeschlossene Muster

Nicht identifizierbar	fs und fü nicht eindeutig
Q7, Q8, Q11, Q12, Q17, Q18	Q2, Q3, Q9, Q10, S3

Wie Tabelle 7, Kap. 8, zeigt, handelt es sich bei den Mustern, die entweder nicht zu identifizieren sind oder nicht eindeutig zugeordnet werden können mit der Ausnahme des Autoritätsmusters S3 in Gesamtheit um Muster aus der Großklasse I – um schlussregelbenutzende Muster. Die Muster, welche nicht zu identifizieren sind – so wurde schon begründet (vgl. Kap. 7.3.2.4) –, scheinen zu speziell zu sein, um von Schülerinnen und Schülern verwendet werden zu können (so die Vergleichsmuster A maiore und A minore Q7 und Q8 bzw. der konverse und inkompatible Gegensatz Q11 und Q12). Des Weiteren ist festgehalten, dass die Zweck-Mittel-Relationen (Q17 und Q18) zum Inhalt *Schöpfung und Evolution* offenbar nicht im Horizont der untersuchten Schülerinnen und Schüler als Möglichkeiten zu argumentieren auftauchen.

Die Muster, welche nicht eindeutig zuzuordnen sind, beziehen sich auf zwei Varianten der Einordnung (Genus-Spezies und Ganzes-Teil, Q2 und Q3), auf zwei Varianten des Gegensatzes (kontradiktorisch und konträr Q9 und Q10) und auf das Autoritätsmusters S3. Es ist anzumerken, dass die Muster Q3 und Q10 noch am ehesten unter die fachspezifisch-theologische Verwendung subsumiert werden können. Deshalb werden diese beiden Muster in der Typologie in Klammern mit angegeben, um die Verteilungstendenz zu verdeutlichen. Bei der Interpretation der Typologie spielen sie aber, aufgrund des nicht eindeutigen Nachweises, keine Rolle, weshalb sie hier unter die Kategorie *nur nachweisbar* subsumiert werden.

Dass die Schülerinnen und Schüler so wenig das Autoritätsmuster (S3) verwenden, ist ein Ergebnis, mit welchem nicht gerechnet worden ist. Viel eher ist angenommen worden, dass zumindest im fachspezifisch-theologischen Kontext ein Bezug auf Autoritäten vorkommt; erstaunlich ist hingegen zu beobachten, dass das Muster S3 im biologischen Kontext eine Rolle spielt.[271] Mit diesem Muster wird, der Vollständigkeit wegen, genauso verfahren wie mit den Mustern Q3 und Q10.

Es bleiben von den vier fachspezifischen und den vier fachübergreifenden Kategorien jeweils drei Kategorien für eine typologisierende Präsentation übrig, da die Muster, die unter die Kategorien *Fachspezifische Muster*$^{\text{nicht eindeutig}}$ und *Fachübergreifende Muster*$^{\text{nicht eindeutig}}$ fallen, begründet ausgeschlossen werden.

Somit stehen sechs Kategorien zur Verfügung, unter die die insgesamt 11 Muster aus der Typologie von Kienpointner subsumiert werden können, um Aussagen über die fachspezifische und fachübergreifende Verwendung von Argumentationsmustern zu ermöglichen. Weil diese Muster in der weiteren Analyse durch die bisher benutzten Abkürzungen verwendet werden, seien diese noch einmal vollständig angeführt:

Definitionsmuster (Q1), Vergleichsmuster der Gleichheit (Q4), der Ähnlichkeit (Q5), der Verschiedenheit (Q6), Kausal-Relationen: Ursache-Wirkung (Q13), Wirkung-Ursache (Q14, Grund-Folge (Q15), Folge-Grund (Q16), induktives Beispielmuster (R1), illustratives Beispielmuster (S1), Analogiemuster (S2). Die Kausalrelationen Q13 und Q14 sowie Q15 und Q16 werden, wenn dies möglich ist, zu jeweils einem Muster (Q13/14, Q15/16) zusammengefasst. In Klammer gesetzt werden die Muster Ganzes-Teil (Q3), konträrer Gegensatz (Q10) und das Autoritätsmuster (S3), weil diese vorkommen, aber nicht eindeutig (also nur tendenziell) zugeordnet werden können. Das *GK* steht für die jeweilige Großklasse, die Abkürzung »fs« für fachspezifisch und die Abkürzung »fü« für fachübergreifend. Als Ergebnis kann in Tabelle 8, Kap. 8, die folgende Typologie präsentiert werden.

Tabelle 8, Kap. 8: Differenzierte Typologie zur deskriptiven und normativen Verwendung von Argumentationsmustern

Varianten	**1.Kategorie:** fs $^{\text{Theol+Bio}}$	**2.Kategorie:** fs ^{Theol}	**3.Kategorie:** fs $^{\text{Theol/Bio}}$	**1.Kategorie:** fü $^{\text{Theol+Bio}}$	**2.Kategorie:** fü ^{Theol}	**3.Kategorie:** fü $^{\text{(n)Bio}}$
Deskriptiv						
GK I	Q1 Q5 Q13/14	Q15/16 (Q3) (Q10)	Q4 Q6 (S3)	Q4 Q5 Q6 Q13/14	Q1	Leer

271 Die Muster Q2, Q3, Q9, Q10 und S3, als unvollständige Muster präsentiert, hätten durchaus nicht ausgeschlossen werden müssen. Dies ist selbstkritisch anzumerken.

((Fortsetzung))

Varianten	**1.Kategorie:** fs Theol+Bio	**2.Kategorie:** fs Theol	**3.Kategorie:** fs Theol/Bio	**1.Kategorie:** fü Theol+Bio	**2.Kategorie:** fü Theol	**3.Kategorie:** fü (n)Bio
				Q15 (Q10)		
GK II	R1	Leer	Leer	R1	Leer	Leer
GK III	S1	S2	Leer (S3)	S1 S2	Leer (S3)	Leer
Normativ						
GK I	Q1 Q5 (Q3) (Q10)	Q6 Q13/14 Q15/16 (Q10) (S3)	Leer	Q1	Q5 Q13/14 Q15	Q4, Q5 Q16
GK II	Leer	R1	R1	Leer	Leer	Leer
GK III	Leer	S1 S2	S2 (S3)	Leer	S1	S2

Mit dieser Typologie können in formaler Hinsicht die Teilfragen 1 und 2 eindeutig beantwortet werden. Zur Wiederholung: Die Teilfrage 1 fragt nach der fachspezifischen Verwendung von Argumentationsmustern in den Fächern ev. Religion und Biologie in Bezug auf die Thematik *Schöpfung und Evolution*, die Teilfrage 2 nach der fächerübergreifenden Verwendung.

Es konnte schon als Ergebnis festgehalten werden, dass der Kontext, in dem der Impuls von den Schülerinnen und Schülern bearbeitete wurde, für die Erstellung von theologisch und biologisch argumentierenden Texten keine relevante Rolle spielt (vgl. Kap. 7.3.2.4).

Aus der Großklasse I (schlussregelbenutzende Muster, insgesamt 18 Subklassen) fehlen, in Gesamtheit betrachtet, die meisten Muster (insgesamt 8, Q3 und Q10 mitgerechnet insgesamt 10), weil sie von den Schülerinnen und Schülern entweder nicht verwendet wurden oder nicht eindeutig zuzuordnen sind. Knapp die Hälfte der Muster dieser Großklasse kann aber in die präsentierte Typologie eingetragen werden.

Im fachspezifisch-theologischen und fachspezifisch-biologischen Zusammenhang lassen sich das Definitionsmuster (Q1), das Vergleichsmuster der Ähnlichkeit (Q5) und die Kausal-Relation (Q13/14) gesichert als Argumentationsmuster ausmachen, die in beiden fachspezifischen Kontexten verwendet werden. Das heißt, diese Muster tragen eine formale Struktur in sich, die auf die verschiedenen inhaltlichen Zusammenhänge angewendet bzw. inhaltlich gefüllt werden kann. Dieses Ergebnis erstaunt eigentlich nur in Bezug auf die Ursache-Wirkungs-Relationen (Q13/14), weil nicht damit gerechnet wurde, dass von

Schülerinnen und Schülern theologisch mit dieser Kausal-Relation argumentiert wird. Eine Erklärung für diese Feststellung könnte sein, dass es die untersuchten Schülerinnen und Schüler gewöhnt sind, Ursache und Wirkung zusammenzudenken. Eine andere Erklärung ist in der – in diesem Falle – falschen Vorannahme zu sehen. Das heißt, die Schülerinnen und Schüler bestätigen für eine naturwissenschaftliche Diskussion die Verwendung von Ursache-Wirkungs-Relationen und für eine theologische Argumentation zeigen sie diese an.

Auch die Vergleichsmuster der Gleichheit und der Verschiedenheit (Q4 und Q6) zeichnen sich als Muster aus, welche in fachspezifisch-theologischer, aber auch in fachspezifisch-biologischer Perspektive von den Schülerinnen und Schülern benutzt werden. Allerdings gilt hier das ausschließende »Oder«, d.h., sie werden entweder fachspezifisch-theologisch oder fachspezifisch-biologisch verwendet.

Die Kausal-Relation Grund-Folge (Q15/16) ist in jedem Fall ein fachspezifisch-theologisches Muster; es kommt im fachspezifisch-biologischen Kontext nicht vor. Hier wiederum findet sich die Vorannahme bestätigt: Theologische Argumentationen sind auch solche, welche mit einer personal gebundenen bzw. durch Personen ausgelösten *Kausalität* operieren, sei es durch Aussagen über Gott, Glaubensgemeinschaften oder religiöse Einzelpersonen.

Ein »reines« fachspezifisch-biologisches Muster, also ein Muster, welches nicht auch ein fachspezifisch-theologisches Muster ist, kann bei den untersuchten Schülerinnen und Schülern nicht ausgemacht werden.

Für den fachübergreifenden Zusammenhang kann für die Großklasse I ein ähnliches Ergebnis festgehalten werden. Hier sind es das Definitionsmuster (Q1), alle Formen der Vergleiche (Q4-Q6), die Kausal-Relation (Q13/14) und das Grund-Folge-Muster (Q15/16), welche eingesetzt werden, um über die fachlichen Grenzen hinaus bzw. in den jeweils anderen fachlichen Bereich hinein zu argumentieren. Es fällt auf, dass das Definitionsmuster (Q1) eine doppelte Funktion erfüllt, es tritt als theologisches und biologisches Muster sowie nur als theologisches Muster auf.

Auch beim fachübergreifenden Argumentieren verwenden die Schülerinnen und Schüler die Grund-Folge-Relationen (Q15/16). Das heißt, ähnlich wie bei der Ursache-Wirkungs-Relation ist die gängige Teilung zwischen Erklärung und Verstehen zumindest bei den untersuchten Schülerinnen und Schülern aufgeweicht: Diese verstehen (deuten) biologische Zusammenhänge und erklären (beschreiben) theologische. Dieses Ergebnis ist – vorerst nur auf formaler Ebene – nicht zu unterschätzen, gibt es doch einen Hinweis darauf, dass naturalistische, aber auch supranaturalistische wissenschaftliche Extrempositionen unterrichtlich nicht zu greifen scheinen. Freilich kann dies nur als These formuliert werden, der in einer gesonderten Forschung nachgegangen werden müsste.

Im fachübergreifenden Argumentieren spielen wohl in erster Linie die Muster des Vergleiches eine entscheidende Rolle, was insofern nicht verwundert, als dass im gemeinsamen Gespräch der Fachdisziplinen dem *Miteinander-Vergleichen* die Bedeutung des Erkennens der eigenen Perspektive und des Wechsels zur anderen Perspektive zukommt.

Tendenziell lässt sich auch das Ganzes-Teil-Muster (Q3) und der konträre Gegensatz (Q10) als fachspezifisch-theologisches und fachspezifisch-biologisches Muster ausmachen. Für den fachübergreifenden Zusammenhang ist dies zumindest für Q10 ebenfalls zu notieren.

In Zusammenfassung der Großklasse I und in Bezug auf die beiden Forschungsteilfragen kann festgehalten werden, dass schlussregelbenutzende Argumentationsmuster differenziert in fachspezifische und fachübergreifende Muster identifiziert werden können. Dabei ergibt sich, dass die Definition, der Vergleich und die Kausal-Relation (Ursache-Wirkung) sowohl fachspezifisch als auch fachübergreifend Verwendung finden, die Kausal-Relation Grund-Folge nur fachspezifisch-theologisch, aber auch fachübergreifend.

Die Großklasse II ist mit einer Kategorie/Subklasse in der Kienpointner'schen Typologie ausgewiesen: dem induktiven Beispielmuster (R1). Dieses konnte in den Argumentationen der Schülerinnen und Schüler ausgemacht werden. R1 ist ein fachspezifisch-theologisches, ein fachspezifisch-biologisches und ein fachübergreifendes Muster, zumindest in der deskriptiven Verwendung. In der normativen Variante hat es sich als fachspezifisch-theologisches und als fachspezifisch-theologisches oder fachspezifisch-biologisches Muster notieren lassen. Schülerinnen und Schüler – dies kann zumindest für die untersuchte Gruppe ausgesagt werden – erschließen sich durch das Anführen von Beispielen den Übergang von einer Prämisse zu einer Konklusion, d. h., sie etablieren eine Schlussregel, indem sie diese mit mindestens einem Beispiel belegen.

Weshalb das induktive Beispielmuster in der normativen Variante kein fachübergreifendes Argumentationsmuster ist, kann auf formaler Ebene nicht beantwortete werden. Inwiefern sich hierauf eine Antwort aus der hermeneutisch interpretierenden Feinanalyse ergibt (vgl. Kap. 8.4) ist im Vorfeld nicht entscheidbar. An dieser Stelle ist somit nur festzuhalten, dass das Muster R1 von den Schülerinnen und Schülern benutzt wird, und zwar beim deskriptiven fachspezifischen und fachübergreifenden Argumentieren. Dieses Ergebnis ist mit der formalen Struktur des Musters R1 zu begründen, da keine Schlussregel benutzt, sondern eine solche erst etabliert werden muss, was zumindest für die untersuchten Schülerinnen und Schüler keine Option für ein normativ konnotiertes fachübergreifendes Argumentieren zu sein scheint.

Zwei der drei Kategorien/Subklassen der Großklasse III, also Argumentationsmuster, die die Schlussregel weder benutzen noch etablieren, können bei den Schülerinnen und Schülern identifiziert werden: das illustrative Beispielmuster S1 und das Analogiemuster S2. Tendenziell ist auch das Autoritätsmuster S3 zu finden, und zwar als fachspezifisch-theologisches und als fachspezifisch-biologisches. Als fachübergreifendes Muster wird S3 nur im theologischen Kontext verwendet, d.h. wenn die Schülerinnen und Schüler aus einer theologischen Perspektive heraus in ein Gespräch mit Biologie, aber auch mit anthropologischen oder historischen Standpunkten eintreten. Wie schon vermerkt ist S3 (wie auch Q3 und Q10) nur tendenziell beschreibbar.

Das illustrative Beispielmuster (S1) lässt sich als fachspezifisch-theologisches, als fachspezifisch-biologisches und als fachübergreifendes Muster identifizieren. Wie im Kap. 7.3.2.3 (Ankerbeispiele für S1) gezeigt werden konnte, ist dieses Muster von allen identifizierbaren Argumentationsmustern überhaupt am häufigsten eingesetzt worden, um eine schlüssige Argumentation vortragen zu können. Das illustrierende Beispiel ist dabei ein Muster, welches nicht nur »rein« vorkommt, sondern auch eingesetzt wird, um schlussregelbenutzende Muster zu flankieren: Die Illustration wird verstärkend für eine Definition, einen Vergleich, aber auch bei den Kausal-Relationen eingesetzt. Das heißt, zumindest bei den fachübergreifenden Mustern der Großklasse I kann die Verwendung von S1 mitgedacht werden, wie im Kap. 8.4 noch im Konkreten nachgewiesen wird.

Die normative Variante dieses Musters gibt auch hier ein anderes Bild ab. Im normativen Zusammenhang ist S1 ein fachspezifisch-theologisches und ein fachübergreifendes (theologisches) Muster. Ein Grund für dieses Ergebnis kann ebenfalls in der formalen Struktur des Beispielmusters gesehen werden, weil Generalisierungen, die unsicher erscheinen, illustriert werden müssen. Eine solche Illustration scheint den Schülerinnen und Schülern nur aus theologischer Perspektive sinnvoll zu sein.

Dass das Muster S1 so häufig eingesetzt wurde, kann freilich auch mit unterrichtlichen Zusammenhängen hypothetisch erläutert werden: Unterricht diskutiert ja prinzipiell den jeweiligen Stoff exemplarisch, also am Beispiel. Der Impuls für die Schülerinnen und Schüler fungierte ebenso mit dem Hinweis: *Mit dieser Parabel liegt Ihnen ein Beispiel eines argumentierenden Dialogs vor.* Auch alltagssprachlich lassen sich Argumentationen sehr gut auf Illustrationen aufbauen. Diese drei hypothetischen Formulierungen bedürften der konkreten Erforschung und sind hier als eine Art Problemaufriss zu verstehen.

Als letzte Subklasse ist das Analogiemuster S2 zu besprechen. Wie die präsentierte Typologie zeigen kann, ist das Muster S2 ein fachspezifisch-theologisches und ein fachübergreifendes Muster. Dass eine Analogie im theologischen Kontext verwendet wird, ist nicht weiter verwunderlich; für den fachübergreifenden Zusammenhang kann ähnlich wie bei den Vergleichsmustern argumentiert werden: Weil eine Analogie zwei Realitätsbereiche zusammendenken muss, um eine Analogie zu sein, eignet sich dieses Muster für eine über die jeweiligen Fachgrenzen hinausgehende Argumentation.

Erstaunlich ist allerdings, dass auch beim Muster S2 in Bezug auf seine normative Verwendung ein anderes Ergebnis zu notieren ist. Auch hier handelt es sich um ein fachspezifisch-theologisches Muster, ein fachspezifisch-theologisches oder fachspezifisch-biologisches und, im fachübergreifenden Kontext, um ein biologisches Muster. Das heißt, aus der normativ angelegten biologischen Perspektive wird dieses Muster für fachübergreifende Argumentationen von den Schülerinnen und Schülern verwendet.

Werden die Großklassen II und III zusammenfassend betrachtet, so lässt sich zeigen, dass die Muster R1, S1 und S2 in der deskriptiven Variante fachspezifisch-theologische, fachspezifisch-biologische und fachübergreifende Muster sind, sich also so wie die Muster der Großklasse I verhalten. In der normativen Variante handelt es sich bei diesen Mustern aber um fachspezifisch-theologische oder fachspezifisch-biologische sowie um fachübergreifende – theologische (S1) oder biologische (S2) – Muster bzw. dieser Bereich bleibt leer (R1). Dadurch unterscheiden sich die Großklassen II und III in den normativen Varianten eindeutig von der Großklasse I.

Es scheint – auf formaler Ebene formuliert – für Schülerinnen und Schüler einfacher zu sein, eine Schlussregel, die eine Norm mit sich führt, zu benutzen, als eine normative Schlussregel zu etablieren, oder durch Illustration bzw. Analogie »anzuwenden«.

Mit diesen Ausführungen kann die Präsentation der Typologie abgeschlossen werden. Die folgende Zusammenfassung verdeutlicht noch einmal die gewonnenen Erkenntnisse.

8.3 Resümee

Die Fragen nach der fachspezifischen und der fachübergreifenden Verwendung von Argumentationsmustern durch Schülerinnen und Schüler der gymnasialen Oberstufe sind beantwortet. Die drei Großklassen der Typologie nach Kienpointner haben sich durch insgesamt 11 Muster sichern und tendenziell durch drei weitere Muster nachweisen lassen.

Um eine Typologie präsentieren zu können, konnten für die fachspezifische und für die fachübergreifende Verwendung jeweils vier Kategorien entwickelt werden, unter die die einzelnen Muster zu subsumieren sind.

In Bezug auf die fachspezifische Verwendung ist zu notieren, dass es fachspezifisch-theologische und fachspezifisch-biologische Muster sowie »rein« fachspezifisch-theologische Muster gibt. Das heißt für die beiden Fächer: Schülerinnen und Schüler verwenden Muster im Modus »sowohl – als auch«, im Modus »oder« (ausschließend) und im Modus »nur«. Eine Musterverwendung mit dem Modus »nur« kann für den fachspezifisch-biologischen Kontext nicht nachgewiesen werden. Somit ergeben sich hier drei Kategorien für ein fachspezifisches Argumentieren.

Fachübergreifend verwenden die Schülerinnen und Schülern den Modus »sowohl als auch« sowie den Modus »nur«, wobei sich dieser Modus jeweils für das perspektivisch-theologische und das perspektivisch-biologische fachübergreifende Argumentieren zeigt. Daraus ergeben sich insgesamt drei Kategorien für den fachübergreifenden Zusammenhang.

Für die fachspezifische und die fachübergreifende Musterverwendung identisch ist die Kategorie, welche nicht eindeutig zuzuordnende Muster unter sich vereinigt. Bei den Mustern dieser Kategorie können aber tendenzielle Aussagen zu drei Mustern gemacht werden (Q3, Q10, S3), sodass mit einer anderen Aufgabenstellung mit an Wahrscheinlichkeit grenzender Sicherheit auch diese drei Muster hätten nachgewiesen werden können.

Die identifizierten Muster die Großklasse I werden von den Schülerinnen und Schülern in den deskriptiven und normativen Varianten als fachspezifisch-theologische, fachspezifisch-biologische und fachübergreifende Muster genutzt. Bei den Mustern der Großklasse II und III zeigt sich für die deskriptive Verwendung dasselbe Ergebnis. In der normativen Variante verwendet die untersuchte Schülerschaft diese Muster, um fachspezifisch-theologische oder fachspezifisch-biologische sowie um fachübergreifend perspektivisch-theologisch (S1) oder perspektivisch-biologisch (S2) zu argumentieren. Das induktive Beispielmuster R1 konnte für die normative Variante nicht identifiziert werden.

Bisher wurde auf formaler Ebene der Frage nachgegangen, wie Schülerinnen und Schüler argumentieren. Die hier gewonnenen Erkenntnisse bzw. Ergebnisse eignen sich, um eine quantifizierende Forschung anzustrengen, welche die hier identifizierten, von Schülerinnen und Schülern verwendeten Argumentationsmuster als empirisch gewonnene Ausgangskategorien verwendet. Dazu könnten beispielsweise Fragebögen entwickelt werden, welche durch geschlossene Aufgaben nach der Schlüssigkeit oder der Beweiskraft von Kausal-Relationen oder des illustrativen Beispielmusters fragen, aber auch, wie häufig Schülerinnen und Schüler dieses oder jenes Muster verwenden. Gerade aus der Häufigkeit ließen sich Rückschlüsse für eine unterrichtlich verantwortete Förderung einer genauer zu definierenden Argumentationskompetenz ablesen. Es wäre aber auch möglich – mittels der Item-Response-Theory (vgl. Rost [2]2007) –, empirische gesicherte Niveaustufen zu erarbeiten. In der vorliegenden Forschung ist eine Quantifizierung nicht vorgesehen. Deshalb sind die hier vorgetragenen Überlegungen nur als Anregungen für eine weiterführende Forschung zu verstehen.

Das folgende Unterkapitel geht nun der Forschungsfrage auf der inhaltlichen Ebene nach. Das heißt, der formale Zugang wird verlassen bzw. die bisher im Vordergrund stehende deskriptive Auswertung wird durch eine, an Textbeispielen durchgeführte Analyse (8. Schritt im Ablaufmodell von Mayring) ergänzt, indem das Material einer Interpretation unter hermeneutischen Gesichtspunkten zugeführt wird.

8.4 Zur inhaltlichen Verwendung von Argumentationsmustern

Es kommt in diesem Abschnitt zu einem Wechsel von der formalen zur inhaltlichen Analyseebene, um die fachspezifische und fachübergreifende Verwendung von Argumentationsmustern bei Schülerinnen und Schülern der gymnasialen Oberstufe vervollständigen zu können. Dieser hermeneutisch interpretierende Zugang ist durchaus argumentationstheoretisch und methodisch abgesichert.

Gil (2012, vgl. Einleitende Überlegungen) verweist darauf, dass Argumentieren eine Tätigkeit ist. Dieser theoretische Gedanke wird aufgenommen, sodass die inhaltliche Analyse nicht mehr nach dem Muster, beispielsweise Definitionsmuster (Q1), Vergleichsmuster (Q5) oder illustrativen Beispielmuster (S1) fragt, sondern *wie* die Schülerinnen und Schüler inhaltlich definieren, vergleichen, illustrieren usw.[272] Dies bedeutet, dass bei den folgenden Analysen die (inhaltliche) Tätigkeit des Argumentierens in den Fokus genommen wird.

Für Mayring ([11]2010: 32, Hervorhebungen im Original) ist die Qualitative Inhaltsanalyse »immer [auch] ein *Verstehensprozess* von vielschichtigen Sinnstrukturen im Material. Die Analyse darf nicht bei dem manifesten Oberflächeninhalt stehen bleiben, sie muss auch auf latente *Sinngehalte* abzielen«. Wird methodisch nach dem Sinn einer Aussage[273], also nach deren Sinngehalt gefragt, dann bietet es sich an, hermeneutisch vorzugehen, was im Rahmen der inhaltlichen Strukturierung dem 8. Ablaufschritt des Modells nach Mayring – der Feinanalyse – entspricht.[274]

272 Dies ist natürlich nur dann möglich, wenn sich aus dem Nomen ein Verb ableiten lässt, wie z. B. aus Definitionsmuster ein definieren. Bei den Kausalrelationen ist dies beispielsweise nicht möglich, sodass in solchen Fällen das Nomen beibehalten werden muss.

273 Der Sinn einer Aussage ergibt sich nicht aus der kategorialen, sondern aus der inhaltlichen Erfassung. Im Prinzip kehrt dieses Kapitel an den theoretischen Ausgangspunkt der vorliegenden Forschung zurück: Die dort (vgl. Kap 2, Präsuppositionstheorie) diskutierten argumentationstheoretischen Voraussetzungen gehen davon aus, dass eine Aussage einen Sinn hat, den sie explizit (semantisch) und implizit (präsupponiert) transportiert. Es lässt sich an dieser Stelle schwer entscheiden, ob von *Sinn* oder von *Bedeutung* gesprochen werden kann und soll. Für Frege geht es um die Bedeutung, Linguisten wie Ernst und Meibauer verweisen auf Sinn (vgl. Kap. 2). Es soll hier der Begriff *Sinn* verwendet werden, und zwar im theologisch-religionsphilosophischen Zusammenhang, wie er von Tillich (vgl. [2]1959, 238–245, 318–327) durchdacht und diskutiert wird. Zu den Begriffen *Sinn und Bedeutung* allgemein vgl. Thürnau (1995: 808ff).

274 Mayring expliziert diese Entsprechung nicht, d. h., die *Feinanalyse* wird hier als eine solche Entsprechung zu einem hermeneutischen Zugang zum Material gedeutet bzw. verstanden.

Theoretisch und methodisch können somit die folgenden inhaltlichen Analysen in den vorliegenden Forschungszusammenhang eingeordnet werden. Als Ziel dieser Analysen ist gemäß der dritten Teilforschungsfrage die Verbindung zwischen Inhalt und Form anvisiert. Die einzelnen Analysen sind als Fallbeispiele zu verstehen. Dazu wurden für den Impuls A (Theologe) und für den Impuls B (Evolutionstheoretiker) jeweils vier Texte ausgewählt, die – als Querschnitt verstanden – eine Einschätzung des gesamte Materials (n=48) ermöglichen.

Alle acht Texte wurden unter folgenden Aspekten ausgewählt:

1. Es wurde darauf geachtet, dass für die Fallanalyse die Texte von zwei Schülerinnen und von zwei Schülern aus den beiden Bundesländern Berlin und Brandenburg herangezogen wurden – Gender-berücksichtigender Aspekt.
2. Pro Bundesland wurde jeweils eine Schülerin / ein Schüler, die den Impuls A, und eine Schülerin / ein Schüler, die den Impuls B bearbeiten, ausgewählt – Impuls-berücksichtigender Aspekt.
3. Inhaltlich sind die Texte so ausgesucht, dass sie verschiedene »Niveaus«[275] des Argumentierens veranschaulichen können – Fähigkeiten berücksichtigender Aspekt.
4. Alle Texte bearbeiten das Thema *Schöpfung und Evolution* anders, sodass die Bandbreite der möglichen inhaltlichen Zugangsweisen der Schülerinnen und Schüler veranschaulicht werden kann – Inhalt-berücksichtigender Aspekt.

In formaler Hinsicht ist die Vorgehensweise der Fallbeispielanalysen identisch.

In einem ersten Schritt wird der jeweilige Text entsprechend der Einteilung in Textbausteine[276] paraphrasiert, sodass die wichtigsten Inhalte des Gesamttextes, aber auch die Tätigkeit *Argumentieren* erkennbar werden. Das heißt, diese Paraphrasen arbeiten beispielsweise mit den Wortgruppen *die Schülerin definiert Schöpfung …, sie vergleicht und stellt eine Verschiedenheit zwischen Evolution und Schöpfung vor, sie illustriert durch 3 Beispiele usw.*[277] Damit ist gewährleistet, dass die verwendeten Argumentationsmuster erkennbar bleiben.

---

275 Noch einmal ist zu betonen, dass der Begriff *Niveau* nicht auf Niveaustufen abzielt, weil die Datenmenge zu gering ist, um empirisch abgesicherte Stufen beschreiben zu können. Das *Niveau* ist also nur in Bezug auf den Inhalt und dessen Reflexion hin auszulegen.

276 Es wird schon in Kap. 6.2.3 darauf hingewiesen, dass Textbausteine so etwas wie argumentative Sinneinheiten darstellen, die jetzt bei der zusammenfassenden Darstellung der Texte von Schülerinnen und Schülern hilfreich für die Interpretation sind.

277 Die Volltexte der Schülerinnen und Schüler können in tabellarischer Form eingesehen werden: vgl. www.v-r.de/weiß_argumentationen: Schüler-/Schülerinnentexte Impulsvariante A und Schüler-/Schülerinnentexte Impulsvariante B. Die Identifizierung der Texte ist durch die Codierung möglich. Auch hier sei darauf verwiesen, dass die originalen Schüleraussagen durch die kursive Setzung hervorgehoben werden. Zur besseren Lesbarkeit werden die Rechtschreibung korrigiert und sprachliche Fehler vorsichtig, ohne Änderung

In einem zweiten Schritt wird die von den Schülerinnen und Schülern vorgetragene Argumentation einer inhaltlichen Interpretation/Reflexion unterzogen. Dabei wird überprüft, welche theologischen/biologischen/fachübergreifenden Positionen oder Perspektiven sie vortragen und mit welchen Argumentationsmustern sie diese Positionen vortragen.

In einem dritten und letzten Schritt wird der Frage nachgegangen, welche von den Schülerinnen und Schülern hervorgebrachten Argumentationen in Bezug auf den jeweiligen Inhalt einsichtig sind.

Alle drei Arbeitsschritte können nicht, wie soeben angeführt, in dieser Differenzierung auseinandergehalten werden. Sie fließen in den Analysen ineinander über.

Pro Fallbeispiel gibt es eine kurze Zusammenfassung. Am Ende aller Analysen kann die Grobstruktur des Materials (9. Ablaufschritt nach Mayring) erstellt werden, indem die formale und inhaltliche Verbindung der Schülerargumentationen diskutiert, Fragehorizonte herausgearbeitet sowie die Einschätzung des gesamten Materials kategorial präsentiert werden.

8.4.1 Fallstudien *Theologie*

8.4.1.1 Schülerinnentext aus Brandenburg (Tn24ARu)

Mit einer schematischen Darstellung lässt sich der Text der Schülerin in fünf Punkte zusammenfassen:

1) Die Schülerin geht als *sehr religiös geprägter Mensch* davon aus, dass Schöpfung *ihre Berechtigung* hat und sich Evolution und Schöpfung als *Überzeugungen gegenseitig vollkommen ausschließen.* In diesem Textbaustein wird nicht argumentiert, sondern nur festgestellt, d.h., der gesamte Rahmen der folgenden Argumentation wird vorgeführt.
2) Sie ist in der Lage, naturwissenschaftliche Forschungsergebnisse und deren Eigenheiten in der Erkenntnisgewinnung (hypothetisch-deduktives Vorgehen) von normierenden Zusammenhängen zu unterscheiden, d.h., die Schülerin ist sich der Ausschnitthaftigkeit beider Weltzugänge bewusst und anerkennt die *Erkenntnisse, zu denen die Forschung heutzutage schon gelangt ist.* Sie verweist darauf, dass es historisch betrachtet allerdings immer wieder zum menschlichen Irrtum über naturwissenschaftliche Erkenntnisse kam. Dieser Zusammenhang wird mit einer kausalen Grund-Folge-Relation verdeutlicht, die durch ein induktives Erschließen des Typischen in der menschlichen Geschichte *(bloßer Irrtum)* und mittels dreier Beispiele *(bes-*

der Diktion verbessert. Sinngemäße Ergänzungen sind hervorgehoben. Die Originaltexte sind in jedem Fall online einzusehen: www.v-r.de/weiß_argumentationen.

sere Messgeräte … Menschen gebildeter … obwohl ich die Untersuchungen der Forscher aufs Höchste schätze) verstärkend illustriert wird.[278] Die gesamte Argumentation läuft auf die Konklusion hinaus, dass alle naturwissenschaftliche *Forschung an ihre Grenzen stößt.* Die Schülerin verbleibt in dieser Argumentation auf der beschreibenden Ebene. Als Präsupposition kann rekonstruiert werden: ›Naturwissenschaftliche Forschung ist nur in Anerkennung ihrer Grenzen möglich.‹

3) Mit dem dritten und längsten Textbaustein wird ein Rahmenwechsel vorgenommen. Die Schülerin betrachtet die Welt und das menschliche Leben in ihrer Vielfältigkeit als Schöpfung und illustriert diese Betrachtung *(Wälder, Flüsse, Seen, Berge, Tiere … viele Millionen Menschen).* Aus dieser Illustration leitet sie eine unvollständige Definition ab, indem sie definiert: *da kann ich nicht daran glauben, dass das alles »Zufallsprodukte« sind.* Von dieser unvollständigen Definition ausgehend – unvollständig, weil das zu Definierende fehlt – schließt die Schülerin auf die *wunderbare Kreativität eines Gottes* und unterstützt diese Konklusion durch weitere Illustrationen, die die Funktionalität der Welt in den Blick nehmen *(z. B., aus Atomsammlungen entstanden Sterne, die Sonne hat dennoch den genau richtigen Abstand zur Erde).* Von diesem Standpunkt aus schließt die Schülerin weiter auf den *Willen eines allmächtigen Wesens, hier auf der Erde einen lebenswürdigen Raum zu schaffen.* Auch wenn die Illustrationen dem physikalischen Bereich entspringen, dienen sie einer theologischen Argumentation, denn sie werden herangezogen, um die Kreativität Gottes zu belegen. Auch in diesem Textbaustein argumentiert die Schülerin rein deskriptiv.
4) Der nächste Textbaustein schließt unmittelbar an, fokussiert aber auf das menschliche Leben. Dabei wird von der Prämisse ausgegangen, dass es nicht einfach durch das *Verschmelzen von Ei und Samenzelle zu einer Lebensform* kommen kann, weil es dazu (K) *eines Gottes, der so allmächtig ist, dass er Leben schenken kann* bedarf. Den Übergang zur Konklusion illustriert die Schülerin ebenfalls mittels eines deskriptiven Beispiels *(vielleicht zu einem Körper, jedoch nicht zu einer Seele, einen Geist),* wobei die Konklusion selbst normativ konnotiert ist. Die Textbausteine 3 und 4 lassen die Präsupposition formulieren: ›Hinter der Welt steht eine schaffende Intelligenz.‹
5) Der letzte Textbaustein fasst die gesamte Argumentation zusammen in einem persönlichen, normativ verankerten Bekenntnis. Die Prämisse ist eine Rückkopplung an die eingangs anerkannten Ergebnisse naturwissenschaft-

278 Wie in Kap. 8.2 festgehalten, kommt das induktive, aber vor allem das illustrative Beispielmuster häufig dann zur Verwendung, wenn Schülerinnen und Schüler ein schlussregelbenutzendes Muster verstärken wollen, wie im vorliegenden Fall die kausale Grund-Folge-Relation.

licher Forschung, die aber keinen Einfluss auf *meinen Glauben an Gott* haben, sodass sich die Schülerin (K) als ein *von Gott erschaffenes, gewolltes und geliebtes Wesen in dieser wundervollen Schöpfung* sehen kann. Um zu dieser Konklusion zu gelangen, trägt die Schülerin beispielhaft induktiv vor, dass sie diesem Schöpfergott *immer mehr Bewunderung über die Kreativität, Ideenvielfalt, Allmacht und Liebe* entgegenbringt.

Als Präsupposition für diesen Textbaustein lässt sich, in Übertragung auf die personale Ebene formulieren: ›Ich verdanke dieser schöpfenden Intelligenz persönlich mein Leben.‹

8.4.1.1.1 Interpretation des Textes

Werden die ausgemachten Präsuppositionen zusammengefasst, so setzt die argumentative Bearbeitung der gestellten Aufgabe als unausgesprochenen Gedanken voraus: ›Hinter der Welt steht eine schaffende Intelligenz‹, wodurch auch die Grenzziehungen in Bezug auf die naturwissenschaftliche Forschung eingeordnet werden können. Damit ist ein existenzieller Präsuppositionstyp in Form von »es gibt/existiert …« (vgl. Meibauer [2]2008: 48) angezeigt, der zum Schluss des Textes in eine Norm übergeht: Das eigene Leben ist dieser schaffenden Intelligenz zu verdanken.

Die Schülerin benutzt, um den wechselseitigen Ausschluss bzw. die Inkompatibilität von Schöpfung und Evolution einsichtig machen zu können, in erster Linie das illustrative Beispielmuster, d.h., sie illustriert. Dieses Muster wird dann eingesetzt, wenn Aussagen nicht generalisiert werden können bzw. eine solche Generalisierung problematisch ist, sodass erst die einzeln angeführten Beispiele den Übergang von einer Prämisse zu einer Konklusion rechtfertigen können (vgl. Kienpointner 1992: 373ff). Dabei wird in Bezug auf Schöpfung ein »objektiver Standpunkt« eingenommen *(Wenn ich mir die Schöpfung betrachte)*, um von der Prämisse *Die Schöpfung ist unterschiedlich und vielfältig* zur Konklusion *Wille eines mächtigen Wesens, auf der Erde einen lebenswürdigen Raum zu schaffen* durch Illustration zu gelangen (vgl. TB3, Z27–49):

1. die Artenvielfalt der Pflanzen und Tiere sowie die Einzigartigkeit eines jeden Menschen;
2. die Unklarheit eines Anfanges in Bezug auf die ersten Teilchen, die irgendwo herkommen müssen;
3. die allgemeine Funktionalität des Planeten Erde.

Diese illustrierenden Beispiele dienen dazu, den Übergang von der Prämisse zur Konklusion zu ermöglichen, und werden durch die Präsupposition ›Hinter der Welt steht eine schaffende Intelligenz‹ gestützt bzw. entfaltet.

Aber auch in Bezug auf Gott (vgl. TB4, Z50–53) ist eine solche Illustration zu beobachten, denn die *Verschmelzung Ei-Samenzelle ist keine neue Lebensform, sondern nur Körper*; erst *wenn Seele und Geist durch Gott* gegeben sind / dazugegeben werden, handelt es sich um eine Lebensform.

Aus der Eigenlogik der Schülerin heraus und unter der Annahme, dass die Artenvielfältigkeit von Welt und Mensch kein Zufall[279] sein kann, erscheint ein bis in den persönlichen Lebensvollzug hineinreichender Gott, der kreativ ist und einsichtig. Das heißt, die von der Schülerin vorgetragene Argumentation ist in sich selbst stimmig (»logisch«). Mit dieser Logik wird in Bezug auf Wahrheit der Duktus des Beweisens abgelehnt. Die Schülerin zielt mit den vielen Illustrationen auf ein Aufweisen und damit auf einen Wahrheitsbegriff, der eines Beweises nicht bedarf, weil er in einem persönlichen Glauben (Überzeugung, vgl. TB1, Z01–06) verankert ist. Diese Überlegung kann auf formaler Ebene gestützt werden: Alle von der Schülerin verwendeten Argumente sind – mit Ausnahme des induktiven Beispiels am Ende des Textes – deskriptive Formen. Das heißt, die Schülerin beschreibt ihr Verständnis von Schöpfung und Evolution und kommt erst zum Schluss zu einer, nur auf ihre Person bezogene Wertung.

Diese Wertung ist allerdings im gesamten Text intendiert. Sie beginnt mit der Aussage (vgl. TB1, Z01), dass sie [die Schülerin] ein religiös geprägter Mensch ist, nimmt im Eingang zu TB3 (Z22–26) den Gedanken auf, dass es in der heutigen Zeit nicht leicht ist, Christ zu sein, an die Schöpfung durch Gott zu glauben und sich nicht der »allgemeinen« Denkweise anzuschließen und schließt mit der persönlichen Aussage (TB5, Z54–58) in Form des schon erwähnten induktiven Beispielmusters ab, dass ich [die Schülerin] ein von Gott geliebtes und gewolltes Leben bin.

Im Zentrum dieser Argumentation, die letztlich auf eine persönliche Glaubenshaltung abzielt, steht die Frage nach dem Verhältnis von *Wahrheit* und *Zufall*. Die Schülerin definiert beide Begriffe nicht und vergleicht sie nur indirekt (also ohne Musterverwendung) miteinander. Negativ konnotiert wird dabei die »allgemeine« Ansicht (in TB3, Z22–26, als allgemeine Denkweise beschrieben), dass die naturwissenschaftliche Erkenntnis die *einzig wahre* sei. Es ist für die Schülerin nicht einsichtig, dass die Entstehung und Entwicklung der Arten *Zufallsprodukte* sein sollen. Das heißt, die hypothesengeleitete Generierung von Wissen unter dem Anspruch auf Wahrheit und unter Vernachlässigung der Woher-Frage ist das eigentliche Problem, welches die Schülerin argumentierend vor dem Hintergrund ihrer persönlichen Religiosität zu lösen versucht. Die

279 Der Begriff *Zufall* wird in der Naturwissenschaft doppelt verwendet. »Ein objektiv zufälliges Ergebnis hat keine Ursache und kann deshalb weder vorhergesagt noch im Nachhinein erklärt werden. […] Ein subjektiv zufälliges Ereignis hat zwar eine Ursache, kann aber ebenfalls nicht erklärt werden, weil das dafür erforderliche Wissen fehlt.« (Bayrhuber 2011: 14). Die Schülerin verwendet den Begriff Zufall weder im objektiven noch im subjektiven Sinn, sondern als Synonym für *sinnlos* (vgl. dazu Drieschner 2007: 51 f).

Antwort auf diese Problemstellung ist der Verweis auf einen schaffenden, planenden Schöpfergott, zu dem die Schülerin ein persönliches Verhältnis pflegt. Dadurch schließt sie den Begriff *Zufall* aus und weitet den Begriff *Wahrheit* auf den Bereich Schöpfung im schon benannten Sinne – Erweisen/Aufweisen – aus.

Wird diese Vorstellung von Schöpfung inklusive eines Schöpfergottes theologisch näher betrachtet, so liegt klar auf der Hand, dass es sich um eine Vorstellung handelt, die

1. von einem wörtlichen Verständnis der biblischen Schöpfungsgeschichten ausgeht;
2. eine Gottesvorstellung transportiert, welche in Gott eine reale Person sieht (anthropomorphes Gottesbild);
3. indirekt dem Gedanken folgt, dass Weltentstehung ein inszenierter Akt ist, in dessen Background sich Ideen befinden, dessen Erscheinungsbilder die Welt / das Leben selbst sind.

Argumentiert die Schülerin fachspezifisch-theologisch (im Text insgesamt 7 Muster), dann lassen sich Elemente der lutherischen Katechismusauslegung finden: Ich glaube, dass Gott mich geschaffen hat … (Katechismus, 2. Hauptstück[280]). Im Kern muss allerdings von einer kreationistischen Denkweise ausgegangen werden, weil es die Schülerin nicht gelten lassen kann, dass die Artenvielfalt einschließlich des Menschen zufällig entstanden sein soll, und daraus geschlussfolgert wird – ganz ähnlich wie Vertreter des Intelligent-Designs[281], dass dahinter ein Schöpfergott stehen muss, der gemäß seines Planes handelte und noch handelt. Theologisch betrachtet, ist das anthropomorphe Gottesverständnis durch das Konzept »Gott als Lückenbüßer« gefüllt. Die naturwissenschaftlich beschreibbare Entwicklung der Arten wird von der Schülerin mit der literarischen Gestaltung einer Vorstellung vom »Anfang der Welt« (Schöpfungserzählung) vermischt.[282]

Fachspezifisch-biologisch argumentiert die Schülerin überhaupt nicht. Sie setzt nur zwei biologische Prämissen (TB2, Z09–10 und TB4, Z50–53), welche sie durch fachübergreifende Allgemeinplätze zu einer allgemeinen Konklusion (vgl. TB2, Z11–21) bzw. zu einer theologischen Konklusion (vgl. TB4, Z50–53) führt und damit die biologisch gesetzten Prämissen widerlegt. Das Zusammenspiel zwischen fachspezifisch-theologischen und fachübergreifenden Argumentationen macht sich besonders an den Stellen bemerkbar, an denen Allgemein-

280 Vgl. www.ekd.de/glauben/bekenntnisse/kleiner_katechismus_2.html [23.05.2013].

281 Beispielsweise Junker 2007.

282 Diese Vermischung wird im analysierten Lehrbuchtext (Zenger) vehement bestritten, von der Schülerin aus der hypothesengenerierenden Studie (Annahmen) allerdings, wie auch hier von Tn24ARu, vorgetragen (vgl. Kap. 4.1 sowie Kap. 4.3).

plätze benutzt werden, um das theologisch nicht eindeutig zu identifizierende Konglomerat zu stützen (vgl. TB3, Z39–49).

8.4.1.1.2 Zusammenfassung

Die Schülerin argumentiert widersprüchlich. Einerseits anerkennt sie das *wahnsinnig hohe Niveau*, schätzt die *Untersuchung der Forschung hoch*, gibt zu erkennen, dass *ihre Argumente […] logisch nachvollziehbar und wissenschaftlich belegbar sind.* Andererseits ist sie nicht in der Lage, den hypothetischen Charakter naturwissenschaftlicher Erkenntnisweisen wirklich anzuerkennen. Aus dieser Gemengelage ergibt sich eine Paradoxie: Formal betrachtet sind die von der Schülerin vorgetragenen Argumente unter Verwendung eines Grund-Folge-Musters sowie durch die induktiven und illustrativen Beispielmuster einsichtig, d.h., sie zeigt in Bezug auf den argumentativen Zusammenhang zwischen Form und Inhalt eine hohe Fähigkeit zu argumentieren. Weil die Schülerin aber eine These vertritt, die zumindest schöpfungstheologisch abgelehnt werden muss, ist die Argumentation eher getragen von einem niedrigen theologischen Reflexionsniveau, da sie von einer hinter der Entwicklung von Welt und Mensch stehenden Macht ausgeht, die bis in das persönliche Leben hinein planend handelt. Ähnliche Zugänge zur gestellten Aufgabe (Impulsvariante A) lassen sich in den folgenden Texten finden: tn01ABio, tn05ABio, Tn01ABio oder Tn02ABio.

8.4.1.2 Schülertext aus Brandenburg (T25ARu)

Der zweite Text aus Brandenburg ist von einem Schüler verfasst worden. Sein Text setzt sich aus zwei großen Rahmen zusammen und geht argumentativ der Frage nach der Beweiskraft naturwissenschaftlicher Forschung nach. Insgesamt ergeben sich drei Textbausteine, die wie folgt zusammengefasst werden können:

1) Der Schüler markiert historisch in groben Zügen religiöse Vorstellungen zur Entstehung von Welt bis zum *»moderne[n]« Christentum*, welches diese als eine *Schöpfung Gottes, die innerhalb einer Woche abgeschlossen wurde*, versteht. Bis zu Darwins Entdeckungen war diese Vorstellung *eine unantastbare Tatsache.* In diesem Textbaustein wird nicht argumentiert; es handelt sich um eine Aufzählung, die religionshistorisch (religionsgeschichtlich) konnotiert ist.

Der zweite historische Zugang beschreibt eine Krise der *Glaubenswelt*, die durch die Darwinschen Erkenntnisse entstand, weil nach ihm das *gesamte Leben keine Schöpfung Gottes, sondern ein natürlicher Prozess [ist], in dem Mutation und Selektion permanent im Wechsel stehen.* Durch das Aufzeigen dieser anderen, biologischen/evolutionstheoretischen Sichtweise zeichnet sich schon die im Text zu beobachtende Spannung ab, denn nach Darwin führt die Natur *kein harmonisches »Dasein«, sondern befindet sich in einem ständigen Kampf ums »Sein« oder »Nicht-Sein«. Eine brutale Vorstellung, die in unsere moderne Welt passt.* Diese wertende Äußerung am Schluss des Satzes führt zum eigentlichen Fragehorizont des Textes: *Doch inwieweit hat diese Theorie einen »absoluten« Wahrheitsanspruch, so wie es ihre Anhänger deklarieren? Wieso sollte die Religion und der Glaube an Gott dieser Theorie nicht gewachsen sein, obwohl dieser schon seit vielen tausend Jahren unser Leben bestimmt? Wo liegt die Beweiskraft dieser These?*

Mit diesen Fragen schließt die Einleitung (Z01–21) ab. Auch in diesem Teil des ersten Textbausteines argumentiert der Schüler nicht, sondern stellt nur fest.

2) Mit dem zweiten Baustein beginnt der argumentierende Teil des Textes. Der Schüler stellt die benannte Glaubenskrise selbst infrage, indem er nach der Beweiskraft naturwissenschaftlicher Forschung fragt. Dazu setzt er einen Teil der im Impulstext vorgestellten Parabel als Prämisse ein *(Im übertragenen Sinne sagt die Sir Arthur Eddington-Parabel, dass die Wissenschaft keinen Wahrheitsanspruch hat, …)* und definiert Wissenschaft damit, was sie nicht kann. Sie kann, so der Schüler, keinen Wahrheitsanspruch erheben, *weil sie Aussagen über Dinge trifft, die sie zu 100 % beweisen kann […] in einem sehr kleinen rationalisierten Raum.* Diese Definition ist in Bezug auf *Wahrheit* negativ und wird verstärkend illustriert – mit eigenen Worten formuliert ist festzuhalten: Die Wissenschaft hat nur Anspruch auf das, was sie beweisen kann (erste Illustration), und nur auf den von ihr festgelegten kleinen rationalen Raum (zweite Illustration). Innerhalb des zweiten Textbausteines erfolgt eine dritte Illustration – wieder wird die Parabel des Impulstextes genutzt: *Wäre der Forscher im gegebenen Beispiel mit einem Netz zum Fischen gefahren, welches eine Maschenbreite von 10 cm gehabt hätte, so hätte er die wissenschaftliche Aussage getroffen, dass alle Fische mindestens 10 cm groß sind.*

Aus der negativ konnotierten Definition in Verschränkung mit den drei Illustrationen zieht der Schüler drei Konklusionen: K1 und K2 beziehen sich auf Wissenschaftler / wissenschaftliche Forschung: *Das »Große« und »Ganze« bleibt dem Wissenschaftler also verborgen, weil er sich nur an Fakten hält. Die Forschung hat also nur ein sehr eingeschränktes Vorstellungsvermögen.* Die dritte Konklusion bezieht sich auf eine soziale Größe (Gläubige): *Dem Gläubigen hingegen erschließt sich diese Welt, da er sich auf Gedankengänge einlässt, die eine höhere Macht einschließ[en].*

Die Argumentation des Schülers verbleibt insgesamt im deskriptiven Rahmen.

3) Im dritten und letzten Textbaustein rekurriert der Schüler auf den zweiten historischen Zugang in Textbaustein 1 und stellt als Prämisse auf: *Ein schönes*

Beispiel für die Auffälligkeit solcher wissenschaftlicher Theorien ist die falsche Auslegung des Darwinismus.[283]

Mit dieser Prämisse wird in die bisher deskriptiv gehaltene Argumentation eine Wertung eingetragen, die die Konklusionen 1 und 2 aus dem vorhergehenden Textbaustein 2 noch einmal stützen sollen, indem negative Konsequenzen aus der Übertragung naturwissenschaftlicher in soziale Zusammenhänge aufgezeigt werden. Der Schüler illustriert *(Zu Beginn des 20. Jahrhunderts machten sich einige Gesellschaftsgruppen an der Theorie Darwins zu schaffen und bezogen diese […] auch auf die Menschheit)*, erschließt induktiv *(Personen wie Houston Stewart Chamberlain oder Joseph Arthur Gobineau verklärten diese Theorien zur Entstehung des Lebens …)* und leitet daraus als Folge ab *(… und formten daraus den Sozialdarwinismus)*. Diese Argumentation führt über eine normierende Definition *(Eine Lehre über die »Wertigkeit« von menschlichen Rassen, durch stilisierte Vorstellungen und abstruse Gedankengänge)*, die verstärkend noch einmal illustriert wird[284] *(Ein giftiger Cocktail, der den Nährboden für die Rassenideologie des Dritten Reiches schuf …)* und zu einer normativen Konklusion führt: … *und somit eine Mitschuld an der größten Menschheitskatastrophe trägt.*

Das heißt, der Schüler kommt von der Frage nach der Tragfähigkeit naturwissenschaftlicher Theorien exemplarisch zu einer negativen Bewertung, welche illustrierend durch eine historische Kontextbeschreibung gestützt ist.

8.4.1.2.1 Interpretation des Textes

Wird der Text des Schülers einer Gesamtschau unterzogen, so ergibt sich als Struktur eine umfangreiche Rekonstruktionsbemühung, die mit dem Fragehorizont nach der Beweiskraft evolutionstheoretischer Thesen abschließt (Z01–21). Der zweite Textbaustein argumentiert zum Thema *Grenzen naturwissenschaftlicher Forschung* und der letzte zeigt exemplarisch Gefahren von falsch verwendeten oder unzulässig übertragenen naturwissenschaftlichen Erkenntnissen. Dabei wird auch in diesem Text die Frage nach Wahrheit als sinnstiftendes Weltverständnis im Zusammenhang mit naturwissenschaftlicher Forschung angesprochen. In dieser Fragestellung, diesem Fragehorizont ist die Argumentation von Tn24ARu und T25ARu identisch. Wird der gesamte Text des Schülers betrachtet kann aber – im Gegensatz zum vorherigen Schülerinnentext – ein anderer Präsuppositionstyp, aber auch eine prinzipiell andere Herangehensweise an die gestellte Aufgabe festgehalten werden.

---

283 *Darwinismus* ist hier natürlich der falsche Ausdruck, gemeint ist vom Schüler die Lehre von Darwin, wie die folgende Argumentation nahelegt.

284 Auch dies ist ein Beispiel für die Verknüpfung zwischen Mustern der Großklasse I mit dem illustrativen Beispielmuster aus der Großklasse III.

Hinter der gesamten Schülerargumentation ist als faktischer Präsuppositionstyp (vgl. Meibauer 2008: 48) zu notieren: ›Es bedarf keiner Rechtfertigung von Schöpfung angesichts der Evolutionstheorie, jedenfalls nicht von religiöser Seite aus.‹ Dies ist durchaus nicht apologetisch gemeint, sondern zielt auf die mögliche Kehrseite eines naturwissenschaftlichen Allmachtsanspruches, also gegen einen szientistischen Glauben, der vom Schüler begründet abgelehnt wird. In formaler Hinsicht definiert der Schüler *Wahrheit* als nicht zum naturwissenschaftlichen Denken dazugehörig, illustriert diese Definition an historischen Beispielen und rechtfertigt seine Überlegungen unter Verwendung eines Gegensatzmusters, indem er den Gegensatz zwischen Naturwissenschaft und Religion darlegen kann.

Aus der Rolle eines Theologen gedacht, ist seine Argumentation fachwissenschaftlich nicht ausgeführt. Es könnte zudem der Eindruck entstehen, dass durch das Hinzuziehen von Vertretern des Sozialdarwinismus (explizit werden Houston Stewart Chamberlain und Joseph Arthur Gobineau genannt) eine Art »Totschlag-Argument« Verwendung findet, was argumentationstheoretisch auch die häufige Benutzung des illustrativen Beispiels erklären könnte.

Dass der Text die unzulässige Übertragung darwinscher Entdeckungen so stark in den Vordergrund rückt, darf nicht darüber hinwegtäuschen, dass der Schüler theologische Positionen eines dogmatisch formulierten Schöpfungsverständnisses verwendet, welches nicht mehr zeitgemäß ist. Er argumentiert auf einem alltagssprachlichen und historisch verständlichen Niveau, verbleibt im Rahmen des von ihm selbst gesetzten Fokus und kann diesen auch begründen. Auf den ersten Blick erscheint somit dieser Text stringent. Was sind die Auffälligkeiten, die es zu diskutieren gilt?

Auffällig ist, dass die zwei einleitenden Teile in Z01–21 einen religionsgeschichtlichen und danach einen historischen (biologisch konnotierten) Aufriss geben, der jeweils fachspezifisch zu verorten ist, der gesamte restliche und erst dann argumentativ verfasste Text verweist, mit Ausnahme von K3 *(Dem Gläubigen hingegen erschließt sich diese Welt, da er sich auf Gedankengänge einlässt, die eine höhere Macht einschließt)*, auf fachübergreifende Allgemeinplätze, die durch die verwendeten Illustrationen historisch belegt sind. Das heißt, der Schüler greift – darin ähnlich Tn24ARu – auf geschichtliche Erkenntnisse zurück. Seine Schlussfolgerungen sind aber andere, als die am vorherigen Text diskutierte, denn ihm geht es darum, zu zeigen, dass eine Verabsolutierung naturwissenschaftlicher Erkenntnisse bzw. eine Übertragung dieser auf soziale Gemeinschaften durchaus katastrophale Folgen zeitigen kann.

Im Prinzip greift der Schüler auf die Unterscheidung zweier Wissensformen zurück, wie sie von Mittelstraß (2001: 75f; vgl. auch Wohlrapp ^{2}2009: 163f, der auf S. 164 von »Theorien als Orientierung« spricht) beschrieben werden: dem Verfügungswissen und dem Orientierungswissen. Mittelstraß versteht dabei unter Verfügungswissen (oder Sachwissen) »ein Wissen um Ursachen, Wirkungen und Mittel« und unter Orientierungswissen »ein Wissen um gerechtfertigte Zwecke und Ziele. Sach- und Verfügungswissen ist ein *positives* Wissen, Orientierungswissen ist ein *regulatives* Wissen« (ebd., Hervorhebungen im Original). Diese Unterscheidung diskutiert theologisch Schröder (2011: 92), indem er vermerkt, dass das Verfügungswissen »unsere Handlungsmöglichkeiten erweitert und prinzipiell erwünscht ist«, allerdings bedürfe es eben auch des Orientierungswissens, weil dieses »uns eröffnet, was von dem vielen, das wir tun können – und das wird dank fortschreitender Naturerkenntnis immer mehr –, wir auch tun sollen, ohne Schaden anzurichten. Damit berühren wir das Problem der Verantwortung[285].«

Es gibt somit eine Wissensform, in deren Zentrum die Frage nach der Funktionalität von Welt steht, und eine Wissensform, die sich auf ein reflektierendes Verhältnis zur Welt bezieht. In der Kritik des Schülers steht das Verfügungswissen. Das theologisch konnotierte Orientierungswissen (in K3) wird nur angedeutet. Das heißt, fachspezifisch-theologisch oder fachspezifisch-biologisch argumentiert der Schüler nicht, denn die vorgetragenen Argumente könnten durchaus auch aus den Unterrichtsbereichen *Philosophie*, *Ethik* oder *Sozialkunde* stammen.

Auf der anderen Seite ist dieser Text aber vor dem Hintergrund eines konkreten Impulses vom Schüler erarbeitet worden, d. h., die Argumentation bezieht sich durchaus auf eine religiös konnotierte Schöpfungsvorstellung, wie in der Einleitung und im Fragehorizont (TB1) vermerkt ist: *Auch das »moderne« Christentum, egal ob das protestantische oder das katholische, versteht die Entstehung des Universums als eine Schöpfung Gottes, die innerhalb einer Woche abgeschlossen wurde. Diese Vorstellung prägte unser Weltbild und war eine unantastbare Tatsache …; Wieso sollte die Religion und der Glaube an Gott dieser Theorie nicht gewachsen sein, obwohl dieser schon seit vielen tausend Jahren unser Leben bestimmt?*

Werden diese beiden Aussagen zusammen betrachtet, dann zeigt sich deutlich ein fragliches theologisches Verständnis dessen, was mit *Schöpfung* gemeint sein könnte. Die historische Einführung verbleibt bei der Vorstellung, Schöpfung meint die Entstehung des Universums, abgeschlossen innerhalb einer Woche, und bezieht – wiederum historisch – diese Vorstellung auf einen Glauben, der unser Leben schon viele Tausend Jahre bestimmt, also auf eine Tradition. Unter diesen beiden Gesichtspunkten betrachtet, verändert sich zwar nicht die Argumentation gegen einen naturwissenschaftlichen Allmachtsanspruch, allerdings setzt sich der Schüler innerhalb seiner Argumentation mit einer

285 Diese Sichtweise auf das Problem *Verantwortung* hat prinzipiell und prägend Hans Jonas (Das Prinzip Verantwortung) diskutiert (vgl. Jonas1993: 153ff).

theologisch zu verstehenden bzw. zu interpretierenden Schöpfung nicht wirklich auseinander.

Insofern ist die absolute Negierung naturwissenschaftlicher Forschung durch die Bezeichnung, dass *das »Große« und »Ganze«* von Wissenschaftlern nicht erfasst werden kann und Forschung *nur ein sehr eingeschränktes Vorstellungsvermögen* hat, bezeichnend für diese Argumentation, die sich an der Stelle in einen Widerspruch verstrickt, indem sie die Zugangsweise naturwissenschaftlicher Forschung – das Sich-Halten-an-Fakten – als Fehler eben dieser Forschung auslegt.

8.4.1.2.2 Zusammenfassung

Auch dieser Schülertext zeigt ein widersprüchliches Argumentieren an. Er bewegt sich einerseits auf einem hohen Abstraktionsniveau, welches die gestellte Problematik in einen weiten, historisch bedingten Kontext stellen kann. Dennoch bezieht er diese Kontextualisierung nur auf die naturwissenschaftliche Forschung und da auch nur auf durchaus abzulehnende Schichten des reinen Verfügungswissens. Das heißt, der Schüler argumentiert aus einer negativ konnotierten Grundeinstellung zur naturwissenschaftlichen Forschung bzw. der historisch belegbaren irrtümlichen Anwendung ihrer Ergebnisse. Die ideologisch aufgeheizte Benutzung darwinscher Thesen ist natürlich abzulehnen, hat sie doch einen Begründungsstrang mit verheerenden Folgen für die Menschheit geliefert. Allerdings darf diese Feststellung nicht darüber hinwegtäuschen, dass der Schüler seine vorgetragenen Illustrationen, sein Definieren von Naturwissenschaft, sein induktives Erschließen auf einem theologischen Schöpfungsverständnis aufbaut, welches nicht dem fachwissenschaftlichen Stand (vgl. beispielsweise Schmid 2012), aber auch nicht dem religionsunterrichtlichen Zugang zur Thematik Schöpfung (vgl. z. B. Rupp/Reinert 2004) entspricht. Solche bzw. ähnliche Argumentationen lassen sich auch in den Texten wie beispielsweise T03ABio, Tn05ARu oder Tn29ABio wiederfinden.

8.4.1.3 Schülerinnentext aus Berlin (tn04ABio)

Die Schülerin aus Berlin verarbeitet den gesetzten Impuls so, dass sie die Beziehung zwischen Naturwissenschaft und Religion darlegen möchte.

Der Text besteht aus fünf Textbausteinen, die sich wie folgt schematisieren lassen:

1) Der Rahmen ist, ohne zu argumentieren, dadurch gesetzt, dass mit Hilfe einer Parabel die Beziehung zwischen den Erkenntnissen der Naturwissenschaft und der religiösen Sicht auf die Entstehung der Erde diskutiert werden soll.

2) Die Schülerin kennzeichnet den Naturwissenschaftler im Textbaustein 2 als Ungläubigen – *nennen wir ihn den Ungläubigen* –, der sich physikalisch *(Ur-*

knall) und *biologisch* die Entstehung der Erde erklärt (P), sich nicht zufrieden gibt *mit Erklärungen, die in der Bibel stehen* und deshalb versucht, *die Schöpfungsgeschichte [...] zu widerlegen.* Aus dieser Sichtweise heraus kommt die Schülerin zur Konklusion, dass ein Naturwissenschaftler *bei vielen Menschen Verunsicherung verursacht und Fragen aufwirft, die es zuvor so noch nicht gab.* In diesem Textbaustein wird mit einer Grund-Folge-Relation argumentiert, die darauf aus ist, naturwissenschaftliche Forschung als Wagnis zu verstehen. Dabei wertet die Schülerin nicht, sondern geht beschreibend vor. Die Argumentation ist im fachspezifisch-biologischen Zusammenhang vollständig durchgeführt, d. h., die Prämisse, das Argument und die Konklusion bewegen sich im Rahmen von Biologie oder weiter gefasst: der Naturwissenschaften.

3) Dem nächsten Textbaustein ist ein Übergangsgedanke vorgelagert, der klar auf einen Rahmenwechsel abzielen soll, denn der religiöse Mensch entscheidet sich *wissentlich und nicht aus purer Naivität und Dummheit, die Worte der Bibel zu glauben und für sich zu interpretieren.* Daran schließt sich als Textbaustein 3 ein Selbstbekenntnis der Schülerin als Prämisse an – ich gehöre zur Gruppe der Gläubigen, die sich *mit Taufe und Konfirmation weder gegen die Evolution noch für sie* entschieden, sondern nur dafür, *an etwas Höheres – Gott – zu glauben*, was für die Schülerin das Nichtablehnen naturwissenschaftlicher Erkenntnisse einschließt. Der zweite Aussageteil ist im Textbaustein 3 die Konklusion. Hier liegt somit eine Argumentation vor, welche auf die Prämisse unmittelbar die Konklusion folgen lässt. Um von P zu K zu gelangen, definiert die Schülerin (im Text nachgelagert) Religion *als Möglichkeit*, sich mit anderen über *Ängste und Gedanken auszutauschen*, und vervollständigt diese Definition durch ein Ganzes-Teil-Muster[286] *(Christentum, Buddhismus und alle anderen Religionen* als *Versuche, sich die menschliche Existenz zu erklären).*

Der Textbaustein wird mit einer kausalen Schlussfolgerung abgeschlossen, die als Folge-Grund-Relation allerdings unvollständig bleibt: Die Schülerin sinniert über einen *möglichen Dialog* zwischen einem Biologen und einem Theologen, der schwierig sein dürfte, weil (K2) *beide Menschen komplett andere Standpunkte der Überzeug vertreten.*

Im gesamten Textbaustein wird deskriptiv argumentiert, als Präsupposition lässt sich rekonstruieren: ›Ein Glaube an Gott schließt die Anerkennung wissenschaftlicher Erkenntnisse nicht aus, aber auch nicht ein‹. Während die Argumentation in Textbaustein 2 als fachspezifisch-biologische identifiziert werden kann, ist der Textbaustein 3 fachspezifisch-theologisch aufgebaut. Prinzipiell könnte die gesamte Argumentation als eine Illustration gelesen werden. Damit wäre freilich zu pauschal an die Bemühungen der Schülerin

286 Eines der wenigen Ganzes-Teil-Muster, welches im gesamten Material identifiziert werden konnte, wie im Kap. 7.3 bei den Ankerbeispielen vermerkt.

herangetreten bzw. zu undifferenziert analysiert. Allerdings zeigt gerade der Textbaustein 3, wie eng Argumentationsmuster aus der Großklasse I und der Großklasse III miteinander verwoben sein können, was für eine hohe Komplexität dieser Argumentation spricht.

4) Das unvollständige Folge-Grund-Muster wird nun als Prämisse benutzt, um den *möglichen Dialog* (aus TB3) zwischen einem Biologen und einem Theologen zu illustrieren. Beide illustrativen Beispielmuster verbleiben im deskriptiven Bereich; sie sind jeweils fachspezifisch ausgerichtet und illustrieren noch einmal die zweite Konklusion (K2) aus Textbaustein 3. Die Schülerin verarbeitet mit diesen beiden Beispielmustern den Impuls aus der Parabel, aber nicht, indem sie diesen Text wiederholt, sondern eigene Formulierungen findet. Das heißt, sie setzt mit diesem Dialog die Möglichkeit der Fiktion ein.[287]

Für das fachspezifisch-biologische illustrative Beispiel ist diese Fiktion so formuliert: *Ein Evolutionstheoretiker (Biologe) würde daher z.B. eine Aussage wie diese tätigen: »Eine Schöpfung durch Gottes Hand ist vollständig auszuschließen, da wissenschaftliche Beweise einen solchen Ursprung widerlegen. Warum sollte ich an etwas glauben, was man nicht belegen oder sehen kann?«*

Die fachspezifisch-theologische fiktive Aussage ist folgendermaßen formuliert: *Die Antwort eines Theologen könnte in diesem Gespräch so ausfallen: »Ich bin davon überzeugt, dass es etwas Größeres und Bedeutenderes als dieses Leben auf Erden geben muss. Meine Überzeugung ruht auf der Hoffnung, dass nach diesem Leben etwas Großartiges folgen wird. Ich habe keine Angst vor dem Tod, da ich überzeugt davon bin, dass etwas folgen wird. Aus diesem Wissen heraus versuche ich nur Gutes in meinem jetzigen Leben zu tun und, wie es in der Bibel notiert ist, meinen Nächsten zu lieben.«*

Im Kern betrifft das fachspezifisch-biologische illustrative Beispielmuster den experimentellen, hypothesenaufstellenden Charakter naturwissenschaftlicher Forschung; dem Theologen werden christlich geprägte Ausdrücke (Hoffnung auf ein Leben nach dem Tod; der Mensch ist angehalten, während seines Daseins ein gutes Leben zu führen und seinen Nächsten zu lieben) in den Mund gelegt.

5) Zum Ende des Textes schlussfolgert die Schülerin wertend. Eine *Erklärung des Ursprungs und [der] Evolution* schließt die *Überzeugung, dass Gott existiert,*

287 Prinzipiell sind alle Texte fiktional, denn die Aufgabe war es, eine Rede für ein nicht vorhandenes Publikum zu schreiben. Der Vorteil der fiktionalen Argumentation liegt darin, dass ein »Argumentationspotential [...] enorm erweitert« wird (Kienpointner 1992: 242). Freilich zeigt Kienpointner auch gleich die Schwäche von fiktionalen Argumentationen, denn diese können »immer mit dem Verweis auf ihre Nichtfaktizität zurückgewiesen werden« (ebd.). In diesem Schülerinnentext ist eine doppelte Fiktionalität zu beobachten, das fiktive Publikum soll sich vorstellen, wie ein solcher Dialog aussehen könnte: ein Beleg für die Kreativität, aber auch das Reflexionsvermögen der Schülerin.

nicht aus, weil die *verschiedenen Religionen Anregungen* geben, die so zu nutzen sind, dass sie *die Fragen, die sich im Laufe [d]es Lebens [stellen], beantworten können.* Diese wertende Beurteilung ist als zusammenfassende Konklusion des gesamten Textes zu lesen, hinter der (auch zusammenfassend zu verstehen) als Präsupposition rekonstruiert werden kann: ›Religionen haben die Aufgabe, die großen Lebensfragen zu beantworten, und stehen damit nicht im Widerspruch zur Evolution‹, womit argumentativ ein Lebensbegriff erarbeitet wird (vgl. das Orientierungswissen nach Mittelstraß 2001; Wohlrapp ^{2}2009), der über das rein Biologische hinausreicht, ohne die Leistungen naturwissenschaftlicher Forschung zu denunzieren, aber auch nicht zu überschätzen. In Gesamtheit gibt dieser Text eine differenzierte, aber auch distanzierte Sichtweise wieder, die von einer religiösen, personalen Überzeugung geprägt ist, ohne Affirmationen aufzubauen.

8.4.1.3.1 Interpretation des Textes

Dieser argumentative Text ist von theologischen Positionen geprägt. Es kann zugleich davon ausgegangen werden, dass die Schülerin eine persönliche Überzeugungsebene mit einer fachwissenschaftlich-theologischen verschränkt. Sie ist sich bewusst, dass zwischen naturwissenschaftlicher und theologischer *Sicht auf die Entstehung der Erde* (TB1, Z01–02) Grenzen zu ziehen sind, die für sie nicht überschritten werden können oder sollten. Sie weist der Naturwissenschaft eine andere Aufgabe als der Religion zu, wobei ein faktischer Präsuppositionstyp rekonstruiert werden konnte, der sich auf die Aufgabe der Religion(en) bezieht: ›Religionen haben die Aufgabe, die großen Lebensfragen zu beantworten, und stehen damit nicht im Widerspruch zur Evolution.‹

Es fällt auf, dass die Schülerin keine fachübergreifenden Argumente formuliert, obwohl ihr Ansatz – das Zeigen der beiden voneinander getrennten Bereiche sowie der fiktive Dialog miteinander – die Möglichkeit gegeben hätte, solche formulieren zu können. Inhaltlich argumentiert die Schülerin nämlich durchaus fachübergreifend, weil sie die beiden Fachdisziplinen in ein Gespräch[288] bringt, nachdem sie grundlegende fachwissenschaftliche Positionen (naturwissenschaftlich: Urknall; theologisch: Glauben an ein Höheres, Gott) »separat« klärt. Das heißt, dieser Text demonstriert die Möglichkeit einer fachwissenschaftlich ausgewiesenen[289], die Fächer Biologie und Religion in ein Gespräch bringenden Argumentation.

Die Eingangsformulierung hätte erwarten lassen, dass der Schülerin ein In-

288 In Kap. 6.2.5 wird dieses *Miteinander-in-ein-Gespräch-Bringen, In-einen-Kommunikationszusammenhang-Eintreten* als Kriterien für fachübergreifend gekennzeichnet.

289 *Fachwissenschaftlich ausgewiesen* kann hier freilich kein wissenschaftliches Expertentum meinen, denn die Urknalltheorie basiert auf physikalischem und nicht auf biologischem Denken – fachwissenschaftlich ist hier also in einem weiten Sinne zu verstehen.

eins-Setzen von Schöpfung und Natur[290] vorschwebt. Die folgende Argumentationskette belehrt eines Besseren. Die von der Schülerin vorgetragene Argumentation trennt – beschreibend – den naturwissenschaftlichen und den religiösen Bereich mit Kausalmustern (Grund-Folge) so, dass es zu keiner unzulässigen Vermischung kommt, wie beispielsweise bei Tn24ARu zu studieren ist. Andererseits ist sie in der Lage, zumindest durch Illustration auf die Möglichkeit des gemeinsamen Dialoges hinzuweisen. Das heißt, die Schülerin ist sich der Nicht-Generalisierbarkeit ihrer Aussagen bewusst und scheint deshalb an diesen Stellen das illustrative Beispielmuster zu verwenden.

Fachwissenschaftliche theologische Positionen, wie

- Worte der Bibel sind zu interpretieren,
- Hoffnung auf ein Leben danach,
- gutes Leben hier führen,
- seinen Nächsten lieben,

sind im Text immer dann markiert, wenn die Schülerin, in Absetzung von Biologie/Evolution, religiös oder theologisch argumentiert. Dabei benutzt die Schülerin das Definitions-, das Ganzes-Teil-, aber auch das Folge-Grund-Muster.

An diesem Text lässt sich studieren, dass die untersuchten Schülerinnen und Schüler die gestellte Problematik auf eine Art Metaebene heben können – so ähnliche Argumentationen lassen sich auch in den Texten wie beispielsweise tn11ARu oder tn10ARu finden. Der hier konkret besprochene Text nutzt dazu die Möglichkeit einer doppelten Fiktion. Zum einen spricht (wie in vielen anderen Texten, z. B. tn13ARu, t14ARu oder t11BRu) die Schülerin ein fiktives Publikum an und setzt die benutzten evolutionstheoretischen und theologischen Allgemeinplätze als bekannt voraus. Mit dieser Metaebene werden die Reichweite und Funktion von Evolution und Schöpfung in ein Verhältnis gesetzt, welches die Trennung beider hervorhebt, den Dialog damit aber nicht ausschließt. Zum anderen bemüht sich die Schülerin – fast schon in pädagogischer Absicht – die Dialogmöglichkeit zwischen beiden Disziplinen exemplarisch vorzuführen, was der zweiten Fiktion entspricht.

Wenn z. B. mit Evers davon ausgegangen wird, dass »Theologie die zentralen Bedeutungsinhalte des christlichen Glaubens so zu verstehen und darzustellen [hat], dass sie vor dem Wahrheits- und Wirklichkeitsbewusstsein ihrer Zeit verantwortet werden können (Systematische Theologie, Ethik)« (Evers 2011: 112), dann zeigt der hier vorgestellte Text eine solche Variante auf Schülerebene.

290 Häufig ist bei den untersuchten Schülerinnen und Schülern zu beobachten (z. B. Tn29ABio oder tn02BBio), dass Schöpfung als Natur gedacht wird. Dies entspricht theologisch aber nicht dem Begriff Schöpfung. Vgl. dazu beispielsweise Dalferth 1999.

Die im Impulstext aufgezeigte Spannung wird produktiv aufgenommen und individuell umgesetzt.

Die Schülerin versteht *Schöpfung* als einen zentralen Inhalt christlichen Glaubens, den es zu interpretieren gilt (Worte der Bibel müssen geglaubt und interpretiert werden) und der keine – im Gegensatz zur eingangs formulierten Sicht (Z01–02) – Bedeutung für die Entstehung der physikalischen, chemischen oder biologischen Welt und deren Lebensprozesse hat, sondern auf Sinn- und Lebensverständnisfragen zu reagieren hat, die das Leben als biologisches voraussetzen, aber auch übersteigen. Damit umschreibt die Schülerin theologisch ziemlich exakt, welche Rolle den Schöpfungserzählungen zukommt; u.a. die Frage nach dem Menschen in anthropologischer Absicht zu stellen, und zwar vor der Relation Schöpfer und Geschöpf.

Die Muster werden von der Schülerin verwendet, ohne dass ein formaler oder gar systematischer Zusammenhang zwischen der Verwendung eines Musters und einer Fachspezifik zu erkennen ist. Selbst für das biologische Grund-Folge-Muster zeigt sich keine Auffälligkeit, auch wenn die Grund-Folge-Relationen im Kapitel 7.3 (Ankerbeispiele) eher dem fachspezifisch-theologischen und dem fachübergreifenden Zusammenhang zugeordnet werden. Die im vorliegenden Schülerinnentext verwendete fachspezifisch-biologische Grund-Folge-Relation bezieht sich nicht auf theoretische Grundannahmen der Naturwissenschaft, sondern auf das Handeln von Naturwissenschaftlern im Rahmen ihrer Grundannahmen. Obwohl die Schülerin dabei über das Ziel hinausschießt (vgl. TB2, Z05–09) – es handelt sich um ein Vorurteil, dass Naturwissenschaftler prinzipiell die Schöpfung widerlegen wollen – beurteilt sie diesen Zusammenhang im Kern richtig, denn *Der Ungläubige stellt sich nicht zufrieden mit Erklärungen für den Ursprung, die in der Bibel stehen, und versucht mit Hilfe von Forschung und Untersuchungen* zu anderen Ergebnissen zu kommen. Das heißt, die Schülerin nimmt hier unterschwellig eine genetische Position ein, die auf das Loslösen naturwissenschaftlichen Denkens aus dem Kreis theologischer Spekulationen abzuzielen scheint.

Umso berechtigter – in den Augen der Schülerin – kann sie danach und im Zentrum stehend ihre theologisch konnotierte Glaubenssichtweise als Überzeugung vortragen. Eine solche Einführung in naturwissenschaftliche Problemstellungen, wie sie durch die Schülerin vorgeführt wird, hat eine – schöpfungstheologische Gedanken verteidigende – Apologetik nicht nötig, sondern kann über die Anerkennung der jeweiligen Grenzen hinweg einen möglichen Dialog denken und fiktiv als Vorschlag formulieren.

8.4.1.3.2 Zusammenfassung

Im Gegensatz zu den beiden Studien Tn24ARu und T25ARu zeigt der hier analysierte Text einer Schülerin aus Berlin in sich keine Widersprüche. Die

Schülerin ist in der Lage, die Bereiche Biologie/Evolutionstheorie und Religion/ Theologie zu trennen, sie kann die verschiedenen Aufgabenbereiche dieser benennen und über die aufgemachte Differenz mit dem Mittel der Fiktion einen Dialog herstellen. Dabei hat sich eine Verschränkung von theologischem Fachwissen und persönlicher Glaubensüberzeugung gezeigt, die argumentativ eine Verteidigung des Glaubens oder der biblischen Schöpfungserzählung nicht nötig hat. Der Begriff *Anerkennung* dürfte das zentrale, unterschwellig in dieser Schülerinnenargumentation mitschwingende Element sein, welches in den einzelnen Textbausteinen zum Tragen kommt.

Eine solche Argumentation lässt sich im gesamten Material nur marginal ausmachen. Andere Beispiele für diese, die gegenseitigen Positionen anerkennende Argumentation lassen sich in den Texten wie tn12ARu oder t05BBio finden.

8.4.1.4 Schülertext aus Berlin (t14ARu)

Das letzte Beispiel aus dem Bereich Religion ist stark davon geprägt, dass die Rede *im Namen Gottes* gehalten wird (TB1, Z01–06) und darauf abzielt, eine Existenz von zwei Wahrheiten als gleichzeitige und gleichberechtigte abzulehnen. Im Einzelnen lässt sich der Text mit insgesamt 4 Textbausteinen in den folgenden Punkten zusammenfassen:

1) Die Rede zielt auf persönliche Gedanken *zum stark umstrittenen Thema Evolution nebst dem allgegenwärtigen Gedanken der biblischen Schöpfung* ab. In diesem Textbaustein liegt keine Argumentation vor, es wird allerdings deutlich ein Gesamtrahmen angezeigt, in welchen die folgende Argumentation eingespannt werden soll.

2) Die Prämisse, mit der dieser zweite Textbaustein eingeleitet wird, geht von zwei Wahrheiten *(= Existenz beider Wahrheiten)* aus und illustriert die eine (Schöpfung) dadurch, dass wir diese *durch Gottes Hand erfuhren und auch immer noch erfahren (es sei hier angemerkt, dass die Schöpfung allgegenwärtig und ewig andauernd ist)*, während die andere Wahrheit mittels einer Wirkungs-Ursache-Relation (Q14) vorgestellt wird als *Evolution im biologischen Sinne, also einer durch Mutationen, so die Theorie Darwins, hervorgerufenen generischen Vielfalt und einem Überleben der wahllos durch den Zufall am besten an die Umgebung angepassten Lebewesen …*

Werden die beiden Argumentteile zusammen gesehen, so liegt in Bezug auf den in der Prämisse nicht näher definierten Wahrheitsbegriff eine doppelte Illustration vor, die den Übergang zur Konklusion, dass zwei Wahrheiten … *nicht gleichzeitig möglich* sind, belegt. Weil beide Theorien nicht nebeneinander gleichberechtigt stehen können – so argumentiert der Schüler weiter – findet eine *gegenseitige Widerlegung der Theorien* statt, wobei für die Bibel zu gelten hat, dass ein »*Wort für Wort für wahr*«-Verständnis des Textes durch den Schüler abgelehnt wird (K2) und er diese Ablehnung auch auf andere Religionen überträgt (K3). Die Argumentation des Schülers beschränkt sich in diesem Textbaustein auf die deskriptiven Varianten der Musterverwendung.

3) Mit dem Textbaustein 3 setzt ein neuer Rahmen ein, der von der Prämisse ausgeht, dass das Leben in *positiv und negativ* zu unterteilen ist. Diese Einteilung wird verglichen mit der *Tribolektrischen Reihe*, zu deren Phänomen es u. a. gehört, *dass verschiedene Ladungen […] zu Spannungen und zerstörerischen Entladungen* führen, was auf den gesellschaftlichen Zustand als Konklusion übertragen *(und ist es nicht das, was unserer Gesellschaft gehörigen Schaden zufügt?)* und mit einem anderen Beispiel zusätzlich illustriert wird: *Sind es nicht diese »Ladungsunterschiede«, die bewirken, dass Jugendliche »Disse, Disse, Party, Party!« rufend in alkoholisiertem Zustand die Straße des Nachts herunterlaufen, sich täglich »abschießen«, wie sie es nennen, bis es darin endet, dass sie auf dem Boden kauernd erst mal eine Runde »ab-papsten«, eine höchst unangebrachte, sich auf das päpstliche Ritual des Küssens des Erdbodens beziehende Umschreibung für den Akt des Sich-Übergebens?*

Die vom Schüler vorgetragene Argumentation wechselt von der Beschreibungsebene (Vergleichsmuster) zur Normierung (illustratives Beispielmuster). Inhaltlich hingegen verbleibt der gesamte Textbaustein in einem weder dem fachspezifisch-theologischen noch dem fachspezifisch-biologischen Kontext zuzuordnenden Rahmen. Der Schüler bezieht seine Argumente aus dem physikalischen und einem (scheinbar von im selbst) beobachteten sozialen Bereich, der deshalb nicht leicht zugeordnet werden kann, weil die Möglichkeit einer Verallgemeinerung fehlt.

4) Erst der letzte Textbaustein bringt etwas Licht in die Vorgehensweise des Schülers, weil zum Abschluss ein Fragehorizont vorgeführt wird, der thematisch aufgreift, was in den Textbausteinen 2 und 3 eigentlich zur Verhandlung steht:

Kann man hier noch von Gottes Schöpfung sprechen?
Oder hat eben die Diskussion um den Konflikt zwischen Naturwissenschaftlern und Theologen genau diese brillante Schöpfung in den Dreck gezogen?
Anders gefragt: Ist ein solches Verhalten noch evolutionärer Natur? Oder ist auch von diesem Standpunkt aus betrachtet der fatale Konflikt zweier konkurrierender Meinungsbilder die Ursache?

Aufgrund dieser Frage stellt der Schüler eine weitere Prämisse auf: *Die Austragung dieses Konfliktes [ist] das wahre Übel, nicht die bloße, scheinbar unmögliche Koexistenz beider Wahrheiten* und reagiert – ohne zu argumentieren – mit der abschließenden Konklusion: *Und so komme ich zu dem Schluss, dass dieses Thema eines ist, welches keiner weiteren Denker bedarf, die ihre wertvolle*

Lebenszeit verschwenden, um ein Problem zu lösen, welches keiner Lösung bedarf.

Er lehnt damit die Möglichkeit eines Dialoges ab.

8.4.1.4.1 Interpretation des Textes

Der gesamte Text ist in verschiedener Hinsicht stark aufgeladen. Die Eingangssequenz zeigt, dass der Schüler von einem Theologen ausgeht – in dessen Rolle schlüpft –, der Schöpfung verteidigen muss. Zugleich wird eine Stellvertreterrolle eingenommen (im Namen Gottes). Es werden im folgenden Textbaustein zwei fachspezifische Positionen bezogen: Theologisch wird von einem persönlich schaffenden Gott ausgegangen und Schöpfung ist als *creatio continua* deklariert, biologisch steht das Thema *Mutation* im Vordergrund. Diesen beiden Positionen – biologisch zutreffend, theologisch zumindest im Gedanken der *creatio continua* richtig – ist die Frage nach der Wahrheit von Theorien vorgelagert, deren Parallelität bzw. gleichzeitige Anerkennung vom Schüler argumentativ bestritten wird. Trifft für die These der Mutation der Begriff Theorie durchaus zu, so muss dies für die Schöpfung abgelehnt werden. Der Schüler verkennt an dieser Stelle seines Textes die Reichweite biblischer Schöpfungserzählungen; Schöpfung ist keine Theorie.

Als faktische Präsupposition wird transportiert: ›Weltentstehungsgedanken sind prinzipiell Theorien.‹

Diese Verkennung mag daran liegen, dass seine Vorgehensweise auf einem in sich geschlossenen Weltbild basiert, in dem es nur eine Wahrheit und auch nur eine Theorie geben kann oder darf. Werden grundsätzliche theologische Positionen, wie beispielsweise die von Härle (^{4}2012 herangezogen, dann zeigt sich schnell, dass der Schüler einer Fehleinschätzung zum Thema Schöpfung unterliegt, weil diese eben keine reale Beschreibung eines Handeln Gottes »in grauen Vorzeiten« ist. Selbst wenn der Schülerausdruck, dass wir die Schöpfung *durch Gottes Hand erfuhren* und auch immer noch erfahren als *creatio continua* ausgelegt wird, bleibt theologisch die Frage bestehen, *wie* der Mensch dies erfuhr bzw. erfährt. Der Schüler verbleibt also im Status der Behauptung.

Der Gedanke, dass die Schöpfungserzählungen z.B. eine Reflexion auf die Rolle des Menschen angesichts eines sich in der Geschichte offenbarenden Gottes sind, ist nicht im Horizont der Schülerüberlegungen. Auch wenn der Schüler, und dies macht seinen Text so widersprüchlich, darauf verweist, dass es oft ein Problem von Religionen ist, an einer wörtlichen Auslegung der heiligen Texte (Z07–18) zu hängen, d.h. wenn er diesbezüglich ein Problembewusstsein anzeigt, ist in Gesamtheit sein Schöpfungsverständnis theologisch abzulehnen. Vor dem Hintergrund der Textbausteine 1 und 2 kann als ebenfalls faktische Präsupposition formuliert werden: ›Schöpfung und Evolution ist nur als ›Entweder-oder-Theorie‹ denkbar.‹

Einen radikalen Rahmenwechsel erfährt der Text durch den Textbaustein 3, in dem von einem Lebensbegriff ausgegangen wird, der positiv und negativ zu beurteilen ist, was als Erfahrung des Schülers gedeutet werden kann. Das heißt, der Schüler ist sich aus seiner eigenen Erfahrungswelt heraus offenbar bewusst, dass Leben u.a. ein Widerfahren ist, und er möchte dies aufgehoben wissen – hier schwingt eine religiöse Apologetik in Bezug auf einen guten Schöpfergott mit, allerdings könnte damit der Schüler auch die Theodizeefrage ansprechen, was deutlicher gemacht werden kann, wenn auf die *brillante Schöpfung* (TB4, Z30–38) eingegangen wird.

Der Schüler vergleicht das Leben mit zerstörerischen Entladungen und illustriert dies am Partyverhalten von Jugendlichen. Im Kern wird die Frage nach einem »schädlich für die Gesellschaft« gestellt, es bleibt allerdings unklar, was damit gemeint ist und weshalb die Illustration dafür als ein Beispiel dienen kann. Das Beispiel selbst ist moralisch aufgeladen, denn der Schüler lehnt ein solches Verhalten von Jugendlichen ab.

Die in den Textbausteinen 2 und 3 vorgebrachten Argumentationen erfahren eigentlich erst mit dem letzten Textbaustein so etwas wie eine Einordnung, denn in diesem letzten Baustein hebt der Schüler auf einen Fragehorizont ab, der zumindest teilweise sein Vorgehen erklärt (siehe Tabelle 9, Kap. 8). Er stellt Schöpfung (hier ist an die »Krone der Schöpfung«, den Menschen, gedacht) in Opposition zum Gedanken einer evolutionär begründbaren Verhaltensstrategie, und zwar einzig in Bezug auf das illustrierte und negativ bewertete Partyverhalten von Jugendlichen aus TB3.

Tabelle 9, Kap. 8: Schülertext TB4, Z30–38

1) *Kann man hier noch von Gottes Schöpfung sprechen?*	*Ist ein solches Verhalten noch evolutionärer Natur?*
2) *Oder hat eben die Diskussion um den Konflikt zwischen Naturwissenschaftlern und Theologen genau diese brillante Schöpfung in den Dreck gezogen?*	*Oder ist auch von diesem Standpunkt aus betrachtet der fatale Konflikt zweier konkurrierender Meinungsbilder die Ur-sache?*

Nach dieser Gegenüberstellung wird behauptet, dass das Austragen *dieses Konfliktes das wahre Übel* ist, sodass der Schüler das Existieren zweier Wahrheiten – in TB2 stark abgelehnt – hier wieder zurücknimmt, ja die Existenz zweier Wahrheiten behauptet. Er geht dennoch davon aus, dass Schöpfung es »nicht verdient hat« *(brillante Schöpfung)* von einer Zufallstheorie wie der Evolution angegriffen oder widerlegt zu werden und dass es sinnlos ist, überhaupt mit dieser Theorie (Evolution) in ein Gespräch einzutreten.

Ein weiterer Widerspruch in der Überlegung des Schülers liegt darin, dass er, um seine Argumentation aufzubauen, ein Beispiel aus der Physik auf ein mögliches Partyverhalten von Jugendlichen überträgt, also genau dasjenige macht, was der Schüler in Fall 2 (T25ARu) am Beispiel Sozialdarwinismus stark kritisiert bzw. als unzulässige Vermischung herausgestellt. Interessant ist dies deshalb, weil der Schüler im vorliegenden Fall dazu kein Analogiemuster sondern ein Vergleichsmuster der Ähnlichkeit benutzt. Eine Analogie hätte die Argumentation zumindest verständlich machen können, weil Analogien etwas vergleichen, was mindestens zwei Realitätsbereichen entspringt. Hingegen benutzt der Schüler ein Vergleichsmuster, dessen Kennzeichnung (vgl. Kap. 7.2.1) gerade darin liegt, dass das zu Vergleichende innerhalb desselben Realitätsbereiches verbleibt. Der Schüler kann dadurch nicht einsichtig machen, z. B. welche Eigenschaften eines physikalischen Phänomens ähnlich einem Partyverhalten von Jugendlichen sein sollen.

Dennoch ist der vom Schüler verfasste argumentative Text nicht wertlos. Fachwissenschaftlich ist festzuhalten, dass die beiden Fachdisziplinen grob richtig einschätzt werden (Theologie: Bibel muss interpretiert werden, Schöpfung ist ein andauernder Prozess; Biologie: Evolution hängt mit Mutation, genetischer Vielfalt und Anpassung zusammen). Auch auf der Ebene der Musterverwendung ist dieser Text streckenweise sehr interessant, denn im TB2 wird beispielsweise von einer biologischen Prämisse über ein theologisches und ein biologisches Argument auf eine allgemeine und zwei theologische Konklusionen geschlossen. Es ist aber auch zu notieren, was der Schüler mit seinem Text nicht anstrebt: Es geht ihm nicht um Fragen wie beispielsweise die Reichweite natur- und geisteswissenschaftlicher Aussagen und Erkenntnisse. In seinem Horizont liegt nicht die Frage zur Fähigkeit von Kommunikation wissenschaftlicher Disziplinen miteinander. Das Hauptziel seiner Argumentation besteht hingegen darin, dass der *Gesellschaft gehöriger Schaden zugefügt* wird, allerdings wird nicht ersichtlich, wodurch. Durch ein Kommunizieren von Theologen und Biologen zum Thema Schöpfung und Evolution? Dies liegt, zumindest unter Heranziehung des abschließenden Satzes (eine unbegründete K) nahe: *Und so komme ich zu dem Schluss, dass dieses Thema eines ist, welches keiner weiteren Denker bedarf, die ihre wertvolle Lebenszeit verschwenden, um ein Problem zu lösen, welches keiner Lösung bedarf.*

In dieser Form gedacht wird aber jeder Dialog, der eine theologische, aber auch eine andere fachwissenschaftliche Position infrage stellt, sinnlos: Der Dialog im Inneren der jeweiligen Wissenschaft, aber auch der Dialog zwischen den einzelnen wissenschaftlichen Disziplinen. Es wird aus dem Text nicht genau ersichtlich, welches Gottesverständnis der Schüler transportiert. Wird allerdings die *brillante Schöpfung*, von der er spricht, dahingehend verstanden, dass eine Schöpfung ohne Schöpfer unmöglich ist, dann ergibt sich bei diesem Schüler ein ähnliches anthropomorph gelagertes Gottesverständnis wie im Fall des Textes Tn24ARu.

8.4.1.4.2 Zusammenfassung

In diesem letzten Text zu den Fallstudien Theologie kann gezeigt werden, dass der Schüler widersprüchlich argumentiert bzw. dass seinen vorgetragenen Argumentationen der »rote Faden« fehlt. Er ist zwar fachwissenschaftlich stellenweise durchaus in der Lage, exakte biologische und theologische Positionen zu formulieren, kann diese dann aber nicht mehr für einen Außenstehenden verständlich einsetzen.

Auch dieser Schüler ist nicht in der Lage, den hypothetischen Charakter naturwissenschaftlicher Erkenntnisweisen wirklich anzuerkennen, wie schon beim Text Tn24ARu festgehalten werden musste. Er ist aber auch nicht in der Lage, schöpfungstheologische Überlegungen zu entfalten, obwohl er zumindest den Gedanken der *creatio continua* nutzt, um Schöpfung von Evolution abzugrenzen. Im Kern läuft seine gesamte Argumentation auf die Unmöglichkeit eines Dialoges zwischen Theologie und Biologie hinaus, denn er schätzt einen solchen Dialog ein als *wertvolle Lebenszeit verschwenden.* Was dieser Text allerdings ganz deutlich als Frage formulieren lässt, ist: Welcher Stellenwert wird im Religionsunterricht der theologisch-begrifflichen Bildung eingeräumt? Es ist u. a. diese Frage in die nun folgende Zusammenfassung aufzunehmen und zu diskutieren.

8.4.2 Zusammenfassung der Fallstudien *Theologie*

Mit den vier Texten wird exemplarisch eine Feinstruktur des Materials für die theologisch konnotierten Texte der Schülerinnen und Schüler erstellt. Werden jetzt die Fallstudien *Theologie* zusammenfassend betrachtet, kann als Ergebnis festgehalten werden, dass sich die von den untersuchten Schülerinnen und Schülern benutzten Argumentationen inhaltlich im Kern auf vier Problemstellungen/Fragehorizonte beziehen:

1. der Begriff Wahrheit,
2. die Reichweite naturwissenschaftlicher Forschung,
3. die Aussagekraft evolutionstheoretischer und schöpfungstheologischer Aussagen,
4. die Frage nach der Dialogfähigkeit beider Positionen.

Diese vier Punkte können als Kategorien begriffen werden, welche sich induktiv aus den verwendeten Inhalten entlang der Thematik *Schöpfung und Evolution* ergeben.

In allen vier Texten kann nachgewiesen werden, dass Schülerinnen und Schüler argumentieren bzw. in der Lage sind, formal beschreibbare Muster inhaltlich so zu füllen, dass sie mit diesen argumentieren.

zu 1. Der *Begriff Wahrheit* wird expliziert bzw. definiert als Absetzung gegen den Zufall (Tn24ARu); als Negierung der Teilhabe an Wahrheit seitens der Naturwissenschaften, weil diese nur einen kleinen Bereich beweisen kann (T25ARu); als definierte Überzeugung, dass Religion – und somit auch schöpfungstheologische Aussagen – Lebensfragen in Bezug auf Sinn beantworten können (tn04ABio); als schroffe Ablehnung von zwei möglichen Wahrheiten bzw. von zwei Sichtweisen, die verschiedene Realitätsbereiche beschreiben (t14 ARu).

Wird diese Feststellung in Bezug auf das gesamte Material aus der Bearbeitung des Impulses A verallgemeinert, so kann notiert werden, dass von den untersuchten Schülerinnen und Schülern das Thema Wahrheit – vielleicht auch: wahr sein – mit dem Inhalt Schöpfung und/oder Evolution in Verbindung gebracht wird. Es können dabei positiv-bejahende, kritische, skeptische, ablehnende und von zwei Wahrheitsbegriffen ausgehende Haltungen von 16- bis 18-jährigen Schülerinnen und Schülern diagnostiziert werden.

Auffällig ist, dass dieser Begriff eher nicht definiert, sondern mit dem Begriff *Zufall* vergleichend und illustrierend benutzt wird, um Schöpfung gegenüber evolutionstheoretischen Positionen (explizit oder implizit) zu verteidigen. Dabei kann in erster Linie ein *In-eins-Setzen* von Schöpfung und Natur/Umwelt gefunden werden, also ein Verständnis, welches Schöpfung als Natur ansieht. Eine mögliche Erklärung für dieses Phänomen ist darin zu sehen, dass seit den 1980er-Jahren von der *Bewahrung der Schöpfung*[291] gesprochen wird, was sich u.a. nicht nur in theologischen Ansätzen wie dem von Moltmann (^{3}1987) nachweisen lässt, sondern auch Eingang in Schulbücher (vgl. beispielsweise den Nachweis bei Merkel 2009: 16f)[292], Leitbildern evangelischer Schulen[293] oder Lehrplänen (vgl. Berliner Rahmenplan 2007: 53) fand.

291 Vgl. Konziliarer Prozess auf der sechsten Vollversammlung des Ökumenischen Rates der Kirchen in Vancouver, Kanada, 1983. Im Kern zielt der Ausdruck *Bewahrung* auf die Verantwortlichkeit des Menschen gegenüber seiner Umwelt. Weil mit dieser Umwelt aber Schöpfung gemeint ist, wird der Mensch außerhalb dieser Schöpfung gedacht – ein schöpfungstheologisch nicht zu haltender Gedanke, denn der Mensch kann nur in der Schöpfung gedacht werden, und zwar als Geschöpf. Vgl. zu dieser Problematik auch Dressler 2009 (396f), der der Rede von der Bewahrung der Schöpfung eine Trivialisierung von Schöpfung attestiert. Ungeachtet dieser kritischen Überlegungen ist der politisch motivierte Slogan *Bewahrung der Schöpfung* Auslöser für verschiedene Umwelt- und Friedensinitiativen gewesen und hat damit auf dieser Ebene durchaus seine Berechtigung.

292 Merkel macht schöpfungstheologische Aussagen in Lehrbüchern der Sekundarstufe I an insgesamt 6 Ausgangspunkten fest: 1. Ausgangspunkt Ursprung: Woher kommt die Welt? Antworten von Naturwissenschaft und Bibel. 2. Ausgangspunkt Schönheit des Kosmos: Wie nehme ich die (Faszination der) Welt wahr? Staunen über die Herrlichkeit der Schöpfung. 3. Ausgangspunkt Mensch: Woher komme ich? Die Einzigartigkeit des Menschen und seine Ebenbildlichkeit Gottes. 4. Ausgangspunkt Umweltethik: Wie sollen wir mit der Schöpfung umgehen? Der Auftrag der Bewahrung. 5. Ausgangspunkt Ruhetag

Für den Religionsunterricht wäre es sinnvoller, Schöpfung als Erzählung einer bzw. über eine konkrete Kulturperiode zu interpretieren, die sich entmythologisierend mit ihrer (babylonischen) Umwelt auseinandersetzt (historische Perspektive), oder als einen Text, der sich mit dem Verhältnis Schöpfer und Geschöpflichkeit beschäftigt (theologische und anthropologische Perspektive). Es könnte auch der Zusammenhang zur Weisheitsliteratur hergestellt werden (exegetisch-hermeneutische Perspektive), damit bei Schülerinnen und Schülern nicht der Eindruck einer doppelten Wahrheit oder eines Zwanges zur naturalisierenden Interpretation entsteht.

Dass dabei keiner der hier exemplarisch benannten theologischen Positionen ein Vorrang eingeräumt werden sollte, würde bildungstheoretisch, aber auch fachdidaktisch dem Anspruch einer religiösen Sprachfähigkeit entsprechen. So wie die Schülerinnen und Schüler reagieren, kann eine solche, argumentierende religiöse Sprachfähigkeit bisher nicht festgehalten werden bzw. ist gerade in Auseinandersetzung mit dem Begriff *Wahrheit* im Zusammenhang mit Schöpfung und Evolution eine große Unsicherheit bei den untersuchten Schülerinnen und Schülern zu notieren.

zu 2. Der zweite große Problemkreis, der von der untersuchten Gruppe aufgegriffen und argumentativ verarbeitet wird, ist mit *Reichweite naturwissenschaftlicher Forschung* umschrieben. Dabei trauen die Schülerinnen und Schüler naturwissenschaftlicher Forschung weniger zu, als vielleicht angenommen werden könnte. Zumindest differenzieren sie eindeutig zwischen einem biologischen und einem theologischen Zugang zu den Phänomenen. Dies kann exemplarisch am Begriff *Leben* (vgl. tn04ABio, aber auch Tn24ARu) verdeutlicht werden. Gerade an diesem Beispiel kann gezeigt werden, wie unterschiedlich die untersuchte Schülerschaft argumentiert.

Im Text der Schülerin aus Brandenburg (Tn24ARu) herrscht die Vorstellung, dass Leben biologisch ein Körper ist, dem von Gott ein Geist eingeflößt werden muss. Diese Argumentation greift das Problem des Leib-Seele-Dualismus[294] auf, operiert allerdings mit der theologisch nicht haltbaren Option eines intelligenten Planers und ist dadurch nicht in der Lage, den hypothetischen Charakter naturwissenschaftlicher Forschung wirklich anerkennen zu können. Ganz anders agiert die Schülerin aus Berlin (tn04ABio), die den Begriff *Leben* an die Sinnfrage angliedert, damit einen anthropologischen Zugang eröffnet und den

(Gen 1) 6. Ausgangspunkt Partnerschaft: Welche Implikationen für unsere heutige Lebensgestaltung hat das Geschaffensein als Mann und Frau? (Gen 2) (vgl. www.rpi-loccum.de/theo_merkel.html [15.5.2013]. Er zeigt damit, dass Schöpfung in Lehrbüchern mit Umwelt identisch gesetzt wird, eine Erkenntnis, die durch die hier untersuchten Texte Bestätigung findet.

293 Vgl. dazu beispielsweise die Evangelische Schule Coswig: www.ev-schule-coswig.de/Leitbild.36.html [15.5.2013].

294 Vgl. dazu Specht/Rentsch 1980: 185ff.

Religionen Antworten auf Fragen des Lebens zutraut. Damit kann sie zugleich nachweisen, dass Evolution und Schöpfung nicht in einen Widerspruch geraten, und die Reichweite naturwissenschaftlicher Forschung nicht nur anerkennen, sondern positiv beurteilen.

Die Mehrzahl der untersuchten Schülerinnen und Schüler lehnt ein »Einmischen« naturwissenschaftlicher Forschung in existenzielle Fragen ab bzw. sieht naturwissenschaftliche Forschung durchaus auch in ihren Grenzen (exemplarisch T25ARu). Die in den untersuchten Texten deutlich herauszuarbeitende Skepsis könnte damit zu begründen sein, dass mit Impuls A die Schülerinnen und Schüler auf eine »Spur« gesetzt wurden, von der sie meinten, sie müssten gegenüber dem Thema *Schöpfung* eine verteidigende Rolle einnehmen. Hier könnten weitere Untersuchungen sicherlich ein klareres Bild nachzeichnen.

zu 3. Eng im Zusammenhang mit der Reichweite naturwissenschaftlicher Forschung steht der Fragehorizont nach der *Aussagekraft evolutionstheoretischer und schöpfungstheologischer Aussagen.* Die untersuchten Schülerinnen und Schüler verfügen über argumentative Erklärungsoptionen, die auf einem Benennen und damit Voneinander-Abgrenzenkönnen verschiedener Weltzugangsweisen beruhen – sie vergleichen oder illustrieren diese, benutzen dazu Analogien oder Kausalrelationen. Dabei zeigen die Fallstudien, dass eher nicht von einem im Hintergrund stehenden Planer ausgegangen wird, auch wenn dieses Phänomen immer wieder zutage tritt. Im Umfeld des Kreationismus sich aufhaltende Schülerinnen und Schüler argumentieren in sich stimmig, allerdings auf der Basis pseudowissenschaftlicher Positionen[295]. Es ist weiter festzuhalten, dass die Altersgruppe 16- bis 18-Jähriger durchaus in der Lage ist, theologische Positionen autonom als solche bestimmen zu können, wie beispielsweise den Gedanken der *creatio continua* (t14ARu). Theologische Positionen werden dabei durchgängig an einen – oft ganz persönlich verfassten – Glauben angebunden, der auf eine persönliche Auseinandersetzung mit diesem Phänomen schließen lässt.

Es kann somit notiert werden, dass die Aussagekraft der Naturwissenschaften auf einer rationalen Ebene angesiedelt wird, in deren Kern für die Schülerinnen und Schüler das *Beweisen*-Müssen bzw. -Können steht. Theologische Positionen hingegen basieren auf einem *Überzeugtsein*, welches als Spannweite von einem wörtlichen Bibelverständnis bis hin zur Einsicht, dass biblische Texte interpretiert werden müssen, reicht.

zu 4. Dass zwischen Schöpfung und Evolution, Religion und Biologie, Geistes- und Naturwissenschaften ein *Dialog* vorherrschen sollte, anzustreben ist oder gar geführt werden kann, ist den Schülerinnen und Schülern zwar bewusst, allerdings haben sie wenige bis gar keine Argumente über das *Wie* eines solchen

295 Vgl. dazu Bayrhuber 2009: 13–16, aber auch Bayrhuber/Hauber/Kull [23]2010: 504f.

Dialoges hervorgebracht. Dies hängt eng zusammen mit den in den Punkten 1–3 dieser Zusammenfassung diskutierten Beobachtungen. Es gibt hier freilich auch Ausnahmen, wie exemplarisch am Text tn04ABio gezeigt. Ein solcher Dialog, der als Fiktion argumentativ vorgetragen wird und der in der abschließenden Konklusion mündet, dass eine *Erklärung des Ursprungs und Evolution* die *Überzeugung, dass Gott existiert* nicht ausschließt, weil die *verschiedenen Religionen Anregungen* geben, die so zu nutzen sind, dass sie *die Fragen, die sich im Laufe [d]es Lebens [stellen], beantworten* können, ist allerdings selten in den untersuchten Texten anzutreffen.

Dieser Befund kann so erklärt werden, dass ein Dialog an bestimmte Voraussetzungen geknüpft ist, u. a. an die einer begrifflichen Bildung: Wissen, wovon/worüber miteinander gesprochen wird, aber auch an ein Kennen der verschiedenen Positionen und ein Einschätzenkönnen der Aussagekraft dieser Positionen. Zu dialogisieren, Schülerinnen und Schülern bewusst zu machen, von welchem Standpunkt aus Theologie und Biologie argumentieren, wäre ein Anliegen, welches unterrichtlich intra- und interdisziplinär stärker gefördert werden müsste. Als eine große Lücke hat sich nämlich ein *Benutzenkönnen* theologischer Begriffe aufgetan. Schülerinnen und Schüler können zwar prinzipiell ihre Begriffe definieren, allerdings lassen sich in relativ vielen Texten begriffliche Unschärfen ausmachen. Auch wenn berücksichtigt wird, dass 16- bis 18-Jährige kaum über ein umfangreiches theologisches Begriffsrepertoire verfügen können, ist die begriffliche Unschärfe – mit der gezeigten Ausnahme (tn04ABio) – in jedem Fall für den Begriff *Schöpfung* zu notieren.

Am häufigsten kann für die untersuchte Gruppe das Vorkommen eines wörtlichen Bibelverständnisses festgestellt werden und damit ein Schöpfungsverständnis, welches Schöpfung mit der materiellen Natur gleichsetzt. Wird dieser Befund mit Schulbuchtexten (im vorliegenden Zusammenhang mit dem Text von Zenger, vgl. Kap. 4.1) verglichen, so ist dieses Ergebnis eher erschreckend. Ohne einen Anspruch auf Verallgemeinerung erheben zu können oder zu wollen, ist festzuhalten, dass Schülerinnen und Schüler der gymnasialen Oberstufe nicht – zumindest nicht bewusst – wissen, was theologisch mit dem Begriff *Schöpfung* verbunden werden kann oder sollte. Hier wäre ein Ansatz für einen begrifflich klärenden Unterricht dringend geboten, wie beispielsweise von Hanisch eingefordert (vgl. Hanisch 2003; Hanisch/Hoppe-Graf 2002).

Es könnte jetzt der Eindruck entstehen, dass die zusammengefassten Ergebnisse eher negativ gedeutet werden. Dem ist nicht so. Ganz klar hat sich ergeben, dass Schülerinnen und Schüler vor dem Hintergrund eines gesetzten Impulses argumentieren und dabei bestimmte Muster in formaler und inhaltlicher Hinsicht verwenden.

8.4.3 Fallstudien *Biologie*[296]

8.4.3.1 Schülertext aus Brandenburg (T04BRu)

Der Schülertext lässt sich insgesamt in vier Punkten zusammenfassen:

1) Zunächst resümiert der Schüler, dass uns *das erste Buch Mose verständlich zu machen* versucht, dass Gott am Anfang *Himmel und Erde, Tag und Nacht, am sechsten Tag den Menschen* schuf, aber in der Schule über *Darwin und Lamarck* gelehrt wird, und zwar so, als sei *Darwins Evolutionstheorie nicht widerlegbar.* Anschließend wirft er die den gesamten Text bestimmende Frage auf, ob *die Schöpfungsgeschichte mit der Evolutionstheorie* vereinbar ist. In dieser Einleitung wird nicht argumentiert.

2) Auch in der Beschreibung der darwinschen Theorie – im Kern bezieht sich der Schüler auf ein fachwissenschaftlich korrekt wiedergegebenes Beispiel der natürlichen Selektion – argumentiert der Schüler nicht. Das heißt, die Einleitung und der Textbaustein 1 dienen der Absteckung des Fragehorizontes und der Wiederholung – vielleicht auch der Selbstvergewisserung – biologischen Wissens.

3) Erst in Textbaustein 2 (Z36–39) verwendet der Schüler eine Wirkungs-Ursache-Relation mit der Prämisse, dass sich *Tiere und auch Menschen entwickeln [...],* dem Argument: *weil sie bestimmte Fähigkeiten [...] haben* und sie sich dadurch (K) *einen Vorteil gegenüber anderen Artgenossen* verschaffen können, womit das eigene Überleben gesichert wird. Flankiert wird dieses Argument durch ein Illustrieren an den Beispielen *der aufrechte Gang und die Nutzung von Werkzeugen oder physische Gegebenheiten.* Der Schüler verwendet beide Argumentationsmuster deskriptiv.

Durch den Wechsel des Rahmens (Doch wurde nicht jedes Tier von Gott geschaffen und war es nicht so, wie es war, perfekt?) wird im Textbaustein 3 ein Widerspruch formuliert. Im ersten und zweiten Schöpfungsbericht ist zu lesen, dass der Mensch jedem Tier seinen Namen gab – auf der einen Seite – auf der anderen Seite aber bei Ausgrabungen Fossile der frühen Entwicklungsformen der Menschen oder anderer Tiere gefunden wurden. Aus dieser Problematik werden insgesamt drei Prämissen abgeleitet, die zusammengefasst formuliert werden können mit:

1. *Schöpfungsgeschichte und Evolutionstheorie* lassen sich nicht verbinden.
2. Es gibt *keinerlei Übereinstimmung der beiden Theorien.*
3. Die *Schöpfungsgeschichte dient in erster Linie dazu, sich ein Bild von Gott,*

296 Es ist darauf hinzuweisen, dass die Texte der Impulsbearbeitung B von meinem Kieler Kollegen bearbeitet wurden. Weil dafür eine andere Zeilennummerierung verwendet ist, beginnen die Texte in der Regel nicht mit Z01 (wie in der Impulsvariante A), sondern zwischen Z08–10.

dem Vater, dem Allmächtigen, dem Schöpfer des Himmels und der Erde, zu machen (in Verbindung mit dem Verweis, dass es sich in dieser Formulierung um den *Beginn des christlichen Glaubensbekenntnisses* handelt).

Zwischen diesen drei Prämissen steht etwas unvermittelt die Frage: *Marx würde sagen »Religion ist Opium fürs Volk«*[297]*, somit auch die Schöpfungsgeschichte!?*

In diesem Textbaustein wird nicht argumentiert, sondern es werden nur – im Sinne des vorgenommenen Rahmenwechsels – Prämissen aufgestellt, wobei die dritte Prämisse zwar inhaltlich dazugehört, auf formaler Textstrukturebene aber den vierten Textbaustein eröffnet.

4) Die dritte Prämisse ist die eigentliche Voraussetzung, dass der Schüler die Verschiedenheiten miteinander vergleichen kann: Gott ist Schöpfer des Himmels und der Erde [...], denn in der Evolutionstheorie von Darwin steht [nicht] geschrieben, wie Erde und Himmel entstanden sind. Darwin erläutert lediglich, wie es zu unterschiedlichen Arten unter den Lebewesen auf der Erde kommen konnte. Durch das Aufzeigen der Unterschiede – das Vergleichsmuster (Q6) wird deskriptiv verwendet – kann zur Konklusion übergeleitet werden: Die Schöpfung des Himmels und der Erde ist Gott zuzurechnen und deshalb kann Schöpfung mit der darwinistischen Evolutionstheorie vereinigt werden.

Als zweite Konklusion ist die Schöpfung *der Tiere und der Menschen [...] Opium fürs Volk*, womit der Schüler argumentierend eine Analogie aufbaut, die in der Person von Karl Marx auch das Element eines Autoritätsmusters enthält. Alle vom Schüler vorgetragenen Argumente dieses Textbausteines sind deskriptiv, das Analogiemuster bleibt allerdings unvollständig, es fehlt bei diesem die eigentliche Konklusion. Das heißt, die Konklusion 2 ist in diesem Falle zugleich das Argument, dem hätte eine weitere Konklusion zugefügt werden müssen.

8.4.3.1.1 Interpretation des Textes

Es kann für den gesamten Text ein existenzieller Präsuppositionstyp formuliert werden, der im zweiten Teil faktische Elemente enthält: ›Es gibt einen Schöpfergott, der die Welt und das Universum geschaffen hat; die Entwicklung des Lebens folgt aber den Regeln der Evolutionstheorie.‹

Wird der gesamte Text überblickt, so ist ein enormes begriffliches Schwanken zu konstatieren. Der Schüler spricht von den Schöpfungserzählungen (Z10–18), Schöpfungsberichten (Z43–49) und einer Schöpfungstheorie (Z43–49).

297 Im Original (Marx 1844/[16]2007: 378f) heißt es: »Sie [die Religion, TW] ist das Opium des Volks.« Die vom Schüler genutzte Formulierung bezieht sich auf eine leninsche Abwandlung der marxschen Aussage: »Die Religion ist das Opium für das Volk.« (vgl. www.vulturebookz.de/marx/archive/quellen/Lenin~Opium_fuer_das_Volk.html [2.5.2013].

Seine Argumentation ist so aufgebaut, dass er die biologische bzw. evolutionstheoretische Position am Beispiel der Selektion näher erläutert, um anschließend das Thema *Schöpfung* in einen Vergleich zu bringen. Weil im Ergebnis eine Zuteilung der beiden Bereiche (Himmel und Erde von Gott, Entwicklung des Lebens durch Evolution) präsentiert wird, kann vom Gedanken einer thetischen Evolution (vgl. beispielsweise Miller 2000[298]) ausgegangen werden.

Damit ist die vorgelegte Argumentation allerdings eine ausschließende. Zum einen wird der Bereich der Entstehung *des Himmels und der Erde* aus dem naturwissenschaftlichen Zusammenhang gelöst, zum anderen soll – vermittelt über eine nicht definierte Schöpfungstheorie – die Behauptung bekräftigt werden, Schöpfung wäre ein Ausdruck der Entstehung der materiellen Welt. Diese doppelte Position ist fraglich, allerdings nicht verwunderlich. So wird schon bei den theologischen Fallstudien festgestellt, dass die untersuchten Schülerinnen und Schüler Schöpfung und Natur ineinandersetzen bzw. unter Schöpfung die Natur[299], also einen Gegenstand wissenschaftlicher Beschreibungsmöglichkeiten verstehen. Das heißt, der Schülertext impliziert den Gedanken einer natürlichen Theologie.

Aus der Perspektive (Rolle) eines Evolutionstheoretikers versucht der Schüler durch diese Zuweisung einen Kompromiss zwischen Religion und Biologie zu erzeugen. Dieser Kompromiss baut auf einem biologischen Fachwissen auf und bewertet von diesem Standpunkt aus die Schöpfung. Der hier analysierte Text kann damit als der Versuch eines Dialoges bewertet werden, der implizit die Wahrheitsfrage mittransportiert.

Solche dialogischen Versuche, also die Verknüpfung von Evolution und Schöpfung durch Zuweisung von Zuständigkeiten, wie der Schüler dies unternimmt, sind nicht nur bei Schülerinnen und Schülern zu finden. So spekuliert beispielsweise Sixl (2012) darüber, ob im Rahmen einer natürlichen Theologie »Gott und sein Wirken auf unsere reale Welt mit den Erkenntnissen der mo-

298 Es gibt eine ganze Reihe von Theologen und Naturwissenschaftlern, die den Versuch unternehmen, Evolution und Schöpfung zusammenzudenken. Auf die Theologie bezogen sei hier auf Preuß (2010: 27–35) verwiesen.

299 Der Begriff *Natur* ist schwierig oder zumindest problematisch. Seit der Loslösung der naturwissenschaftlichen Forschung aus dem Umkreis theologischer Spekulationen bzw. seit Beginn der Neuzeit hat sich ein Naturverständnis etabliert, welches in der Endkonsequenz den Beherrschungszusammenhang des Menschen über die Natur (Bacon) in das Zentrum der Betrachtungen rückte. Zugleich – so zumindest diagnostizieren Horkheimer und Adorno (vgl. Dialektik der Aufklärung) – schlug dieser Herrschaftsanspruch um in eine »zweite Natur«, die nur als Verleugnungsstruktur und damit als Umschlag in den Mythos gelesen werden kann. Insofern kann die bei den untersuchten Schülerinnen und Schülern feststellbare Identifizierung (Schöpfung = Natur) auch als ein Versuch gelesen werden, das Herrschaftsverständnis aufzulösen, indem beide Bereiche ineinander übergehen bzw. als gleiche gesetzt werden. Zum Naturbegriff vgl. Kaulbach (1984: 468ff).

dernen Naturwissenschaften zu identifizieren« sei, mit dem Ziel, von einer natürlichen Theologie zu einer »naturwissenschaftlichen Theologie« zu gelangen (Sixl 2012: 106). Ein solches Unterfangen ist mehr als fragwürdig, da es sich hierbei um einen Szientismus handelt, der »nur wissenschaftliches Wissen für Wissen und nur die Fragen nach dessen Inhalt, Voraussetzungen und Ermöglichungsgründen für wissenschaftlich respektabel hält«, wobei festgehalten werden muss, dass eine solche Denkweise »schon im Alltag in Aporien [führt]: Unser lebensweltliches Wissen ist komplexer als alles, was mit wissenschaftlichen Methoden thematisiert wird« (Dalferth 1999: 425).

Von der Innenperspektive des Schülers aus betrachtet ist freilich festzuhalten, dass die mittels vollständigen Argumentationsmustern (Q6 und Q14) abgeleiteten Zuweisungen (Gott ist der Schöpfer des Himmels und der Erde, die Entwicklung von Lebewesen unterliegt den Gesetzen der Evolution) in Verbindung mit den vorgenommenen Illustrationen (z. B. aufrechter Gang) als einsichtig eingeschätzt werden müssen, da sie sich aus den vom Schüler vorgetragenen Grundannahme ableiten lassen. Von einer theologischen Perspektive aus gedacht – als Außenperspektive auf den Text – ist die Argumentation, wie schon diskutiert, sehr fragwürdig. Diese inhaltliche Fragwürdigkeit der gesamten Argumentation wird durch die zweimalige Verwendung des nicht ganz exakten Marx-Zitates verstärkt.

Es handelt sich bei diesem Zitat um eine externe Religionskritik. Im Marxschen Zusammenhang – Kritik an der Hegelschen Rechtsphilosophie – wird Religion in einer doppelten Funktion beschrieben. Zum einen sieht Marx, dass das »religiöse Elend [...] der Ausdruck des wirklichen Elendes« ist, und zugleich ist dieses Elend »die Protestation gegen das wirkliche Elend« (Marx 1844/^{16}2007: 378 f). In dieser dialektischen Form liegt die Aufhebung eines metaphysisch begründeten Anspruchs auf Herrschaft – oder anders ausgedrückt –, für Marx ist Kritik an der Religion der Ausgangspunkt für eine Kritik an den weltlichen Zuständen seiner Zeit. Es ist nicht zu erwarten, dass ein 18-jähriger Schüler diese Überlegungen im Blick hat. Er benutzt das Zitat in der leninschen Abwandlung (»Die Religion ist das Opium für das Volk.«). Ein näheres Hinsehen auf die beiden Stellen, an denen der Schüler es verwendet, bringt vielleicht etwas mehr Licht.

Die erste Verwendung findet sich in dem Zusammenhang, dass er die Prämisse aufstellt, es *gibt keine Übereinstimmung der beiden Theorien* und dann spekuliert: *Marx würde sagen »Religion ist Opium fürs Volk«, somit auch die Schöpfungsgeschichte!?*, womit angezeigt wird, dass Schöpfung eine Verschleierungstheorie sein könnte, die den »wirklichen« Werdegang der Evolution des Universums nicht nur infrage stellt, sondern negiert. Die zweite Verwendung lässt sich an der Stelle ausmachen, an der der Schüler *Gottes Schöpfung der Tiere und des Menschen* ablehnt. Werden die beiden Textstellen zusammengedacht, dann kann die Vermutung geäußert werden, dass sich der Schüler, zumindest teilweise, nicht darüber im Klaren ist, was Schöpfung bzw. schöpfungstheologische Perspektiven aussagen wollen. Das heißt, er kann die Reichweite einer schöpfungstheologischen Position nicht einschätzen. Damit wird in Bezug auf den vom Schüler vorgetragenen Dialogversuch die gezeigte inhaltliche Fragwürdigkeit der Argumentation bekräftigt.

Auch wenn der Text des Schülers Passagen enthält, die seine Kenntnisse zur Schöpfung in einem anderen Licht erscheinen lassen, wie z. B. in TB4, Z53–62: *Sicherlich dient die Schöpfungsgeschichte in erster Linie dazu, sich ein Bild von Gott, dem Vater, dem Allmächtigen, dem Schöpfer des Himmels und der Erde, zu machen. Die soeben von mir vorgenommene Beschreibung Gottes ist der Beginn des christlichen Glaubensbekenntnisses, welches zu jedem Gottesdienst genutzt wird, um sich in der Kirche zu Gott zu bekennen*, nutzt er diese Kenntnisse nicht, um sein Ansinnen – den Dialog zwischen Evolution und Schöpfung – argumentativ zu belegen. Das heißt, sein Versuch, eine Kompatibilität zu erschließen, scheitert letztlich aus theologischer Sicht daran, dass ihm das Phänomen *Schöpfung* nicht klar zu sein scheint.

8.4.3.1.2 Zusammenfassung

Der analysierte Text ist durchaus vielschichtig und im Bemühen geschrieben, aus dem eigenen Verstehenshorizont heraus eine Lösung für den angenommenen Konflikt zwischen Evolution und Schöpfung anzubieten, die letztlich in einen gegenseitig anerkennenden Dialog münden soll. Bei diesem Versuch kommt es allerdings zu unzulässigen Vermischungen bzw. die Reichweite schöpfungstheologischer Aussagen kann nicht eingeschätzt werden. Zwar verwendet der Schüler inhaltlich Argumentationen, die einen Vergleich ermöglichen, allerdings ist gerade dieser Vergleich – wiederum inhaltlich betrachtet – einer, der Schöpfung als Theorie ansieht und daraus Bereichszuweisungen in Bezug auf die Entstehung und Entwicklung des Universums, einschließlich der Tiere und Menschen ableitet. Es ist zu notieren, dass der Schüler argumentieren kann – die Art und Weise, wie die Inhalte miteinander verknüpft werden, bleibt allerdings fraglich, wie dies auch in den Texten t13BRu oder Tn03BRu zu erkennen ist.

8.4.3.2 Schülerinnentext aus Brandenburg (Tn03BRu)

Dieser Text einer Schülerin aus Brandenburg setzt sich aus vier Kernaussagen zusammen, wobei die erste als Einleitung und die drei folgenden als inhaltliche Textbausteine zu kennzeichnen sind.

1) Die Schülerin eröffnet die Rede durch die Aussage, dass sie *gläubig* sei, aber durch *meine* Forschung *auch die Sicht auf andere Perspektive* gewonnen habe.

Sie benennt dabei konkret die Schöpfungsgeschichte. Argumentiert wird in dieser Hinführung nicht, allerdings werden zwei Positionen angezeigt: Expliziert wird eine gläubige Einstellung, implizit wird eine naturwissenschaftliche Forschungstätigkeit vermittelt.

2) Die Schülerin vergleicht in diesem Textbaustein Schöpfung und Evolution. Mit vier Hervorhebungen umreißt sie die Schöpfungserzählung: Gott unser Schöpfer schuf uns *erst eine Welt mit Pflanzen, Tieren, Licht und Dunkelheit und am Ende jemanden, der darauf aufpasst. Er schuf diesem Mann noch einen Partner, damit er nicht einsam wird, eine Frau. Adam und Eva. So »einfach« geschieht es in der Bibel. Alles hat Gott in nur sieben Tagen erschaffen.* Die Schülerin vermischt hier Elemente der ersten und der zweiten Schöpfungserzählung und kennzeichnet diese als *einfach.*

Die Einfachheit setzt sie in Opposition zur Evolution, womit eine Komplexität unterstellt ist: *wohingegen die Welt aus evolutionstheoretischer Sicht in mehreren Tausend Jahren entstand und dort vorerst keine Menschen lebten. Auf der wissenschaftlich betrachteten Seite fing alles mit einem Bakterium im Wasser an, woraus sich dann zufällig ein Lebewesen entwickelte. Langsam, über Tausende Jahre hinweg, entwickelte sich über die Affen ein Mensch.* Beide Beschreibungen – die theologisch und biologisch gängigen Alltagsvorstellungen entsprechen – fungieren als Prämisse.

Das Argument, welches zur Konklusion führen soll, wird an eine *Logik*[300] angebunden. In evolutionstheoretischer Sicht *klingt alles sehr logisch*, zumindest *logischer als die biblische Schöpfungsgeschichte.* Während die Prämissen deskriptiv ausgeführt werden, ist das Argument eine Bewertung (logischer als …), zeigt also ein normatives Element an. Insofern ist auch die Konklusion normativer Art, denn es fällt der Schülerin *leichter, das zu glauben* (das Logische der Evolutionstheorie).

Dieser Teil der Konklusion nimmt die Position eines Biologen an. Der zweite Teil der Konklusion – *auch wenn ich mir sicher bin, dass es einen Gott gibt* – zeigt eine persönliche Überzeugung auf. Das heißt, die gesamte Konklusion ist normativ. Im Zentrum dieses Vergleiches steht allerdings die Frage nach Einfachheit und Zufall. In diesen beiden begrifflichen Vorstellungen der Schülerin, die sie nicht definiert, sondern indirekt illustriert, entscheidet die Frage der Logik über die »Richtigkeit« der einen oder anderen Perspektive.

3) Dieser Textbaustein beginnt mit einer weiteren Konklusion, welche aber als Prämisse fungieren soll und fast kontrafaktisch zum Textbaustein 2 steht: *Ich*

300 Welche *Logik* die Schülerin meint, lässt sich aus dem Text nicht entnehmen. Vermutet werden kann allerdings, dass es sich um eine kausale Vorstellung von Logik handelt, die von einer Reihe von Ereignissen ausgeht (es fing mit Bakterien an und endete beim Menschen), mit dem Zufall rechnet und dennoch »abwägend« bleibt.

denke, die Schöpfung ist nach der Vorstellung der Wissenschaftler entstanden. Mit dieser Aussage verlässt die Schülerin die bisherige Beschreibungsebene zur Schöpfung, denn sie schließt über das Argument, dass niemand weiß, ob Gott *nicht seine Fäden doch ein bisschen gezogen hat*, darauf, dass es eigentlich keinen Zufall geben kann, weil dieses »Fädenziehen« *unbemerkt* bleibt, so dass *alles so seinen Gang geht, wie es auch passiert ist.* Es wird hier ein Grund-Folge-Muster verwendet, also eine Form der Kausalität, die personal verankert wird. Diese Argumentation, die theologisch nicht korrekt ist, soll durch eine Illustration unterstützt werden, welches die Frage nach dem »Warum« *(diese Bakterien damals aus dem Meer überhaupt überlebten, dass es das Meer überhaupt schon gegeben hat)* aufnimmt und damit direkt das Zufällige ausschließen möchte.

4) Im letzten Textbaustein umkreist die Schülerin noch einmal die Frage nach der Logik der beiden Perspektiven. Zum einen geht die Schülerin, als Prämisse, davon aus, dass die Warum-Frage nicht zu beantworten ist – *wir werden es vermutlich nie erfahren …* –, und deshalb ist es jedem selbst überlassen, Vorstellungen *von Schöpfung* zu entwickeln. Zum anderen ist ein Rückzug auf die logischere Erklärung zu beobachten, denn es sind der Evolutionstheorie *keine Fehler [zu] entnehmen.* Deshalb, so das definierende Argument, kann die Schülerin daran nicht *zweifeln*, vielmehr ist sie von ihr *überzeugt.*

Ein Definitionsmuster liegt in dieser Textpassage deshalb vor, weil die Fehlerfreiheit ein Definitionskriterium für die Akzeptanz der evolutionstheoretischen Perspektive ist. Zugleich erfährt die in TB2 nicht näher definierte Logik eine Stütze. Indirekt und normativ ist diese Form des Definierens, weil eine Haltung zum Definierten ausgedrückt ist. Diese Haltung nimmt die Schülerin abschließend dahingehend etwas zurück, als sie offenlässt, *wie auch immer sie [die Welt] entstanden ist* und appelliert, *dass wir alles dafür tun, dass sie noch lange bleibt.*

8.4.3.2.1 Interpretation des Textes

Der gesamte Text der Schülerin reflektiert auf einer Metaebene das Verhältnis zwischen Schöpfung und Evolution. Dabei werden die Begriffe *einfach* (Schöpfung) und *zufällig* (Evolution) in Beziehung zu *logisch* und *fehlerfrei*, *Zweifel* und *überzeugt sein von …* gesetzt. Auf dieser Ebene ist ein doppelter Präsuppositionstyp auszumachen. Es kann eine Verbindung rekonstruiert werden zwischen einem kontrafaktischen Präsuppositionstyp (›Man kann nicht ausschließen, dass Gott für die Entwicklung der Schöpfung verantwortlich ist‹) und einem faktischen Präsuppositionstyp (›Einer logischen Erklärung ist leichter zu glauben‹).

Die Schülerin geht von allgemeinverständlichen Positionen zur Schöpfung und zur Evolution aus. Sie beschreibt verschiedene Elemente der beiden Schöpfungserzählungen und qualifiziert diese mit »einfach«; sie lässt durchblicken, dass sie die Denkweise der Evolutionstheorie kennt und qualifiziert diese Theorie mit »logisch«. Danach verlässt die gesamte Argumentation die Beschreibungsebene, d.h., es wird argumentativ nicht darauf zurückgegriffen, welchen Sinn z.B. Adam und Eva haben könnten, sondern es werden Überlegungen angestellt, welche der beiden Positionen leichter zu glauben ist.

Biologisch-fachwissenschaftliche Schwächen zeigt die Schülerin darin, dass Affen als Vorfahren der Menschen und Bakterien als Vorläufer sämtlichen Lebens beschrieben werden. In der angestrengten Argumentation – dem Zeigen des Logischeren bzw. Diskutieren über das Logischere – ist zwar die evolutionstheoretische Beschreibung hinreichend, weil sie intern für die weitergeführte Argumentation ausreicht, um das Logischere der Evolutionstheorie zu belegen. Allerdings ist zu notieren, dass die naturwissenschaftliche Denkweise und die Aussagekraft naturwissenschaftlicher Erkenntnis von der Schülerin nicht durchdrungen sind. Dies macht sich besonders an der Stelle bemerkbar, an der Gott als jemand eingeführt wird, der vielleicht doch die Fäden in der Hand hält (TB3, Z34–38). Hier wird eindeutig ein »Lückenbüßerkonzept« favorisiert.

Es ergibt sich daraus ein Widerspruch, der hier zu diskutieren ist. Für die Schülerin ist die Evolutionstheorie logischer, implizit: nachvollziehbarer (TB2, Z20–30) als die Schöpfung. Daraus ergibt sich für sie ein Konzept, welches Schöpfung als Erfindung von Wissenschaftlern (TB3, Z34–38) klassifiziert. Unter der fragenden Annahme, ob Gott nicht doch alles gemacht hat, wird implizit der Begriff *Zufall* eliminiert, indem eine Illustration vorgenommen wird (TB3, Z34–38). Im Anschluss daran wird aber *das Logischere* der Evolutionstheorie wieder in den Vordergrund gestellt und mit dem *»Ich glaube daran«* verbunden.

Das heißt, der eingangs angestrebte Vergleich zwischen Schöpfung und Evolution, der auf das Verschiedene beider Perspektiven abzielt, hätte – wäre er argumentativ erfolgt – beispielsweise zeigen können:

1. Schöpfung ist eine Erzählung, welche z.B. das Verhältnis zwischen Schöpfer und Geschöpf thematisiert.
2. Schöpfung ist keine Beschreibung der Weltentstehung im materiellen Sinn.
3. Evolution ist ein hypothesengeleitetes Erforschen der natürlichen Entwicklung von Leben.
4. Evolutionstheorie belegt ihre Hypothesen im Experiment/durch Funde und bildet daraus neue Hypothesen.

So wie die Schülerin argumentiert, ergibt sich aus dem Vergleich:

1. Schöpfung in der Bibel ist durch Gott gegeben, es werden einzelne Tage, aber auch die Schaffung von Adam und Eva benannt.
2. Schöpfung ist in sieben Tagen entstanden und deshalb einfach.

3. Evolution dauert mehrere tausend Jahre und zeigt eine stetige Höherentwicklung des Lebens an.
4. Evolution ist deshalb logischer als Schöpfung und somit auch einfacher zu glauben.

Weil sich die Schülerin selbst aber als gläubiger Mensch bezeichnet (TB1, Z10–14), kommt sie mit diesem Vergleich in Schwierigkeiten und führt Gott – wie schon beschrieben – als jemand ein, der im Hintergrund agiert. Damit ist allerdings noch kein kreationistisches Konzept vertreten, Gott als Lückenbüßer oder Hintergrundagent ist durchaus auch in theologischen Ansätzen (vgl. die Kritik an Moltmann [3]1987 von Dalferth 1999: 426) zu finden. Je nachdem, wie die beiden Bereiche intern traktiert werden, kommt es zu den widersprüchlichen Aussagen der Schülerin. Von einer Außenperspektive aus gesehen ist die gesamte Argumentation in sich unschlüssig und produziert mehr Widersprüche, als sie zur Klärung beiträgt.

Interessant ist die Verwendung des Definitionsmusters. Es kann beobachtet werden, dass die Schülerin die Definition implizit und normativ ansetzt. Implizit deshalb, weil sie nicht direkt zu erkennen gibt, was sie eigentlich definiert bzw. definieren will. Dass mit dem Aussageteil *jedoch neige ich selbst zu der logischen Erklärung* (TB4, Z42–47) die Evolutionstheorie einer Definition zugeführt werden soll, erschließt sich aus dem zweiten TB, in dem diese als logisch qualifiziert ist. Auf eine Norm ist die Definition angelegt, denn diese Theorie ist fehlerfrei. Beides zusammengenommen ergibt somit eine Klassifizierung, die auch ein Verständnis von Wahrheit impliziert, und zwar dasjenige, welches seit Thomas von Aquin beschrieben wird mit »veritas adaequatio rei et intellectus« (vgl. Puntel 1974: 1651). Die Schülerin zielt mit dieser normativen Definition aber auf etwas anderes bzw. expliziert etwas anderes: Sie möchte den Glauben (an Gott) einer Biologin (als Rolle) abgesichert wissen.

Die Unsicherheit in ihrer Argumentation bzw. das Produzieren von Widersprüchen scheint im Kern darin zu liegen, dass sie nicht differenziert in die verschiedenen Aussagebereiche. Damit nimmt sie ein naturwissenschaftliches Konzept in eine metaphysische Vorstellung hinein, ein religiöses Konzept bleibt rückgebunden an eine materielle Vorstellung von Schöpfungsaussagen. Diese Verquickung – als Versuch der Schülerin eine Lösung anzustreben bzw. eine solche präsentieren zu können – ist ein immer wieder zu beobachtendes Phänomen in den Argumentationen der untersuchten Schülerschaft, wie sich auch in den Textbeispielen tn01BBio oder tn06ABio nachweisen lässt.

Wird eng an den Text angelehnt argumentiert, so zeigt sich hier für die biologische Perspektive eine Anerkennung logischer Formen; zumindest kann teilweise das Vorgehen evolutionstheoretischer Forschung nachvollzogen werden. Das von der Schülerin verwendete *logischer* entspricht einer Rationalität, die schon als Vermittlungswissen (vgl. Text von T25ARu, Fallstudien Theologie) beschrieben wurde. Allerdings findet dieses Wissen seine Grenze an dem Punkt, an dem durch eine Grund-Folge-Kausalität auf Gott geschlossen wird, in dem der Zufall argumentierend eliminiert ist. Nach Walton kann hier ein »argumentum ad ignoratiam« (z. B. Walton, 1996) interpretiert werden, welches u. a. dadurch abgesichert sein soll, dass zur Unterstützung eine Illustration vorgetragen wird – also eine Aussage, deren Generalisierung problematisch ist (so Kienpointner 1992: 373 f).

Die Schülerin transportiert im gesamten Text eine doppelte Auslegung des Wortes Glauben:
A) Credo = für wahr halten
B) Credo = meinen, wissen

Für den TB1 *(Ich selbst bin gläubig)* trifft A, für die TB2 *(Deswegen fällt es mir leichter, das zu glauben)* und TB4 *(Ich bin fest von ihr überzeugt)* trifft B zu. Aufgrund dieser doppelten Glaubensvorstellung bzw. der undifferenzierten Verwendung des Wortes *Glaube* werden in der Endkonsequenz die angeführten Widersprüche produziert.

8.4.3.2.2 Zusammenfassung

Wie schon betont, ist die von der Schülerin vorgetragene Argumentation voller Widersprüchlichkeiten. Die Fehlinterpretation in der Aussagereichweite schöpfungstheologischer Aussagen, eine doppelte und undifferenzierte Verwendung des Begriffes *Glaube*, die Verwechslung der Gegenstandsbereiche naturwissenschaftlicher und geisteswissenschaftlicher Forschung sowie der scheinbar persönlich vorliegende »Zwang«, beide Perspektiven harmonisieren zu wollen oder zu müssen, sind Gründe dafür, dass die analysierte Argumentation in sich selbst, aber auch von einer Außenperspektive betrachtet unschlüssig ist. Wird nach theologischen Konzepten gefragt, die hinter dieser Argumentation stehen, dann ergibt sich – wie schon mehrfach zu beobachten – das Lückenbüßerkonzept, zumindest in Bezug auf den Gedanken an einen Schöpfergott und dessen »Handeln«. Aber auch der naturwissenschaftlich verwendete Begriff *Zufall* ist – auch das konnte schon umfassend bestätigt werden – ein unreflektierter Begriff, zumindest in der Verwendung von Schülerargumentationen in der untersuchten Population.

8.4.3.3 Schülerinnentext aus Berlin (tn10BRu)

In diesem Text einer Schülerin aus Berlin, die mit dem *Schwachsinn Religion abrechnen* möchte, sind insgesamt sechs Textbausteine vorhanden.

1) Über eine Kausalrelation, die von der Prämisse ausgeht, dass das Einreden,

wir wären Gottes Kinder und müssten nach seinen Regeln leben [...] Alles Unsinn! ist, wird über die positive Bewertung der Naturwissenschaften *(Wir können uns glücklich schätzen)* geschlussfolgert, dass wir *heute nicht in demselben Irrglauben leben müssen wie damals.* Die Schülerin gibt vorerst einen Textduktus vor, der von einer szientistischen Position ausgeht und auf eine nicht reflektierte positive Bewertung naturwissenschaftlicher Erkenntnisse schließen lässt. Die Verwendung der Ursache-Wirkungs-Relation ist normativ gesetzt. Unmissverständlich, so kann diese Eingangssequenz gedeutet werden, ist der Impuls B unter dem Stichwort »Gegner der bzw. von Religion« aufgenommen.

2) Gegenüber der positiven Bewertung der Naturwissenschaften stellt die Schülerin in Textbaustein 2 eine negative Bewertung von Religion. Dabei rückt sie in den Mittelpunkt ihrer Prämisse historisch durchaus zu beobachtende Phänomene wie Kriege wegen Religions- oder Konfessionszugehörigkeit, die auf *Basis einiger Märchen* ausbrachen, und vergleicht die Deutungsmöglichkeit von Welt unter Einsatz einer zweiten Prämisse *(Heute sind wir schlauer)* damit, dass die Entstehung von Welt *wissenschaftlich* erklärbar ist. Daraus wird als Konklusion eine Norm formuliert, indem definiert wird:

1. *unverantwortlich ist es, diese neuen Erkenntnisse zu ignorieren*
2. *es gibt keine Begründung der biblischen Schöpfungsgeschichte* [ihr ist nicht] *annähernd soviel Interesse zuzuwenden wie der Evolutionsbiologie.*

Die Komplexität dieser im Textbaustein vorliegenden Argumentation besteht darin, dass die Schülerin das normativ verwendete Vergleichsmuster durch normative Illustrationen *(Unheil, sinnlose Kriege)* nicht nur zu stützen versucht, sondern die Konklusion des Vergleiches als Ausgangspunkt für ein normatives Definitionsmuster zu nutzen versteht. Dieser Textbaustein erfährt durch die Verwendung eines weiteren Musters, eine unvollständige normative Kausalrelation, noch eine Steigerung. Mit diesem Wirkungs-Ursache-Muster (Q14) wird der erzeugte Gegensatz zwischen negativ bewertetem *Übernatürlichen* und positiv konnotierten *Tatsachen* und *Wissenschaft* zusammenfassend durch die Schülerin auf den Punkt gebracht.

Begrifflich, so ist zu beobachten, verwechselt die Schülerin Schöpfung mit dem Bestreben naturwissenschaftlicher Forschung, eine Weltentstehungserklärung zu geben. Die Argumente, welche die Schülerin verwendet, bewegen sich im fachspezifisch-theologischen Bereich, auch wenn sie sich inhaltlich aus einer externen Religionskritik speisen, die mit ethischen bzw. normativen Konnotationen verbunden sind.

3) Der sich anschließende Textbaustein 3 vollzieht einen radikalen Schnitt bzw. Rahmenwechsel. Dieser wird mit der Prämisse eingeleitet, dass wir *Allerdings [...] in einer Demokratie* leben, und es somit jedem Menschen frei steht, sich selbst für das Ausleben von *Glaubensvorstellungen* zu entscheiden. Die

Schülerin verwendet hier wieder eine Kausalrelation, die aus der Ursache *leben in einer Demokratie*, verknüpft mit dem Argument *freies Entscheidenkönnen* zu einer Konklusion führt, welche negativ formuliert, dass durch die Wissenschaft widerlegbare Tatsachen nicht *beharrlich geschützt* werden sollten. Diese deskriptive Kausalrelation, die wiederum durch deskriptiv verwendete Illustrationen *(Rituale und Glaubensvorstellung)* gestärkt wird, leitet – wie in Textbaustein 2 – über in eine normative Definition. Die Schülerin geht inhaltlich von der Widerlegung der Schöpfung durch die Wissenschaft aus und definiert damit das Nicht-Mehr-Existieren von Schöpfung.

4) Durch einen erneuten, radikalen Rahmenwechsel versucht die Schülerin, Punkte für mögliche Kompatibilitäten zwischen Religion und Wissenschaft zu benennen. Sie gesteht dem Glauben, als *Form der Selbstfindung, des Lebenssinns* eine Bedeutung zu und definiert diesen Glauben als *Stütze, Kraft* und Bewahrung davor, in Notsituationen *die Hoffnung zu verlieren.* Der Begriff »Glauben«, wird damit eindeutig theologisch bestimmt, und zwar als normative Setzung, sodass die Konklusion (1) – *Diesen Menschen hilft es nicht, dass die Welt wissenschaftlich erklärbar ist und wir alles mit Gesetzen erklären können* – auf einen möglichen Anknüpfungspunkt für eine positive Verhältnisbestimmung zwischen Wissenschaft und Religion verweist.

Indirekt wird hier über den Begriff »Glauben« eine mögliche, mit soziologischen Kategorien beschreibbare Funktion von Religion transportiert, sodass als Präsupposition die schon fast klassische Unterscheidung zu rekonstruieren ist: ›(Natur-)Wissenschaft ist für das Erklären, Religion für das Verstehen zuständig.‹[301]

Die Schülerin nimmt im Folgenden des Textbausteines 4 fast eine Gegenposition zu Textbaustein 1 ein. Die Konklusion 1 wird als Prämisse verwendet, um Wissenschaft *(diese Gesetze geben ihnen keine Kraft, sondern stehen ihnen wie riesige todsuchende Monster gegenüber)* und Religion *(Menschen in Notsituationen hoffen […], dass Gott irgendeinen Einfluss hat, dass es etwas gibt, an das sie sich halten können)* vergleichen zu können mit der Schlussfolgerung, dass an die *Herrschaft Gottes* geglaubt werden und die *Wissenschaft* [trotzdem] *akzeptiert* werden kann. Dieser Gedanke wird vergleichend von der Schülerin ausgebaut. Zum einen ist die Welt *grau und kalt* (Prämisse), die Wissenschaft erzeugt eine *leere graue Geisterwelt* (Argument), und erst *der Glaube, die Hoffnung, die Liebe erzeugen Farbe, Wärme und Leidenschaft der Welt* (Konklusion 2).

Diese Konklusion 2 wird weiter als Prämisse verwendet, um durch Illustration *(Basis ist wissenschaftlich erklärbar, Inhalt ist individuell)* und Analogie *(ver-*

301 Dass diese Unterscheidung nur unter formalen Bedingungen Geltung erreichen kann, wurde schon unter Verweis auf Wright diskutiert (vgl. von Wright ^{3}1991und Kap. 2).

suchen wir dies auf die Schöpfung zu übertragen [...] Die Welt ist aufgrund wissenschaftlicher Gesetze entstanden [...] Pflanzen, Tiere, alle Lebewesen entwickelten sich, Ökosysteme entstanden und starben aus) biologisch bzw. evolutionstheoretisch zu argumentieren. Die theologische Schlussfolgerung, welche die Schülerin daraus zieht, lautet: *Doch die Schöpfungsgeschichte der Bibel kann dieser grauen Entwicklung Leben einhauchen.* Diese dritte Konklusion eröffnet den fünften Textbaustein.

5) Die Schülerin differenziert in eine erklärende und eine sinnstiftende Ebene und verwendet im Folgenden »die andere Seite« der Analogie, indem sie theologisch zu erkennen gibt, was sie sich konkret unter Glauben/Religion vorstellt: *Erst durch den Glauben und das Übernatürliche, den Glauben daran, dass diese Entwicklungen, diese Entstehungen auch einen Sinn haben, erst dadurch können wir die Farbe in dieser Entwicklung entdecken. Erst dadurch erscheint uns das Leben nicht mehr wie ein sinnloser, naturwissenschaftlicher Vorgang, sondern wir erkennen einen Sinn in dem Geschehenen.*

Dass Menschen – um die Aussage der Analogie zu illustrieren – *Pläne, Ziele, den freien Willen* haben, macht sie eben nicht zu *biologischen Konsumenten.* Dieses Analogiemuster, welches sich über zwei Textbausteine erstreckt, kann exemplarisch sehr gut zeigen, dass es Schülerinnen und Schüler in der untersuchten Gruppe gibt, die abwägend argumentieren können und dabei biologisch und theologisch im Rahmen der vorgegebenen Fachwissenschaft verbleiben. Mit dieser Analogie wird indirekt die in Textbaustein 3 vorbereitete Kompatibilität zwischen Wissenschaft und Religion als Dialog ausgedrückt. Ob allerdings gleich von einer Dialogposition gesprochen werden sollte, ist insofern fraglich, weil der Dialog nicht expliziert wird. Viel eher ist davon auszugehen, dass die Schülerin – bewusst oder unbewusst – durch das Aufstellen von »steilen« Thesen versucht, die beiden Positionen scharf herauszuarbeiten. Dieser Gedanke wird auch durch den folgenden, letzten Textbaustein bestätigt.

6) Mit der Prämisse: *Sie sehen also, ich muss meine vorangestellte These zurücknehmen. Religion ist nicht, wie man zunächst aufgrund wissenschaftlicher Erkenntnisse zu wissen meint, Schwachsinn.* So setzt der Textbaustein 6 ein. Um zur Konklusion zu gelangen: *Und genau aus diesem Grund ist es wichtig, beide Seiten der Thematik zu kennen. Wir müssen hinterfragen und [uns] informieren, um kein unbedachtes Urteil zu fällen,* wird zum Abschluss Religion verglichen als Möglichkeit, menschlichem Leben *einen Sinn zu geben.* Der eigentliche Vergleich drückt sich aber erst in der Konklusion aus, er kann übersetzt werden mit der Formulierung *Evolution und Schöpfung* sind gleichermaßen berechtigt und können parallel betrachtet werden.

8.4.3.3.1 Interpretation des Textes

Die Schülerin hat einen dichten Text verfasst, der sich durch die steil klingende Eingangssequenz *(Religion ist Schwachsinn)* auf alle Fälle Gehör zu verschaffen versteht. Der gesamte Text umkreist aber eine Verhältnisbestimmung zwischen bzw. eine Beschreibungszuständigkeit von Naturwissenschaft und Religion. Dabei ist die Schülerin in der Lage, die fachwissenschaftlichen Positionen sauber voneinander zu trennen, ohne allerdings ins Detail zu gehen. Der biblischen Schöpfungserzählung wird zugestanden, dass sie der *grauen Entwicklung* Leben einhauchen kann; evolutionstheoretisches Fachwissen wird an keiner Stelle des Textes expliziert. Der gesamte Text – dies ist schon mehrfach beobachtet worden – bewegt sich auf einer Metaebene (vgl. in den Fallstudien Theologie den Text tn04ABio sowie andere Texte wie tn12ARu oder t05BBio).

Diese Metaebene bezieht sich auf die Naturwissenschaften als erklärbare Gesetze des Lebens und dessen Entstehung sowie auf die Religion als sinngebendes Element für das Leben. Das heißt, implizit setzt die Schülerin in Bezug auf Religion die Existenz oder (menschliches) Leben voraus und in Bezug auf Naturwissenschaften einen nicht näher definierten, aber durch Rationalität erklärbaren Entstehungszusammenhang. Deshalb ist für den gesamten Text eine Präsupposition rekonstruierbar, die sich aus faktischen Elementen zusammensetzt: ›Religion und Naturwissenschaften erfassen jeweils unterschiedliche Bereiche menschlichen Lebens, sind ausschließlich für diese Bereiche zuständig und verdienen deshalb eine wechselseitige Anerkennung.‹

Dass die Schülerin sich auf einer Metaebene bewegt, ist deutlich durch die entsprechenden Rahmenwechsel (von TB2 zu TB3; von TB3 zu TB4) erkennbar. Der erste Rahmenwechsel bezieht Demokratie als das grundlegende System ein, als Voraussetzung dafür, dass jeder Mensch die Möglichkeit hat, sich in Glaubensdingen frei zu entscheiden und zu entfalten. Der zweite Rahmenwechsel schränkt zwar die Funktion von Religion auf Notsituationen ein, allerdings kann diese Einschränkung auch als Fokussierung gelesen werden, um theologische Begriffe herausarbeiten zu können.

Wird in diesem Text »Schöpfung« nicht definiert bzw. mit einem Allgemeinplatz belegt, so trifft dies auf keinen Fall für theologisch so prägnante Begriff wie Glaube, Hoffnung, Liebe zu. Zwar werden diese Begriffe explizit nicht definiert, allerdings erhalten sie die Position, Leben im Zusammenhang mit *sinnstiftend* zu denken – die Schülerin trägt somit ein klassisches Theologumena vor. Das heißt im Umkehrschluss: Genauso steil wie die Eingangsthese *(Religion ist Schwachsinn)* ist die These, dass Naturwissenschaften auf Gesetzen basiert, die dem Menschen (in Not) als *riesige todsuchende Monster* gegenüberstehen.

An diesem Text sind zwei weitere Beobachtungen zu machen. Zum einen die Tatsache, dass die Schülerin den Impuls B bearbeitet, also in der Rolle eines Evolutionstheoretikers die Berechtigung der Evolutionstheorie angesichts der biblischen Schöpfungserzählung argumentativ vortragen soll. Der Text zeigt diese Bearbeitung auch, und zwar bis einschließlich TB3. Danach wird explizit theologisch argumentiert. Hat die Schülerin die Aufgabenstellung somit nicht verstanden? Dagegen spricht, dass sie auf der Metaebene zu einem Abwägen beider Positionen kommt, und d. h., sie nimmt als Evolutionstheoretikerin einen Perspektivenwechsel vor, verdoppelt also ihre Rolle, indem sie auch als Theologin denkt und argumentiert. Deshalb kann sie auch abschließend zu einer Konklusion kommen, die auf das Abwägen beider Seiten abzielt, damit *kein unbedachtes Urteil* gefällt wird. Aufgrund dieser Rollenverdopplung – inklusive der schon erwähnten steilen, die Naturwissenschaft verteidigenden, sie aber auch beschränkenden Thesen – hat die Schülerin die Aufgabe exzellent[302] gelöst. Eine solche Umsetzung der gestellten Aufgabe konnte auch am Fall tn04ABio Theologie notiert werden.

Das Zweite, was einer hervorhebenden Diskussion bedarf, ist die Verwendung des Analogiemusters. Analogien sind im naturwissenschaftlichen Denken nicht ungewöhnlich – gerade auch in der Biologie werden Analogien verwendet, um »Ähnlichkeiten verschiedener Organismen, die nicht auf Verwandtschaft beruhen« miteinander vergleichen zu können (Remane 1971: 228). Im vorliegenden Text besteht die Analogie bzw. das verwendete Analogiemuster aus den zwei, durch die Präsupposition vorgegeben Bereichen: Dem naturwissenschaftlichen (TB4, Z49–61) und dem religiösen (TB5, Z65–76). In der Verwendung des Analogiemusters werden Naturwissenschaft und Religion zwei verschiedenen Gegenstandsbereichen zugeordnet: rationales Gesetz = Naturwissenschaft, verhält sich zum menschlichen Leben wie eine kalte graue Welt, die aber mit Naturwissenschaft erklärt werden kann; Glaube, Hoffnung, Liebe = Religion, verhält sich zum Leben wie die Welt zu verstehen, wie Farbe gebend und Leben einhauchend. Das heißt, die Analogie umkreist abstrakt das Problem zwischen Form und Inhalt.

Analogiemuster werden nach Kienpointner (vgl. 1992: 384ff) häufig an Stellen eingesetzt, die einer zusätzlichen Stützung bedürfen – im vorliegenden Fall, um das Definitionsmuster aus TB4, Z49–41 *(individuelle Vorstellungen der Gestaltung durch Menschen)* zu unterstützen. Die verwendete Analogie dient hier als Vergleich der beiden, für die Schülerin nur scheinbar gegensätzlichen Positionen, die sie, wie gezeigt, in ein wechselseitig anerkennendes Urteil überführt.

Auch wenn bei der Schülerin der Eindruck entstehen könnte, sie setze Naturwissenschaften als deduktiv und objektiv, Religion als induktiv und subjektiv, so darf dieser Eindruck nicht darüber hinwegtäuschen, dass mit dem hier

302 Damit ist zwar eine Wertung ausgesprochen, vermieden werden soll allerdings der Gedanke, es würde sich hier um eine Kompetenzniveaustufe handeln.

besprochenen Text eine Argumentation vorliegt, die sich an grundlegenden Positionen biologischen und theologischen Denkens orientiert mit dem impliziten Ziel, sich um einen konstruktiven Dialog zu bemühen.

8.4.3.3.2 Zusammenfassung

Dieser Text einer Schülerin aus Berlin expliziert die komplexe Struktur von Argumentationen zum Thema *Schöpfung und Evolution.* Im Kern werden Kausal- und Vergleichsmuster verwendet, die in normative Definitionsmuster münden, welche durch Illustration und Analogie eine zusätzliche Stützung erfahren und erstaunlich häufig in der normativen Variante vorliegen. Inhaltlich kann die Schülerin die biologische und theologische, naturwissenschaftliche und religiöse Sichtweise pointiert so setzen, dass aufgrund der rekonstruierbaren Präsupposition das offenbar jeweilige Alleinstellungsmerkmal (erklären/verstehen) herausgeschält wird. An diesen Merkmalen wird weiterführend der inhaltliche Versuch unternommen, Möglichkeiten einer Kompatibilität zu artikulieren, die letztlich in der Norm, kein zu schnelles Urteil für das eine oder das andere zu fällen, mündet, wobei die Zuschreibung Biologie/Naturwissenschaften: *erklärt(en)* und Theologie/Geisteswissenschaften: *versteht(en)* aufgehoben werden kann. Ob dabei an das Dialogmodell nach Barbour (1990) gedacht werden muss oder ob nicht einfach ein Typ von Argumentation vorliegt, der in der Tätigkeit des Argumentierens das Abwägen der wechselseitigen Positionen einschließt, muss vorerst offenbleiben.

8.4.3.4 Schülertext aus Berlin (t12BRu)

Der letzte hier vorzustellende Fall eines Schülers aus Berlin setzt sich aus insgesamt fünf aufeinanderfolgenden Textbausteinen zusammen.

1) Ausgangspunkt der Einleitung ist die Prämisse *Alles begann mit dem Urknall.* Aus dieser Prämisse wird über die Berufung auf eine Autorität – *Dies ist durch naturwissenschaftliche Forschung bewiesen und bestätigt worden* – darauf geschlossen (Konklusion), dass auch *das Leben in unserem Universum* mit diesem Urknall begann. In diesem Autoritätsmuster (S3) inkludiert ist ein unvollständiges Ganzes-Teil-Muster (Q3), welches deshalb unvollständig ist, weil angenommen werden kann, dass das *Alles* den Begriff *Leben* subsumiert, dafür aber die eigentliche Prämisse fehlt. Beide Muster bewegen sich auf der deskriptiven Ebene. Der Schüler setzt hier ein sehr weites Verständnis von »Leben« voraus, welches die (physikalischen und chemischen) Bedingungen der Möglichkeiten zur Entstehung von Leben in diesen Begriff mit einschließt. Mit dem Autoritätsargument wird die Problemstellung des gesamten Textes ausgelotet.

Es gibt für den Schüler drei Gruppen von Menschen; die einen glauben *an Gott und seine Schöpfungsgeschichte*, die anderen *an die Evolutionstheorie* und die dritten *an Gott und die Evolutionstheorie.* Der Fokus des Fragens durch den Schüler liegt darauf, wie diese Menschen, die an beides glauben, ihre *Einstellung* vertreten.

2) Der Textbaustein 2 ist von zwei ineinander verschränkten Kausal-Relationen (Q13) geprägt. Als Ursache wird die Religiosität der Menschen, die die *Schöpfungsgeschichte der Evolutionstheorie vorziehen*, benannt sowie dass diese stark geprägt sind von *Vorstellung[en] durch die Bibel und Gott.* Das Argument ist, dass solche religiösen Vorstellungen *intensiv den Kindern durch Erziehung mitgegeben* werden, und als Wirkung konstatiert der Schüler ein fast vollständiges Ablehnen der *Evolutionstheorie* durch diese Erziehung. Der Schüler verwendet somit einen Generationszusammenhang, um diejenige Gruppe von Menschen klassifizieren zu können, die »nur« an die Schöpfung glaubt. Als Präsupposition lässt sich hier rekonstruieren: ›Der Glaube an Gott / die Schöpfung wird von Generation zu Generation übertragen/übernommen‹. Darin enthalten ist der Gedanke, dass Glaube sich nicht entwickelt, sondern weitergegeben wird, was einer unkritischen, aber auch unpersönlichen Überzeugung, aus der das Individuelle herausfällt, entsprechen würde.

3) Eine Art Überleitungssatz bildet der 3. Textbaustein. Hier wird der Fokus für den folgenden Text festgelegt, indem behauptet wird, dass es *ein paar Menschen gibt, die an beides glauben.* Der Schüler gibt hier aber auch zu erkennen, dass er keine Vorstellung davon hat, wie dieser Glaube funktionieren könnte, also der Glaube an den *Beginn des Lebens durch den Urknall und durch Gott.* Argumentiert wird in dieser Überleitung nicht, allerdings können die nächsten Textbausteine zeigen, dass auf diese doppelte »Frage nach dem Glauben« immer wieder Bezug genommen wird.

4) Ab Textbaustein 4 wird dann diese »doppelte Frage nach dem Glauben« expliziert. Der Schüler setzt als Prämisse eine Gruppe von Menschen, die sich nicht entscheiden können, welche der beiden *Theorien* richtig ist, und kommt über eine Grund-Folge-Relation *(sie glauben an beides ein bisschen)* zur ersten Konklusion, dass beide *richtig* sind. Diese Konklusion wird illustriert *(beide Theorien [sind] aus einer anderen Perspektive entstanden)* und damit als Prämisse eingesetzt, woraus sich als zweite Konklusion ergibt, dass es *verschiedene Perspektiven gibt, aus denen diese beiden verschiedenen Ansichten zur Entstehung des Lebens entstanden sind.* Die hier eingesetzten Argumentationen sind durchgängig deskriptiv benutzt. Im Ergebnis hält der Schüler fest, dass das Gemeinsame der »beiden Theorien« aus den verschiedenen Ansichten auf das Phänomen *Beginn des Lebens* erklärt werden kann.

5) Scheinbar ist sich der Schüler selbst nicht ganz sicher, denn im Textbaustein fünf werden die Gemeinsamkeiten »beider Theorien« noch einmal expliziert, indem der Begriff »Glauben« so hergeleitet wird, dass Naturwissenschaftler und religiöse Menschen glauben. Das heißt, der Schüler vergleicht

Naturwissenschaften und Religion, indem er *eine Verbindung* beider diagnostiziert und schließt daraus, dass der Glaube *naturwissenschaftlich nicht nachzuweisen*, aber auch *Gott* nicht nachzuweisen ist. In dieser Konklusion wechselt der Schüler die Ebene, denn ein Glauben an die Evolutionstheorie und an Gott, der nicht nachweisbar ist, impliziert zwar einen Glauben an Gott, aber dieser wäre ja nachweisbar, zumindest, wenn Glauben an Gott als soziologische Kategorie, aber auch als sozial-institutionell vermittelte untersucht würde.

Insofern wird dann auch das folgende Kausalmuster, welches durch eine Illustration unterstützt werden soll, aus der Perspektive des Schülers einsichtig, von einer Außenperspektive allerdings nicht. Als Prämisse (Ursache) dient die Aussage: *Der Glaube ist also schon immer da gewesen*, diese wird illustriert *(bei den Römern, bei den Ägyptern und bei vielen weiteren)* und als Konklusion wird die Wirkung beschrieben: *Er kam also mit dem Urknall und dem Beginn des Lebens.* Abgeschlossen wird diese Konklusion mit einer leichten Zurücknahme, denn die Kette Urknall-Leben wird dahingehend präzisiert, dass *durch das entstandene Leben […] sich der Glauben* entwickelte. Dass jeder selbst zu entscheiden hat, welche der »beiden Theorien« als richtig angesehen wird, ist das abschließende Statement dieses Schülertextes.

8.4.3.4.1 Interpretation des Textes

Durch den gesamten Text zieht sich als inhaltlicher Hauptstrang die Frage nach Gemeinsamkeiten zwischen Evolution und Schöpfung bzw. Naturwissenschaft und Religion. Hinter dem gesamten Text stehend kann als Präsupposition ausgemacht werden: ›Die Perspektivität der Zugangsweise zur Welt(-Entstehung) obliegt der persönlichen Einstellung bzw. Haltung des Einzelnen‹. Es handelt sich um einen existenziellen Präsuppositionstyp, weil darauf abgezielt wird, das Individuelle von Denkhaltungen argumentativ zu belegen.

Die erste inhaltliche Hinführung zur Thematik des Textes geschieht vermittelt über eine Bestimmung, wie schon im Textbaustein 2 erwähnt, des Begriffes »Leben«. Dieser wird soweit ausgebreitet, dass die Möglichkeitsbedingungen (Urknall) mit einbezogen sind. Das weite Verständnis von Leben und dessen Beginn ist aber nur sinnvoll, wenn der Begriff »Evolution« auch diese Weite erhält, und zwar allgemein als allmählich fortschreitende Entwicklung. In biologischer Perspektive ist die vom Schüler als Problem gekennzeichnete und über den Versuch einer Begründung durch eine kollektive Autorität abzusichernde Weite des Lebensbegriffes nicht haltbar, denn der Begriff »Evolution« hat hier als Bestimmung klar die stammesgeschichtliche Entwicklung vom »niederen zum höheren«[303] Lebewesen im Visier und nicht die Bedingungen der Möglichkeiten von Leben überhaupt.

303 Dieser Zusammenhang ist nicht deterministisch zu verstehen. Vgl. dazu Drieschner (2007).

Weshalb der Schüler so argumentiert, könnte mit dem Versuch einer begrifflichen Klärung zusammenhängen. Der Text legt in seiner fortführenden Struktur nämlich nahe, dass es durch dieses weite Verständnis von Evolution, welches nur indirekt mittransportiert wird, für den Schüler einsichtiger ist, von einem gemeinsamen, beiden Bereichen zugrunde liegenden Glauben (vgl. TB5, Z48–53) ausgehen bzw. die Eckpfeiler eines solchen miteinander vergleichen zu können. Das Spannungsfeld, welches hier also eröffnet wird, liegt in der vom Schüler formulierten Frage nach der Einstellung der Menschen, die an Gott und die Evolutionstheorie glauben bzw. beides vertreten können (vgl. TB1, Z11–17; Einleitung).

Nach Aufzeigen der Differenz zwischen dem Phänomenen einer naturwissenschaftlichen Forschung, die den Urknall und damit den Beginn des Lebens *bewiesen und bestätigt* hat (hier wird biologisch bzw. physikalisch argumentiert), und der kausal hergeleiteten Überzeugung, dass religiöse Menschen durch Erziehung dazu kommen, die *Evolutionstheorie fast vollständig* abzulehnen (hier liegt eine theologische bzw. pädagogische Argumentation vor), verfängt sich der Text in Allgemeinplätze, die einer fachübergreifenden Form des Argumentierens zugeordnet werden müssen. Die biologischen, aber auch die theologischen Herleitungen sind allerdings mangelhaft. Während die biologische Argumentation zu weit greift (Urknall-Leben), verkürzt die theologische Argumentation das Phänomen Glauben auf Erziehung.

Der eigentliche Bruch in diesem Schülertext ist zwischen Textbaustein 3 und Textbaustein 4 zu finden. Während Textbaustein 3 die eingangs gestellte Frage aufnimmt (es gibt ein paar Menschen, die an beides glauben) verfällt der Textbaustein 4, wie schon oft zu beobachten, der Vorstellung, Schöpfung und Evolution seinen zwei Theorien. Obwohl es der Schüler versteht, seine Definition von Leben hier einfließen zu lassen, zeigt er deutlich, dass von einem theologischen Verständnis von Schöpfung keine Rede sein kann, denn diese ist eine Ansicht *zur Entstehung des Lebens.*

Einerseits wird betont, dass es verschiedene Perspektiven gibt, aus denen heraus auch verschiedene Ansichten entstanden sind. Diese Überlegung, welche illustriert wird mit dem Fischernetz aus der Parabel des Impulstextes, hätte eigentlich erwarten lassen können, dass der Schüler nun einen »Entwurf« dieser beiden Ansichten vorlegt und abwägend argumentiert. Hingegen zeigt der Text klar die Struktur eines Missverständnisses bzw. einer Unkenntnis in Bezug auf beide fachspezifische Perspektiven, denn auch die Evolution ist eben nicht so zu fassen, wie vom Schüler vorgetragen.

Durch die Verbindung zwischen Schöpfung und Theorie (zur Entstehung des Lebens) und unter Berücksichtigung, dass der Schüler Argumentationen vorträgt, die zwar die unterschiedlichen Perspektiven hervorheben, diese Unterscheidung aber nicht argumentativ begründet wird, kann der Vergleich – nun verallgemeinert mit Religion und Naturwissenschaft (vgl. TB5, Z48–53) – auch keiner sein, der die eigentlich hervorgehobenen Differenzen wirklich aufzuheben in der Lage ist. In der Vorstellungswelt dieses Schülers »geistert« scheinbar ein Konzept, welches die deutlich präsentierte Spannung aufheben möchte, dem aber dazu die nötigen Mittel fehlen, wie beispielsweise ein begriffliches Instrumentarium, um über Aussagereichweiten von Naturwissenschaft und Religion/Evolution und Schöpfung argumentativ mit der gestellten Problematik umzugehen.

Umso mehr sich der Schüler um eine Lösung – oder Auflösung – bemüht, umso gravierender verstrickt er sich in Widersprüche. Exemplarisch soll dies noch an seiner Verwechslung der Ebenen veranschaulicht werden:

Aus Textbaustein 5 soll die folgende Konklusion noch einmal hervorgehoben werden: *Der Glaube ist zwar naturwissenschaftlich nicht nachzuweisen, genauso wie Gott, doch trotzdem gehen Naturwissenschaftler davon aus, dass es ihn gibt!!*

Diese Konklusion, gezogen aus einem Vergleich zwischen Religion und Naturwissenschaften, verdeutlicht das Dilemma, in dem der Schüler zu stehen scheint, sehr gut. Dass der Glauben und Gott naturwissenschaftlich nicht nachzuweisen sind, bedeutet beispielsweise, beide sind Annahmen (in Bezug auf die Existenz beider), beide sind kein Gegenstand naturwissenschaftlicher Forschung und können mit deren Methodik nicht erschlossen werden. Somit liegen beide außerhalb der naturwissenschaftlichen »Zuständigkeit«. Aber auf wen bezieht sich die Formulierung *dass es ihn gibt?* Vordergründig drängt sich auf: auf Gott, denn dieses Wort steht, der Satzstruktur folgend, nahe am Relativsatz, der somit das Verhältnis zwischen Gott und Naturwissenschaftlern in einer existenziellen Aussage (es gibt ihn) näher »definiert«.

Es könnte aber auch die Lesart zugelassen werden, dass Naturwissenschaftler davon ausgehen, dass es einen Glauben an Gott gibt. Auch hier wäre der Zuständigkeitsbereich der Naturwissenschaften überschritten. Als dritte Lesart ist aber auch möglich, dass es einen Glauben an die Evolution gibt, und zwar in Bezug auf die Prämisse *Was tun wir, wenn wir der Evolutionstheorie zusagen? Wir glauben daran.* Wäre ein solcher Glaube auch nicht naturwissenschaftlich nachzuweisen oder ist dieser Glaube die eigentliche Methodik naturwissenschaftlicher Forschung, und zwar dann, wenn Glauben übersetzt wird mit »für wahr halten«? Wird dieser Überlegung gefolgt, dann ist auch möglich, dass das Aufstellen von naturwissenschaftlichen Hypothesen ein solches *Für-wahr-Halten* impliziert. Mit einem theologisch konnotierten Glauben wie beispielsweise *pistis* oder *fides* hat dies aber alles nichts mehr gemein.

Weil sich der Schüler nicht bewusst zu sein scheint, in welchen Dimensionen er seine Begriffe verwendet, kommt es in Gesamtheit zu einer Argumentation, die den von ihm hergestellten Versuch eines Dialoges zwischen Naturwissenschaft und Religion/Evolution und Schöpfung letztlich zerstören. Auch wenn die hier vorgetragenen begrifflichen Differenzierungen nicht unbedingt im Horizont von 16- bis 18-jährigen Schülerinnen und Schülern liegen dürften, so zeigt doch dieser Schülertext deutlich, dass die Argumentationen sowohl in der Innenperspektive als auch in Bezug auf den fachlich-biologischen und -theologischen Zusammenhang nicht plausibel bzw. überzeugend sind.

8.4.3.4.2 Zusammenfassung

Der letzte hier vorgestellte Text kann noch einmal verdeutlichen, wie schwierig es für die untersuchten Schülerinnen und Schüler zu sein scheint, eine in sich stimmige, ihre Haltungen und Überzeugungen abbildende Argumentation vorzutragen. Auch wenn notiert werden kann, dass der Schüler die Anstrengung unternimmt, Fragen aufzuwerfen, Perspektivenwechsel zu vollziehen und Lösungsvorschläge zu unterbreiten, darf dies nicht darüber hinwegtäuschen, dass eine begriffliche Inkonsistenz besteht, die sich letztendlich in der hier besprochenen Argumentation niederschlägt. In Besonderheit kann darauf verwiesen werden, dass ausgehend von einem weiten Lebensverständnis bzw. unter Einschluss der Bedingungen der Möglichkeit der Entstehung von Leben Schöpfung und Evolution als zwei mögliche Theorie gedacht werden, die miteinander über ein Glauben an … zu vermitteln sind. Es ist dies ein weiterer Nachweis, dass die untersuchten Schülerinnen und Schüler gerade den Begriff »Schöpfung« in der Regel nicht in ein theologisches Bezugssystem einbinden können, was u. a. daran gezeigt werden kann, dass für die untersuchte Schülerschaft »Schöpfung« die Entstehung des biologischen Lebens beschreibt, wie auch in den Texten tn01ABio oder tn05ABio zu sehen.

8.4.4 Zusammenfassung der Fallstudien *Biologie*

Aufgabe der Schülerinnen und Schüler, die den Impuls B zu bearbeiten hatten, war es, in die Rolle eines Evolutionstheoretikers zu schlüpfen und aus dieser heraus die Berechtigung der Evolutionstheorie argumentativ vorzutragen. Werden die Feinanalysen zusammengefasst, dann ergeben sich auch für die biologisch konnotierten Texte genau benennbare Problemstellungen bzw. Fragehorizonte. Dabei können die vier Kategorien, welche in den theologischen Texten inkludiert waren, auch für die biologischen festgehalten werden:

1. der Begriff Wahrheit,
2. die Reichweite naturwissenschaftlicher Forschung,
3. die Aussagekraft evolutionstheoretischer und schöpfungstheologischer Aussagen,
4. die Frage nach der Dialogfähigkeit beider Positionen,

darüber hinaus ist eine weitere Kategorie als Kernproblem zu notieren:
5. der Begriff *Glauben.*

Die Schülerinnen und Schüler, die von einem biologischen Standpunkt aus argumentieren sollten – dies fällt in allen analysierten Texten auf – zeigen viel eher das Bestreben, Theologie und Biologie, Religion und Naturwissenschaft, Schöpfung und Evolution in einen Dialog zu bringen, der sich stellenweise zu zwanghaften Harmonisierungsversuchen auswächst (z. B. T04BRu). Die entscheidende Frage aller hier vorgestellten Texte ist die, ob und wie *die Schöpfungsgeschichte mit der Evolutionstheorie* vereinbar ist (T04BRu, TB1, Z10–18) oder (t12BRu, TB1, Z11–17; TB3, Z32–34) – als inhaltlicher Hauptstrang – die Frage nach Gemeinsamkeiten zwischen Evolution und Schöpfung bzw. Naturwissenschaft und Religion. Erstaunlich häufiger argumentieren die Schülerinnen und Schüler mit den normativen Varianten der einzelnen Muster. So kann beobachtet werden, dass – gestützt durch Illustrationen – normativ angelegte Definitionen (z. B. tn10BRu), ein normatives Vergleichen oder das Autoritätsmuster (t12BRu) verwendet wird.

zu 1. Die Problematik von Wahrheit schwingt in den Texten der Schülerinnen und Schüler mit, ohne dass sie so expliziert wird, wie dies in den theologischen Texten zu finden ist. Freilich ist die benannte Kernfrage der vier Texte – die nach der Vereinbarkeit von Schöpfung und Evolution – eine Frage, die das Thema *Wahrheit/wahr sein* mit aufwirft. Im Fokus steht dieser Begriff allerdings nicht, er wird in den existenziellen Präsuppositionen mittransportiert, wie beispielsweise an Tn03BRu zu sehen ist. Die Frage nach Wahrheit oder Wahrsein, so eine weitere Beobachtung, wird in auffälliger Weise in diesen Texten an einen Glaubensbegriff gebunden, der darauf abzielt, menschliches Leben als *wahrhaftig* zu klassifizieren, wenn sich dieses durch einen Glauben an Gott/an die Schöpfung auszuzeichnen weiß. Zum Begriff »Glauben« und der differenzierten Beschreibung der Feinanalysen sei vorerst auf den Punkt fünf dieser Zusammenfassung verwiesen.

zu 2. Diese inhaltliche Kategorie (Reichweite naturwissenschaftlicher Forschung) lässt sich in den Texten gut belegen. Dabei beschreibt eine mögliche Formulierung im Text von Tn03BRu (TB1, Z20–30): *Schöpfung ist einfach, Evolution logisch* eine Kernaussage des Verständnisses naturwissenschaftlicher Forschung. Andererseits ist zu beobachten, dass die Schülerinnen und Schüler durchaus zu Verwechslungen neigen. Im gleichen Text (TB3, Z34–38) findet sich die Vorstellung, die in der angestrengten Argumentation – dem Zeigen des bzw. Diskutieren über das Logische(n) – für die evolutionstheoretische Beschreibung hinreichend ist, allerdings Gott als jemand eingeführt, der *vielleicht doch die Fäden in der Hand* hält. Hier wird eindeutig ein »Lückenbüßerkonzept« angesprochen, was bedeutet, dass die naturwissenschaftliche Denkweise (vgl. Kattmann 2009) nicht durchdrungen ist.

Deutlich bemerkbar sind bei den Bestrebungen, ein Konkurrenzverhalten zwischen Schöpfung und Evolution zu vermeiden, dass naturwissenschaftliche Konzepte mit metaphysischen Vorstellungen verknüpft werden und religiöse Konzepte an eine materielle Vorstellung von Schöpfungsaussagen rückgebunden bleiben. Diese Verquickung – als Versuch, eine Lösung anzustreben bzw. eine solche präsentieren zu können – ist ein immer wieder zu beobachtendes Phänomen in Argumentationen der untersuchten Schülerinnen und Schüler. Auffällig wird dies vor allem bei der Verwendung von Vergleichsmustern, wobei hier eine Auffassung zutage tritt, die ähnlich den theologischen Texten, den Begriff *Glauben* in doppelter Form, aber kaum in christlich-religiöser Hinsicht verwendet.

Als Beispiel sei hier noch einmal eine Zusammenfassung aus dem Text Tn03BRu angegeben:

- *Schöpfung* in der Bibel ist durch Gott gegeben; Schöpfung ist in sieben Tagen entstanden und deshalb einfach.
- *Evolution* dauert mehrere Tausend Jahre und zeigt eine stetige Höherentwicklung des Lebens an; sie ist deshalb logischer als Schöpfung und somit auch einfacher zu glauben.

Es sind aber auch Texte im gesamten Material, die viel differenzierter vorgehen und eindeutig darauf verweisen, dass es Schülerinnen und Schüler gibt, die sehr wohl die Reichweite naturwissenschaftlicher Forschung kennen, benennen und argumentativ einsetzen können. In den vier hier vorgestellten biologischen Texten kann mit dem Text tn10BRu gezeigt werden, dass unter Verwendung des Begriffes *Sinn* sowohl ein religiöser Zugang (Glaube, Liebe, Hoffnung), aber auch ein naturwissenschaftlicher Zugang (Gesetze erklären die Welt) aufeinander bezogen werden, ohne dass es zu unzulässigen Überschneidungen kommt.

zu 3. Aufgrund der Beobachtung, dass naturwissenschaftliche Denkweisen mit einem persönlichen Schöpfergott/Schöpfungsverständnis in Bezug gesetzt werden, ergibt sich auch deutlich ein Schwanken bei der Kategorie *Aussagekraft evolutionstheoretischer und schöpfungstheologischer Aussagen.* Die Schülerinnen und Schüler zeigen hier – wie auch in den theologischen Texten – keine eindeutig vorgenommene Abgrenzung zwischen Schöpfungserzählungen (T04BRu, Z10–18), Schöpfungsberichten (T04BRu, Z43–49) und einer Schöpfungstheorie (T04BRu, Z43–49). Das heißt, die untersuchten Schülerinnen und Schüler setzen auch in der Bearbeitung des Impulses B Schöpfung und Natur ineinander bzw. verstehen unter Schöpfung die materielle Natur, also einen Gegenstand naturwissenschaftlicher Beschreibung.

Viel eher als die »theologischen Texte« zeigten die »biologischen« Texte allerdings, zumindest implizit, den Gedanken einer natürlichen Theologie. So haftet dem Bestreben nach einer Auflösung des von allen untersuchten Schülerinnen und Schülern gesehenen Konfliktes zwischen Schöpfung und Evolution die Problematik an, dass sie die Reichweite schöpfungstheologischer Aussagen nicht einschätzen können, weil Schöpfung als Theorie verstanden und damit auf die Ebene von Tatsachen gehoben ist. Aus dieser Bereichszuweisung werden von den Schülerinnen und Schülern in Bezug auf die Entstehung und Entwicklung des Universums, einschließlich der Tiere und Menschen, Ableitungen vorgetragen, die theologisch nicht zutreffend sind.

Welchen Sinn z. B. der rhythmisch aufgebaute »6-Tage-Zyklus« in der Schöpfungserzählung von Gen 1 oder Adam und Eva in Gen 2 haben könnten, wird nicht diskutiert, viel eher steht im Vordergrund, welche der beiden Positionen leichter zu glauben ist.

zu 4. Wie schon mehrfach angedeutet, umkreisen die biologisch konnotierten Texte eine dialogische Verhältnisbestimmung zwischen Schöpfung und Evolution. Gerade hier bewegen sich die Texte auf einer Metaebene, denn es werden keine direkten fachwissenschaftlichen Argumente ausgetauscht, sondern durch ein Vergleichen, durch Grund-Folge-, aber auch Ursache-Wirkungs-Relationen und durch Illustrationen Perspektivenwechsel vorgenommen.

Begrifflich gehen die Schülerinnen und Schüler dabei von Selektion, einer stetigen Höherentwicklung oder von rational erkennbaren Gesetzmäßigkeiten als von nicht immer sachgemäßen evolutionstheoretischen Grundpositionen aus.[304] Von einem gesicherten biologischen Fachwissen kann nur teilweise gesprochen werden. So verweist beispielsweise der Text T04BRu (TB2, Z36–39) auf eine biologisch richtige Aussage (P): *Tiere und auch Menschen entwickeln sich also,* (A): *weil sie bestimmte Fähigkeiten, zum Beispiel der aufrechte Gang und die Nutzung von Werkzeugen, oder physische Gegebenheiten, zum Beispiel der längere Hals unserer zweiten Giraffe, haben,* (K): *wodurch sie sich einen Vorteil gegenüber anderen Artgenossen verschaffen und somit überleben.* Geschlussfolgert wird allerdings daraus, dass Gott für die Entstehung des Himmels und der Erde, Darwin für die Erläuterung der unterschiedlichen Arten von Lebewesen zuständig ist (vgl. TB4).

Es können aber auch häufig Mischungen aus Alltagsvorstellungen und persönlichen Einschätzungen beobachtet werden, wie beispielsweise im Text Tn03BRu (TB2, Z20–30), in dem zu lesen ist: *wohingegen die Welt aus evolutionstheoretischer Sicht in mehreren Tausend Jahren entstand und dort vorerst keine Menschen lebten. Auf der wissenschaftlich betrachteten Seite fing alles mit*

304 Darwin, darauf verweist Kattmann (2009: 359), hat sich beispielsweise wiederholt »gegen eine Wertung der Evolution als zwangsläufiger Höherentwicklung« gewandt.

einem Bakterium im Wasser an, woraus sich dann zufällig ein Lebewesen entwickelte. Langsam, über Tausende Jahre hinweg, entwickelte sich über die Affen ein Mensch.

Deutlich differenziertere Aussagen zum Dialog lassen sich allerdings ebenfalls identifizieren, wie dies das Textbeispiel tn10BRu zeigt. Der Eingangsthese – *Religion ist Schwachsinn* – wird im Laufe der Argumentation die These gegenübergestellt, dass Naturwissenschaften auf Gesetzen basieren, die dem Menschen (in Not) als *riesige todsuchende Monster* gegenüberstehen. Damit wird von der Schülerin ein (radikaler) Perspektivenwechsel vollzogen, der zugleich zu einer Verdopplung der Rolle führt, denn es wird hier zuerst aus der Rolle einer Evolutionstheoretikerin heraus argumentiert, anschließend als Theologin gedacht und argumentiert und abschließend auf das Abwägen beider Seiten abgezielt, damit *kein unbedachtes Urteil* gefällt wird. Gerade in diesem Text, so kann notiert werden, greift das Analogiemuster als geeignetes, um diesen vorgetragenen Perspektivenwechsel inhaltlich auch vollziehen und nachvollziehen zu können.

Dialog, so gedacht, meint dann konkret: In der Verwendung des Analogiemusters werden Naturwissenschaft und Religion zwei verschiedenen Gegenstandsbereichen zugeordnet: Rationales Gesetz = Naturwissenschaft: verhält sich zum menschlichen Leben wie eine kalte graue Welt, die aber erklärt werden kann; Glaube, Hoffnung, Liebe = Religion: verhält sich zum Leben wie die Welt zu verstehen, Farbe gebend, Leben einhauchend. Das heißt, die Analogie umkreist abstrakt das Problem zwischen Form und Inhalt.

Diesem Versuch eines Dialoges stehen andere Texte gegenüber, die eher auf Harmonisierungszwängen aufbauen, womit eigentlich nicht von einem Dialog gesprochen werden kann. Durch Fehlinterpretation der Aussagereichweite schöpfungstheologischer Aussagen *(Wenn wir uns also auf die Schöpfung des Himmels und der Erde, welche von Gott ausgeht, beziehen, so ist sie mit der darwinistischen Evolutionstheorie vereinbar*; T04BRu, TB4, Z53–62), durch das Ausweiten eines Lebensbegriffes auf die Bedingungen der Möglichkeiten der Entstehung und Entwicklung von Leben *(Das heißt, mit dem Urknall begann das Leben in unserem Universum*; t12BRu, TB1, Z11–17) und durch eine doppelte und undifferenzierte Verwendung des Begriffes *Glauben* kommt es zur Verwechslung der Gegenstandsbereiche evolutionstheoretischer und theologischer Forschung.

Daraus resultieren fast zwanghafte Versuche (z.B. Tn03BRu), beide Perspektiven harmonisieren zu wollen. Das heißt, die Kategorie *Dialogfähigkeit beider Positionen* kann in diesen Texten erfasst werden, allerdings nur, wenn eine Lese- bzw. Verstehensbereitschaft vorliegt, Schöpfung *als* Theorie (T04BRu), Gott *als* Lückenbüßer (Tn03BRu) oder Gott die Schöpfung des Himmels und der Erde, die Entwicklung der Lebewesen der Evolutionstheorie zuzuschreiben (T04BRu). In der Endkonsequenz ist dies allerdings keine profunde Basis für einen wechselseitig sich anerkennenden Dialog.

zu 5. Wie im ersten Punkt dieser Zusammenfassung schon angedeutet, ist es erstaunlich, dass sich die Schülerinnen und Schüler, die biologisch konnotierte Texte verfassten, sehr intensiv mit dem Thema/Begriff *Glauben* beschäftigen. Es entsteht der Eindruck, dass über diesen Begriff, über das jeweilige persönliche Verständnis von Glauben, die Auseinandersetzung mit dem Thema Schöpfung und Evolution aus der Perspektive eines Evolutionstheoretikers geführt wird.

Alle Texte der Fallstudie Biologie zeigen entweder eine gläubige Einstellung, wie beispielsweise in Tn03BRu (TB1, Z10–14): *Ich selbst bin gläubig, doch trotzdem habe ich durch meine Forschungsarbeit auch die Sicht auf andere Perspektiven erhalten*, oder es wird davon ausgegangen, dass es Menschen gibt, *die trotz dieser Erkenntnis [der Evolution] […] eher an Gott und seine Schöpfungsgeschichte als an die Evolutionstheorie glauben […] Gibt es Menschen, die an Gott und die Evolutionstheorie glauben?* (t12BRu, TB1, Z11–17), bzw. dass der Glaube an Gott bzw. die Schöpfung schließlich *in erster Linie dazu [dient], sich ein Bild von Gott, dem Vater, dem Allmächtigen, dem Schöpfer des Himmels und der Erde, zu machen* und dieses Bild identifiziert wird als *Beginn des christlichen Glaubensbekenntnisses, welches zu jedem Gottesdienst genutzt wird, um sich in der Kirche zu Gott zu bekennen* (T04BRu, TB4, Z53–62).

Auf einer Metaebene diskutiert der Text von tn10BRu den Glaubensbegriff und klassifiziert diesen als eine *Form der Selbstfindung, des Lebenssinns […] als Stütze, Kraft* und Bewahrung davor, in Notsituationen *die Hoffnung zu verlieren* (tn10BRu, TB5, Z49–61).

Es ergibt sich aus dieser Vielfalt der Verwendung des Begriffs *Glauben* eine zweifache Einschätzung:

1. Glauben wird in der doppelten Form des Meinens und Für-wahr-Haltens verwendet und trifft deshalb auch auf die Erkenntnisse der Evolutionstheorie zu: Was tun wir, wenn wir der Evolutionstheorie zusagen? Wir glauben daran. Wir glauben, dass etwas Naturwissenschaftliches richtig ist (t12BRu, TB5, Z48–53).
2. Glauben ist ein persönlicher Zugang zur Erfassung eines Lebenssinns, der mit einem Gott rechnet, und deshalb gilt: Wir können an die Herrschaft Gottes glauben und die Wissenschaft akzeptieren (tn10BRu, TB5, Z49–61).

Für Punkt eins und Punkt zwei sind dabei normative Grund-Folge-Relationen oder normativ vergleichende Strukturen in der Argumentation zu beobachten. Daraus kann abgeleitet werden, dass der Glaubensbegriff – ob allgemein gehalten oder eher im religiösen Sinn verstanden – als eine Norm verstanden wird, die entweder auf einer personalen Ursache aufsitzt oder sich eines Vergleiches bedient, der einen selbstständigen Zugang zu den Phänomenen rechtfertigen kann.

Lassen sich aus dieser Zusammenfassung Konsequenzen ziehen, welche die religionspädagogischen, in Kap. 8.4.2 benannten, ergänzen können? Zumindest im Hinblick auf das Thema *Schöpfung und Evolution* für den gymnasialen Oberstufenunterricht sei das Folgende notiert:

Aus der Perspektive eines biologischen Laien (und Laien in der Fachdidaktik Biologie) kann festgehalten werden, dass die Kenntnisse zum Thema Evolutionstheorie, welche die untersuchten Schülerinnen und Schüler argumentativ verwenden, nicht unbedingt einem wissenschaftspropädeutisch angelegten Biologieunterricht entsprechen dürften. Es wäre hier für den Biologieunterricht, aber auch für den Religionsunterricht sehr hilfreich, sich mit fachdidaktischen Ansätzen, wie dem Ansatz von Kattmann (2007, 2009, 2010), vertrauter zu machen.

Kattmann arbeitet mit einer didaktischen Reduktion, die davon ausgeht, dass es eine Spannung gibt zwischen »wissenschaftlichen Konzepten [, die] weitestgehend aus dem alltäglichen Kontext gelöst und unabhängig von diesen Zusammenhängen formuliert werden. Auf der Seite der Lernenden begegnen die wissenschaftlichen Vorstellungen jedoch den jeweils eigenen persönlichen Vorstellungen, die durch die Erfahrung in der Lebenswelt gebildet worden sind« (Van Dijk, E. M./Kattmann 2010: 28). Die Beschreibung dieser Spannung ist nicht originell, wohl aber zeigt sie ein Grunddilemma auf: Schülerinnen und Schüler gehen beispielsweise davon aus (vgl. Kattmann 2009: 34, 67), dass der Mensch vom Affen abstammt oder dass es einen Zuwachs an Vererbungsmaterial gibt, weshalb dann irgendwann einmal der Mensch entstand. Ebenso gehen Schülerinnen und Schüler davon aus, dass Schöpfung – wie mehrfach gezeigt – ein Bericht über sechs Tage zur Welt- und Lebensentstehung ist.

Solche Alltagsvorstellungen möchte Kattmann, der in seinen biologisch-fachdidaktischen Überlegungen prinzipiell nach dem Thema Schöpfung (mit-)fragt, ersetzt wissen durch die Trias Schülervorstellung (Ausgangspunkt), fachliche Klärung (Irritation), didaktische Strukturierung (Zuwachs an Neuem) (vgl. Kattmann 2009: 353).

8.4.5 Zusammenfassung der Fallstudien: Ergebnisse zur Forschungsfrage drei

Als Ziel der Fallanalysen wurde das Aufzeigen von möglichen Verbindungen zwischen Inhalt (Schöpfung und Evolution) und Form (Argumentationsmuster) anvisiert. Die in den ausgewählten Schülerargumentationen gefundenen inhaltlichen Verwendungen von Argumentationsmustern sind nun abschließend zu diskutieren, um die dritte Teilfrage einer Antwort zuführen zu können, aber auch, um Fragehorizonte herauszuarbeiten, die eine Einschätzung des gesamten Materials (Grobstruktur, 9. Ablaufschritt nach Mayring) kategorial präsentieren.

Es lassen sich in beiden Fallstudien vier gemeinsame Kategorien ausfindig machen, die den inhaltlichen Kern der Argumentation der untersuchten Schülerinnen und Schüler der gymnasialen Oberstufe bestimmen:

1. die Frage nach Wahrheit,
2. die Frage nach der Reichweite naturwissenschaftlicher Forschung,
3. die Frage nach der Aussagekraft schöpfungstheologischer und evolutionstheoretischer Aussagen,
4. die Frage nach der Dialogfähigkeit beider Positionen.

Für die Fallstudien Biologie kann zusätzlich noch eine weitere Kategorie identifiziert werden:

5. Die Frage nach der Bedeutung/Verwendung des Begriffes »Glauben«.

Diese insgesamt fünf Kategorien als inhaltliche Kernbereiche auszuweisen, ist nicht nur durch die von den Schülerinnen und Schülern verwendeten Argumentationsmuster möglich, sondern auch durch die in den Texten rekonstruierbaren existenziellen, faktischen und kontrafaktischen Präsuppositionen[305], die in Tabelle 10, Kap. 8, zusammengefasst dargestellt werden.

Tabelle 10, Kap. 8: Aus den Schülertexten der Fallstudien rekonstruierte Präsuppositionen

Tn24ARu	**T25ARu**	**tn04ABio**	**T14ARu**
*Naturwissenschaftliche Forschung ist nur in Anerkennung ihrer Grenzen möglich. *Hinter der Welt steht eine schaffende Intelligenz. *Das eigene Leben ist dieser schaffenden Intelligenz zu verdanken.	*Es bedarf keiner Rechtfertigung von Schöpfung angesichts der Evolutionstheorie, jedenfalls nicht von religiöser Seite aus.	*Religionen haben die Aufgabe, die großen Lebensfragen zu beantworten und stehen damit nicht im Widerspruch zur Evolution.	*Weltentstehungsgedanken sind prinzipiell Theorien.

305 Vgl. zu den Präsuppositionstypen Meibauer ^{2}2008: 46f.

((Fortsetzung))

T04BRu	Tn03BRu	tn10BRu	t12BRu
*Es gibt einen Schöpfergott, der die Welt und das Universum geschaffen hat; die Entwicklung des Lebens folgt aber den Regeln der Evolutionstheorie.	*Man kann nicht ausschließen, dass Gott für die Entwicklung der Schöpfung verantwortlich ist. *Eine logische Erklärung ist leichter zu glauben.	*Religion und Naturwissenschaften erfassen jeweils unterschiedliche Bereiche menschlichen Lebens, sind ausschließlich für diese Bereiche zuständig und verdienen deshalb eine wechselseitige Anerkennung.	*Die Perspektivität der Zugangsweise zur Welt – (Entstehung) obliegt der persönlichen Einstellung bzw. Haltung des Einzelnen.

Weil, wie im Kapitel 2 beschrieben, Präsuppositionen dasjenige anzeigen, was sprachlich mittransportiert wird, und weil davon ausgegangen wird, dass eine Argumentation auf ein Fragliches reagiert, ist es berechtigt, die hier insgesamt fünf vorgestellten Kategorien als inhaltliche Kernbereiche (Fragebereiche, das Fragliche) anzusehen, welche sich aus dem Horizont gymnasialer Oberstufenschülerinnen und Oberstufenschüler ableiten lassen, wenn diese zum Thema Schöpfung und Evolution argumentieren.

Was lässt sich abschließend allgemein festhalten und was kann in Bezug auf die formale und inhaltliche Verwendung zusammenfassend zu diesen einzelnen Kategorien gesagt werden?

Allgemein ist zu notieren, dass Schülerinnen und Schüler der gymnasialen Oberstufe zum Thema *Schöpfung und Evolution* argumentieren. Die aufgrund eines Impulses vorgetragenen Argumentationen verdeutlichen – wie exemplarisch in den Fallstudien gezeigt – ein unterschiedliches Niveau, wobei Rückschlüsse auf Niveaustufen – dies ist dem qualitativen methodischen Zugang geschuldet – nicht bzw. nur hypothetisch gezogen werden können.[306] Dennoch sind die gewonnenen und ausgewerteten Daten ausreichend, um Antworten auf die gestellte Forschungsteilfrage 3 (Lässt sich ein Zusammenhang zwischen Musterverwendung und Inhalt – Schöpfung und Evolution – bei den untersuchten Schülerinnen und Schüler der gymnasialen Oberstufe feststellen?) zu ermöglichen.

Den in der Typologie (vgl. Kap. 8.2) formal zusammengestellten Mustern können in den Fallbeispielen Inhalte zugeordnet werden bzw. die Schülerinnen und Schüler zeigen die Musterverwendung an bestimmten Inhalten. Als eine kurze Wiederholung der dort gefundenen Ergebnisse zur Beantwortung der Forschungsteilfragen 1 und 2 ist noch einmal zu notieren:

306 Eine weiterführende Forschung könnte quantitativ vorgehen und über die Erarbeitung, Pretestung und Pilotierung eines Testinstrumentes empirisch erhärtete Niveaustufen finden.

1) In Zusammenfassung der Großklasse I wird festgestellt, dass schlussregelbenutzende Argumentationsmuster differenziert in fachspezifische und fachübergreifende Muster identifiziert werden können. Dabei ergibt sich, dass die Definition, der Vergleich und die Kausal-Relation (Ursache-Wirkung) sowohl fachspezifisch als auch fachübergreifend Verwendung finden, die Kausal-Relation Grund-Folge nur fachspezifisch-theologisch, aber auch fachübergreifend.

2) Die Großklasse II ist mit einer Kategorie/Subklasse in der Kienpointner'schen Typologie ausgewiesen: dem induktiven Beispielmuster (R1). Dieses kann in den Argumentationen der Schülerinnen und Schüler ausgemacht werden. R1 ist ein fachspezifisch-theologisches, ein fachspezifisch-biologisches und ein fachübergreifendes Muster, zumindest in der deskriptiven Verwendung. In der normativen Variante lässt es sich als fachspezifisch-theologisches und als fachspezifisch-theologisches oder fachspezifisch-biologisches Muster notieren. Schülerinnen und Schüler – dies kann zumindest für die untersuchte Gruppe ausgesagt werden – erschließen sich durch das Anführen von Beispielen den Übergang von einer Prämisse zu einer Konklusion, d. h., sie etablieren eine Schlussregel, indem sie diese mit mindestens einem Beispiel belegen und dadurch meistens Definitionen, Vergleiche oder Kausalrelationen unterstützen.

3) Zwei der drei Kategorien/Subklassen der Großklasse III, also Argumentationsmuster, die die Schlussregel weder benutzen noch etablieren, können bei den Schülerinnen und Schülern fachspezifisch und fachübergreifend identifiziert werden: Das illustrative Beispielmuster S1 und das Analogiemuster S2. Tendenziell ist auch das Autoritätsmuster S3 zu finden, und zwar als fachspezifisch-theologisches und als fachspezifisch-biologisches. Als fachübergreifendes Muster wird S3 nur im theologischen Kontext verwendet.

Das illustrierende Beispiel ist dabei (wie auch das induktive Beispielmuster R1) ein Muster, welches eingesetzt wird, um schlussregelbenutzende Muster zu flankieren. Die Illustration wird verstärkend für eine Definition, einen Vergleich, aber auch bei den Kausal-Relationen verwendet.

4) In Bezug auf die fachspezifische Verwendung ist zu notieren, dass es fachspezifisch-theologische, fachspezifisch-biologische Muster und fachspezifisch-theologische Muster gibt. Das heißt für die beiden Fächer: Schülerinnen und Schüler verwenden Muster im Modus »sowohl ... als auch«, im Modus »oder« (ausschließend) und im Modus »nur«. Eine Musterverwendung mit dem Modus »nur« konnte für den fachspezifisch-biologischen Kontext nicht nachgewiesen werden. Fachübergreifend verwenden die Schülerinnen und Schülern den Modus »sowohl ... als auch« sowie den Modus »nur«, wobei sich dieser letztere Modus jeweils für das perspektivisch-theologische und das perspektivisch-biologische fachübergreifende Argumentieren zeigt.

Aber an welche Inhalte binden Schülerinnen und Schüler diese Muster bzw.

wie verwenden sie die Muster, um inhaltlich zu argumentieren? Dazu lässt sich das Folgende zusammenfassend festhalten:

Das Definitionsmuster (Q1) wird von den Schülerinnen und Schülern benutzt, um Begriffe wie Wahrheit, Leben, Glauben, Religion, aber auch Evolution zu definieren. Auffällig ist, dass der Begriff Schöpfung, trotzt gegenteiliger Belegstellen, wie in tn04ABio gezeigt (Schöpfung ist ein zentraler christlicher Glaubensinhalt), durch die Schülerschaft eher eine solche Verwendung findet, die sich aus alltäglichen bis fundamentalistisch geprägten Vorstellungen speist.

Definiert wird, wie auch vorher angenommen, nicht im wissenschaftlich strengen Sinn, sondern eher unter der Frage nach der Verwendungsmöglichkeit für den konkreten Inhalt. So wird beispielsweise im Text tn04ABio Religion definiert *als Möglichkeit*, sich mit anderen über *Ängste und Gedanken auszutauschen*, als *Versuche sich die menschliche Existenz zu erklären.*

Weil sich Schülerinnen und Schüler aber offenbar unsicher ob der ›Richtigkeit‹ ihrer Definitionen sind, stützen sie diese durch die parallele Verwendung von induktiven oder illustrativen Beispielmustern (R1 und S1), d. h., sie illustrieren ihre Definitionen bzw. erschließen diese induktiv.

Definitionen liegen auch häufig den Vergleichsmustern zugrunde, mitunter kann aus den Vergleichen die Definition erschlossen werden, d. h., die Schülerinnen und Schüler tragen auch implizite Definitionen vor, indem sie Schöpfung und Evolution miteinander vergleichen, wie exemplarisch gezeigt in Tn24ARU: Im Zentrum dieser Argumentation, die letztlich auf eine persönlich Glaubenshaltung abzielt, steht die Frage nach dem Verhältnis von *Wahrheit* und *Zufall.* Die Schülerin definiert beide Begriffe nicht, vergleicht sie aber indirekt miteinander und kommt zu dem Schluss: *da kann ich nicht daran glauben, dass das alles »Zufallsprodukte« sind.*

Kategorial betrachtet könnte das Fehlen von Definitionen in Bezug auf Schöpfung auch daran liegen, dass die untersuchten Schülerinnen und Schüler mit (mindestens) zwei Wahrheitskonzepten operieren, in deren Zusammenhang Schöpfung als Bericht und/oder als Theorie (Tatsachenebene) verstanden wird (beispielsweise t14ARu oder t12BRu). Dieses Verständnis von Schöpfung (auch in Bezug auf Wahrheitskonzepte) hat Auswirkungen auf die anderen drei gemeinsamen inhaltlichen Kategorien, aber auch darauf, dass der Begriff »Glauben« im doppelten Sinn – *die Naturwissenschaftler glauben auch nur* (z. B. T12BRu) – immer wieder identifizierbar ist.

Im Kern geht es aber nicht um den Begriff »Wahrheit«, sondern um die Frage nach Wahrheit. Die untersuchten Schülerinnen und Schüler stellten dieses Thema immer wieder auf den Prüfstand, u. a. dadurch, dass sie sich ihrer Definitionen – wie schon erwähnt – durch ein Vergleichen von Schöpfung und Evolution, Naturwissenschaft und Religion, Beweisen und Aufweisen (Zeigen) vergewissern. Kategorial werden diese Vergleiche – und das lässt sich auch für die identifizierten Gegensatzmuster feststellen – an die *Frage nach der Reichweite naturwissenschaftlicher Forschung,* aber auch an *die Frage nach der Aussagekraft schöpfungstheologischer und evolutionstheoretischer Aussagen* angebunden. Dabei trauen die Schülerinnen und Schüler naturwissenschaftlicher Forschung im Durchschnitt weniger zu, als vielleicht zu vermuten wäre.

Es kann identifiziert werden, dass naturwissenschaftliche Forschungsmethoden einschließlich der daraus resultierenden Ergebnisse in einer Breite betrachtet werden, die von Ablehnung bis zur positiven Beurteilung reicht, währenddessen Schöpfung eine Ablehnung nur erfährt, um rhetorisch geschickt, beide Positionen als berechtigt herauszustellen (vgl. tn10BRu). Zum einen werden naturwissenschaftliche Forschungsergebnisse auf einen kleinen rationalen Bereich eingeschränkt gesehen (so T25ARu), zum anderen als Gesetze, die die materielle Welt rational erklären können (t10BRu). Diese Breite der Einschätzung von naturwissenschaftlicher Forschung hat durchaus eine enorme Bedeutung für ein Argumentieren zum Inhalt Schöpfung und Evolution. Die Schülerinnen und Schüler zeigen einerseits – auch hier sind Ausnahmen wie beispielsweise T04BRu zu beoachten – geringe bzw. aus Alltagsvorstellungen entspringende Kenntnisse evolutionstheoretischer Positionen. Am prägnantesten ist dabei wohl die Vorstellung, dass der Mensch vom Affen abstammt (Tn03BRu) oder dass es eine stetige Höherentwicklung vom Bakterium zum Menschen gibt (ebd.).

Mit diesen biologischen Inhalten werden dann Vergleiche an- oder Gegensätze aufgestellt, welche Bereichszuweisungen vornehmen, die zu unhaltbaren Harmonisierungsversuchen (Zwang zu harmonisieren) verleiten, so beispielsweise t12BRu oder wie in T04BRu zu rekonstruieren ist: Es gibt einen Schöpfergott, der die Welt / das Universum geschaffen hat, die Entwicklung des Lebens folgt aber den Regeln der Evolutionstheorie.

Der Hintergrund dieser Vergleiche/Gegensätze ist konzeptionell durchaus im Vorliegen von zwei Wahrheitskonzepten zu sehen, wodurch sich die inhaltlichen Kategorien 1 bis 3 ergänzen und ein wechselseitiges Erschließen der Argumentationen auf inhaltlicher Ebene ermöglichen. Dass diese Vergleiche/Gegensätze in der Regel formal als Muster vollständig durchgeführt, inhaltlich allerdings »hinken«, ist nicht nur mit der doppelten Wahrheitskonzeption bzw. der Frage danach zu erklären, sondern auch mit dem immer wieder beobachtbaren Gleichsetzen von Schöpfung und Natur. Die untersuchten Schülerinnen und Schüler trennen die Position Erzählung/Poesie »Am Anfang…« und Bericht/Forschung über die Entwicklung von Leben nicht und kommen dadurch in Erklärungszwänge, die argumentativ nicht mehr aufzulösen sind.

Andererseits ist zu notieren, dass die Vergleichsmuster (wie auch die Gegensatzmuster) auch dafür verwendet werden, um Zuständigkeiten abzugrenzen und würdigen zu können. Die Texte tn10BRu und tn4ABio vergleichen

Evolutionstheorie (allgemeiner: Naturwissenschaft) und Theologie (allgemeiner: Religion) dadurch, dass sie über das Formulieren von Gegensätzen zur wechselseitigen Anerkennung naturwissenschaftlicher Weltperspektiven (die Welt ist durch rationale Gesetze erklärbar; Biologen geben sich nicht mit Erklärungen der Bibel zufrieden) und religiöser Weltperspektiven (Religion und Schöpfung hauchen der Welt Leben ein; mit Taufe und Konfirmation entscheidet man sich weder für noch gegen Evolutionstheorie) kommen. Aufgrund dieser inhaltlichen Verwendung von Vergleichsmustern/Gegensatzmustern sind ein Teil der Schülerinnen und Schüler durchaus in der Lage, die Reichweite und Funktion schöpfungstheologischer und evolutionstheoretischer Aussagen ab- bzw. einschätzen zu können.

Für diese Einschätzung – dies war immer wieder zu beobachten – bewegen sich die untersuchten Texte auf einer Metaebene, die einzelne fachwissenschaftliche Positionen nicht diskutiert, sondern Reichweite und Funktion von Evolution und Schöpfung in ein Verhältnis setzt, welches die Trennung beider hervorhebt, um anschließend einen möglichen Dialog aufzuzeigen (tn4ABio), der sich des Mittels der Fiktion bedient oder zu einem abwägenden Urteil gelangt (tn10BRu), welches beide Positionen kennen muss, um nicht in einer Vorurteilsstruktur stecken zu bleiben.

Diese Texte vergleichen/stellen den Gegensatz auf einerseits zwischen Entstehung und Entwicklung der physikalischen, chemischen oder biologischen Welt sowie deren (materiellen Lebens-)Prozessen und andererseits Sinn- bzw. Lebensverständnisfragen, die das Leben als biologisches voraussetzen. Mit diesen Vergleichen wird u. a. das theologische Thema »der Mensch als Geschöpf im Angesicht des Schöpfers« umschrieben, aber auch die Frage nach der wechselseitigen Anerkennung der verschiedenen Weltzugangsmodi. Allerdings, dies darf nicht verschwiegen werden, haben die meisten der untersuchten Schülerinnen und Schüler wenige bis gar keine Argumente über das *Wie* eines solches Dialoges hervorgebracht.

Im Zusammenhang mit Vergleichs- und Gegensatzmustern ist noch abschließend festzuhalten, dass theologische Positionen von den Schülerinnen und Schülern eigentlich durchgängig an einen, oft ganz persönlich verfassten Glauben angebunden werden, der auf eine persönliche Auseinandersetzung mit Religion, Theologie, aber auch Spiritualität schließen lässt. Es kann somit notiert werden, dass die Aussagekraft der Naturwissenschaften auf einer rationalen Ebene angesiedelt wird, in deren Kern für die Schülerinnen und Schüler das *Beweisen*-Müssen bzw. -Können steht. Theologische Positionen hingegen basieren auf einem *Überzeugtsein*, welches als Spannweite von einem wörtlichen Bibelverständnis bis hin zur Einsicht, dass biblische Texte interpretiert werden müssen. reicht.

Kausalrelationen werden von den Schülerinnen und Schülern in beiden fachspezifischen aber auch in fachübergreifenden Zusammenhängen verwendet. Für die Ursache-Wirkungs-Relationen können ebenfalls theologische Verwendungen notiert werden. Zum Beispiel verwendet der Text t12BRu als Ursache eine Form von Religiosität, die die *Schöpfungsgeschichte der Evolutionstheorie* vorzieht und stark geprägt ist von *Vorstellung[en] durch die Bibel und Gott.* Das Argument beschreibt, dass diese religiösen Vorstellungen (sic!) *intensiv den Kindern durch Erziehung mitgegeben* werden, und als Wirkung wird ein fast vollständiges Ablehnen der *Evolutionstheorie* durch diese Erziehung konstatiert.

Theologische Ursache-Wirkungen werden inhaltlich bei der Gewinnung historischer, sozialer oder kreationistischer Positionen für Religion/Kirche als soziologische oder soziale Kategorie benutzt, allerdings nicht in Bezug auf Gott oder den persönlichen Glauben. Dafür ist inhaltlich eher das Grund-Folge-Muster zu verzeichnen, welches theoretisch vom Ursache-Wirkungs-Muster durch den personalen Bezugspunkt differenziert wird. So beispielsweise in Text Tn03BRu, in dem behauptet wird, dass Gott *seine Fäden doch ein bisschen gezogen hat*, dies allerdings *unbemerkt* blieb, sodass *alles so seinen Gang geht, wie es auch passiert ist.* Solche Argumentationen, die theologisch nicht korrekt sind, werden durch eine Illustration unterstützt, welches die Frage nach dem »Warum« *(diese Bakterien damals aus dem Meer überhaupt überlebten, dass es das Meer überhaupt schon gegeben hat)* aufnimmt, um, wie häufig zu beobachten, den Zufall ausschließen zu können.

Ein weiteres Beispiel für theologisch konnotierte Grund-Folge-Muster ist in der Auseinandersetzung mit dem Begriff »Glauben« (biologische Fallstudien) zu sehen, denn hier wird die »doppelte Frage nach dem Glauben« expliziert, z. B. im Text von t12BRu, in dem als Prämisse eine Gruppe von Menschen angenommen wird, die sich nicht entscheiden können, welche der beiden *Theorien* richtig ist, und über eine Grund-Folge-Relation *(sie glauben an beides ein bisschen)* zu einer ersten Konklusion kommen, dass beide *richtig* (Theorien!) sind. Diese Konklusion wird illustriert *(beide Theorien [sind] aus einer anderen Perspektive entstanden)* und damit als Prämisse eingesetzt, woraus sich als zweite Konklusion ergibt, dass es *verschiedene Perspektiven gibt, aus denen diese beiden verschiedenen Ansichten zur Entstehung des Lebens entstanden sind.*

In solchen Argumentationen werden Grund-Folge-Relationen verwendet, um die Perspektivität (inhaltliche Kategorie 2 und 3) belegen zu können, auch wenn dieses Muster, wie schon an vielen anderen Beispielen vermerkt, davon ausgeht, dass Schöpfung eine Theorie ist.

Biologisch lassen sich Ursache-Wirkungs-Relationen ausmachen, wenn beispielsweise in Text T04BRu Vorteile durch die Anpassung von Lebewesen beschrieben werden: *Tiere und auch Menschen entwickeln* sich (P); sie haben dann *bestimmte Fähigkeiten* (A) und können sich anderen Artgenossen gegenüber *einen Vorteil* (K) verschaffen, womit das eigene Überleben gesichert wird. Aber auch hier wird die Argumentation flankiert durch eine Illustration mit den Beispielen *der aufrechte Gang und die Nutzung von Werkzeugen oder physische Gegebenheiten.*

Abschließend ist zu notieren, dass die Schülerinnen und Schüler fachspezifische (aber auch fachübergreifende, z.B. Tn24ARu, TB2, Z11–17) Kausalrelationen verwenden, um *die Frage nach der Reichweite naturwissenschaftlicher Forschung* und *die Frage nach der Aussagekraft schöpfungstheologischer und evolutionstheoretischer Aussagen* beantworten zu können. Damit unterscheiden sich die Kausal-Relationen inhaltlich von den Einordnungs-, Vergleichs-, und Gegensatzmustern sowie von den induktiven und illustrativen Beispielmustern.

Zwar werden diese letzteren Muster ebenfalls für die beiden benannten inhaltlichen Kategorien von den Schülerinnen und Schülern verwendet, allerdings nehmen die Einordnungs-, Vergleichs-, Gegensatz-, induktive und illustrative Beispielmuster immer die Frage nach Wahrheitskonzepten (explizit oder implizit) auf, was bei den Kausal-Relationen nicht zu beobachten ist. Dasselbe lässt sich (mit Ausnahme von Q1) auch für die Kategorie *Dialogfähigkeit beider Positionen* aussagen. Auch hier verwenden die Schülerinnen und Schüler keine Kausal-Relationen.

Es wurde schon mehrfach hervorgehoben, dass Inhalte, die den Schülerinnen und Schülern eher fraglich erscheinen bzw. wofür sie offenbar auf keine festen Wissensbestände zurückgreifen können, in der Regel induktiv erschlossen oder illustriert werden. Das heißt, die beiden Beispielmuster (R1 aus GK II und S1 aus GK III) eignen sich aus der Sicht der Schülerinnen und Schüler am besten (darauf verweist auch der häufige Gebrauch vor allem von S1), um entweder andere Muster zu stützen oder die vorgetragene Argumentation überhaupt von einer Prämisse in eine Konklusion überführen zu können. Diese Induktionen und Illustrationen betreffen in erster Linie die inhaltlichen Kernbereiche *Reichweite naturwissenschaftlicher Forschung* und *Aussagekraft schöpfungstheologischer und naturwissenschaftlicher Aussagen*, werden aber auch für *die Frage nach Wahrheit* und im Zusammenhang mit der *Dialogfähigkeit beider Positionen* eingesetzt.

Zum Abschluss dieser Zusammenfassung soll noch auf das Analogiemuster (S2) eingegangen werden. Hier kann eine Anbindung an die inhaltlichen Kategorien 2–4 ausgemacht werden. Der Text tn10BRu geht beispielsweise von zwei Konklusionen aus, wobei die erste illustriert wird *(Basis ist wissenschaftlich erklärbar, Inhalt ist individuell)*, um mittels Analogieargument *(versuchen wir dies auf die Schöpfung zu übertragen […] Die Welt ist aufgrund wissenschaftlicher Gesetze entstanden […] Pflanzen, Tiere, alle Lebewesen entwickelten sich, Ökosysteme entstanden und starben aus)* biologisch bzw. evolutionstheoretisch zu argumentieren. Die theologische Schlussfolgerung, als »andere Seite« der Analogie, ist in der Prämisse *die Schöpfungsgeschichte der Bibel kann dieser grauen Entwicklung Leben einhauchen* verankert und führt zur Konklusion, dass erst *durch den Glauben und das Übernatürliche, den Glauben daran, dass diese Entwicklungen, diese Entstehungen auch einen Sinn haben, erst dadurch können wir die Farbe in dieser Entwicklung entdecken. Erst dadurch erscheint uns das Leben nicht mehr wie ein sinnloser, naturwissenschaftlicher Vorgang, sondern wir erkennen einen Sinn in dem Geschehenen.* Diese Aussage wird ebenfalls illustriert: Menschen haben *Pläne, Ziele, den freien Willen* und sind nicht als *biologische Konsumenten* zu betrachten.

Dieses Beispiel eines Analogiemuster zeigt exemplarisch sehr gut, dass es Schülerinnen und Schüler in der untersuchten Gruppe gibt, die abwägend argumentieren können, dabei biologisch und theologisch im Rahmen der vorgegebenen Fachwissenschaft verbleiben und einen Dialog über eine Analogie vorbereiten können – im Kern wird hier das Analogiemuster für die inhaltlichen Kategorien *Reichweite naturwissenschaftlicher Forschung* und *Aussagekraft schöpfungstheologischer und naturwissenschaftlicher Aussagen* verwendet und implizit eine Dialogmöglichkeit vorgetragen, weil eine solche nur möglich ist, wenn die unterschiedlichen Positionen bekannt sind, was in der von der Schülerin gezogenen Schlussfolgerung *(Und genau aus diesem Grund ist es wichtig, beide Seiten der Thematik zu kennen. Wir müssen hinterfragen und [uns] informieren, um kein unbedachtes Urteil zu fällen)* zum Ausdruck kommt.

Für die beiden inhaltlichen Kategorien (2 und 3) steht auch die Verwendung des folgenden Analogiemusters aus dem Text (T04BRu), der als zweite Konklusion die Schöpfung *der Tiere und der Menschen […] als Opium fürs Volk* bestimmt, womit der Schüler argumentierend eine Analogie aufbaut, die in der Person von Karl Marx auch das Element eines Autoritätsmusters[307] enthält.

Analogien werden, so lässt sich festhalten, nicht für die Frage nach Wahrheit, wohl aber für die anderen drei inhaltlichen Kategorien verwendet. Damit sind sie in der inhaltlichen Verwendung identisch mit Kausal-Relationen, auch wenn sie formal ganz anders aufgebaut sind.

Mit diesen Ausführungen kann die Frage nach einem Zusammenhang zwischen Musterverwendung und Inhalt (Forschungsteilfrage 3) als beantwortet angesehen werden, weil die hier vorgeführte Grobstrukturierung eine Einschätzung des gesamten Materials ermöglicht. Tabelle 11 und 12, Kap. 8, geben einen Überblick.

307 Dass das Autoritätsmuster hier nicht eigens bedacht wird, hängt damit zusammen, dass es, wie schon in Kap. 7.3.2.3.3 erwähnt, nur selten zu identifizieren war.

Tabelle 11, Kap. 8: Inhaltliche Kategorien aus den Feinanalysen der Fallstudien

Kategorie 1	Kategorie 2	Kategorie 3	Kategorie 4	Kategorie 5 (nur Impuls B)
Frage nach Wahrheit	Frage nach der Reichweite naturwissenschaftlicher Forschung	Frage nach der Aussagekraft schöpfungstheologischer und evolutionstheoretischer Aussagen	Frage nach der Dialogfähigkeit beider Positionen	Frage nach der Bedeutung/Verwendung des Begriffes »Glauben«

Tabelle 12, Kap. 8: Grobstruktur des gesamten Materials bezogen auf den Zusammenhang Muster und Inhalt

Kategorie 1	Kategorie 2	Kategorie 3	Kategorie 4	Kategorie 5 (nur Impuls B)
Q1	Q1	Q1		Q1
Q4–6	Q4–6	Q4–6	Q4–6	Q4–6
Q9–10	Q9–10	Q9–10	Q9–10	Q9–10
	Q13–16	Q13–16		
R1	R1	R1	R1	R1
S1	S1	S1	S1	S1
	S2	S2	S2	

Schülerinnen und Schüler – zumindest kann dies für die untersuchte Population nachgewiesen werden – argumentieren zum Thema *Schöpfung und Evolution* unter Verwendung bestimmter inhaltlicher Kernbereiche und bestimmter Argumentationsmuster. Übertragen auf jugendtheologische Forschungsansätze kann berechtigt von einer Theologie *von* bzw. einem Theologisieren *von* Jugendlichen ausgegangen werden (vgl. Kap. 9).

8.5 Abschließende Reflexionen

Es wurde in diesem Kapitel gezeigt, dass alle drei Forschungsteilfragen – die nach der formalen fachspezifischen und fachübergreifenden Verwendung und die nach einem Zusammenhang zwischen Musterverwendung und Inhalt – einer umfassenden Antwort zugeführt werden können.

Die Typologie in Kap. 8.2 hat zeigen können, dass die Schülerinnen und Schüler unter Verwendung von Einordnungs-, Vergleichs-, Gegensatz- und Kausalmustern, mit induktiven und illustrierenden Beispielmustern sowie mit dem Analogiemuster argumentieren. Die Verknüpfung zwischen Muster und

Inhalt hat die einzelnen Subklassen noch einmal in Bezug auf ihre Verwendung differenziert.

Die Auswertung der erhobenen Daten kann somit Ergebnisse zutage fördern, die belegen, inwiefern die untersuchten Schülerinnen und Schüler die gestellte, durchaus komplexe Aufgabe lösen.

Im Hinblick auf jugendtheologische Überlegungen (Theologie *mit* und *für* bzw. Theologisieren *mit* und *für* Jugendliche(n), vgl. Kap. 9) sind drei Punkte gesondert zu notieren:

1) Auch wenn Schülerinnen und Schüler argumentieren, so zeigen doch gerade die Fallstudien, wie schwierig es zu sein scheint, eine in sich stimmige, die einzelnen Haltungen und Überzeugungen abbildende Argumentation vorzutragen. Es kann zwar notiert werden, dass die Schülerinnen und Schüler im Durchschnitt die Anstrengung unternehmen, Fragen aufzuwerfen, Perspektivenwechsel zu vollziehen und Lösungsvorschläge zu unterbreiten. Dies darf aber nicht darüber hinwegtäuschen, dass eine begriffliche Inkonsistenz besteht, die sich letztendlich in den meisten hier besprochenen Argumentationen niederschlägt.

In Besonderheit kann darauf verwiesen werden, dass Schöpfung und Evolution als zwei mögliche Theorien gedacht werden und dass die untersuchten Schülerinnen und Schüler gerade den Begriff *Schöpfung* nicht in ein theologisches Bezugssystem einbinden können, was u. a. daran gezeigt wird, dass für die untersuchte Schülerschaft *Schöpfung* die Entstehung des biologischen Lebens beschreibt. Ein solches Schöpfungsverständnis ist theologisch nicht haltbar, weil es Schöpfung auf der Ebene einer Tatsache versteht. Gerade die von der Schülerschaft immer wieder angesprochene Frage nach Wahrheit ist ein Hinweis darauf, dass sich 16- bis 18-jährige Jugendliche in einem Zwiespalt zu befinden scheinen, der die Differenz zwischen schöpfungstheologischen und evolutionstheoretischen Aussagen nicht trägt oder nicht auszuhalten in der Lage ist.

Religionspädagogisch müsste sich – gerade im Sinne einer Kommunikations- bzw. einer religiösen Sprachfähigkeit, aber auch der Fähigkeit, einen Perspektivenwechsel vollziehen zu können – stärker, und das heißt forschend und konzeptionell mit dem Argument / dem Argumentieren auseinandergesetzt werden. Solche Konzepte könnten dann nicht, wie dies Grümme (2006) unternimmt, nur auf Gesprächsmethoden abheben, sondern müssten über den Weg einer Klärung theologischer Begriffe ein Argumentieren einüben. Einen konzeptionellen Vorschlag unterbreitet Altmeyer (2013), indem er religiöse Diskursfähigkeit dem Argumentierenlernen zuordnet. Zu fragen ist bei dieser Zuordnung allerdings, von welchem Diskursbegriff ausgegangen wird. Schließlich gibt es innerreligiöse, medial vermittelte, religionskritische usw. Diskurse. Effizienter wäre es, erst einmal nur auf ein argumentierendes Reden abzuheben.

2) Der hier angegebene Zwiespalt, es wurde schon darauf verwiesen, könnte

einen Grund darin haben, dass unterrichtlich Schöpfung und Natur (Bewahrung der Schöpfung), wenn nicht identisch, so doch ähnlich gesetzt werden. Dies ist als ein fataler Fehler zu markieren, denn gerade dadurch können Einflüsse vonseiten des Kreationismus, aber auch ein szientistischer Glaube Einzug in schulischen Unterricht halten: Der Kreationismus, indem sich das Konzept »Gott der Lückenbüßer« breitmachen kann; der Szientismus, indem Schöpfung als trivial und damit (naturwissenschaftlich) als unhaltbar beschrieben und von dieser Seite abgelehnt werden kann. Damit kann die Vermutung von Rothgangel (1999) bestätigt werden, der die begriffliche Verwirrung von Schülerinnen und Schülern auch darin begründet sieht, dass häufig genug der Begriff *Schöpfungsbericht* auftaucht (vgl. z. B. Gennerich 2013: 81).

Das heißt aber in Bezug auf die Behandlung der evolutionstheoretischen Perspektive: Im Religionsunterricht sollten Überlegungen angestellt werden, welche die Ebene der kosmologischen Vorstellungen (vgl. dazu Dressler 2009: 399) eher in den Hintergrund schieben, weil diese Implikationen Schülerinnen und Schüler offenbar dazu veranlassen, Schöpfung und Evolution auf einer Ebene – der von Tatsachen – zu verhandeln, womit ein nicht lösbarer Widerspruch vorprogrammiert ist. Viel sinnvoller ist es, die Differenz beider Positionen aufrechtzuerhalten, denn dadurch kann die Perspektivität naturwissenschaftlicher und geisteswissenschaftlicher Forschung deutlicher herausgearbeitet werden.

Die vorliegende Arbeit kann aus methodischen, aber auch inhaltlichen Zugängen heraus keine Aussagen machen, wie das Thema *Schöpfung und Evolution* im konkreten Unterricht be- und verhandelt wird. Auf diese Frage wird nicht fokussiert. Gerade eine solche Forschung wäre allerdings wichtig, um zu einem Denken zu kommen, welches beispielsweise Fetz/Reich und Valentin (2001) als komplementäres Denken bezeichnen oder welches in die Verhältnismodelle nach Barbour (1990) eingeordnet werden könnte. Ein Beispiel für eine Studie zum komplementären Denken in der Oberstufe stellen Dieterich und Imkampe vor (vgl. 2013: 132 ff). Eine nötige Voraussetzung dazu wäre, dass Schülerinnen und Schüler im unterrichtlichen Geschehen *Schöpfung* theologisch bearbeiten.

3) Argumentieren lernt man eben nicht »weitgehend implizit oder ›nebenher‹ mit dem Sprechenlernen und wendet es auch ohne Kenntnis meistens korrekt an« (Martens 2003: 117), sondern es bedarf, dies sollten die einzelnen Analysen gezeigt haben, auch einer methodischen Einübung in die Verwendung von Argumenten bzw. Argumentationsfiguren. Dies dürfte – so die hier vertretene Annahme – allerdings nicht nur die Schülerschaft betreffen, sondern auch Lehrkräfte des evangelischen Religionsunterrichts.

Vor dem Hintergrund dessen, was die Schülerinnen und Schüler zum Argumentieren gezeigt haben, erhebt sich somit eine zweite religionspädagogische Forschungsaufgabe, die sich aus bisheriger Unkenntnis ableiten lässt. Es gibt –

zumindest in der überschaubaren Forschungsliteratur – keine religionspädagogischen Ansätze, die der Frage nachgehen, ob und wie Lehrkräfte dieses Unterrichtsfaches methodisch in der Lage sind, auf die im Unterrichtsgeschehen vorgebrachten Argumente von Schülerinnen und Schüler angemessen zu reagieren. Die Feststellung, dass Religion ein »Laberfach« sein könnte (Dressler 1998: 79; so auch Spaeth 2012: 159) sowie die hier vorliegenden Ergebnisse führen zur Vermutung, dass Lehrkräfte »alles«, was Schülerinnen und Schüler im Unterricht äußern, zulassen. Dabei geht es vordergründig nicht um eine Norm, wohl aber um fachwissenschaftlich redliche und argumentationstheoretisch »saubere« Argumentationen. Die so häufig eingeforderte Dialogfähigkeit zwischen den einzelnen Disziplinen dürfte erst dann möglich sein, wenn vonseiten der Lehrkräfte Schülerinnen und Schüler dazu angeregt werden, ihre eigenen Aussagen zu überprüfen. Eine Möglichkeit wäre es, gemeinsam mit Lehrkräften Unterrichtseinheiten zu entwickeln, die das Einüben und Reflektieren von Argumentationen methodisch und inhaltlich so verknüpfen, dass von einer Förderung dieser Fähigkeit gesprochen werden könnte.[308]

Auch die bewusst von Lehrkräften eingeführte Unterscheidung zwischen Verwendungs- und Orientierungswissen (vgl. in den Fallstudien Theologie den Text T25ARu) könnte ein hilfreicher Ausgangspunkt sein, um das Thema *Schöpfung und Evolution*[309] mit der Lebenswelt der Schülerinnen und Schüler zu konfrontieren.

Letztendlich kann es nicht um ein *besseres* oder *schlechteres, moderneres* oder *antiquierteres, logischeres* oder *unlogischeres* Bild von Welt gehen, sondern darum, Schülerinnen und Schüler darin zu fördern, dass sie aus sich selbst heraus ein mündiges und eigenverantwortliches Urteil in Bezug auf die unterschiedlichen Zugänge zu dieser einen Welt fällen können.

Diese kritischen Anmerkungen können hier nicht weiter verfolgt werden, denn dazu bedürfte es eigener und für das Unterrichtsfach *Evangelische Religion* sicherlich lohnender Studien. Die Ergebnisse der Untersuchung liefern allerdings Hinweise für eine weitere Bearbeitung und Erforschung der Jugendtheologie – des »neuen religionsdidaktischen Programms« (Dieterich 2012: 9). Darauf wird Kapitel 9 fokussieren. Beschlossen werden soll dieses 8. Kapitel mit Überlegungen zu den aufgestellten Hypothesen (vgl. Kapitel 4.4):

Erste Hypothese: Aufgrund der Ergebnisse aus der Pilotstudie wird davon ausgegangen, dass sich in Texten gymnasialer Oberstufenschülerinnen und Oberstufenschüler Argumentationsmuster identifizieren lassen.

308 Wie schwierig solch ein Unterricht zu gestalten ist, konnte in einer Beobachtungsstunde festgestellt werden. Vgl. Weiß (2013b).

309 Thematisch betrachtet könnten alle Themen des Unterrichts zur Förderung einer Argumentationsfähigkeit mit einem konkreten Einüben in das Argumentieren verbunden werden.

Diese Hypothese kann eindeutig bestätigt werden. Positiv und wiederholend formuliert: Bei den untersuchten Schülerinnen und Schülern werden Argumentationsmuster aus allen drei Großklassen der Kienpointner'scher Typologie identifiziert.

Zweite Hypothese: Es wird unterstellt, dass bestimmte Muster in den Texten der Schülerinnen und Schüler nicht oder nur marginal, andere Muster hingegen in den meisten Texten zu identifizieren sind.

Auch diese Hypothese lässt sich bestätigen, denn die Muster Q7, Q8, Q11, Q12, Q17 und Q18 lassen sich in den Texten gar nicht, die Muster Q2, Q3, Q9, Q10, S3 nur marginal nachweisen. Hingegen können beide Formen des Beispielmusters (R1 und S1), das Definitionsmuster (Q1), die Vergleichsmuster (Q4-Q6), die Gegensatzmuster (Q9–10), unterschiedliche Formen von Kausalrelationen (Q13-Q16) sowie das Analogiemuster (S2) aus den Texten herausgeschält und entsprechend präsentiert werden.

Dritte Hypothese: Die von Schülerinnen und Schülern aus einer theologischen/religiösen Perspektive heraus verfassten Texte zeigen eine deutlich höhere Verwendung von normativen Argumentationsmustern als die Texte, welche aus der biologischen/evolutionstheoretischen Perspektive heraus verfasst werden.

Dieser Hypothese kann nicht zugestimmt werden bzw. sie muss durch eine Umformulierung eine Ergänzung finden. Allgemein, so wird gezeigt, argumentieren die untersuchten Schülerinnen und Schüler eher deskriptiv als normativ. Die Umformulierung in eine neue Hypothese könnte so lauten: Schülerinnen und Schüler argumentieren, fachunabhängig, eher deskriptiv als normativ.

Vierte Hypothese: Schülerinnen und Schüler der gymnasialen Oberstufe neigen im Fach Biologie eher dazu, die Erkenntnisse zum Gegenstand *Evolution* als gegeben und nicht hinterfragbar anzunehmen, während sie im Fach Religion eher dazu neigen, die Erkenntnisse zum Gegenstand *Schöpfung* explizit auf der Ebene einer persönlichen (Glaubens-) Überzeugung zu transportieren. Beide Zugangsweisen werden fachwissenschaftlichen, aber auch wissenschaftstheoretischen Ansprüchen nicht gerecht.

Auch diese Hypothese kann nur teilweise bestätigt werden, denn, wie die Texte aus dem Impuls B zeigen, hinterfragen Schülerinnen und Schüler sehr wohl Theoreme der Evolutionstheorie und sind (im Impuls A) durchaus in der Lage, Schöpfung »neutral« zu betrachten. Insofern ist auch hier eine Neuformulierung der Hypothese nötig: Schülerinnen und Schüler neigen dazu, unterrichtliche Gegenstände weniger als *ihre* Gegenstände zu begreifen, woraus sich eine persönliche, aber auch eine fachwissenschaftliche Distanz ableiten lässt.

Alle vier Hypothese zeigen an, dass mit der vorliegenden Studie ein Feld eröffnet wird, welches zumindest vonseiten der Religionspädagogik eine umfangreiche und differenzierte Forschung notwendig macht, wenn der theoretisch formulierte Anspruch – religiös sprachfähig zu sein – unterrichtlich eingelöst werden soll.

IV. Hauptteil: Jugendtheologische Konsequenzen

9. Kapitel: Religionspädagogische Überlegungen zur Jugendtheologie

Das achte Kapitel zielte auf die Beantwortung der gestellten Forschungsfrage ab. Mit der empirisch ausgewiesenen Typologie zur Verwendung fachspezifischer und fachübergreifender Argumentationsmuster durch gymnasiale Oberstufenschülerinnen und -schüler konnten die Teilfragen eins und zwei, mit den exemplarischen Fallstudien und deren Interpretation die Teilfrage drei einer Antwort zugeführt werden.

Die einzelnen Fallstudien ermöglichen Einblicke in Denkweisen der untersuchten Schülerinnen und Schüler, wenn diese zum Thema *Schöpfung und Evolution* schriftlich argumentieren. Wird nur auf den Inhalt geblickt (zusammengefasste Kategorien wie Wahrheitsproblematik, Reichweite naturwissenschaftlicher Aussagen usw.), kann auch von Denkmustern (vgl. Dieterich/Imkampe 2013) gesprochen werden. Im Zusammenhang von Form und Inhalt ist von Denkmustern auszugehen, welche über die sprachliche Form *Argumentieren* transportiert werden.

Die Ergebnisse ließen die Schlussfolgerung zu, dass die von Schülerinnen und Schülern zum Thema *Schöpfung* und *Evolution* vorgebrachten Argumente bzw. die Verwendung von Argumentationsmustern im Zusammenhang mit bestimmten Inhalten als *jugendtheologische* Äußerungen gelesen werden können. Gerade in den Fallstudien lässt sich über die Beantwortung der *Wie*-Frage eine Theologie / ein Theologisieren *von* Jugendlichen ablesen. Weil die schriftlich verfassten argumentativen Reden der Schülerinnen und Schüler in der Auswertung einer Reflexion/Interpretation unterzogen wurden, ist zugleich ein möglicher Ansatz einer Theologie *für* Jugendliche demonstriert, zumindest dann, wenn der These von Dieterich (2013: 39) gefolgt wird, die von der Konfrontation zwischen den Aussagen der Jugendlichen und unterschiedlichen Fremdpositionen ausgeht.[310] Nur demonstriert ist der Ansatz *Theologie für Jugendliche*, weil er im Folgenden nicht weiter verfolgt wird.

310 Wie noch zu zeigen sein wird, konzipiert Dieterich sein religionsdidaktisches Programm Theologisieren *mit* Jugendlichen für einen Religionsunterricht der Sekundarstufe I und II.

Vor dem Hintergrund der empirischen Erhebung, Auswertung und Ergebnispräsentation sowie den in Kapitel 8.4.5 vorgetragenen kritischen Anmerkungen und vorweggenommenen Vorschlägen für eine weiterführende Forschung, werden – darauf fokussiert diese die Studie abschließende neunte Kapitel – prinzipielle Überlegungen zur Jugendtheologie, dem »neuen religionsdidaktischen Programm[s]« (Dieterich 2012: 9) vorgetragen. Das heißt, in diesem Kapitel kommt es zu einem konzeptionellen Weiterdenken dieses Programms mit der Fokussierung auf eine Theologie *von* Jugendlichen / ein Theologisieren *von* Jugendlichen. Dadurch erfährt die vorliegende Studie eine religionspädagogische Einordnung.

Das gesamte Kapitel ist dreigliedrig aufgebaut. Zu Beginn (9.1) werden zwei programmatisch formulierte Ansätze zur Jugendtheologie (Schlag/Schweitzer 2011, 2012; Dieterich 2007, 2012, 2013) kurz umrissen und diskutiert. Gemeinsamkeiten beider Ansätze sind beispielsweise an der Subjektorientierung (Schülerorientierung / Orientierung am Jugendlichen) auszumachen, Unterschiede entzünden sich an der Frage, ob von einer *Theologie* oder vom *Theologisieren* gesprochen werden soll. Mit einer Zusammenfassung wird die Vorstellung programmatischer Ansätze zur Jugendtheologie abgeschlossen.

Der zweite Abschnitt (9.2) fokussiert auf zwei diskussions- bzw. kritikwürdige Punkte der programmatischen Ansätze (Matrix nach Schlag/Schweitzer; Theologie oder Theologisieren?) und verbindet diese Kritik mit den Ergebnissen vorliegender Studie. Ziel dieses Abschnittes ist es, konkrete, begrifflich klärende Vorschläge zur Jugendtheologie unter Berücksichtigung argumentationstheoretischer Annahmen zu unterbreiten. Auch hier beschließt eine Zusammenfassung den Abschnitt.

Weil sich die vorliegende Studie als ein Beitrag zur Jugendtheologie versteht, die mit empirischer Methodik Erkenntnisse über »das theologische Denken von Jugendlichen, also ihr eigenständiges Nachdenken über Fragen von Religion und Glauben« (Dieterich 2013: 36) gewonnen hat, finden in einem dritten Punkt (9.3) die schon skizzierten Vorschläge für weitere Forschungsaufgaben (vgl. Kap. 8.4.5) eine Ergänzung bzw. Konkretisierung. Mit diesem zusammenfassenden Ausblick wird die gesamte Studie abgeschlossen.

Dies ist in der vorliegenden Studie nicht der Fall. Es wird nur erhoben, wie Schülerinnen und Schüler argumentieren. Wenn die in den Kapiteln 8.4.2, 8.4.4 und 8.4.5 durchgeführten Reflexionen/Interpretationen hier als Theologie *für* Jugendliche ausgelegt werden, dann ist dies nur in der Hinsicht möglich, dass problematisiert wird, mit welchen inhaltlichen Stärken und Schwächen Lehrkräfte rechnen müssen, wenn sie mit Schülerinnen und Schülern Unterricht zum Thema *Schöpfung* und *Evolution* gestalten.

9.1 Prinzipielle Überlegungen zur Programmatik *Jugendtheologie*

9.1.1 Der programmatische Ansatz von Schlag und Schweitzer

Die programmatisch geschriebene Publikation von Schlag und Schweitzer (2011) fokussiert auf die Frage: Brauchen Jugendliche Theologie?[311] Aus dieser, schon in Bezug auf die Subjekte nicht einfachen Frage, ergeben sich eine ganze Reihe anderer Fragen, wie beispielsweise: Was ist Theologie? Unter welchen Voraussetzungen lässt sich Theologie betreiben? Von welcher Theologie wird gesprochen, wenn von Theologie gesprochen wird? – um nur einige Problemfelder zu benennen.

Die gestellte Frage gibt einen Hinweis darauf, dass Theologie und Jugend zusammengedacht werden können bzw. sollten, was »bislang nur selten Beachtung gefunden hat« (Schlag/Schweitzer 2011: 23). Prinzipiell verweist Schweitzer schon 2005 darauf, dass die Kindertheologie zu einer Jugendtheologie zu erweitern sei, und benennt anhand religionsdidaktischer Ansätze exemplarische Herausforderungen (z. B. für den thematisch-problemorientierten Religionsunterricht; den hermeneutischen Religionsunterricht; den Elementarisierungsansatz usw.: vgl. Schweitzer 2005: 51f), wenn »Jugendliche als Theologen« verstanden werden und Jugendtheologie »didaktisch anschlussfähig« sein soll (ebd.). Daraus zieht Schweitzer die Schlussfolgerung, dass »das Verständnis von Jugendlichen als Theologen [...] bedeutsam ist [...] für die Praxis des Lehrens und Lernens mit Jugendlichen«, denn es kommt in dieser Praxis auf »einen Dialog auf Augenhöhe [an], bei dem die theologischen Fragen und Argumente der Jugendlichen ebenso sorgfältig aufgenommen werden wie die der Erwachsenen oder der theologischen Wissenschaft« (Schweitzer 2005: 52).

In dieser, ebenfalls programmatisch gemeinten Aussage, welche die aus der kindertheologischen Forschung stammende Unterscheidung *von*, *mit* und *für* (vgl. Schweitzer 2005: 47) auch für jugendtheologische Überlegungen zur Voraussetzung hat, ist schon eingeschlossen, was dann von Schweitzer gemeinsam mit Schlag als Formen von Jugendtheologie expliziert wird: Jugendtheologie sei eine Form der Laientheologie (Schlag/Schweitzer 2011: 23; Schlag 2013: 12ff), die sich ausdifferenzieren lässt in implizite, persönliche und explizite Theologie sowie in theologische Deutung mithilfe theologischer Dogmatik und dem aus-

311 So der Buchtitel der gemeinsamen Veröffentlichung 2011; vgl. aber auch Schweitzer (2013: 160), Schlag (2013: 12ff). Im Jahr 2012 veröffentlichen Schlag/Schweitzer u. a. den Band *Jugendtheologie*, der neben einer Verfestigung der grundlegenden Positionen auch Praxisbeispiele und kritische Diskurse präsentiert.

drücklich theologischen Argumentieren von Jugendlichen (vgl. Schlag/Schweitzer 2011: 59f).

Kritisch gegen diese Dimensionen setzt sich Rothgangel (2012c: 133f) mit den gewichtigen Argumenten ab, dass *persönliche Theologie* »eher als Heuristik« zu verstehen ist, und zwar »ob und in welchem Rahmen in den Perspektiven der impliziten oder expliziten Theologie auch persönliche Glaubensüberzeugungen vorhanden sind«. Aber auch das *Argumentieren, ausdrücklich theologisch*, kann »als ein Aspekt ›expliziter Theologie‹ verstanden werden«, und die »›theologische Deutung mithilfe der theologischen Dogmatik‹ [erscheint] grundsätzlich als Perspektive fraglich [...], weil entsprechende Phänomene durch die Dimension einer ›Theologie für Jugendliche‹ ausreichend erfasst sind« (ebd.).

Rothgangel (vgl. 2012c: 132ff) spricht hier von fünf Perspektiven und drei Dimensionen, während Schlag und Schweitzer von fünf Dimensionen und drei Perspektiven reden. Das heißt, für Rothgangel sind *implizite Theologie*, *persönliche Theologie* usw. die Perspektiven, während Theologie *von*, *mit* und *für* Jugendliche(n) die Dimensionen sind. Diesem Duktus wird hier nicht gefolgt, sondern dem Vorschlag von Schlag und Schweitzer; allerdings ist der Kritik Rothgangels an der von Schlag und Schweitzer vorgeschlagenen Differenzierung der Dimensionen Folge zu leisten. Sie wird in 9.2 weiter ausgebaut.[312]

Jugendtheologie ist als Theologie eine »theoretische *(Reflexion)* und eine praktische Aufgabe *(Gestaltung von Kommunikationsprozessen)*« (Schlag/Schweitzer 2011: 51, Hervorhebungen im Original). Beide Elemente müssen in einer solchen vereinbar sein, und zwar unter Berücksichtigung bildungstheoretischer und entwicklungspsychologischer Gesichtspunkte, die diese doppelte Zielgerichtetheit mittragen im Sinne eines »Durchdenken[s] religiöser Vorstellungen und des eigenen Glaubens im Verhältnis zur christlichen Überlieferung« als »Reflexion des Evangeliums« und in dem Sinne, dass es »auf die Gestaltung lebensdienlicher Beziehungen« ankommt »und damit auf diejenigen Praxis- und Kommunikationsformen, die dem Evangelium entsprechen« (ebd.).

Hinter diesen Überlegungen steht das Korrelationsverständnis des Elementarisierungsansatzes (vgl. Schlag/Schweitzer 2011: 24), das in Bezug auf Theologie von einer Elementartheologie ausgeht, die »für die Konzentration auf das *Wesentliche in der Theologie*« steht (Schweitzer 2003: 209, Hervorhebung im Original), und von einer Elementarisierung, welche »als ein pädagogisches und religionspädagogisches Anliegen [...] stärker von den Kindern und Jugendlichen bzw. allgemein von den Lernenden her denken will« und damit »immer eine

312 Implizite Theologie usw. hier als *Dimension* und Theologie *von* Jugendlichen usw. als *Perspektive* zu verstehen, kann damit begründet werden, dass mit der Differenzierung in *von*, *mit* und *für* eher der Blick auf Jugendliche verbunden werden kann (also auf deren Perspektiven), während im Begriff *Dimension* eher dasjenige ausgedrückt wird, worauf zu schauen ist (z. B. auf das Ausmaß).

didaktische Relation« darstellt, die von der »Zweipoligkeit von Sache und Person ausgeht« (ebd., Hervorhebung im Original). Eine besonders hervorgehobene Form dieser Elementarisierung ist dabei der kommunikative Prozess, welcher nach Schweitzer als unterrichtliches Gespräch »für einen gemeinsamen Aufbau von Aufmerksamkeit, Interesse, Deutungen und Bedeutungen offen« zu sein hat (Schweitzer 2003: 194). Von dieser Voraussetzung aus betrachtet wird verständlich, weshalb Schlag und Schweitzer Jugendtheologie abgegrenzt wissen wollen von einer wissenschaftlichen oder akademischen Theologie aber auch von einer Kindertheologie:

Von der wissenschaftlichen Theologie, weil »die Frage der Reflexion religiöser Vorstellungen sowie der Kommunikation über religiöse Fragen in den Vordergrund« gerückt wird und es sich damit zentral um »eine bildungstheoretische Betrachtungsweise« handelt (Schlag/Schweitzer 2011: 22). Das heißt, im Vordergrund steht nicht eine protestantische (oder andere) theologische Tradition, der sich Jugendliche annähern können oder auch nicht, sondern der Lebensweltbezug der Jugendlichen. Dies hat Folgen für die Auswahl von theologischen Themen (vgl. dazu beispielsweise Dieterich 2012: 45ff), soll mit Jugendlichen dialogisch Theologie betrieben werden. Weil sich hierbei allerdings zu Recht die Frage ergibt, ob dann alles Theologie ist, was von Jugendlichen geäußert wird – zumal, wenn es existenzielle Fragen betrifft –, ist vorausgesetzt, dass im Sinne »theologisch elementarer Reflexion und Kommunikation […] theologische Deutungen für die jugendliche Lebensführung eine hilfreiche Größe darstellen und umgekehrt die Deutungen Jugendlicher auch für eine theologische Interpretationspraxis bedeutsam sind« (Schlag/Schweitzer 2011: 24).

Die Frage, ob Jugendliche Theologie brauchen, wird somit vorerst bildungstheoretisch, bezogen auf die Lebenswelt der Jugendlichen und unter Berücksichtigung der dialogischen Form einer solchen Theologie hypothetisch beantwortet. Diese Antwort ist nicht in Abkehr von wissenschaftlicher/akademischer Theologie gegeben, sondern als wechselseitige Herausforderung formuliert. Jugendtheologie »teilt mit der traditionellen Theologie den Grundcharakter: nämlich den reflektierenden Umgang mit dem, was der Glaube bekennt« (Spaeth 2012: 151). Dabei geht es nicht um ein pures Nachsprechen, sondern um ein Nach-Denken. Weil dieses Nachdenken auch für Kinder gilt bzw. durch kindertheologische Forschung herausgearbeitet wurde, entsteht die Frage nach der Abgrenzung zwischen Kinder- und Jugendtheologie.

Im Reflektieren über eigene religiöse Vorstellungen, in der Beachtung und Anerkennung von Kindern und Jugendlichen als Subjekte und in der Unterstützung der Fähigkeit, sich selbst ein religiöses/theologisches Urteil bilden zu können, sind die Gemeinsamkeiten kinder- und jugendtheologischer Anstrengungen zu sehen (vgl. Schlag/Schweitzer 2011: 28; Dieterich 2012: 31f mit dem Gewicht auf Jugendtheologie). Sich von einer Kindertheologie abgrenzen zu können, ist somit bildungstheoretisch und inhaltlich eher nicht möglich. Hingegen besteht die Möglichkeit einer Abgrenzung durch Einsichten, welche aus entwicklungspsychologischen Erkenntnissen gewonnen werden. Es wird Jugendlichen »eine gleichsam selbstreflexive Form des Nachdenkens über religiöse Vorstellungen« zugetraut (Schlag/Schweitzer 2011: 26). Ab einem bestimmten Alter (vgl. ebd.: 29f unter Rückgriff auf Kohlberg/Gilligan 1971) setzen Reflexionsmöglichkeiten ein, welche nicht mehr auf der reinen Objekt- oder Anschauungsebene verbleiben, sondern der Welt deduktiv, hypothetisch usw., also abstrahierend begegnen können. Damit eröffnet sich auch die Möglichkeit, über das eigene Denken *nach*-denken zu können. Zugleich, darauf verweist Schweitzer schon 1998, nimmt die »Subjektivität, verstanden als Wahrnehmung des eigenen Selbst und der eigenen Innenwelt, aber auch der Bewertung subjektiver Erfahrungen [...] mit dem Jugendalter erheblich zu« (Schlag/Schweitzer 2011: 31).[313]

Daraus lässt sich zwar keine positive Bestimmung von Jugendtheologie gewinnen, allerdings ist ausgesagt, dass Jugendtheologie keine einfache Fortsetzung oder Fortschreibung von Kindertheologie ist oder sein darf. Positiv bestimmt ist Jugendtheologie »eng mit der Ausbildung religiöser Urteilsfähigkeit verbunden, im Verhältnis zu sich selbst, aber auch zur Gesellschaft.« (Schlag/Schweitzer ebd.: 44). Es ist dann logisch nachvollziehbar, dass Jugendtheologie, wenn sie als selbstreflektierte theologische Urteilsfähigkeit beschrieben ist, auch als »spezifische Kompetenz« (Schlag/Schweitzer ebd.: 47) verstanden werden kann, die sich von einer allgemeinen religiösen Kompetenz durch ihren »theologischen Charakter« (ebd.) unterscheidet.

Schlag und Schweitzer gehen dabei von einem *engen* und einem *weiten* Verständnis von Theologie aus, welches von Schlag an anderer Stelle wie folgt beschrieben wird:

> »Jugendtheologie im *weiteren* Sinn ist [...] überall dort zu finden, wo sich Jugendliche ernsthaft auf das Nachdenken über Fragen von Religion, Glaube und Wahrheit einlassen. Jugendtheologie im *engeren* Sinn hingegen geht von der Bestimmung einer nicht allgemein vorauszusetzenden Bindung an den christlichen Glauben und die dadurch zum Ausdruck gebrachten Wahrheitsüberzeugungen aus.« (Schlag: 2013: 18, Hervorhebungen im Original)

313 Auch Meyer-Blanck (2013: 31) macht auf diesen Unterschied zwischen Kindern und Jugendlichen aufmerksam: »Je älter die Schüler werden, desto stärker müssen sie auch Anteil an der gesellschaftlichen Realität und damit an der Sperrigkeit des theologischen Wahrheitsdiskurses selbst gewinnen. Sie müssen konfrontiert werden mit den Ergebnissen professioneller Theologie – und sie werden dann auch die Ergebnisse professioneller Theologie selbst befruchten und verändern können.«

Jugendtheologie in diesem hier beschriebenen Sinn und zusammenfassend wird von Schlag und Schweitzer (2011: 180) bestimmt als

> »Reflexion und Kommunikation religiöser Vorstellungen durch Jugendliche, wobei sich die Reflexion sowohl auf die eigenen Vorstellungen als auch auf die Vorstellungen anderer Menschen sowie deren Ausdruck etwa in religiösen Praktiken und Riten beziehen kann. Jugendtheologie ist jedoch von Anfang an keine allein kognitive Angelegenheit. Sie ist vielmehr durchweg eng mit Gefühlen, Einstellungen und Handlungsweisen verbunden. Darüber hinaus gewinnt sie in unterschiedlichen Ausdrucksformen Gestalt, etwa auch in ästhetischer und narrativer Hinsicht.«

Verwunderlich an dieser Bestimmung von Jugendtheologie sind zwei Punkte, die hier benannt und in 9.2 weiter diskutiert werden:

- *Kommunikation* wird von Schlag und Schweitzer vorgetragen als »dialogisches Grundprinzip der Jugendtheologie« und angesprochen als »grundlegendes beziehungsorientiertes Grundverhältnis«[314] (Schlag/Schweitzer 2011: 79). Damit ist die an anderer Stelle vorgetragene Begründung einer Abgrenzung gegen den Ausdruck *Theologisieren* nicht nachvollziehbar (vgl. ebd.).
- Die Abgrenzung davon, dass es sich bei einer Jugendtheologie nicht allein um eine *kognitive Angelegenheit* handelt, ist missverständlich. Sie übergeht den »affektiven Anteil« (Hanisch/Hoppe-Graff 2002: 11) jeder Reflexion. Am Beispiel der begrifflichen Bildung ließe sich zeigen, dass Begriffe[315], »wie alle kognitiven Strukturen und Prozesse, eine mehr oder weniger starke emotionale Konnotation« haben (ebd.[316]). Das Missverständnis wird aufgebaut zwischen den *Vorstellungen* (Jugendlicher und anderer Menschen) und der Unterstellung, diese seien prinzipiell *rein kognitiv.*

Nach dieser Problemanzeige kann vorerst zusammenfassend notiert werden: Nach Schlag und Schweitzer setzt sich – programmatisch verstanden – Jugendtheologie aus drei Grundpfeilern zusammen:

1. Einer pädagogischen, aber auch theologischen Orientierung an Lebensweltbezügen von Jugendlichen.

314 Beides exemplifizieren Schlag und Schweitzer am Beispiel Theologie *mit* Jugendlichen; dieses Grundgerüst ist aber im programmatischen Sinn zu verstehen.

315 Wenn davon ausgegangen wird, dass Reflexion bildungssprachlich mit *Nachdenken über …, prüfendes Betrachten von …* usw. zu umschreiben ist, ein Denken sich aber nur in Begriffen vollzieht, dann ist es berechtigt, davon auszugehen, dass die Gegenüberstellung von kognitiv, Einstellungen, Ausdrucksweise usw. nicht greifen kann. Auch eine ästhetische Gestaltung ist nur als eine solche wahrnehmbar, wird dafür ein kognitiver Ausdruck gefunden, also ein Begriff.

316 Hanisch/Hoppe-Graff (ebd.) verdeutlichen dies unter Bezug auf Piaget.

2. Einer Differenzierung zwischen einem weiten und einem engen Theologieverständnis sowie der Unterstellung einer vorhandenen Laientheologie.
3. Einer an Kompetenzen und Kommunikationsprozessen orientierten bildungstheoretischen Perspektive, verbunden mit der Absicht der Förderung religiöser Urteilsbildung, religiöser Sprachfähigkeit und somit religiöser Selbstbestimmung (Mündigkeit).

Die von ihnen vorgeschlagene Matrix von Formen von Jugendtheologie stellt sich wie folgt dar (siehe Tabelle 1, Kap. 9).

Tabelle 1, Kap. 9: Formen von Jugendtheologie (vgl. Schlag/Schweitzer 2011: 61; 2012: 11)[317]

	Theologie der Jugendlichen	Theologie mit Jugendlichen	Theologie für Jugendliche
implizite Theologie			
persönliche Theologie			
explizite Theologie			
theologische Deutung mithilfe der theologischen Dogmatik			
Jugendliche argumentieren ausdrücklich theologisch			

9.1.2 Das Programm *Theologisieren mit Jugendlichen* nach Dieterich

Dieterich äußert sich – programmatisch – zum Thema Jugendtheologie in drei umfangreicheren Aufsätzen, die hier zur Darstellung herangezogen werden (vgl. Dieterich 2007, 2012, 2013). Daneben sind von ihm Studien veröffentlicht, in denen er sich auf der Grundlage empirischer Daten (z. B. Dieterich 2013) mit der Thematik auseinandersetzt.

Dieterich definiert, die Trias *von*, *mit* und *für* aus der Forschung zur Kindertheologie aufnehmend:

> Theologie *für* Jugendliche als »theologische Gedanken in altersangemessener, jugendgemäßer Weise zur Sprache bringen«;
> eine Theologie *von* Jugendlichen soll durch empirische Methoden »das theologische Denken von Jugendlichen, also ihr eigenständiges Nachdenken über Fragen von Religion und Glauben eruieren«;

317 In Schlag/Schweitzer (2011: 179) ist diese Matrix inhaltlich gefüllt. Diese Formulierungsvorschläge werden in der kritischen Diskussion in Kap. 9.2 konkret benannt und sind deshalb hier nicht wiedergegeben.

> eine Theologie *mit* Jugendlichen »ist ein didaktisches Konzept, das ein Unterrichtsverfahren theoretisch und praktisch ausarbeiten will, bei dem biblische bzw. theologische Traditionen und die theologischen Auffassungen der Schüler/innen in einen grundsätzlich gleichberechtigten und ergebnisoffenen Dialog eintreten.« (Dieterich 2007: 121f)

Diese Definitionen behält Dieterich in allen anderen programmatisch angelegten Veröffentlichungen bei, verändert aber den Begriff Theologie mit Jugendlichen in *Theologisieren* mit Jugendlichen (vgl. Dieterich 2012: 36, 2013: 43). Im Unterschied zu Schlag und Schweitzer fokussiert Dieterich auf einen Unterricht, der in der Tätigkeitsbeschreibung *Theologisieren* ein didaktisches und ein domänenspezifisch (fachwissenschaftlich) ausgewiesenes Programm enthält. Unterstützung findet Dieterich bei Büttner (2012a: 51), der die »von Thomas Schlag / Friedrich Schweitzer [...] angeführten negativen Konnotationen [...] zunehmend im Verschwinden« sieht.

Theologie *für* Jugendliche wird, darin ähnlich Schlag (2013), angebunden an die protestantische Tradition. Das Argument dazu lautet, dass bekanntlich »Martin Luther vorrangig mit seinem Kleinen Katechismus von 1529 den Versuch unternommen [hat], diese christliche Lehre ›besonders in das junge Volk zu bringen‹« (Dieterich 2007: 122). Dieser Rückgriff auf die Tradition geschieht im Bewusstsein, dass eine solche für Jugendliche verständlich gemacht werden muss (vgl. Dieterich 2007: 123).

Jenseits der Tradition liegt der Schwerpunkt einer Theologie *von* Jugendlichen auf der empirischen Erfassung dessen, was Jugendliche, beispielsweise zu Gott (vgl. z.B. Schuster 1984; Nipkow 1987; Rothgangel 1999), Jesus Christus (vgl. Ziegler 2006) oder dem Theodizeeproblem (vgl. Ritter et al. 2006) äußern. Eine solche Erfassung dient letztlich einer empirisch gestützten Vergewisserung über das Programm Theologie *mit* Jugendlichen, denn diese empirischen Studien zeigen, ob es berechtigt ist, von Jugendlichen »als eigenständigen Theologen bzw. Theologinnen« zu sprechen; ob sie »Stellung beziehen können« und ob damit auf eine Fähigkeit der Schülerinnen und Schüler aufgebaut werden kann (Dieterich 2007: 127).

Der Schwerpunkt bei Dieterich liegt eindeutig auf der Programmatik einer Theologie *mit* Jugendlichen bzw. dem Theologisieren *mit* Jugendlichen. Dabei sollen die anderen beiden Teile einer Jugendtheologie – darin sind sich Schlag, Schweitzer, Dieterich u.a.[318] einig – nicht vernachlässigt werden. Während also Schlag und Schweitzer programmatisch auf alle drei Möglichkeiten bzw. Diffe-

318 Auch beispielsweise Rothgangel (2013a), Kraft (2007), Büttner (2012a), Freudenberger-Lötz (2012) gehen davon aus, dass die Differenzen zwischen *von*, *mit* und *für* nicht gegeneinander auszuspielen sind, sondern sich ergänzen (können), womit in Gesamtheit dem Vorschlag von Schluß (2005: 23) gefolgt wird.

renzierungen einer Jugendtheologie eingehen, liegt der Fokus bei Dieterich auf dem Theologisieren *mit* Jugendlichen. Dies ist letztlich kein Nachteil, sondern eine Bestimmtheit: Dieterich sieht eindeutige Schwierigkeiten zwischen »biblische[n] bzw. theologische[n] Traditionen und [den] theologischen Auffassungen der Schüler/innen« bei dem Versuch, beides »in einen grundsätzlich gleichberechtigten und ergebnisoffenen Dialog« zu bringen (Dieterich 2007: 128).

Verdeutlicht wird dieses Problem an Klie (2000), dessen veröffentlichtes Unterrichtsprotokoll zwar »eine ausgesprochen schülerorientierte Didaktik mit einem offenen Schülergespräch« zeigt, bei dem allerdings »theologische, religiöse oder metaphysische Überlegungen vollständig unberücksichtigt bleiben« (ebd.). Die Kehrseite wird an der Veröffentlichung von Grill (2005) dargestellt, denn hier ergibt sich trotz beobachteter Bemühungen durch Religionslehrkräfte eine Spannung zwischen der Bearbeitung theologischer Themen und Texte im Unterricht und der Schwierigkeit bei den »durchaus offenen Lehrkräften [...], den Dialog wirklich freizugeben« (Dieterich 2007: 129).

Um diese doppelte Schwierigkeit aufzulösen, schlägt Dieterich drei Punkte für das Programm *Theologisieren mit Jugendlichen* vor, denen er in der Endkonsequenz in den anderen, programmatischen Aufsätzen (2012 und 2013) folgt bzw. versucht, sie auszubauen und zu verfeinern:

1. Theologisieren mit Jugendlichen ist ein didaktisches Unterrichtskonzept, welches einen bestimmten Unterrichtsweg zugrunde legt und sich von einer Kindertheologie durch die Fähigkeit unterscheidet, zunehmend auch die schriftliche Kommunikationsform zu verwenden (neben der mündlichen und bildlichen).
2. Die Einstellungen der Schülerinnen und Schüler sind bei thematischen Einstiegen, aber auch im weiteren Unterrichtsverlauf immer wieder zu eruieren, zu dokumentieren und zu evaluieren. Durch die Überprüfung dieser Einstellungen im Unterricht selbst ist sicherzustellen, dass die Einstellungen der Schülerinnen und Schülern auch wirklich ernst genommen werden. Im weiteren Verlauf werden diese Einstellungen mit Positionen aus der Tradition, der Bibel usw. konfrontiert und zur Kenntnisnahme vorgelegt.
3. Der konkrete Weg eines solchen Unterrichts ist damit die Verschränkung zwischen eigener und fremder Position durch einen ergebnisoffenen, gleichwertigen und gleichberechtigten Dialog. Um diesen Dialog zu sichern, kann es sich nicht um ein Reproduktionswissen von Stoff oder Fakten handeln, sondern um eine Reflexion über den Dialog. Dies ist durchaus als Metareflexion zu kennzeichnen, denn überprüft werden sollen die vertretenen Positionen, Argumente und damit Geltungsreichweiten (vgl. Dieterich 2007: 133f).

Wie unschwer zu erkennen, Dieterich weist selbst darauf hin (ebd.), kann in diesem Programm die Anschlussfähigkeit an die Kindertheologie, die schülerorientierte Didaktik und an den Elementarisierungsansatz ausgemacht werden (vgl. auch Dieterich 2012: 9, 2013: 36). Damit ist eine weitere Gemeinsamkeit zwischen Schlag/Schweitzer (vgl. 2011: 24, 42 u. ö.) und Dieterich erarbeitet.

Das von Dieterich vorgelegte Programm *Theologisieren mit Jugendlichen* ist eindeutig auf »die kognitive Ebene, bei aller Wertschätzung anderer Ebenen und Fähigkeiten« (Dieterich 2007: 135) ausgerichtet. Das heißt, Dieterich ist sich bewusst, dass ein Theologisieren an eine Kommunikationsform rückgebunden bleiben muss, welche – worauf Kraft zurecht aufmerksam macht – über die »Fähigkeit zur ›teilnehmenden Beobachtung‹ religiöser Praxis« hinausgeht bzw. die Voraussetzung dieser teilnehmenden Beobachtung darstellt, nämlich die »Fähigkeit zu religiöser Kommunikation« (Kraft 2007: 118).

Soll, so kann das Programm *Theologisieren mit Jugendlichen* zusammengefasst werden, der Religionsunterricht etwas leisten, dann darf nicht der Eindruck entstehen (bzw. bleiben), dass »die Lehrerinnen und Lehrer mit wenig zufrieden zu stellen sind, vor allem aber […], dass man im Fach Religion viel labert und wenig lernt« (Spaeth 2013; so auch bei Dieterich 2012: 11).

Durch das Benennen der Bedingungen und das Aufzeigen von Möglichkeiten erfährt das Programm Theologisieren *mit* Jugendlichen eine Konkretisierung im programmatischen Aufsatz von 2012. Hier – Dieterich benennt vier Aufsätze[319] und erläutert eigens die Veröffentlichung von Gennerich (2010) – wird der Begriff Theologisieren *mit* Jugendlichen schärfer herausgearbeitet. Im Kontext der programmatischen Überlegungen bezeichnet dieser »den sich in unterschiedlichen Formen vollziehenden, prozesshaften Dialog von und mit Jugendlichen über Themen der Theologie« (Dieterich 2012: 13). Diese Konkretisierung nimmt somit das *von Jugendlichen* in ein *Theologisieren mit* auf, was insofern sinnvoll erscheint, als dass damit eine Öffnung in doppelter Hinsicht gegeben ist:

- Unter Theologisieren können mündliche und schriftliche (Formen) kommunikativer Prozesse subsumiert werden.
- Theologisieren *mit* Jugendlichen schließt ein Theologisieren *von* Jugendlichen ein bzw. hat diese Form zur Voraussetzung.

Eine weitere wichtig erscheinende Konkretisierung liegt mit der Betonung einer diskursiven Wahrheitstheorie vor, »die davon ausgeht, dass das als wahr gelten kann, was sich im Dialog (in möglicherweise unterschiedlichen Facetten) als wahr herausstellt« (Dieterich 2012: 18).

Solche Diskurse, die nicht nur im schulischen Unterricht, sondern auch in den Peergroups, in der Jugendarbeit der Kirchgemeinden, im Studium usw.

319 Schweitzer 2005, Dieterich 2007, Schlag 2010 und Rupp 2008.

geführt werden können und den Dialog als Basis benennen, zielen letztlich auf das Zusammendenken eines Theologisierens *von*, *mit* und *für* Jugendliche[320] ab.

Noch konkreter wird Dieterich durch die drei Thesen, welche sich durch den Aufsatz von 2013 ziehen. Theologie *von* Jugendlichen meint, als erste These:

> »Schülerpositionen haben im Unterrichtsprozess die gleiche Dignität wie alle anderen Positionen, auch die der biblisch-christlichen Tradition« (Dieterich 2013: 37).

Theologie *für* Jugendliche wird vertieft durch die zweite These:

> »Um die Argumentation zu vertiefen und den Horizont zu erweitern, ist die Beschäftigung mit unterschiedlichen Fremdpositionen, darunter an prominenter Stelle mit Positionen der biblisch-christlich-konfessionellen Tradition, für das Theologisieren mit Jugendlichen unabdingbar« (Dieterich 2013: 39).

Eine Zusammenfassung dieser beiden Thesen ergibt die dritte These für ein Theologisieren *mit* Jugendlichen:

> »Den Kern des Unterrichtsgeschehens beim Theologisieren mit Jugendlichen stellt die dialektisch-dialogische Verknüpfung bzw. Verschränkung von eigenen mit fremden Positionen dar. Wobei hier […] von der absoluten gleichwertigen Dignität aller am Dialog Beteiligten auszugehen ist – d.h. dass auch eine biblische Aussage im Dialog denselben Stellenwert besitzt wie jede begründete Position der Schüler/innen.« (Dieterich 2013: 43; so auch Meyer-Blanck 2013: 27ff)

Auffällig an dieser thesenartigen Zusammenfassung des Dieterich'schen Verständnisses ist, dass er von einer Fokussierung auf die kognitiven Ebene (vgl. Dieterich 2007: 135) kommend jetzt klar auf das Argumentieren – begründete Positionen können als Resultat einer Argumentation verstanden werden – abhebt. Dies kann auch bei Dieterich und Imkampe (2013: 136–141) beobachtet werden, wo an der Frage nach *Weltbildern* im Zusammenhang mit einem Denken in Komplementarität insgesamt neun Argumentations- und Denkmuster herausgearbeitet werden, freilich ohne diese an vorhandene Argumentationsmuster aus der Topik- und Rhetoriktradition anzubinden. Das heißt, was ein Argumentationsmuster ist, wird hier nur an den Inhalt, nicht an die Form gebunden, und sollte deshalb besser nur mit dem Begriff *Denkmuster* aber nicht mit dem Begriff *Argumentationsmuster* belegt werden. So ähnlich auch bei Freudenberger-Lötz (2012: 36–42): Zuerst spricht sie von Argumentationsmustern (36) und abschließend von Glaubenshaltungen Jugendlicher (42), also auch hier eine inhaltlichen Bindung ohne formale Anbindung.

Dieterich setzt den Dialog, der prinzipiell auch schriftlich geführt werden

320 Weshalb letztlich auch bei einer Theologie für Jugendliche von *Theologisieren für Jugendliche* gesprochen werden kann, wird in Abschnitt 9.2 diskutiert.

kann, so in den Vordergrund, dass sich der Begriff *Theologisieren* – im Gegensatz zu Schlag und Schweitzer – fast zwangsläufig daraus ableiten lässt.

9.1.3 Zusammenfassung

Die eher programmatisch formulierten Ansätze von Schlag/Schweitzer und Dieterich sind soweit, wie für die vorliegende Studie nötig, vorgestellt. Werden beide Ansätze zum neuen religionsdidaktischen Programm *Jugendtheologie* (vgl. Dieterich 2012: 9) zusammen betrachtet, so lassen sich die folgenden Gemeinsamkeiten benennen:

1. Anschlussfähigkeit an die Kindertheologie, aber keine bloße Fortschreibung dieser;
2. schülerorientierte Didaktik;
3. Verwendung des Elementarisierungsansatzes.

An kritischen bzw. diskussionswürdigen Punkten lässt sich herausstellen:

1. die Matrix *Formen von Jugendtheologie* nach Schlag und Schweitzer.
2. Theologie oder Theologisieren?
3. Kognitive Ebene versus affektive Ebene?
4. Denkmuster versus Argumentationsmuster?

Von diesen vier Punkten werden im folgenden Abschnitt (9.2) unter Heranziehung der Ergebnisse vorliegender Studie die Punkte 1 und 2 diskutiert. Die anderen beiden Kritikpunkte sind entweder thematisch zu weit weg von vorliegender Forschung (Punkt 3) oder basieren auf einer schon benannten und leicht zu behebenden begrifflichen Unschärfe (Punkt 4).

9.2 Argumentieren – kritische Überlegungen zur Programmatik *Jugendtheologie*

9.2.1 Kritische Diskussion zur Matrix *Formen von Jugendtheologie*

Von einer Theologie/einem Theologisieren *von* Jugendlichen (Schülerinnen und Schülern) kann in Bezug auf die Ergebnisse vorliegender Studie gesprochen werden, weil sie, bedingt durch die gesetzten Impulse, veranlasst werden, ihre Haltungen und Überzeugungen zum Thema *Schöpfung* und *Evolution* argumentativ vorzutragen. Das heißt, sie »reflektieren/kommunizieren über religiöse Themen« (Schlag/Schweitzer 2011: 179), was der Dimension *explizite*

Theologie entsprechen würde. Dies trifft auch auf die von Schlag und Schweitzer (2012: 10, Hervorhebung im Original) vorgenommene Konkretisierung zu:

»Eine *explizite Theologie*, die sich als Nachdenken über religiöse Vorstellungen nicht zwingend theologischer Termini bedienen muss, aber auf einen auch im Verständnis der Jugendlichen religiösen Gegenstand bezogen ist und der Sache nach theologisch bestimmt werden kann.«

Wenn Schülerinnen und Schüler zu einem religiös konnotierten Gegenstand argumentieren, dann tragen sie also eine *explizite Theologie* vor. Ist es dann aber möglich, eine explizite Theologie von einer *persönlichen Theologie* zu unterscheiden, zumal beansprucht wird, bei einer Jugendtheologie handele es sich um eine Laientheologie[321]? Anders gefragt: Ist es möglich, eine Schüleräußerung zum Thema *Schöpfung* und *Evolution* zu differenzieren in eine theologische Explikation und eine persönlichen Theologie? An einem Beispiel soll dieser Frage nachgegangen werden.

Tn24 A, TB6-6, Z50-58:
P= *Zudem vertrete ich ganz stark die Meinung, dass es nicht einfach durch das Verschmelzen einer Ei- und Samenzelle zu einer Lebensform kommen kann, …*
S1 … *vielleicht zu einem Körper, jedoch nicht zu einer Seele, einen Geist, …*
K= … *dazu bedarf es immer noch eines Gottes, der so allmächtig ist, dass er Leben schenken kann.*
P= *So muss ich zugeben, dass mich all die modernen wissenschaftlichen Ergebnisse nicht weiter wegbringen von meinem Glauben an Gott …,*
R1= … *sondern vielmehr immer mehr Bewunderung über die Kreativität, Ideenvielfalt, Allmacht und Liebe dieses Schöpfergottes entstehen lässt.*
K= *Ich bin glücklich darüber, mich als ein von Gottes erschaffenes, gewolltes und geliebtes Leben in dieser wundervollen Schöpfung zu sehen …*

Die Schülerin vertritt zum Thema *Leben* eine persönliche Meinung. Diese besteht aus zwei Elementen: Einer pejorativen Beschreibung von *Leben ist bloß Körper*, wenn Leben ausschließlich biologisch gedeutet wird, und einer affirmativen Rede über ihre (persönliche) Vorstellung von Lebensentstehung und Gott. Theologisch ausgedrückt: Leben ist nur möglich, weil Gott es schenkt. Er kann Leben schenken, weil er *allmächtig* ist, diese Allmacht ist u.a. dadurch präsentiert, weil er dem bloßen Leben *seinen Atem einhaucht*, dem bloßen Körper *Geist und Seele* gibt.

Auch die zweite Sentenz bringt ein ähnliches Ergebnis hervor: Die von der Schülerin vertretene persönliche Meinung basiert auf einem persönlichen *Bekenntnis zu Gott*, welches vor der negativ konnotierten Hintergrundfolie *all die*

321 Dieser Zusammenhang ist so zu sehen, dass der Begriff *Laientheologie* eine persönliche Glaubenseinstellung oder -haltung voraussetzt, die dann theologisch expliziert wird bzw. werden kann.

modernen wissenschaftlichen Ergebnisse ausgeweitet wird auf den emotionalen Bereich der *Bewunderung* der persönlich sich vorgestellten Eigenschaften Gottes und in ein noch persönlicher anmutendes Glücksgefühl darüber, von diesem Gott geschaffen und geliebt zu sein, zurückkehrt in sich selbst.

Ist dies gemeint mit *einer persönliche Theologie*, von der bei Schlag und Schweitzer (2011: 179) nachzulesen ist?

> »Jugendliche vertreten spezifische religiöse Akzentuierungen wie Autonomie oder Individualität; besondere Formen des Engagements etwa für Frieden und Gerechtigkeit oder für ökologische Themen werden als zentral für den Glauben hervorgehoben.«

Auch die Konkretisierung (Schlag/Schweitzer 2012: 10, Hervorhebung im Original) scheint nicht recht weiter zu helfen:

> »Eine *persönliche Theologie* im Sinne einer bestimmten Auffassung etwa von Glaube oder Gott: In diesem Falle steht eine bestimmte religiöse Position im Vordergrund, die sich etwa im jugendlichen Bewusstsein und Streben nach Individualität und Autonomie zeigt. Auch hier kommen theologische Bezüge noch nicht ausdrücklich vor.«

Die Schülerin vertritt eine persönliche Meinung, die sich, wenn die aus diesem Text rekonstruierbaren Präsuppositionen zu Rate gezogen werden, aus kreationistischen Vorstellungen speist bzw. von Überlegungen aus dem Umkreis der Intelligent-Design getragen ist: ›Naturwissenschaftliche Forschung ist nur in Anerkennung ihrer Grenzen möglich.‹ ›Hinter der Welt steht eine schaffende Intelligenz.‹ ›Das eigene Leben ist dieser schaffenden Intelligenz zu verdanken.‹ (Vgl. Kap. 8.4.1.1.1).

Der Begriff *Theologie* setzt aber einen Reflexionsprozess voraus, der sich mindestens im Kontext von Religion, Glauben und Wahrheit[322] bewegt und aus dem Ideologien oder pseudowissenschaftliche Erklärungsversuche ausgeschieden werden sollen bzw. können.

Dass sich die untersuchten Schülerinnen und Schüler in einem solchen weiten theologischen Kontext bewegen bzw. vor diesem Hintergrund zum Thema *Schöpfung und Evolution* argumentieren, hat die Auswertung im 8. Kapitel belegen können. Indem dort (vgl. Kap. 8.4.5[323]) vier gemeinsame Kategorien (für die Fallstudien Biologie eine zusätzliche fünfte Kategorie) ausgemacht werden können, kann – wird von einem weiten Theologieverständnis ausgegangen –

322 *Religion*, *Glaube* und *Wahrheit* sind die Kriterien des weiten Theologieverständnisses von Schlag und Schweitzer (vgl. Schlag 2013: 18).

323 Zur Wiederholung die Kategorien aus dem Kap. 8.4.5: 1) die Frage nach Wahrheit; 2) die Frage nach der Reichweite naturwissenschaftlicher Forschung; 3) die Frage nach der Aussagekraft schöpfungstheologischer und evolutionstheoretischer Aussagen; 4) die Frage nach der Dialogfähigkeit beider Positionen. Zusätzlich für die Fallstudien Biologie: 5) die Frage nach der Bedeutung/Verwendung des Begriffes »Glauben«.

notiert werden, dass die Schülerinnen und Schüler der untersuchten Gruppe »eine Theologie« explizieren.

Das hier angeführte Beispiel reflektiert über Glauben und Wahrheit, der Hintergrund ist freilich, wie schon benannt, kein theologischer, sondern eine Verzerrung dessen, was schöpfungstheologisch gemeint ist. Das Beispiel gibt aber auch einen Hinweis darauf ab, dass von einer *persönlichen Theologie* nicht die Rede sein kann, denn solche Reflexionsprozesse entspringen zwar persönlichen Überzeugungen, lassen sich aber konzeptionell nicht in den Rahmen *Theologie* einspannen. Es ist der von Rothgangel geäußerten Kritik zu folgen, dass innerhalb der »impliziten oder expliziten Theologie auch persönliche Glaubensreflexionen vorhanden sind« (Rothgangel 2012c: 133). Genau dieser Fall konnte mit dem angeführten Beispiel demonstriert werden.

Die Differenzierung zwischen impliziter, persönlicher und expliziter Theologie ist also wenig zielführend, weil der Begriff *persönliche Theologie*, selbst dann, wenn von einem weiten Theologieverständnis ausgegangen wird, nicht dasjenige beschreiben kann, was er beschreiben soll.

Durch die aus den Texten der Fallstudien rekonstruierten Präsuppositionen (siehe Tabelle 18, Kap. 8) kann die vorgetragene Kritik an der Dimension *persönliche Theologie* verdeutlicht werden. Allen Rekonstruktionen gemeinsam ist, dass sie einen persönlichen Reflexionsprozess widerspiegeln, der sich mehr oder weniger aus einer Auseinandersetzung mit theologischen Kontexten (hier: Schöpfung) speist. Vergessen werden darf dabei nicht, dass in einer Einschätzung und Wertschätzung von Äußerungen der untersuchten Schülerinnen und Schüler wissenschaftliche oder akademische Theologie den Diskursrahmen abgeben muss, wenn der Anspruch erhoben wird, Jugendliche seien Theologen. Nur so kann nämlich das Denken der Jugendlichen theologisch ernst genommen werden.

Darf davon ausgegangen werden, dass unter der Dimension *impliziter Theologie* zu verstehen ist: *mit enthalten, aber nicht ausdrücklich gesagt* und unter der Dimension *explizite Theologie: in aller Deutlichkeit und ausdrücklich gesagt*, dann ist für eine Dimension *persönliche Theologie* nicht so recht Platz. Viel sinnvoller erscheint es, von persönlichen Glaubensvorstellungen auszugehen, von denen dann die implizite und/oder explizite Theologie getragen oder motiviert ist.

Zusammenfassend lässt sich an diesem Punkt festhalten: Wenn Formen (Dimensionen) zur Beschreibung von Jugendtheologie formuliert werden, dann wäre es hilfreich, dass diese auch an möglichen theologischen Reflexionshorizonten ausgerichtet sind bzw. sich in deren Kontexten bewegen. Dass Jugendliche, Schülerinnen und Schüler persönliche Haltungen, Einstellungen, Überzeugungen in sich gebildet haben und ständig weiter bilden und diese Haltungen, Einstellungen, Überzeugungen den Hintergrund von Explikationen bilden, berechtigt noch nicht zu der Annahme, man könnte dies eine *persönliche Theologie* nennen. Viel eher gehört diese Beschreibung in die Dimension *explizite* und *implizite* Theologie, und zwar als ein Teilbereich, mit dem bei Schülerinnen und Schülern, bei Jugendlichen zu rechnen ist, wenn sie sich mündlich oder schriftlich zu konkreten theologischen Inhalten äußern oder äußern sollen.

Eine zweite Kritik an der Matrix von Schlag und Schweitzer ergibt sich aus der Dimension des *ausdrücklich theologischen Argumentierens.* Diese ist wie folgt beschrieben: »Jugendliche beteiligen sich an theologisch bestimmten Debatten/Diskursen, etwa im Zusammenhang synodaler Entscheidungsprozesse oder in einer Gemeinde« (Schlag/Schweitzer 2011: 179).

Eine Kritik an dieser Dimension kann recht kurz gehalten werden. Es ist sehr fragwürdig, wie die Unterscheidung zwischen *reflektieren/kommunizieren über religiöse Themen* (explizite Theologie) von *Beteiligung an theologisch bestimmten Diskursen* (ausdrücklich theologisches Argumentieren) gedacht werden soll. Im Zusammenhang mit den untersuchten Schülerinnen und Schülern kann nachgewiesen werden, dass diese fachspezifisch und fachübergreifend argumentieren, wenn sie sich zum Thema *Schöpfung* und *Evolution* schriftlich äußern. Eine Unterscheidung zwischen kommunizieren und beteiligen kann dabei nicht festgestellt werden.

Worin könnte eine solche Unterscheidung liegen? Wenn, wie die Aufgabenstellung an die Schülerinnen und Schüler formuliert, diese eine Rede für ein (fiktives) Publikum verfassen sollen, dann sind sie in einen Diskurs eingetreten. Ein Diskurs zeichnet sich u. a. dadurch aus, dass innerhalb eines vorgegebenen Rahmens gesprochen/kommuniziert wird. Rein in formaler Betrachtungsweise erscheint die von Schlag/Schweitzer vorgeschlagene Differenzierung nicht zu greifen bzw. ist nicht trennscharf zu denken und damit nicht zielführend.

Aber auch auf der begrifflichen Ebene ist eine Differenzierung nicht auszumachen, und zwar deshalb nicht, weil die begriffliche Unterscheidung zwischen kommunizieren und argumentieren nicht vorgenommen wird. Argumentieren, so hat die vorliegende Studie zeigen können, ist eine bestimmte Form von Kommunikation. Im Argumentieren wird etwas zu einer Frage (Argumentationsanlass). Das Fragliche soll überführt werden in einen festen Wissensbestand. Dazu bedarf es der Sprachform *Argumentation.* Mit Nussbaumer (1995) ist eine Argumentation eine Tätigkeit, in der jemand ein Strittiges mithilfe von Unstrittigem unstrittig machen kann oder machen will. Kommuniziert wird somit in einer Argumentation auch, aber nicht jede Kommunikation ist auch eine Argumentation.

Es wäre somit hilfreich, auch darauf verweist Rothgangel (2012c: 133), wenn diese Dimension in die Dimension *explizite Theologie* eingeordnet wird, weil das

Adjektiv *explizit* die Möglichkeit eröffnet, das *ausdrücklich zu Sagende* in Form von Argumentationen vorzutragen.

Rothgangel bemerkt zur Dimension *theologische Deutung mithilfe der theologischen Dogmatik*, diese sei in »einer ›Theologie für Jugendliche‹ ausreichend erfasst« (Rothgangel 2012c: 133). Auch wenn zugestimmt werden muss, dass diese Dimension nicht trennscharf von den anderen Dimensionen unterschieden werden kann, so ist gegen Rothgangel festzuhalten, dass auch sie in die Dimension *explizite Theologie* einzuordnen ist. Zur Veranschaulichung ein Beispiel aus einem Schülertext:

> tn04ABio, TB3, Z12–17
> P= *Die Gruppe von Menschen, zu der ich persönlich mich ebenfalls zähle – die Gläubigen –, entschieden sich mit der Taufe und Konfirmation weder gegen die Evolutionstheorie noch für sie.*
> K= *Denn es geht nicht darum, dass wir wissenschaftliche Erkenntnisse verneinen, sondern darum, dass wir an ein höheres Etwas – Gott – glauben.*
> A1= *Ich persönlich sehe Religion als Möglichkeit, mich mit anderen Menschen über Ängste und Gedanken auszutauschen.* (Q1, Definitionsmuster)
> A2= *Christentum, Buddhismus und alle anderen Religionen sind Versuche, sich die menschliche Existenz zu erklären.* (Q3, Ganzes-Teil-Muster)
>
> tn04ABio, TB4, Z25–30
> A= *Die Antwort eines Theologen könnte in diesem Gespräch so ausfallen: »Ich bin davon überzeugt, dass es etwas Größeres und Bedeutenderes als dieses Leben auf Erden geben muss. Meine Überzeugung ruht auf der Hoffnung, dass nach diesem Leben etwas Großartiges folgen wird. Ich habe keine Angst vor dem Tod, da ich überzeugt davon bin, dass etwas folgen wird. Aus diesem Wissen heraus versuche ich, nur Gutes in meinem jetzigen Leben zu tun und, wie es in der Bibel notiert ist, meinen Nächsten zu lieben.«*
> (S1, illustratives Beispielsmuster)

Klar dürfte aus der Äußerung dieser Schülerin hervorgehen, dass hier Ansätze dogmatischen Denkens verwendet werden, um zu argumentieren, sprich: eine Theologie zu explizieren. Ebenso klar ist es, dass nicht alle Schülerinnen und Schüler, besser: nur wenige, solche dogmatischen Denkansätze zeigen. Viel eher, es wird in den Kapiteln 8.4.2 und 8.4.5 eingehend diskutiert, ist davon auszugehen, dass Schülerinnen und Schüler zu unhaltbaren Harmonisierungsversuchen neigen, wie es beispielsweise in t12BRu oder T04BRu zu rekonstruieren war: Es gibt einen Schöpfergott, der die Welt / das Universum geschaffen hat, die Entwicklung des Lebens folgt aber den Regeln der Evolutionstheorie. Dass diese und ähnliche Schülerargumentationen inhaltlich »hinken«, ist nicht nur, wie schon im Kapitel 8.4.2 diskutiert, mit einer doppelten Wahrheitskonzeption bzw. der Frage danach zu erklären, sondern auch mit dem immer wieder beobachtbaren Gleichsetzen von Schöpfung und Natur. Die untersuchten Schülerinnen und Schüler trennen die Position Erzählung/Poesie über »Am Anfang …«

und Bericht/Forschung über die Entwicklung von Leben nicht und kommen dadurch in Erklärungszwänge, die argumentativ nicht mehr aufzulösen sind.

Aber diese Einschätzung drückt nur einen Teil des Ergebnisses aus, denn es gibt sehr wohl Schülerinnen und Schüler, die mit dogmatischen Denkansätzen argumentieren (vgl. z. B. tn10BRu). Theologische Positionen basieren bei den untersuchten Schülerinnen und Schülern auf einem *Überzeugtsein*, welches als Spannweite von einem wörtlichen Bibelverständnis bis hin zur Einsicht reicht, dass biblische Texte interpretiert werden müssen. Insofern ist es berechtigt, auch die Dimension *theologische Deutung mithilfe der theologischen Dogmatik* in eine explizite Theologie von Jugendlichen einzuordnen, was nicht bedeutet, dass diese Dimension auch in einer Theologie für Jugendliche erfasst wird bzw. erfasst werden kann.

Trotz der hervorgebrachten Kritik, ist die von Schlag/Schweitzer vorgeschlagene Matrix hilfreich, wenn konkret nach einer Theologie *von* Jugendlichen/einem Theologisieren *von* Jugendlichen gefragt wird, denn gerade in Absetzung von den fünf Dimensionen der Matrix ergibt sich im Hinblick auf die Ergebnisse der vorliegenden Studie die Möglichkeit einer Präzisierung (siehe Tabelle 2, Kap. 9).

Tabelle 2, Kap. 9: Matrix zu den Formen von Jugendtheologie

	Theologie von Jugendlichen	Theologie mit Jugendlichen	Theologie für Jugendliche
Implizite Theologie			
Explizite Theologie			

Die hier vorgeschlagene (vorläufige[324]) Matrix ist zu erläutern: Die Theologieformen *von*, *mit* und *für* Jugendliche(n) werden – mit Schlag und Schweitzer – als Perspektiven begriffen, *implizite* und *explizite* Theologie als Dimensionen.

Definiert werden die Dimensionen für eine Theologie *von* Jugendlichen[325] wie folgt:

1. *Implizite Theologie:* Schülerinnen und Schüler reflektieren und kommunizieren über religiöse/theologische Themen, die sie selbst nicht unbedingt als religiöse/theologische Themen verorten.

324 Vorläufig deshalb, weil erst im nächsten Abschnitt (Kap. 9.2.2) diskutiert wird, ob von Theologie oder Theologisieren zu sprechen ist.

325 Aus dem Untersuchungsdesign vorliegender Studie ergibt sich, dass die hier vorgeschlagene Matrix nur in Bezug auf eine Theologie/ein Theologisieren *von* Jugendlichen konkretisiert werden kann, da über eine Theologie *mit* und *für* Jugendliche hier empirisch keine Ergebnisse vorliegen.

2. *Explizite Theologie:* Schülerinnen und Schüler reflektieren und kommunizieren über religiöse/theologische Themen, die sie selbst als religiöse/theologische Themen erkennen bzw. als solche anerkennen.

Die Dimension *Explizite Theologie* ist dabei in zwei Ausprägungen[326] zu verstehen:

1. *Verwendung von theologischen Systemen* (z. B. Dogmatik, Ethik, Systematik, Praktische Theologie);
2. *Argumentieren theologisch*, d. h. Verwendung von theologischem/religiösem Sprachgut, um Strittiges durch Unstrittiges unstrittig machen zu können.

Die Ausprägung *Argumentieren theologisch* setzt voraus, dass Schülerinnen und Schüler Argumentationsmuster verwenden, welche sich auf rein formaler Ebene als solche identifizieren lassen. Daraus ergibt sich als erste Modifikation die folgende Matrix (siehe Abbildung 1, Kap. 9):

	Theologie von Jugendlichen	Theologie mit Jugendlichen	Theologie für Jugendliche
Implizite Theologie			
Explizite Theologie 1) Verwendung theologischer Systeme 2) Argumentieren theologisch			

Abbildung 1, Kap. 9: Erste Modifikation der Matrix zu den Formen von Jugendtheologie

Das Einfügen von Beispielen aus den untersuchten Texten (siehe Abbildung 2, Kap. 9) kann zeigen, dass diese minimalistische Matrix (im Gegensatz zu Schlag und Schweitzer) aussagefähig ist, wenn theologische Äußerungen von Schülerinnen und Schülern klassifiziert werden sollen. Dabei darf freilich nicht übersehen werden, dass alle Beispiele solche sind, welche eine besondere Form von Kommunikation – das Argumentieren – präsentieren. Dies ist dem Forschungsfokus geschuldet.

Werden allerdings die von Dieterich und Imkampe (2013: 132ff) eruierten Denkmuster in einen Zusammenhang mit dieser Matrix gestellt, dann ließe sich leicht zeigen, dass auch diese zum großen Teil in die vorgeschlagene Matrix eingetragen werden können, wie beispielsweise »In der Bibel ist es nicht wichtig ›wie‹ die Erde entstanden ist, das ›dass‹ ist wichtig. Die Entstehung der Erde steht gar nicht zur Diskussion (T9-H.-w)« (ebd.: 139), was klar der Dimension *Ex-*

326 Unter dem Begriff *Ausprägung* ist keine Hierarchie oder Niveaustufe zu verstehen, sondern eine Differenzierung, die sicherlich noch erweitert werden kann.

plizite Theologie in der Ausprägung *Argumentieren theologisch* zugeordnet werden kann.

Gemäß der vorgeschlagenen Definitionen für eine Theologie *von* Jugendlichen / ein Theologisieren *von* Jugendlichen können für die Dimension *Implizite Theologie* ein Beispiel aus dem Text T12BRu und für die Dimension *Explizite Theologie* (in der Ausprägung 1 und in der Ausprägung 2) Beispiele aus den Texten tn06ABio und Tn29ABio herangezogen werden (siehe Abbildung 2, Kap. 9).

	Theologie von Jugendlichen
Implizite Theologie	**t12BRu, TB6, Z48-53:** P= *Was tun wir, wenn wir der Evolutionstheorie zusagen? Wir glauben daran. Wir glauben, dass etwas Naturwissenschaftliches richtig ist.* A= *Es gibt also auch eine Verbindung von Religion und Naturwissenschaft.* K= *Der Glaube ist zwar naturwissenschaftlich nicht nachzuweisen, genauso wie Gott, doch trotzdem gehen Naturwissenschaftler davon aus, dass es ihn gibt!* P= *Der Glaube ist also schon immer da gewesen* A= *bei den Römern, bei den Ägyptern und bei vielen weiteren.* K= *Er kam also mit dem Urknall und dem Beginn des Lebens.* Q15 (Kausalmuster Grund-Folge) in Verbindung mit S1 illustratives Beispielsmuster)
Explizite Theologie 1) Verwendung theologischer Systeme 2)Argumentieren theologisch	**Ausprägung 1: tn06ABio, TB 2, Z11-12** P= *In der Freiheit eines Einzelnen liegt auch die Glaubensfreiheit.* A= *Darum ist es doch legitim, dass ein Glaube subjektiv ist.* K= *Durch den Glauben sind wir frei.* Q3 (Ganzes-Teil-Muster) in Verbindung mit Q1 (Definitionsmuster). **Ausprägung 2: Tn29ABio, TB4, Z29-31** P= *Die Bibel, der Glaube und die Religion jedoch zeigen dem Menschen eine Sichtweise, die so viel trostvoller ist.* A= *Gott schuf den Menschen als sein Ebenbild. Er verzieh Adam und Eva. Er liebte sie, so wie er jeden von uns heute immer noch liebt.* K= *Wir sind keine Nachkommen von irgendwas.* S1 (illustratives Beispielmuster)

Abbildung 2, Kap. 9: Belegstellen für die vorgeschlagenen Dimensionen zur ersten Modifikation der Matrix zu den Formen von Jugendtheologie

Mit diesem Vorschlag zu einer Matrix zu Formen von Jugendtheologie und den exemplarischen Belegstellen kann die kritische Diskussion dazu abgeschlossen werden. Es dürfte einsichtig geworden sein, dass die von Schlag und Schweitzer vorgeschlagene Matrix hilfreich ist, und, wird sie modifiziert, in der Tat Formen von Jugendtheologie aufgrund empirisch gewonnener Daten nachgewiesen und klassifiziert werden können. Diese Klassifizierung ist weder hierarchisch noch im Sinne von Niveaustufen zu verstehen, sondern dient der Verdeutlichung und der Orientierung u. a. für eine Theologie *mit* und *für* Jugendliche(n). Zugleich sind die vorgetragenen Überlegungen als ein Beitrag zur begrifflichen Klärung dessen, was unter impliziter/expliziter Theologie verstanden werden kann, zu lesen. Gerade dieser Punkt – die begriffliche Klärung – soll im nächsten Abschnitt noch einmal aufgenommen werden. Im Ergebnis wird sich eine weitere (zweite) Modifikation der Matrix präsentieren lassen.

9.2.2 Theologie versus Theologisieren

In der Frage, ob es sich bei einer Theologie *von* Jugendlichen um eine Laientheologie handelt (vgl. Schlag 2013: 12f), liegt die Übereinstimmung zwischen Schlag/Schweitzer und Dieterich darin, dass positiv auf die Tradition zurückgegriffen wird (Luther) und negativ bestimmt wird: Jugendtheologie ist etwas anderes als eine wissenschaftliche oder akademische Theologie. Diese hingegen findet Eingang in eine Theologie *für* und *mit* Jugendliche(n), weil das *Programm Jugendtheologie* auch den Raum für eine Kenntnisnahme und ein Bearbeiten von christlichen, im vorliegenden Falle, protestantischen Traditionen bieten soll und muss. Auch das Verständnis von Theologie bzw. die Unterscheidung zwischen einem weiten und einem engen Theologieverständnis kann als Gemeinsamkeit beider Ansätze resümiert werden.

Der entscheidende Unterschied, es wurde schon angedeutet, liegt in der Frage, ob von Theologie *von, mit, für* (Schlag/Schweitzer) oder von Theologisieren *von, mit* und einer Theologie *für* (Dieterich) gesprochen werden sollte.

Schlag und Schweitzer lehnen ein Theologisieren *mit* Jugendlichen – im Sinne der ursprünglichen Verwendung bei Dieterich (2007) – mit der Behauptung ab, dass »der Begriff des ›Theologisierens‹ […] im allgemeinen Sprachgebrauch eher abwertend gebraucht wird« (Schlag/Schweitzer 2011: 79). Unverständlich bleibt dabei allerdings, dass ein *Theologisieren*

> »auch so verstanden werden könnte, als ob bei Jugendlichen erst bestimmte intellektuelle Voraussetzungen oder gar eine ausdrücklich formale Qualifikation gegeben sein müsste, ehe ihnen überhaupt eine substantielle Mitteilung zugestanden werden könnte«. (ebd.)

Auch die Begründung, dass mit dem Begriff *Theologisieren* »allzu schnell eine Form der modellhaften Machbarkeit« nahegelegt ist (Schlag/Schweitzer ebd.: 80) überzeugt nicht.

Worin ist der Unterschied zwischen Theologie und Theologisieren zu sehen? Theologie, als Beispiel wird Härle herangezogen ([4]2012: 10), »arbeitet aus der

Innenperspektive heraus«, im Gegensatz zur Religionswissenschaft. Theologie ist »*eine Funktion des Glaubens. Christliche* Theologie ist folglich eine Funktion des *christlichen* Glaubens« (ebd., Hervorhebungen im Original).

Für Härle besagt dies zweierlei:

1. Nur weil es christlichen Glauben gibt, gibt es eine christliche Theologie. Das heißt, christliche Theologie findet die »*Begründung*« und »zeitliche *Begrenzung*« ihrer selbst in der Wirklichkeit des Glaubens; andererseits wird christliche Theologie um des »Glaubens *willen*« betrieben.
2. »Christliche Theologie *dient* dem christlichen Glauben, indem sie ihn jeweils in ihrer Zeit zu verstehen versucht und auf seinen Wahrheitsgehalt hin prüft.« (ebd., Hervorhebungen im Original)

Die Überprüfung des Wahrheitsgehaltes kennzeichnet Härle mit dem *Erkenntnisinteresse* christlicher Theologie; kann sie Bestätigungen für diesen Glauben finden, ist von einem *Erhaltungsinteresse* zu sprechen (vgl. ebd.).

So ähnlich argumentiert im religionspädagogischen Zusammenhang auch Meyer-Blanck (2013: 28), wenn er feststellt:

> »Man kann die Theologie in einem weiten Sinne als das Denken des Glaubens überhaupt und die Theologie im engeren Sinne als die denkende Selbstvergewisserung im Dienste der professionellen Glaubenskommunikation [verstehen].«

Werden solche Definitionen bedacht, dann erhebt sich die Frage: Wie wird Theologie betrieben? Es liegt nämlich aufgrund der Bestimmung als Erkenntnis- und Erhaltungsinteresse nahe, von einer Sprach*tätigkeit* auszugehen. Im Zusammenhang mit dem von Schlag und Schweitzer sowie Dieterich vorgetragenen weiten Theologieverständnis und im Zusammenhang mit einer schülerorientierten Didaktik sowie der These von Dieterich, dass es letztlich um einen ergebnisoffenen Dialog geht, erscheint es einsichtiger, in Bezug auf Jugendliche, Schülerinnen und Schüler von *Theologisieren* zu sprechen. Beim näheren Hinsehen zeigt sich, dass die »intellektuelle[n] Voraussetzungen oder gar eine ausdrücklich formale Qualifikation« (Schlag/Schweitzer) eher auf Theologie als auf ein Sprechen in, mit über, durch usw. Theologie, also ein *Theologisieren* zutrifft.

Für diese Argumentation muss noch nicht einmal auf das Programm *Philosophieren mit Kindern* (vgl. kritisch dazu Martens 2008: 30ff) zurückgegriffen werden, denn aus dem Charakter der Theologie selbst – aus dem Fragen nach … und dem Antworten auf … (vgl. in Bezug auf die systematische Theologie Tillich [8]1987: 25–37) – ergibt sich, eher von einer (Sprach-)Handlung auszugehen als von einem »geronnenen« Begriff, in dem auch und immer das statische Moment eines Theoriegebäudes mitschwingt, welches mit der Lebenswelt von Schülerinnen und Schülern zunächst einmal nichts Gemeinsames hat.

In diese Richtung gehen auch die Überlegungen von Meyer-Blanck, wie etwa: »Theologisieren und RU sind […] immer auch das Ringen um Wahrheit« (Meyer-Blanck 2013: 28), wobei ein Theologisieren »den Regeln des freien Denkens« folgt, dem »besseren Argument« und der »besseren individuellen Evidenz« (ebd.: 27), d. h. als ergebnisoffener Prozess verstanden wird. Auch Freudenberger-Lötz (2010: 161) sieht im Theologisieren mit Jugendlichen die Chance, diesen »einen Einblick in eine Auswahl theologischer Deutungsmöglichkeiten zu vermitteln« und somit die Möglichkeit zu eröffnen, »ihre Positionen mit einer der angebotenen theologischen Positionen zu vernetzen.«

In der Formulierung der fünften Dimension bei Schlag und Schweitzer – im vorliegenden Vorschlag als 2. Ausprägung der Dimension *Explizite Theologie (argumentieren ausdrücklich* theologisch) – wird der Hinweis auf ein Sprachspiel, welches formale (Argumentationsmuster) und inhaltliche (hier: Schöpfung und Evolution) Elemente verbindet, besonders deutlich. Von dieser Warte aus betrachtet macht es durchaus Sinn, eher von einem *Theologisieren von* und *mit Jugendlichen* zu sprechen, als von einer Theologie *von* Jugendlichen / Theologie *mit* Jugendlichen, zumal, darauf verweist Bucher (2012: 104ff), aufgrund einer empirischen Studie, Jugendliche mehrheitlich gar keine Theologen sein wollen.[327]

Es erhebt sich noch die Frage, weshalb nicht auch von einem Theologisieren *für* Jugendliche gesprochen werden sollte. Nach Dieterich wird programmatisch Theologie *für* Jugendliche vertiefend in seiner zweiten These vorgestellt:

> »Um die Argumentation zu vertiefen und den Horizont zu erweitern, ist die Beschäftigung mit unterschiedlichen Fremdpositionen, darunter an prominenter Stelle mit Positionen der biblisch-christlich-konfessionellen Tradition, für das Theologisieren mit Jugendlichen unabdingbar.« (Dieterich 2013: 39)

Dies bedeutet in der Endkonsequenz, dass auch Theologinnen und Theologen, Religionslehrerinnen und Religionslehrer *theologisieren*, wenn sie *für* Jugendliche und im Unterricht *mit* Jugendlichen eigene Positionen mit anderen Positionen bearbeiten, erschließen, Perspektivenwechsel vollziehen.

Es kann mit Ziebertz (2004: 213) festgehalten werden, »dass aufgeklärte Menschen heute nicht nur Adressaten von Theologie sein können und wollen, sondern selbst Theologie hervorbringen, indem sie mit Religion umgehen«. Ziebertz sieht darin einen Hinweis darauf, dass »in der Gegenwartskultur eine

327 Auch wenn Schlag und Schweitzer (2012: 169f) versuchen, Buchers empirische Analyse abzumildern, bleibt die Frage bestehen, ob nicht doch von einer Vereinnahmung Jugendlicher gesprochen werden muss, wenn diese als Theologen bezeichnet werden. Dieses Problem ergibt sich bei der Verwendung des Begriffes *Theologisieren* nicht, gerade weil von einem aktiven Handlungszusammenhang die Rede ist und nicht von einer »Berufsbezeichnung«.

Quelle des Theologie-Treibens zu sehen« ist (ebd.). Theologie zu betreiben – im Sinne einer Reflexion auf … – ist aber nur sprachlich möglich, so dass es einleuchtender ist, auch hier von einem *Theologisieren* zu sprechen. Theologisieren so verstanden,

> »beschreibt einen eigenen (Sprach)-Raum zwischen ›Reden über Religion‹ und ›religiöser Rede‹, der als Praxis religiöser Kommunikation auf die ›probeweise‹ Anwendung religiöser Deutungen im Blick auf Alltagserfahrungen zielt. Theologisieren leistet damit einen Beitrag zur ›Pflege religiöser Semantik‹ (Luhmann) im Kontext der Schule und eröffnet Lernerfahrungen, die zur Teilhabe an der ›Praxis‹ Religion (Benner) befähigen.« (Kraft 2007: 119)

Diese Ausführungen legen es nahe, eine begriffliche Differenzierung vorzuschlagen. Der allgemeine Zusammenhang zwischen Jugendlichen und Theologie kann durchaus mit dem Begriff *Jugendtheologie* (Forschungsgebiet) belegt sein. Soll eine Form des *Von*, *Mit* oder *Für* dargestellt werden, dann sollte der Begriff *Theologisieren* (Tätigkeits- bzw. Handlungsfeld) gewählt werden. Weil diese konkreten Formen bzw. Sprachhandlungen einen Kontextbezug haben müssen, ist die Bezeichnung der Dimensionen – *Implizite* und *Explizite Theologie* – gerechtfertigt, denn Formen von Jugendtheologie sollen sich im Rahmen von Theologie (weites und enges Verständnis, fachwissenschaftlicher Bezugsrahmen) bewegen.

Dieser Zusammenhang berücksichtigt den Fokus vorliegender Studie insofern, als dass Argumente ausgetauscht werden (Handlung), dieser Austausch aber in einen Rahmen (vgl. Wohlrapp ^{2}2009)[328] eingebunden sein und das Ganze an eine bestimmte Form (von, mit, für) rückgebunden bleiben muss.

Aus diesen Überlegungen ergibt sich eine zweite Modifikation der Matrix (siehe Abbildung 3, Kap. 9), mit der dieser Abschnitt abgeschlossen wird.

	Theologisieren von Jugendlichen	Theologisieren mit Jugendlichen	Theologisieren für Jugendliche
Implizite Theologie			
Explizite Theologie 1) Verwendung theologischer Systeme 2) Argumentieren theologisch			

Abbildung 3, Kap. 9: Zweite Modifikation der Matrix zu den Formen von Jugendtheologie

328 In vorliegender Studie wurden die Texte der Schülerinnen und Schüler deshalb immer in Textbausteine gegliedert (vgl. Kap. 4 und Kap. 6).

In einer Form der Metadiskussion wird, so lässt sich zusammenfassend notieren, diskutiert, inwiefern es sinnvoll ist, von einem *Theologisieren* zu sprechen bzw. in welches Verhältnis Theologie und Theologisieren in Bezug auf Jugendliche/ Schülerinnen und Schüler gesetzt werden sollte. Es kann herausgearbeitet werden, dass mit der Entscheidung für eine differenziertere begriffliche Verwendung des Ansinnens von Schlag und Schweitzer – *Kommunikation* als »dialogisches Grundprinzip der Jugendtheologie«, als »grundlegendes beziehungsorientiertes Grundverhältnis« (Schlag/Schweitzer 2011: 79) zu deuten – näher an das Untersuchungsfeld *Jugendtheologie* herangetreten werden kann. Über die Verwendung bei Dieterich (vgl. 2012: 13) kann hinausgegangen werden, weil auch von einem Theologisieren *für* Jugendliche zu sprechen ist, wie dargestellt und begründet.

9.2.3 Zusammenfassung

Aus den in Kapitel 9.1 vorgestellten programmatischen Ansätzen zur Jugendtheologie wurden zwei Punkte herausgehoben und kritisch vor dem Hintergrund der Ergebnisse vorliegender Studie (vgl. Kap. 8) diskutiert. Mit der vorgeschlagenen Matrix zu Formen von Jugendtheologie, fokussiert auf die Perspektive *Theologisieren von Jugendlichen*, kann die Matrix von Schlag und Schweitzer modifiziert werden. Diese theoretisch abgeleitete Modifikation wurde exemplarisch mit den Ergebnissen der hier vorgestellten Erhebung konfrontiert. Daraus lassen sich Hinweise auf die vorläufige Tragfähigkeit der theoretischen Modifikationen ableiten.

Zugleich stellen die vorgetragenen Überlegungen – als Metareflexion – einen Beitrag zur begrifflichen Klärung dessen vor, was unter impliziter/expliziter Theologie, aber auch in Bezug auf Theologie/Theologisieren verstanden werden kann. Es hat sich durch die geführte kritische Diskussion herauskristallisiert, dass es sinnvoller ist, vom Theologisieren als Tätigkeit *von*, *mit* und *für* Jugendliche(n) / Schülerinnen und Schülern zu sprechen. Gerade auch unter argumentationstheoretischen Voraussetzungen lässt sich mit dieser Entscheidung näher an das Feld *Jugendtheologie* herantreten, denn argumentiert wird immer dann, wenn etwas zu einer Frage wird bzw. geworden ist und: Argumentieren ist eine Tätigkeit, Fragliches in Geltendes zu überführen, aber auch Geltendes zu problematisieren. Dabei, darauf wurde verwiesen, bildet Theologie den Bezugsrahmen, innerhalb dessen Jugendtheologie betrieben wird bzw. betrieben werden soll.

Mit der differenzierten begrifflichen Verwendung von Jugendtheologie (Forschungsgebiet), Theologie (fachwissenschaftlicher Bezugsrahmen) Theologisieren (Tätigkeits-/Handlungsfeld z. B. im Unterricht) kann den programmatischen Überlegungen zur Jugendtheologie, wie beispielsweise *Kommunikation* als »dialogisches Grundprinzip«, als »grundlegendes beziehungsorientiertes Grundverhältnis« (Schlag/Schweitzer 2011: 79), besser entsprochen werden – gerade auch, weil im Sinne der Theoriebildung klarer zu machen ist, auf welcher Ebene sich die einzelnen Ansätze bewegen. Wird der angestrebte Dialog in unterrichtlichen Zusammenhängen noch argumentationstheoretisch gesichert, dürfte sich die Möglichkeit der Wahrnehmung eines »Laberfaches« zumindest minimieren lassen.

9.3 Schlussbetrachtungen

Empirische Forschung zu betreiben, ist in der Religionspädagogik schon seit einiger Zeit nichts Neues oder Erstaunliches. Die Studie unternahm eine Forschung, um argumentationstheoretisch gesichert und empirisch überprüft Einblicke in fachspezifisches und fachübergreifendes Argumentieren von Schülerinnen und Schülern der gymnasialen Oberstufe zu erhalten. Das inhaltliche Thema *Schöpfung und Evolution* diente dabei als ein mögliches Beispiel.

Von diesem inhaltlichen Beispiel aus betrachtet, aber auch in Hinblick auf empirische Forschungsansätze ist die Studie anschlussfähig an Forschungen und Studien von Rothgangel (1999), Hunze (2007), Höger (2008), Teilen aus Gennerich (2010), um nur an einige Beispiele zu erinnern. Wie tragfähig sich empirische Forschung für die Religionspädagogik und hier speziell für eine *Jugendtheologie* erweist, zeigen Studien und Beiträge wie beispielsweise die von Ziegler (2006) oder Dieterich und Imkampe (2013). Jede dieser genannten – und andere hier nicht genannten – Studien liefert eine speziellen Beitrag zur differenzierten Erforschung und Theoriebildung in Bezug auf Religionsunterricht, aber auch in Bezug auf gemeindepädagogische Kinder-, Jugend- und Erwachsenenarbeit.

Der Beitrag vorliegender Studie zu diesem Forschungsfeld liegt darin, dass auf eine bestimmte Kommunikationsform – das Argumentieren – fokussiert wird, weil sich im Überblick über die religionspädagogische Forschungslandschaft hier ein Desiderat ergeben hat. Dabei kann *das Argumentieren* nicht hoch genug eingeschätzt werden, verhilft es doch in gesellschaftlich verankerten Kommunikationsprozessen – und dies dürfte gerade auch auf Bildungsprozesse zutreffen – zur Möglichkeit, »Perspektivenwechsel« zu vollziehen, woraus sich ein »Unterscheidungsvermögen« bilden kann:

> »In modernen Gesellschaft[en] müssen Menschen wissen, aus welchen unterschiedlichen Perspektiven sie in unterschiedlichen beruflichen, gesellschaftlichen, privaten

> Situationen die Welt wahrnehmen und welcher blinde Fleck mit jeder dieser Perspektiven unvermeidlich verbunden ist.« (Dressler 2007a: 21f)

Die Ergebnisse dieser Untersuchung zeigen, dass Schülerinnen und Schüler der gymnasialen Oberstufe zum Thema *Schöpfung und Evolution* fachspezifisch und fachübergreifend unter Verwendung von Argumentationsmustern aus der Topik- und Rhetoriktradition argumentieren. Sie decken allerdings auch auf, dass die Inhalte dieser Argumentationen nur teilweise dem entsprechen, was fachwissenschaftlich von einem Religions- und Biologieunterricht verlangt werden könnte, wie beispielsweise ein Wissen darum, dass Schöpfung kein Bericht ist, sondern eine Erzählung, und somit die Erde einschließlich des Kosmos nicht in sechs Tagen von einem Designer gemacht wurde, oder dass der Mensch nicht vom Affen abstammt und Evolutionstheorie keine zielgerichtete Höherentwicklung vom Bakterium zum Menschen beschreiben will und kann.

Englert forderte im Jahr 2004 als zweite Dimension eines (seines) Kompetenzmodells eine »*Theologische Frage- und Argumentationsfähigkeit*« mit der folgenden Beschreibung:

> »Die Schülerinnen und Schüler sollen die zentralen theologischen Deutungsmuster mindestens einer religiösen Tradition sachgerecht gebrauchen, ansatzweise mit anderen religiösen Traditionen vergleichen und sich für ihre eigene Auseinandersetzung mit den großen Fragen der Menschheit zunutze machen können.« (Englert 2004: 9, Hervorhebung im Original; ähnlich auch Englert 2008: 215).

Wird diese Formulierung in einen Zusammenhang mit vorliegender Studie und deren Ergebnissen gesetzt, lassen sich gleich mehrere Felder für eine Fortführung der hier begonnenen Forschung, und zwar im Hinblick auf »ein mögliches religionsdidaktisches Programm für den Religionsunterricht der Sekundarstufe I und II« (Dieterich 2013: 35) ausmachen. In Kapitel 8.4.5 wurden zwei solcher Forschungsmöglichkeiten schon kurz skizziert:

1. Klärung theologischer Begriffe (begriffsbildender Unterricht) und bewusstes Einüben des Argumentierens im Religionsunterricht.
2. Methodische Weiterbildung von Religionslehrkräften, um die Typologie abstrakter Argumentationsmuster zur Kenntnis zu geben und daraus Lernaufgaben zu entwickeln.

Im Folgenden werden diese Forschungsmöglichkeiten konkretisiert:

1) Theologisches Fragen und theologisches Argumentieren bedürfen der bewussten unterrichtlichen Einübung einer Frage- und Argumentationskultur. Das heißt, die Förderung einer solchen Fähigkeit kann nur gewährleistet werden, wenn wissenschaftlich initiierte Interventionsstudien mit einem Pre-Post-Follow-up-Testdesign angestrengt und durchgeführt werden. Dazu müssten argumentationstheoretisch abgesicherte Unterrichtsmaterialien

entwickelt und eingesetzt werden, die sicherstellen, dass dasjenige, was eingeübt werden soll (formal und inhaltlich »sauber« zu argumentieren), auch eingeübt werden kann. Dies erfordert von Lehrkräften des Faches Evangelische Religion zumindest eine bewusste Zur-Kenntnisnahme vorhandener Argumentationsmuster.[329]

2) Ein weiteres Forschungsfeld ergibt sich aus dem Fokus vorliegender Studie mit seiner Verengung auf ein Theologisieren *von* Jugendlichen: Hier hätte eine Forschung anzusetzen, die, ebenfalls auf argumentationstheoretischer Basis, das Argumentieren *mit* Jugendlichen und *für* Jugendliche eruiert. Erst in der Trias *von*, *mit* und *für* kann von einem religionsdidaktischen Programm *Jugendtheologie* ausgegangen werden. Eine solche Forschung setzt voraus, dass theoriegeleitete Modelle entwickelt und eingesetzt werden, welche die unterschiedlichen Perspektiven von Jugendtheologie gemeinsam in den Blick nehmen.
3) Argumentieren (aber auch Fragen) steht in einem engen Zusammenhang mit begrifflicher Bildung, eine solche ist im Prinzip vorauszusetzen. Auch hier – so die Einschätzung am Ende der Studie – besteht ein erheblicher Forschungsbedarf. Hanisch (vgl. 2003, 2009) sieht in Bezug auf religiöse Sprachfähigkeit einen ähnlichen Forschungsbedarf. Unklar bleibt nämlich, weshalb Schülerinnen und Schüler der gymnasialen Oberstufe nicht in der Lage sind, Schöpfung, aber auch Evolution fachwissenschaftlich entsprechend einzuordnen und von dieser Einordnung aus zu argumentieren. Die Textbeispiele können zeigen, dass zwar auf der formalen, aber eben nicht auf der inhaltlichen Ebene von Plausibilität, plausibler Argumentation gesprochen werden kann. Die Rückbindung von Argumenten an Begriffe, aber auch die Klärung von Begriffen durch Argumentationen wäre ein drittes Forschungsfeld, welches zu bearbeiten ist.

Jugendtheologische Forschung sollte Sensibilität für eine begrifflich exaktere Sprache entwickeln. Wenn etwas zu einem Fraglichen wird und mittels der Kommunikationsform *Argumentieren* in Unfragliches, Geltendes, festes Wissen überführt werden soll, dann hat ein solches Unterfangen nur Aussicht auf Erfolg, wenn es von einer begrifflichen Exaktheit begleitet wird.

Damit ist nicht ausgedrückt, dass Religionsunterricht an der öffentlichen Schule zu einer fachwissenschaftlich abgedrehten Sprache anzuleiten, vielleicht sogar zu verführen hat. Wohl aber ist dieses Unterrichtsfach verpflichtet, sich selbst und anderen (Fächern, Eltern, der Öffentlichkeit) Auskunft darüber geben zu können, was es im Fächerkanon und damit für den Bildungsprozess leisten

329 Dass diese Kenntnisse fehlen, wurde bei einer Weiterbildung von Religionslehrerinnen und Religionslehrern im November 2013 in Österreich deutlich.

kann und will. Sich über den eigenen sprachlichen Kontext, die eigenen Überzeugungen, das eigene Wissen bewusst zu werden oder zu sein, verhilft in der Regel dazu, dass eine bloße Rhetorik keine Möglichkeit erhält, ideologisch wirksam zu werden. Inwiefern die sich rasant entwickelnde jugendtheologische Forschung einen Beitrag zur religiösen Sprach- und Urteilsfähigkeit und damit zur Religionsmündigkeit von Schülerinnen und Schülern zu Ende der Sekundarstufe I und in der Sekundarstufe II leisten kann, wird sich in der Zukunft noch erweisen müssen.

10. Verzeichnisse

10.1 Abbildungen

10.2 Tabellen

Kapitel 7

10.3 Literatur

Acar, O. / Turkmen, L. / Roychoudhury, A. (2010): Student Difficulties in Socio-scientific Argumentation and Decision-making Research Findings: Crossing the borders of two research lines. International Journal of Science Education 32 (9), 1191–1206.

Altmeyer, S. (2013): Wiederkehr der Religion. In: Altmeyer, S. / Bitter, G. / Theis, J. (Hg.): Religiöse Bildung – Optionen, Diskurse, Ziele. Praktische Theologie heute 132 (Freundesgabe für R. Englert). Stuttgart: Kohlhammer, 89–100.

Angel, H.-F. (1988): Naturwissenschaft und Technik im Religionsunterricht. Frankfurt a. M.: Peter Lang.

Angel, H.-F. (1998): Religion und Religiosität. Anthropologische Grundfragen im Zusammenhang mit dem Religionsunterricht. Christlich Pädagogische Blätter 111, 77–84.

Angel, H.-F. (2009): Steiniges Terrain. Religionspädagogische Sondierungen im Schnittfeld von Naturwissenschaft und Theologie. TheoWeb 8 (1), 4–25.

Aristoteles (1994): Die Poetik. Übers. und hg. von M. Fuhrmann. Stuttgart: Reclam.

Aristoteles (1995a): Topik – Sophistische Widerlegung. Übersetzt von E. Rolfes. Philosophische Schriften in 6 Bänden, Bd. 2. Hamburg: Felix Meiner.

Aristoteles (1995b): Metaphysik. Übersetzt von H. Bonitz, bearbeitet von H. Seidl. Philosophische Schriften in 6 Bänden, Bd. 5. Hamburg: Felix Meiner.

Aristoteles ([5]1995c): Rhetorik. Übersetzt und erläutert von F. G. Sieveke. Stuttgart: UTB für Wissenschaft.

Arnold, K.-H. ([2]2002): Qualitätskriterien für die standardisierte Messung von Schulleistungen. Kann eine (vergleichende) Messung von Schulleistungen objektiv, repräsentativ und fair sein? In: Weinert, F. E. (Hg.): Leistungsmessungen in Schulen. Weinheim/ Basel: Beltz, 117–130.

Arnold, U. / Hanisch, H. / Orth, G. (1997): Was Kinder glauben. 24 Gespräche über Gott und Welt. Stuttgart: Calwer.

Baalmann, W. / Frerichs, V. / Weitzel, H. / Gropengießer, H. / Kattmann, U. (2004): Schülervorstellungen zu Prozessen der Anpassung – Ergebnisse einer Interviewstudie im Rahmen der Didaktischen Rekonstruktion. Zeitschrift für Didaktik der Naturwissenschaften 10, 7–28.

Baalmann, W. / Kattmann, U. (2000): Birkenspanner: Genetik im Kontext von Evolution. In: Unterricht Biologie 260, 32–35.

Ballmer, T. (1974): Einführung und Kontrolle von Diskurswelten. In: Rüttenauer, M. (Hg.): Textlinguistik und Pragmatik. Beiträge zum Konstanzer Textlinguistik-Kolloquium 1972. Hamburg: Buske, 185–219.

Ballweg, J. (1981): Experimenteller und alltagssprachlicher Ursache-Wirkungs-Begriff. In: Posch, G. (Hg.): Kausalität. Stuttgart: Reclam, 147–156.

Barbour, I. G. (1990): Religion in an Age of Science. The Grifford Lectures 1989–1991, Vol. 1, San Francisco: Harper.

Barth, K. (1923): Von der Paradoxie des »positiven Paradoxes«. Theologische Blätter 11 (2), 263–269; auch abgedruckt in Tillich, P.: Main Works /Hauptwerke, hg. von Ratschow, C. H., 6 Bde. Berlin: de Gruyter, Bd. 4.

Barth, U. (2003): Gott und Natur. Schellings metaphysische Deutung der Evolution. In: Barth, U.: Religion in der Moderne. Tübingen: Mohr Siebeck, 461–481.

Basel, N. / Harms, U. / Prechtl, H. / Weiß, T. / Rothgangel, M. (2013): Students' arguments on the science and religion issue: the example of evolutionary theory and Genesis. In: Journal of Biological Education, 2013 (doi:10.1080/00219266.2013.849286).

Basel, N. / Weiß, T. / Harms, U. / Prechtl, H. / Rothgangel, M. (im Druck). Analyse von Schülerargumentationen zu Evolution und Schöpfung. Zeitschrift für Didaktik der Naturwissenschaften.

Baumann, U. / Schweitzer F. (Hg.) (2006): Religionsbuch Oberstufe. Berlin: Cornelsen.

Baumert, J. (2002): Deutschland im internationalen Bildungsvergleich. In: Killius, N. / Kluge, J. / Reisch, L. (Hg.): Die Zukunft der Bildung. Frankfurt a. M., Suhrkamp, 100–150.

Baumert, J. / Klieme, E. / Neubrand, M. / Prenzel, M. / Schiefele, U. / Schneider, W. / Stanat, P. / Tillmann, K. J. / Weiß, M. (Hg.) (2001): PISA 2000. Basiskompetenzen von Schülerinnen und Schülern im internationalen Vergleich. Opladen: Leske & Budrich.

Bayrhuber, H. (2009): Zum Umgang mit dem Kreationismus in Schule und Öffentlichkeit. Sieben Fachdidaktische Leitideen. Loccumer Pelikan 1, 11–15.

Bayrhuber, H. (2011): Evolution und Schöpfung – eine Übersicht. In: Bayrhuber, H. / Faber, A. / Leinfelder, R. (Hg.): Darwin und kein Ende? Seelze: Kallmeyer/Klett, 12–19.

Bayrhuber, H. / Faber, A. / Leinfelder, R. (2011) (Hg.): Darwin und kein Ende? Seelze: Kallmeyer/Klett.

Bayrhuber, H. / Hauber, W. / Kull, U. (^{23}2010): Linder Biologie. Sekundarstufe II. Gesamtband. Braunschweig: Schroedel.

Becker-Mrotzek, M. / Böttcher, I. (2006): Schreibkompetenz entwickeln und beurteilen. Berlin: Cornelsen.

Bellmann, J. (2006): Religionsunterricht ist ordentliches Lehrfach. Begründungen religiöser Bildung an öffentlichen Schulen. In: Ruhloff, J. / Bellmann, J. et al. (Hg.): Perspektiven Allgemeiner Pädagogik. Weinheim: Juventa, 173–186.

Benner, D. (^{5}2005): Allgemeine Pädagogik. Eine systematisch-problemgeschichtliche Einführung in die Grundstruktur pädagogischen Denkens und Handeln. Weinheim/München: Juventa.

Benner, D. (2008a): Bildung und Religion. Überlegungen zu ihrem problematischen Verhältnis und zu den Aufgaben eines öffentlichen Religionsunterrichts heute. In: Benner, D.: Bildungstheorie und Bildungsforschung. Grundlagenreflexionen und Anwendungsfelder. Paderborn u. a.: Schöningh, 129–145.

Benner, D. (2008b): Unterricht – Wissen – Kompetenz. Zur Differenz zwischen didaktischen Aufgaben und Testaufgaben. In: Benner, D.: Bildungstheorie und Bildungsforschung. Paderborn u. a.: Schöningh, 229–242.

Benner, D. (2010): Religionsunterricht als Ort der Pädagogik und Ort der Theologie. Zeitschrift für Pädagogik und Theologie, Der evangelische Erzieher 3, 183–193.

Benner, D. / Krause, S. / Nikolova, R. / Pilger, T. / Schluß, H. / Schieder, R. / Weiß, T. / Willems, J. (2007): Ein Modell domänenspezifischer religiöser Kompetenz. Erste Ergebnisse aus dem DFG-Projekt RU-Bi-Qua. In: Benner, D. (Hg.): Bildungsstandards. Instrumente zur Qualitätssicherung im Bildungswesen. Chancen und Grenzen – Beispiele und Perspektiven. Paderborn u. a.: Schöningh, 141–156.

Benner, D. / Schieder, R. / Schluß, H. / Willems, J. (2011): Religiöse Kompetenz als Teil öffentlicher Bildung. Paderborn u. a.: Schöningh.

Benoit, W. L. / Lindsey, J. J. (1987): Argument fields and forms of argument in natural language. Argumentation 3 A, 215–224.

Berg, B. (1989): Qualitative Research Methods for the Social Sciences. Boston: Allyn and Bacon.

Bergmann, J. / Hahn, A. / Luckmann, T. (Hg.) (1993): Religion und Kultur. Opladen: Sonderheft 33, Kölner Zeitschrift für Soziologie und Sozialpsychologie.

Berland, L. K. / McNeill, K. L. (2010): A Learning progression for scientific argumentation: Understanding student work and designing supportive instructional contexts. Science Education 94 (5), 765–793.

Bichlbauer, D. (1991): Interpretative Methodologie. Wien: Braunmüller.

Biegl, C.-E. (2006): Begegnungen mit der Natur 8. Wien: Oldenbourg.

Biehl, P. (1991/1993): Symbole geben zu lernen. 2 Bde, Neukirchen-Vlyun: Neukirchener Verlagsanstalt.

Biehl, P. (1999): Festsymbole. Zum Beispiel Ostern. Kreative Wahrnehmung als Ort der Symboldidaktik. Neukirchen-Vluyn: Neukirchner Verlagsanstalt.

Biesinger, A. / Strack, H.-B. (1996): Gott, der Urknall und das Leben. München: Kösel.

Birnbacher, D. (1999): Philosophieren als Praxis. Eine Einschätzung des Schulversuches Praktische Philosophie aus fachphilosophischer Sicht. In: Ministerium für Schule, Wissenschaft und Forschung des Landes NRW, Schriftenreihe Schule in NRW Nr. 9038.

Bitter, G. / Englert, R. / Miller, G. / Nipkow, K. E. (Hg.) (2013): Neues Handbuch religionspädagogischer Grundbegriffe. München: Kösel.

Blancke, S. / Boudry, M. / Braeckman, J. / De Smedt, J. / De Cruz, H. (2011): Dealing with creationist challenges. What European biology teachers might expect in the classroom. Journal of Biological Education 45 (4), 176–182.

Blancke, S. / De Smedt, J. / De Cruz, H. / Boudry, M / Braeckman, J. (2012): The Implications of the Cognitive Sciences for the Relation Between Religion and Science Education: The Case of Evolutionary Theory. Science & Education 21 (8), 1167–1184.

Bochenski, J. M. (1981): Logik der Religion. Köln: J. P. Bachem.

Bogdan, R. / Taylor, S. (1975): Introduction to Qualitative Research Methods. New York: Wiley.

Bohnsack, R. (1991): Rekonstruktive Sozialforschung. Einführung in die Methodologie und Praxis qualitativer Forschung. Opladen: Leske & Budrich.

Bohnsack, R. (1997): »Orientierungsmuster«: Ein Grundbegriff qualitativer Sozialforschung. In: Schmidt, F. (Hg.): Methodische Probleme der empirischen Erziehungswissenschaft. Baltmannsweiler: Schneider, 49–61.

Bortz, J. (1984): Lehrbuch der empirischen Forschung. Für Sozialwissenschaftler. Berlin u. a.: Springer.

Bortz, J. / Döring, N. ([4]2006): Forschungsmethoden und Evaluation: Für Human- und Sozialwissenschaftler. Berlin u. a.: Springer.

Braun, E. / Rademacher, H. (1978): Wissenschaftstheoretisches Lexikon. Graz: Styria.

Brem, S. K. / Ranney, M. / Schindel, J. (2003): Perceived consequences of evolution: College students perceive negative personal and social impact in evolutionary theory. Science Education 87 (2), 181–206.

Bremerich-Vos, A. (1985): Wolfgang Kleins Argumentationstheorie und Habermas' Kritik. In: Kopperschmidt, J. / Schanze, H. (Hg.): Argumente – Argumentation. Interdisziplinäre Problemzugänge. München: Fink, 110–121.

Bricker, L.A. / Bell, P. (2008): Conceptualizations of argumentation from science studies and the learning sciences and their implications for the practices of science education. Science Education 92, 473–498.

Brinker K. ([7]2010): Linguistische Textanalyse. Eine Einführung in Grundbegriffe und Methoden. Berlin: Schmidt.

Bubolz, G. / Bubolz-Janssen, M. (2011): Grundwissen Religion. Sekundarstufe II. Berlin: Cornelsen.

Bucher, A. A. (1992): Kinder und die Rechtfertigung Gottes? Ein Stück Kindertheologie. schweizer schule 10, 7–12.

Bucher, A. A. (1994): Einführung in die empirische Sozialwissenschaft. Ein Arbeitsbuch für TheologInnen. Stuttgart u. a.: Kohlhammer.

Bucher, A. A. (2012): Sind Jugendliche auch für Jugendliche Theologen? Eine Pilotstudie und konzeptuelle Überlegungen. In: Schlag, T. / Schweitzer, F. et al. (2012): Jugendtheologie. Grundlagen – Beispiele – kritische Diskussion. Neukirchen-Vlyun: Neukirchener Verlagsgesellschaft, 102–110.

Büchner, F. / Dressler, B. / Geck, A. (Hg.) (2000): Perspektiven Religion. Arbeitsbuch für die Sekundarstufe II. Göttingen: Vandenhoeck & Ruprecht.

Budke, A. (2013): Stärkung von Argumentationskompetenz im Geografieunterricht – sinnlos, unnötig, zwecklos? In: Becker-Mrotzek, M. / Schramm, K. / Thürmann, E. / Vollmer, H. J. (Hg.): Sprache im Fach. Sprachlichkeit und fachliches Lernen. Münster u. a.: Waxmann, 353–364.

Burgey, F. (1985): Technik und Heiliger Kosmos. Probleme der Theologie und der Verkündigung in einer von Wissenschaft und Technik geprägten Welt. Würzburg: Echter Verlag.

Bußmann, H. (^{4}2008): Lexikon der Sprachwissenschaften. Stuttgart: Alfred Kröner.

Büttner, G. (2006): Strukturen theologischer Argumentation – Versuch einer Kartographie der Kindertheologie. In: Bucher, A. A. (Hg.), Jahrbuch für Kindertheologie 5. Stuttgart: Calwer, 56–68.

Büttner, G. (2007): Theologisieren mit Jugendlichen. Ein religionsdidaktischer Ansatz zum Umgang mit intellektueller Begabung. In: Guttenberger, G. / Husmann, B. (Hg.): Begabt für Religion. Religiöse Bildung und Begabungsförderung. Göttingen: Vandenhoeck & Ruprecht, 136–145.

Büttner, G. (2012a): Theologisieren als Grundfigur der Praktischen Theologie – Grundüberlegungen für das Theologisieren mit Jugendlichen. In: Dieterich, V.-J. (Hg.): Theologisieren mit Jugendlichen – Ein Programm für Schule und Kirche. Stuttgart: Calwer, 51–69.

Büttner, G. (2012b): Braucht die Jugendtheologie eine »ekklesiologische« Fundierung? In: Dieterich, V.-J. (Hg.): Theologisieren mit Jugendlichen – Ein Programm für Schule und Kirche. Stuttgart: Calwer, 70–78.

Büttner, G. / Bucher, A. A. (2005): Kindertheologie – Eine Zwischenbilanz. Zeitschrift für Pädagogik und Theologie 1, 35–46.

Büttner, G. / Rupp, H. (2002): Theodizee als Dilemma. Möglichkeiten und Grenzen der Dilemmadiskussion als Medium kindlichen Theologisierens. In: Büttner, G. / Rupp, H. (Hg.): Theologisieren mit Kindern. Stuttgart u. a.: Kohlhammer, 21–34.

Chierchia, G. / McConnell-Ginet, S. (1990): Meaning and Grammar. A Introduction to Semantices. Cambridge, MA: MIT Press.

Chomsky, N. (1965): Aspects of the Theory of Syntacts. Cambridge, MA: MIT Press.

Cicero, M. T. (1884): De inventione. Hg. von W. Friedrich. Leipzig: Teubner.

Cicero, M. T. (1978): De oratore – Über den Redner, Latein / Deutsch. Hg. und übers. von H. Merklin. Stuttgart: Reclam.

Clark, D. B. / Sampson, V. (2008): Assessing dialogic argumentation in online environments to relate structure, grounds, and conceptual quality. Journal of Research in Science Teaching 45 (3), 293–321.
Dalferth, I. U. (1992): Gott. Philosophisch-theologische Denkversuche. Tübingen: Mohr Siebeck.
Dalferth, I. U. (1999): Schöpfung – Stil der Welt. Freiburger Zeitschrift für Philosophie und Theologie 113 (3), 419–444.
Dawkins, R. (2006): Der Gotteswahn. Berlin: Ullstein.
Dawkins, R. (2010): Die Schöpfungslüge: Warum Darwin Recht hat. (übers. aus dem Engl. von S. Vogel). Berlin: Ullstein.
Denzin, N. (1989): Interpretative Interactionism. Newbury Park: Sage.
Denzin, N. / Lincoln, Y. (Eds.) (1994): Handbook of Qualitative Research. Thousand Oaks: Sage.
Deutsch, W. et al. (Hg.) (2006): klar. Biologie 8. Wien: Verlag Jugend & Volk.
Dewey, J. (1922/2004): Human Nature and Conduct. An introduction to social psychology. Dt.: Die menschliche Natur. Ihr Wesen und ihr Verhalten. Zürich 2004: Verlag Pestalozzianum.
Dieterich, V.-J. (1996): Glaube und Naturwissenschaft. Oberstufe Religion. Stuttgart: Calwer.
Dieterich, V.-J. (2007): Theologisieren mit Jugendlichen? In: Bucher, A. A. / Büttner, G. / Freudenberger-Lötz, P. / Schreiner, M. / Kraft, F. / Schwarz, E. E. (Hg.): »Man kann Gott alles erzählen, auch kleine Geheimnisse«. Jahrbuch für Kindertheologie 6. Stuttgart: Calwer, 121–137.
Dieterich, V.-J. (2008): Schöpfung und Natur im Religionsunterricht. Aspekte und Wege. entwurf (4), 12–15.
Dieterich, V.-J. (2012): Theologisieren mit Jugendlichen – Ein Programm. In: Dieterich, V.-J. (Hg.): Theologisieren mit Jugendlichen – Ein Programm für Schule und Kirche. Stuttgart: Calwer, 31–50.
Dieterich, V.-J. (2013): Theologisieren mit Jugendlichen als religionsdidaktisches Programm für die Sekundarstufe I und II. In: Freudenberger-Lötz, P. / Kraft, F. / Schlag, T. (Hg.): »Wenn man daran noch so glauben kann, ist das gut.« Jahrbuch für Jugendtheologie 1. Stuttgart: Calwer, 35–49.
Dieterich, V.-J. / Imkampe, M. (2013): »Es könnte doch sein, dass Gott der Natur geholfen hat, sich zu entwickeln.« – Komplementäres oder/und hyprides Denken? Wie weit man in der Schulzeit in der Frage der Weltbildentwicklung realistischerweise kommen kann. In: Dieterich, V.-J. / Roebben, B. / Rothgangel, M. (Hg.): Der Urknall ist immerhin, würde ich sagen, auch nur eine Theorie. Jahrbuch für Jugendtheologie 2: Schöpfung und Jugendtheologie. Stuttgart: Calwer, 132–143.
Dilthey, W. (1900/^{2}1957): Die Entstehung der Hermeneutik. In: Die geistige Welt. Einleitung in die Philosophie des Lebens. GW Bd. V. Stuttgart/Göttingen: Teubner / Vandenhoeck & Ruprecht.
Doedens, F. / Weiße, W. (2007): Religion unterrichten in Hamburg. Theo-Web 6 (1), 50–67.
Dörpinghaus, A. / Helmer, K. (Hg.) (2004): Topik und Argumentation. Würzburg: Königshausen & Neumann.
Dorschner, J. (Hg.) (1998): Der Kosmos als Schöpfung. Zum Stand des Gesprächs zwischen Naturwissenschaft und Theologie. Regensburg: Friedrich Pustet.

Doyé, K. (2006): Jugend ohne Gott? Zur Religiosität von Jugendlichen. In: Doyé, K. / Spenn, M. / Zampich, D. (Hg.): Die Religionsphilosophischen Projektwochen. Ethisch-religiöse Bildung mit Schülerinnen und Schülern. Münster: Comenius-Institut, 14–18.

Dressler, B. (1998): Die Schule entdeckt die Kirche als Ort von Religion. Was kann der Religionsunterricht von der Kirchenpädagogik lernen? In: Klie, T. (Hg.): Der Religion Raum geben. Kirchenpädagogik und Religiöses Lernen. München: LIT, 77–92.

Dressler, B. (2007a): Bildung und Religion. Welterschließung als Unterscheidungsvermögen. In: Guttenberger, G. / Husmann, B. (Hg.): Begabt für Religion. Religiöse Bildung und Begabungsförderung. Göttingen: Vandenhoeck & Ruprecht, 15–30.

Dressler, B. (2007b): Religiös gebildet – kompetent religiös? Über Möglichkeiten und Grenzen der Standardisierung des Religionsunterrichts. In: Sajak, K. P. (Hg.): Bildungsstandards für den Religionsunterricht und nun? Perspektiven für ein neues Instrument im Religionsunterricht. Münster: LIT, 161–178.

Dressler, B. (2008): Performanz und Kompetenz. Überlegungen zu einer Didaktik des Perspektivwechsels. Zeitschrift für Pädagogik und Theologie 1, 74–88.

Dressler, B. (2009): Überlegungen zur Didaktik der Schöpfungstheologie. Zeitschrift für Pädagogik und Theologie 61 (4), 391–401.

Dressler, B. / Beck, L. A. (Hg.) (2010): Fachdidaktiken im Dialog. Marburger Schriften zur Lehrerbildung, Bd. 3. Marburg: Tectum.

Drieschner, M. (2007): »Zufall Mensch« – ein Missverständnis. In: Klinnert, L. (Hg.): Zufall Mensch? Das Bild des Menschen im Spannungsfeld von Evolution und Schöpfung. Darmstadt: Wissenschaftliche Buchgesellschaft, 41–54.

Drosdowski, G. et al. (Hg.) ([5]1990): Duden. Fremdwörterbuch. Mannheim u. a.: Dudenverlag.

Dürr, H. P. (1990): Das Netz des Physikers. Naturwissenschaftliche Erkenntnis in der Verantwortung. München: Deutscher Taschenbuchverlag.

Duschl, R. (2007): Quality argumentation and epistemic criteria. In: Erduran, S. / Jiménez-Aleixandre, M. (Eds.): Argumentation in science education: Perspectives from classroom-based research. Dordrecht: Springer, 159–175.

Duschl, R. / Osborne, J. (2002): Supporting and promoting argumentation discourse in science education. Studies in Science Education, 38 (1), 39–72.

Duveen, J. / Solomon, J. (1994): The great evolution trial: Use of role-play in the classroom. Journal of Research in Science Teaching 31, 575–582.

Edsmann, C.-M. / Wright, G. E. / Michel, O. / Gloege, G. / Klemm, P. ([4]2004): Schöpfung. In: Betz, H. D. / Browning, D. S. / Janowski, B. / Jüngel, E. (Hg.): Religion in Geschichte und Gegenwart. Handwörterbuch für Theologie und Religionswissenschaft. Bd. 7. Tübingen: Mohr Siebeck, 967–992.

Eggert, S. / Bögeholz, S. (2006): Göttinger Modell der Bewertungskompetenz – Teilkompetenz »Bewerten, Entscheiden und Reflektieren« für Gestaltungsaufgaben Nachhaltiger Entwicklung. Zeitschrift für Didaktik der Naturwissenschaften 12, 177–197.

Eggler, M. (2006): Argumentationsanalyse textlinguistisch. Argumentative Figuren für und wider den Golfkrieg von 1991. (Diss.), Tübingen: Niemeyer.

EKD (Hg.) (1994): *Identität und Verständigung.* Standort und Perspektiven des Religionsunterrichts in der Pluralität. www.uni-regensburg.de/Fakultaeten/phil_Fak_I/Evangelische_Theologie/pdfs/identitaet_und_verstaendigung_neu.pdf [25. 8. 2013].

EKD (Hg.) (2010): Kompetenzen und Standards für den Evangelischen Religionsunterricht in der Sekundarstufe I. Ein Orientierungsrahmen. EKD-Texte 111. Hannover.

Engemann, W. (²2011): Einführung in die Homiletik. Stuttgart: UTB.

Englert, R. (2004): Bildungsstandards für »Religion«: Was eigentlich alles wissen sollte, wer solche formulieren wollte. Theo-Web 3 (2), 2–13.

Englert, R. (2008): Religionspädagogische Grundfragen. Anstöße zur Urteilsbildung. Stuttgart: Kohlhammer.

Erduran, S. / Simon, S. / Osborne, J. (2004): TAPping into argumentation: Developments in the application of Toulmin's argument pattern for studying science discourse. Science Education 88, 915–933.

Ernst, P. (2002): Pragmalinguistik. Grundlagen-Anwendungen-Probleme. Berlin / New York: de Gruyter.

Evangelische Kirche Berlin-Brandenburg-schlesische Oberlausitz (2007): Rahmenlehrplan für den Evangelischen Religionsunterricht in den Jahrgangsstufe 1–10; www.ekbo.de/Webdesk/documents/premiere_ekbo-internet/Broschüren+%28Pressestelle%29/Rahmenplan+Ev.+Religionsunterricht.pdf [23.6.2012].

Evangelischer Presseverband in Österreich (Hg.) (2010): RELI+wir. Göttingen: Vandenhoeck & Ruprecht.

Evers, D. (2000): Raum – Materie – Zeit. Schöpfungstheologie im Dialog mit naturwissenschaftlicher Kosmologie (Hermeneutische Untersuchungen zur Theologie 41). Tübingen: Mohr Siebeck.

Evers, D. (2006): Gott und mögliche Welten. Studien zur Logik theologischer Aussagen über das Mögliche (Religion in Philosophy and Theology 20). Tübingen: Mohr Siebeck.

Evers, D. (2010): Zwei Perspektiven und die eine Wirklichkeit. Anregungen zum Diskurs zwischen Glauben und Wissenschaft (Herrenalber Forum 62). Karlsruhe: Evangelische Akademie Baden.

Evers, D. (2011): Gott als Grund der Wirklichkeit und die Entwicklung der Lebewesen. In: Bayrhuber, H. / Faber, A. / Leinfelder, R. (Hg.): Darwin und kein Ende? Seelze: Kallmeyer/Klett, 111–125.

Faust-Siehl, G. / Krupka, B. / Schweitzer, F. / Nipkow, K. E. (Hg.) (1995): 24 Stunden Religionsunterricht. Eine Tübinger Dokumentation für Forschung und Praxis. Münster: Comenius-Institut.

Feige, A. / Dressler, B. / Lukatis, W. / Schöll, A. (2000): »Religion« bei Religionslehrerinnen. Religionspädagogische Zielvorstellungen und religiöses Selbstverständnis in empirisch-soziologischen Zugängen. Münster u. a.: LIT.

Feige, A. / Gennerich, C. (²2008): Lebensorientierungen Jugendlicher: Alltagsethik, Moral und Religion in der Wahrnehmung von Berufschülerinnen und -schülern in Deutschland. Münster: Waxmann.

Feilke, H. (2002): Lesen durch Schreiben. Fachlich argumentierende Texte verstehen und verwerten. Praxis Deutsch 176, 59–66.

Feilke, H. (2008): Schriftlich argumentieren – Kompetenzen und Entwicklungsbedingungen. In: Burwitz-Melzer, E. et al. (Hg.) Sprachen lernen – Menschen bilden. Beiträge zur Fremdsprachenforschung Band 10. Baltmannsweiler: Schneider Hohengehren, 153–164.

Feilke, H. (2010a): Schriftliches Argumentieren zwischen Nähe und Distanz – am Beispiel wissenschaftlichen Schreibens. In: Ágel, V. / Hennig, M. (Hg.): Nähe und Distanz im Kontext variationslinguistischer Forschung. Berlin / New York: De Gruyter, 209–231.

Feilke, H. (2010b): Kontexte und Kompetenzen – am Beispiel schriftlichen Argumentierens. In: Klotz, P. / Portmann-Tselikas, P. / Weidacher, G. (Hg.): Kontexte und Texte. Soziokulturelle Konstellationen literalen Handelns. Tübingen: Narr, 147–167.

Fetz, R. L. / Reich, K. H. / Valentin, P. (2001): Weltbildentwicklung und Schöpfungsverständnis. Eine strukturgenetische Untersuchung bei Kindern und Jugendlichen. Stuttgart: Kohlhammer.

Fischer, K. (2006): Arbeit an der Apokalypse. Zur Begriffsbestimmung von »Fundamentalismus«. Berliner Journal für Soziologie 4, 429–440.

Fischer, S. / Grohmann, M. (Hg.) (2010): Schöpfung und Weisheit. Festschrift für James Loader zum 65. Geburtstag. Frankfurt a. M. u. a.: Lang.

Fitzhugh, K. (2010): Evidence for evolution versus evidence for intelligent design: Parallel confusions. Evolutionary Biology 37, 68–92.

Fix, M. (2008): Lernen durch Schreiben. Praxis Deutsch 210, 6–15.

Fleischhauer, J. (2013): Wissenschaftliches Argumentieren und Entwicklung von Konzepten beim Lernen von Physik. (Diss.), Berlin: Logos.

Flick, U. (1987): Methodenangemessene Gütekriterien in der qualitativ-interpretativen Forschung. In: Bergold, J. B. / Flick, U. (Hg.): Ein-Sichten. Tübingen: dgvt, 247–262.

Flick, U. / v. Kardorff, E. / Keupp, H. v. Rosenstiel, L., Wolff, S. (Hg.) (^{2}1995): Handbuch Qualitative Sozialforschung. Grundlage, Konzepte, Methoden und Anwendungen. Weinheim: Beltz / Psychologie Verlags Union.

Flick, U. / von Kardorff, E. / Steinke, I. (Hg.) (2000): Qualitative Forschung. Ein Handbuch. Reinbek: Rowohlt.

Foster, C. (2012): Creationism as a Misconception: Socio-cognitive conflict in the teaching of evolution. International Journal of Science Education 34 (14), 2171–2180.

Fowler, J. W. (1995): Stages of Faith: The Psychology of Human Development and the Quest for Meaning. New York: Harper Collins.

Francis, L. J. / Gibson, H. M. / Fulljames, P. (1990): Attitude towards Christianity, Creationism, Scientism and Interest in Science Among 11–15 Years Olds. BJRE 13, 4–17.

Frank, R. / Krull, H-P. / Schweizer, J. (Hg.) (2002): Natura. Oberstufe – Evolution. Stuttgart u. a.: Klett.

Frederking, V. (2008): Schwer messbare Kompetenzen. Herausforderungen für die empirische Fachdidaktik. Baltmannsweiler: Schneider.

Frege, G. (1892/2007): Über Sinn und Bedeutung. In: Frege, G.: Funktion-Begriff-Bedeutung. Hg. von M. Textor, Göttingen: Vandenhoeck & Ruprecht.

Freudenberger-Lötz, P. (2007a): Theologische Gespräche mit Kindern. Untersuchungen zur Professionalisierung Studierender und Anstöße zu forschendem Lernen im Religionsunterricht. Stuttgart: Calwer.

Freudenberger-Lötz, P. (2007b): Theologische Gespräche mit Kindern – Chancen und Herausforderungen für die Lehrer/innenausbildung. TheoWeb 6 (1), 12–20.

Freudenberger-Lötz, P. (2008): Theologische Gespräche mit Kindern und Jugendlichen führen. Herausforderungen und Chancen. entwurf 2, 39–43.

Freudenberger-Lötz, P. (2010): Theologisieren mit Jugendlichen. Ein neuer religionspädagogischer Ansatz?. PT 45, 158–162.

Freudenberger-Lötz, P. (2011): Theologische Gespräche mit Kindern und Jugendlichen. Konzeptionelle Grundlegung und empirische Befunde. In: Freudenberger-Lötz, P. / Riegel, U. (Hg.): »Mir würde das auch gefallen, wenn er mir helfen würde«. Baustelle Gottesbild im Kindes- und Jugendalter. Jahrbuch für Kindertheologie, Sonderband. Stuttgart: Calwer, 11–20.

Freudenberger-Lötz, P. (2012): Theologische Gespräche mit Jugendlichen. Erfahrungen – Beispiele – Anleitungen. Ein Werkstattbuch für die Sekundarstufe. München/Stuttgart: Kösel/Calwer.

Freudenberger-Lötz, P. (2013): »Einbruchstellen« oder Herausforderungen des Glaubens? Studierende erwerben professionelle Kompetenzen in Theologischen Gesprächen mit Jugendlichen. In: Freudenberger-Lötz, P. / Kraft, F. / Schlag, T. (Hg.): »Wenn man daran noch so glauben kann, ist das gut.« Jahrbuch für Jugendtheologie 1. Stuttgart: Calwer, 85–96.

Fricke, M. (2005): »Schwierige« Bibeltexte im Religionsunterricht. Theoretische und empirische Elemente einer alttestamentlichen Bibeldidaktik für die Primarstufe. Göttingen: V&R unipress.

Fromm, E. (1992): Haben oder Sein. Die seelischen Grundlagen einer neuen Gesellschaft. München: dtv.

Fuchs, M. (2010): Bioethische Urteilsbildung im Religionsunterricht. Theoretische Reflexion – Empirische Rekonstruktion. (Diss.), Göttingen: Vandenhoeck & Ruprecht.

Gabriel, G. (1972): Definition. In: Historisches Wörterbuch der Philosophie. Bd. II. Hg. von J. Ritter, K. Gründer, G. et al. Darmstadt: Wissenschaftliche Buchgesellschaft, 35–42.

Gadamer, H. G. (^{6}1990): Wahrheit und Methode. 1. Grundzüge einer philosophischen Hermeneutik. GW, Bd. I. Hermeneutik. Tübingen: Mohr Siebeck.

Gennerich, C. (2010): Empirische Dogmatik des Jugendalters. Werte und Einstellungen Heranwachsender als Bezugsgrößen für religionsdidaktische Reflexionen. Stuttgart: Kohlhammer.

Gennerich, C. (2013): Schöpfung und Ordnung. In: Jahrbuch für Jugendtheologie 2: Schöpfung und Jugendtheologie. Stuttgart: Calwer, 76–90.

Gerber, U. (1990): Grundlinien Religion Sekundarstufe II. Braunschweig: Diesterweg.

Gesellschaft für Politikdidaktik und politische Jugend- und Erwachsenenbildung / GPJE (2004): www.gpje.de [15.9.2013].

Gil, T. (2012). Argumentieren – Argumente und ihr konkreter Gebrauch. Berlin: Universitätsverlag.

Glaser, B. G. / Strauss A. L. (1967): The discovery of grounded theory. Chicago: Aldine.

Gößniger, C. (2014): Die Rezeption der Schöpfungserzählung nach Gen 1–2,4a bei Grundschülerinnen und Grundschülern. Eine fächerübergreifende Interventionsstudie. (Diss.), Frankfurt a. M.: Lang.

Gottlieb, E. (2001): Religious Thinking in Childhood and Adolescence: Argumentative Reasoning and the Justification of Religious Belief. Hebrew University of Jerusalem.

Graf, F. W. (1990): Von der creatio ex nihilo zur »Bewahrung der Schöpfung«. Dogmatische Erwägungen zur Frage nach einer möglichen ethischen Relevanz der Schöpfungslehre. Zeitschrift für Theologie und Kirche 87, 206–223.

Grice, H. P. (1975): Logic and Conversation. In: Cole, P. / Morgan, J. L. (Eds.): Syntax and Semantics. Vol 3: Speeds Acts. New York: Academic Press, 41–58.

Grill, I. (2005): Unerwartet bei der Sache. Dem theologischen Nachdenken von OberstufenschülerInnen auf der Spur. Unterrichtsstunden, Analysen, Reflexionen. Hg. von der Gymnasialpädagogischen Materialstelle in Bayern, Erlangen.
Gromadecki, U. (2009): Argumente in physikalischen Kontexten. Welche Geltungsgründe halten Physikanfänger für überzeugend? (Diss.), Berlin: Logos.
Grözinger, A. / Morgenthaler C. / Schweitzer F. (Hg.) (2008): Homiletik. Lehrbuch Praktische Theologie Bd. 2. Gütersloh: Gütersloher Verlagshaus.
Grümme, B. (2006): Nicht mehr als ein »Laberfach«? Argumentative Gesprächsmethoden im Religionsunterricht. In: Grundler, E. / Vogt, R. (Hg.): Argumentieren in Schule und Hochschule. Interdisziplinäre Studien. Tübingen: Stauffenburg, 131–146.
Grümme, B. (2007): Vom Anderen eröffnete Erfahrung. Zur Neubestimmung des Erfahrungsbegriffs in der Religionsdidaktik. Freiburg i. Br. u. a.: Herder.
Grundler, E. / Vogt, R. (Hg.) (2006): Argumentieren in Schule und Hochschule. Interdisziplinäre Studien. Tübingen: Stauffenburg.
Gruschka, A. (2007): Bildungsstandards oder das Versprechen, Bildungstheorie in empirischer Bildungsforschung aufzuheben. In: Pongratz, L. / Reichenbach, R. / Wimmer, M. (Hg.): Bildung – Wissen – Kompetenz. Bielefeld: Janus, 9–29.
Habermas, J. (1987): Theorie des kommunikativen Handelns. 2 Bde. Frankfurt a. M.: Suhrkamp.
Hagemann, H. (2013): Naturwissenschaft und Glaube. Themenheft für den evangelischen Religionsunterricht in der Oberstufe. Göttingen: Vandenhoeck &Ruprecht.
Halbfas, H. (1982): Das Dritte Auge. Religionsdidaktische Anstöße. Düsseldorf: Oldenbourg Schulbuchverlag.
Halbfas, H. (1983ff): Unterrichtswerk für den Religionsunterricht 1–4; 5–10. Düsseldorf: Oldenbourg Schulbuchverlag.
Halbfas, H. (1989): Wurzelwerk. Geschichtliche Dimensionen der Religionsdidaktik. Düsseldorf: Oldenbourg Schulbuchverlag.
Hamblin, C. L. (1970): Fallacies. London: Methuen.
Hammann, M. / Asshoff, R. (2011): Einstellungen zur Evolutionstheorie. In: Bayrhuber, H. / Faber, A. / Leinfelder, R. (Hg.): Darwin und kein Ende? Seelze: Kallmeyer/Klett, 128–141.
Hanisch, H. (2003): Religiöse Begriffsentwicklung als Impuls zur Glaubensentwicklung. Zeitschrift für Religionsunterricht und Lebenskunde 32 (3), 3–7.
Hanisch, H. (2009): Begriffskonstruktion – Voraussetzung für religiöse Kommunikation. In: Religionspädagogik in systemischer Perspektive. Chancen und Grenzen. Hg. von M. Domsgen. Leipzig: Evangelische Verlagsanstalt, 113–126.
Hanisch, H. / Bucher, A. A. (2002): Da waren die Netze randvoll. Was Kinder von der Bibel wissen. Göttingen: Vandenhoeck & Ruprecht.
Hanisch, H. / Hoppe-Graff, S. (2002): »Ganz normal und trotzdem König«: Jesus Christus im Religions- und Ethikunterricht. Stuttgart: Calwer.
Härle, W. (2011): Gottesverständnis. In: Freudenberger-Lötz, P. / Riegel, U. (Hg.): »Mir würde das auch gefallen, wenn er mir helfen würde«. Baustelle Gottesbild im Kindes- und Jugendalter. Jahrbuch für Kindertheologie, Sonderband. Stuttgart: Calwer, 21–61.
Härle, W. ([4]2012): Dogmatik. Berlin / New York: de Gruyter.
Hedewig, R. / Kattmann, U. / Rodi, D. (1998): Evolution im Unterricht. Handbuch des Biologieunterrichts. Sekundarbereich I, Bd. 7. Köln : Aulis-Verlag Deubner.

Hegel, G. W. F. (1807/1999): Phänomenologie des Geistes. Darmstadt: Wissenschaftliche Buchgesellschaft.

Heidegger, M. (1927/[16]1986): Sein und Zeit. Tübingen: Niemeyer.

Heidegger, M. (1936/1971): Schellings Abhandlung über das Wesen der menschlichen Freiheit. Vorlesung von 1936. Hg. von H. Feick. Tübingen: Niemeyer.

Heidegger, M. ([2]1994): Phänomenologische Interpretation zu Aristoteles. Einführung in die Phänomenologische Forschung. Frühe Freiburger Vorlesungen 1921/1922. Hg. von W. Bröcker und K. Bröcker-Oltmanns. Frankfurt a. M.: Klostermann.

Heinze, T. (2001): Qualitative Sozialforschung. Einführung, Methodologie und Forschungspraxis. München: Oldenbourg Wissenschaftsverlag.

Heinze, T. / Thiemann, E. (1982): Kommunikative Validierung und das Problem der Geltungsbegründung. Zeitschrift für Pädagogik 28, 635–642.

Heller, K. A. / Gaedike, A.-K. / Weinläder, H. (1985): Kognitiver Fähigkeitstest. Weinheim: Beltz.

Hellwig, P. (1984): Titulus oder über den Zusammenhang von Titeln und Texten. Zeitschrift für Germanistische Linguistik 12, 1–20.

Herrmann, M. / Hoppmann, M. / Stölzgen, K. / Taraman, J. (2011): Schlüsselkompetenz Argumentation. Paderborn: Schöningh.

Heumann, J. (2009): Kompetenzen, Standards und kein Ende …Von der Gefahr religionspädagogischer Kritikabstinenz. Loccumer Pelikan 3/09. www.rpi-loccum.de/theo_heumann.html [22.7.2011].

Höger, C. (2008): Abschied vom Schöpfergott? Welterklärungen von Abiturientinnen und Abiturienten in qualitativ-empirisch religionspädagogischer Analyse. Berlin/Wien: LIT.

Höger, C. (2013): Schöpfungstheologie der Jugendlichen und deren Konsequenzen für den Religionsunterricht. In: Dieterich, V.-J. / Roebben, B. / Rothgangel, M. (Hg.): Der Urknall ist immerhin, würde ich sagen, auch nur eine Theorie. Jahrbuch für Jugendtheologie 2: Schöpfung und Jugendtheologie. Stuttgart: Calwer, 91–104.

Högg-Birg, K. (2001): Die Welt als Schöpfung Gottes? Vorstellungen und Perspektiven von Grundschulkindern in Wort und Bild. Eine vergleichende Studie zwischen BRD und USA. München: Utz.

Holly, W. (2001): Einführung in die Pragmalinguistik. Berlin u. a.: Langenscheidt.

Hügli, A. (1999): Philosophie und Pädagogik. Darmstadt: Wissenschaftliche Buchgesellschaft.

Hügli, A. (2004): Auf der Suche nach dem Ort unserer Überzeugungen. Oder: warum jedes Denken topisch sein muss. In: Dörpinghaus, A. / Helmer, K. (Hg.): Topik und Argumentation. Würzburg: Königshausen & Neumann, 37–58.

Hume, D. (1748/1997): Eine Untersuchung über den menschlichen Verstand. Hg. von J. Kulenkampff. Berlin: Akademie Verlag.

Hunze, G. (2007): Die Entstehung der Welt als Schöpfung. Religiöses Lernen in naturwissenschaftlich geprägten Lebenswelten. Stuttgart: Kohlhammer.

Hunze, G. (2009): Schöpfung – ein unterschätzter Grundbegriff der Religionspädagogik. Theo-Web 8 (1), 42–55.

Iordanou, K. (2010): Developing argument skills across scientific and social domains. Journal of Cognition and Development 11, 293–327.

Jiménez-Aleixandre, M. P. / Erduran, S. (2007): Argumentation in science education: An overview. In: Erduran, S. / Jiménez-Aleixandre, M. P. (Eds.): Argumentation in science education: Perspectives from classroom-based research. Dordecht: Springer, 3–27.

Jonas, H. (1993): Das Prinzip Verantwortung. Versuch einer Ethik für die technologische Zivilisation. Frankfurt a. M.: Suhrkamp.

Jüngel, E. (1975): Der Gott entsprechende Mensch. Bemerkung zur Gottesebenbildlichkeit des Menschen als Grundfigur theologischer Anthropologie. In: Gadamer, H.-G. / Vogel P. (Hg.): Neue Anthropologie. Bd. 6: Philosophische Anthropologie, 1. Teil. Stuttgart: Thieme, 342–372.

Junker, R. (2007): Kreationismus: Theologische Motivation und naturwissenschaftliche Aspekte. In: Klinnert, L. (Hg.): Zufall Mensch? Das Bild des Menschen im Spannungsfeld von Evolution und Schöpfung. Darmstadt: Wissenschaftliche Buchgesellschaft, 127–145.

Kalloch, C. / Schreiner, M. (2012) (Hg.): »Gott hat das in Auftrag gegeben«. Mit Kindern über Schöpfung und Weltentstehung nachdenken. Jahrbuch für Kindertheologie 11. Stuttgart: Calwer.

Kamper, D. (1981): Zur Geschichte der Einbildungskraft. München/Wien: Carl Hanser.

Kamper, D. (1986): Zur Soziologie der Imagination. München/ Wien: Carl Hanser.

Kant, I. (1781/1983): Kritik der reinen Vernunft. Erster Teil. Werke in zehn Bänden. Bd. 3: Hg. von W. Weischedel. Darmstadt: Wissenschaftliche Buchgesellschaft.

Kattmann, U. (1998): Schöpfung und Evolution. In: Handbuch des Biologieunterrichtes Sekundarstufe I, Bd. 7: Evolution. Hg. von R. Hedwig / U. Kattmann / D. Rodi. Köln: Aulis Verlag Deubner.

Kattmann, U. (2007): Fortschritt und Richtung in der Evolution? In: Körtner, U. J. / Popp, M. (Hg.): Schöpfung und Evolution – zwischen Sein und Design. Neuer Streit um die Evolutionstheorie. Wien u. a. Böhlau, 89–112.

Kattmann, U. (Hg.) (2008): Evolution und Schöpfung. (Kompakt – Unterricht Biologie. Zeitschrift für alle Schulstufen 33). Seelze: Erhard Friedrich.

Kattmann, U. (2009): Adam und Eva und die Evolution. Vorstellungen von Kindern und Jugendlichen als Hilfe für Lernen und Lehren. Zeitschrift für Pädagogik und Theologie 61 (4), 346–363.

Kaulbach, F. (1984): Natur. In: Historisches Wörterbuch der Philosophie. Hg. von J. Ritter et al. Bd. 6, Darmstadt: Wissenschaftliche Buchgesellschaft, 468–478.

Kelle, U. / Kluge, S. ([2]2010): Vom Einzelfall zum Typus. Fallvergleich und Fallkontrastierung in der qualitativen Sozialforschung. Wiesbaden: Verlag für Sozialwissenschaften.

Keller, R. (1974): Wahrheit und kollektives Wissen. Zum Begriff der Präsupposition. Düsseldorf: Pädagogischer Verlag Schwann.

Kessler, H. (2009): Evolution und Schöpfung in neuer Sicht. Kevelaer: Butzon & Bercker.

Kienpointner, M. (1983): Argumentationsanalyse. Innsbruck: Verlag des Institutes für Sprachwissenschaft Universität Innsbruck.

Kienpointner, M. (1986): Vernünftig argumentieren. Regeln und Techniken der Diskussion. Reinbek: Rowohlt.

Kienpointner, M. (1992): Alltagslogik: Struktur und Funktion von Argumentationsmustern. Stuttgart / Bad Cannstatt: Frommann-Holzboog.

Kienpointner, M. (1996): Vernünftig Argumentieren. Reinbek: Rowohlt Taschenbuch.

Kienpointner, M. (2005): Aristotelische Rhetoriktradition im 20. Jahrhundert. In: Aristotelische Rhetoriktradition. Hg. von J. Knape, T. Schirren. Akten der 5. Tagung der Karl und Gertrud Abel-Stiftung in Tübingen. Stuttgart: Franz Steiner, 363–387.

Kirchenamt der Evangelischen Kirche in Deutschland (Hg.) (2003): Maße des Menschlichen. Evangelische Perspektiven zur Bildung in der Wissens- und Lerngesellschaft. Eine Denkschrift des Rates der Evangelischen Kirche in Deutschland. Gütersloh.

Kirchenamt der Evangelischen Kirche in Deutschland (Hg.) (2008): Weltentstehung, Evolutionstheorie und Schöpfungsglaube in der Schule. Eine Orientierungshilfe des Rates der Evangelischen Kirche in Deutschland. EKD-Texte 94, Hannover.

Kirchenamt der Evangelischen Kirche in Deutschland (Hg.) (2010): Kompetenzen und Standards für den Evangelischen Religionsunterricht in der Sekundarstufe I. Ein Orientierungsrahmen. EKD-Texte 111, Hannover.

Kleemann, F. / Känke, U. / Matuschek, I. (2009): Interpretative Sozialforschung. Eine praxisorientierte Einführung. Wiesbaden: VS Verlag für Sozialwissenschaften.

Klein, J. (1999): Rhetorik und Argumentation. Eine Einführung. Der Deutschunterricht, 3, 5–12.

Klein, W. (1985): Argumentationsanalyse. Ein Begriffsrahmen und ein Beispiel. In: Kopperschmidt J. / Schanze, H. (Hg.): Argumente – Argumentation. Interdisziplinäre Problemzugänge. München: Fink, 208–260.

Kleining, G. (1995): Lehrbuch entdeckender Sozialforschung. Bd. 1: Von der Hermeneutik zur qualitativen Heuristik. Weinheim: Beltz / Psychologie Verlags-Union.

Klie, T. (2000): Religionsunterricht in der Berufsschule: Verheißung vergegenwärtigen. Eine didaktisch-theologische Grundlegung. Leipzig: Evangelische Verlagsanstalt.

Klie, T. / Leonhard, S. (Hg.) (2008): Performative Religionsdidaktik. Religionsästhetik – Lernorte – Unterrichtspraxis. Stuttgart: Kohlhammer.

Klieme, E. (Hg.) (2008): Unterricht und Kompetenzerwerb in Deutsch und Englisch. Ergebnisse der DESI-Studie. Weinheim: Beltz.

Klieme, E., Avenarius, H., Blum, W. et al. (2003): Expertise – Zur Entwicklung nationaler Bildungsstandards. Hg. vom BMBF. Bonn/Berlin.

Klieme, E. / Funke, J. / Leutner, D. / Reimann, P. (2001): Problemlösen als fächerübergreifende Kompetenz. Konzeption und erste Resultate aus einer Schulleistungsstudie. Zeitschrift für Pädagogik 2, 179–200.

Klinnert, L. (Hg.) (2007): Zufall Mensch? Das Bild des Menschen im Spannungsfeld von Evolution und Schöpfung. Darmstadt : Wissenschaftliche Buchgesellschaft.

Klippert, W. ([7]2010): Vom Text zur Predigt. Grundlage und Praxis biblischer Verkündigung. Witten: SCM R. Brockhaus.

Kliss, O. (2003): Hat Gott die Welt geschaffen? Schöpfungsglaube und Naturwissenschaft in Klasse 9. In: Elementarisierung im Religionsunterricht. Hg. von F. Schweitzer. Neukirchen-Vluyn: Neukirchener Verlagsgesellschaft, 47–69.

Klose, B. (2009): Kreationismus und Wissenschaftsgläubigkeit – empirisch erfasst!? TheoWeb 8 (1), 75–79.

Klose, B. (2011): Kreationismus, Wissenschaftsgläubigkeit und Werthaltung Jugendlicher. In: Bayrhuber, H. / Faber, A. / Leinfelder, R. (Hg.): Darwin und kein Ende? Seelze: Kallmeyer/Klett, 146–151.

Klose, B. (2014): Diagnostische Wahrnehmungskompetenzen von ReligionslehrerInnen Bd. 6 (Religionspädagogik innovativ); Stuttgart: Kohlhammer.

Klüver, J. (1979): Kommunikative Validierung. In: Heinze, T. (Hg.): Theoretische und methodische Überlegungen zum Typus hermeneutisch-lebensgeschichtlicher Forschung. Werkstattbericht. Hagen: Fernuniversität Hagen, 69–84.

KMK, Sekretariat der Ständigen Konferenz der Kultusminister der Länder in der Bundesrepublik Deutschland (Hg.) (2005): Bildungsstandards im Fach Biologie (Chemie/Physik) für den Mittleren Schulabschluss. München: Luchterhand.

Knapp, M. (2012): Das Wort Gottes, seine Überlieferung und Erkenntnis. Die Lehre von den loci theologici. In: Mette, N. / Sellmann, M. (Hg.): Religionsunterricht als Ort der Theologie. Freiburg i. Br. u. a.: Herder, 33-51.

Knauer, B./ Kronberg, I. / Krull, H.-P (2007): Natura – Biologie für Gymnasien – Evolution / Themenheft Stuttgart: Klett.

Knauth, T. / Leutner-Ramme, S. / Weiße, W. (2000): Religionsunterricht aus Schülerperspektive. Münster u. a.: Waxmann.

Koch, L. (2004): Allgemeinbildung und Grundbildung, Identität oder Alternative? Zeitschrift für Erziehungswissenschaft 7 (2), 183–191.

Kohlberg, L. / Gilligan, C. (1971): The Adolescent as a Philosopher: The Discovery of the Self in a Postconventional World. In: Kagan, J. / Coles, R. (Eds.): Twelve to Sixteen: Early Adolescence. New York: Norton & Company, 144–179.

Kölbl-Ebert, M. (2011): Zufall und Design: Fachsprachen und ihre Fallstricke. In: Bayrhuber, H. / Faber, A. / Leinfelder, R. (Hg.): Darwin und kein Ende? Seelze: Kallmeyer/Klett, 38–45.

Konnemann, C. / Asshoff, R. / Hammann, M. (2012): Einstellungen zur Evolutionstheorie: Theoretische und messtheoretische Klärungen. Zeitschrift für Didaktik der Naturwissenschaften 18, 55–80.

Konnemann, C. / Oberleitner, E. / Asshoff, R. / Hammann, M. / Rothgangel, M. (2013): Einstellungen Jugendlicher zu Schöpfung und Evolution. In: Jahrbuch für Jugendtheologie 2: Schöpfung und Jugendtheologie. Stuttgart: Calwer, 49–62.

Konvent Kloster Loccum (2008) (Hg.): Kirche in reformatorischer Verantwortung: Wahrnehmen – Leiten – Gestalten. Festschrift für Horst Hirschler. Göttingen: Vandenhoeck & Ruprecht.

Kopperschmidt, J. (1977): Überzeugen – Problemskizze zu den Gesprächschancen zwischen Rhetorik und Argumentationstheorie. In: M. Schecker (Hg.): Theorie der Argumentation. Tübingen: Narr, 203–240.

Kopperschmidt, J. (1989): Analyse von Religionsunterricht. In: Biehl, P. et. al. (Hg.), Jahrbuch der Religionspädagogik, Bd 6. Neukirchen-Vluyn: Neukirchener Verlagsgesellschaft, 217–234.

Kopperschmidt, J. (2006): Argumentationsarbeit. Oder: Über die Arbeit mit der goldenen Kette. In: Grundler, E. / Vogt, R. (Hg.): Argumentieren in Schule und Hochschule. Interdisziplinäre Studien. Tübingen: Stauffenburg, 11–28.

Kopperschmidt, J. / Schanze, H. (1989): Methodik der Argumentationsanalyse. Stuttgart / Bad Cannstatt: Frommann-Holzboog.

Kopperschmidt, J. / Schanze, H. (Hg.) (1990): Rhetorik, 2 Bde. Darmstadt: Wissenschaftliche Buchgesellschaft.

Koretzki, G. R. / Tammeus, R. (Hg.) (2008): ELFZWÖLF: Religion. entdecken, verstehen, gestalten. Göttingen: Vandenhoeck & Ruprecht.

Körner, B. (2006): Schöpfung und Evolution. Religionspädagogische Untersuchungen zum Biologieunterricht an kirchlichen Gymnasien in Ostdeutschland. Leipzig: Evangelische Verlagsanstalt.

Korsch, D. (2006): Den Atem des Lebens spüren – Bildungsstandards und Religion. Zeitschrift für Pädagogik und Theologie 58 (2), 166–173.

Kosak, H. (1968): Wegweisung in das Alte Testament. Stuttgart: Calwer.

Kraft, F. (2007): Theologisieren im Religionsunterricht und performativer Religionsunterricht – zwei didaktische Ansätze bzw. Leitbilder für den Religionsunterricht im Widerstreit? In: Jahrbuch für Kindertheologie 6, Stuttgart: Calwer, 111–120.

Kraft, F. (2009): Schöpfung und/oder Evolution? Zur Aktualität einer »alten« Fragestellung im Zeichen des Darwinjahres. TheoWeb 8 (1), 56–67.

Kramer, G. (2009): Entwicklung und Überprüfung eines Strukturmodells der fachlichen Kommunikationskompetenz im Biologieunterricht. (Diss.), Christian-Albrechts-Universität zu Kiel.

Krelle, M. / Vogt, R. / Willenberg, H. (2007): Argumentative Kompetenz im Mündlichen. In: Willenberg, H. (Hg.): Kompetenzhandbuch für den Deutschunterricht. Auf der empirischen Basis des DESI-Projekts. Baltmannsweiler: Schneider, 96–107.

Krelle, M. / Willenberg, H. (2008): Argumentation Deutsch. In: DESI-Konsortium (Hg.) Unterricht und Kompetenzerwerb in Deutsch und Englisch. Ergebnisse der DESIStudie. Weinheim: Beltz, 81–88.

Krettenhauer, T. (2005): Die Erfassung des Entwicklungsniveaus epistemologischer Überzeugungen und das Problem der Übertragbarkeit von Interviewverfahren in standardisierte Fragebogenmethoden. Zeitschrift für Entwicklungspsychologie und Pädagogische Psychologie 37 (2), 69–79.

Krippendorff, K. (1980): Content Analysis. An introduction to its methodology. London: Sage.

Kugelmeyer, C. / Schecker, H. (2009): Kommunikationskompetenz in der Physik. Zur Entwicklung eines domänenspezifischen Kommunikationsbegriffs. Zeitschrift für Didaktik der Naturwissenschaften, 15, 131–153.

Kuhn, D. (2010): Teaching and Learning Science as Argument. Science Education 94 (5), 810–824.

Kuhn, H.-W. (2006): Metakommunikation im Politikunterricht. Wie argumentieren Oberstufenschüler/innen? In: Grundler, E. / Vogt, R. (Hg.), Argumentieren in Schule und Hochschule. Interdisziplinäre Studien. Tübingen: Stauffenberg, 147–156.

Kummer, C. (2009): Der Fall Darwin. Evolutionstheorie contra Schöpfungsglaube. München: Pattloch.

Kutschera, U. (²2007): Streitpunkt Evolution. Darwinismus und Intelligentes Design. Berlin: LIT.

Kutschera, U. (³2008): Evolutionsbiologie. Stuttgart: Ulmer.

Kutschera, U. (2009): Tatsache Evolution. Was Darwin nicht wissen konnte. München: dtv.

Lachmann, R. (1998): Gesprächsmethoden im Religionsunterricht. In: Adam, G. / Lachmann, R. (Hg.): Methodisches Kompendium für den Religionsunterricht. Göttingen: Vandenhoeck & Ruprecht, 113–136.

Lähnemann, J. (2005): Dein Glaube – mein Glaube. Interreligiöses Lernen in Schule und Gemeinde. Göttingen: Vandenhoeck & Ruprecht.

Lam Wa-ip, J. (2011): A study on argumentative ability of secondary school students in Hong Kong through argumentative group discussion in Chinese. (Diss.), University of Hong Kong.

Lambrecht, K. (1994): Information structure and sentence form. Topic, focus and the mental representation of discourse referents. Cambridge: Cambridge University Press.

Lamnek, S. (1988): Qualitative Sozialforschung. Bd. 1: Methodologie. München/Weinheim: Beltz.

Lamnek, S. ([4]2005): Qualitative Sozialforschung, Lehrbuch. Weinheim: Beltz.

Larbig, T. (2009): Naturwissenschaftliche Themen im Religionsunterricht der Oberstufe. TheoWeb 8 (1), 95–99.

Lausberg, H. (1979): Elemente der literarischen Rhetorik. Eine Einführung für Studierende der klassischen romanischen, englischen und deutschen Philologie. München: Hueber.

Lawson, A. E. (2009). Basic Inferences of Scientific Reasoning, Argumentation, and Discovery. Science Education 94 (2), 336–364.

Lehmann, C. (o. J.): Mündlichkeit und Schriftlichkeit. http://www.christianlehmann.eu/ling/variation/muendlichkeit_schriftlichkeit.php [14.3.2011].

Leinfelder, R. (2011): Biologische und kulturelle Evolution: Missverständnisse und Chancen. In: Bayrhuber, H. / Faber, A. / Leinfelder, R. (Hg.): Darwin und kein Ende? Seelze: Kallmeyer/Klett, 22–35.

Lenke, N. / Lutz, H.-D. / Sprenger, M. (1995): Grundlagen sprachlicher Kommunikation. Stuttgart: UTB.

Lennox, J. ([8]2009): Hat die Wissenschaft Gott begraben? Eine kritische Analyse moderner Denkvoraussetzungen. Wuppertal: SCM R. Brockhaus.

Lesch, H. (2011): Evolution und Physik. In: Bayrhuber, H. / Faber, A. / Leinfelder, R. (Hg.): Darwin und kein Ende? Seelze: Kallmeyer/Klett, 48–59.

Levison, S. C. (1983/2000): Pragmatik. Neu übersetzt von M. Wiese. Tübingen: Niemeyer.

Lewandowski, T. (1975): Linguistisches Wörterbuch. Heidelberg: Quelle & Meyer.

Limón, M. (2001): On the cognitive conflict as an instructional strategy for conceptual change: a critical appraisal. Learning and Instruction 11 (4–5), 357–380.

Lind, G. (2009). Moral ist lehrbar. Handbuch zur Theorie und Praxis moralische und demokratischer Bildung. München: Oldenbourg, 73–93.

Lind, G. (2011): Die Methode der Dilemmadiskussion. www.uni-konstanz.de/ag-moral/pdf/Lind-2011_Konstanzer-Methode_Kap-6-Moral-ist-lehrbar.pdf [21.3.2012].

Löber, M. / Rothgangel, M. (2008): Naturwissenschaft und Theologie. Eine Unterrichtssequenz zu ihrem Verhältnis in Planung und Analyse. entwurf 7, 46–55.

Löwe, G. (Hg.) (1985): Wörterbuch Latein-Deutsch. Leipzig: Enzyklopädie.

Lombrozo, T. / Thanukos, A. / Weisberg, M. (2008): The Importance of Understanding the Nature of Science for Accepting Evolution. Evolution: Education and Outreach 1 (3), 290–298.

Ludwig, O. / Spinner, K. H. (2000): Mündlich und schriftlich argumentieren.(Basisartikel). Praxis Deutsch 160, 16–22.

Lumer, C. (1990): Praktische Argumentationstheorie. Theoretische Grundlagen, praktische Begründung und Regeln wichtiger Argumentationsarten. Braunschweig: Vieweg.

Luther, M.: Der kleine Katechismus. www.ekd.de/glauben/bekenntnisse/kleiner_katechismus.html [2.8.2013].

Mähler, C. (1999): Naive Theorien im kindlichen Denken. Zeitschrift für Entwicklungspsychologie und Pädagogische Psychologie 31, 53–66.

Mahner, M. (2007): Unverzichtbarkeit und Reichweite des ontologischen Naturalismus. In: Klinnert, L. (Hg.): Zufall Mensch? Das Bild des Menschen im Spannungsfeld von Evolution und Schöpfung. Darmstadt: Wissenschaftliche Buchgesellschaft, 77–90.

Markl. P. (2007): Evolutionstheorie im Kontext. In: Körtner, U. J. / Popp, M. (Hg.): Schöpfung und Evolution – zwischen Sein und Design. Neuer Streit um die Evolutionstheorie. Wien u. a.: Böhlau, 13–61.

Marshall, M. N. (1996): Sampling for qualitative research. Family Practice 13, 522–525.

Martens, E. (2003): Methodik des Ethik- und Philosophieunterrichts. Philosophieren als elementare Kulturtechnik. Hannover: Siebert.

Martens, E. (2008): Kinderphilosophie und Kindertheologie – Familienähnlichkeiten. In: Bucher, A. A. / Büttner, G. / Freudenberger-Lötz, P. / Schreiner, M. (Hg.): Mit Kindergartenkindern theologische Gespräche führen. Beiträge der Kindertheologie zur Elementarpädagogik. Jahrbuch für Kindertheologie, Sonderband. Stuttgart: Calwer, 30–46.

Marx, Karl (1844/[16]2007): Zur Kritik der Hegelschen Rechtsphilosophie. In: MEW, Bd. 1, S.378–391, Berlin: Dietz Verlag.

Matthes, J. (1992): Auf der Suche nach dem »Religiösen«. Reflexion zu Theorie und Empirie religionssoziologischer Forschung. Sociologica Internationalis 30, 129–141.

Mayr, E. (2003): Das ist Evolution. München: Bertelsmann.

Mayring, P. (2000): Qualitative Inhaltsanalyse [28 Absätze]. Forum Qualitative Sozialforschung / Forum: Qualitative Social Research [Online Journal], 1 (2). www.qualitative-research.net/fqs-texte/2-00/2-00mayring-d.htm [18. 4. 2011].

Mayring, P. (2002): Einführung in die Qualitative Sozialforschung. Weinheim/Basel: Beltz.

Mayring, P. (2003): Qualitative Inhaltsanalyse. Grundlagen und Techniken. Weinheim/Basel: Beltz.

Mayring, P. ([11]2010): Qualitative Inhaltsanalyse. Grundlagen und Techniken. Weinheim/Basel: Beltz.

Meibauer, J. ([2]2008): Pragmatik. Eine Einführung. Tübingen: Stauffenburg.

Merkel, R. (2009): Besinnung auf das Eigene. Impulse zur Didaktik der Schöpfungsberichte. Loccumer Pelikan 1/09, 15–19.

Merkens, H. (1997): Stichproben bei qualitativen Studien. In: Frieberthäuser, B. / Prengel, A. (Hg.): Handbuch Qualitative Forschungsmethoden in der Erziehungswissenschaft. Weinheim/München: Juventa, 97–106.

Mertens, K. (1983): Inhaltsanalyse. Einführung in Theorie, Methode und Praxis. Opladen: Westdeutscher Verlag.

Meyer-Blanck, M. (2013): Umrisse einer Jugendtheologie – Vorüberlegungen zu einer didaktischen Dogmatik. In: Jahrbuch für Jugendtheologie 1. Stuttgart: Calwer, 24–34.

Meyer-Drawe, K. (2008): Lernen als Erfahrung. In: Dies.: Diskurse des Lernens. Paderborn/München: Fink, 187–216.

Miller, K. R. (2000): Finding Darwin's God: A Scientist's Search for Common Ground Between God and Evolution. New York: Harper Collins.

Mittelsten Scheid, N. / Hössle, C. (2008): Wie Schüler unter Verwendung syllogistischer Elemente argumentieren – Eine empirische Studie zu Niveaus von Argumentation im naturwissenschaftlichen Unterricht. Zeitschrift für Didaktik der Naturwissenschaften 14, 145–165.

Mittelstraß, J. (2001): Für und wider eine Wissensethik. In: Ders.: Wissen und Grenzen. Philosophische Studien. Frankfurt a. M.: Suhrkamp, 75f.

Möller, K. (2010): Persönliche Gottesvorstellungen junger Erwachsener – Empirische Erkundungen in der Sekundarstufe II im Großraum Kassel. Kassel: kassel university press.

Moltmann, J. ([3]1987): Gott in der Schöpfung. Ökologische Schöpfungslehre. München: Kaiser.

Moltmann, J. (2002): Wissenschaft und Weisheit. Zum Gespräch zwischen Naturwissenschaft und Theologie. Gütersloh: Kaiser / Gütersloher Verlagshaus.

Monod, J. ([6]1992): Zufall und Notwendigkeit. Philosophische Fragen der modernen Biologie. München: Piper.

Muller Mirza, N. / Peret-Clermont, A.-N. (Eds.) (2009): Argumentation and Education. Theoretical Foundations and Practices. Heidelberg: Springer.

Müller, P. / Direk, H. / Müller-Friese, A. (2005): Verstehen lernen. Ein Arbeitsbuch zur Hermeneutik. Stuttgart: Calwer.

Neber, H. (2004): Förderung epistemischen Fragens im Religionsunterricht. Unterrichtswissenschaften 32 (4), 308–320.

Nenninger, P. (2001): Praktische Philosophie als Schulfach: Akzeptanz und Wirksamkeit aus Sicht der empirischen Evaluation. In: Abschlussbericht der wissenschaftlichen Begleitung Schulversuch NRW.

Neukamm, M. (Hg.) (2009): Evolution im Fadenkreuz des Kreationismus. Darwins Gegner und ihre Argumentation. Göttingen: Vandenhoeck & Ruprecht.

Neumann, K. / Kauertz, A. / Lau, A. / Notarp, H. / Fischer, H. E. (2007): Die Modellierung physikalischer Kompetenz und ihrer Entwicklung. Zeitschrift für Didaktik der Naturwissenschaften 13, 103–123.

Niehl, F. W. / Thömmes, A. ([10]2009): Methoden für den Religionsunterricht. München: Kösel.

Nikolova, R. (2011): Pilotierung und Validierungsstudien. Vorgehen und Befunde. In: Benner D. / Schieder, R. / Schluß, H. / Willems, J. (Hg.): Religiöse Kompetenz als Teil öffentlicher Bildung. Paderborn u. a.: Schöningh, 76–124.

Nipkow, K. E. (1987): Erwachsenwerden ohne Gott? Gotteserfahrung im Lebenslauf. München: Chr. Kaiser.

Nipkow, K. E. ([2]1990): Die Gottesfrage von Jugendlichen – Auswertung einer empirischen Umfrage. In: Nembach, U. (Hg.): Jugend und Religion in Europa. Bericht eines Symposiums. Frankfurt a. M.: Peter Lang, 233–259.

Nipkow, K. E. (2005): Christliche Pädagogik und Interreligiöses Lernen. Friedenserziehung. Religionsunterricht und Ethikunterricht. Gütersloh: Gütersloher Verlagshaus.

Nipkow, K. E. (2008): Schöpfungsglaube, Kreationismus und Naturwissenschaft: Voraussetzungen für das Gespräch des Religionsunterrichts mit naturwissenschaftlichen Fächern. TheoWeb 7 (1), 28–47.

Nussbaum, E. M. (2011): Argumentation, Dialogue Theory, and Probability Modeling: Alternative Frameworks for Argumentation Research in Education. Educational Psychologist 46(2), 84–106.

Nussbaum, E. M. / Edwards, O. V. (2011): Critical Questions and Argument Stratagems: A Framework for Enhancing and Analyzing Students' Reasoning Practices. Journal of the Learning Sciences 20 (3), 443–488.

Nussbaum, E. M. / Sinatra, G. M. (2003): Argument and conceptual engagement. Contemporary Educational Psychology 28 (3), 384–395.

Nussbaum, M. C. (2006): Education and Democratic Citizenship: Capabilities and Quality Education. Journal of Human Development and Capabilities 7 (3), 385–395.

Nussbaumer, M. (1995): Argumentation und Argumentationstheorie. Heidelberg: Julius Groos.

Oberleitner, E. (2012): Einstellungsforschung zum Themenkomplex »Evolution und Schöpfung«. In: Pratscher, W. / Schelander, R. (Hg.): Wiener Jahrbuch für Theologie 2012, Bd. 9: Schöpfung. Wien: Vienna University Press, 89–114.

Ochs, K. (2013): Theologische Gespräche in der Oberstufe. Einblicke in das Denken und in Gespräche zu Jesus Christus. In: Jahrbuch für Jugendtheologie 1, Stuttgart: Calwer, 123–136.

Öhler, M. (2013): Jugend und Schöpfung – historische und neutestamentliche Anmerkungen. In: Jahrbuch für Jugendtheologie 2, Stuttgart: Calwer, 11–25.

Öhlschläger, G. (1979): Linguistische Überlegungen zu einer Theorie der Argumentation. Tübingen: Niemeyer.

Orth, G. / Hanisch, H. (1998): Glauben entdecken – Religion lernen. Was Kinder glauben, Teil 2. Stuttgart: Calwer.

Osborne, J. (2010): Arguing to learn in science: The role of collaborative, critical discourse. Science 328, 463–466.

Osborne, J. / Erduran, S. / Simon, S. (2004): Enhancing the quality of argumentation in school science. Journal of Research in Science Teaching 41, 994–1020.

Oser, F. / Gmünder, P. (1984): Der Mensch – Stufen seiner religiösen Entwicklung. Ein strukturgenetischer Ansatz. Zürich/Köln: Benzinger.

Oser, F. / Reich, K. H. (1987): The Callenge of Competing Explanations. The Development of Thinking in Terms of Complementarity of »Theories«. Human Development 30, 178–186.

Ossner, J. / Denk, R. (Hg.) (2002): Tandem. Argumentieren und Erörtern: Vom Schreibanlass zum überarbeiteten Text. Paderborn: Schöningh.

Pannenberg, W. (1973): Wissenschaftstheorie und Theologie. Frankfurt a. M.: Suhrkamp.

Pannenberg, W. ([3]1986): Analogie. In: Religion in Geschichte und Gegenwart. Tübingen: UTB, 350–353.

Pannenberg, W. (1994): Theologie der Schöpfung und Naturwissenschaft. Wie können sie aufeinander bezogen werden? ZW 65, 146–154.

Pannenberg, W. (1995). Das Wirken Gottes und die Dynamik des Naturgeschehens. In: Gräb, W. (Hg.): Urknall oder Schöpfung? Zum Dialog zwischen Naturwissenschaft und Theologie. Gütersloh: Gütersloher Verlagshaus, 139–152.

Paschen, H. (1988): Das Hänschen-Argument. Zur Analyse und Evaluation pädagogischen Argumentierens. Köln: Böhlau.

Paschen, H. (2004): Zum pädagogischen Gewicht von Argumenten. In: Dörpinghaus, A. / Helmer, K. (Hg.): Topik und Argumentation. Würzburg: Königshausen & Neumann, 19–36.

Paschen, H. / Wigger, L. (1992): Zur Analyse pädagogischer Argumentation. Bericht des Forschungsprojektes »Bielefelder Katalog pädagogischer Argumente«. Weinheim: Deutscher Studien Verlag.

Paul, R. / Elder, L. (2001): Miniature guide to critical thinking: concepts & tools. Dillon Beach, CA: Foundation for Critical Thinking.

Paul, R. / Elder, L. (2005): A Guide For Educators to Critical Thinking Competency Standards, CA: Foundation for Critical Thinking.

Pemsel-Maier, S. (2011): Kindertheologie und theologische Kompetenz: Anstöße zu einer Theologie für Kinder. In: Jahrbuch für Kindertheologie, Sonderband, Stuttgart: Calwer, 69–83.

Perelman, C. / Olbrechts-Tyteca, L. (1958, dt. 2004): Traité de l'argumentation. La nouvelle rhétorique. Bruxelles: Editions de l'université de Bruxelles; dt.: Die neue Rhetorik. Eine Abhandlung über das Argumentieren. 2 Bde. Stuttgart: Frommann-Holzboog.

Petrik, A. (2011): Politisierungstypen im Lehrstück »Dorfgründung« – Eine Bildungsgangstudie zur Entwicklung der Urteils- und Konfliktlösungskompetenz im Politikunterricht. In: Bayrhuber, H. et al. (Hg.): Empirische Fundierung in den Fachdidaktiken. Münster u. a.: Waxmann, 159–184.

Pfeiffer, V. (2003): Didaktik des Ethikunterrichts. Wie lässt sich Moral lehren und lernen? Stuttgart: Kohlhammer.

Pinto, M. A. / Iliceto, P. / Melogno, S. (2012): Argumentative abilities in metacognition and in metalinguistics: a study on university students. European Journal of Psychology of Education 27, 35–58.

Pollack, D. (1995): Was ist Religion? Probleme der Definition. Zeitschrift für Religionswissenschaft 3, 163–190.

Pongratz, L. A. / Reichenbach, R. / Wimmer, M. (Hg.) (2007): Bildung – Wissen – Kompetenz. Bielefeld: Janus.

Popper, K. (^{2}1994): Die beiden Grundprobleme der Erkenntnistheorie. Aufgrund von Manuskripten aus den Jahren 1930–1933. Hg. von E. H. Troels mit einem Vorwort von Karl Popper aus dem Jahr 1978. Tübingen: Mohr Siebeck.

Preuß, H.-R. (2010): Evolution des Glaubens. Eine Deutung der christlichen Religionsgeschichte. Darmstadt: Wissenschaftliche Buchgesellschaft.

Puntel, L. B. (1974): Wahrheit. In: Krings, H. / Baumgartner, H.M. / Wild, C. (Hg.): Handbuch philosophischer Grundbegriffe, Bd. 6: Transzendenz – Zweck. München: Kösel, 1649–1668.

Quintilianus, M. F. (1972–1975): Ausbildung des Redners. 12 Bücher. Hg. von H. Rahn. Darmstadt: Wissenschaftliche Buchgesellschaft.

Ratschow, C. H. (1963): Das Christentum als denkende Religion. In: Ders.: Von den Wandlungen Gottes. Beiträge zur Systematischen Theologie. Berlin / New York: de Gruyter, 3–23.

Reich, K. H. / Schröder, A. (1995): Komplementäres Denken im Religionsunterricht. Ein Werkstattbericht über ein Unterrichtsprojekt zum Thema »Schöpfung« und »Jesus Christus«. Loccumer Pelikan, Sonderheft Nr. 3.

Reinders, H. (2005): Qualitative Interviews mit Jugendlichen führen. Ein Leitfaden. München: Oldenbourg.

Reiß, A. (2012): Wen wundert's? – Theologische Gespräche mit Jugendlichen. In: Dieterich, V.-J. (Hg.): Theologisieren mit Jugendlichen – Ein Programm für Schule und Kirche. Stuttgart: Calwer, 99–113.

Reiss, M. J. (2008): Should science educators deal with the science/religion issue? Studies in Science Education 44 (2), 157–186.

Reiss, M. J. (2009): The Relationship between Evolutionary Biology and Religion. Evolution 63 (7), 1934–1941.

Reitschert, K. / Langlet, J. / Hössle, C. / Mittelsten Scheid, N. / Schlüter, K. (2007): Dimensionen von Bewertungskompetenz. Mathematisch- naturwissenschaftlicher Unterricht 60 (1), 43–51.

Remane, A. (1971): Analogie. In: Ritter, J. et al. (Hg.): Historisches Wörterbuch der Philosophie Bd. 1. Darmstadt: Wissenschaftliche Buchgesellschaft, 214–229.

Remane, A. / Storch, V. / Welsch, U. (1973): Evolution: Tatsachen und Probleme der Abstammungslehre. München: dtv.

RGG / Die Religion in Geschichte und Gegenwart ([3]1986): Handwörterbuch für Theologie und Religionswissenschaft, 7 Bde. Tübingen: Mohr.

Riemeier, T. / von Aufschnaiter, C. / Fleischhauer, J. / Rogge, C. (2012): Argumentationen von Schülern prozessbasiert analysieren: Ansatz, Vorgehen, Befunde und Implikationen. Zeitschrift für Didaktik der Naturwissenschaften 18, 141–180.

Rincke, K. (2010): Alltagssprache, Fachsprache und ihre besondere Bedeutung für das Lernen. Zeitschrift für Didaktik der Naturwissenschaften 16, 235–260.

Ritsert, J. (1972): Inhaltsanalyse und Ideologiekritik. Ein Versuch über kritische Sozialforschung. Frankfurt a. M: Athenäum.

Ritter, W. H. (1999): Schöpfung. In: Theologische Schlüsselbegriffe. Biblisch-systematisch-didaktisch. Hg. von R. Lachmann / G. Adam / W. H. Ritter. Göttingen: Vandenhoeck & Ruprecht, 320–336.

Ritter, W. H. / Hanisch, H. / Nestler, E. / Gramzow, C. (2006): Leid und Gott. Aus der Perspektive von Kindern und Jugendlichen. Göttingen: Vandenhoeck & Ruprecht.

Rodegro, M. (2009): Urknall oder Schöpfung? Eine empirische Untersuchung im Religionsunterricht der Sekundarstufe II. www.uni-kassel.de/upress/online/frei/978-3-89958-842-2.volltext.frei.pdf [12.9.2013].

Rolf, E. (1994): Sagen und Meinen. Paul Grices Theorie der Konversations-Implikaturen. Opladen: Westdeutscher Verlag.

Ros, A. (1989): Begründung und Begriff. Wandlungen des Verständnisses begrifflicher Argumentation. Bd. I: Antike, Spätantike und Mittelalter. Hamburg: Felix Meiner.

Ros, A. (1990): Begründung und Begriff. Wandlungen des Verständnisses begrifflicher Argumentation. Bd. II: Neuzeit; Bd. III: Moderne. Hamburg: Felix Meiner.

Roser, M. ([2]2010): Gott vs. Darwin. Umfassende Materialien zur Kontroverse »Evolution und Schöpfung«. Donauwörth: Auer.

Rost, D. H. ([2]2007): Interpretation und Bewertung pädagogisch-psychologischer Studien – Eine Einführung. Weinheim/Basel: Beltz.

Rost, J. ([2]2004): Lehrbuch Testtheorie – Testkonstruktion. Bern/Göttingen: Huber.

Rothgangel, M. (1999): Naturwissenschaft und Theologie. Wissenschaftstheoretische Gesichtspunkte im Horizont religionspädagogischer Überlegungen. Göttingen: Vandenhoeck & Ruprecht.

Rothgangel, M. (2009a): »Naturwissenschaft und Theologie« aus der Perspektive empirischer Unterrichtsforschung. TheoWeb 8 (1), 68–74.
Rothgangel, M. (2009b): Zwischen »Schöpfungsbericht« und »Evolutionismus«. Verstehensschwierigkeiten von SchülerInnen. Zeitschrift für Pädagogik und Theologie 61, 375–382.
Rothgangel, M. (2009c): Grundlegende Aspekte kompetenzorientierter Religionspädagogik. Loccumer Pelikan 3/09. www.rpi-loccum.de/theo_rothgangel.html#Download [22.7.2011].
Rothgangel, M. (2011): Kreationismus und Szientismus: Didaktische Herausforderungen. In: Bayrhuber, H. / Faber, A. / Leinfelder, R. (Hg.): Darwin und kein Ende? Seelze: Kallmeyer/Klett, 154–169.
Rothgangel, M. (2012a): Zur Rezeption theologischer und außertheologischer Disziplinen in der Religionspädagogik beim Thema »Schöpfung«. Ein Beitrag zur enzyklopädischen Frage der Theologie. In: Pratscher, W. / Schelander, R. (Hg.): Wiener Jahrbuch für Theologie 2012, Bd. 9: Schöpfung. Wien: Vienna University Press, 115–133.
Rothgangel, M. (2012b): Schöpfung – Praktisch-theologische Herausforderungen und bildungstheoretische Konsequenzen. In: Schmid, K. (Hg.): Schöpfung. Tübingen: Mohr Siebeck, 295–323.
Rothgangel, M. (2012c): Formen und Potentiale von Jugendtheologie. In: Schlag, T. / Schweitzer, F. (Hg.): Jugendtheologie. Grundlagen – Beispiele – kritische Diskussion. Neukirchen-Vluyn: Neukirchener Verlagsgesellschaft, 130–138.
Rothgangel, M. (2013a): Theologie von Jugendlichen und Theologie für Jugendliche: Das Beispiel Schöpfung. In: Jahrbuch für Jugendtheologie 1, Stuttgart: Calwer, 60–70.
Rothgangel, M. (2013 b):›Religionspädagogische Theologie‹ – ein Desiderat angesichts einer sich ausdifferenzierenden Theologie. TheoWeb 12 (2), 71–81.
Rothgangel, M. / Fischer, D. (Hg.) (^{2}2005): Standards für religiöse Bildung? Zur Reformdiskussion in Schule und Lehrerbildung. Münster: LIT.
Ruhloff, J. (2004): Verbesserung des Argumentierens mittels Topik? Oder: Argumente haben einen Anlass! In: Dörpinghaus, A. / Helmer, K. (Hg.) (2004): Topik und Argumentation. Würzburg: Königshausen & Neumann, 211–227.
Ruhloff, J. (2007): Grenzen von Standards im pädagogischen Kontext. In: Benner, D. (Hg.) (2007): Bildungsstandards. Instrumente zur Qualitätssicherung im Bildungswesen. Chancen und Grenzen – Beispiele und Perspektiven. Paderborn: Schöningh, 49–60.
Rupp, H. (2008): Theologisieren mit Jugendlichen. www.rpi-baden.de/images/Theologisieren_mit_Jugendlichen.pdf [9.8.2013].
Rupp, H. (2013): Janine – ein Stück exemplarischer Theologie von Jugendlichen. In: Jahrbuch für Jugendtheologie 1. Stuttgart: Calwer, 97–106.
Rupp, H. / Reinert, A. (Hg.) (2004): Kursbuch Religion Oberstufe. Stuttgart: Calwer.
Russell, B. (1905/1970): On Deonting. Mind 14, 479–493. Deutsch: Bezeichnen. In: Philosophisches Lesebuch. Hg. von H. G. Gadamer (1970) Bd. 3. Frankfurt a. M.: Fischer.
Rust, H. (1980a): Qualitative Inhaltsanalyse – begriffslose Willkür oder wissenschaftliche Methode? Ein theoretischer Entwurf. Publizistik 25, 5–23.
Rust, H. (1980b): Struktur und Bedeutung. Studien zur qualitativen Inhaltsanalyse. Berlin: Spieß.
Rust, H. (1981): Methoden und Probleme der Inhaltsanalyse. Eine Einführung. Tübingen: Narr.

Sadler, T. D. / Zeidler, D. L. (2005): The significance of content knowledge for informal reasoning regarding socioscientific issues: Applying genetics knowledge to genetic engineering issues. Science Education, 89 (1), 71–93.

Sampson, V. / Clark, D. B. (2008): Assessment of the ways students generate arguments in science education: Current perspectives and recommendations for future directions. Science Education 92 (3), 447–472.

Sampson, V. / Clark, D. B. (2011): A Comparison of the Collaborative Scientific Argumentation Practices of Two High and Two Low Performing Groups. Research in Science Education 41 (1), 63–97.

Sandt, F.-O. (1996): Religiosität von Jugendlichen in der multikulturellen Gesellschaft. Eine qualitative Untersuchung zu atheistischen, christlichen, spiritualistischen und muslimischen Orientierungen. Münster / New York: Waxmann.

Schecker, M. (Hg.) (1977): Theorie der Argumentation. Tübingen: Narr.

Scheibe, F. (1976): Kausalität. In: Ritter, J. et al. (Hg.): Historisches Wörterbuch der Philosophie, Bd. 4. Darmstadt: Wissenschaftliche Buchgesellschaft, 798–801.

Schellens, P. J. (1985): Redelijke Argument. Utrecht: ICG Printing.

Schellens, P. J. (1987): Types of Argument and the Critical Reader. In: Van Eemeren, F. et al. (Hg.): Argumentation. Bd. 3, 34–41.

Schelling, F. W. J. (1809/1991): Über das Wesen der menschlichen Freiheit. Eingeleitet von H. Fuhrmans. Stuttgart: Reclam.

Schermaier / Weisl (Hg.) (2007): bio@school. Linz: veritas.

Schieder, R. (2008): Was ist *religious literacy?* In: Schreiner, M. (Hg.): Religious literacy und evangelische Schulen. Die Berliner Barbara-Schadeberg-Vorlesung. Münster u. a.: Waxmann, 11–23.

Schlag, T. (2010): Glaube zur Sprache bringen – Gemeinde bilden. Jugendtheologische Erwägungen zum Grundauftrag evangelischer Bildung. Zeitschrift für Pädagogik und Theologie 3/10, 194–208.

Schlag, T. (2013): Von welcher Theologie sprechen wir eigentlich, wenn wir von Jugendtheologie reden? In: Jahrbuch für Jugendtheologie 1. Stuttgart: Calwer, 9–23.

Schlag, T. / Schweitzer, F. (2011): Brauchen Jugendliche Theologie? Jugendtheologie als Herausforderung und didaktische Perspektiven. Neukirchen-Vluyn: Neukirchener Verlagsgesellschaft.

Schlag, T. / Schweitzer, F. et al. (2012): Jugendtheologie. Grundlagen – Beispiele – kritische Diskussion. Neukirchen-Vlyun: Neukirchener Verlagsgesellschaft.

Schleiermacher, F. D. E (1821/1960): Der christliche Glaube nach den Grundsätzen der evangelischen Kirche im Zusammenhang dargestellt. Neu hg. von M. Redecker, Bd. 1. Berlin: Schleiermacher Sendschreiben an Lücke 1829.

Schleiermacher, F. D. E. (1983): Theologische Schriften. Hg. von K. Nowak. Berlin: Union Verlag.

Schluß, H. (2005): Ein Vorschlag, Gegenstand und Grenze der Kindertheologie anhand eines systematischen Leitgedankens zu entwickeln. Zeitschrift für Pädagogik und Theologie 1/2005, 23–34.

Schmid, K. (2012): Schöpfung im Alten Testament. In: Ders. (Hg.): Schöpfung. Tübingen: Mohr Siebeck, 71–120.

Schröder, R. (2011): Schöpfung und Evolution. In: Bayrhuber, H. / Faber, A. / Leinfelder, R. (Hg.): Darwin und kein Ende? Seelze: Kallmeyer/Klett, 81–95.

Schröder, B. (2012): Religionspädagogik. Tübingen: Mohr Siebeck.
Schuster, R. (Hg.) (1984): Was sie glauben. Texte von Jugendlichen. Stuttgart.
Schwarzkopf, T. (2016): Vielfältigkeit denken. Wie Schülerinnen und Schüler im Religionsunterricht argumentieren lernen. Stuttgart: Kohlhammer (Diss.).
Schweitzer, F. (^{2}1998): Die Suche nach eigenem Glauben. Einführung in die Religionspädagogik des Jugendalters. Gütersloh: Gütersloher Verlagshaus.
Schweitzer, F. (^{4}1999): Lebensgeschichte und Religion. Religiöse Entwicklung und Erziehung im Kindes- und Jugendalter. Gütersloh: Gütersloher Verlagshaus.
Schweitzer, F. (^{7}2001): Lebensgeschichte und Religion. Religiöse Entwicklung und Erziehung im Kindes- und Jugendalter. Gütersloh: Güterloher Verlagshaus.
Schweitzer, F. (2003): Elementarisierung im Religionsunterricht. Erfahrungen – Perspektiven – Beispiele. Neukirchen-Vluyn: Neukirchener Verlag.
Schweitzer, F. (2005): Auch Jugendliche als Theologen? Zur Notwendigkeit, die Kindertheologie zu erweitern. Zeitschrift für Pädagogik und Theologie 1/2005, 46–53.
Schweitzer, F. (^{2}2011): Elementarisierung und Kompetenz. Wie Schülerinnen und Schüler von »gutem Religionsunterricht« profitieren. Neukirchen-Vluyn: Neukirchener Verlagsgesellschaft.
Schweitzer, F. (2013): Schöpfungsglaube und Kreationismus – Herausforderungen und Aufgaben für die Jugendtheologie? In: Jahrbuch für Jugendtheologie 2: Schöpfung und Jugendtheologie. Stuttgart: Calwer, 37–47.
Schwöbel, C. (1992): Theologie der Schöpfung im Dialog zwischen Naturwissenschaft und Dogmatik. In: Unsere Welt – Gottes Schöpfung. Festschrift für Eberhard Wölfel. Hg. von W. Härle / M. Marquardt / W. Nethöfel. Marburg: N. G. Elwert, 199–221.
Searle, J. R. (1976): Sprechakte. Ein sprachphilosophisches Essay. Frankfurt a. M.: Suhrkamp.
Searle, J. R. (1991): Intentionalität. Eine Abhandlung zur Philosophie des Geistes. Frankfurt a. M.: Suhrkamp.
Seckler, M. (1983): Theologien. Eine Grundidee in dreifacher Ausgestaltung. Zur Theorie der Theologie und zur Kritik der monokausalen Theologiebegründung. Theologische Quartalschrift 163, 241–264.
Seuren, P. A. M. (^{2}2006): Presupposition. In: Encyclopedia of language & linguistics. Ed. K. Brown et al. Bd. 10. Amsterdam: Elsevier Science, 80–87.
Simon, S. / Erduran, S. / Osborne, J. (2006): Learning to teach argumentation: Research and development in the science classroom. International Journal of Science Education 28, 235–260.
Sixl, H.-L. (2012): Möglichkeiten und Grenzen einer natürlichen Theologie. In: Glaube und Denken 25, 101–122.
Spaeth, F. (2012): »Am Ende ist er im Licht hochgestiegen« – Theologisieren mit Jugendlichen am Beispiel der Christologie. In: Dieterich, V.-J. (Hg.): Theologisieren mit Jugendlichen. Ein Programm für Schule und Kirche. Stuttgart: Calwer.
Specht, R. / Rentsch, T. (1980): Leib-Seele-Verhältnis. In: Ritter, J. et al. (Hg.): Historisches Wörterbuch der Philosophie. Bd. 5. Darmstadt: Wissenschaftliche Buchgesellschaft, 185–206.
Specht, R. / Scheibe, F. / Metzger, W. (1976): Kausalität. In: Ritter, J. et al. (Hg.): Historisches Wörterbuch der Philosophie. Bd. 4. Darmstadt: Wissenschaftliche Buchgesellschaft, 798–803.

Spiegel, C. (2006): Argumentieren lernen im Unterricht – ein funktional-didaktischer Ansatz. In: Grundler, E. / Vogt, R. (Hg.), Argumentieren in Schule und Hochschule. Interdisziplinäre Studien. Tübingen: Stauffenberg, 63–76.

Spinner, K. H. (2007): Was gehört zu einer guten Argumentation? Von fremden Texten zum eigenen Schreiben. Praxis Deutsch 203, 21–24.

Stachel, G. et al. (Hg.) (1976): Die Religionsstunde – beobachten und analysieren. Eine Untersuchung zur Praxis des Religionsunterrichts. Zürich u. a.: Benzinger Verlag.

Steenblock, V. (2000): Philosophische Bildung als Arbeit am Logos. In: Rohbeck, J. (Hg.): Methoden des Philosophierens. Jahrbuch Didaktik der Philosophie und Ethik Bd. 1. Dresden: Tehlen, 15–22.

Steudel-Günther, A. (2003): Plausibilität. In: Ueding, G. (Hg.): Historisches Wörterbuch der Rhetorik. Bd. 6. Darmstadt: Wissenschaftliche Buchgesellschaft, 1282–1285.

Stiglhammer, H. (2011): Einführung in die Schöpfungstheologie. Darmstadt: Wissenschaftliche Buchgesellschaft.

Strauss, A. L. / Corbin, J. (1996): Grounded Theory. Grundlagen qualitativer Sozialforschung. Übersetzt von S. Niewiarra. Weinheim: Beltz.

Strawson, P. F. (1950, dt. 1968): On Refeering. Mind. Dt.: Bedeuten. In: R. Bubner (Hg.) (1968): Sprache und Analysis. Texte zur englischen Philosophie der Gegenwart. Göttingen: Vandenhoeck & Ruprecht, 63–95.

Strawson, P. F. (1952): Introduction to Logical Theory. London: Methuen.

Synode der EKD (Hg.) (1995): Aufwachsen in schwieriger Zeit. Kinder in Gemeinde und Gesellschaft.

Tajmel, T. (2011): Sprachliche Lernziele des naturwissenschaftlichen Unterrichts. www.uni-due.de/imperia/md/content/prodaz/sprachliche_lernziele_tajmel.pdf [2. 10. 2012].

Tenorth, H. E. (2004): Stichwort: »Grundbildung« und »Basiskompetenzen«. Zeitschrift für Erziehungswissenschaft 7 (2), 169–182.

Terrell, P. et al. (2001): The Collins German Dictionary. Glasgow: Harper Collins Publishers.

Themenheft *Schöpfung* (2008): entwurf 4/2008. www.entwurf-online.de/index.php?id=48087&sword_list=4%2F2008 [2. 9. 2013].

Thomson, A. (2001): Argumentieren – und wie man es gleich richtig macht. Mit praktischen Übungen und Lösungen. Übers. von M. W. Ecker. Stuttgart: Klett-Cotta.

Thürnau, D. (1995): Sinn/Bedeutung. In: Ritter, J. et al. (Hg.): Historisches Wörterbuch der Philosophie. Bd. 9. Darmstadt: Wissenschaftliche Buchgesellschaft, 808–815.

Tiedemann, M. (2006): Praktische Philosophie als argumentative Orientierungstechnik. In: Grundler, E. / Vogt, R. (Hg.): Argumentieren in Schule und Hochschule. Interdisziplinäre Studien. Tübingen: Stauffenberg, 123–129.

Tillich, P. (^{2}1959): Frühe Hauptwerke. Hg. von R. Albrecht (GW Bd. I). Stuttgart: Evangelisches Verlagswerk.

Tillich, P. (1961): Philosophie und Schicksal. Schriften zur Erkenntnislehre und Existenzphilosophie. Hg. von R. Albrecht (GW Bd. IV). Stuttgart: Evangelisches Verlagswerk.

Tillich, P. (1969): Sein und Sinn. Zwei Schriften zur Ontologie. Hg. von R. Albrecht (GW Bd. XI). Stuttgart: Evangelisches Verlagswerk.

Tillich, P. (^{2}1978): Die Frage nach dem Unbedingten. Schriften zur Religionsphilosophie. Hg. von R. Albrecht (GW V). Stuttgart: Evangelisches Verlagswerk.

Tillich, P. ([8]1987): Systematische Theologie Bd. I/II. Berlin / New York: de Gruyter.
Toulmin, S. (1958/2003): The uses of argument. Cambridge: Cambridge University Press.
Toulmin, S. / Rieke, R. / Janik, A. (1984): An Introduction to Reasoning. New York: Macmillan.
Trautwein, U. / Lüdtke, O. (2008): Die Erfassung wissenschaftsbezogener Überzeugungen in der gymnasialen Oberstufe und im Studium: Eine Validierung des Fragebogens zur Erfassung des Entwicklungsniveaus epistemologischer Überzeugungen (FREE). Zeitschrift für Pädagogische Psychologie 22 (3–4), 277–291.
Tugendhat, E. (1976/[9]2010): Vorlesungen zur Einführung in die sprachanalytische Philosophie. Frankfurt a. M.: Suhrkamp.
Ueding, Gert (Hg.) (2003): Historisches Wörterbuch der Rhetorik, Bd. 6: Must – Pop, Berlin; Boston, Mass. De Gruyter.
Ueding, G. / Steinbrink, B. ([3]1994): Grundriß der Rhetorik. Geschichte, Technik, Methode. Stuttgart/Weimar: Metzler.
Upmeier zu Belzen, A. (2011): Jeden Morgen geht die Sonne auf. Lebensweltliche Vorstellungen und wissenschaftliches Denken. In: Bayrhuber, H. / Faber, A. / Leinfelder, R. (Hg.): Darwin und kein Ende? Kontroversen zu Evolution und Schöpfung. Seelze: Kallmeyer/Klett, 170–181.
Van Dijk, E. M. / Kattmann, U. (2010): Evolution im Unterricht: Eine Studie über fachdidaktisches Wissen von Lehrerinnen und Lehrern. Zeitschrift für Didaktik der Naturwissenschaften 16, 7–21.
Van Eemeren, F. / Grootendorst, R. (1984): Speech Acts in Argumentative Discissions. Dordrecht: Foris.
Van Eemeren, F. / Grootendorst, R. / Kruiger, T. (1984): Study of Argumentation. New York: Irvington.
Veit, W. F. (1996): Frage. In: Ueding, G. (Hg.): Historisches Wörterbuch der Rhetorik. Bd. 3. Tübingen: Max Niemeyer & Wissenschaftliche Buchgesellschaft Darmstadt.
von Aufschnaiter, C. (2005): Von Fehlvorstellungen und fehlenden Erfahrungen: Konzeptentwicklung im Physik-Unterricht. In: Deutsche Physikalische Gesellschaft, Fachverband Didaktik der Physik (Hg.), Didaktik der Physik: Vorträge – Physikertagung 2005. Berlin. Beitrag zum Plenarvortrag auf der CD-Rom zur Tagung.
von Aufschnaiter, C. / Erduran, S. Osborne, J., Simon, S. (2008): Arguing to learn and learning to argue: Case studies of how students' argumentation relates to their scientific knowledge. Journal of Research in Science Teaching 45 (1), 101–131.
von Brandenstein, B , Schöpf, A. (1973): Kausalität. In: Handbuch philosophischer Grundbegriffe Bd. 3. Hg. von H. Krings et al. München: Kösel, 779–791.
von Polenz, P. (1985): Deutsche Satzsemantik. Grundbegriffe des Zwischen-den-Zeilen-Lesens. Berlin / New York: de Gruyter.
von Rad, G. ([5]1958): Das 1. Buch Mose. Göttingen: Vandenhoeck & Ruprecht.
von Stutterheim, C. (1997): Einige Prinzipien des Textaufbaus. Tübingen: Niemeyer.
von Wright, G. H. ([3]1991): Erklären und Verstehen. Frankfurt a. M.: Hain.
Wagner, F. (1990): Christentum und Moderne. Zeitschrift für Theologie und Kirche 87, 124–144.
Wahl, K. / Honig, M. S. / Gravenhorst, L. (1982): Wissenschaftlichkeit und Interesse. Zur Herstellung subjektivitätsorientierter Sozialforschung. Frankfurt a. M.: Suhrkamp.

Walton, D. (1996): Argumentation schemes for presumptive reasoning. Mahwah, NJ: Lawrence Erlbaum.

Walton, D. (2006): Fundamentals of critical argumentation. New York: Cambridge University Press.

Watzlawick, P. / Beavin, J. H. / Jackson, D. (Hg.) (1969): Menschliche Kommunikation. Bern: Huber.

Weber, H. P. / Langthaler, R. (Hg.) (2013): Evolutionstheorie und Schöpfungsglaube. Neue Perspektiven der Debatte. Wiener Forum für Theologie und Religion 1. Wien: Vienna University Press.

Weischedel, W. (1983): Der Gott der Philosophen. Grundlegung einer Philosophischen Theologie im Zeitalter des Nihilismus. Darmstadt: Wissenschaftliche Buchgesellschaft.

Weiß, T. (2000): Religio vera? Zur religionsphilosophischen Lösung der Wahrheitsproblematik im deutschen Werk Paul Tillichs. Weimar: VDG.

Weiß, T. (2012a): Wie Schüler argumentieren. Eine religionspädagogisch-empirische Studie zur Verwendung von Argumentationsmustern bei Schülern der gymnasialen Oberstufe am Beispiel Schöpfung und Evolution. In: Pratscher, W. / Schelander, R. (Hg.): Wiener Jahrbuch für Theologie, Bd. 9: Schöpfung. Wien: Vienna University Press, 135–152.

Weiß, T. (2012b): Zur Verwendung von Argumentationsmustern in Schulbüchern für die gymnasiale Oberstufe: Ein Vergleich in den Fächern evangelische Religion und Biologie am Beispiel Schöpfung und Evolution. In: Doll, J. / Frank, K. / Fickermann, D. / Schwippert, K. (Hg.): Schulbücher im Fokus. Nutzungen, Wirkungen und Evaluation. Münster u. a.: Waxmann, 141–162.

Weiß, T., Basel, N., Rothgangel, M., Harms, U., Prechtl, H. (2013a). Argumentationsmuster von Jugendlichen zu Schöpfung und Evolution. In: Jahrbuch für Jugendtheologie, Bd. 2, Stuttgart: Calwer, S. 63–75.

Weiß, T. (2013b): Fördert evangelischer Religionsunterricht die Fähigkeit zu argumentieren? Beschreibung und Interpretation einer Stundenbeobachtung an einem Wiener Gymnasium. In: Jahrbuch für Jugendtheologie, Bd. 2, Stuttgart: Calwer, S. 118–124.

Weiße, W. (Hg.) (1996): Vom Monolog zum Dialog. Ansätze einer interkulturellen dialogischen Religionspädagogik. Münster / New York: Waxmann.

Wermke, M. / Rothgangel, M. (2006): Wissenschaftspropädeutik und Lebensweltorientierung als didaktische Kategorie. In: Wermke, M. / Adam, G. / Rothgangel, M. (Hg.): Religion in der Sekundarstufe II. Ein Kompendium. Göttingen: Vandenhoeck & Ruprecht, 13–40.

Westermann, C. (1974): Genesis. Bd. I. Neukirchen-Vluyn: Neukirchener Verlagsgesellschaft.

Westermann, C. (1986): Am Anfang. 1. Mose (Genesis) Teil 1 – Urgeschichte Abraham. Neukirchen-Vluyn: Neukirchener Verlagsgesellschaft.

Westermann, R. (2000): Wissenschaftstheorie und Experimentalmethodik. Ein Lehrbuch zur Psychologischen Methodenlehre. Göttingen u. a.: Hogrefe.

White, J. (2004): Should religious education be a compulsory school subject? British Journal of Religious Education 26 (2), 151–164.

Wiegand, H. E. (1988): Wörterbuchartikel als Text. In: Harras, G. (Hg.): Das Wörterbuch. Artikel und Verweisstrukturen. Jahrbuch 1987 des Instituts für deutsche Sprache. Düsseldorf: Schwann, 20–120.

Wigger, L. (1995): Zur Theorie des pädagogischen Argumentierens. (Habilitationsschrift) Fakultät für Pädagogik der Universität Bielefeld. www.fk12.tu-dortmund.de/cms/IAEB/Hab-K3.pdf [22.7.2011].

Wigger, L. (2010): Argumentationsanalyse als erziehungswissenschaftliche Forschungsmethode. In: Handbuch Qualitative Forschungsmethoden in der Erziehungswissenschaft. Hg. von B. Friebertshäuser / A. Langer / A. Prengel. München: Juventa, 353–365.

Willems, J. (2007): Indoktrination aus evangelisch-religionspädagogischer Sicht. In: Schluß, H. (Hg.): Indoktrination und Erziehung – Aspekte der Rückseite der Pädagogik. Wiesbaden: VS Verlag für Sozialwissensachaften, 79–92.

Willems, J. (2011): Interreligiöse Kompetenz: Theoretische Grundlagen – Konzeptualisierungen – Unterrichtsmethoden. Wiesbaden: Verlag für Sozialwissenschaften.

Willenberg, H. / Gailberger, S. / Krelle, M. (2007): Argumentation. In: Beck, B. / Klieme, E. (Hg.): Sprachliche Kompetenzen. Konzepte und Messung. DESI-Studie. Weinheim: Beltz, 118–129.

Winkler, I. (2003): Argumentierendes Schreiben im Deutschunterricht. Frankfurt a. M. / Bern: Lang.

Winkler, I. (2005): Argumentierendes Schreiben. In: Abraham, U. / Kupfer-Schreiner, C. / Maiwald, K. (Hg.): Schreibförderung und Schreiberziehung. Eine Einführung für Schule und Hochschule. Hamburg: Auer, 88–98.

Winkler, I. (2006): Argumentierendes Schreiben im Deutschunterricht im Spiegel von Aufgaben für Lern- und Leistungssituationen. In: Grundler, E. / Vogt, R. (Hg.): Argumentieren in Schule und Hochschule. Interdisziplinäre Studien (157–166). Tübingen: Stauffenberg.

Wirtz, M. / Caspar, F. (2002): Beurteilerübereinstimmung und Beurteilerreliabilität. Göttingen: Hogrefe.

Wohlrapp, H. (2006): Was heißt und zu welchem Ende sollte die Argumentationsforschung betrieben werden? In: Grundler, E. / Vogt, R. (Hg.): Argumentieren in Schule und Hochschule. Interdisziplinäre Studien. Tübingen: Stauffenburg, 29–40.

Wohlrapp, H. (^{2}2009): Der Begriff des Arguments: Über die Beziehungen zwischen Wissen, Forschen, Glauben, Subjektivität und Vernunft. Würzburg: Königshausen & Neumann.

Wukettis, F. M. (2007): Das naturalistische Menschenbild. Der Mensch als Produkt seiner Entstehungsgeschichte. In: Klinnert, L. (Hg.) Zufall Mensch? Das Bild des Menschen im Spannungsfeld von Evolution und Schöpfung. Darmstadt: Wissenschaftliche Buchgesellschaft, 165–176.

Yasri, P. / Mancy, R. (2012): Understanding Student Approaches to Learning Evolution in the Context of their Perceptions of the Relationship between Science and Religion. International Journal of Science Education, 1–22.

Zenger, E. (1996): Von der Absicht der biblischen Schöpfungsgeschichten. Welt und Umwelt der Bibel 2, 20–24.

Ziebertz, H.-G. (1994): Religionspädagogik als empirische Wissenschaft. Beiträge zur Theorie und Praxis. Weinheim: Deutscher Studien Verlag.

Ziebertz, H-G. (2004): Religionspädagogik und empirische Methodologie. In: Schweitzer, F. / Schlag, T. (Hg.): Religionspädagogik im 21. Jahrhundert. Gütersloh: Kaiser / Gütersloher Verlagshaus / Herder, 209–222.

Ziebertz, H.-G. / Heil, S. / Prokopf, A. (Hg.) (2003): Abduktive Korrelation. Religionspädagogische Konzeption, Methodologie und Professionalität im interdisziplinären Dialog. Münster u. a.: LIT.

Ziebertz, H-G. / Riegel, U. (2008): Letzte Sicherheiten. Eine empirische Untersuchung zu Weltbildern Jugendlicher. Gütersloh: C. Kaiser / Gütersloher Verlagshaus / Herder.

Ziegler, T. (2006): Jesus als »unnahbarer Übermensch« oder »bester Freund«? Elementare Zugänge Jugendlicher zur Christologie als Herausforderung für Religionspädagogik und Theologie. Neukirchen-Vluyn: Neukirchener Verlagsgesellschaft.

Zillober, K. (1972): Frage. In: Ritter, J. et al. (Hg.): Historisches Wörterbuch der Philosophie. Bd. 2, Darmstadt: Wissenschaftliche Buchgesellschaft, 1059–1062.

Zimmerli, W: (1978): Grundriß der alttestamentlichen Theologie. Stuttgart: Kohlhammer.

Zimmerman, C. (2000): The development of scientific reasoning skills. Developmental Review 20, 99–149.

Zimmerman, C. (2007): The development of scientific thinking skills in elementary and middle school. Developmental Review 27, 172–223.

Zimmermann, M. (2011): Theologische Kompetenz als Präzisierung »religiöser Kompetenz« – Wie die »Kindertheologie« die Kompetenzdebatte bereichert. In: Kraft, F. / Freudenberger-Lötz, P. / Schwarz, E. E. (Hg.): »Jesus würde sagen: Nicht schlecht!« Kindertheologie und Kompetenzorientierung. Jahrbuch für Kindertheologie, Sonderband. Stuttgart: Calwer, 84–93.

Zimmermann, M. (Hg.) (2013): Fragen im Religionsunterricht. Unterrichtsideen zu einer schülerfragenorientierten Didaktik. Göttingen: Vandenhoeck & Ruprecht.

Zohar, A. / Nemet, F. (2002): Fostering students' knowledge and argumentation skills through dilemmas in human genetics. Journal of Research in Science Teaching 39, 35–62.

Personenregister

Sachregister